全国注册测绘师资格考试专用辅导丛书

测绘综合能力

——考点剖析与试题解析

全国注册测绘师资格考试命题研究组　编
何宗宜　欧阳烨　汤璞　崔伟　杨静　常文亮　编著

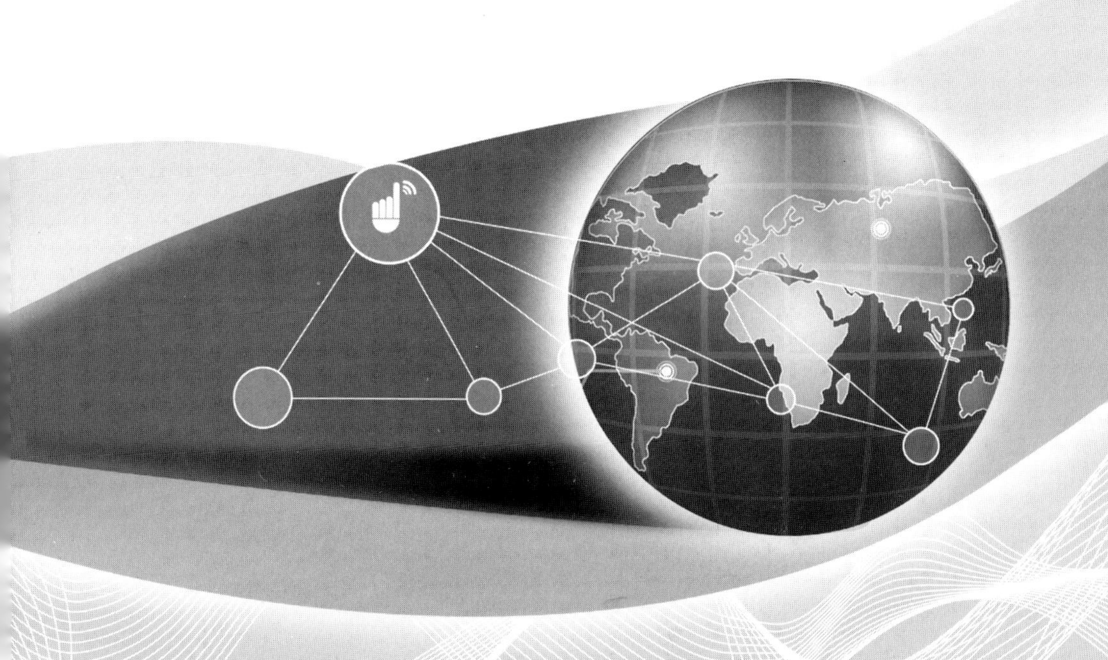

图书在版编目(CIP)数据

测绘综合能力:考点剖析与试题解析/全国注册测绘师资格考试命题研究组编.—武汉:武汉大学出版社,2017.6
全国注册测绘师资格考试专用辅导丛书
ISBN 978-7-307-19369-7

Ⅰ.测… Ⅱ.全… Ⅲ.测绘—资格考试—自学参考资料 Ⅳ.P2

中国版本图书馆 CIP 数据核字(2017)第 119815 号

责任编辑:谢文涛 鲍 玲　　责任校对:李孟潇　　版式设计:韩闻锦

出版发行:**武汉大学出版社** (430072 武昌 珞珈山)
(电子邮件:cbs22@whu.edu.cn 网址:www.wdp.com.cn)
印刷:湖北民政印刷厂
开本:787×1092 1/16 印张:42.5 字数:928 千字 插页:1
版次:2017 年 6 月第 1 版 2017 年 6 月第 1 次印刷
ISBN 978-7-307-19369-7 定价:92.00 元

前　言

从2011年开始注册测绘师资格考试以来，已举行了六次资格考试。为了提高从事测绘地理信息人员的资格考试应试水平，特编写了《测绘综合能力——考点剖析与试题解析》这本辅导教材。

本教材编著者有丰富的资格考试试题命题和考试辅导经验，对综合能力的考试知识点分析得透彻、全面。考生遇到类似的考题时，运用知识点结合题目的具体要求和条件，就能作出准确的选择。

本教材对每个测绘地理信息工程领域配备一定数量模拟试题，这些试题数量是按照考试真题知识点分布比例配备的，让考生学习完该工程领域知识点后，进行知识巩固练习。对历年的考试真题解答准确，其中，有些试题解析写得比较详细，这主要是帮助考生更加全面地掌握测绘地理信息专业知识。

本教材应试的针对性强，所列知识点都是可能要考试内容，可以帮助广大考生节约大量的复习时间。

书中还引用许多参考资料在参考文献中未列出，在此一并致谢。

由于作者水平所限，书中疏漏之处敬请读者批评指正。

编著者

2017年5月于珞珈山

目　　录

第一部分　考点剖析

第二部分　试题解析

第一部分　考点剖析

第一章　大地测量

第一节　概　　述

一、大地测量的任务和特征

大地测量是为研究地球的形状及表面特性进行的实际测量工作，目的是获取和研究地球几何空间的和地球重力场的静态和动态信息。其主要任务是建立国家或大范围的精密控制测量网，内容包括：三角测量、导线测量、水准测量、天文测量、重力测量、惯性测量、卫星大地测量以及各种大地测量数据处理等。

1. 主要用途

①为规模地形图测制及各种工程测量提供高精度的平面控制和高程控制。

②为空间科学技术和军事用途等提供精确的点位坐标、距离、方位及地球重力场等资料。

③为研究地球形状和大小、地壳形变及地震预报等科学问题提供资料。

2. 现代大地测量的主要特征

①研究范围大，距离长(全球：如地球两极、海洋)。

②高精度；观测精度越来越高，相对精度可以达到 $10^{-8} \sim 10^{-9}$，绝对精度可以达到毫米级。

③实时、快速，从静态到动态，从地球内部结构到动力过程。

④“四维”，可以提供合理复测周期内有时间序列、高于 10^{-7} 相对精度的大地测量数据，但测量与数据处理周期短，数据处理越来越复杂。

⑤地心，现代大地测量的主体，都是以维系卫星运动的地球质心为坐标原点的三维的测量数据。

⑥学科融合，从单一学科发展到多学科的融合。

二、大地测量坐标系统与参考框架

大地测量系统规定了大地测量的起算基准、尺度标准及其实现方式。大地测量系统包括坐标系统、高程系统、深度基准和重力参考系统。与大地测量系统相对应，大地参考框架有坐标(参考)框架、高程(参考)框架和重力测量(参考)框架三种。所谓坐标框架，是指在大地坐标系或空间直角坐标系中精密测定了点位坐标的地面点的集合。

1. 大地测量常数

大地测量常数是指与地球一起旋转且和地球表面最佳吻合的旋转椭球(即地球椭球)的几何参数和物理参数。分为基本常数和导出常数，按属性分为几何常数和物理常数，其中大地测量基本常数有四个，分别是：地球赤道半径 a，地心引力常数 GM，地球自转角速度 w，地球动力学形状因子 J_2；五个子午椭圆几何常数包括：长半轴、短半轴、扁率、第一偏心率、第二偏心率，是确定旋转椭球的形状和大小的基本元素，用两个几何元素即可确定椭球的形状和大小，但至少有一个是长度元素；三个物理常数包括：地心引力常数、自转角速度、地球动力形状因子。

2. 大地测量坐标系统

根据其原点位置不同，分为参心坐标系统和地心坐标系统。以参考椭球为基准的坐标系，叫做参心坐标系；以总地球椭球为基准的坐标系，叫做地心坐标系。无论是参心坐标系还是地心坐标系均可分为空间直角坐标系和大地坐标系。

①建立地球参心坐标系，需要进行以下几个方面的工作：a. 选择或求定椭球的几何参数(长半径和扁率)；b. 确定椭球中心的位置(椭球定位)；c. 确定椭球短轴的指向(椭球定向)；d. 建立大地原点。

②建立地心坐标系的方法可分为直接法和间接法两类。所谓直接法，就是通过一定的观测资料(如天文、重力资料、卫星观测资料等)，直接求得点的地心坐标的方法，如天文重力法和卫星大地测量动力法等。所谓间接法，就是通过一定的资料(其中包括地心系统和参心系统的资料)，求得地心坐标系和参心坐标系之间的转换参数，而后按其转换参数和参心坐标，间接求得点的地心坐标的方法，如应用全球天文大地水准面差距法以及利用卫星网与地面网重合点的两套坐标建立地心坐标转换参数等方法。建立地心坐标系应满足以下 4 个条件：a. 点位于整个地球(包括海洋和大气)的质心；b. 尺度是广义相对论意义下某一局部地球框架内的尺度；c. 定向为国际时间局测定的某一历元的协议地极和零子午线，称为地球定向参数(EOP)；d. 定向随时间的演变满足地壳无整体运动的约束条件。

3. 大地测量坐标框架

（1）参心坐标框架

传统的大地测量坐标框架是由天文大地网实现和维持的，一般定义在参心坐标系统中，是一种区域性、二维静态的地球坐标框架，是参心坐标系统的具体实现。常见的参心坐标系统有1954北京坐标系、1980西安坐标系、新1954北京坐标系，等等。

（2）地心坐标框架

地心坐标框架：坐标原点位于地球质心，由空间大地测量技术手段实现与维持，是全球性的、三维动态的坐标框架。例如，我国的2000国家大地坐标系、WGS-84坐标系统、国际地面参考框架（ITRF），等等。其中，国际地面参考框架（ITRF）是国际地面参考系统（ITRS）的具体实现。它以甚长基线干涉测量（VLBI）、卫星激光测距（SLR）、激光测月（LLR）、GPS和卫星多普勒定轨定位（DORIS）等空间大地测量技术构成全球观测网点，经数据处理，得到ITRF点（地面观测点）站坐标和速度场等。2000国家大地控制网是定义在ITRS 2000地心坐标系统中的区域性地心坐标框架。区域性地心坐标框架一般由三级构成：第一级为连续运行站构成的动态地心坐标框架，它是区域性地心坐标框架的主控制；第二级是与连续运行站定期联测的大地控制点构成的准动态地心坐标框架；第三级是加密大地控制点（ITRF），已成为国际公认的应用最广泛、精度最高的地心坐标框架。

三、高程系统与高程框架

1. 高程基准

高程基准定义了陆地上高程测量的起算点，一般可通过验潮的方式，确定海水面的平均位置作为高程基准。

我国使用了两个高程基准：

①1956黄海高程系：水准原点高程为72.289 m；

②1985国家高程基准：水准原点高程为72.260 4 m。

1985国家高程基准是我国现采用的高程基准，位于我国山东省青岛市境内，其水准原点网由“水准原点”、参考点、附点共六个点组成。

2. 高程系统

是指相对于不同性质的起算面（如大地水准面、似大地水准面、椭球面等）所定义的高程体系。采用不同的基准面表示地面点的高低所产生的几种不同的高程表示法，或者对水准测量数据采取不同的处理方法所产生的几种高程表示法，有正高、正常高、力高和大地高程等系统。高程基准面基本上有两种：一是大地水准面，它是正高的基准面；二是椭球面，它是大地高的基准面。此外，为了克服正高不能精确计算的困难，还采用正常高，以似大地水准面为基准面，它非常接近大地水准面。

我国高程系统采用正常高系统，正常高的起算面是似大地水准面，它是地面点沿铅垂线到似大地水准面的距离。而大地高是从地面点沿法线到参考椭球面的距离，正高是地面点沿铅垂线到大地水准面的距离。三者之间的关系为：大地高($H_{大地}$)= 正高($H_{正}$)+大地水准面差距(N)；大地高($H_{大地}$)= 正常高($H_{正常}$)+高程异常(ζ)。

3. 高程框架

高程框架是高程系统的实现。我国的高程框架由国家二期一等水准网以及复测结果来实现。国家高程框架分为四个等级，分别定义为一、二、三、四等水准控制网。另外一种高程框架形式是通过似大地水准面精化来实现。

四、深度基准

深度基准面的选择与海区潮汐情况相关，常采用当地的潮汐调和常数来计算。深度基准可采用理论深度基准、平均低潮面、最低低潮面或大潮平均低潮面等。1956年前我国采用了最低低潮面、大潮平均低潮面和实测最低潮面等为深度基准；1957年后采用理论深度基准面作为深度基准。

潮汐调和常数将实测潮位资料分解出许多分潮，所求出每个分潮的平均振幅和迟角值。

海图及各种航道图中水深的起算面，亦称“海图深度基准面”和“水深零点”。它是取8个主要分潮的调和常数，计算求得的理论上的潮高值，它在当地平均海平面以下。

五、重力系统和重力测量框架

重力系统则是指采用的椭球常数及其相应的正常重力场。重力测量框架则是由分布在各地的若干绝对重力点和相对重力点构成的重力控制网，以及用作相对重力尺度标准的若干条长短基线。1999—2002年，我国完成了2000国家重力基本网建设，简称“2000网”。它由259个点组成，其中基准点21个、基本点126个和基本点引点112个；长基线网一个，重力仪格值标定场8处，联测了1985国家重力基本网及中国地壳运动观测网络重力网点66个。该网使用了FG5对重力仪施测，并增加了绝对重力点的数量，覆盖面大，是我国新的重力测量基准。重力系统采用GRS80椭球常数及其相应正常重力场。20世纪80年代初，我国建立了“国家1985重力基本网”，简称为“85网”。它由6个基准点、46个基本点和5个基本点引点组成而重力参考系统则采用IAG75椭球常数及其相应的正常重力场。

六、时间系统和时间系统框架

1. 大地测量中常用的时间系统

①世界时(UT)：以地球自转周期为基准，在1960年以前一直作为国际时间基准。

②原子时(AT)：以位于海平面(大地水准面，等位面)的铯(133cs)原子内部两个超精细结构能级跃迁辐射的电磁波周期为基准，从1958年1月1日世界的零时开始启用。

③力学时(DT)：在天文学中，天体的星历是根据天体动力学理论的运动方程而编算的，其中所采用的独立变量是时间参数 t，这个数学变量 t 便被定义为力学时。

④协调时(UTC)：它并不是一种独立的时间，而是时间服务工作钟把原子时的秒长和世界时的时刻结合起来的一种时间。

⑤GPS 时(GPST)：由 GPS 星载原子钟和地面监控站原子钟组成的一种原子时基准，与国际原子时保持有19s的常数差，并在 GPS 标准历元1980年1月6日零时与 UTC 保持一致。

2. 时间系统框架

时间系统框架是对时间系统的实现。描述一个时间系统框架通常需要涉及如下几个方面的内容：

①采用的时间频率基准。时间系统决定了时间系统框架采用的时间频率基准。不同的时间频率基准，其建立和维护的方法不同。历书时是通过观测月球来维护；力学时是通过观测行星来维护；原子时是由分布不同地点的一组原子频标来建立，通过时间频率测量和比对的方法来维护。

②守时系统。守时系统用于建立和维持时间频率基准，确定时刻。为保证守时的连续性，不论是哪种类型的时间系统，都需要稳定的频标。

③授时系统。授时系统主要是向用户授时和时间服务。授时和时间服务可通过电话、网络、无线电、电视、专用(长波和短波)电台、卫星等设施和系统进行，它们具有不同的传递精度，可满足不同用户的需要。

④覆盖范围。覆盖范围是指区域或全球。20世纪90年代自美国 GPS 广泛使用以来，通过与 GPS 信号的比对来校验本地时间频率标准或测量仪器的情况越来越普遍，原有的计量传递系统的作用相对减少。

七、常用坐标系及其转换

坐标系固连在参照系上，且与参照系同步运动。要完全定义一个坐标系必须明确指出：坐标原点的位置、坐标轴的指向、基本平面。常用的坐标系有大地坐标系、空间直角坐标系、高斯平面直角坐标系等，按坐标系原点的位置不同可以分为参心坐标系，地心坐标系、站心坐标系等几种形式。

1. 常用坐标系

①大地坐标系：地球椭圆的中心与地球质心重合，椭球短轴与地球自转轴重合，大地纬度 B 为过地面点的椭球法线与椭球赤道面的夹角，大地经度 L 为过地面点的椭球子午面与格林尼治大地子午面之间的夹角，大地高 H 为地面点沿椭球法线至椭球面的距离。

②空间直角坐标系：坐标原点位于参考椭球的中心，Z 轴指向参考椭球的北极，X 轴指向起始子午面与赤道的交点，Y 轴位于赤道面上切按右手系于 X 轴呈 90°夹角，某点中的坐标可用该点在此坐标系的各个坐标轴上的投影来表示。

③高斯平面直角坐标系：在投影面上，中央子午线和赤道的投影都是直线，并且以中央子午线和赤道的交点 0 作为坐标原点，以中央子午线的投影为纵坐标轴，以赤道的投影为横坐标轴构成。

④站心坐标系，以测站为原点的坐标系为站心坐标系。根据坐标表示方法，可以将站心坐标系分为直角坐标系和站心极坐标系，其中点的站心极坐标系下用极距、方位角、高度角表示。

2. 坐标系转换

坐标转换，通常包括坐标系变换和基准变换。

(1)坐标系变换

坐标系变换就是在同一地球椭球下，空间点的不同坐标表示形式间进行转换。包括大地坐标系与空间直角坐标系的相互转换、空间直角坐标系与站心坐标系的转换以及大地坐标系与高斯平面坐标系的转换(即高斯投影正反算)。

(2)基准变换

基准变换就是指空间点在不同地球椭球之间的坐标变换。

不同坐标系的三维转换模型很多，常用的有布尔沙模型(b 模型)和莫洛坚斯基模型(m 模型)(七参数法)。理论上，布尔沙模型与莫洛坚斯基模型的转换结果是等价的。但在应用中有所差别，布尔沙模型在全球或较大范围的基准转换时较为常用，在局部网的转换中采用莫洛坚斯基模型比较有利。采用二维转换模式至少需要选取二个以上的重合点，采用三维转换模式至少需要三个重合点，重合点的分布要覆盖整个转换区域且尽量均匀分布。二维转换模式通常分为：平面四参数转换模型，二维七参数转换模型；三维转换模式通常有 Bursa 七参数转换模型，三维七参数转换模型。

所谓的四参数即是：二个平移参数(原点不重合产生)、一个旋转参数(坐标轴不平行产生)、一个尺度参数(两个坐标系间的尺度不一致产生)；七参数即是：三个平移参数(原点不重合产生)、三个旋转参数(坐标轴不平行产生)、一个尺度参数(两个坐标系间的尺度不一致产生)。

其中，二维七参数转换模型是一种改正法，它的理论基础是大地坐标微分公式，采用广义大地坐标微分公式直接求出大地坐标改正数。其基本思想就是基准转换和坐标转换融合到一个模型中，从而建立起不同基准下大地坐标间更为直接的关系。与布尔沙模型不同的是，在转换时除了要考虑类似于空间直角坐标系的平移、旋转和缩放外，还必须估计椭球参数的变化，只有这样才能让定位、定向、形状和大小不完全相同的两个椭球重合，由于二维七参数坐标转换模型考虑了不同坐标系椭球参数的变化，适用于不同大地坐标系之间的转换。

第二节 传统大地控制网

一、传统大地控制网的建设

传统大地测量技术建立的平面大地控制网就是通过测角、测边推算大地控制网点的坐标。其方法有：三角测量法、导线测量法、三边测量法和边角同测法。

其中，三角测量法的优点是：检核条件多，图形结构强度高；采取网状布设，控制面积较大，精度较高；主要工作是测角，受地形限制小，扩展迅速。缺点是：在交通或隐蔽地区布网困难，网中推算的边长精度不均匀，距起始边愈远精度愈低。但在网中适当位置加测起算边和起算方位角，就可以控制误差的传播，弥补这个缺点。三角测量法是我国建立天文大地网的主要方法。

导线测量法优点是：单线推进快，布设灵活，容易克服地形障碍和穿过隐蔽地区；边长直接测定，精度均匀。主要缺点是：几何条件少，图形结构强度低，控制面积小。我国在西藏地区天文大地网布设中主要采用导线测量法。

二、三角网布设原则

1. 分级布网、逐级控制

即先以精度高而稀疏的一等三角锁尽可能沿经纬线方向纵横交叉地迅速布满全国，形成统一的骨干大地控制网，然后在一等锁环内逐级(或同时)布设二、三、四等控制网。国家三角网分为一、二、三、四等，GPS 网分为 A、B、C、D、E 五级。

2. 具有足够的精度

控制网的精度应根据需要和可能来确定。作为国家大地控制网骨干的一等控制网，应力求精度更高些才有利于为科学研究提供可靠的资料。

为了保证国家控制网的精度，必须对起算数据和观测元素的精度、网中图形角度的大小等，提出适当的要求和规定。

3. 具有足够的密度

控制点的密度，主要根据测图方法及测图比例尺的大小而定。

例如，用航测方法成图时，密度要求的经验数值见表 1-1，表中的数据主要是根据经验得出的。

表 1-1　**各种比例尺航测成图时对平面控制点的密度要求**

测图比例尺	每幅图要求点数	每个三角点控制面积	三角网平均边长	等级
1∶5 万	3	约 150	13	二等
1∶2. 5 万	2~3	约 50	8	三等
1∶1 万	1	约 20	2~6	四等

4. 要有统一的规格

由于我国三角锁网的规模巨大，必须有大量的测量单位和作业人员分区同时进行作业，为此，必须由国家制定统一的大地测量法式和作业规范，作为建立全国统一技术规格的控制网的依据。主要的技术规范有《国家三角测量规范》及《全球定位系统测量规范》等，国家测量规范规定了具体的布网方案、作业方案、使用仪器、各种精度指标等内容。

三、全国天文大地网整体平差

全国天文大地网整体平差的技术原则如下：

①地球椭球参数。地球椭球参数采用 1975 年国际大地测量与地球物理联合会(IUGG)第 16 届大会期间 IAG 决议推荐的数值，即 IAG-75 椭球参数。具体参数详见表 1-2。

表 1-2　**IAG-75 椭球参数**

名称	长半轴/m	短半轴/m	扁率
IAG-75	6 378 140	6 356 755. 288 2	1∶298. 257

②坐标系统。根据天文大地网整体平差结果建立椭球相同的两套大地坐标系：1980 国家大地坐标系和地心坐标系。

③椭球定位与坐标轴指向。1980 国家大地坐标系的椭球短轴应平行于由地球质

心指向1 968. 0地极原点(JYD)的方向，首子午面应平行于格林尼治平均天文台的子午面。椭球定位参数以我国范围内高程异常值平方和最小为条件求定。

四、光学经纬仪和全站仪及其检验

1. 光学经纬仪

光学经纬仪按标称一测回水准方向标准偏差分为DJ07、DJ1、DJ2、DJ6、DJ30。其等级分类及相对应仪器主要用途详见表1-3。

表1-3　**光学经纬标准型号分类**　单位为(″)

仪器等级	DJ07级	DJ1级	DJ2级	DJ6级	DJ30级
测角中误差	$m_β \leq 0.7$	$m_β \leq 1.0$	$m_β \leq 2.0$	$m_β \leq 6.0$	$m_β \leq 30$
主要用途	一等三角、天文测量	一、二等三角测量	三、四等三角测量	地形控制	普通测量

经纬仪观测要求竖轴铅垂，横轴与竖轴正交，视准轴与横轴正交，当这些轴关系不正交时所产生的误差称为三轴误差，即视准轴误差、水平轴倾斜误差、垂直轴倾斜误差。

三轴误差一般采用取盘左盘右的中数来消除。垂直轴倾斜误差除采用取盘左盘右的中数来消除外，还要注意观测前要精密整平仪器，适当的增加重新整平仪器的次数，当观测目标的垂直角较大时，可对其观测值加入垂直轴倾斜改正。

2. 全站仪

全站仪按照角度测量标准偏差分为四级。

五、水平角观测

水平角观测的主要误差影响有观测过程中引起的人为误差、外界条件对观测精度的影响、仪器误差对测角精度的影响三个方面。影响观测精度的因素除上述外界条件之外，还有仪器误差，如视准轴误差、水平轴不水平的误差、垂直轴倾斜误差、测微器行差、照准部及水平度盘偏心差、度盘和测微器分划误差等。照准部转动时的弹性带动误差，脚螺旋的空隙带动差，水平微动螺旋的隙动差。

1. 仪器误差

①i角误差：即视准轴和水不平行导致的误差。

②水准标尺每米真长误差：水准尺名义长度减去1m的差。减弱措施：检定并禁

用超限的标尺，计算改正数，保护标尺。

③一对水准标尺零点不等差。减弱措施：测段间采用偶数站。

2. 外界引起的误差

(1)温度变化时 i 角的影响

仪器受热膨胀造成结构变化使得 i 角发生微小变化。减弱措施：作业前把仪器放在阴影下半小时，用测伞遮蔽阳光，奇数站和偶数站采用相反的观测程序，各测站的往返测分别安排在上午和下午进行。

(2)大气垂直折光影响

近地面处，大气在垂直方向上的密度变化相对较大，造成视线在垂直方向上往上或往下偏，称为大气垂直折光。中午附近最小，较稳定；日出日落前后较大，变化快。减弱措施：前后视距尽量相等、视线离开地面应有足够的高度、在坡度较大的地段应适当缩短视线、选择观测时间(日出后或日落前半小时，及中午前后不要进行水准测量)、对向观测，提高观测视线高度，利用短边传算高程来减弱影响。

(3)仪器脚架和尺台升降的影响

脚架插入土中由于土地的反弹力会产生升降变化。减弱措施：选择良好土质的路线、精密水准测量尽量用尺桩、在立尺 20~30s 后才进行观测、相邻测站观测顺序相反、安置脚架时使其自然伸展，观测员应绕单脚走动、往返测应沿同一路线进行，并使用同一仪器和尺承。

3. 观测误差

观测误差主要有整平误差，照准误差，读数误差。

4. 客观因素误差

客观因素误差主要是指重力产生的误差等、数字水准仪主要是作业员照准标尺的调焦误差。

5. 精密水平测角的一般方法

①观测应在目标成像清晰、稳定有利于观测的时间进行，以提高照准精度和减小旁折光的影响。

②观测前应认真调好焦距，消除视差。在一测回的观测过程中不得重新调焦，以免引起视准轴的变动。

③各测回的起始方向应均匀地分配在水平度盘和测微分划尺的不同位置上，以消除或减弱度盘分划线和测微分划尺的分划误差的影响。

④在上、下半测回之间倒转望远镜，以消除和减弱视准轴误差、水平轴倾斜误差等影响，同时可以由盘左、盘右读数之差求得两倍视准误差 $2C$，借以检核观测质量。

⑤上、下半测回照准目标的次序应相反，并使观测每一目标的操作时间大致相

同，其目的在于消除或减弱与时间成比例均匀变化的误差影响，如觇标内架或三脚架的扭转等。

⑥为了克服或减弱在操作仪器的过程中带动水平度盘位移的误差，要求每半测回开始观测前，照准部按规定的转动方向先预转1~2周。

⑦ 使用照准部微动螺旋和测微螺旋时，其最后旋转方向应均为旋进。

⑧为了减弱垂直轴倾斜误差的影响，观测过程中应保持照准部水准器气泡居中。

6. 水平测角方法

水平角观测一般采用方向观测法、分组方向观测法和全组合测角法。其中方向观测法一般广泛用于三、四等三角观测，或在地面点、低觇标点和方向较少的二等三角观测；当观测方向多于6个时采用分组方向观测法；在一等三角观测，或在高标上的二等三角观测采用全组合测角法。各等级三角测量观测使用仪器、观测方法和测回数按相关规定执行。

(1)方向观测法测站限差

主要有：a. 2次读数的秒差(光学经纬仪)；b. 半测回归零差；c. $L-R=2C$ 的各方向互差；d. 各测回同一方向的方向值之差。

(2)三角测量外业验算内容和程序

①检查外业资料，包括观测手簿、观测记簿、归心投影用纸等。

②编制已知数据表和绘制三角锁网图。

③三角形近似球面边长计算和球面角超计算。

④归心改正计算，并将观测方向值归化至标石中心。

⑤分组的测站平差。

⑥三角形闭合差和测角中误差的计算。

⑦近似坐标和曲率改正计算。

⑧极条件闭合差计算，基线条件闭合差计算，方位角条件闭合差计算等。

六、三角高程测量

三角高程测量，通过观测两点间的水平距离和天顶距(或高度角)求定两点间高差的方法。观测方法简单，受地形条件限制小，是测定大地控制点高程的基本方法。

1. 垂直角观测方法

垂直角观测方法有两种：一是中丝法；二是三丝法。

①中丝法，就是以望远镜十字丝的水平中丝为准，照准目标测定垂直角。

②三丝法，就是以望远镜三根水平丝为准，依次照准同一目标来测定垂直角。

2. 高差计算

(1)单向高差计算实用公式

$$h_{1,2} = S_0\tan\alpha_{1,2} + CS_0^2 + i_1 - a_2$$

式中：S_0为 A、B 两点间的水平距离；C 为垂直折光差与地球弯曲差综合影响的系数；$\alpha_{1,2}$ 为 A 点观测 B 点的垂直角；i 为 A 点的仪器高；α_2 为 B 点的觇标高。

(2)用倾斜距离 d 计算高差的单向公式

$$h_{1,2} = d\sin\alpha_{1,2} + \frac{1+K}{2R}d^2\cos^2\alpha_{1,2} + \left(1 - \frac{H_2}{R}\right) + i_1 - a_2$$

式中：H_2 为照准点的大地高。

大气折光：k 值在一天之内的变化情况是，中午附近 k 值最小，并且比较稳定；日出日落时 k 值较大，而且变化较快，折光系数一般为 0. 09~0. 16 之间。

根据规定，各等级三角点上每一方向按中丝法观测时应测 4 测回，三丝法观测时应测 2 测回。

减弱大气垂直折光影响的措施：选择有利的观测时间、对向观测、提高观测视线的高度、利用短边传算高程等。

3. 三角高程测量的精度

三角高程测量的精度为：

$$m_h = \pm 0.025S$$

式中：m_h单位为 m；S 单位为 km。从上式中可以看出高差中数中误差与边长是成正比例的关系。

七、导线测量

导线测量指的是测量导线长度、转角和高程，以及推算坐标等的作业。在地面上选定一系列点连成折线，在点上设置测站，然后采用测边、测角方式来测定这些点的水平位置的方法。导线测量是建立国家大地控制网的一种方法，也是工程测量中建立控制点的常用方法。设站点连成的折线称为导线，设站点称为导线点。

1. 导线的布设

导线测量分一、二、三、四等，其布设原则与三角测量类似。一、二、三、四等导线测角、测边的精度要求。导线测量中导线的布设形式有附合导线、闭合导线、支导线等几种。

①附合导线：附合导线是由一已知控制点出发，附合于另一已知控制点的导线。

②闭合导线：闭合导线是由一已知控制点出发，最后仍回到这一点的导线。

③支导线：支导线是由一已知控制点出发，既不闭合也不附合于另一已知控制点

的导线。

导线的形式选择主要取决于已知点的分布情况、导线的用途和测区地形、地物条件。

2. 导线的边方位角中误差

(1)一端有已知方位角的自由导线最弱边方位角中误差计算公式

$$m_{T_中} = \pm \sqrt{m_{T_0}^2 + nm_\beta^2}$$

(2)两端有已知方位角的自由导线最弱边方位角中误差计算公式

$$m_{T中} = \pm \sqrt{\frac{m_{T中}^2}{2} + \frac{n+1}{4}m_\beta^2}$$

3. 导线测量外业

导线测量外业包括选点、造标、埋石、边长测量、水平角观测、高程测量和野外验算等。

(1)选点、造标和埋石

导线点选点应注意：a. 导线点选在土质坚硬、稳定的地方。b. 导线点选在地势较高，视野开阔的地方。c. 导线各边的长度应按规范规定尽是接近平均边长，且不同导线各边长不应相差过大。导线点的数量要足够。d. 相邻导线间要通视。e. 所选的导线间必须满足超越障碍物 1.3m 以上。f. 路线平面控制点的位置应沿路线布设，距路中心的位置大于 50m 且小于 300m。g. 在桥梁和隧道处，应考虑桥隧布设控制网的要求，在大型构造物的两侧应分别布设一对平面控制点。

(2)边长测量

对于一、二等导线边的距离测量要采用标称精度不低于$(5+1\times10^{-6}\cdot D)$mm，测程不短于 15 km 的远程光电测距仪。距离测量的技术要求见表 1-4。

表 1-4　**一、二等导线边距离测量的技术要求**

项　　目	一、二等
每边观测总测回数	16
最少观测时间段	往返测或两个不同时间段测
每时间段观测的最多测回数	10
同时间段经气象改正后的测回互差限值/mm	20
一测回读数次数	4
一测回的读数互差限值/mm	20
不同时间段经气象和归心修正后的测回互差限值/mm	5+3S(S 单位为 km)

对于三、四等导线边的距离测量要可采用测程 3~15 km 的远程光电测距仪。距离测量的技术要求见表 1-5。

表 1-5　**三、四等导线边的距离测量技术要求**

等　级	使用测距仪精度等级	每边测回数		备注
		往测	返测	
三等	I	2	2	或用不同时间代替往返测
	II、III	4	4	
四等	I、II	2	2	
	III	4	4	

(3)水平角观测

在导线交叉点上，当观测方向数多于两个时，对于一、二等导线采用全组合测角法进行观测；对于三、四等导线采用方向观测法进行观测。具体的水平角观测方向权数和测回数见表 1-6。

表 1-6　**水平角观测方向权数或测回数**

仪器类型	方向权数 $P=M\cdot N$		测回数	
	一等	二等	三 等	四等
J1 型	60	40(42)	12	8
J2 型	—	—	16	12

导线网水平角观测误差超限处理：a. 一测回内 2*C* 互差或同一方向值各测回较差超限时，应重测超限方向，并联测零方向。b. 下半测回归零差或零方向的 2*C* 互差超限时，应重测该测回。c. 若一测回中重测方向数超过总方向数的 1/3 时，应重测该测回；当重测的测回数超过总测回数的 1/3 时，应重测该站。

(4)垂直角观测

各等级导线点对每一方向按中丝法测 6 测回或按三丝法测 3 测回。

(5)导线测量外业概算

为检核野外角度观测、边长测量的质量，并为平差计算做准备。

4. 导线测量内业

导线测量内业处理主要包括：归心改正计算、水平距离计算、测角测距精度评定、测距边归化投影计算、平差计算、精度评定。

其中，测量的斜距须经气象改正和仪器的加、乘常数改正后，才能进行水平距离计算。两点间的高差测量，宜采用水准测量。当采用电磁波测距三角高程测量时，其高差应进行大气折光改正和地球曲率改正。

第三节 GNSS 连续运行基准站网

一、基准站网组成

基准站网组成：基准站、数据中心、数据通信网络。

1. 基准站

基准站的作用是实时进行卫星定位数据跟踪、采集、记录、设备完好性监测等。由 GNSS 接收机、GNSS 天线、气象设备、不间断电源、通信设备、雷电防护设备、计算机和机柜等组成。

2. 数据中心

数据中心的作用是对各基准站进行远程监控，并对定位数据进行分析、处理、计算、存储；系统建模、差分数据生成、传输、记录；数据管理、维护和分发等。

数据中心主要由数据管理系统、数据处理分析系统、产品服务系统等业务系统及机房、计算机网络等物理支撑组成。

源数据包括基准站原始观测数据、广播星历、气象观测数据等，成果数据包括基准站坐标、速度，大气参数、坐标框架转换参数、精密星历等。

数据处理应进行源数据、站信息、卫星星历、地球动力学参数等数据准备，完成格式转换、粗差探测、周跳修复等预处理，进行基线解算和网平差等工作。数据分析包括基准站坐标时间序列分析、速度场分析、数据质量分析等。

3. 数据通信网络

数据通信网络采用公用或专用通信网络。

二、基准站分类与布设原则

基准站依据管理形式、任务要求和应用范围分为国家基准站网、区域基准站网、专业应用站网。

1. 国家基准站网

国家基准站网的布设应顾及社会发展、经济建设和自然条件因素。目前，我国范围内建设已经建设了360个连续运行基准站(新建150个、改造60个、直接利用已有站150个)。站间距100~200 km。

2. 区域基准站网

区域基准站网是指在省、市地区建立的连续运行基准站网，主要构成高精度、连续运行的区域坐标基准框架。按实时定位精度选择基准站间的距离，当采用网络RTK技术满足厘米级实时定位，区域基准站布设间距不超过80 km。

3. 专业应用站网

专业应用站网由专业部门或者机构根据专业需求建立的基准网站，用于开展专业信息服务。布设间距主要根据专业需求，当满足实时定位分米级要求，则基准站布设间距在100~150km之间。

三、基准站选址及建设

1. 基准站选址

①选址小组应由熟悉GPS、水准测量的工程师和地质工程师共同组成。

②应该选择地质结构稳定、安全僻静、交通便利，并利用测量标志长期保存和观测的地方。周围需要有稳定、安全可靠的电源，用于接入公用和专业通讯网络。

③站点应距离易产生多路径效应的地物不小于200 m，应有10°以上地平高度角的卫星通视条件，距离电磁干扰区的距离不小于200 m，同时要避开易产生振动的地带。

④应进行24h以上实地环境测试，对于国家基准站和区域基准站，数据可利用率应大于85%，多路径效应应小于0.5 m。

⑤站址选定后，应设立一个标注有站名、站号、标石类型的点位标记，拍摄点位的远景、近景照片各一张，并填绘基准站点之记。

2. 基础设施建设

①观测墩(基岩观测墩/土层观测墩/屋顶观测墩)。

②观测室(防水、排水、防风、防雷)。

③电力线、通讯线等管线敷设。

四、基准站维护

①应保障全年每天连续24 h正常运行，必要时宜安装报警系统；

②应定期进行设备检测，必要时进行设备更新；

③应定期与国际IGS站进行联测解算，维持坐标框架更新；

④根据需要对埋设的水准标志按照国家水准联测纲要进行定期测定；
⑤根据需要对埋设的重力标石与国家重力基本网进行定期联测。

第四节 卫星大地控制网

一、GNSS 控制网等级

1. 控制网等级及用途

GNSS 的全称是全球导航卫星系统(Global Navigation Satellite System)，它是泛指所有的卫星导航系统，包括全球的、区域的和增强的，如美国的 GPS、俄罗斯的 GLONASS、欧洲的 Galileo、中国的北斗卫星导航系统，以及相关的增强系统，如美国的 WAAS(广域增强系统)、欧洲的 EGNOS(欧洲静地导航重叠系统)和日本的 MSAS(多功能运输卫星增强系统)等，还涵盖在建和以后要建设的其他卫星导航系统。

按照国家标准《全球定位系统(GPS)测量规范》(GB/T 18314—2009)，GPS 测量按其精度分为 A、B、C、D、E 五级。

①A 级 GPS 网由卫星定位连续运行基准站构成，用于建立国家一等大地控制网，进行全球性的地球动力学研究、地壳形变测量和卫星精密定轨测量。

②B 级 GPS 测量主要用于建立国家二等大地控制网，建立地方或城市坐标基准框架、区域性的地球动力学研究、地壳形变测量和各种精密工程测量等。

③C 级 GPS 测量用于建立三等大地控制网以及区域、城市及工程测量基本控制网等。

④D 级 GPS 测量用于建立四等大地控制网。

⑤E 级 GPS 测量用于测图、施工等控制测量。

2. GNSS 各等级边长和精度

A 级 GPS 网精度要求坐标年变化率中误差水平分量最大为 2 mm/a，垂直分量最大为 2 mm/a；相对精度为 1×10^{-8}，地心坐标各分量年平均中误差最大为 0.5 mm。B 级以下等级边长和精度见表 1-7。

表 1-7 **B 、C、D、E 级 GPS 网精度指标**

级别	相邻点基线分量中误差/ mm		相邻点间平均距离/km
	水平分量	垂直分量	
B	5	10	50

续表

级别	相邻点基线分量中误差/ mm		相邻点间平均距离/km
	水平分量	垂直分量	
C	10	20	20
D	20	40	5
E	20	40	3

二、GNSS 网技术设计

图上设计主要依据任务中规定的 GNSS 网布设的目的、等级、边长、观测精度等要求，综合考虑测区已有的资料、测区地形、地质和交通状况以及作业效率等情况，按照优化设计原则在设计图上标出新设计的 GNSS 点的点位、点名、点号和级别，还应标出相关的各类测量站点、水准路线及主要的交通路线、水系和居民地等。制订出 GNSS 联测方案，以及与已有的 GPS 连续运行基准站、国家三角网点、水准点联测方案。

三、GNSS 网选址与埋石

1. GNSS 选点基本要求

①选点人员应由熟悉 GNSS、水准观测的测绘工程师和地质师组成。选点前应充分了解测区的地理、地质、水文、气象、验潮、交通、通信、水电等信息。

②实地勘察选定点位。点位确定后用手持 GPS 接收机测定大地坐标，同时考察卫星通视环境与电磁干扰环境，确定可用标石类型、记录有关内容，实地树立标志牌、拍摄照片。

③点位应选择在稳定坚实的基岩、岩石、土层、建筑物顶部等能长期保存及满足观测、扩展、使用条件的地点，并做好选点标记。

④选点时应避开环境变化大、地质环境不稳定的地区。应远离发射功率强大的无线发射源、微波信道、高压线(电压高于 20×10^4V)等，距离不小于 200 m。

⑤选点时应避开多路径影响，点位周围应保证高度角 15°以上无遮挡，困难地区高度角大于 15°(卫星高度角的限制主要是为了减弱对流层对定位精度的影响，由于随着卫星高度的降低，对流层影响愈显著，测量误差随之增大。因此，卫星高度角一般都规定大于 15°)的遮挡物在水平投影范围总和不应超过 30°，50 m 以内的各种固定与变化反射体应标注在点环视图上。

⑥选点时必须绘制水准联测示意图。

⑦选点完成后提交选点图、点之记信息、实地选点情况说明、对埋石工作的建议等。

2. GNSS 埋石

按照国家标准《全球定位系统(GPS)测量规范》(GB/T 18314—2009)，GNSS 标石类型共有 10 标石类型，分别是基岩天线墩、岩石天线墩、基岩标石、岩层普通标石(大型混凝土上标石)、土层天线墩、普通基本标石、冻土基本标石、固定沙丘基本标石、普通标石、建筑物上标石。

四、GPS 观测实施

GPS 土层点埋石结束后，一般地区应经过一个雨季，冻土深度大于 0.8 m 的地区还应经过一个冻、解期，岩层上埋设的标石应经过一个雨季，方可进行观测。

1. 基本技术要求

a. 最少观测卫星数 4 颗。b. 采样间隔 30 s。c. 观测模式：静态观测。d. 观测卫星截止高度角为 10°。e. 坐标和时间系统：WGS-84，UTC。f. 观测时段及时长：B 级点连续观测 3 个时段，每个时段长度大于等于 23 h；C 级点观测大于等于 2 个时段，每个时段长度大于等于 4 h；D 级点观测大于等于 1.6 个时段，每个时段长度大于等于 1 h；E 级点观测大于等于 1.6 个时段，每个时段长度大于等于 40 min。

2. 观测设备

各等级大地控制网观测均应采用双频大地型 GPS 接收机。

3. 观测方案

GPS 观测可以采用以下两种方案。

①基于 GPS 连续运行站的观测模式；

②同步环边连接 GPS 静态相对定位观测模式：同步观测仪器台数大于等于 5 台，异步环边数小于等于 6 条，环长应小于等于 1 500 km。

4. GPS 作业要求

①架设天线时要严格整平、对中，天线定向线应指向正北，定向误差不得大于 ±5°，根据天线电缆的长度在合适的地方平稳安放仪器，将天线与接收机用电缆连接并固紧。

②认真检查仪器、天线及电源的连接情况，确认无误后方可开机观测。

③开机后应输入测站编号(或代码)、天线高等测站信息。

④在每时段的观测前后各量测一次天线高，读数精确至 1 mm。

⑤观测手簿必须在观测现场填写，严禁事后补记和涂改编造数据。

⑥观测员应定时检查接收机的各种信息，并在手簿中记录需填写的信息，有特殊情况时，应在备注栏中注明。

⑦观测员要认真、细心地操作仪器，严防人或牲畜触碰仪器、天线和遮挡卫星信号。

⑧ 雷雨季节观测时，仪器、天线要注意防雷击，雷雨过境时应关闭接收机并卸下天线。

五、数据质量检查

数据质量检查宜采用专门的软件进行。检查内容包括：a. 观测卫星总数；b. 数据可利用率（≥80%）；c. L1、L2 频率的多路径效应影响 mp1、mp2 应小于 0. 5m；d. GPS接收机钟的日频稳定性不低于 10^{-8}等。

其中，数据可利用率是指有效历元数据占总观测历元的比率。

六、外业数据质量检核

1. 数据剔除率

同一时段内观测值的数据剔除率，不应超过 10%。

2. 复测基线的长度差

C、D 级网基线处理和 B 级网外业预处理后，若某基线向量被多次重复，则任意两个基线长度之差 d_s 满足下式：

$$d_s \leqslant 2\sqrt{2}\sigma$$

式中：σ 为相应级别规定的基线中误差，计算时边长按实际平均边长计算。

单点观测模式不同点间不进行重复基线、同步环和异步环的数据检验，但同一点间不同时段的基线数据（与连续运行站网）长度较差，两两比较也应满足上式。

3. 同步观测环闭合差

三边同步环中只有两个同步边成果可以视为独立的成果，第三边成果应为其余两边的代数和。由于模型误差和处理软件的内在缺陷，第三边的处理结果与前两边的代数和常不为零，其差值应小于下列数值：

$$w_x \leqslant \frac{\sqrt{3}}{5}\sigma，w_y \leqslant \frac{\sqrt{3}}{5}\sigma，w_z \leqslant \frac{\sqrt{3}}{5}\sigma$$

式中：σ 为相应级别规定的基线中误差，计算时边长按实际平均边长计算。

对于四站或更多同步观测而言，应用上述方法检查一切可能的三边环闭合差。

4. 独立环闭合差及附合路线坐标闭合差

C、D 级网及 B 级网外业基线预处理的结果，其独立闭合环或附合路线坐标闭合差应满足下列公式：

$$w_x \leqslant 3\sqrt{n}\sigma,\ w_y \leqslant 3\sqrt{n}\sigma,\ w_z \leqslant 3\sqrt{n}\sigma,\ w_s \leqslant 3\sqrt{3n}\sigma$$

式中：n 为闭合边数；σ 为基线测量中误差；$w_s = \sqrt{(w_x^2 + w_y^2 + w_z^2)}$。

七、GPS 网基线精处理结果质量检核

GPS 网基线精处理结果质量检核包括以下内容：
①精处理后基线分量及边长的重复性。
②各时间段的较差。
③独立环闭合差或附合路线的坐标闭合差。

八、GPS 网平差

使用 GPS 数据处理软件进行 GPS 网平差，首先提取基线向量；其次进行三维无约束平差；再次进行约束平差和联合平差；最后进行质量分析与控制。GNSS 网平差流程如图 1-1 所示。

1. 基线向量提取

基线向量提取时需要遵循的原则有：
①必须选取相互独立的基线。
②所选取的基线应构成闭合的几何图形。
③选取质量好的基线向量。
④选取能构成边数较少的异步环的基线向量。
⑤选取边长较短的基线向量。

2. 三维无约束平差

无约束平差主要的目的是：
①根据无约束平差结果，判别在所构成的 GPS 网中是否含有粗差基线；必须使得最后用于构网的所有基线向量均满足质量要求
②调整各基线向量观测值的权，使得它们相互匹配

3. 约束平差和联合平差

约束平差和联合平差可在三维或二维空间中进行，约束平差的具体步骤是：

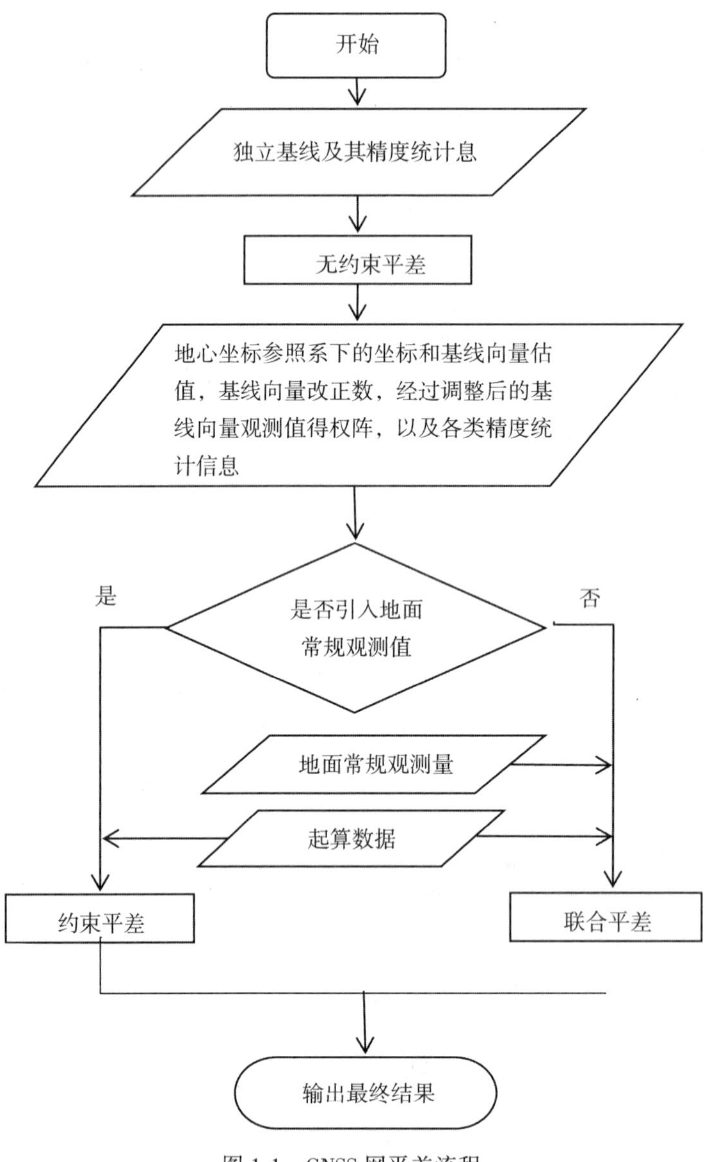

图 1-1　GNSS 网平差流程

①指定进行平差的基准和坐标系统。
②指定起算数据。
③检验约束条件的质量。
④进行平差解算。

4. 质量分析与控制

进行 GPS 网质量的评定。在评定时可以采用下面的指标：

①基线向量改正数。根据基线向量改正数的大小，可以判断出基线向量中是否含有粗差。

②相邻点的中误差和相对中误差。若在质量评定时发现问题，则需要根据具体情况进行处理。如果发现构成 GPS 网的基线中含有粗差，则需要采用删除含有粗差的基线，重新对含有粗差的基线进行解算或重测含有粗差的基线等方法加以解决；如果发现个别起算数据有质量问题，则应放弃有质量问题的起算数据。

九、GPS 测量误差来源及其解决措施

1. 误差来源

GPS 测量误差来源主要分为三类：与卫星有关的误差，与传播途径有关的误差，与接收设备有关的误差以及其他影响。GPS 测量误差的分类及对距离的影响见表 1-8。

表 1-8　**GPS 测量误差的分类及对距离的影响**

误差来源		对距离测量的影响(m)
卫星部分	星历误差、卫星钟的钟误差、地球自转影响、相对论效应	1.5~15
信号传播	电离层延迟、对流层延迟、多路径效应	1.5~15
信号接收	接收机钟差、接收机位置误差、天线相位中心变化	1.5~15
其他影响	地球潮汐、负荷潮	1.0

2. 误差解决措施

①减弱星历误差的方法。包括：a. 建立自己的卫星跟踪网独立定轨；b. 轨道松弛法(半短弧法、短弧法)；c. 同步观测值求差。

②减弱卫星钟的钟误差的方法。对于卫星钟差可通过连续监测精确测定其运行状态参数，来减弱卫星钟差对 GPS 定位的影响；在相对定位中，经修正后的卫星钟残差和接收机钟差可通过观测值求差的方法来消除。

③减弱电离层折射误差的方法。包括：a. 利用双频观测；b. 利用电离层改正模型加以修正；c. 利用同步观测值求差。

④减弱对流层折射误差的方法。包括：a. 采用对流层模型加以改正(气象参数在测站直接测定)；b. 引入描述对流层影响的附加待估参数，在数据处理中一并求得；c. 利用同步观测量求差；d. 利用水汽辐射计直接测定信号传播的影响。

⑤削弱多路径误差的方法。包括：a. 选择合适的站址(测站应远离大面积平静的水面、测站不宜选择在山坡、山谷和盆地中、测站应离开高层建筑物)；b. 对接收机

天线的要求(在天线中设置抑径板、接收天线对极化特性不同的反射信号应该有较强的抑制作用);c. 长时间观测。

⑥接收机钟差的减弱方法。包括:a. 把每个观测时刻的接收机钟差当做一个独立的未知数,在数据处理中与观测站的参数一并求解;b. 认为各观测时刻的接收机钟差间是相关的,将接收机钟差表示为时间多项式,并在观测量的平差计算中求解多项式系数;c. 通过在卫星间求一次差来消除接收机钟差。

总之,在 GPS 定位中,根据其误差产生原因可以采用相应的措施,削弱 GPS 误差对定位成果的影响,归纳的方法主要包括:a. 引入响应的未知参数,在数据处理中连同其他未知参数一并解算;b. 建立系统误差模型,对观测量加以修正;c. 在观测站和卫星间进行同步观测量求差,以减弱或消除系统误差的影响;d. 简单的忽略某些难以解决的系统误差(如多路径误差)的影响。

第五节 高程控制网

一、水准网的布设

我国水准点的高程采用正常高系统,按照 1985 国家高程基准起算。青岛国家原点高程为 72. 260 m。水准网的布设原则是由高级到低级,从整体到局部,逐级控制,逐级加密。

1. 从高到低、逐级控制

国家高程控制网主要是指国家一、二、三、四等水准网。其中,一等水准路线是国家高程控制网的骨干,同时也为相关地球科学研究提供高程数据;二等水准路线是国家高程控制网的全面基础;三、四等水准网直接为地形测图和其他工程建设提供的高程控制点。

2. 分布应有一定的密度

①基岩水准点间距 500 km 左右。
②基本水准点间距 40 km 左右;经济发达地区 20~30 km;荒漠地区 60 km 左右。
③普通水准点间距 4~8 km;经济发达地区 2~4 km;荒漠地区 10 km 左右。

3. 应达到足够的精度

各等级每千米水准测量的偶然中误差 m_Δ 和每千米水准测量的全中误差 m_w 不应超过表 1-9 所规定的数值。

表 1-9　　各等级每千米水准测量的偶然中误差和全中误差　　单位：mm

测量等级	一等	二等	三等	四等
m_Δ	0.45	1.0	3.0	5.0
m_W	1.0	2.0	6.0	10.0

二、水准路线的选择和标石埋设

水准测量中的选线和埋石，是水准测量外业工作的第一道工序。水准路线的选择和标石的埋设关系到国家高程控制网的长期利用，以及观测工作的实施和成果的质量。

1. 图上设计

在收集有关资料和充分了解测区情况的前提下，根据建设目标在地形图上进行各等级水准路线的设计和拟订计划。为了使观测少受外界干扰，水准路线应避免通过大城市、大火车站等繁闹地区，还要尽量避免跨过湖泊、沼泽、山谷、较宽的河流及其他障碍物等。

2. 实地选线和选点

图上设计完成后，按图上设计的路线进行实地选点，以确定水准点的位置。水准点位置的选择应能保证埋设的标石稳定、安全和长久保存，并便于 GPS 和水准观测使用。

3. 标石埋设

水准标石分为基岩水准标石、基本水准标石和普通水准标石三种。基岩水准标石是与岩层直接联系的永久性标石，基岩水准标石宜埋设在一等水准路线节点处，每隔 400 km 左右一座；在大城市、国家重大工程和地质灾害多发区应予增设；基岩较深地区可适当放宽；每省(直辖市、自治区)不少于 4 座。

4. 一、二等水准标石选定

水准点标石的类型除基岩水准标石须按地质条件作专门设计外，其他水准点的标石类型应根据冻土深度及土质状况按下列原则决定：

①有岩层露头或在地面下不深于 1.5m 的地点，优先选择埋设岩层水准标石。

②沙漠地区或冻土深度小于 0.8m 的地区，埋设混凝土柱水准标石。

③冻土深度大于 0.8m 或永久冻土的地区，埋设钢管水准标石。

④有坚固建筑物(房屋、纪念碑、塔、桥基等)和坚固石崖处，可埋设墙脚水准

标志。

⑤水网地区或经济发达地区的普通水准点，埋设道路水准标石。

三、水准仪和水准标尺检验

1. 各等级水准测量使用的仪器

各等级水准测量使用的仪器见表 1-10。

表 1-10　**各等级水准测量使用的仪器**

序号	仪器名称	最低型号				备注
		一等	二等	三等	四等	
1	自动安平水准仪	DSZ05、DS05	DSZ1、DS1	DSZ3、DS3	DSZ3、DS3	用于水准测量
2	水准标尺	线条式因瓦标尺、条码式因瓦标尺	线条式因瓦标尺、条码式因瓦标尺	双面区格式木质标尺	双面区格式木质标尺	用于水准测量
3	经纬仪	DJ1	DJ1	DJ2	DJ2	用于跨河水准
4	光电测距仪	II 级	II 级		II 级	用于跨河水准或高程导线
5	GPS 接收机	大地型双频接收机	大地型双频接收机			用于跨河水准

2. 水准仪和水准标尺检验

①水准仪检验：光学测微器隙动差和分划值的测定、视准轴和水准轴相互关系检查、倾斜螺旋隙动差和分划值测定、调焦误差、自动补偿误差等。

②水准尺的检查：水准尺分划面弯曲差的测定、标尺名义米长和分划偶然误差、零点不等差和基辅分划误差。

用于水准测量的仪器和标尺应送法定计量单位进行检定和校准，并在检定和校准的有效期内使用。在作业期间，自动安平光学水准仪应每天检校一次 i 角，气泡式水准仪每天上、下午各检校一次 i 角。作业开始后的 7 个工作日内，若 i 角较为稳定，以后每隔 15 天检校一次。数字水准仪，整个作业期间应每天开测前进行 i 角测定。若开测为未结束测段，则在新测段开始前进行测定。

四、水准测量的作业方法

1. 水准测量的观测程序和步骤

水准测量的观测程序和步骤，按照国家水准测量规范进行，有关的基本要求如下：

①观测前 30 min，应将仪器置于露天阴影下，使仪器与外界气温趋于一致；设站时，应用测伞遮蔽阳光；迁站时，应罩以仪器罩。使用数字水准仪前，还应进行预热，单次测量预热不少于 20 次。

②使用气泡式水准仪，观测前应测出倾斜螺旋的置平零点，并作标记，随着气温的变化，应随时调整零点的位置。对于自动安平水准仪的圆水准器，应严格置平。

③在连续各测站上安置水准仪的三脚架时，应使其中两脚与水准路线的方向平行，而第三脚轮换置于路线方向的左侧与右侧。

④除路线转弯处，每一测站上仪器与前后视标尺的三个位置，应接近一条直线。

⑤不应为了增加标尺读数，而把尺桩(台)安置在壕坑中。

⑥转动仪器的倾斜螺旋和测微鼓时，其最后旋转方向，均应为旋进。

⑦每一测段的往测与返测，其测站数均为偶数。由往测转向返测时，两支标尺应互换位置，并重新整置仪器。

⑧在高差很大的地区，应选用长度稳定的、标尺名义米长度偏差和分划偶然误差较小的水准标尺作业。

⑨对于数字水准仪，应避免望远镜直接对准太阳；尽量避免视线被遮挡，遮挡不要超过标尺在望远镜中截长的 20%；仪器只能在厂方规定的温度范围内工作；确信震动源造成的震动消失后，才能启动测量键。

2. 水准测量的观测顺序

二等水准往测时每站应采取的观测程序为：

对于奇数站：后—前—前—后

对于偶数站：前—后—后—前

二等水准返测时每站应采取的观测程序为：

对于奇数站：前—后—后—前

对于偶数站：后—前—前—后

3. 水准测量的主要限差

水准测量的主要限差见表 1-11。

表 1-11　　水准测量视距和视线高度的要求

等级	仪器类型	视线长度(m)	前后视距差(m)	任一测站上前后视距差累积(m)	视线高度(下丝读数)(m)
一等	DSZ05、DS05	≤30	≤0.5	≤1.5	≥0.5
二等	DS1、DS05	≤50	≤1.0	≤3.0	≥0.3
三等	DS3	≤75	≤2.0	≤5.0	三丝能读数
	DS1、DS05	≤100			
四等	DS3	≤100	≤3.0	≤10.0	三丝能读数
	DS1、DS05	≤150			

4. 水准观测方式和不应进行观测的情况

(1)水准观测方式

包括：a. 一、二等水准测量采用单线路往返观测。同一区段的往返测，应使用同一类型的仪器和转点尺承沿同一道路进行；b. 在每一区段内，先连续进行所有测段的往测(或返测)，再连续进行返测(或往测)；c. 同一测段往测与返测应分别在上午与下午进行。

(2)下列情况不应进行观测

包括：a. 日出后与日落前 30 min 内；b. 太阳中天前后各约 2h 内；c. 标尺分划线的影像跳动剧烈时；d. 气温突变时；e. 风力过大而使标尺与仪器不能稳定时。

设置测站时，一、二等水准观测，应根据路线土质选用尺桩(不轻于 1.5 kg，不短于 0.2m)或尺台(不轻于 5 kg)作转点尺承。所用尺桩数不少于四个。

五、水准测量误差来源及其消除措施

水准测量的误差来源主要有仪器误差、外界因素引起的误差、观测误差等三个主要方面的误差。

1. 仪器误差

①仪器误差主要有视准轴与水准器轴不平行的误差(i 角误差)、水准标尺每米真长误差和两根水准标尺零点差。

②消除措施：观测时注意前、后视距距离相等；水准尺必须经过检验合格才能使用。标尺的零点差可以在一水准测段中使测站为偶数的方法予以消除。

2. 外界因素引起的误差

①外界因素引起的误差主要有温度变化对 i 角的影响、大气垂直折光影响、仪器

脚架和尺台(桩)升降的影响等。

②消除措施：采用“后—前—前—后”的观测程序；往返观测；测站视距前后相等；观测时应注意撑伞遮阳。

3. 观测误差

观测误差主要包括作业员整平误差、照准误差和读数误差。使用数字水准仪进行水准测量，其观测误差主要是作业员对准标尺的调焦误差。

六、水准测量外业计算

1. 外业高差和概略高程表的编算

在国家一、二等水准测量外业高差和概略高程表编算时，所用的高差应加添水准标尺长度改正、水准标尺温度改正、正常水准面不平行改正、重力异常改正、固体潮改正、环闭合差改正。在国家三、四等水准测量外业高差和概略高程表编算时，所用的高差只加入水准标尺长度改正、正常水准面不平行改正、路(环)线闭合差改正。外业高差和概略高程表编算应由两人各自独立编算一份，并校核无误。

2. 每千米水准测量的偶然中误差计算

每千米水准测量的偶然中误差 M_Δ 按下式计算。

$$M_\Delta = \pm\sqrt{[\Delta\Delta/R]/(4\cdot n)}$$

式中，Δ 为测段往返高差不符值，mm；R 为测段长度，km；n 为测段数。

3. 每千米水准测量的全中误差计算

每千米水准测量的全中误差 M_w 按下式计算：

$$M_W = \pm\sqrt{[WW/F]/N}$$

式中：W 为经过各项改正后的水准环闭合差，mm；F 为水准环线周长，km；n 为水准环数。

七、水准网平差的方法

水准网平差最常用的方法是间接平差和条件平差，它们是利用最小二乘法的原理，即观测值权与观测值改正数平方乘积的总和为最小，即$[PVV]$=最小的条件下，求出观测值的改正数和平差值，并对观测值、平差值及其函数进行精度评定。

由高差观测值的权可以用下式表示：

$$P = \frac{C}{l}$$

式中：l 为以千米为单位的高差观测值的路线长度；C 是根据水准网中各路线长度具体情况而定的常数，C 的选择应使得计算出的 P 值便于平差时使用。

对于山地水准测量，通常是统计水准路线的测站数 n。这时，水准测量的高差观测值的权可以按下式表示：

$$P=\frac{C}{n}$$

式中：C 是可以根据水准网中各路线测站数的多少适当选择，使计算的 P 值便于平差。

第六节　重力控制网

一、重力测量设计

1. 重力控制等级

重力控制网采用逐级控制方法，首先在全国范围内建立各等级重力控制网，然后在此基础上根据各种不同的目的和用途再进行加密重力测量。国家重力控制测量分为三级：国家重力基本网，国家一等重力网，国家二等重力点。此外还有国家级重力仪标定基线。

重力基本网是重力控制网中最高级控制，它由重力基准点和基本点以及引点组成。重力基准点经多台、多次的高精度绝对重力仪测定。基本点以及引点由多台高精度的相对重力仪测定，并与国家重力基准点联测。

2. 重力控制测量设计原则

重力基本网的设计原则：应有一定的点位密度，有效地覆盖国土范围，以满足控制一等重力点相对联测的精度要求和国民经济及国防建设的需要。基本重力控制点应在全国构成多边形网，其点距应在 500 km 左右。一、二等可布设成闭合、附合等形式，点间距约 300 km；长基线两端均须为基准点，短基线至少一端须与国家点联测。

3. 加密重力测量设计原则

加密重力测量主要是测定地球重力场的精细结构，为大地测量、地球物理学、地质学、地震学、海洋学和空间技术等领域所需的重力异常、垂线偏差、高程异常和空间扰动引力场等提供地球重力场数据。加密重力测量的主要任务及服务对象：

①在全国建立 5′×5′的国家基本格网的数字化平均重力异常模型；

②为精化大地水准面，采用天文、重力、GPS 水准测量确定全国范围的高程异

常值；

③为内插大地点求出天文大地垂线偏差；

④为国家一、二等水准测量正常高系统改正。加密重力测线附合或闭合时间一般不应超过 60h。

加密重力测量的设计应根据上述任务及服务对象，以测区已有各级重力控制点为起算点，按附合路线或闭合路线进行加密重力测线设计。加密重力测线附合或闭合时间一般不应超过 60h。若测区重力基本点和一等重力控制点密度不够时，可布设二等点。

二、重力控制网选点

1. 重力基准点的选点位置要求

重力基准点应位于稳固的非风化基岩上，远离工厂、矿场、建筑工地、铁路以及繁忙的公路等各种震源；避开高压线和变电设备等强磁电场，附近地区不会产生较大的质量迁移；不宜在大河、大湖和水库附近，地面沉降漏斗、冰川及地下水位变化激烈的地区建点。

2. 基本点、一等点、引点的选点位置要求

基本点、一等点、引点的点位应：

①基本点、一等点的点位一般选在机场附近(在机场安全隔离区以外)；

②地基坚实稳定、安全僻静和便于长期保存；

③远离飞机跑道及繁忙的交通要道，避开人工震源、高压线路及强磁设备；

④便于重力联测及点位坐标、高程的测定。

基准点应建立永久性牢固的观测室，其面积不应小于 3 m×5 m。

三、重力测量仪器及检验

1. FG5 型绝对重力仪检查和调整

我国使用的绝对重力仪是 FG5 型，标称精度优于$\pm 2\times10^{-8}ms^{-2}$。

FG5 型绝对重力仪在工作之前主要进行以下检查和调整：

①检查和调整激光稳频器、激光干涉仪和时间测量系统；

②调整测量光路的垂直性；

③调整超长弹簧的参数；

④输入检验程序和观测计算程序；

⑤输入测点有关数据(测点编号、经纬度、高程、重力垂直梯度等)；

⑥运行检验程序，检查计算机运行状态。

我国使用“拉科斯特型”(简称LCR，分为G型和D型)相对重力仪，标称精度优于$\pm 20\times 10^{-8} ms^{-2}$。用于测定基本重力点和一等重力点。测定二等重力点及加密重力点的相对重力仪，可以采用石英弹簧重力仪(如ZSM、WORDEN)或金属弹簧重力仪(如LCR)。

2. 相对重力仪比例因子的标定

对于新出厂和经过修理的重力仪必须进行比例因子的标定，用于作业的重力仪每两年应进行一次比例因子的标定。比例因子的标定在国家长基线上进行，所选的重力差应覆盖工作地区重力仪读数范围，避免比例因子外推。

3. 相对重力仪的性能测试

(1)静态试验

静态试验在温度变化小且无震动干扰的室内进行，仪器安置稳定后每30min读一次数，连续观测48h，整个测试过程中仪器处于开摆状态。观测数据经固体潮改正后，结合读数的观测时间绘制出仪器静态零点漂移曲线，检查零漂线性度。

(2)动态试验

动态试验应在段差不小于$50\times 10^{-5} ms^{-2}$、点数不少于10个的场地进行往返对称观测，测回数不少于3回，每测回往返闭合时间不少于8 h。观测数据经固体潮及零漂改正后，计算各台仪器的段差观测值，计算各台仪器的动态观测精度m_{dy}。对于同一台仪器，如果每一测段的段差观测值的互差不大于m_{dy}的2. 5倍，可认为该仪器的零漂是线性的。

(3)多台仪器一致性的试验

多台仪器一致性试验可与动态试验一并进行。仪器一致性中误差应小于2倍联测中误差。

四、重力测量

重力测量包括：绝对重力测量，相对重力测量，重力垂直梯度和水平梯度的测定，基本重力点联测，一、二等重力点联测，加密重力点联测，平面坐标和高程测定。

1. 绝对重力测量

绝对重力测量就是用仪器直接测出地面点的绝对重力值(重力加速度)。地球表面上的重力值为978~983Gal之间，它是相对重力测量的起始和控制基础。

观测前首先要设置有关参数，包括运行命令、测点参数、仪器参数等。绝对重力仪自动运行，开始观测采集数据。

由每次下落采集的距离和时间对组成观测方程，解算出落体下落初始位置高度处的观测重力值 g，绘制下落结果直方图，进行固体潮改正、气压改正、极移改正和光速有限改正，并将重力值 g，进行观测高度改正，分别归算至离墩面 1.3 m 和墩面，以获得 1.3 m 处和墩面的观测重力值。

在测量过程中，观测员应根据测点观测环境适时察看仪器的运行情况，发现问题（如气泡偏移、频率参数偏离、激光垂直度偏离等）应及时调整、改正，并认真和详细填写“FG5 绝对重力测量观测记录表”。

每个点的总均值标准差应优于 $\pm5\times10^{-8}$ ms^{-2}。

2. 相对重力测量

相对重力测量是用于比较两地重力的差值，由重力基准点推求其他重力的方法，称为相对重力测量。

①国家重力控制点进行相对重力联测时使用的仪器数和成果数要求见表 1-12。

表 1-12 **基本点、一等点和二等点联测时使用的仪器和成果数**

等　级	基本点	一等点	二等点
仪器数	4	3	1
成果数	4	3	2

②短基线联测时仪器不少于 6 台，每台仪器合格成果数不少于 4 个，总成果数不少于 24 个。基本点的联测应组成闭合环，闭合环的测段数不宜超过 5 段。

③一等点联测路线可组成闭合环或附合在两基本点间，其测段数一般不超过 5 段，特殊情况下可以辐射状布设 1 个一等点。

④基本点引点或一等点可按辐射状联测，联测精度和技术要求与相应等级重力点的规定相同。

⑤联测时应采用对称观测，即 A→B→C…C→B→A，观测过程中仪器停放超过 2h，则在停放点应重复观测，以消除静态零漂。

⑥每条测线一般在 24h 内闭合，特殊情况可放宽到 48h。

⑦每条测线计算一个联测结果。

3. 重力垂直梯度和水平梯度的测定

每个绝对重力点在测定重力值时，也应同时测定重力垂直梯度，如果该点过去未进行过水平梯度测量，则还需测定水平梯度。在测量前应对所用的重力仪进行电子（或光学）灵敏度和纵横气泡的检验，每月或大跨度转移测区时应进行电子（或光学）灵敏度、纵横水准气泡、正确读数线和电子读数线性度（或光学位移线性度）四项检验。

(1)重力垂直梯度观测要求

①重力垂直梯度在墩面和离墩面1.3 m高度处的两点之间进行测定。

②采用精度为$\pm 20\times 10^{-8}ms^{-2}$的相对重力仪，测定重力垂直梯度，仪器台数不得少于2台。

③每台仪器测定段差的合格成果不得少于5个，段差平均值中误差不超过$3\times 10^{-8}ms^{-2}$。

(2)重力垂直梯度测定纲要

应按照离墩面1.3m高度处安置观测仪器平板，量出平板面至墩面的高度，读数至毫米(mm)；按低点(墩面)→高点(平板)→低点或高点→低点→高点的顺序进行观测，为一个独立测线，进行段差计算，求得一个独立结果；获得规定数量的独立结果，经各项改正后，计算段差的平均值及其中误差。

4. 基本重力点联测

国家基本重力点(含引点)联测应采用对称观测，即$a—b—c\cdots\cdots c—b—a$，观测过程中仪器停放超过2h，则在停放点应重复观测，以消除静态零漂。每条测线一般在24h内闭合，特殊情况可以放宽到48h。每条测线计算一个联测结果。

5. 一、二等重力点联测

一等重力点联测路线应组成闭合环或附合在两基本点间，其测段数一般不超过五段，特殊情况下可以按辐射状布测一个一等点。联测时应采用对称观测，即$a—b—c\cdots\cdots c—b—a$，观测过程中仪器停放超过2h，则在停放点应重复观测，以消除静态零漂。每条测线一般在24h内闭合，特殊情况可以放宽到48h。每条测线计算一个联测结果。

二等重力点联测起算点为重力基本点、一等重力点或其引点。联测组成的闭合路线或附合路线中的二等重力点数不得超过4个，在支测路线中允许支测2个二等重力点。一般情况下，二等联测应尽量采用三程循环法，即：$a—b—a$，$b—a—b$作为两条测线计算。每条测线一般在36h内闭合，困难地区可以放宽到48h。

一、二等重力点联测使用LCR重力仪，每点观测程序与国家基本重力点(含引点)联测相同。一等重力点(含引点)段差联测中误差不得劣于$\pm 25\times 10^{-8}ms^{-2}$，二等重力点段差联测中误差不得劣于$\pm 250\times 10^{-8}ms^{-2}$。

6. 加密重力点联测

加密重力测量的起算点为各等级重力控制点，重力测线应形成闭合或附合路线，其闭合时间一般不应超过60h，困难地区可以放宽到84h。

7. 平面坐标和高程测定

每个重力点都必须测定平面坐标和高程。重力点坐标采用国家大地坐标系，高程采用国家高程基准。各等级的重力点的平面坐标、高程测定中误差不应超过 1.0m。

加密重力点的点位相对于国家大地控制点的平面点位中误差不得超过 100 m，相对精度不低于国家四等水准点的高程点的中误差不应超过 1.0m，困难地区可以放宽到 2.0m。

五、重力观测的数据计算及上交资料

1. 绝对重力测量数据计算

绝对重力测量数据计算包括以下内容：
①墩面或离墩面 1. 3 m 高度处重力值计算；
②每组观测重力值的平均值计算及精度估算；
③总平均值计算及精度估算；
④重力梯度计算。

2. 相对重力测量数据计算

相对重力测量数据计算包括以下内容：
①初步观测值的计算；
②零漂改正后的观测值计算。

3. 重力测量上交资料

绝对重力测量、相对重力测量和加密重力测量应上交的资料应符合规范和技术设计的要求，资料应包括纸质资料与电子文档。

第七节　似大地水准面精化

一、似大地水准面定义

大地水准面也称为重力等位面，它既是一个几何面，又是一个物理面，相当于地球被完全静止的海水所包围的一个曲面。它是正高的起算面，地面点沿重力线到大地水准面的距离称为正高。

根据位差理论，某待定点的正高应等于沿水准路线所测的位差除以该点的重力平均值 g_m，由于 g_m 不能准确求出，所以正高在解算过程中有一定难度。因此，普遍采用待定点的正常重力值 r_m 替换沿重力线到大地水准面的重力平均值 g_m，水准路线上的重力仍采用实测重力值。这样由于重力值的改变，其效果相当于高程起算面也发生

了变化，即不再是大地水准面，而称为似大地水准面。似大地水准面在海洋上同大地水准面一致，但在陆地上有差别，它是正常高的起算面，地面点沿重力线到似大地水准面的距离称为正常高。以似大地水准面定义的高程系统称为正常高系统。我国目前采用的法定高程系统就是正常高系统。

大地高的定义是从地面点沿法线到我们采用的参考椭球面的距离。

参考椭球面与大地水准面之差的距离称为大地水准面差距，记为 n；参考椭球面与似大地水准面之差的距离称为高程异常，记为 ξ。

$$H = h_{正高} + N = h_{正常高} + \xi$$

精确求定大地水准面差距 n，则是对大地水准面的精化，精确求定高程异常 r，则是对似大地水准面的精化。

采用 GPS 定位技术，点位大地高与坐标直接求出，只要在一个区域内确定高程异常 ξ，则可以求出正常高 $h_{正常高}$，改变了以前为得到点位的正常高必须进行传统水准测量(图 1-2)。

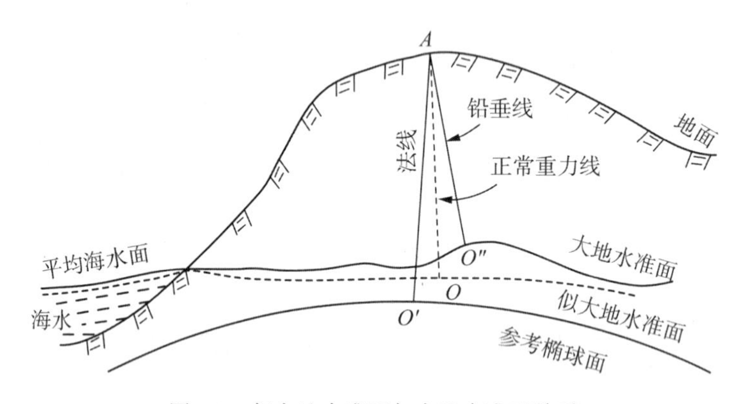

图 1-2 似大地水准面与大地水准面关系

二、似大地水准面精化方法

确定大地水准面的方法可归纳为：几何法(如天文水准、卫星测高及 GPS 水准等)、重力学法及几何与重力联合法(或称组合法)。

目前，陆地局部大地水准面的精化普遍采用组合法，即以 GPS 水准确定的高精度但分辨率较低的几何大地水准面作为控制，将重力学方法确定的高分辨率但精度较低的重力大地水准面与之拟合，以达到精化局部大地水准面的目的。

三、似大地水准面精化设计原则

①与建设现代化的国家测绘基准相结合。

②全面规划和建设地方基础测绘控制网。

③充分利用已有数据。

④与全国似大地水准面精化目标一致。

四、GPS 水准点边长的确定

区域似大地水准面精化后要达到 GPS 技术代替低等级水准测量目的，满足大比例尺测图，精度指标应为：城市±5.0 cm，平原、丘陵±8.0 cm，山区±15.0 cm。分辨率应为 2.5′×2.5′。

在布设 GPS 水准点时，如果不考虑重力测量误差，可按下式计算布设 GPS 水准格网边长。

$$d = 7.19 m_{\zeta} c^{-1} \lambda^{-1/2}$$

式中：d 为 GPS 水准格网边长，km；m_{ξ}为高程异常，m；λ 为平均重力异常栅格分辨率，dm；c 为地形类别与格网平均重力异常代表误差系数，平原为 0.54，丘陵为 0.81，山地为 1.08，高山地为 1.5。

五、GPS 水准点大地高测定精度

区域似大地水准面精化精度主要取决于 GPS 测定大地高的精度。如果城市似大地水准面精化达到±5.0 cm，则布设的 GPS 水准点测定的大地高精度应在±3.0 cm 左右。区域似大地水准面精化误差源主要来自四个方面：

①GPS 测定大地高的误差；

②水准测量误差：GPS C 级网点联测三等水准，每千米测量的偶然中误差为±3.0 mm；

③重力测量误差：对 15 个省、直辖市区域加密重力资料分析，重力值的精度大部分优于 0.5 mGal；

④地形数据 DEM 的误差：DEM 格网间距在 500 m 时，对大地水准面的影响最大为 0.006 m。

六、外业观测与数据处理

GPS 网数据处理时，参考框架与参考历元应同 2000 国家 GPS 大地控制网保持一致，卫星轨道采用 IGS 精密星历。数据处理时充分利用国内外的 GPS 连续运行站的数据以提高整网的精度。

七、似大地水准面精化计算

1. 似大地水准面计算步骤

采用物理大地测量理论与方法，应用移去-恢复技术确定区域性精密似大地水准面。

第一次移去-恢复，计算出基础格网地面平均空间重力异常。面是由点组成的，如果有足够的高程异常点，则可以组成似大地水准面，但是测量的重力点总是有限的，为了用网格状的数值来表示似大地水准面上的变化状况，则对地面上离散点重力值进行归算，利用DEM通过空间改正、层间改正、局部地形改正和均衡改正，获得高平滑度的地形均衡重力异常，通过推估内插，形成平均地形均衡重力异常的基础格网数据。再利用高分辨率的DEM将每个格网的地形均衡异常，按地面重力归算的逆过程分别减去层间改正、局部地形改正和均衡改正，恢复基础格网地面平均空间异常。

第二次移去-恢复，计算出重力似大地面和高程异常。在计算重力似大地水准面的过程中，必须要借助地球参考重力场模型，由位系数计算出与地面格网相同分辨率的重力模型的平均空间异常，将地面空间异常减去模型重力异常得到格网残差空间异常，在残差空间异常中加上局部地形改正得到残差法耶异常。

采用莫洛坚斯基公式对残差法耶异常进行积分计算，求出每个格网中点的残差重力高程异常。然后利用位模型系数由FFT技术计算位模型的高程异常，并将加上残差高程异常，得到重力似大地水准面。

2. 似大地水准面计算流程

似大地水准面计算流程见图1-3。

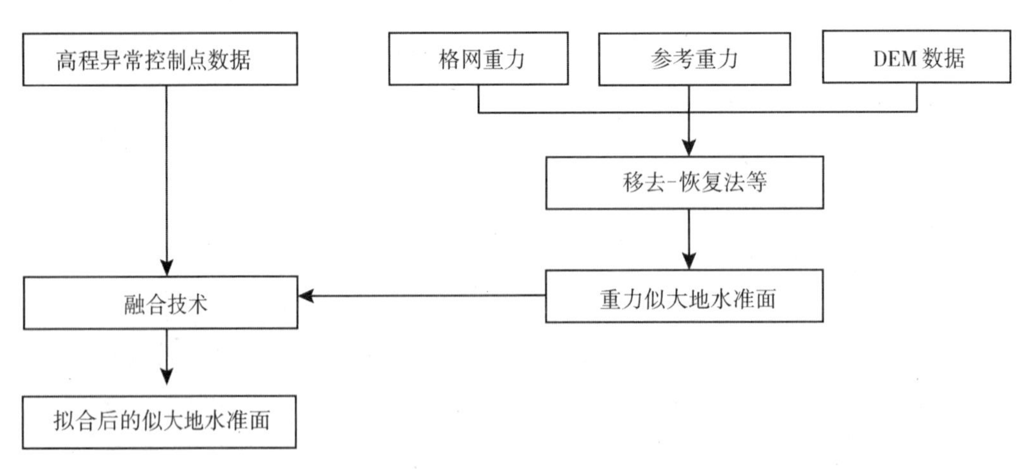

图1-3　似大地水准面计算流程

3. 重力似大地水准面与 GPS 水准计算的似大地水准面拟合

(1)GPS 水准计算实测似大地水准面

以 GPS 水准为实测似大地水准面(高程异常)，高程异常计算公式如下：

$$\zeta_{GPS} = H - h$$

式中，H 为 GPS 水准点大地高，m；h 为正常高，m。

(2)任一点重力似大地水准面的计算

在完成规则格网重力似大地水准面的计算后，为完成对重力似大地水准面的拟合计算，需要计算 GPS 水准点的重力似大地水准面，对任一 GPS 水准点重力似大地水准面的计算，可采用插值法完成。

(3)区域重力似大地水准面的拟合计算

①由重力似大地水准面格网内插 GPS 水准点上的重力似大地水准面高程异常 ξ_{gra}，并求解与 GPS 水准点上的实测似大地水准面高程异常 ζ_{GPS} 的差值，组成不符值序列；

②由不符值序列和相应 GPS 水准点的球面坐标组成多项式拟合“观测方程”，其中未知参数为多项式系数；

③按最小二乘原理求解拟合多项式系数；

④由拟合多项式系数和格网中心点坐标，对重力似大地水准面进行拟合纠正，即可求得适配于该区域的 GPS 水准网的最终似大地水准面。

八、似大地水准面检验

似大地水准面检验可采用外部独立观测、对比检验的方法。即选取具有代表意义且未参与项目成果计算的点位，以不低于项目外业测量的精度要求进行 GPS 和水准测量，从而获得检验点的空间位置和高程异常 ξ_{gra}，通过与精化后似大地水准面模型内插出的检验点高程异常值 $\xi_{模型}$ 进行比较，检验该大地水准面模型的质量和实际应用效果。

第八节　大地测量数据库

一、数据库组成

大地测量数据库由大地测量数据、管理系统和支撑环境三部分组成。大地测量数据是大地测量数据库的核心，按类型分为大地控制网数据、高程控制网数据、重力控制网数据和深度基准数据等；管理系统和支撑环境是数据存储、管理、运行维护的软硬件及网络条件。

二、大地测量数据内容

1. 参考基准数据

包括大地基准、高程基准、重力基准和深度基准等数据

大地基准：由大地坐标系统和大地坐标框架组成。国家采用地心坐标系统作为全国统一的大地坐标系统。国家采用2000国家大地坐标系统。过渡期内，可采用1954北京坐标系和1980西安坐标系。

①高程基准：国家高程系统采用正常高系统。国家采用1985国家高程基准。

②重力基准和参数：统一采用由2000国家重力基本网实现的国家重力基准。

③深度基准：深度基准在沿岸海域采用理论最低潮位，在内陆水域采用设计水位深度基准与国家高程基准之间通过验潮站的水准联测建立联系。

2. 空间定位数据

全球导航卫星系统(GNSS)、卫星激光测距(SLR)、甚长基线干涉测量(VLBI)等空间定位数据，按照数据不同阶段分为观测数据、成果数据及文档数据。

观测数据主要包括仪器检验资料、外业观测数据。

外业观测数据主要包括在大地控制网施测过程中获得的水平角、起始方位角、起始边长、GNSS原始观测数据和RINEX格式数据等各种外业观测数据。

3. 高程数据

高程测量数据主要包括水准测量观测数据、成果数据和文档资料，也包含验潮与潮汐分析数据和高程深度基准转换数据。

4. 重力测量数据

重力测量数据包括重力测量的观测数据(重力控制测量数据和加密重力测量数据)、成果数据和文档资料。重力控制测量数据包括基准点、基本点、一等点及相应等级引点和二等重力测量数据。

5. 深度基准

深度基准是在沿岸海域的理论最低潮位数据，深度基准与高程基准之间通过验潮站的水准联测数据，是海图及各种水深资料的深度起算面。

6. 元数据

元数据是大地测量数据内容、质量、状况和其他特征的描述性数据。

三、数据库设计

数据库设计包括四个步骤：①数据分析与建模；②概念模型设计，设置各类实体的属性和主键，根据实体之间的相互关系连接实体，设计概念结构模型实体-关系(E-R)图，属性、实体、联系的表示方法。③逻辑模型设计，按照关系规范化理论要求将概念模型转化为关系模型，形成逻辑结构。④物理模型设计。

四、数据检查入库和数据管理系统

1. 数据检查内容

包括：a. 数据正确性检查；b. 数据完整性检查；c. 逻辑关系正确性检查。

2. 数据管理系统

包括：a. 数据输入；b. 数据输出；c. 查询统计；d. 数据维护；e. 安全管理。

具有用户管理、权限管理、日记管理、事务管理、数据库备份与恢复功能。数据库备份和系统软件的备份。备份可采用全备份或增量备份方式，定期检查数据库备份的可用性。

五、临时基站 RTK 测量和网络 RTK 测量

1. GPS RTK 测量

GPS RTK 测量包括：基准站选择和设置、流动站设置、中继站设立等。

2. 网络 RTK 测量

实时网络 RTK 服务，是利用基准站的载波相位观测数据，与流动站的观测数据进行实时差分处理，通过差分消去了绝大部分的误差，因而可以达到厘米级定位精度。

(1)单基站 RTK 技术

CORS 站网由若干个 CORS 站组成，GPS 差分信号可从各个 CORS 站发出，也可从数据中心发出。在这种网络 RTK 模式下，每个基准站服务于一定作用半径的 GPS 用户，对于一般的 RTK 应用，服务半径可以达到 30 km。GPS 差分数据播发的数据链，可以用无线电台，也可用公用无线通信网，如移动 GSM/GPRS 或联通 CDMAIX。

(2)虚拟基站技术(VRS)

VRS 技术是现有网络 RTK 技术的代表。采用 VRS 技术，基准站网子系统必须包

含3个以上的连续运行基准站，数据中心通过组合所有基准站的数据，确定整个CORS覆盖区域的电离层误差、对流层误差、轨道误差模型等。流动站作业时，首先通过GPRS或CDMA无线通信网络向数据中心发出服务请求，并将流动站的概略位置回传给数据中心，数据中心利用与流动位置最接近的3个基准站的观测数据及误差模型，生成一个对应于流动站概略位置的虚拟基准站(VRS)，然后将这个虚拟基准站的改正数信息发送给流动站，流动站再结合自身的观测数据实时解算出其所在位置的精确坐标。

(3) 主副站技术(MAC)

主副站技术，首先选取一个基准站作为主站，并将主站所有的改正数及坐标信息传送给流动站，而网络中其他基准站只是将其相对于主站的改正数变化及坐标差信息传送给流动站，从而减少了传送的数据量。

VRS技术和MAC技术服务半径可以达到40 km左右。

模拟试题汇编及参考答案

模拟试题汇编

一、单项选择题(共150题，每题的备选选项中，只有一项最符合题意)。

1. 正常高的基准面是(　　)。

A. 大地水准面　　B. 似大地水准面
C. 参考椭球面　　D. 平均海水面

2. 由椭球面点大地坐标计算高斯平面坐标，需要进行(　　)。

A. 高斯投影反算　　B. 高斯投影正算
C. 大地主题正算　　D. 大地主题反算

3. 由椭球面上两点的大地坐标，计算椭球面两点之间的最短距离，需要进行(　　)。

A. 高斯投影换带计算　　B. 高斯投影正反算
C. 大地主题正算　　D. 大地主题反算

4. 在下列地理要素中，属于地形图上地物要素的是(　　)。

A. 湖泊　　B. 陡坎
C. 高山　　D. 等高线

5. 某GPS网同步观测一个时段，共得到10条基线边，则使用的GPS接收机台数为(　　)台。

A. 3　　B. 4
C. 5　　D. 6

6. 椭球定位参数以我国范围内(　　)平方和最小为条件求定。

A. 高程异常值　　B. 坐标值

C. 重力异常值　　D. 最或然值

7. 由(　　)的北端起顺时针方向到以方向线的角度，称为该方向线的方位角。

A. 基本方向线　　B. 坐标纵线

C. 真子午线　　D. 磁北线

8. 在正常情况下，当圆水准器气泡居中时，水准仪圆水准轴处于(　　)位置。

A. 水平　　B. 铅直

C. 倾斜　　D. 任意

9. GNSS 选站时应尽可能使测站附近的小环境(地形、地貌、植被等)与周围的大环境保持一致，目的是减少(　　)。

A. 多路径效应影响　　B. 气象元素代表性误差

C. 电离层误差　　D. 相对论效应影响

10. 下列内容中，加密重力测量设计原则目的不包含的是(　　)。

A. 求天文大地垂线偏差　　B. 确定高程异常值

C. 进行正高系统改正　　D. 建立重力异常模型

11. 用微倾式水准仪进行水准测量时，每次读数之前都要(　　)。

A. 重新转动脚螺旋整平仪器　　B. 转动脚螺旋使水准管气泡居中

C. 转动微倾螺旋使水准管气泡居中　　D. 重新调好圆水准器和水准管气泡

12. 规定在水准测量中每测段间仪器设为偶数站的目的是消除(　　)。

A. 仪器升降误差　　B. 标尺零点误差

C. 调焦差　　D. i 角误差

13. 在使用经纬仪进行水平角观测时，瞄准与测站同一竖直面内不同高度的两点，在不考虑仪器误差和观测误差的情况下，水平度盘上的读数(　　)。

A. 点位越高，读数越大　　B. 点位越低，读数越小

C. 与点位高低无关，读数相同　　D. 点位在水平视线上时读数最大

14. 在高程为 3 500 m 的地区，某测绘大队进行一条长约 100 km 的二等水准路线测量，则在该水准路线至少要布设(　　)个重力点。

A. 3　　B. 4

C. 5　　D. 6

15. 用测回法观测水平角，测完上半测回后，发现水准管气泡偏离 2 格多，在此情况下应(　　)。

A. 继续观测下半测回　　B. 整平后观测下半测回

C. 继续观测或整平后观测下半测回　　D. 整平后全部重测

16. 经纬仪水平角观测中，若某个角需要观测几个测回，为了减少度盘分划误差的影响，各测回间应根据测回数 n 按(　　)变换水平度盘位置。

A. $90°/n$　　B. $180°/n$

C. 270°/n　　D. 360°/n

17. 经纬仪照准部水准管检校过程中，大致整平后使水准管与任意两个脚螺旋的连线平行，调整脚螺旋使气泡居中，当照准部旋转180°后，若气泡偏离零点，说明(　　)。

A. 水准管轴不平行于横轴　　B. 仪器竖轴不垂直于横轴

C. 水准管轴不垂直于仪器竖轴　　D. 水准管轴不平行于视准轴

18. 导线坐标增量闭合差的调整方法是将闭合差反符号后(　　)。

A. 按角度个数平均分配　　B. 按导线边数平均分配

C. 按边长成反比例分配　　D. 按边长成正比例分配

19. 直线导线测量中纵向误差主要由(　　)形成。

A. 大气折光　　B. 测距误差

C. 测角误差　　D. 地球曲率

20. 三角高程测量中，采用对向观测可以消除(　　)的影响。

A. 视差　　B. 视准轴误差

C. 地球曲率差和大气折光差　　D. 水平度盘分划误差

21. 在三角高程测量中，影响其精度的因素说法正确的是(　　)。

A. 竖角误差影响最大，与边长成反比

B. 传递高程时，尽量选长边

C. 传递高程时，选择竖角较小的边

D. 竖角的观测宜选在日落前后进行

22. 下列要素中，当其符号与地类界符号重合时，地类界符号应移位表示的是(　　)。

A. 河流　　B. 道路

C. 栏栅　　D. 境界

23. 采用等高线法表示地貌时，下列有关说法中，正确的是(　　)。

A. 同一幅地形图可有2种不同的基本等高距

B. 示坡线一般选在地形图中间部位等高线上

C. 间曲线可以在不需要表示的地方中断

D. 高程相同的点必在同一等高线上

24. 似大地水准面上某点的正常高等于(　　)。

A. 大地水准面差距　　B. 常数0

C. 随机变化量　　D. 高程异常

25. 2000国家重力基本网共有(　　)个重力基本点。

A. 19　　B. 21

C. 126　　D. 112

26. 不同大地坐标系之间的换算，通常包含(　　)个参数。

A. 4　　B. 5

C. 7　　D. 9

27. 正高系统中的理论闭合差是由两水准面之间(　　)所造成的。

A. 位相等　　B. 不平行

C. 相交　　D. 十分接近

28. 我国采用的高程系是(　　)。

A. 正高高程系　　B. 近似正高高程系

C. 正常高高程系　　D. 力高高程系

29. 某点的力高就是该点水准面在纬度(　　)处的正常高。

A. 30°　　B. 45°

C. 60°　　D. 75°

30. 1956 黄海平均海水面比 1985 国家高程基准所对应的平均海水面(　　)m。

A. 高 72.289　　B. 高 72.2604

C. 低 0.029　　D. 高 0.029

31. 地面上一点的重力向量 $\boldsymbol{g}$ 和相应的(　　)上的法线向量 $\boldsymbol{n}$ 之间的夹角定义为该点的垂线偏差。

A. 大地水准面　　B. 似大地水准面

C. 球面　　D. 椭球面

32. 旋转椭球的形状和大小是由子午椭圆的(　　)个基本几何参数来决定的。

A. 4　　B. 5

C. 6　　D. 7

33. 确定 CORS 网的参心坐标时，应至少联测(　　)个已有的高等级控制点。

A. 3　　B. 4

C. 5　　D. 6

34. 同一点曲率半径最长的是(　　)。

A. 子午线曲率半径　　B. 卯酉圈曲率半径

C. 平均曲率半径　　D. 方位角为 45°的法截线曲率半径

35. 关于椭球面上任一点的平均曲率半径 R，子午圈曲率半径 M 和卯酉圈曲率半径 N 之间相互关系的描述中，正确的是(　　)。

A. $N > R > M$　　B. $R > M > N$

C. $M > R > N$　　D. $R > N > M$

36. 下列内容中，影响标高差改正数值的主要因素是(　　)。

A. 测站点的垂线偏差　　B. 照准点的高程

C. 观测方向的天顶距　　D. 测站点到照准点的距离

37. 下列内容中，影响截面差改正数值的主要因素是(　　)。

A. 测站点的垂线偏差　　B. 照准点的高程

C. 观测方向的天顶距　　D. 测站点到照准点的距离

38. 高斯投影平面上除中央经线外，其他经线均为凹向(　　)的曲线。

A．赤道　　B．中央子午线

C．南极点　　D．北极点

39．高斯平面上任意一点的子午线收敛角是指该点(　　)方向与坐标纵轴正向之间的夹角。

A．切线　　B．大地线

C．坐标横轴　　D．子午线

40．设两点间大地线长度为S，在高斯平面上的投影长度为s，平面上两点间直线长度为D，则下列关系正确的是(　　)。

A．$S<s>D$　　B．$s<S>D$

C．$s<D>S$　　D．$S<D>s$

41．高斯投影是一种正形投影，长度和方向的变化改正数能够用简单的数学公式计算，而(　　)在投影后保持不变。

A．面积　　B．方向

C．长度　　D．角度

42．下列有关高斯投影的投影变形分析规律的说法中，错误的是(　　)。

A．长度比只与点的位置有关

B．中央子午线上的长度比均为1

C．对椭球面某条子午线来说，赤道处变形最大

D．中央子午线外的点，长度比大于或小于1

43．高斯投影是横轴椭圆柱投影，兰伯特投影是正形(　　)。

A．正轴圆锥投影　　B．横轴圆锥投影

C．正轴圆柱投影　　D．横轴圆柱投影

44．大地控制网优化设计分为“零～三”类，其中“二类”优化设计指的是(　　)。

A．网的基准设计　　B．网的图形设计

C．观测的值精度设计　　D．网的费用设计

45．国家二等水准测量精度指标要求每千米水准测量的偶然中误差最大为(　　)mm。

A．0.45　　B．1.0

C．2.0　　D．3.0

46．精密角度测量中，各测回间改变零方向的度盘位置是为了削弱(　　)误差影响。

A．视准轴　　B．横轴

C．指标差　　D．度盘分划

47．水准测量要求视线离地面一定的高度，可以减弱(　　)的影响。

A．i角误差　　B．标尺零点差

C．大气垂直折光　　D．仪器下沉误差

48．精密水准测量中，返测时偶数站照准水准标尺分划的顺序为(　　)。

A. 前—后—后—前　　B. 后—前—前—后
C. 前—后—前—后　　D. 后—前—后—前

49. 水准测量中，所用水准仪倾斜螺旋隙动差指标超限时，处理方式正确的是(　　)。

A. 禁止使用，送厂校正　　B. 只许旋进使用
C. 采用实测值　　D. 调整所测成果

50. 规范规定，进行一等水准测量，数字水准仪重复观测的次数至少是(　　)次。

A. 2　　B. 3
C. 4　　D. 5

51. 加密重力测量中，测线中仪器静放(　　)h 以上时，必须在静放前后读数，按静态零漂计算。

A. 1　　B. 2
C. 3　　D. 4

52. 测定垂直重力梯度要求每台仪器测定段差的合格成果数不得少于(　　)个。

A. 3　　B. 4
C. 5　　D. 6

53. 使用测微螺旋和照准部微动螺旋时，要求最后旋转方向为“旋进”，是为了消除(　　)的影响。

A. 照准部旋转引起底座位移　　B. 照准部旋转引起底座弹性扭转
C. 微动螺旋间隙差　　D. 度盘中心差

54. 规范规定，在进行观测水平角过程中当测站上观测方向数多于(　　)个时，应考虑分组观测。

A. 3　　B. 4
C. 5　　D. 6

55. S05 是用来代表光学水准仪的，其中 05 是指(　　)。

A. 我国第三种类型的水准仪　　B. 水准仪的型号
C. 每千米往返测平均高差的中误差　　D. 厂家的代码

56. 因瓦水准尺的“基辅差”一般为(　　)。

A. 301 050　　B. 315 500
C. 301 550　　D. 310 550

57. 地面某点的经度为 E85°32′，该点所处的位置应该在 3°带的(　　)带。

A. 26　　B. 27
C. 28　　D. 29

58. GPS 基线解算得到的基线和对基线进行无约束平差是(　　)下的值。

A. WGS-84 坐标系　　B. CGCS 2000 坐标系
C. 1980 西安坐标系　　D. 1954 北京坐标系

59. 双频接收机可以同时接收 L1 和 L2 信号，利用双频技术可以消除或减弱(　　)对观测量的影响，定位精度较高，基线长度不受限制，所以作业效率较高。

A. 对流层误差　　B. 多路径误差

C. 电离层误差　　D. 相对论效应

60. 在 GPS 载波相位测量中，接收机始终能够准确测量的是(　　)。

A. 整周计数　　B. 卫星与测站之间的距离

C. 不足一周的小数部分　　D. 传播时间

61. GPS 载波相位观测值 3 次求差可以消除的误差是(　　)。

A. 卫星轨道误差　　B. 接收机钟差

C. 电离层折射误差　　D. 初始整周模糊度

62. 按误差性质分类，下列误差为偶然误差的是(　　)。

A. 卫星轨道误差　　B. 接收机钟差

C. 电离层折射误差　　D. 多路径效应误差

63. 下列措施中，不能削弱多路径效应误差的是(　　)。

A. 选择合适的站址　　B. 在天线中设置抑径板

C. 长时间观测　　D. 测定气象元素

64. 在 GPS 测量中，观测值都是以接收机的(　　)位置为准的，所以天线的相位中心线应该与其几何中心保持一致。

A. 几何中心　　B. 相位中心

C. 点位中心　　D. 高斯投影平面中心

65. 某城市 GPS 网由 50 个点组成，采用 5 台 GPS 接收机进行观测，每点设站次数为 4 次，则全网独立基线数为(　　)。

A. 160　　B. 196

C. 200　　D. 250

66. GPS 三维约束平差至少需要提供(　　)个已知点的坐标值才可进行。

A. 1　　B. 2

C. 3　　D. 4

67. “2000 国家重力基本网”采用的是(　　)椭球常数及相应正常重力场。

A. 克拉索夫斯基　　B. IAG75

C. GRS 80　　D. CGCS2000

68. 下列仪器设备中，主要用于地形控制测量中的是(　　)。

A. DJ07 级经纬仪　　B. DJ1 级经纬仪

C. DJ2 级经纬仪　　D. DJ6 级经纬仪

69. 使用 DJ07 级经纬仪采用方向法观测进行四等三角观测，应测(　　)测回。

A. 4　　B. 6

C. 9　　D. 12

70. 下列内容中，不属于三角测量外业验算的是(　　)。

A. 编制观测度盘表　　B. 绘制三角锁网图

C. 归心改正计算　　D. 分组测站平差

71. 已知某一端方位角的三等附合导线，共有导线节边数7条，设已知方位角中误差为±3″，转折角测角中误差为±1.0″，则该导线最弱边方位角中误差为(　　)(小数点后保留2位)。

A. ±3.91″　　B. ±4.00″

C. ±3.87″　　D. ±2.55″

72. 按一、二等导线边距离测量技术要求，每边观测总测回数是(　　)。

A. 10　　B. 12

C. 16　　D. 20

73. 规范规定，C级GPS测量一般不用于(　　)。

A. 建立城市坐标基准框架　　B. 建立三等大地控制网

C. 建立区域基本控制网　　D. 建立城市基本控制网

74. 岩层上埋设的GPS控制网标石应经过(　　)方可进行观测。

A. 一个雨季　　B. 一个冻、解期

C. 一个月　　D. 三个月

75. 一等水准测量从我国最东边到西部大约5 000 km的路线长度，如果仅考虑偶然中误差影响，则整个路线的误差为(　　)m。

A. 2.25　　B. 0.032

C. 5　　D. 0.071

76. 水准测量作业中对电子水准仪的 i 角要(　　)。

A. 每天出测前检验1次　　B. 每天收测后检验1次

C. 每15天检验1次　　D. 无需检验

77. 山区布设一等水准网，闭合环不足50个时，每千米水准测量的全中误差限差为(　　)mm。

A. ±1.0　　B. ±0.45

C. ±1.2　　D. ±2.0

78. 国家一、二等水准测量要求在水准路线上进行重力测量，其目的是求(　　)。

A. 大地高　　B. 正常高

C. 大地水准面差距　　D. 高程异常

79. 基本重力控制点应在全国构成(　　)，其点间距应在500 km左右。

A. 附合导线形式　　B. 闭合环形式

C. 辐射状　　D. 多边形网

80. 相对重力测量时，基本点的联测应组成闭合环，闭合环的测段数不宜超过(　　)段。

A. 4　　B. 5

C. 6　　　　　　　　　　D. 8

81. 采用GPS水准方法进行区域似大地水准面精化时，如不顾及重力似大地水准面的确定误差，则其精度主要取决于(　　)。

A. 水准测量的精度　　　　B. GPS测定大地高的精度

C. 地形数据DEM的精度　　D. 重力测量的精度

82. 采用几何与重力联合法进行区域似大地水准面精化，用于计算重力似大地水准面的资料不包括(　　)。

A. 重力资料　　　　B. 地形数据DEM

C. 重力场模型　　　D. GPS水准成果

83. 区域似大地水准面精化中，格网平均重力异常的精度是以(　　)来表示。

A. 似大地水准面分辨率　　　　B. 格网平均重力异常分辨率

C. 格网平均重力异常代表误差　D. 数字高程模型分辨率

84. 下列基本常数中，1980国家坐标系和WGS-84坐标系所采用数值相同的是(　　)。

A. 地球重力场二阶带谐系数　　B. 长半轴

C. 短半轴　　　　　　　　　　D. 地心引力常数

85. 重力位相等的封闭曲面是(　　)。

A. 法截面　　　　B. 似大地水准面

C. 大地水准面　　D. 参考椭球面

86. 根据"1956黄海高程系"计算的地面上某点高程为63.464 m若改用"1985国家高程基准"，则该点的高程是(　　)m。

A. 63.435　　　　B. 63.490

C. 63.493　　　　D. 63.438

87. 下列关于UTM投影的性质，描述正确的是(　　)。

A. 中央子午线投影长度比为0.999 6　　B. UTM投影是等积投影

C. UTM投影是正轴投影　　　　　　　　D. UTM投影是等距投影

88. 若要在两已知点间布设一条附合水准路线 已知每千米观测中误差等于±5.0 mm 欲使平差后线路中点高程中误差不大于±10 mm 则该路线长度最多可达(　　)km。

A. 2　　　　B. 16

C. 8　　　　D. 10

89. 某三角形的三个内角为α、β、γ，已知α和β角的权分别为4、2，α角的中误差为±9″，则该单位权中误差是(　　)。

A. ±18″　　　　B. ±12.7″

C. ±15.6″　　　D. ±1.75″

90. 如图1-4所示，分别从已知水准点A、B(高程为真值)向P点进行水准测量，设每站观测高差的中误差为±5 mm，则P点的高程最或然值是(　　)m。

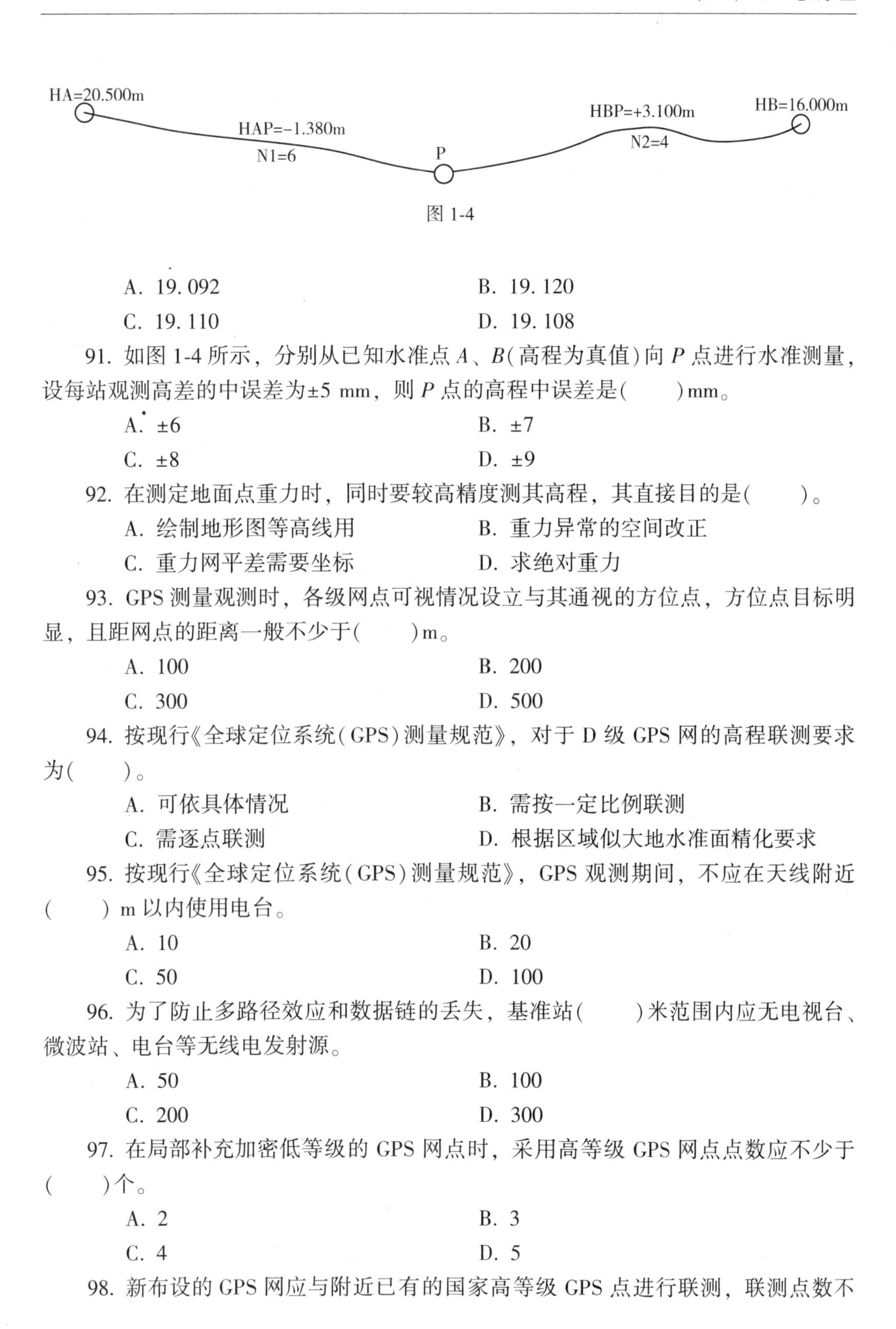

图 1-4

A. 19.092　　　　B. 19.120

C. 19.110　　　　D. 19.108

91. 如图 1-4 所示，分别从已知水准点 A、B(高程为真值)向 P 点进行水准测量，设每站观测高差的中误差为±5 mm，则 P 点的高程中误差是(　　)mm。

A. ±6　　　　B. ±7

C. ±8　　　　D. ±9

92. 在测定地面点重力时，同时要较高精度测其高程，其直接目的是(　　)。

A. 绘制地形图等高线用　　　　B. 重力异常的空间改正

C. 重力网平差需要坐标　　　　D. 求绝对重力

93. GPS 测量观测时，各级网点可视情况设立与其通视的方位点，方位点目标明显，且距网点的距离一般不少于(　　)m。

A. 100　　　　B. 200

C. 300　　　　D. 500

94. 按现行《全球定位系统(GPS)测量规范》，对于 D 级 GPS 网的高程联测要求为(　　)。

A. 可依具体情况　　　　B. 需按一定比例联测

C. 需逐点联测　　　　D. 根据区域似大地水准面精化要求

95. 按现行《全球定位系统(GPS)测量规范》，GPS 观测期间，不应在天线附近(　　)m 以内使用电台。

A. 10　　　　B. 20

C. 50　　　　D. 100

96. 为了防止多路径效应和数据链的丢失，基准站(　　)米范围内应无电视台、微波站、电台等无线电发射源。

A. 50　　　　B. 100

C. 200　　　　D. 300

97. 在局部补充加密低等级的 GPS 网点时，采用高等级 GPS 网点点数应不少于(　　)个。

A. 2　　　　B. 3

C. 4　　　　D. 5

98. 新布设的 GPS 网应与附近已有的国家高等级 GPS 点进行联测，联测点数不应少于( )个。

A. 2　　B. 3

C. 4　　D. 5

99. 三角高程测量中，采用中丝法观测各等级三角点时，每一方向应观测( )测回。

A. 2　　B. 3

C. 4　　D. 6

100. 导线测量中，采用三丝法观测各等级导线点的垂直角时，每一个方向应观测( )测回。

A. 2　　B. 3

C. 4　　D. 6

101. D、E 级 GPS 网根据基线长度允许采用不同的数据处理模型，但是长度小于( )km 的基线，应采用双差固定解。

A. 5　　B. 10

C. 15　　D. 20

102. GPS 点之记的填写要求点位环视图按点位周围高度角大于( )的遮挡(地物)方向及高度角绘制遮挡范围，遮挡范围内填绘阴影线。

A. 10°　　B. 15°

C. 20°　　D. 30°

103. B、C、D、E 级 GPS 可视测区范围的大小，实行分区观测，相邻分区至少有( )个公共点。

A. 2　　B. 3

C. 4　　D. 5

104. D 级 GPS 网点相邻点 GPS 测量大地高差的精度最低为( )cm。

A. 2　　B. 3

C. 4　　D. 5

105. C 级 GPS 网相邻点间距离最大不宜超过( )km。

A. 20　　B. 30

C. 40　　D. 50

106. B 级 GPS 点埋设时应采用的标石类型是( )。

A. 基岩标石　　B. 基本标石

C. 普通标石　　D. 天线墩

107. C 级 GPS 网测量时，同步观测接收机数至少为( )台。

A. 2　　B. 3

C. 4　　D. 5

108. 在作业期间，用于 GPS 网观测的接收机天线至少( )检校一次。

A. 每天　　B. 一个周

C. 一个月　　D. 三个月

109. 埋设冻土基本标石时，基坑的深度应在最深冻土线或最深融化线以下(　　)cm。

A. 75　　B. 80

C. 85　　D. 100

110. 各等级重力点都必须测定平面坐标和高程，平面坐标和高程的测定中误差不应超过(　　)m。

A. 0. 5　　B. 0. 8

C. 1. 0　　D. 1. 5

111. 布设二等大地控制网时，各大地控制点间距平均距离应不超过(　　)km。

A. 5　　B. 20

C. 50　　D. 100

112. 连续运行基准站实地进行卫星定位观测时，当载波相位数据利用率低于(　　)时，应变更站址。

A. 10%　　B. 40%

C. 80%　　D. 90%

113. 下列关于一、二等水准测量的说法中，不正确的是(　　)。

A. 转动仪器的倾斜螺旋和测微鼓时，其最后旋转方向，均应为旋进

B. 返测偶数站观测程序为后视基本分划，前视基本分划，前视辅助分划，后视辅助分划

C. 观测前 30 min，应将仪器置于露天阴影下，使仪器与外界气温趋于一致

D. 日出后与日落前 30 min 可以进行观测

114. 进行四等水准测量时，任一测站上前后视距差累积应不大于(　　)m。

A. 3. 0　　B. 5. 0

C. 6. 0　　D. 10. 0

115. 三、四等水准路线跨江、河，当水准路线长度大于(　　)m 时，应根据视线长度和仪器设备情况，选用规范规定的相应方法进行跨江、河水准测量。

A. 50　　B. 100

C. 150　　D. 200

116. 某测绘大队采用电磁波测距高程导线进行某水网地区四等水准测量，隔点设站时用单程双测法观测，前后视线长度之差不得超过(　　)m。

A. 50　　B. 100

C. 150　　D. 200

117. 绘制水准路线图时，按规范规定应将水准路线两侧至少(　　)km 以内的地物、地貌复印在 A3 规格的图纸上。

A. 0. 1　　B. 0. 2

C. 0. 5　　D. 1. 0

118. 坚固建筑物(房屋、纪念碑、塔、桥基)或坚固石崖处一、二等水准路线的普通水准点，应埋设的标石类型是(　　)。

A. 钢管水准标石　　B. 道路水准标石

C. 墙脚水准标志　　D. 混凝土柱水准标石

119. 某测绘大队进行二等水准测量，由于水准路线通过某车流量甚大的桥梁，需进行夜间观测，根据规范规定，夜间观测的视线长度最大宜为(　　)m。

A. 15　　B. 20

C. 25　　D. 30

120. 国家级似大地水准面精化工作，平地、丘陵地的精度应不低于(　　)m。

A. ±0.1　　B. ±0.3

C. ±0.05　　D. ±0.6

121. 省级似大地水准面的精化工作，相邻高程异常控制点的高程异常差在平地、丘陵地的精度应不低于(　　)m。

A. ±0.1　　B. ±0.3

C. ±0.05　　D. ±0.6

122. 一等重力点于重力段差联测中误差应不大于(　　)$\times10^{-8}ms^{-2}$。

A. ±5　　B. ±10

C. ±25　　D. ±250

123. 省级似大地水准面精化，平地、丘陵地似大地水准面精化的精度应不低于(　　)m。

A. ±0.3　　B. ±0.6

C. ±0.1　　D. ±0.05

124. 城市似大地水准面计算，采用的格网重力异常分辨率应不低于(　　)。

A. 2.5′×2.5′　　B. 5′×5′

C. 10′×10′　　D. 15′×15′

125. 国家级似大地水准面精化中，所利用的数字高程模型的分辨率不应低于(　　)。

A. 3′×3′　　B. 5′×5′

C. 15′×15′　　D. 30′×30′

126. 在 CORS 站网络模式下，利用单基站 RTK 技术进行地形图测量，服务半径最大可以达到(　　)km。

A. 15　　B. 20

C. 30　　D. 40

127. 进行重力基本点的埋设要求两个观测墩之间相距应大于(　　)m。

A. 0.5　　B. 0.6

C. 0.8　　D. 1.0

128. 国家重力仪标定基线是国家重力控制测量的组成部分，分为长基线和短基线，短基线的建立要求至少由(　　)点组成。

A. 2　　B. 3

C. 5　　D. 6

129. 进行基准点的绝对重力测量，要求每个测点不得少于(　　)组合格数据。

A. 12　　B. 24

C. 36　　D. 48

130. 垂直重力梯度应在墩面与离墩面(　　)m 高度处的两点之间进行测定。

A. 1.2　　B. 1.3

C. 1.5　　D. 2.0

131. 使用标称精度为$\pm 20\times10^{-8}ms^{-2}$的相对重力仪测定重力垂直梯度，仪器台数不得少于(　　)台。

A. 2　　B. 3

C. 4　　D. 5

132. 进行相对重力仪性能的动态试验，对于同一台仪器，如果每一测段的段差观测值的互差均不大于一台仪器的动态观测精度的(　　)倍，可认为该仪器的零漂是线性的。

A. 1.5　　B. 2.0

C. 2.5　　D. 3.0

133. 在重力加密点上作重复观测或检查观测时，仪器应置于(　　)上。

A. 同一位置不同高度　　B. 同一位置同一高度

C. 不同位置不同高度　　D. 不同位置同一高度

134. 二等重力联测的附合路线和闭合环路线中的二等重力点数不得超过(　　)个。

A. 3　　B. 4

C. 5　　D. 6

135. 使用 DJ07 级仪器进行三等三角水平角测量，方向观测法测回数应为(　　)。

A. 4　　B. 6

C. 9　　D. 12

136. 进行水准测量时，对于数字水准仪应避免望远镜直接对着太阳，视线被遮挡不要超过标尺在望远镜中截长的(　　)。

A. 10%　　B. 20%

C. 30%　　D. 50%

137. 区段、路线往返测高差不符值超限时，首先重测的测段应是(　　)。

A. 往返高差不符值与区段(路线)不符值同符号的较大测段

B. 往返高差不符值与区段(路线)不符值同符号的较小测段

C. 往返高差不符值与区段(路线)不符值符号相反的较大测段

D. 往返高差不符值与区段(路线)不符值符号相反的较小测段

138. 跨河水准测量中采用经纬仪倾角法的最大跨距为(　　)m。

A. 500　　B. 1 500

C. 3 500　　D. 3 000

139. GPS 跨河水准测量应选择在地势较为平坦的平原、丘陵且河流两岸的地貌形态基本一致的地区进行。跨河场地两端高差变化超过(　　)m/km 的地区不宜进行一等 GPS 跨河水准测量。

A. 500　　B. 70

C. 130　　D. 200

140. 每完成一条水准路线测量，应计算每公里水准的偶然中误差；当构成水准网的(　　)时，还需要计算每千米水准测量的全中误差。

A. 水准环超过 20 个　　B. 水准环超过 10 个

C. 水准环超过 5 个　　D. 水准环超过 15 个

141. 一等水准网的观测，宜分区依次进行，每个区域至少应含(　　)个以上的卫星定位系统连续运行站。

A. 1　　B. 2

C. 3　　D. 4

142. 二等水准环线的周长，在平原和丘陵地区应不大于(　　)km，山区和困难地区可酌情放宽。

A. 2 000　　B. 1 600

C. 750　　D. 200

143. 进行三、四等水准测量，采用的混凝土普通水准标石可适用土层不冻或冻土深度小于(　　)m 的地区。

A. 0.6　　B. 0.8

C. 1.0　　D. 1.5

144. 按现行《国家一、二等水准测量规范》规定，冻土地区应埋设钢管普通水准标石，其标石埋深应在最大冻土深度线下(　　)m。

A. 0.5　　B. 0.8

C. 1.0　　D. 1.2

145. 单独的三等水准附合路线，长度应不超过(　　)km。

A. 70　　B. 80

C. 150　　D. 200

146. 三、四等水准路线(　　)km 以内的大地控制点、水文站、气象站等固定点，应根据需要列入水准路线予以联测。

A. 5　　B. 20

C. 50　　D. 80

147. 新设的三、四等水准路线距已测的各等级水准点在(　　)km 以内时，应予以联测。

A. 2　　B. 3

C. 4　　D. 5

148. 一、二等跨河水准测量，除采用测距三角高程法外，当跨河视线长度小于300 m时，视线高度应不低于(　　)m。

A. 2　　B. 3

C. 4　　D. 5

149. 选定基岩水准点，宜选在基岩露头或距地面不深于(　　)m的基岩上。

A. 2　　B. 3

C. 4　　D. 5

150. 一、二等水准观测时，应根据路线土质选用尺桩或尺台，所用尺桩数，应不少于(　　)个。

A. 2　　B. 3

C. 4　　D. 5

二、多项选择题共50题，每题的备选选项中，有2个或2个以上符合题意，至少有1个是错项)。

1. 经纬仪的轴线关系正确的是(　　)。

A. 视准轴平行于水准管轴　　B. 照准部水准管轴垂直于竖轴

C. 视准轴垂直于横轴　　D. 横轴垂直于竖轴

E. 竖丝垂直于横轴

2. 目前，“2000国家GPS控制网”是由(　　)组成的。

A. 国家测绘局布设的GPS A、B级网

B. 总参测绘局布测网

C. 中国地壳运动观测网

D. 中国大陆环境构造监网

E. 国家天文大地网设的GPS一、二级网

3. ITRF是ITRS的具体实现，是通过IERS分布于全球的跟踪站的(　　)来维持并提供用户使用的。

A. 速度场　　B. 坐标

C. 磁方位角　　D. 真方位角

E. 高程系统

4. 通常将地面观测的水平方向归算到椭球面上，需要进行的三差改正指的是(　　)。

A. 垂线偏差改正　　B. 切曲差

C. 标高差改正　　D. 截面差改正

E. 地球曲率差改正

5. 垂线偏差改正的数值主要与(　　)有关。

A. 测站点的垂线偏差　　B. 照准点的高程

C. 观测方向的天顶距　　D. 测站点到照准点的距离

E. 天文方位角

6. 高斯投影属于正形投影，保证了投影的(　　)。

A. 角度不变形　　B. 长度不变形

C. 图形相似性　　D. 面积不变形

E. 周长不变

7. 下列有关高斯投影性质与特点正确的是(　　)。

A. 中央子午线投影为直线　　B. 中央子午线投影后长度不变

C. 正形投影　　D. 同一点不同方向长度变形不相等

E. 所有长度变形的线段，其长度变形比均大于 1

8. 大地控制网优化设计常用的主要质量控制标准是(　　)。

A. 精度　　B. 可靠性

C. 费用　　D. 可分区标准

E. 灵敏度

9. 将椭球面上观测值化算到高斯投影平面上的工作内容有(　　)。

A. 三差改正　　B. 起始方位角化算

C. 方向改化　　D. 距离改化

E. 大地方位角化算

10. 采用差分 GPS 定位，可以完全消除的误差有(　　)。

A. 卫星钟误差　　B. 星历误差

C. 电离层误差　　D. 对流层误差

E. 多路径效应

11. 下列 GPS 测量误差中，与信号传播有关的包括(　　)。

A. 多路径效应误差　　B. 接收机钟差

C. 星历误差　　D. 电离层传播误差

E. 天线相位中心偏移误差

12. GPS 定位中可采用(　　)消除或减弱电离层误差。

A. 双频观测改正法　　B. 模型改正法

C. 同步观测组差法　　D. 长时间观测

E. 卫星轨道改进

13. 某 GPS 网由 45 个点组成，采用 5 台 GPS 接收机进行观测，每站设站 4 次，下列计算正确的是(　　)。

A. 全网观测时段数 36　　B. 多余观测基线数 216

C. 独立基线数 144　　D. 必要基线数 45

E. 总基线数 360

14. 下列系统中，属于大地测量参照系统的是(　　)。

A. 坐标系统　　B. 高程系统

C. 深度基准　　D. 重力参考系统

E. 时间系统

15. 通常所说的大地测量基本常数指的是(　　)。

A. 赤道半径 a　　B. 地心引力常数(包含大气质量) GM

C. 地球动力学形状因子 J_2　　D. 地球自转角速度 ω

E. 扁率 f

16. 下列大地测量常数中，属于物理常数的是(　　)。

A. 长半径 a　　B. 地心引力常数(包含大气质量) GM

C. 地球重力场二阶带球谐系数 J_2　　D. 地球自转角速度 ω

E. 扁率 α

17. 大地测量中常用的时间系统有(　　)。

A. GPS 时　　B. 原子时

C. 协调时　　D. 恒星时

E. 力学时

18. 下列属于地心坐标系应满足的条件的有(　　)。

A. 原点位于整个地球(包括海洋和大气)的质心

B. 原点位于参考椭球中心

C. 定向为国际时间局测定的某一历元的协议地极和零子午线

D. 定向随时间的演变满足地壳无整体运动的约束条件

E. 尺度是广义相对论意义下某一局部地球框架内的尺度

19. 下列内容中，属于大地测量中三角测量法的缺点是(　　)。

A. 图形结构强度低　　B. 几何条件少，控制面积小

C. 在隐蔽地区布网困难　　D. 网中推算的边长精度不均匀

E. 检核条件少

20. 全国天文大地网整体平差的技术原则包括(　　)。

A. 时间系统　　B. 地球椭球参数

C. 坐标系统　　D. 椭球定位与坐标轴指向

E. 重力系统

21. 影响三角高程测量精度的有(　　)。

A. 距离测量误差　　B. 水平角误差

C. 垂直大气折光差　　D. 水平折光差

E. 垂直角误差

22. 下列内容属于 GPS 野外观测数据质量检核的是(　　)。

A. 同步观测环闭合差　　B. 各时间段的较差

C. 复测基线长度差　　D. 精处理后基线分量及边长的重复性

E. 独立环闭合差及附和路线坐标闭合差

23. GPS 网平差流程内容主要包括(   )。
A. 基线向量提取
B. 复测基线长度差计算
C. 三维无约束平差
D. 约束平差和联合平差
E. 质量分析与控制

24. 进行 GPS 网平差时，提取基线向量应遵循的原则有(   )。
A. 必须选取相对独立的基线
B. 所选取的基线应构成闭合几何图形
C. 选取质量好的基线向量
D. 选取能构成边数较多的异步环基线向量
E. 选取边长较长的基线量

25. GPS 网无约束平差主要达到的目的是(   )。
A. 判别 GPS 网中是否存在粗差基线
B. 调整各基线向量的权，使得它们相互匹配
C. 把 WGS-84 成果转换到选定坐标系
D. 检验约束条件的质量
E. 检验 GPS 网外符合精度

26. GPS 网约束平差和联合平差的主要步骤包括(   )。
A. 指定平差基准和坐标系统
B. 指定起算数据
C. 检验约束条件的质量
D. 进行平差解算
E. 采用基线向量改正数评定 GPS 网的质量

27. GPS 网平差质量评定主要采用的指标是(   )。
A. 基线向量改正数
B. 数据剔除率
C. 相邻点的中误差和相对中误差
D. 同步环闭合差
E. 独立环闭合差

28. 在国家三、四等水准测量外业高差和概略高程表编算时，所用的高差需要加入的改正包括(   )。
A. 水准标尺长度改正
B. 水准标尺温度改正
C. 重力异常改正
D. 正常水准面不平行改正
E. 路(环)线闭合差改正

29. 一、二等水准测量中要在水准路线上测重力值，目的是求(   )。
A. 大地高
B. 正常高
C. 大地水准面差距
D. 高程异常
E. 重力异常

30. 水准测量的精度可以用每千米高差中数的(   )来评定。
A. 单位权中误差
B. 偶然中误差
C. 理论闭合差
D. 全中误差
E. 往返闭合差

31. 水准测量平差中，高差观测值的权与(　　)有关。

A. 水准测量等级　　B. 水准路线的长度

C. 水准的测站数　　D. 水准测量测段高差大小

E. 水准路线闭合差

32. GPS 网点应均匀布设，所选点位应满足(　　)。

A. GPS 观测　　B. 天文大地观测

C. 三角网观测　　D. 水准联测

E. 导线网联测

33. 国家重力测量控制测量可分为(　　)。

A. 国家重力基本网　　B. 国家重力控制点

C. 国家一等重力网　　D. 国家二等重力网

E. 国家二等重力点

34. 重力基本网的设计原则包括(　　)。

A. 有一定的点位密度

B. 有效的覆盖国土的范围

C. 满足控制一等点对联测精度的要求

D. 满足国民经济和国防建设的需要

E. 在全国构成导线网，点距在 100 km 左右

35. 国家重力基本控制网由(　　)构成。

A. 重力基准点　　B. 重力基本点

C. 一、二等重力点　　D. 重力引点

E. 重力仪标定基线

36. 重力测量中，必须采用绝对重力仪施测的点是(　　)。

A. 重力基准点　　B. 重力基本点

C. 一、二等重力点　　D. 重力引点

E. 长基线点

37. 我国使用的克拉斯特型(LCR)相对重力仪，可用于测定(　　)。

A. 国家重力基准点　　B. 国家基本重力点

C. 国家一等重力点　　D. 国家二等重力点

E. 国家级重力仪标定基线长基线点

38. 相对重力仪的性能试验的内容主要包括(　　)。

A. 静态试验　　B. 动态试验

C. 比例因子试验　　D. 光路垂直性试验

E. 多台仪器一致性试验

39. 绝对重力观测中，初始位置高度处的观测重力值需要进行改正的内容是(　　)。

A. 固体潮改正　　B. 重力异常改正

C. 光速有限改正　　D. 极移动改正
E. 气压改正

40. 进行绝对重力测量，需要计算的数据内容有(　　)。
A. 墩面 1.3m 高度重力值计算　　B. 总平均值计算及精度估算
C. 重力梯度计算　　D. 零漂改正后的观测值计算
E. 初步观测值计算

41. 似大地水准面精化中，影响其精度的有(　　)。
A. GPS 水准点的精度和密度　　B. 重力测量的精度和密度
C. DEM 的分辨率和精度　　D. 全球重力场模型的精度
E. 该地域的平均经纬度

42. 似大地水准面精化实施过程中的主要工作包括(　　)。
A. 水准测量　　B. 气压高程测量
C. GPS 测量　　D. 重力似大水准地面计算
E. 重力似大地水准面与 GPS 水准似大地水准面融合

43. 采用组合法进行区域似大地水准面精化时，确定重力似大地水准面的资料包括(　　)。
A. 重力资料　　B. 地形资料
C. 重力场模型　　D. 验潮资料
E. GPS 水准成果

44. 网络 RTK 测量技术根据其解算模式可分为(　　)。
A. VIBI　　B. 单基站 RTK
C. VRS　　D. MAC
E. WAAS

45. A 级 GPS 网用于建立国家一等大地控制网，可以进行(　　)。
A. 地球动力学研究　　B. 地壳形变测量
C. 精密工程测量　　D. 卫星精密定轨测量
E. 建立地方坐标基准框架

46. A、B 级 GPS 网无约束平差输出成果包括(　　)。
A. 2000 国家大地坐标系中个点的地心坐标和大地坐标
B. 各基线的改正数
C. 各基线的地心坐标分量、大地坐标分量及其精度
D. 基线向量的平差值
E. 坐标转换参数及其精度信息

47. 下列测绘仪器设备中，可用于一、二等跨河水准测量的是(　　)。
A. 条码式因瓦标尺　　B. DJ2 型经纬仪
C. 大地型双频 GPS 接收机　　D. Ⅱ级光电测距仪
E. 自动安平数字水准仪 DSZ1

48. 区域似大地水面精化过程中所采用的参考基准有(　　)。

A. 大地坐标系　　B. 深度基准

C. 高程基准　　D. 重力基准

E. 时间基准

49. 国家一、二等跨河水准测量中，跨距 3 100 m，海拔高程约 600 m，则可根据需要选择的方法有(　　)。

A. 光学测微法　　B. 经纬仪倾角法

C. 倾斜螺旋法　　D. 测距三角高程法

E. GPS 测量法

50. 由每次下落采集的距离和时间对组成观测方程，解算出下落初始位置高度处的观测重力值 g 绘制下落直方图，进行(　　)，并将重力值 g，进行观测高度改正，分别归算至离墩面 1.3 m 和墩面。

A. 固体潮改正　　B. 气压改正

C. 零漂改正　　D. 极移改正

E. 光速有限改正

参考答案

一、单项选择题

1. B	2. B	3. D	4. A	5. C	6. A	7. A	8. B
9. B	10. C	11. C	12. B	13. C	14. D	15. D	16. B
17. C	18. D	19. B	20. C	21. C	22. D	23. C	24. B
25. C	26. D	27. B	28. C	29. B	30. C	31. B	32. B
33. B	34. B	35. A	36. B	37. D	38. B	39. D	40. A
41. D	42. D	43. A	44. C	45. B	46. D	47. C	48. B
49. B	50. B	51. C	52. C	53. C	54. D	55. C	56. C
57. D	58. A	59. C	60. C	61. D	62. D	63. D	64. B
65. A	66. B	67. C	68. D	69. A	70. A	71. B	72. C
73. A	74. C	75. B	76. A	77. C	78. B	79. D	80. B
81. B	82. D	83. C	84. D	85. C	86. A	87. A	88. B
89. A	90. D	91. C	92. B	93. C	94. A	95. C	96. C
97. C	98. B	99. C	100. B	101. C	102. A	103. C	104. C
105. C	106. D	107. B	108. C	109. A	110. C	111. C	112. C
113. D	114. D	115. D	116. B	117. D	118. C	119. C	120. B
121. A	122. C	123. C	124. A	125. D	126. C	127. C	128. B
129. D	130. B	131. A	132. C	133. B	134. B	135. B	136. B
137. A	138. C	139. B	140. A	141. C	142. C	143. B	144. A

145. C　146. C　147. C　148. A　149. D　150. C

二、多项选择题

1. BCDE	2. ABC	3. AB	4. ACD	5. AC
6. AC	7. ABCE	8. ABC	9. CDE	10. AB
11. AD	12. ABC	13. ACE	14. ABCD	15. ABCD
16. BCD	17. ABCE	18. ACDE	19. CD	20. BCD
21. ACE	22. ACE	23. ACDE	24. ABC	25. AB
26. ABCD	27. AC	28. ADE	29. BE	30. BD
31. BC	32. AD	33. ACE	34. ABCD	35. ABD
36. AE	37. BCD	38. ABE	39. ACDE	40. ABC
41. ABC	42. ACDE	43. ABC	44. BCD	45. ABD
46. ABCD	47. ACDE	48. ACD	49. BD	50. ABDE

第二章　海洋测绘

第一节　概　　述

一、海洋测绘的定义与任务、分类

1. 海洋测绘定义

海洋测绘是海洋测量和海洋制图的总称。其任务是对海洋及其邻近陆地和江河湖泊进行测量和调查，获取海洋基础地理信息，编制各种海图和航海资料。

海洋测量的主要对象是海洋。同陆地测量相比，海洋测量在基本理论、技术方法和测量仪器设备等方面与陆地测绘具有密切的联系，同时也具有许多独特的特点。

(1)测量工作的实时性。海洋测量的工作环境一般在起伏不平的海上，大多为动态测量，无法重复观测，精密测量施测难度较大，无法达到陆地测量的精度水平。

(2)海底地形地貌的不可视性。测量人员不能通过肉眼观测到海底，海底探测一般采用超声波等仪器进行探测，无法达到陆地测量的完整性目标。

(3)测量基准的变化性。海洋测量采用的深度基准面具有区域性，无法像陆地测量那样在全国范围内实现统一。

(4)测量内容的综合性。海洋测量工作需要同时完成多种观测项目，需要多种仪器设备配合施测，与陆地测量相比，具有综合性的特点。

2. 海洋测绘任务

海洋测绘通过对海面水体和海底进行全方位、多要素的综合测量，获取包括大气(气温、风、雨、云、雾等)、水文(海水温度、盐度、密度、潮汐、波浪、海流、声速等)以及海底地形、地貌、底质、重力、磁力等各种信息和数据，并绘制成不同目的和用途的专题图件，为航海、国防建设、海洋开发和海洋研究服务。

根据海洋测绘的目的，可把海洋测绘任务划分为科学性任务和实用性任务两大类。

(1)科学性任务

包括：a. 为研究地球形状提供更多的数据资料；b. 为研究海底地质的构造运动提供必要的资料；c. 为海洋环境研究工作提供测绘保障。

(2)实用性任务

包括：a. 海洋自然资源的勘探和离岸工程；b. 航运、救援与航道；c. 近岸工程；d. 渔业捕捞；e. 其他海底工程。

3. 海洋测绘分类

海洋测绘包括海洋测量、各种海图的编绘及海洋信息的综合管理和利用。

①海洋测量：海洋大地控制网、海洋重力测量、海洋磁力测量、海洋定位、水深测量及水下地形测量、海洋水文要素及其观测、海底地貌及底质探测、海洋工程测量等。

②海图绘制：各种海图、海图集、海洋资料的编制和出版。

③海洋信息管理：海洋地理信息的管理、分析、处理、应用以至数字海洋。

海洋测绘是由海道测量开始的，现在已逐步发展到海洋大地测量、海底地形测量和许多海洋专题测量。海道测量是为保证船舶航行安全而对海洋水体和水下地形进行的测量和调查工作。测量获得的水区各种资料，可用于编制航海图等。根据测量内容，海道测量包括控制测量、岸线地形测量、水深测量、扫海测量、海洋底质探测、海洋水文观测、助航标志的测定以及海区资料调查等。根据测区距海岸的远近、水下地形的复杂状况和制图的要求，海道测量通常又可分为港湾测量、沿岸测量、近海测量和远海测量等四类。

二、海洋测绘的基准

海洋测绘基准是指测量数据所依靠的基本框架，包括起始数据、起算面的时空位置及相关参量，包括大地(测量)基准、高程基准、深度基准和重力基准等。

海洋测绘根据测绘目的不同，平面控制也可采用不同的基准。海道测量的平面基准通常采用2000国家大地坐标系(CGCS2000)，投影通常采用高斯-克吕格投影和墨卡托投影两种投影方式。

我国的垂直基准分为陆地高程基准和深度基准两部分。陆地高程基准采用“1985国家高程基准”，对于远离大陆的岛礁，其高程基准可采用当地平均海面。深度基准采用理论最低潮面。

重力基准采用2000国家重力基准。

三、海洋定位方法

海洋定位是海洋测绘和海洋工程的基础。海洋定位主要有天文定位、光学定位、无线电定位、卫星定位和水声定位等手段。

①天文和光学定位：光学定位是借助光学仪器，如经纬仪、六分仪、全站仪等实施海上定位，主要有前方交会法、后方交会法、侧方交会法和极坐标法等。

②无线电定位：无线电定位多采用圆-圆定位或双曲线定位方式。

③卫星定位：属于空基无线电定位方式，为目前海上定位的主要手段。卫星定位系统主要包括美国的GPS、俄罗斯的格洛纳斯(GLONASS)、我国的北斗定位系统以及欧洲的伽利略(Galileo)定位系统。

④水声定位：利用水下声标作为海底控制点，通过精确联测其坐标，可直接为船舶、潜艇及各种海洋工程提供导航定位服务，对水下工程具有重要的应用价值。

验潮的目的是为了确定各验潮站的多年平均海水面、深度基准和各分潮的调和常数，为了获得测深时刻测得深度的水位改正数。

四、测深方法与手段

海洋测深的方法和手段主要有测深杆、测深锤(水铊)、回声测深仪、多波束测深系统、机载激光测深等。

①测深杆：主要用于水深浅于5 m的水域测深。它由木制或竹质材料支撑，直径为3~5 cm，长为3~5 m，底部设有直径为5~8 cm的铁制圆盘。

②测深锤(水砣)：主要适用于8~10 m水深且流速不大的水域测深。它由铅砣和砣绳组成，其重量视流速而定，砣绳一般为10~20 m，以10 cm为间隔。

③回声测深仪：分为单波束、多波束、单频或双频测深仪等。

④机载激光测深系统：分为机载部分和地面部分。

五、海图基础知识

1. 海图内容

海图(chart)是以海洋及其毗邻的陆地为描绘对象的地图。用于航海的海图应详细标绘航海所需要的资料，如岸形、岛屿、礁石、浅滩、水深、底质、水流及助航设施等。

2. 海图要素

海图要素分为数学要素、地理要素和辅助要素三大类。

①数学要素是建立海图空间模型的数学基础，包括海图投影及与之有关的坐标网、基准面、比例尺等。

②地理要素是借助专门制定的海图符号系统和注记来表达的海图内容。海图地理要素分为海域要素和陆地要素两类。

③辅助要素是辅助读图和用图的说明或工具性要素。例如，海图的接图表、图例、图名、出版单位、出版时间等。

3. 海图种类

按内容可分为普通海图、专题海图和航海图三大类；按照存储形式可分为纸质海图和电子海图。航海图按航海中的不同用途可分为海区总图、航行图和港湾图。

4. 海图分幅

海图分幅的基本原则是保持制图区域的相对完整、航线及重要航行要素的相对完整，在保证航行安全和方便使用的前提下，尽可能减少图幅的数量。海图分幅主要采取自由分幅方式。海图一般设计为全张图，图幅尺寸一般为980 mm×680 mm左右，特殊情况下图幅尺寸可略扩大，但最大不得超过1 020 mm×700 mm。对开图一般图幅尺寸为680 mm×460 mm，图幅的标题配置在图廓外时，纵图廓应比标准长度小25 mm。

5. 海图数学基础

海图的数学基础包括坐标系、投影和比例尺。我国海图一般采用2000国家大地坐标系(CGCS 2000)，国际海图一般采用1984世界大地坐标系(WGS-84)。航海图一般采用墨卡托投影，这种投影具有等角航线为直线的特性，是海图制作所选择的主要投影。同比例尺的成套航行图以制图区域中纬为基准纬线，其余图以本图中纬为基准纬线，基准纬线取至整分或整度。1∶2万及更大比例尺的海图，必要时亦可采用高斯-克吕格投影。制图区域60%以上的地区纬度大于75°时，采用日晷投影。

第二节　海洋测量

一、技术设计

1. 技术设计的内容

包括：a. 确定测量目的和测区范围；b. 划分图幅及确定测量比例尺；c. 确定测量技术方法和主要仪器设备；d. 明确测量工作的重要技术保证措施；e. 编写技术设计书和绘制有关附图。

2. 技术设计的步骤

技术设计一般分为资料收集和分析、初步设计、实地勘察、技术设计书编制等四个阶段。技术设计书的内容为：a. 任务的来源、性质、技术要求；b. 测区的自然地理特点；c. 技术设计所依据技术标准、规范、规程以及原有测量成果的采用情况；d. 各施测控制点的等级、标石类型及数量；e. 水深测量图幅、测深里程、航行障碍物的数量；f. 海岸地形测量的图幅、面积及岸线长度；g. 作业所需的各种仪器、器材、船只类型和数量；h. 根据测区地理气象及技术装备条件，计算各种测量作业的工作量和天数；i. 根据测区特点和作业技术水平，提出作业方法和注意事项，以及具体技术要求。

二、海洋控制测量

海洋测量中的控制测量分为平面控制测量和高程控制测量。海洋测量的平面及高程控制基础是在国家大地网(点)和水准网(点)的基础上发展起来的。

1. 平面控制测量

平面控制测量方法主要有三角测量、导线测量和 GPS 测量。

海洋测量控制点按平面控制精度分为海控一级点(以 H_1 表示)和海控二级点(以 H_2 表示)以及测图点(以 H_C 表示)。海控点的分布应以满足水深测量和海岸地形测量为原则。

海洋测量控制点等级见表 2-1。

表 2-1　**海洋测量平面控制基本要求和投影分带规定**

测图比例尺(S)	最低控制基础	直接用于测量	投影
S>1：5 000	国家四等点	H_1 海控一级点	高斯(1.5°)
1：5 000≥S>1：1 万	H_1 海控一级点	H_2 海控二级点	高斯(3°)
S≤1：1 万	H_2	H_C 测图点	高斯(6°)
S≤1：5 万	—	—	墨卡托

海控一、二级点布设的方法主要采用 GPS 测量、导线测量和三角测量，测图点可采用 GPS 快速测量法，以及导线、支导线和交会法测定。其图形布设要依据地形条件和仪器装备情况而定。

海洋测量控制点精度要求见表 2-2。

表 2-2　**海控点和测图点的基本精度指标**

限差项目		H_1	H_2	H_C
测角中误差/(″)		±5	±10	±10
相对相邻起算点的点位中误差/m		±0.2	±0.5	—
测距相对中误差		1/50 000	1/25 000	1/25 000
交会点最大互差/m	1：1 万比例尺测图	—	—	1
	小于 1：1 万比例尺测图	—	—	2

用于平面控制的主要控制点应采用常规大地测量的方法测定，其相对准确度为1/100 000。采用卫星定位方法测定控制点时，在置信度为95%时，定位误差不超过10 cm。而不能用于发展平面控制的次级控制点，采用常规大地测量的方法测定时其相对准确度不得大于1/10 000，采用卫星定位方法测定时不得大于50 cm。

2. 高程控制测量

高程控制测量的方法主要有几何水准测量、测距高程导线测量、三角高程测量、GPS高程测量等。在有一定密度的水准高程点控制下，三角高程测量和GPS高程测量是测定控制点高程的基本方法。电磁波测距三角高程测量可代替四等水准测量和等外水准，但三角高程网各边的垂直角应进行对向观测。

用于三角高程起算的海控点、测图点、验潮水尺零点、工作水准点及主要水准点，均应用水准联测的方法确定其高程。用水准联测高程时，必须起测于国家等级水准点，根据所需的高程精度和测线长度决定施测等级。进行等级水准测量时，应按相应的国家水准测量规范执行。验潮站水准点与验潮站水尺间的联测，按等外水准测量要求施测。

利用GPS手段进行高程测量时，应对测区的高程异常进行分析。一般在地貌比较平坦的区域，已知水准点距离不超过15 km，点数不少于4个；困难地区，水准点分布合理情况下不少于3个，解算出的未知点高程在满足规范要求时可作为相应等级的水准高程(外推点除外)使用。

三、深度基准面的确定与传递

1. 深度基准面确定

海洋测深的本质是确定海底表面至某一基准面的差距。目前世界上常用的基准面为深度基准面、平均海面和海洋大地水准面。前一种是指按潮汐性质确定的一种特定深度基准面，即狭义上的深度基准面，这也是海洋测深实际用到的基准面。

确定深度基准面的基本原则：

①充分考虑船舶航行安全；

②保证航道或水域水深资源的利用效率；

③相邻区域的深度基准面尽量一致。

深度基准面高度：从当地平均海面起算。一经确定且已正规使用则不得变动。

20世纪50年代初期，我国采用略最低低潮面作为深度基准面。1956年后，我国采用理论最低潮面作为海图深度基准面，内河、湖泊采用最低水位、平均低水位或设计水位作为深度基准。

基于深度基准面的海底深度计算公式：

$D(x,y)=h(x,y,t)-T(x,y,t)+$改正数，$(x,y)\in S$(即海底深度=瞬时测

深-瞬时海面高)

式中：(x, y)表示平面位置坐标；s 表示测区位置；t 表示时间参数；$h(x, y, t)$表示瞬时测深值——测深仪直接测量；$T(x, y, t)$表示瞬时潮位高度值——验潮站或随船仪器测量。

2. 深度基准面计算与传递

在海洋测量中，验潮站的水位应归算到深度基准面(即理论最低潮面)上。长期验潮站深度基准面可沿用已有的深度基准，由陆地高程控制点进行水准联测，也可以利用连续 1 年以上水位观测资料通过调和分析取 13 个主要分潮采用弗拉基米尔法计算。

短期验潮站和临时验潮站深度基准面的确定可采用几何水准测量法、潮差比法、最小二乘曲线拟合法、四个主分潮与 L 比值法，由邻近长期验潮站或具有深度基准面数值的短期验潮站传算，当测区有两个或两个以上长期验潮站时取距离加权平均结果。

测深基准示意图如图 2-1 所示。

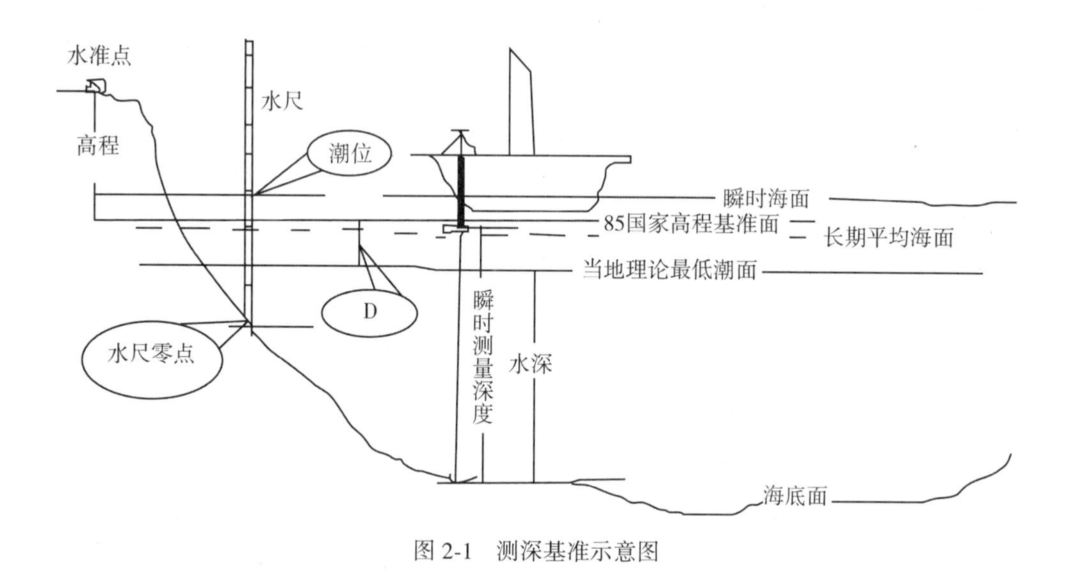

图 2-1　测深基准示意图

四、海洋测量定位

海洋定位通常是指利用两条以上的位置线，通过图上交会或解析计算的方法求得海上某点位置的理论与方法。海上位置线一般可分为方位位置线、角度位置线、距离位置线和距离差位置线四种。通常可以利用两条以上相同或不同的位置线定出点位。

海洋定位的方法有以下四种：光学定位、无线电定位、卫星定位、水声定位。

①光学定位：主要有前方交会法、后方交会法、侧方交会法和极坐标法等。

②无线电定位：常采用测距、测距差或两种方法混合使用，按定位方式可以分为圆-圆(两距离法)定位和双曲线法(距离差法)定位。

③卫星定位：海上定位的主要手段。GPS 卫星定位其基本观测量又可分为码相位观测量和载波相位观测量。差分卫星定位是通过建立基准站，观测计算并发送卫星定位改正数，用户站接收并对其测量结果进行改正，以获得更为精确的定位结果。根据差分 GPS 基准站发送的信息方式的不同可分为位置差分、伪距差分、相位平滑伪距差分、相位差分。

④水声定位：通过声波的传播路径推求目标的坐标(位置)，就是水下目标的声学定位。用于水下目标定位的声学系统即水声定位系统，通常由船台设备和若干水下设备组成。船台设备包括一套具有发射、接收和测距功能的控制、显示设备，以及安装在船底或船后“拖鱼”内的换能器及水听器阵。水下设备主要是声学应答器基阵。

五、水文观测

海洋水文观测是指在某点或某一断面上观测各种水文要素，并对观测资料进行分析和整理的工作。观测内容主要是海水温度、盐度、密度、含沙量、化学成分、潮汐、潮流、波浪、声速等要素，其目的是为编辑出版航海图、海洋水文气象预报、海洋工程设计以及海岸变迁和泥沙淤积等海洋科学研究提供资料。

各要素的主要测量方法：①温度：采用表层温度计或颠倒温度计测定；②盐度：通过的阿贝折射仪、多棱镜差式折射仪、现场折射仪等进行测定；③透明度：透明度仪、光度计测定；④潮汐：通过潮位站进行验潮分析得出资料分析；⑤潮流：通过流速流向仪、声学多普勒流速剖面仪(ADCP)等测定；⑥测得水温、盐度和压力数据，利用公式去求海水中声音传播速度。

1. 海洋潮汐观测

(1)海洋潮汐现象

①潮汐周期：两个相邻高潮或两个相邻低潮之间的时间间隔，简称周期。有的地方潮汐周期为半天，其平均值是 12 h 25 min；有的地方潮汐周期为 1d，其平均值为 24 h 50 min，这里的“天”指太阴日。

②潮汐不等：由于月球、太阳、地球之间的相对位置不同，同一地点每日的潮差是不等的，这种现象称为潮汐不等。潮差随月球相位而变化，每月有两次大潮，两次小潮，大潮一般在朔望后两三天出现，小潮一般在上弦下弦后两三天出现。大潮时，海面涨得最高，落得最低，此时的潮差称为大潮差；小潮时，海面涨得不很高，落得也不太低，此时的潮差称为小潮差。

③高(低)潮间隙：月球经过某地子午圈的时刻，称为对应地点的月中天或太阴中天，其中离天顶较近的一次称为月上中天，离天顶较远的一次称为月下中天。从月

中天至高(低)潮时的时间间隔称为高(低)潮间隙，取其平均值为平均高(低)潮间隙。

潮汐类型包括：

①半日潮港($0<F\leqslant 0.5$)：半日潮港在一个太阴日内，发生两次高潮和低潮，且相邻的高(低)潮的潮高大致相等，涨落潮持续时间亦很接近。

②混合潮港($0.5<F\leqslant 4$)：混合潮港分为不规则半日潮混合潮港($0.5<F\leqslant 2$)和不规则日潮混合潮港($2<F\leqslant 4$)。不规则半日潮是潮汐在一个太阴日内有两次高潮和两次低潮，两次高(低)潮的潮高不等，涨落潮时间不等，且不等是变化的。不规则日潮是潮汐在一个朔望月中有几天会出现一日一次高潮和一次低潮，而大多数天为一天两次高潮和两次低潮。

③日潮港($F>4$)：日潮港是潮汐在一个朔望月内大多数天只有一次高潮和一次低潮，且在半个月内连续出现 7 d 以上，其余少数几天为半日潮。

(2)水位观测

在海洋测绘中，根据作用不同，验潮站分为长期验潮站、短期验潮站、临时验潮站和海上定点验潮站。长期验潮站是测区水位控制的基础，主要用于计算平均海面，一般应有 2 年以上连续观测的水位资料；短期验潮站用于补充长期验潮站的不足，与长期验潮站共同推算确定测区的深度基准面，一般应有 30 d 以上连续观测的水位资料；临时验潮站在水深测量时设置，至少应与长期站和短期站在大潮期间同步观测水位 3 d，主要用于深度测量时进行水位改正；海上定点验潮站，至少应在大潮期间与相关长期站或短期站同步观测 1 次或 3 次 24 h 或连续观测 15 d 水位资料，用于推算平均海面、深度基准面以及预报瞬时水位，进行深度测量时的水位改正。

水位观测可采用水尺、井式自记验潮仪、声学或压力式传感器等专用设备实施。另外，利用卫星遥感、差分 GPS 也可以进行水位观测，为运海潮汐观测提供了新的手段。

(3)潮汐调和分析

根据物理学原理，任何一种周期性的运动都可以由许多简谐振动组成。潮汐变化也是一种非常近似的周期性运动，因而也可以分解为许多固定频率的分潮波，进而求解分潮的调和常数(振幅、迟角)，这种分析潮汐的方法称为潮汐调和分析。

潮汐调和分析的主要目的是计算分潮调和常数。调和常数在计算平均海平面的时候可以用来消除潮汐的影响，研究海平面变化。另外它还可以应用于计算理论最低潮面、天文最高和最低潮面以及描述潮汐特征的潮汐非调和常数、开展潮汐预报等。

2. 声速观测

与光波、电磁波等辐射形式相比，声波是目前所知的最佳水下传播形式。声速测量的目的一是为了对测深数据进行声速改正，二是确定声线在水中的传播方向和路径。

(1)声波在海水中的传播速度

海洋中声波的传播速度和海水介质的盐度、温度、压力有关。特别是当海水温度跃层存在时，由于折射，声线方向的变化尤为显著。同时温度跃层也造成声波反射，穿透跃层的能量大大减少。由于温度跃层的存在，导致侧扫声呐和多波束探测成果失真，严重影响测量成果的质量。因此在侧扫声呐和多波束测量前，必须对测区海水温度跃层进行调查。

(2)声速在海水中的传播特性

包括：①声波穿过不同的水层产生折射和反射现象，且服从折反射定律。②改变声音在海水中传播的最重要的一个现象是折射，它是由于海水温度、盐度、压力不均匀造成空间变化引起的。

(3)海洋声速测量

海水声速是水温、盐度和压力的函数。根据测得的水温、盐度和压力数据，用特定的计算公式确定海水声速的方法称为间接声速测量。

凡通过测量声速在某一固定距离上传播的时间或相位，从而直接计算海水声速的方法均为直接声速测量。具体的声速测量仪所依据的原理有脉冲时间法、干涉法、相位法和脉冲循环法等。船用声速测量仪分吊放式和消耗式两种。

3. 海流观测

(1)潮流现象

通常把由外海经内海向港湾流动的潮流称为涨潮流；由港湾流向外海的潮流称为落潮流。潮流在涨潮流与落潮流的转变时，流速较小，若流速为零称为转流。

以流向的变化可将潮流分为往复式和回转式两种。

(2)潮流观测

验流点一般选择在锚地、港口和航道入口及转弯处、水道或因地形条件影响流向流速改变的地段，观测内容包括流速和流向。为更好地分离潮流，应在风浪较小的情况下进行海流观测，验流期间应对潮汐和气象情况进行同步观测。潮流观测实施前，应详细了解测区潮流性质，确定潮流观测的时间长度，半日潮港验流一般应持续 13h 以上，日潮港验流一般应持续 25h 以上。

①半日潮港海区，验流(潮流)时间应选择在农历初一、初二、初三或十六、十七、十八。日潮港海区选择在月赤纬最大的前后回归潮期间进行，也可以从潮汐表中选取最大潮日期进行。往复流验流必须测出最大涨、落潮流的流速、流向及时间，说明转流时间与高低潮时间的关系(如高潮后 1 h 15 min 开始转为落潮流)。验流定位的计时精确到秒，流速精确到 0.1 节，流向精确到 0.5°。

②当采用准调和分析方法时，海流连续观测次数应不少于 3 次，分别选择大、中、小潮日期进行。在一般的潮流分析中，可采用一次或两次海流观测资料，一次海流观测应在大潮日期进行，两次海流观测应分别在大潮、小潮日期进行。每次海流观测应持续 25 h 以上。当分析如风海流或波流等其他类型的海流时，应在不同季节和不同气象状况下进行观测；当分析河口区的径流时，应选择在枯水期和洪水期分别进

行观测。

六、水深测量

水深测量的主要技术方法有单波束与多波束回声测深及机载激光测深等。水深测量主要工作流程包括水深数据采集、水深数据处理、水深成果质量检查、水深图输出等。

1. 单波束测深

单波束测深波束的指向性波束宽度和发射脉冲的宽度分别影响被测目标的方位和深度分辨率。单波束测深仪数字化记录和声图上的水深值，是由换能器底面至海底的深度值。换能器浸没在海水中，由于测深仪设计转速、声速与实际的转速、声速不同，以及换能器的安装等原因，需要对其进行吃水改正、基线改正、转速改正及声速改正等。对各项改正一般采用综合处理，求取总改正对测量深度的影响，通常采用的改正方法包括校对法和水文资料法。

①校对法适用于小于 20 m 的水深。利用校准工具如带有刻度电缆的水听器、带有刻度缆绳的比对板等，置于换能器下面一定深度处，读取校对工具的入水深度，与测深仪的读数相比较，差值为测深仪总改正数 Δz。

②水文资料法适用于大于 20 m 的水深，利用实测数据(包括各水层的温度、盐度、深度)分别利用相应的公式求取各改正数，最后求取测深仪总改正数。

2. 多波束测深

多波束测深是一个复杂的综合性系统，主要由多波束声学系统(MBES)、多波束采集系统(MCS)、数据处理系统和外围辅助传感器等组成。其中，换能器为多波束的声学系统，负责波束的发射和接收；多波束采集系统完成波束的形成和将接收到声波信号转换为数字信号，并反算其距离或记录声波往返换能器面和海底的时间；外围设备主要包括定位传感器(如 GPS)、姿态传感器、声速剖面仪(CTD)和电罗经，实现测量船瞬时位置、姿态、航向以及声速传播特性；数据处理系统以工作站为代表，综合声波测量、定位、船姿、声速剖面和潮位等信息，计算波束脚印的坐标和深度，并绘制海底地形图。

(1)多波束参数校正

多波束测深系统结构复杂，各种传感器和换能器的安装一般无法达到理论设计的要求，因此需要进行参数校正，通常有导航延迟、横摇、纵摇和艏偏校正。由于导航延迟和纵摇偏差会造成测点的前后位移，而航向角偏差在平坦海底只造成波束沿偏角的旋转，因此在平坦海底进行导航延迟、横摇校正不受其他偏差的影响，可首先进行。多波束参数校正顺序通常是导航延迟、横摇、纵摇和艏偏校正。

(2)多波束测量野外工作的实施

多波束测深系统海上勘测实施的过程包括测前试验、测前准备、数据采集和数据处理四个部分。

(3)多波束测深数据编辑

多波束测深数据是在高度动态的海洋中采集的。由于仪器自噪声、复杂的海况因素或者多波束声呐参数设置不合理，导致勘测数据中不可避免地含有大量误差和噪声，造成虚假地形，从而使绘制的海底地形图与实际海底地形存在差异。为提高海底地形图的精度，有效利用多波束测深数据，必须对测深数据进行编辑，剔除假信息，恢复、保留真实信息，为后处理成图做好必要的准备。多波束勘测数据编辑的方法多种多样，但总的编辑思路是一致的，编辑的对象一般是水深值。其编辑计算方法有两种：一种是投影法，另一种是曲面拟合法。

1)投影法

多波束系统采集的水深数据是三维的，对测线数据进行编辑时，首先必须把水深数据投影到平面中去，然后才能进行编辑工作。投影方法主要有三种：沿测线前进方向投影、正交测线方向投影、垂直正投影。测线前进方向投影，就是把水深点投影到与测线正交的平面上。正交测线方向投影是以时间为横轴，水深为纵轴，在编辑界面上水深数据是以一个个波束的形式显示的。垂直正投影是把测深数据按经、纬度坐标位置投影到水平面上。在海底地形变化极其复杂的海区，需要在垂直正投影方式下进行进一步的编辑。

2)曲面拟合法

海底地形一般是连续变化的，而多波束测量是全覆盖的高精度测量，测量的资料能反映海底地形的全貌。用一定的曲面拟合海底面，超出曲面一定范围的数据点称为跃点，应该剔除掉。曲面拟合常用的计算方法有贝济埃(Bezier)方法、B 样条方法、最小二乘法拟合等。

3. 机载激光测深

机载激光海洋测深技术是利用绿光或蓝绿光易穿透海水，而红外光不易穿透海水的特点，用光激射器，光接收机，微机控制、采集、显示、存储及辅助设备组成机载激光测深系统。在飞机平台上安装光激射器向海面发射两种不同波长的激光，一种为波长 1 064 mμm 的脉冲红外光，另一种为波长 532 mμm 的绿光。红外光被海面完全反射和散射，而绿光则能够透射至海水中，经水体散射、海底反射和光接收器分别接收这些反射光，组成探测回波信号波形，探测并数字化处理回波信号，就可以得到机高和水深数据信息。

海水对不同波长的激光吸收也相差很大，其中波长为 520~535 mμm 的蓝绿光波段被称为“海洋光学窗口”，海水对此波段的光吸收相对最弱。机载激光系统测深能达 50m。

4. 测线布设

测线是测量仪器及其载体的探测路线，分为计划测线和实际测线。水深测量测线一般布设为直线，又称测深线。测深线分为主测深线和检查线两大类。主测深线是实施测量的主要测量路线，检查线主要是对主测深线的测量成果质量进行检测而布设的测线。

测线布设的主要因素是测线间隔和测线方向。测深线的间隔根据测区的水深、底质、地貌起伏状况，以及测图比例尺、测深仪器覆盖范围而定，以既满足需要又经济为原则。对单波束测深仪而言，主测深线间隔一般采用为图上 10 mm，在海上养殖区域主测深线间隔可适当放宽。多波束测深系统的主测线布设应以海底全覆盖且有足够的重叠带为原则，其检查线应当至少与所有扫描带交叉一次，以检查定位、测深和水深改正的精度，两条平行的测线外侧波束应保持至少 20%的重叠。海底地形测量测线一般布设为直线。

测深线可以分：主测深线、补充测深线和检查测深线。a. 主测深线：测深线的主体，它担负着探明整个测区海底地形的任务；b. 补充测深线：起着弥补主测深线不足的作用；c. 检查测深线：检查以上测深线的水深测量质量，以保证水深测量的精度。

测深线方向是测深线布设所要考虑的另一个重要因素，测线方向选取的优劣会直接影响测量仪器的探测质量。选择测深线布设方向的基本原则：有利于完善地显示海底地貌，有利于发现航行障碍物，有利于工作。对于多波束测深，还要考虑测量载体的机动性、安全性、最小测量时间等问题。

5. 水深改正与精度要求

(1)吃水改正

吃水改正包括静态吃水改正和动态吃水改正。根据换能器相对船体的位置，换能器静态吃水可按几何关系求解。动态吃水就是要确定作业船在静态吃水的基础上因航行造成的船体吃水的变化，这种变化有时也称为航行下沉量，它受船只负载、船型、航速、航向、海况以及水深等诸多因素的综合影响。动态吃水测定方法如下：

①选择一个海底平坦、底质较坚硬的海区，水深为船静态吃水的 7 倍左右(如要测量更浅水深，对这种测区也要进行测定)，该海区要能保证船只以各种速度航行；

②岸上选择适当位置架设一台水准仪，在船上换能器的位置处竖立水准尺，要保证水准仪能观测到水准尺，并具有 1 m 左右的动态范围；

③在测量海区设立一个测点，在该点处抛设一浮标，其缆绳要尽量缩短，当船只靠近浮标时停下，从岸上用水准仪观测水准尺并记取读数，然后船以测量时的各种船速通过浮标一侧(与原来停靠点尽可能一致)，水准仪照准船上标尺读数，两次读数应去掉潮汐的影响，再取两者之差值，即为船体在换能器所处位置的下沉值。

一种船速应按上述方法观测 3 次以上，然后取平均值，即为动态吃水值。

(2)姿态改正

测量船在勘测过程中，由于受到风浪和潮汐等因素的影响，会造成船体的纵摇、横摇和航向的变化。为了消除船体行进中因摇晃和方位变化导致的位置误差，需要进行姿态测量和改正。姿态测量通常分两部分：采用惯性测量系统(IMU)测量船体的纵摇角(PITCH)和横摇角(roll)；采用电罗经或GPS测定船艏向的方位角(bearing)。姿态改正实际上就是坐标系统变换，通过测量的姿态角，进行坐标轴的旋转，即可对测船姿态进行改正。

(3)声速改正

对于单波束测深来说，声速误差仅影响测点的深度，在未实测声速剖面的情况下，通常在现场利用已知水深比对来对实际声速值进行改正。对于多波束测深，通常用现场实测声速剖面采用声线跟踪对波束进行精确归位，但由于以点代面的实测声速剖面对不同区域可能存在误差，因此有时还需进行声速后处理改正。多波束声速改正后处理方法可分为两大类：第一类是以改变声速剖面为思路的处理方法，它涉及对多波束折射路径的重新计算，在已知各波束的发射角和旅行时之后，运用新的更准确的声速剖面，进行各波束的入射角、旅行时向测点的空间位置的转换，其方法与实时采集声速改正的时空转换方法一致；第二类方法为几何改正法，在无法确知声速结构时采用，通过对波束在测深横剖面上的叠加统计，用几何旋转的方法改正地形畸变，或者借助于等效声速剖面的原理以及重叠区地形一致的原理，重新对波束归位。

(4)水位改正

为了正确地表示海底地形，需要将瞬时海面测得的深度，计算至平均海面、深度基准面起算的深度，这一归算过程称为潮位改正或水位改正。

水位改正中，水位改正值的空间内插是由潮差比、潮时差与基准面偏差的空间内插而实现的。水位改正可根据验潮站的布设及控制范围，分为单站改正、双站改正、多站改正。

三个验潮站以上的水位改正可以看做上述几种改正之间的叠加——分别求出各项改正然后再叠加在一起，求出多个站的水位改正。

(5)测深精度

深度极限测量误差见表2-3。

表2-3　**深度极限测量误差**　(单位：m)

测深范围 Z	极限误差
$0<Z\leqslant 20$	±0.3
$20<Z\leqslant 30$	±0.4
$30<Z\leqslant 50$	±0.5
$50<Z\leqslant 100$	±1.0
$Z>100$	$\pm Z\times 2\%$

七、海道和海底地形测量

海道测量除了获得水深、水文等基本信息外，还需要对影响船舶航行和锚泊的其他要素进行观测，包括障碍物探测、助航标志测量、底质探测、滩涂及海岸地形测量等。

1. 障碍物探测

航行障碍物探测是海道测量工作的重要内容之一。为了保证船只的航行安全以及海洋工程的需要，对危及船只航行安全的障碍物如礁石、沉船、浅地等均应准确测定其分布、性质、大小、位置等。航行障碍物探测的主要方法有侧扫声呐探测、多波束探测、单波束加密探测、扫海具扫测、磁力仪探测等。各类障碍物位置至少应有一组多余观测，且其位移不得大于5 m，取中数作为最终位置。对能够探测到的航行障碍物要详细探明其性质、特征；对新探测的海底地物，还应采用其他方法进一步探测确认。

(1)侧扫声呐扫测

声呐图像的质量与拖鱼的高度、速度、背景噪声以及海底目标性质等有关。一般情况下，海底目标声波反射和散射的回波信号越强，拖鱼受背景噪声影响越小，拖鱼受测船运动影响越小，声呐图像就越清晰，质量越好。声呐探测距离一般为拖鱼距海底高度的8%~20%，拖鱼的速度与被探测目标的大小有关。

(2)单波束加密测量

单波束加密测量主要用于测区位置明确或水深测量时新发现障碍物、浅点、礁石等特殊目标物复测。测量时以目标物为中心，垂直、交叉形向两侧布设测线，测线间距为5~10 m。应测出目标物最浅点水深及目标物范围等。对危及航行安全的目标物，必要时需潜水探摸，确认目标性质、高度、水深等。加密测线间隔一般为主测深线间隔的1/2或1/4。

(3)扫海具扫测

扫海具扫测按扫具性质分为软式扫海具扫测和硬式扫海具扫测两种。前者适用于有概位的沉船、沉没的浮筒、沉石等小面积水底障碍物的搜寻；后者适用于新建码头前沿和港池(平坦)水域的通航前扫测。软式扫海具扫测是由扫绳及拖索组成，扫绳所挂铅质坠锤，在两端的较重，中间的可适量减轻，以能坠绳沉底即可。

(4)磁力仪探测

测定海底地磁场强度的一种仪器，也可以作为扫海工具。常用的海用质子旋进式磁力仪，通过测定地磁场强度得到反映海底表面物质的磁力异常，可以分析有无沉船等水下铁质障碍物。适用于水下铁磁性障碍物产生的磁异常探测。

2. 助航标志测量

助航标志是指浮标、定向信标、灯塔、灯桩、导标、无线电定位系统以及其他标绘在海图上的有关航行安全的设备或标志，其作用是确定航道方向，反映航道宽度，标示航道上的水下航行障碍物，引导舰船安全航行。

(1)陆上助航标志测量

①位置测定：灯塔、灯桩、立标等助航标志应按照测图点精度要求测定其准确位置。对测深及航海有使用价值的天然目标如海上独立岩峰、礁石、山顶独立着石等显著物标的位置测定精度可放宽一倍，两组观测值坐标互差不应超过 2 m。导标、测速标等成对的标志，其中一点必须设站观测，前后导标的真方位角须由直接观测的角度算出。

②高度测定：灯塔、灯桩的灯光中心高度从平均大潮高潮面起算，同时还应测量灯塔底部高程。

(2)水上浮标测量

由于水上浮标随海流和潮汐变化，浮标的实际位置以锚为中心在一定范围内移动，所以应测定其平流时的位置和最大涨落潮时的旋回半径。浮标的位置测定可采用在岸上交会法和测船靠近浮标直接测定两种方法。

3. 底质探测

底质探测是指对海底表面与浅层沉积物性质进行探测，是为了获得船舶航行、锚泊所需的海底表层底质分布的资料。

(1)底质探测方法

底质探测一般采用机械式采泥器、超声波探测等方式。

(2)底质探测的密度

底质探测的密度根据海区的重要程度和底质情况而定。水深在 100 m 以内的海区均需探测海底表层底质。底质点的密度一般为图上 25 cm^2有一底质点；航道、锚地、码头附近，以及重要的礁石周围和底质变化复杂的海区，一般为图上 4~9 cm^2有一底质点；在底质变化不大的海区可以 50~100 cm^2有一个底质点。特殊深度和各种航行障碍物均应探测底质。

4. 滩涂及海岸地形测量

(1)干出滩测量

重要的大面积干出滩的地形测量，可采用水深测量和航空摄影测量相结合的方法进行。在高潮时进行水深测量，以求得断面点的干出深度；低潮时进行航空摄影测量，以判读干出滩上地形起伏和微地貌特征。内业处理时，根据两种资料进行综合，绘出干出滩上的地形图。

(2)海岸地形测量

指对海岸线位置、海岸性质、沿岸陆地和海滩地形进行测量。

实测海岸地形时，海岸线以上向陆地方向测进：大于(含)1∶1万比例尺为图上1cm；小于1∶1万比例尺为图上0.5 cm。密集城镇及居民区可向陆地测至第一排建筑物。海岸线以上部分，按国家相应比例尺地形图航空摄影测量规范执行，当有同比例尺或大比例尺最新地形资料可利用时，可只对最新变化进行修测。海岸线以下测至半潮线，与水深测量成果图相拼接。人工建筑码头地区应测量完整，需取舍时，应保留对航海有意义的全部要素，突出显示海岸线。

海岸地形图测量可选用全站仪极坐标法、GPS测量法、航空摄影测量法等能达到精度要求的测绘方法。

第三节　海图制图

一、海图编辑设计

1. 海图总体设计

海图总体设计的目的确定海图的基本规格、内容及表示方法。

①海图图幅设计。根据制图区域范围，确定图幅规格、数量和分幅方案及每幅海图的标题、图号及图面配置。

②确定海图的数学基础。主要包括海图比例尺、投影、坐标系统及深度、高程基准。

③构思海图内容及表示方法。包括海图内容的选择，确定地理要素、物体的制图综合原则和指标，设计和选择表示方法，确定地名的采用原则。

2. 制图资料的搜集

制图资料主要包括以下类型：

①控制测量资料：包括各类控制点的成果；

②海测资料：包括各种实测水深、海岸地形成果及障碍物探测资料等；

③成图资料：包括各种地图、海图、地图集、海图集等；

④遥感图像资料：包括航空摄影测量资料和卫星遥感资料；

⑤其他资料：包括各种文字、数字资料和图片资料等。

资料分析的重点是资料的完备性、地理适应性、现势性、精确性和复制可能性等。资料分析工作完成后，应作出是否采用的决定，把被采用的资料按使用程度分为基本资料、补充资料和参考资料，确定对各种资料的使用内容、使用范围及使用方式，并确定转绘的原则、方法和精度要求，根据编图需要和设备条件进行复制。

3. 制图区域研究

制图区域研究是通过各种地图资料、文献资料、社会调查和实地勘察，对制图区域的海洋地理现象和空间分布进行分类分级，从自然、人文、航海、军事等方面进行分析研究，可采用定性、定量或两者结合的方法进行。

4. 制图方案制定

海图制图方案是指编绘技术方案和出版方案。通常根据设备条件、技术人员的水平等实际情况来拟定。主要包括：选择海图编绘方法，确定对制图资料的加工处理、转绘的原则和方法，拟订印刷工艺方案。

5. 编辑文件编写

编辑文件是编辑设计的主要成果。可以是对某一类海图或某一种比例尺海图的长期编辑设计和编绘任务的经验总结，也可以是某项具体制图任务或某一幅海图编辑设计的成果体现。编辑文件的内容一般包括对海图的性质、用途、规格、数学基础、内容及表示、精度标准、技术方法作出基本规定。

二、海图制图综合

关于海图内容的压缩、化简和图形关系处理的制图技术，称为制图综合，其任务根据在海图用途、比例尺、制图资料和制图区域地理特点等条件，按照特定的原则和方法解决海图内容的详细性与清晰性、几何精确性与地理适应性的对立统一问题，实现海图符号和图形的有效建立。制图综合的基本原则是表示主要的、典型的、本质的信息，舍去次要的信息。制图综合的方法，主要有选取、化简、概括和移位；而对于实地制图现象向图形转换，还包括对实地物标的分类分级、建立符号系统。

1. 海图内容选取

海图内容的选取，就是根据海图的用途、比例尺和区域特点，选取主要要素，舍弃次要要素。确定数量和质量指标的方法，主要有资格法、定额法及平方根定律法等。

(1)资格法

资格法是根据规定应达到的数量或质量标准来选取海图内容。如在编制 1∶5 万比例尺的港湾图时，规定图上长于 10 cm 的树木岸、芦苇岸、丛草岸应表示，长期固定的验潮站应表示。前者是数量标准，后者是质量标准，据此选取海图内容，均属资格法。

(2)定额法

定额法是以适当的海图载负量为基础，规定一定面积内海图内容的选取指标。海图的载负量即海图的容量，相当于海图图廓内所有符号和注记的总和。当符号和注记的大小确定后，海图载负量的大小同海图内容的多少成正比。

(3)平方根定律法

资料海图的地物数量与新编海图的地物数量之间的关系，同两者比例尺成一定的比例，用公式表示为：

$$n_C = n_s \sqrt{S_c / S_s}$$

式中：n_C为新编图要素的数量；n_s为资料图要素的数量；S_c为新编图的比例尺分母；S_s为资料图的比例尺分母。

上述公式适用于采用相同符号的同类海图。当新编图符号尺寸与资料图的符号尺寸差异较大时，应引进新的系数。

2. 形状化简

海图在编绘过程中，因比例尺的缩小，一部分图形缩小到难以分辨的程度或因弯曲过细而妨碍了主要特征的显示，通过形状的化简，可以保留该地物特有的轮廓特征，并区别出从海图用途来说必须表示的特征。

形状化简的主要方法是删除、合并和夸大。进行图形形状简化时，应注意保持重要特征点的位置正确，反映出弯曲程度的对比，并保持图形的相似及各种要素图形之间的协调。

3. 数量特征概括

随着比例尺的缩小，制图物体的数量特征在图上的显示趋向概略，这种方法称为数量特征概括。数量特征概括的具体方法有分级合并、取消低等级别和用概括数字代替精确数字三类。分级的合并就是用扩大级差的方法来减少分级。如编制航海图时，规定1：1万图上基本等高距为5m，1：2.5万图上为10m，1：5万图上为20m，1：10万图上为40m，这种等高距扩大的方法，就是等级的合并。取消低等级别就是某一数量等级以下的制图物体不表示。用概括数字代替精确数字就是对某些用数字表示的要素，用概括数字代替，如某些航海图上高程注记不注小数。

4. 质量特征概括

质量特征在图上的显示，同数量特征一样，受海图用途和比例尺的限制，随着比例尺的缩小，质量特征在图上的显示趋于概略和简单，这种方法即称为质量特征的概括。质量特征的概括表现在分类的合并，以概括的分类代替详细的分类。

5. 制图物体移位

制图物体的移位是通过移位来突出反映制图物体的主要特征，解决由于比例尺缩小而出现的地理适应性问题。制图物体的移位通常有两种情况，即制图物体形状概括产生的移位和处理相邻物体间的关系所产生的移位。对于前者，在对制图物体进行化简、合并和夸大的过程中，制图物体都可能产生移位。对于后者，有许多用非比例符号表示的制图物体随着比例尺的缩小，非比例符号所占的图上位置与它所代表的物体实际大小相差很大，这就会影响到与它相邻物体的表示。这时，相邻的两种制图物体就不可能都按准确的位置表示而产生移位。具体方法有分开表示和组合表示两种。分开表示是通过将相邻制图物体进行比较，让位置比较重要的物体保持其位置准确而移动其旁边的物体。组合表示就是把相邻两种制图物体在同一位置上表示的方法。

6. 海图要素综合原则

(1)海岸线

海岸线形状的化简应遵循"扩大陆地、缩小海域"的原则。有时为了突出显示某一深入陆地的小海湾，也可以将海湾适当夸大表示。岸线性质的概括主要采取删除、夸大和转换三种方法，即删除短小的岸线性质，夸大表示特殊性质的岸线，将次要的短小岸线转换为主要性质岸线表示。

(2)等深线

等深线的综合一般遵循"扩浅缩深"的原则，当等深线比较密集时，可保留最浅的等深线，将较深的等深线中断在较浅的等深线上，并保留 0.2 mm 的间隔。等深线的取舍原则是"取浅舍深"。

(3)水深

水深注记的选取一般遵循"舍深取浅"的原则；同时也应保留适当数量的深水点，特别是狭窄航道，适当保留深水点，以显示其通航能力。水深注记的密度(图上相邻水深注记的间距)一般为 10~15 mm，海底地形起伏变化较大的区域，港池、航道、锚地等重要航行区域水深间距可加密到 6~10 mm。水深注记一般呈菱形分布。

(4)干出滩

干出滩的制图综合包括干出滩的取舍、轮廓形状的化简、质量特征的概括以及干出水深的选取四个方面。孤立的干出滩不得舍去，成群分布的可合并。干出滩形状的化简遵循扩大干出滩的原则。干出滩质量特征的概括包括类型合并和质量转换。质量的转换是通过干出滩的合并来完成，软性滩可以合并转换为硬性滩，但硬性滩不能合并到软性滩中。

(5)海底底质

海底底质的综合包括底质的取舍和质量的概括。海底底质的选取，首先要保障航行安全和便于选择锚地，其次反映底质的分布特点和规律。一般采取"取硬舍软"与"软硬兼顾"的原则，"取异舍同"，优先选取海底地貌特征点处的底质。

(6)航行障碍物

主要有礁石、沉船、障碍物等，它们是船舶海上活动的主要障碍和威胁。障碍物的制图综合主要包括选取、说明注记的表示、符号的图形转换和危险线形状的化简。孤立的障碍物必须选取，成片的障碍物根据其危险程度选取，取高舍底、取外围舍中间、取近航道舍近岸、取稀疏处舍密集处。

（7）助航标志

航标的选取按照其重要程度、地理位置等由高级向低级、由重要向次要的顺序选取，即按灯塔、无线电航标、灯船、灯柱、灯浮顺序选取。

三、航海图制作

1. 纸海图制作

（1）海图符号及分类

海图把海域及沿海陆地的各种信息依靠海图符号表达给用户。a. 按分布特征，海图符号可分为：点状符号，如灯船、锚地符号等；线状符号，如国界、港界等；面状符号，如泥滩、沙滩、树木滩等。b. 按符号的尺寸与海图比例尺的关系，海图符号可分为：比例符号，面状符号一般是比例符号；半比例符号，其长度能依比例尺表示，宽度在图上无法依比例表示而夸大了，如公路符号；非比例符号，如灯桩。c. 按符号的形状与事物的关系，海图符号可分为：正形符号，其轮廓形状与实物一致或相似，如岛屿；象征符号：是将事物经抽象与形象化了的图形，如锚地符号。

（2）海图图式

世界各国航海图的生产都对海图符号有统一的规定，这种规定即为《海图图式》，它包含了绘制航海图的全部符号和缩写，也是绘制其他海图的基本符号。

（3）纸海图制作流程

目前制作海图一般都采用计算机辅助制图，其制作流程主要分为四个阶段：编辑准备阶段、数据输入阶段、数据处理阶段和图形输出阶段。

①编辑准备阶段：即海图总体设计。

②数据输入阶段：将编图使所用的图形资料、数字资料、文字资料输入计算机的过程。

③数据处理阶段：通过对数据的加工，取得新编海图的过程。包括两个方面：一是数据预处理，包括投影、制图坐标系以及比例尺的变换，高程基准面和深度基准面的改算以及数据资料不同数据格式的转换。二是获取新编海图的数据处理，包括新编海图数学基础的建立，对编图数据的制图综合、图形处理、符号化以及拓扑关系的处理等。

④图形输出阶段：输出方式主要有直接在计算机屏幕上显示海图；将海图数据传输给打印机，喷绘彩色海图；将海图数据传输到激光照排机，输出供制版印刷用的四色（CYMK）菲林片；传送到数字式直接制版机（CTP），制成直接上机印刷的印刷版；数字式直接印刷机可直接输出彩色海图。

2. 电子海图制作

（1）电子海图分类

根据用途电子海图分为综述、一般、沿海、近岸、港口、码泊位六类电子海图(表 2-4)。

表 2-4　　不同类型电子海图编辑比例尺范围

标志	航海用途	编辑比例尺
1	综述	S≤1：100 万
2	一般	1：50 万≥S>1：100 万
3	沿海	1：15 万≥S>1：50 万
4	近岸	1：5 万≥S>1：15 万
5	港口	1：1 万≥S>1：5 万
6	码头泊位	S>1：1 万

(2)数学基础

①电子海图的平面坐标采用 2000 国家大地坐标系或 1984 世界大地坐标系(WGS-84)。

②电子海图不使用投影，空间物标中坐标以地理位置(经纬度)表示。

③深度基准：中国沿海采用理论最低潮面，不受潮汐影响的江河采用设计水位。

④高程基准：中国大陆地区一般采用 1985 国家高程基准。

⑤编辑比例尺：当一个单元采用多种比例尺的制图资料且未经过综合时，须确定主编辑比例尺，并在电子海图文件头中的数据集参数字段中说明主编辑比例尺，使用编辑比例尺元物标覆盖其他比例尺区域，并使用编辑比例尺属性具体说明。

(3)单元

为了有效处理电子海图数据，将地理区域分成单元。每个单元的数据包含在标志唯一的文件中，称为数据集文件。单元的形状必须是矩形。单元的容量不能过大，应保证电子海图数据集文件不超过 5 MB 字节。单元的容量也不能过小，避免产生过多的单元。

(4)物标

是一组可识别的信息。每个电子海图物标由特征物标和空间物标组成。特征物标是具有真实世界实体非位置信息的物标；空间物标是包含有关真实世界实体位置信息的物标。

一个电子海图单元中所有使用面状物标表示的深度范围、疏浚区、浮船坞、报废船、陆地区、浮码头、未测区必须在互相不重叠的区域中。这些物标构成第一组，称为地表面组。所有不在第一组的物标构成第二组。

(5)几何图元的选择

几何图元是指海图要素所具有的几何形态，分为点、线、面三种。任何一种要素在表示时只能具有唯一的几何图元，即某一要素通过一种几何图元表示之后，就不再需要用另一种几何图元重复说明，如面状锚地中不需要增加点状锚地符号。对于几何图元的使用没有特别说明的物标，制图资料中依比例尺表示的在电子海图中须使用面状物标表示；在制图资料中半依比例尺和不依比例尺表示的，在电子海图中使用线状物标或点状物标表示。

(6)要素编绘遵循的基本原则

包括：a. 只有S-57附录a《IHO物标类目》和附录b. 1《enc产品规范》中规定的物标、属性和属性值可以在电子海图中使用。b. 物标编码、属性编码和属性值的使用必须符合S-57附录b. 1《enc产品规范》之附件a《enc物标类目使用方法》的要求。c. 应尽可能地将制图资料中的信息通过物标、属性和属性值反映到电子海图中。d. 特殊用途的电子海图，物标的取舍应尽量满足用户的要求。

3. 海图改正

海图改正不是对编绘中发现的差错进行修改的过程，而是指为保持海图现势性，根据《航海通告》或《改正通告》、无线电航行警告、新测或新调查的资料对已出版或正在出版的海图进行的改正。根据改正的特点、改正内容的多少，以及改正范围的大小，改正工作可以分为大改正和小改正两种。

①大改正。当海图需要改正的内容较多、范围较大时，一般需要在原来海图的基础上进行改版或再版，并重新出版，原版海图作废，该项工作称为大改正。

②小改正。海图需要改正的内容不多、范围不大时，为保障海图的现势性和可靠性在已经出版的海图上进行改正工作，称为小改正。

四、海底地形图制作

海底地形图是表示海底起伏的普通海图，是陆地地形图在海洋区域的延伸。按制图区域分可为海岸带地形图、大陆架地形图和大洋地形图。海底地形图表示的海底地貌是指测深基准面以下的水体深度，而不是海底某一平面之上的高度。

1. 制作流程

海底地形图的制作流程与纸海图制作流程相似，只是在表示海底表面起伏情况及形状特征所使用的方法有所不同。

2. 海底地形图表示方法

①符号法：海图上用不同形状、颜色和大小表示物体或现象的位置、性质和分布范围的方法，是海图内容要素的主要表示方法。

②深度注记法：海洋的深度注记与陆地的高程注记相类似，也称为水深。

③等深线法：是表示海底地形图最基本、最精确的方法，以等深线的形式及组合情况反映海底表面形状的特征。

④明暗等深线法：是以不同粗细程度和不同深浅色调的等深线表示海底地貌的方法。

⑤分层设色法：也称色层法，是在不同的深度层和高度层用不同的色相、色调进行普染，以显示地面起伏形态的方法。

⑥晕渲法：用浓淡不同的色调来显示陆地和海底的起伏形态，立体效果比较好。缺点是在图上不能进行深度的量算。按假设光源的位置分为斜照晕渲、直照晕渲。

⑦晕滃法：是以不同长短、粗细和疏密的线条，表示地貌起伏的形态，图上表示的斜坡随倾角的增大而线条逐渐变粗、变短、间距变小，因而产生立体效果。

⑧写景法：利用透视绘画的方式表示海底地貌的一种方法，形象生动，通俗易懂。

第四节　质量控制和成果归档

一、测量成果检验

测量成果质量检验内容主要包括测量仪器设备检校、平面控制、高程和潮位控制、定位、测深、障碍物探测、助航标志测量、底质探测、海底地貌测量和滩涂及海岸地形测量等。

1. 测量仪器设备检校

属于国家计量检定机构强制检定的仪器设备应检查是否有检定证书，应在有效期内。不属于强制检定的仪器设备应检查是否按有关技术标准进行了检验，并应符合要求。

2. 平面控制

检查用于海洋测绘的平面控制点精度是否符合相应比例尺测图要求。

3. 高程和潮位控制

检验内容：a. 水位站布设应满足测深精度要求，采用的工作水准点应与国家等级水准点联测；b. 岸边水位站水位观测误差允许偏差应满足±2 cm，海上定点站水位观测综合误差允许偏差应满足±5 cm；c. 平均海面、深度基准面传算应符合有关限差要求。

4. 定位

应检查采用的定位系统或手段是否符合标准要求，且测量前后必须在已知平面控制点上进行校准比对，且应符合测图要求。

定位中心与测深中心应尽量保持一致，对大于1:1万比例尺测图，两者水平距离最大不得超过2 m；对于小于1:1万比例尺测图，两者水平距离不得超过5 m，否则应将定位中心归算到测深中心。定位时间与测深必须保持同步。

5. 测深

(1)单波束测深仪

应检查布设测线的间隔和方向是否符合规范要求。若在测量中出现下列情况是否进行了补测：a. 在一般海区测深仪回波模拟信号或数字记录信号，以及两定位点间测深线漏测在定位图上超过3 mm时，在地貌复杂海区发生漏测现象时；b. 记录式测深仪的零信号或回波信号不正常，不能正确量取水深时；c. 不能正确勾绘等深线和海底地貌探测不完善时；d. 验潮工作时间不符合要求时；e. 测深线间隔超过规定间隔二分之一时。

(2)多换能器测深系统

应检查其测深精度和覆盖宽度是否符合要求；每个换能器之间的间距和波束覆盖是否与扫趟设计宽度相匹配，保证条带的全覆盖扫测；如果没有地理上的限制，所有的主测线(条带)是否达到了至少与检查线相交一次，能有效评估定位、测深和深度改正的准确性。

(3)侧扫声呐

质量检查包括：a. 声像信号是否清晰、连续，能否真实判读海底目标；b. 扫测区是否达到海底的100%全覆盖；c. 相邻扫趟应保证拖鱼正下方和边缘波束的两次覆盖；d. 测量船驶入、驶出测区时，拖鱼离测区边界外的距离是否符合规定要求；e. 当测量船航向左右偏离计划测线时，是否形成了漏测区等。

(4)多波束测深系统

质量检查包括：a. 各种设备或传感器安装是否符合要求，确定的船体坐标系是否正确，其参数是否可追溯；b. 系统校准是否符合要求，获得的校准参数是否正确、可追溯；c. 测线布设方向和有效扫宽是否符合要求，边缘波束虚假信号是否通过相邻扫趟重叠抵偿、剔除；d. 测量船速是否符合要求；e. 声速剖面测定是否符合要求；f. 人机交互、测线模式及子区模式等数据处理是否符合要求，可疑点信号处理是否正确、可追溯；g. 各种水深改正和水深点抽稀是否正确等。

(5)机载激光测深系统

应检查实施的测区海水是否清澈，符合标称应用水域；所有的主测线是否至少应与检查线相交一次，可用于检查定位、测深和深度改正的准确性；探测的障碍物是否应用单波束、多波束或其他手段进行了核实。

(6)测线布设

应检查根据不同的工作目的布设的测深线间隔和方向是否符合规范要求，且布设的测线是否兼顾了所采用的测量手段。

(7)水深改正

质量检查包括：a. 吃水改正。应检查静吃水设定方法是否符合要求；动吃水测定方法、参数计算、记录是否符合要求。b. 姿态改正。应检查测定的导航时延、横摇、纵摇、艏向偏差等参数是否正确、可追溯。c. 声速改正。测定的声速剖面是否可控制测区内任何位置的声速变化。d. 水位改正。获取的水位能否符合测深精度要求。

6. 障碍物探测

障碍物探测质量应检查采用的探测手段是否符合项目技术设计和规范要求；确定的障碍物是否安排了多余观测证实；探测结论是否明确。

7. 助航标志测量

助航标志测量质量应检查测定的位置是否有多余观测，其精度是否符合规范要求；陆上助航标志是否测算到平均大潮面上的高度；收集的标志构造和灯质是否真实可靠。

8. 底质探测

底质探测方法、探测密度是否符合规范要求；探测的底质点性质是否真实可靠。

9. 海底地貌测量

海底地貌测量质量应检查采用的测量方法是否满足任务要求；数据处理结果能否真实反映海底地形变化状况和地貌性质。

10. 滩涂及海岸地形测量

滩涂及海岸地形测量质量应检查下列内容：

①测量的干出滩范围和性质是否符合规范要求，其与水深和岸线衔接能否良好吻合；

②海岸地形测量范围和地形点应符合相应比例尺测图要求，但是与干出滩和已有地形资料衔接能良好吻合；

③地貌、地物和干出点高度测算应符合规范要求。

二、水深测量成图比对检查

1. 主测深线与检测深线比对

①检查线布设的方向应尽量与主测深线垂直，分布均匀，并要求布设在较平坦处，能普遍检查主测深线。检查线总长度应不少于主测深线总长的5%。

②对主测线水深与检查线水深不符值进行数理统计发现异常水深时，应根据误差

来源进行系统分析，查明原因，必要时应进行补测或重测证实。

2. 图幅拼接比对

图幅拼接主要包括不同年度相邻图幅拼接、同年度相邻图幅拼接和与海岸地形测量图幅拼接，其质量检查要求为：

①相邻图幅拼接处是否至少重叠测设了一条测深线，统计的不符值是否符合规范要求。

②相邻图幅拼接处相互穿越的检查线与其主测线的深度比对不符值是否符合规范要求，相互勾绘的等深线衔接、吻合是否良好。

③对于水深图幅与海岸地形测量图幅拼接，一是应检查的水深点是否上岸，二是检查礁石、岛屿、特殊浅点的位置、高度是否一致。

3. 成图比对质量问题处理

①当出现拼接水深不一致、水深点上岸，且礁石、岛屿、特殊浅点的位置或高度不一致时，应各自查明原因，或报告上级业务部门处理。

②图幅拼接或主、检比对限差超限，或虽未超限，但存在系统误差以及对测量成果质量有疑问时，均应分析原因及处理，并将处理情况写入技术总结。

三、印刷成图检验

海图制印结束后，印制部门应对印刷成图逐张进行检验。检验的内容包括：

①印刷色彩是否符合规定的色标，色调是否均匀，印迹是否清晰实在，图面是否清洁，成套挂图各幅图之间色调是否一致；

②同线划有无印双色或漏印现象，各种颜色线划要素同向套合差是否超限(0.4 mm)，普染要素套合差是否超限(0.6 mm)；

③各种注记和图廓外整饰有无未印上的内容。

印制部门检验后，编辑和上级主管部门应进行抽样检查印刷质量、套印精度。同时还应对图面整体，以及标题和图廓外注记、图内特别重要的要素和注记再做一次审查，确实无问题后方可入库、发行。

四、测绘成果归档

归档的测绘成果应齐全、完整，符合规定的格式要求。

1. 海洋测量归档成果资料

成果资料包括：①测量任务书、踏勘报告及技术设计书；②仪器设备检定及检验资料；③外业观测记录手簿、数据采集原始资料；④内业数据处理、计算、校核、质量统计分析资料；⑤所测绘的各类图纸及成果表；⑥港口资料调查报告、技术报告、各级质量检验报告；⑦测量过程记录；⑧其他测量资料。

2. 海图制图归档成果资料

成果资料包括：①采用的各类编绘资料；②制图任务书、编图计划；③各类源数据文件、成果图和数据文件；④各级质量检验的质量报告；⑤制图过程记录；⑥其他制图资料。

模拟试题汇编及参考答案

模拟试题汇编

一、单项选择题(共120题，每题的备选选项中，只有一项最符合题意)。

1. 我国海道测量平面基准通常采用(　　)。
   A. 2000国家大地坐标系　　B. 1980西安坐标系
   C. WGS-84世界大地坐标系　　D. 1954北京坐标系
2. 海图按内容可分为普通海图、(　　)、航海图三大类。
   A. 航行图　　B. 专题海图
   C. 港湾图　　D. 海区总图
3. 下列有关航海图分幅的基本原则说法错误的是(　　)。
   A. 尽量减少图幅的数量　　B. 总图要保持制图区域的相对完整
   C. 航行图采用自由分幅的方法　　D. 同比例尺航行图在全国范围内必须连续
4. 海图的图幅设计，一般纵图廓比标准长度小(　　)mm。
   A. 10　　B. 15
   C. 20　　D. 25
5. 海图制作所选择的主要投影方式是(　　)。
   A. 高斯投影　　B. 墨卡托投影
   C. 日晷投影　　D. 兰伯特投影
6. 利用(　　)方法进行高程测量，必须对测区的高程异常进行分析。
   A. 几何水准测量　　B. 测距高程导线测量
   C. 三角高程测量　　D. GPS高程测量
7. 验潮站的水尺零点与工作水准点之间的高差是用(　　)方法测定的。
   A. 二等水准测量　　B. 三等水准测量
   C. 三角高程测量　　D. 等外水准测量
8. 采用GPS定位技术测定海控点时，在置信度95%时，定位误差不超过

(　　)cm。

A. 5　　B. 10

C. 12　　D. 15

9. 采用 GPS 测量方法进行海控点的高程测量，联测的水准点个数应不少于(　　)个。

A. 3　　B. 4

C. 5　　D. 6

10. 采用 GPS 测量方法进行海控点的高程测量，与联测的水准点距离应不超过(　　)km。

A. 5　　B. 10

C. 15　　D. 20

11. 海洋测绘中，水下定位主要采用(　　)。

A. 光学定位　　B. 声学定位

C. GPS 卫星定位　　D. 无线电定位

12. 潮汐调和分析可以估算平均海面、各分潮振幅和迟角，潮汐调和分析标准方法是(　　)。

A. Darwin 分析法　　B. 傅里叶分析法

C. 最小二乘分析法　　D. 波谱分析法

13. 海洋中声波的传播速度与海水介质的相关因素有关，其中影响最大的因素是(　　)。

A. 海水温度　　B. 海水盐度

C. 海水压力　　D. 海水深度

14. 单波束测深数据改正中，水文资料法适用大于(　　)m 的水深。

A. 10　　B. 20

C. 30　　D. 40

15. 多波束参数校准顺序通常是按照(　　)顺序进行。

A. 导航延迟、横摇、纵摇、艏偏　B. 导航延迟、纵摇、横摇、艏偏

C. 横摇、导航延迟、纵摇、艏偏　D. 罗经、导航延迟、横摇、纵摇

16. 在海洋测深系统中，多波束参数校正包括导航延迟、横摇、纵摇和(　　)。

A. 吃水改正　　B. 声速改正

C. 航速改正　　D. 艏偏校正

17. 多波束参数校正中要求“同测线，同方向，不同速度”测量一对测线数据的是(　　)。

A. 导航延迟校准　　B. 横摇校准测试

C. 纵摇校准测试　　D. 艏偏校准测试

18. 多波束系统采集的水深数据，数据编辑的计算方法主要有投影法和(　　)。

A. 比较法　　B. 最小二乘法

C. 曲面拟合法　　　　D. 曲面差值法

19. 采用投影法编辑多波束测深数据，在海底地形极其复杂的海区，需要在(　　)方式下进行进一步编辑。

A. 沿测线前进方向投影　　　　B. 正交测线方向投影

C. 任意方向投影　　　　D. 垂直正投影

20. 海洋光学窗口的波段是(　　)。

A. 420~470 μm　　　　B. 520~535 μm

C. 780~802 μm　　　　D. 1 064~1 078 μm

21. 目前，机载激光系统测深能达(　　)m。

A. 10　　　　B. 20

C. 30　　　　D. 50

22. 进行海岸线测量时，转折点的位置误差不得大于图上(　　)mm。

A. 0.5　　　　B. 0.6

C. 1.0　　　　D. 5.0

23. 在利用多波束测水深时，两条平行的测线外侧波束应保持至少(　　)的重叠。

A. 10%　　　　B. 20%

C. 30%　　　　D. 40%

24. 主测深线间隔一般为图上(　　)mm，在海上养殖区其间隔可适当放宽。

A. 10　　　　B. 12

C. 15　　　　D. 20

25. 在多波束声速改正后处理中，通过对波束在测深横剖面上的叠加统计，用几何旋转的方法改正地形畸变，或者借助于等效声速面的原理以及重叠区地形一致的原理，重新对波束归位，这种方法称为(　　)。

A. 改变声速剖面的处理方法　　　　B. 几何改正方法

C. 模拟分析方法　　　　D. 回归分析法

26. 为了正确地表示海底地形，需要将瞬时海面测得的深度，计算至平均海面深度基准面起算的深度，这一归算过程称为(　　)。

A. 吃水改正　　　　B. 姿态改正

C. 潮位改正　　　　D. 声速改正

27. 海洋测绘中，按照国际海道测量组织推出的海道测量的当前标准，测深精度分为(　　)等级。

A. 2　　　　B. 3

C. 4　　　　D. 5

28. 在海洋测绘中，拖鱼距海底的高度大致是声呐探测距离的(　　)。

A. 8%~10%　　　　B. 8%~12%

C. 10%~20%　　　　D. 8%~20%

29. 在海洋测量中，灯塔、灯桩的灯光中心高度从(　　)面起算。

A. 平均大潮高潮面　　B. 理论深度基准面

C. 1956 黄海高程系　　D. 1985 国家高程基准

30. 测定对测深及航海有使用价值的天然目标如海上独立峰等显著目标的位置，两组观测值坐标互差不应超过(　　)m。

A. 0.5　　B. 1.0

C. 2.0　　D. 3.0

31. 水深在 100 m 以内的海区均须探测海底表层底质，底质密度一般为图上(　　)cm^2一个点。

A. 9　　B. 16

C. 25　　D. 36

32. 对于干出礁及滩涂测量，对于干出滩及滩涂的性质，(　　)。

A. 根据测图比例尺，选择性说明注记

B. 根据其面积大小，选择性说明注记

C. 根据重要程度，选择性说明注记

D. 必须说明注记

33. 海洋工程测量中，河口潮差较大地区的海岸线是以(　　)所形成的实际界线进行测绘。

A. 平均大潮高潮面　　B. 平均大潮低潮面

C. 平均海面　　D. 理论深度基准面

34. 海岸地形测量时，海岸线应进行实测，在河口地区测绘海岸线时，在河水影响大于潮汐影响的河口内部地段，以(　　)作为河岸线。

A. 平均大潮高潮线　　B. 常水位

C. 平均大潮低潮线　　D. 平均海水面

35. 测绘比例尺大于等于 1 : 10 000 的海岸地形图时，从海岸线以上向陆地延伸达到图上(　　)cm。

A. 0.5　　B. 1.0

C. 1.5　　D. 2.0

36. 在海图制图综合内容选取中，确定数量和质量指标的方法不包括(　　)。

A. 资格法　　B. 定额法

C. 平均法　　D. 平方根定律法

37. 海图制图综合中，进行形状化简的方法不包括(　　)。

A. 删除　　B. 合并

C. 转换　　D. 夸大

38. 在编制航海图时，规定 1 : 25 000 图上基本等高距为(　　)m。

A. 5　　B. 10

C. 25　　D. 40

39. 海图要素综合原则，水深注记一般呈(　　)分布。

A. 矩形　　　　B. 双曲线

C. 菱形　　　　D. 直线

40. 海洋测绘中，助航标志指的是(　　)。

A. 灯塔、灯桩、立标、指南针等

B. 雾号、灯标、定向信标、手持 GPS 等

C. 灯塔、灯桩、导标、信标等

D. 无线电定位系统、浮标、暗礁、灯船等

41. 电子海图根据用途分为六类，分别是综述、一般、沿海、近岸、港口、码头泊位等电子海图。其中，沿海类电子海图的编辑比例尺为(　　)。

A. 小于(含)1∶100 万

B. 小于(含)1∶50 万，大于 1∶100 万

C. 小于(含)1∶15 万，大于 1∶50 万

D. 大于 1∶15 万

42. 下列有关海图改正说法中，正确的是(　　)。

A. 大改正相当于新编海图，需要修改大量信息

B. 改正的目的是修改编绘中的错误

C. 改正的目的是保证海图现实性和可靠性

D. 小改正应从整体出发，先改正小比例尺海图，再改正大比例尺海图

43. 岸边水位站水位观测误差允许偏差应满足(　　)，海上定点站水位观测综合误差允许偏差应满足(　　)。

A. ±1cm、±2cm　　　　B. ±2cm、±5cm

C. ±5cm、±10cm　　　　D. ±10cm、±20cm

44. 海洋测绘中，定位中心与测深中心应保持一致，对大于 1∶1 万比例尺测图，两者水平距离最大不得超过(　　)m。

A. 1　　　　B. 2

C. 3　　　　D. 5

45. 下列资料中，不属于海洋测量归档资料的是(　　)。

A. 测量任务书及技术设计书　　　　B. 仪器检定资料及检验资料

C. 港口资料调查报告　　　　D. 制图任务书、编图计划

46. 单波速测深系统改正中，对测深仪总改正数影响最大的是(　　)。

A. 吃水改正　　　　B. 基线改正

C. 转速改正　　　　D. 声速改正

47. 港湾、锚地、狭窄水道、岛屿附近及其他有较大军事价值的海区，一般以(　　)比例尺施测。

A. 1∶5 000　　　　B. 1∶10 000

C. 1∶25 000　　　　D. 1∶50 000

48. 我国目前法定的深度基准面是(　　)。

A. 大地水准面　　B. 当地深度基准面

C. 理论深度基准面　　D. 平均海面

49. 下列深度基准传递方法中，不属于确定短期验潮站平均海面的方法是(　　)。

A. 时差法　　B. 水准联测法

C. 同步改正法　　D. 回归分析法

50. 海图深度基准面的传递的主要方法是(　　)。

A. 几何水准测量法　　B. 最小二乘曲线拟合法

C. 四个主分潮与 L 比值法　　D. 潮差比法

51. 目前建立海洋大地控制网的主要方法是(　　)。

A. 天文和光学定位　　B. 无线电定位

C. GPS 定位　　D. GPS 和水下声学定位

52. 采用距离差法进行单个海底控制点坐标的测定，至少需要知道(　　)个作为已知点的测点个数。

A. 3　　B. 4

C. 5　　D. 6

53. 下列不属于专题海图上表示专题要素方法的是(　　)。

A. 个体符号法　　B. 质底法

C. 分层设色法　　D. 动线法

54. 一般情况下，在航海图上不需要表示的陆地要素是(　　)。

A. 土壤植被　　B. 居民地

C. 国界线　　D. 道路

55. 下列任务中，不属于海道测量的主要任务的是(　　)。

A. 水深测量　　B. 海底地形测绘

C. 水文和底质测定　　D. 航行障碍物调查探测

56. 海岸线是以(　　)为基准所形成的实际界限进行测绘。

A. 平均大潮高潮　　B. 平均大潮低潮

C. 当地平均海面　　D. 理论深度基准

57. 1∶2 000 大比例尺海图测绘时，最低平面控制基础应为(　　)。

A. 国家四等点　　B. 海控一级点(H1)

C. 海控二级点(H2)　　D. 测图点(HC)

58. 水深测量中，1∶2 000 比例尺测图时要求控制点的点位中误差不应大于图上(　　)mm。

A. 0.5　　B. 1.0

C. 1.5　　D. 2.0

59. 海图格网的绘制准确性，以其交点的直角坐标来检查；双曲线格网，每幅图不应少于(　　)个检查点，且检查点必须均匀分布。

A. 3　　B. 4

C. 5　　D. 8

60. 下列图幅规格中，不属于海岸地形测量的标准图幅规格的是(　　)。

A. 40 cm×50 cm　　B. 50 cm×70 cm

C. 50 cm×50 cm　　D. 70 cm×100 cm

61. 下列测量方法中，不属于海控一、二级点布设主要采用的是(　　)。

A. GPS 测量　　B. 导线测量

C. 三角测量　　D. 交会法

62. 用三角测量法布设海控点时，布设线形锁三角形个数最多为(　　)个。

A. 6　　B. 7

C. 8　　D. 9

63. 海洋测量控制点分为海控点及测图点，其中一级海控点的测角中误差是(　　)。

A. ±5″　　B. ±10″

C. ±15″　　D. ±20″

64. 现行规范规定，采用三角高程测量代替水准测量进行海洋高程控制，起算点应不低于三等水准点，且起算点间高程传递边的路线长度最长是(　　)km。

A. 5　　B. 10

C. 15　　D. 20

65. 水位观测，沿岸验潮站采用自记验潮仪、便携式验潮仪、水尺，其观测误差不得大于(　　)cm。

A. 2　　B. 3

C. 4　　D. 5

66. 短期验潮站的平均海面，一般用临近的两个长期验潮站的平均海面转测求得，转测误差

不得超过(　　)cm。

A. 2　　B. 5

C. 6　　D. 10

67. 对于大于(含)1∶10 000 比例尺海图测图，定位系统的岸台、基准台和检查的天线杆位置，应该按(　　)定位精度测定。

A. 国家四等点　　B. 海控一级点(H1)

C. 海控二级点(H2)　　D. 测图点(HC)

68. 使用多波束测深仪，测深线的方向布设与等深线的走向应保持(　　)。

A. 45°　　B. 垂直

C. 平行　　D. 60°

69. 回转流用海流计定点测验，一般应定深(　　)m。

A. 0.5　　B. 1.0
C. 2.0　　D. 3.0

70. 扫海具扫海资料整理中，10 表示(　　)。
A. 定深扫海有效深度为 10 m　　B. 底索离海底 10 m
C. 定深扫海离海底 10 m　　D. 底索有效深度为 10 m

71. 水位综合曲线以不同颜色绘在毫米方格纸上，绘制时纵坐标表示的是(　　)。
A. 潮高　　B. 潮时
C. 水位高度　　D. 水深

72. 实测海岸地形时，海岸线以上向陆地测进，大于 1∶10 000 比例尺为图上(　　)cm。
A. 0.5　　B. 0.75
C. 1.0　　D. 1.5

73. 海岸地形图编绘时，城市和城市式居民地内的房屋在图上相距(　　)mm 以内者，可合并为街区。
A. 0.8　　B. 1.0
C. 1.2　　D. 2.0

74. 海岸地形图编绘过程中，原图着墨通常是按(　　)四色进行。
A. 绿色、黄色、棕色、黑色　　B. 绿色、紫色、棕色、黑色
C. 绿色、浅蓝色、棕色、黑色　　D. 绿色、棕色、褐色、黑色

75. 海图上表示的方位系观测者由海上观测目标的(　　)。
A. 真方位角　　B. 方位角
C. 坐标方位角　　D. 磁方位角

76. 当图上区界线较多时，为使图面清晰，扫海测量区界线可采用(　　)印刷。
A. 绿色　　B. 黄色
C. 棕色　　D. 紫色

77. 规范规定，海图内图廓线每隔一定的经差和纬差绘出经纬线，比例尺大于(　　)图上，经纬线不一定要细分成最小分划，可于经纬线连线一侧细分一小段。
A. 1∶10 000　　B. 1∶30 000
C. 1∶50 000　　D. 1∶100 000

78. 现行规范规定，航行图的标准图幅规格是(　　)。
A. 40cm×50cm　　B. 50cm×70cm
C. 50cm×50cm　　D. 自由分幅

79. 海图一般根据制图区域情况采用自由分幅，陆域面积不宜大于图幅总面积的(　　)。
A. 1/2　　B. 1/3
C. 1/4　　D. 1/5

80. 根据《中国航海图编绘规范》规定，在比例尺大于(　　)图上，应区分实测岸线和草绘岸线。

A. 1∶5万　　B. 1∶10万

C. 1∶20万　　D. 1∶50万

81. 机载激光测深(LIDAR)技术是采用(　　)波段进行海面以上反射，进而测定水深值。

A. 红光　　B. 绿光

C. 蓝光　　D. 紫光

82. 编制1∶1万比例尺航海图时，一般地区其图上基本等高距为(　　)m。

A. 1　　B. 2

C. 5　　D. 10

83. 航海图编绘规范规定，中国大陆地区沿海距岸线150 mm范围内的居民地应表示，这种海图内容选取的方法是(　　)。

A. 定额法　　B. 指标法

C. 资格法　　D. 平方根定律法

84. 航海图编绘规范规定，比例尺大于(　　)的海图上应配置潮信表。

A. 1∶10万　　B. 1∶20万

C. 1∶50万　　D. 1∶100万

85. 海洋测绘中，海区总图的比例尺一般小于(　　)。

A. 1∶100万　　B. 1∶200万

C. 1∶300万　　D. 1∶500万

86. 测绘比例尺为1∶2 000海洋工程地形图，可采用(　　)投影。

A. 高斯-克吕格6°带　　B. 高斯-克吕格3°带

C. 高斯-克吕格1.5°带　　D. 墨卡托

87. 海底扫测中，测扫的测线方向应平行于工程海区的海流方向，测线应设计为(　　)。

A. 螺旋形　　B. 放射形

C. 直线　　D. 灵活布设

88. 水深测量中，按《海洋工程地形测量规范》规定，测点间距一般为图上(　　)cm。

A. 1　　B. 1.5

C. 2　　D. 3

89. 水深测量中，当动态吃水变化大于(　　)cm时，必须顾及动态吃水改正。

A. 2　　B. 3

C. 4　　D. 5

90. 海洋工程地形测绘中，某条等深线在图上是以0.1 mm虚线表达，则该等深线是(　　)。

A. 零米线　　B. 基本等深线
C. 补助等深线　　D. 逢 5 逢 10 等深线

91. 依据现行《海洋工程地形测量规范》，当测绘比例尺为 1：20 000 的海洋地形图时，定位中误差不得超过图上(　　)mm。
A. ±2.0　　B. ±1.0
C. ±0.3　　D. ±0.5

92. 为了保持海岸地形图的现势性和用图的需要，当一幅海岸地形图变动面积超过(　　)时，应全幅重测。
A. 1/5　　B. 1/4
C. 1/3　　D. 1/2

93. 海岸地形图修测后的地物与原有邻近地物的间距中误差，不得超过图上(　　)mm。
A. 0.3　　B. 0.4
C. 0.5　　D. 0.6

94. 海底地形图一般采用(　　)坐标系。
A. WGS-84　　B. 2000 国家
C. 1954 北京　　D. 1980 西安

95. 1：50 000 比例尺海底地形图，采用的基准纬线是(　　)。
A. 20°　　B. 30°
C. 45°　　D. 制图区域中纬

96. 将一幅 1：25 万海底地形图可划分成(　　)幅 1：5 万海底地形图。
A. 9　　B. 16
C. 25　　D. 36

97. 根据目前的生产条件、技术设备和出版要求，编绘海底地形图不采用的方法是(　　)。
A. 编稿法　　B. 连编带刻法
C. 计算编绘法　　D. 蓝图镶嵌法

98. 海底地形图印刷时，滩线、等深线及注记，干出滩线以下海部水域的分层普染(　　)。
A. 紫色　　B. 棕色
C. 蓝色　　D. 黑色

99. 海图制图综合中，进行形状化简的方法不包括(　　)。
A. 删除　　B. 合并
C. 夸大　　D. 融合

100. 海图符号旁只注一个数字的，表示圆的(　　)。
A. 大小　　B. 面积
C. 直径　　D. 半径

101. 同一组的各支比降水尺，当不能设置在同一断面线上时，偏离断面线的距离不得超过(　　)m。

A. 1　　B. 2

C. 5　　D. 10

102. 海底扫测时，定位要求误差椭圆的长轴应与测线方向(　　)。

A. 平行　　B. 垂直

C. 成45°角　　D. 成30°角

103. 在各种比例尺图上，岛屿岸线同大陆岸线一样表示。当其面积缩小而不能依比例尺表示时，以直径(　　)mm的黑点表示，但应保持岛屿的方向和形状近似原型。

A. 0.3　　B. 0.4

C. 0.5　　D. 0.6

104. 编绘海底地形图，当基本等高距不能完善地显示沿岸平坦地区的山头、高地时，可加绘(　　)。

A. 间曲线　　B. 计曲线

C. 助曲线　　D. 示坡线

105. 编绘航海图时，独立地物符号除个别按真方向表示外，一般垂直于(　　)图廓描绘。

A. 东南　　B. 西南

C. 坐标北　　D. 南

106. 编绘航海图，计算展点精度时要求图廓两对角线互差值不超过(　　)mm。

A. ±0.2　　B. ±0.3

C. ±0.4　　D. ±0.5

107. 编绘航海图时，资料比例尺小于成图比例尺(　　)的新测水深资料一般不作为基本资料。

A. 1/5　　B. 1/4

C. 1/3　　D. 1/2

108. 在各种比例尺的航海图上应表示较大的运河、沟渠、湖泊，面积大于(　　)mm^2的沼泽。

A. 100　　B. 150

C. 500　　D. 600

109. 下列有关航海图居民地的表示方法，说法错误的是(　　)。

A. 大于比例尺1：20万的图上，依比例的街区及建筑物符号表示

B. 比例尺1：20万~1：49万的图上，县级以上居民地依比例表示

C. 比例尺1：50万~1：99万的图上，县级以下居民地圈形符号表示

D. 1：100万及更小比例尺的图上居民地可不表示

110. 编绘航海图时，不精确的等深线一般按原资料表示，短于(　　)mm时可

改为精确的表示。

A. 10　　B. 12

C. 15　　D. 20

111. 编绘航海图时，对于礁石的选取顺序正确的是(　　)。

A. 明礁、适淹礁、干出礁、暗礁　B. 明礁、干出礁、适淹礁、暗礁

C. 暗礁、适淹礁、干出礁、明礁　D. 暗礁、干出礁、适淹礁、明礁

112. 海岸线至(　　)间的沙滩称为干出滩(又称潮间带)。

A. 平均大潮高潮面　　B. 水深零米线

C. 深度基准面　　D. 平均海水面

113. 各级海控点和测图点垂直角观测回数按中丝法观测每一方向时，应测(　　)测回。

A. 2　　B. 3

C. 4　　D. 6

114. 水位观测时设立的水尺，应牢固、垂直于水面，两根水尺的衔接部分至少有(　　)m 的重叠。

A. 0.1　　B. 0.2

C. 0.3　　D. 0.5

115. 航海图编绘规范规定，1∶20 万及更小比例尺的航海图只表示港外面积大于(　　)mm^2 的锚地。

A. 100　　B. 150

C. 200　　D. 300

116. 扫海测量中，应尽量使定位误差最小，定位点间距不大于图上(　　)cm。

A. 1.0　　B. 1.5

C. 2.0　　D. 3.0

117. 用闭合导线方法测量二级海控点时，闭合导线全长不超过(　　)km。

A. 5　　B. 10

C. 15　　D. 20

118. 当利用坐标反算边长方位角作为扩展海控点基础时，边长不应小于(　　)km，且将起算点降一级使用。

A. 1　　B. 2

C. 3　　D. 5

119. 一般情况下，海底地形图采用专色印刷的四种颜色是(　　)。

A. 黑、蓝、绿、棕　　B. 黑、红、绿、棕

C. 红、蓝、紫、黑　　D. 黑、蓝、紫、棕

120. 根据《海底地形图编绘规范》规定，1∶5 万海底地形图的基本等高距是(　　)m。

A. 5　　B. 10

C. 20 D. 40

二、多项选择题(共40题，每题的备选选项中，有2项或2项以上符合题意，至少有1项是错项)。

1. 航海图按照用途可分为( )。
   A. 海区总图 B. 航行图
   C. 港口图 D. 港湾图
   E. 海区图
2. 海洋测量中，验潮的主要目的是( )。
   A. 计算深度基准和调和常数 B. 获得验潮站平均海水面高度
   C. 掌握潮汐变化规律 D. 进行测深水位改正
   E. 进行海洋重力测量
3. 海洋控制测量中进行高程控制测量的方法有( )。
   A. 水准测量 B. 测距高程导线测量
   C. 三角高程测量 D. GPS 高程测量
   E. 重力测量
4. 短期验潮站和临时验潮站深度基准面确定可采用的方法是( )。
   A. 几何水准测量 B. 潮差比法
   C. 最小二乘曲线拟合法 D. 弗拉基米尔法
   E. 四个主分潮与 L 比值法
5. 验潮站的水准测量过程，下列做法正确的是( )。
   A. 每个验潮站附近应在地质坚固稳定的地方埋设工作水准点一个
   B. 工作水准点按三等水准要求与国家水准点联测
   C. 验潮站附近的水准点、三角点经检查合格后，可作为工作水准点
   D. 水准零点可按图根水准要求与工作水准点联测
   E. 验潮站不同水尺零点应归化到统一的验潮站水位零点
6. 航海图采用的地图投影方式主要有( )。
   A. 墨卡托投影 B. 高斯-克吕格投影
   C. 阿尔伯特投影 D. 兰伯特投影
   E. 日晷投影
7. 海洋测绘中，确定深度基准面的基本原则主要有( )。
   A. 充分考虑舰船的航行安全 B. 保证航道或水域水资源的利用效率
   C. 便于海图测量 D. 相邻区域的深度基准面尽可能一致
   E. 长期平均海面具有良好的稳定性
8. 海洋测绘中，无线电定位按其定位方式可分为( )。
   A. 圆圆定位 B. 双曲线法
   C. 距离差法 D. 差分改正法
   E. 曲面拟合法

9. 下列要素中，属于海洋水文要素的是(　　)。

A. 温度　　B. 波浪

C. 潮汐　　D. 深度

E. 声速

10. 声呐图像的质量与(　　)因素有关。

A. 拖鱼的高度　　B. 速度

C. 背景噪音　　D. 海底目标的性质

E. 气候因素

11. 海洋测绘中，潮汐类型分为(　　)。

A. 半日潮港　　B. 日潮港

C. 混合潮港　　D. 多日潮港

E. 回旋式潮港

12. 海水中影响声波传播速度的主要因素有(　　)。

A. 潮汐　　B. 盐度

C. 温度　　D. 波浪

E. 压力

13. 多波束系统往往需要进行多波束参数校正，包括(　　)。

A. 横摇校准　　B. 纵摇校准

C. 导航延迟校准　　D. 船艄校准

E. 波束开角校准

14. 使用单波束测深仪测深时，测深线布设的主要因素是(　　)。

A. 测线间隔　　B. 测线密度

C. 测线方向　　D. 测线长度

E. 测线宽度

15. 海洋测绘中，水深改正主要包括(　　)。

A. 吃水改正　　B. 水位改正

C. 声速改正　　D. 转速改正

E. 姿态改正

16. 海图制图综合的方法主要有(　　)。

A. 选取　　B. 合并

C. 化简　　D. 概括

E. 移位

17. 对于成片障碍物，海图制图过程中的制图综合原则包括(　　)。

A. 全部舍弃　　B. 取高舍低

C. 取外围舍中间　　D. 取近航道舍近岸

E. 取稀疏处舍密集处

18. 海底地形图按制图区域可分为(　　)。

A．航道地形图　　B．海岸带地形图
C．港口地形图　　D．大陆架地形图
E．大洋地形图

19．海图的数学基础主要包括(　　)。
A．投影　　B．比例尺
C．坐标系统　　D．海控点
E．分幅编号

20．用回声测深仪进行测深作业时，要考虑(　　)因素的影响。
A．路线间距　　B．测线方向
C．测深速度　　D．测量比例尺
E．航行速度

21．海道测量的基本内容主要包括(　　)。
A．水深测量　　B．海岸地形测量
C．海底地貌测量　　D．底质测定
E．探测航行障碍物

22．某海区海底被海草及其他植被覆盖时，必须用(　　)测深。
A．回声测深仪　　B．测杆
C．水砣　　D．单波束测深仪
E．多波束测深仪

23．编绘航海图时，对航海具有特别重要意义的助航标志和显著物标等，无法表示在内图廓线时，正确的处理方式有(　　)。
A．破图廓表示　　B．绘在图廓外方
C．设计补充图幅　　D．设置重叠带
E．根据需要标绘图外目标方位引示线

24．海岸地形图一般采用绿色、浅蓝色、棕色、黑色对各种地物地貌进行着墨，可以采用绿色着墨的是(　　)。
A．各种水井　　B．河宽水深
C．水位点线　　D．双线河
E．等高线及其注记

25．当利用三个验潮站(定点站)对其控制区域进行水位改正时，可使用的方法有(　　)。
A．潮差比法　　B．时差法
C．分带内插法　　D．四个主分潮与 L 比值法
E．解析模拟法

26．深度透写图是分析水深测量成果精度及探测完整性的重要资料，必须及时绘制。绘制时，水深及各种航行障碍物要进行(　　)。
A．声速改正　　B．温度改正

C. 水位改正　　D. 测深器具误差改正

E. 盐度改正

27. 短期验潮站对平均海面的确定，一般用邻近的两个长期验潮站的平均海面转测求得，转测的方法有(　　)。

A. 几何水准联测法　　B. 同步改正法

C. 波谱分析法　　D. 潮汐方析法

E. 傅里叶方法

28. 海岸地形测量应上交的成果资料有(　　)。

A. 着墨原图　　B. 各种观测和计算资料

C. 底质透写图　　D. 图历簿

E. 助航标志一览表

29. 航海图的图幅形式主要有(　　)。

A. 整幅图　　B. 分幅图

C. 主附图　　D. 拼接图

E. 诸分图

30. 规范规定，印刷出版航海图一般采用的颜色有(　　)。

A. 黑色　　B. 黄色

C. 紫色　　D. 浅蓝色

E. 红色

31. 不同环境下的深度测量，选择回声测深仪主要考虑的因素有(　　)。

A. 深度测量范围　　B. 地貌复杂程度

C. 测深精度　　D. 分辨率

E. 检测可靠性

32. 航海图分幅的主要原则和方法要求包括(　　)。

A. 尽量减少图幅的数量

B. 总图要保持制图区域的相对完整

C. 航行图采用自由分幅的方法

D. 同比例尺航行图在全国范围内必须连续

E. 图幅形式以整幅图为主，根据具体情况可制作主附图、拼接图及诸分图

33. 在航海图编绘中，确定深度基准的一般原则包括(　　)。

A. 中国沿海采用理论最低潮面

B. 海域采用平均海水面

C. 外国海区采用原资料的深度基准

D. 江河采用设计水位

E. 远海采用原资料的深度基准

34. 规范规定，水深注记的密度(以图上相邻水深注记的间隔表示)为(　　)mm。

A. 10~15　　B. 15~20

C. 12~20
D. 20~25
E. 18~30

35. 航海图编绘规范规定，基本等深距不包括(　　)m。

A. 0
B. 1
C. 5
D. 10
E. 15

36. 海底地形图的基本比例尺主要有(　　)。

A. 1∶1万
B. 1∶5万
C. 1∶10万
D. 1∶25万
E. 1∶100万

37. 海底地形图一般采用的地图投影方式主要有(　　)。

A. 墨卡托投影
B. 高斯投影
C. 兰伯特投影
D. 日晷投影
E. 等角方位投影

38. 使用测深仪时，应测定仪器的总改正数。总改正数包括(　　)改正数的代数和。

A. 水位
B. 仪器转速
C. 声速
D. 吃水
E. 换能器基线数

39. 当测深线上的定位点过密时，可以舍去适当的个别定位点，但必须遵循的原则有(　　)。

A. 其水深值，应与附近深度变化基本一致
B. 可以按照间隔舍弃定位点
C. 对特殊深度必须全面检查
D. 特殊深度和影响地貌特征定位点不能舍去
E. 航向、航速变化的定位点可以舍去

40. 下列资料中，属于水深测量上交归档的有(　　)。

A. 成果图及其经历簿
B. 测深线和底质透写图
C. 航行障碍物探(扫)测一览表及存档卡片
D. 测深、定位及验潮等记录手簿
E. 着墨原图

参考答案

一、单项选择题

1. A　2. B　3. D　4. D　5. B　6. D　7. D　8. B

9. B	10. C	11. B	12. C	13. A	14. B	15. A	16. D
17. A	18. C	19. D	20. B	21. D	22. B	23. B	24. A
25. B	26. C	27. C	28. D	29. A	30. C	31. C	32. D
33. A	34. B	35. B	36. C	37. C	38. B	39. C	40. C
41. C	42. C	43. B	44. B	45. D	46. D	47. B	48. C
49. A	50. D	51. D	52. B	53. C	54. A	55. B	56. A
57. A	58. C	59. D	60. A	61. D	62. A	63. A	64. C
65. A	66. D	67. B	68. C	69. D	70. A	71. A	72. C
73. A	74. C	75. A	76. A	77. B	78. D	79. B	80. C
81. A	82. C	83. C	84. C	85. C	86. C	87. C	88. A
89. D	90. C	91. D	92. D	93. B	94. A	95. B	96. C
97. D	98. C	99. D	100. C	101. C	102. A	103. B	104. A
105. D	106. C	107. C	108. D	109. D	110. A	111. A	112. B
113. B	114. C	115. C	116. C	117. B	118. C	119. D	120. C

二、多项选择题

1. ABD	2. ABCD	3. ABCD	4. ABCE	5. ACDE
6. ABE	7. ABD	8. ABC	9. ABCE	10. ABCD
11. ABC	12. BCE	13. ABCD	14. AC	15. ABCE
16. ACDE	17. BCDE	18. BDE	19. ABCE	20. ABCD
21. ABDE	22. BC	23. ABE	24. ABC	25. BCE
26. CD	27. AB	28. ABDE	29. ACDE	30. ABCD
31. ACDE	32. ABCE	33. ACE	34. ACE	35. BE
36. BDE	37. AC	38. BCDE	39. ACD	40. ABCD

第三章　工程测量

第一节　概　述

一、工程测量分类

工程建设有关的工程测量可以按勘测设计、施工建设和运行管理三个阶段划分。

①按测量精度，工程测量可分为普通工程测量和精密工程测量。

②按工程服务对象，工程测量可分为建筑工程测量、水利工程测量、线路工程测量、桥隧工程测量、地下工程测量、海洋工程测量、军事工程测量、工业测量、矿山测量以及城市测量等。

③按测绘资质分级标准，工程测量分为控制测量、地形测量、城乡规划定线测量、城乡用地测量、规划检测测量、日照测量、市政工程测量、水利工程测量、建筑工程测量、精密工程测量、线路工程测量、地下管线测量、桥梁测量、矿山测量、隧道测量、变形(沉降)观测、形变测量、竣工测量。

二、工程测量的任务和内容

1. 工程测量的任务

工程测量的任务是为工程建设提供测绘保障，满足工程建设各阶段的各种需求。具体的讲，在工程勘测设计规划阶段，提供设计所需要的地形图等测绘资料，为工程的勘测设计、初步设计和技术设计服务；在施工建设阶段，主要是施工放样测量和监理测量，保障施工的进度、质量和安全；在运营管理阶段，则是以工程健康监测为重点，保障工程安全高效的运营，同时进行工程数据库建设。

2. 工程测量的内容

主要是控制网的建立、地形图测绘、施工放样、工程检测和变形监测。

三、工程测量的发展特点

1. 理论方法

工程测量理论方法的发展主要包括测量平差理论、控制网优化设计理论和方法以及变形监测数据处理理论等。

2. 技术手段

工程测量技术手段的发展主要包括基于电子全站仪的测量机器人、GPS、地面三维激光扫描、移动道路测量系统、数字近景摄影测量以及现代传感器测量等技术。

3. 应用服务

工程测量应用领域的拓展主要体现在精密大型工程测量、特殊异形建筑变形监测、工业测量、数字城市建设、城市地下管线探测以及工程数据库和信息管理系统建立等方面。

第二节　工程控制网建立

工程控制网具有提供基准、控制全局、加强局部和减小测量误差积累的作用。一般工程控制测量包括平面控制测量、高程控制测量、三维控制测量。

一、概述

1. 工程控制网的分类

(1)按照用途

工程控制网可分为测图控制网、施工控制网、安装控制网和变形监测网。

(2)按其他准划分

①按照网点性质，可分为一维网(水准网、高程控制网)、二维网(平面控制网)、三维网；

②按照网形，可分为三角网、导线网、混合网、方格网等；

③按照施测方法，可分为测角网、测边网、边角网、GPS 网等；

④按照坐标系和基准，可分为附合网(约束网)、独立网、经典自由网、自由网等；

⑤按照其他标准，还可分为首级网、加密网、特殊网、专用网(如隧道控制网、

桥梁控制网、建筑方格网)等。

2. 工程控制网的特点

(1)测图控制网

具有控制范围较大，点位尽量分布均匀，点位选择取决于地形条件，精度取决于测图比例尺等特点。

(2)施工控制网

包括：a. 控制网大小、形状、点位分布与工程范围、建筑物形状相适应，点位布设要便于施工放样，如隧道控制网的点位布设要保证隧道两端都有控制点。b. 控制网不要求精度均匀，但要保证某方向或某几点的相对精度较高，如桥梁控制网要求纵向精度高于其他方向精度。c. 控制点坐标反算的两点间长度与实地两点间长度之差应尽可能小；隧道控制网的投影面一般选在贯通平面上，或选在放样精度要求最高的平面上。d. 平面坐标系可采用独立坐标系，其坐标轴与建筑物的主轴线平行或垂直。

(3)变形监测网

除了施工控制网的特点外，还具有精度要求高、重复观测等特点。

3. 工程控制网建立过程

工程控制网建立过程主要分为设计、选点埋石、观测和平差计算。

二、工程控制网设计步骤

工程控制网的设计步骤如下：

①根据控制网建立目的、要求和控制范围，经过图上规划和野外踏勘，确定控制网的图形和参考基准(起算数据)；

②根据测量仪器条件，拟定观测方法和观测值先验精度；

③根据观测所需的人力、物力，预算控制网建设成本；

④根据控制网图形和观测值先验精度，估算控制网成果精度，改进布设方案；

⑤根据需要，进行控制网优化设计。

三、工程控制网的坐标系选择

在满足工程精度的前提下，工程控制网一般采用国家统一的3°带高斯平面直角坐标系。当不能满足工程对高斯投影长度变形的要求(通常不大于2.5 cm/km)时，可以自定义中央子午线和投影基准面，建立任意带的独立高斯平面直角坐标系，但应与国家坐标系衔接，建立双向的坐标转换关系。如下5种平面直角坐标系可供工程控制网选用：

①国家统一的3°带高斯平面直角坐标系；
②抵偿投影面的3°带高斯平面直角坐标系；
③任意带的高斯平面直角坐标系；
④选择通过测区中心的子午线作为中央子午线，测区平均高程面作为投影面，按高斯投影计算的平面直角坐标系；
⑤假定平面直角坐标系。

四、工程控制网的布设原则和方法

1. 工程控制网的布设原则

包括：①要有足够的精度和可靠性；②要有足够的点位密度；③要有统一的规格。

2. 工程控制网的布设

①测图控制网：采用GPS网、导线网形式布设。平面控制网的精度要能满足1∶500比例尺地形图测图要求，四等以下(含四等)平面控制网最弱点的点位中误差不得超过图上±0.1 mm，即实地±5 cm，这一数值可作为平面控制网精度设计的依据。
②施工控制网：通常分二级布设。精度不必具有均匀性，而应具有方向性。
③安装控制网：一般基于独立坐标系设成独立网。安装控制网通常布设为数米至百余米边长的微型边角网形式，全网由形状相同、大小相等的基本图形组成。根据设备形状或分布，网形可布设成直线形、环形、辐射状。
④变形监测网：采用GPS网、三角网、导线网形式布设。其精度由变形体的允许变形值决定，一般要求中误差不超过允许变形值的1/10～1/20或1～2 mm。变形监测网还要求有高可靠性和高灵敏度。

五、工程控制网的优化

①零类设计(基准设计)：在控制网的图形和观测值的先验精度已定的情况下，选择合适的参考基准(起始数据)使网的精度最高。
②一类设计(网形设计)：在控制网成果要求精度和观测手段可能达到的精度已定的情况下，选择最佳的点位布设和最合理的观测值数量。
③二类设计(权设计)：在控制网的网形和控制网成果要求精度已定的情况下，设计各观测值的精度(权)，使观测工作量最佳分配。
④三类设计(改进设计、加密设计)：是对现有网或现有设计进行改进，通过增删部分观测值、改变部分观测值的精度(权)，以及增删和移动部分点位来改善控制网成果精度。优化方法：解析法、模拟法。

六、工程控制网施测方法

工程控制网的施测包含平面控制测量与高程控制测量。

1. 平面控制测量

可采用 GPS 测量方法，也可采用边角测量、导线测量等常规方法。目前，GPS 测量、边角测量方法较常用。GPS 网、三角形网精度等级划分为二、三、四等和一、二级，导线和导线网精度等级划分为三、四等和一、二、三级。其中，卫星定位测量控制网的布设，应符合下列要求：

①应根据测区的实际情况、精度要求、卫星状况、接收机的类型和数量以及测区已有的测量资料进行综合设计。

②首级网布设时，宜联测两个以上的高等级国家控制点或地方坐标系的高等级控制点；对控制网内的长边，宜构成大地四边形或中点多边形。

③控制网应由独立观测边构成一个或若干个闭合环或附合路线，各等级控制网中构成闭合环或附合路线的边数不宜多于 6 条。

④各等级控制网中独立基线的观测总数，不宜少于必要观测基线数的 1.5 倍。

⑤加密网应根据工程需要，在满足本规范精度要求的前提下可采用比较灵活的布网方式。

⑥对于采用 GPS-RTK 测图的测区，在控制网的布设中应顾及参考站点的分布及位置。

2. 高程控制测量

可采用水准测量、三角高程测量和 GPS 水准（GPS 拟合高程）测量方法。

具体要求如下：

①高程控制测量精度等级的划分，依次为二、三、四、五等。各等级高程控制宜采用水准测量，四等及以下等级可采用电磁波测距三角高程测量，五等也可采用 GPS 拟合高程测量。

②高程控制点间的距离，一般地区应为 1~3 km，工业厂区、城镇建筑区宜小于 1 km。一个测区周围至少应有 3 个高程控制点。

③水准仪视准轴与水准管轴的夹角 i，DS1 型不应超过 15″；DS3 型不应超过 20″。

④水准尺上的米间隔平均长与名义长之差，对于因瓦水准尺，不应超过 0.15 mm；对于条形码尺，不应超过 0.10 mm；对于木质双面水准尺，不应超过 0.5 mm。

⑤水准路线需要跨越江河，当跨越距离小于 200 m 时，可采用单线过河；大于 200 m 时，应采用双线过河并组成四边形闭合环。当跨越距离小于 200 m 时，也可采用在测站上变换仪器高度的方法进行，两次观测高差较差不应超过 7 mm，取其平均值作为观测高差。

⑥GPS 拟合高程：

a. GPS 网应与四等或四等以上的水准点联测。联测的 GPS 点，宜分布在测区的四周和中央。若测区为带状地形，则联测的 GPS 点应分布于测区两端及中部。

b. 联测点数，宜大于选用计算模型中未知参数个数的 1.5 倍，点间距宜小于 10 km。

c. 地形高差变化较大的地区，应适当增加联测的点数。

d. 地形趋势变化明显的大面积测区，宜采取分区拟合的方法。

e. GPS 观测前后天线高各量测一次，取其平均值作为最终高度。

f. 对 GPS 点的拟合高程成果，应进行检验，检测点数不少于全部高程点的 10% 且不少于 3 个点；高差检验，可采用相应等级的水准测量方法或电磁波测距三角高程测量方法进行，其高差较差不应大于 $30\sqrt{D}$ mm（D 为检查路线的长度，单位为 km）。

七、工程控制网数据处理方法

1. 平面控制测量

平面控制测量数据处理的工作内容包括求定坐标未知数的最佳估值，评定总体精度、点位精度、相对点位精度以及未知数函数精度等。

GPS 测量数据处理一般利用数据后处理软件，按照观测数据预处理、平差计算和转换的过程完成。数据预处理工作包括统一数据文件格式，观测数据的平滑、滤波，卫星轨道标准化，探测周跳、修复载波相位观测值，对观测值进行各项必要的改正。平差计算工作包括基线向量解算、无约束平差、坐标系统转换或与地面网联合平差等。

边角测量数据处理可以采用条件平差、间接平差等经典方法。

2. 高程控制测量

高程控制测量数据处理工作包括检查并消除观测数据系统误差、平差计算、评定观测值和平差结果精度。

水准测量数据处理可以采用条件平差法、间接平差法以及单一水准路线平差法、单节点水准网平差法、等权代替水准网平差法等。

三角高程测量数据处理除观测值定权方法有不同外，其他与水准测量数据处理方法相同。

GPS 水准测量数据处理方法为，根据均匀分布的 GPS 水准公共点拟合测区高程异常模型，再利用高程异常模型将未知点的 GPS 大地高解算为正常高。

八、质量控制与成果归档

1. 工程控制网质量准则

①精度准则：控制网的精度主要分为总体精度、点位精度和相对点位精度、未知数函数的精度、主分量和准则矩阵五类。

②可靠性准则：控制网的可靠性是指发现或探测观测值粗差的能力(内部可靠性)和抵抗观测值粗差对平差结果影响的能力(外部可靠性)。一般情况下，观测值的多余观测分量大于0.3~0.5表明网的内部可靠性较好。

③灵敏度准则：针对变形监测网提出的，只适合于变形监测网。

④费用准则：控制网的费用一般包括设计，造标埋石，交通运输，仪器设备，观测，计算，检查等项费用。控制网精度和可靠性越高，在建网费用越大。控制网优化设计可着重考虑造标埋石和观测两项费用。

2. 工程控制网质量检查

①平面控制测量以点为单位成果；高程控制测量一般以测段为单位成果，不便以测段为单位成果时，以点为单位成果。

②成果质量检验的抽样方式采用简单随机抽样或分层随机抽样。

③成果质量元素包括数据质量、点位质量、资料质量。其中，数据质量包括数学精度、观测质量、计算质量三个质量子元素；点位质量包括选点质量、埋石质量两个质量子元素；资料质量包括整饰质量、资料完整性两个质量子元素。

④成果检验方法包括比对分析、核查分析、实地检查、实地检测等方法。

3. 工程控制网成果归档

工程控制测量成果整理归档应包括：①技术设计书，技术总结；②观测记录及数据；③概算或数据预处理资料，平差计算资料；④控制网展点图、成果表、点之记；⑤仪器检定和检校资料；⑥检查报告，验收报告。

第三节　工程地形图测绘

一、工程地形图的测绘过程

地形图的测绘过程一般为：①踏勘与设计。在踏勘的基础上编制技术设计书、生产实施方案。②图根控制测量。在基本控制网的基础上布设、连测图根控制点(简称图根点)。③地形碎部测量。利用图根点测量地形碎部点的位置、高程及其属性数据。④地形图绘制。根据碎部测量获得的地形数据编绘地形图。

二、测图比例尺选择

工程地形图的测图比例尺应根据工程设计、规模大小和运营管理需要选择，见表3-1。

表 3-1 **地形图测图比例尺**

比例尺	用　途
1∶5 万	大型水利枢纽、能源、交通等工程的可行性研究，总体规划
1∶2.5 万	
1∶10 000	可行性研究，总体规划，厂址选择，初步设计等
1∶5 000	
1∶2 000	可行性研究，初步设计，矿山总图管理，城镇详细规划等
1∶1 000	初步设计，施工图设计，城镇、工矿总图管理，竣工验收，运营管理等
1∶500	

三、基本等高距选择

①地形图的基本等高距应按地形类别和测图比例尺进行选择，见表 3-2。
②一个测区的同一比例尺测图宜采用一种基本等高距。
③对于水域测图，可按水底地形倾角和测图比例尺选择基本等深(高)距。

表 3-2 **地形图基本等高距**

地形类别	地形倾角 α/(°)	比例尺			
		1∶500	1∶1 000	1∶2 000	1∶5 000
平坦地	$\alpha<3$	0.5 m	0.5 m	1 m	2 m
丘陵地	$3\leqslant\alpha<10$	0.5 m	1 m	2 m	5 m
山地	$10\leqslant\alpha<25$	1 m	1 m	2 m	5 m
高山地	$\alpha\geqslant25$	1 m	2 m	2 m	5 m

地形图上高程点的注记，当基本等高距为 0.5 m 时，应精确至 0.01 m；当基本等高距大于 0.5 m 时，应精确至 0.1 m。

四、地形图精度指标

(1)平面精度

工程地形图上，地物点相对于邻近图根点的点位中误差，城镇建筑区和工矿区不应超过图上±0.6 mm，一般地区不应超过图上±0.8 mm，水域不应超过图上±1.5 mm。隐蔽或施测困难的一般地区可放宽50%。

(2)高程精度

工程地形图上，等高线插求点相对于临近图根点的高程中误差根据地形类别确定，具体要求见表3-3。

表3-3　**等高线插求点高程中误差**

地形类别	平坦地	丘陵地	山地	高山地
地形倾角/(°)	$\alpha<3$	$3\leqslant\alpha<10$	$10\leqslant\alpha<25$	$\alpha\geqslant25$
一般地区	$1/3H_d$	$1/2H_d$	$2/3H_d$	$1H_d$
水域	$1/2H_d$	$2/3H_d$	$1H_d$	$3/2H_d$

五、地形图测绘方法

地形图测绘主要采用数字法，常用全站仪测图、GPS-RTK测图、数字摄影测量与遥感测图等。全站仪测图和GPS-RTK测图是大比例尺工程地形图测绘的主要方法。车载移动测图系统测图方法可用于道路沿线带状工程地形图测绘。

①全站仪数字测图的类型。可分为两种：a. 全站仪采集数据，利用全站仪或电子手簿自动记录数据，再传输到成图系统中经处理生成数字地形图；b. 全站仪与便携式计算机或PDA(个人数据助理)组合，在数据采集的同时实时生成数字地形图。

②基于GPS的地形测图技术。主要有：a. GPS RTK数字测图技术；b. 网络RTK数字测图技术。

③基于数字摄影测量与遥感的地形图测绘。是利用航摄影像、高分辨率卫星遥感影像、机载激光扫描测绘系统(LiDAR)或使用轻型飞机摄取影像，使用数字摄影测量或遥感图像处理系统生成大比例尺DLG、DOM、DEM及三维景观模型。

1∶1万以及更小比例尺地形图通常采用摄影测量与遥感方法测绘。

六、图根点控制测量

①图根点是直接供测图使用的测图控制点。图根控制在基本控制网下加密，一般

不超过 2 次附合。

②图根平面控制常采用图根导线、GPS-RTK 等方法施测；图根高程控制常采用图根水准、图根三角高程导线等方法施测。

③图根点相对于基本控制点的点位中误差不应超过图上±0. 1 mm，高程中误差不应超过基本等高距的 1/10。

图根控制点的密度根据地形复杂、破碎程度或隐蔽情况来决定。平坦、开阔地区每平方千米图根点的密度一般不低于表 3-4 的规定。

表 3-4 **每平方千米图根点数量** 单位：个

比例尺	1∶2 000	1∶1 000	1∶500
模拟法成图	15	50	150
数字法成图	4	16	64

七、碎部测量与绘图

1. 数据采集

(1)仪器设置

仪器对中、整平、定向完成后，须通过测定另一已知点来校核，平面位置较差不得超过图上 0. 2 mm，高程较差不得超过 1/5 基本等高距。

(2)数据采集

按照地形图图式要求的内容，一般采用解算法直接采集碎部点三维坐标(x，y，h)数据。

(3)数据记录

使用电子手簿记录碎部点三维坐标数据及其编码、点号、连接点和连接线型等绘图信息，同时绘制工作草图。

2. 数据处理与成图

(1)数据预处理

将野外观测数据传输到计算机中，检查、修改数据错误，生成图形数据。

(2)数据编辑

根据工作草图，采用人机交互方式编辑图形数据，利用碎部点高程构建数字地面模型(DTM)，生成等高线，进行作业区间图形拼接(几何接边和逻辑接边)。

(3)地形图制作

采用正方形或矩形分幅(常见标准分幅有 50 cm×50 cm 和 40 cm×50 cm)，裁切编辑完成的图形数据，经图幅整饰，制作分幅地形图。

八、水下地形图测绘

①水下地形图测绘的工作内容主要包括定位、测深、绘图等。

②定位方法主要包括无线电定位、全站仪定位、GPS差分定位、水下声学定位等。目前，定位主要采用GPS测量方法。

③测深方法主要包括测深杆和测深锤测深、回声测深仪测深、多波束测深系统测深、机载激光测深系统测深等。目前，主要采用回声测深仪或多波束测深系统测深方法。

九、地形图质量检验

工程地形图成果质量检验的基本要求如下：

①检验样本以幅为单位，采用简单随机抽样或分层随机抽样方式抽取。

②成果质量元素包括数学精度、数据结构正确性、地理精度、整饰质量、附件质量等5个，其中，数学精度包括数学基础、平面精度、高程精度等3个质量子元素。

③成果检验方法包括对比分析、核查分析、实地检查、实地检测等方法。

对于采用数字地面测图方法测绘的大比例尺数字地形图，数学精度的实地检测形式一般为每幅图选取20~50个点，采用散点法按测站点精度实地检测点位中误差和高程中误差；每幅图选取不少于20条边，采用量距法实地检测相邻地物间的相对误差。平面检测点应为均匀分布、随机选取的明显地物点。

十、地形图成果归档

工程地形图成果整理归档应包括：a. 技术设计书，技术总结；b. 图根观测数据、计算资料、成果表；c. 地形图成果，图幅接合表；d. 仪器检定和检校资料；e. 检查报告，验收报告。

第四节　城乡规划与建筑物工程测量

一、城乡规划测量的内容

城乡规划测量工作的内容主要包括定线测量、拨地测量、日照测量、规划监督测量等。

①规划道路定线测量(简称定线测量)是根据城乡建设规划要求，实地确定规划道路中线或道路边线(规划道路红线)的测量活动。

②建筑用地界址拨定测量(简称拨地测量)是根据土地转让或划拨审批的用地位置，实地确定用地边界的测量活动。其任务是建设用地界桩的测设。拨地测量确定的界桩作为建筑物定位、施工放线和验线的控制桩，是建设工程施工和土地管理的法律依据。

③建筑日照测量(简称日照测量)是为规划管理日照分析提供测绘数据的测量活动。日照分析一般是指在特定时间段内利用技术手段，对相互遮挡阳光的建筑物的光照条件进行分析的活动。日照测量提供的测绘数据，是进行日照分析和科学规划管理的重要依据。

④规划监督测量时根据规划许可证件，实地验证建筑物位置、高程等与规划核准数据符合性的测量活动。建筑规划监督测量包括规划放线测量、规划验线测量和规划验收测量。a. 放线测量包括建筑物定位测量、施工放线测量。b. 规划验线测量包括条件点测量、验测点测量。c. 规划验收测量包括建筑物外部轮廓线测量、主要角点距四至距离测量、建筑物高度测量等。

二、规划定线的基本技术要求

定线、拨地测量采用的坐标系统和高程基准应符合当地测绘行政主管部门的规定。控制测量在基本控制网的基础上布设三级导线或导线网，或采用 GPS 测量方法布设相应等级的控制点。定线测量的中线点、拨地测量的界址点相对于邻近基本控制点的点位中误差不应超过±5 cm。定线、拨地测量宜采用 1∶500~1∶2 000 比例尺地形图作为展绘底图。

定线、拨地测量方法可分为解析法和图解法。一般采用解析法，即解析实钉法和解析拨定法。解析实钉法适用于通视条件较差或道路尚未成形地区，作业过程一般为前期准备、控制测量、条件点测设、条件点测量与校核、条件坐标计算；解析拨定法适用于通视条件较好或基本控制点密度较小地区，作业过程一般为，前期准备、控制测量、指定地物点测量、条件坐标推算、条件点测设与校核。中线点、界址点等条件点(对实现规划条件有制约作用的点位)测设可采用双极坐标法、前方交会法、导线联测法和 GPS-RTK 法等。

三、定线测量

1. 解析实钉法

根据定线条件中所列规划道路中线与指定地物的相对关系，实地用仪器测设出道路中线位置，然后用导线连测中线端点、转角点、交叉点等主要点及长直线加点的条件坐标，再计算确定各分段的距离和方位角。

2. 解析拨定法

首先测定定线条件中指定地物点的坐标，根据定线条件推算中线各主要点坐标及各线段方位角。如果定线条件拟定的是规划道路中线各主要点的设计坐标，则直接作为条件坐标，再计算确定中线各分段的距离和方位角。然后用导线将中线各主要点及每隔 150~300 m 的直线加点测设于实地。对于各直线加点，应选择两点作为基准线来进行验值，采用作图方法求得最或是直线，量取改正数现场改正点位。

四、规划测量质量检查

1. 校核测量

在定线、拨地测量过程中，应进行校核测量。校核测量包括控制点校核、图形校核和坐标校核。定线、拨地测量的精度要求见表 3-5。

表 3-5　**定线、拨地测量校核限差**

类别		检测角与条件角较差	实量边长与条件边长较差的相对误差	校核坐标与条件坐标计算的点位较差/cm
定线	主干道	30	1/4 000	5
	次干道、支路	50		
拨地		60	1/2 500	

2. 成果归档

定线、拨地测量成果的整理归档应包括：a. 定线条件或拨地条件；b. 外业观测、计算资料；c. 点之记(定线测量资料)；d. 条件坐标成果表；e. 工作说明(或技术总结)、略图。

五、日照测量内容和方法

根据城市测量规范(CJJ/ T 8—2011)，日照测量的工作内容宜包括基础资料收集，图根控制测量，地形图及立面细部测绘，总平面图、层平面图和立面图绘制，日照分析，质量检验和成果整理与提交。

(1)测量内容

为满足日照分析的三维建模需要，测量内容主要包括：a. 建筑物平面位置，主要包括建筑物拐点坐标、建筑结构、层数等；b. 建筑物室内地坪、室外地面高程；

c. 建筑物高度(室内地坪至遮阳点的垂直距离); d. 建筑层高(室内净高加楼板厚度); e. 建筑物向阳面的窗户及阳台位置。

(2)日照测量方法

建筑物测量主要是平面位置测量与高度测量，测量方法如下：a. 建筑物平面位置一般采用全站仪极坐标法测量；b. 建筑物室内地坪、室外地面高程一般采用几何水准方法测量；c. 建筑物及其窗户、阳台高度一般采用三角高程测量、悬高测量方法测量；d. 建筑物窗户、阳台宽度、层高一般采用钢尺或手持测距仪测量。

六、建筑施工控制测量

1. 建筑施工平面控制测量

(1)当建筑物占地面积不大、结构简单时，只需要布设一条或几条基线作为平面控制，称为建筑基线。大、中型建筑物的施工控制网经常布设成方格网形式，也称为建筑方格网。当建立方格网有困难时，也可用导线、导线网或边角网作为施工测量的平面控制网。

(2)建筑方格网的测设分三步：先测设主轴线；再测设辅轴线；最后再测设网格点。主轴线的测设一般根据现场原有的控制点，用极坐标方法进行。辅轴线在主轴线点的基础上测设。先根据主轴线测出方格网的4个角点，这样就构成了基本方格网(或称主方格网)，再以主方格网点为基础加密方格网中其余方格网点。

(3)建筑方格网测设精度要求：方格网的测设方法，可采用布网法或轴线法。当采用布网法时，宜增测方格网的对角线；当采用轴线法时，长轴线的定位点不得少于3个，点位偏离直线应在$180°±5''$以内，短轴线应根据长轴线定向，其直角偏差应在$90°±5''$以内。水平角观测的测角中误差不应大于$2.5''$。

点位归化后，必须进行角度和边长的复测检查。角度偏差值，一级方格网不应大于$90°±8''$，二级方格网不应大于$90°±12''$；距离偏差值，一级方格网不应大于$D/25\,000$，二级方格网不应大于$D/15\,000$(D为方格网的边长)。

2. 建筑施工高程控制测量

在建筑物附近采用水准测量和测距三角高程测量等方法布设高程控制点，作为施工测量的高程控制。

七、建筑施工放样

1. 基础施工放样

在施工初期的测量工作是建筑基础的放样，即平面位置和孔桩的放样。在地形较平坦地段，可使用经纬仪和钢尺进行放样；在地形起伏较大地段，可使用GPS采用直接坐标法进行放样。基础放样的工作内容主要包括放样基槽(基坑)开挖边线、控制基础开挖深度、放样基层施工高程和放样基础模板位置。

①基槽开挖边线放样。以细部轴线为依据，按照基础宽度和放坡要求。

②基槽开挖深度控制(亦称基坑抄平)。当基坑开挖到离槽底高程设计值为0.3~0.5 m时，用水准仪在槽壁上每隔3~4 m(尤其在拐角处、深度变化处)放样1个距设计标高为一固定值的水平桩，在水平桩上拉线绳，作为清理槽底、控制挖槽深度、修平底槽和打基础垫层的高程依据。

③基层施工高程放样。基础施工完工后，用水准仪测量基层上若干点的高程，与设计高程比较，检查基层高程是否符合要求(允许误差为±10 mm)。

④基础模板位置放样。检测建筑物主轴线控制桩无误后，投测建筑物主轴线，经检测无误后，用墨线弹出基础模板细部轴线。

2. 上部结构施工放样

建筑施工层的平面位置放样，一般使用激光经纬仪或激光铅直仪进行轴线投测。控制轴线投测至施工层后，应在结构平面上按闭合图形对投测轴线进行校核，合格后才能进行施工层上的其他测设工作。建筑施工层的高程放样，一般采用悬挂钢尺代替水准尺的水准测量方法进行高程传递。钢尺应进行温度、尺长和拉力改正。

高层建筑施工放样工作内容主要包括建筑物位置放样、基础放样、轴线投测和高程传递等。高层建筑物的位置放样是确定建筑物平面位置和进行基础施工的关键环节。一般利用建筑方格网，根据建筑轴线与方格网的间距，采用直角坐标法测设出定位桩和轴线控制桩。高层建筑物的垂直度要求高。轴线投测的常用方法有全站仪或经纬仪法、垂准仪法、垂准经纬仪法、吊线坠法、激光经纬仪法、激光垂准仪法等。高层建筑物各施工层的标高由底层±0标高向上传递。

高层建筑高程传递的工作量占施工测量的比重最大，是施工测量的重要部分。高程传递的主要方法有皮数杆传递法、钢尺直接测量法、悬吊钢尺法、全站仪天顶测高法等。

八、放样方法

建筑物放样分平面位置放样和高程放样。

1. 平面位置放样方法

①直角坐标法。利用点位之间的坐标增量及其直角关系进行点位放样，适用于放样点离控制点较近(一般不超过100 m)且便于测量的地方以及施工控制网为建筑方格

网或建筑基线的形式，且量距方便的建筑施工场地。

②极坐标法。利用点位之间的边长和角度关系进行点位放样。

③直接坐标法。根据点位设计坐标以全站仪或 GPS 测量技术直接进行点位放样。与极坐标法不同的是，该法不需事先计算放样元素，且操作方便。

④距离交会法。利用点位之间的距离关系通过交会的方式进行点位放样。

⑤角度交会法(方向交会法)。利用点位之间的角度或方向关系进行点位放样。

⑥角边交会法。利用点位之间的角度、距离关系进行点位放样。

2. 高程放样方法与步骤

(1)高程放样方法

高程放样主要采用水准测量和三角高程测量，高程放样时，首先需要在测区内按必要精度布设一定密度的水准点作为放样的起算点，然后根据设计高程在实地标定出放样点的高程位置。高程位置的标定措施可根据工程要求及现场条件确定，土石方工程一般用木桩固定放样高程位置，可在木桩侧面划水平线或标定在桩顶上，混凝土及砌筑工程一般用红漆做记号标定在面壁或模板上。有时也采用钢尺直接量取垂直距离。高差很大时，可以用悬挂钢尺来代替水准尺进行放样，通常称为倒尺法放样。

当待放样的高程 H_B 高于仪器视线时(如放样地铁隧道管顶标高时)可以把尺底向上，如图 3-1 所示，此时，$b=H_B-(H_A+a)$。

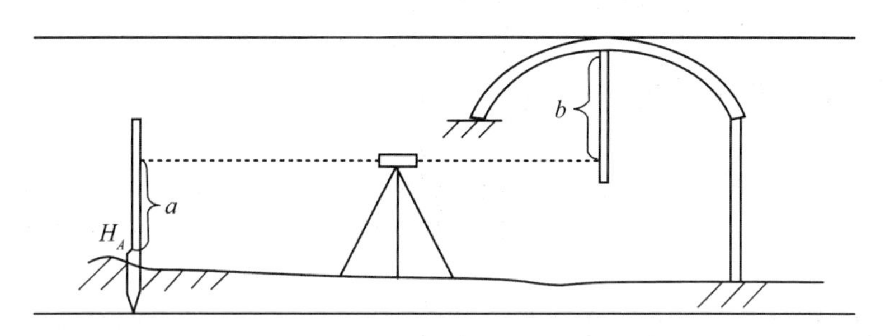

图 3-1　放样的高程高于仪器视线时可以把尺底向上

(2)高程放样步骤

空间点位放样通常采用全站仪极坐标法。放样步骤为：

① 全站仪在已知控制点上设站，输入测站数据(三维坐标、仪器高、目标高和后视方位角)和目标点数据(三维坐标)。

② 全站仪自动计算出目标点的放样数据(方位角、斜距和天顶距)。

③指挥棱镜接近目标点并跟踪测量，直到观测数据与放样数据差值为 0，即可确定目标点的实地位置。

第五节 线路与桥梁、水利、市政工程测量

一、线路工程测量内容

线路工程测量的工作内容主要包括控制测量、带状地形图测绘、纵横断面测量、中线测量、施工放样、竣工测量等。

①在规划阶段，为工程设计提供必要的测绘资料和其他数据；

②在建设阶段，对线路中线和坡度按设计位置进行实地测设，包括施工控制网的布设及施测、线路中线及腰线的放样、平曲线与竖曲线的测设和纵断面与横断面测量，以及竣工测量和验收；

③在运营阶段，对线路工程的危险地段进行变形监测，或为线路工程的维修和局部改线提供测量服务。

二、桥梁工程测量内容

桥梁施工测量的工作内容主要包括桥轴线长度测量、施工控制测量、桥址地形及纵断面测量、墩台中心定位、墩台基础及其细部放样等。

三、水利工程测量内容

水利工程测量是水利工程建设前期的一项基础工作，其工作内容主要包括施工控制测量、地形测量(包括水下地形测量)、纵横断面测量、定线和放样测量、变形监测等。

①在规划阶段，主要包括小比例尺地形图、大比例尺地形图(含水下地形图)，还有路线测量、纵横断面测量、库区淹没测量、渠系和堤线、管线测量等。

②在建设阶段，主要包括施工控制测量，各种水工构筑物的施工放样，各种线路的测设，安全监测，配合地质测绘、钻孔定位，水工建筑物填筑(或开挖)的收方、验方测量，竣工测量，工程监理测量等。

③在运营阶段，主要包括水工建筑物投入运行后的沉降、位移、渗漏、挠度等变形监测，库区淤积测量，电站尾水泄洪、溢洪的冲刷测量等。

大坝施工测量的工作内容主要包括坝轴线测设、坝身控制测量、清基开挖线放样、坡脚线放样、边坡线放样及修坡桩测设等。

四、市政工程测量内容

(1)市政工程测量的工作内容

市政工程测量的工作内容一般包括控制测量、地形图测绘、中线测量、纵横断面测量、施工放样、变形监测等。

(2)市政工程测量的任务

市政工程测量的任务主要包括规划阶段的设计测量，建设阶段的施工测量、竣工测量，运营阶段的变形监测等。对于广场、立交桥、交通枢纽等非带状工程，主要是1∶500，甚至是1∶200比例尺地形图或方格网高程图测绘。

(3)立交桥施工测量的工作内容

立交桥施工测量的工作内容主要包括桥址地形图测绘、桥梁施工控制网建立、桥梁施工放样和桥梁竣工测量等。

①桥址地形测量：立交桥桥址地形图的比例尺宜为1∶500，除按基本地形图的内容测绘外，还应将已有的各种地下管线资料绘注于图上。

②立交桥施工控制测量：首级平面控制网主要控制桥轴线，次级网在首级网基础上布设，用于控制桥墩位置。平面控制网可布设成边角网、精密导线网、GPS网等。

高程控制网既统一桥的高程基准面，还用于施工中高程控制点布设以及变形监测需要。高程控制网的施测方法一般是水准测量和测距三角高程测量。高程控制一般布设成附合路线。

③立交桥施工放样：立交桥墩台的施工放样主要工作是墩台定位和轴线测设。立交桥的墩台一般不在线路中线，需要计算墩台中心坐标，然后进行墩台中心定位和轴线的测设。在施工放样阶段，需要做好高程控制及施工放样检验。

五、线路勘测

新建线路勘测包括线路初测和定测，线路施工测量包括线路复测、路基施工测量。其中，路基施工测量包括路基边坡放样、路基高程放样等。

1. *初测*

工作内容包括：线路的平面控制测量、高程控制测量、带状地形图测绘，

沿线路测绘的带状地形图通常采用数字摄影测量方法测绘。

平面控制测量采用GPS测量方法时，点位应选在离线路中线50~300 m、稳固可靠且不易被施工破坏的范围内，一般每隔5 km左右布设一对相互通视、间距500~1 000 m的GPS点。采用导线测量方法时，在导线的起、终点以及中间，每隔一定距离应与国家平面控制点或不低于四等的其他平面控制点进行联测。当联测有困难时，应进行真北观测或用陀螺经纬仪进行定向检核。

高程控制测量可分为基平测量和中平测量。基平测量是沿线路布测水准点，作为线路基本高程控制；中平测量是连测平面控制点及中桩的高程。地形测量是沿线路测绘带状地形图，测图比例尺一般为1∶2 000，平坦地区可选用1∶5 000，困难地区可选用1∶1 000。测图带宽度应能满足纸上定线的需要，一般在选点时根据现场情况确定。对于1∶2 000测图，平坦地区宽度为400~600 m，丘陵地区为300~400 m。

2. 定测

是线路施工设计的基础和依据，其主要任务是将初步设计所定线路测设到实地，并结合现场情况改善线路位置，其工作内容包括线路中线测量和纵横断面测绘。

①线路中线测量是依据初步设计定出的纸上线路，沿线路测设中桩，包括放线和中桩测设两部分工作。放线常用穿线放线法、拨角放线法、GPS-RTK法、全站仪极坐标法等。

②线路纵断面图采用直角坐标法绘制，以里程为横坐标，以高程为纵坐标。里程比例尺常采用1∶2 000和1∶1 000；为突出显示地形起伏状态，高程比例尺通常为水平比例尺的10~20倍。线路横断面测绘是在各中桩处测定垂直于道路中线方向的地面起伏，绘制横断面图。横断面图是设计路基横断面、计算土石方量和施工时确定路基填挖边界的依据。

③横断面一般选在曲线控制点、里程桩和线路横向地形明显变化处，在大中桥头、隧道洞口、挡土墙等重点工程地段适当加密。测量宽度由路基宽度及地形情况确定，一般在中线两侧各测15~50 m。横断面上中桩的地面高程已在纵断面测量时测出，两侧地形特征点相对于中桩的平距和高差可用经纬仪、全站仪、水准仪皮尺法等测定。线路横断面图的纵横比例尺相同，一般采用1∶100或1∶200。

④既有线路勘测：既有线路的勘测设计包括方案研究、初测、初步设计、定测和施工设计。既有线路勘测的工作内容主要包括既有线路里程丈量、线路调绘、高程测量、横断面测量、线路平面测绘、地形测绘、站场测绘及绕行线定测、设备调查等。既有曲线测量一般采用偏角法、矢距法、全站仪极坐标法、GPS-RTK法等。

六、线路施工测量和放样方法

1. 线路施工测量

(1)线路复测

中桩在施工中将被填挖掉，因此在线路复测后，路基施工前，对中线的主要控制桩(如交点、直线转点及曲线五大桩)应设置护桩。护桩位置应选在施工范围以外不易破坏处。

(2)路基边坡放样

路基施工前，需要测设出路堤坡脚线或路堑坡顶线的路基边桩，作为修筑路基填挖方开始的范围。边桩的常用测设方法有图解法、解析法、逐渐趋近法、坡脚尺法等。在公路工程中，常采用麻绳竹竿标设路堤边坡，采用固定边坡样板指示路堑边坡的挖掘。

2. 线路施工放样方法

(1)曲线分类

①平面曲线(平曲线)。是在平面上连接不同方向线路的曲线。根据其曲率半径特点，分为圆曲线和缓和曲线。圆曲线的曲率半径处处相等；缓和曲线是在直线与圆曲线、圆曲线与圆曲线之间设置的曲率半径连续渐变的一段过渡曲线，其曲率半径连续变化。线路变向点处的平曲线一般是按“直线+缓和曲线+圆曲线+缓和曲线+直线”的顺序连接组成复曲线。

其中，圆曲线元素有切线长(T)、曲线长(L)、外矢距(E)、切曲差(D)；圆曲线主点3个，分别是直圆点(ZY)、曲中点(QZ)、圆直点(YZ)。

缓和曲线主点有5个，直缓点(ZH)、缓圆点(HY)、曲中点(QZ)、圆缓点(YH)、缓直点(HZ)。

②竖曲线。曲线测设的常用方法有极坐标法、坐标法、偏角法、切线支距法等。

(2)平曲线测设

采用偏角法测设曲线时，曲线主要点的测设过程如下：

①根据给定的曲线半径、偏角等要素，计算其他曲线要素和主要点的里程；

②计算曲线坐标，即将切线直角坐标系中的曲线坐标转换到线路测量坐标系中；

③计算圆曲线、缓和曲线上各点的偏角值；

④根据计算出的曲线要素直接测设主要点，并用偏角进行检核。

曲线详细测设常用方法有极坐标法、坐标法、偏角法和切线支距法；此外，还有弦线偏距法、弦线支距法、割线法、正矢法等。平曲线的测设还可采用全站仪或GPS-RTK的直接坐标法。该法需计算主要点和细部点在测量坐标系中的坐标，主要点和细部点一并测设。

(3)竖曲线测设：与平曲线一样，测设竖曲线，首先要进行曲线要素的计算。

七、桥梁工程和大坝工程测量

1. 桥梁工程测量

桥梁施工控制测量的目的是确保桥梁轴线、墩台位置在平面和高程位置上符合设计的精度要求。

①平面控制测量：平面控制网可布设成三角网、边角网、精密导线网、GPS网等。主要采用的布设形式为三角形网。三角形网的常用图形为双三角形、大地四边形和双大地四边形三种。各网形通过测角、测边，按边角网进行平差计算。

②高程控制测量：桥梁高程控制测量满足施工中高程放样和监测桥梁墩台垂直变

形的需要。水准点应埋设在桥址附近的安全稳定、便于观测处，桥址两岸至少各设 3 个水准点。

③桥梁施工放样：包括桥墩台中心定位、墩台细部放样、梁部放样等。

2. 大坝工程测量

(1)坝轴线测设

坝轴线即坝顶中心线，是大坝施工放样的主要依据。采用交会法、极坐标法等放样方法将坝轴线放样到实地。为防止施工时遭到破坏，还需沿轴线延伸方向，在两岸山坡上各埋设 1~2 个永久性标志(轴线控制桩)，以便检查端点的位置变化。

(2)坝身控制线测量

坝身控制线(定线网)测量主要分两步，先测设平行于坝轴线的坝身控制线，再测设垂直于坝轴线的坝身控制线。平行于坝轴线的坝身控制线可布设在坝顶上下游边线处、上下游坡面变化处、下游马道中线处，也可以按一定的间隔(如 10 m、20 m、30 m 等)布设。垂直于坝轴线的坝身控制线一般按 50 m、30 m 或 20 m 的间距以里程来测设。

(3)清基开挖与坝体填筑放样

①清基开挖线放样：清基开挖线即坝体与自然地面的交线。清基放样的主要工作是确定清基范围和各位置的高程，一般根据设计数据计算而得。清基开挖线的放样精度要求不高，可用套绘断面法求得放样数据，再用全站仪坐标法和 GPS-RTK 法放样出清基开挖线。

②坡脚线放样：为指导坝体填筑工作，在清基后应放样出坡脚线。坡脚线即坝底与清基后地面的交线。常用的坡脚线放样方法有套绘断面法和平行线法。套绘断面法是用图解法获得放样数据；平行线法以不同高程坡面与地面的交点获得坡脚线，然后用高程放样的方法定出坡脚点。

③边坡线放样：在坝体坡脚线放出后就可填土筑坝。为了标明上料填土的界限，每当坝体升高 1m 左右，就要用上料桩将边坡的位置标定出来。标定上料桩的工作称为边坡放样。

④修坡桩测设：标定修坡桩位置的工作。

第六节　矿山与隧道工程测量

一、地下工程测量

地下工程共分地下通道工程、地下建筑物工程、地下采矿工程三大类。地下工程施工方法可分为明挖法和暗挖法。往往采用一些特殊或特定的测量方法(如联系测量)和仪器(如陀螺经纬仪)。采矿工程存有矿尘和瓦斯时(如井工矿)，要求仪器具有较好密封性和防爆性。

①规划阶段：视工程规模的大小和建筑物所处的地下深度，需要使用已有的各种大、中比例尺地形图或测绘专用地形图；必要时，需测绘纵、横断面图以及地质剖面图等。

②建设阶段：包括：a. 施工控制测量；b. 施工定线放样。

③运营阶段：进行设备安装、维修、改建、扩建等各种测量工作。此外，地下工程施工过程中，因岩体掘空，围岩应力发生变化，可能导致地下建筑及其周围岩体下沉、隆起、两侧内挤、断裂以至滑动等变形和位移。因此，从施工前开始，直到运营期间，应对地面、地面建筑物、地下岩体进行系统的变形监测，以保证施工安全。

二、隧道工程和矿山工程测量内容

1. 隧道工程测量内容

①隧道工程测量的工作内容主要包括规划阶段的提供选线地形图和地质图资料；设计阶段的测图控制网建立、带状地形图和横断面测绘，建设阶段的施工测量、竣工测量，建设和运营阶段的地表、洞身及相关建筑物的变形监测。

②隧道施工测量的工作内容一般包括洞外控制测量、进洞测量、洞内控制测量、洞内施工测量、贯通误差调整与竣工测量。其中，进洞测量工作中，直线隧道进洞以线路中线作为纵轴，曲线隧道进洞以一条切线方向作为纵轴。

2. 矿山测量内容

①矿山测量是为地质勘探、矿山设计、矿山建设、运营以及矿山报废等各阶段所进行的测量工作。其工作内容主要包括矿产勘探阶段的地面控制测量、地形图测绘、勘探点的标定，设计阶段的地形图测绘、工业广场测量、线路测量，建设阶段的井筒和巷道测量、建筑(构)物施工测量、设备安装与线路测量，生产阶段的井巷标定、岩层与地表移动监测、土地复垦测量等。

②矿井施工测量的工作内容一般包括地面控制网建立、竖井定向测量和竖井导入高程测量、竖井贯通测量、井下控制测量、井下施工测量等。

三、隧道控制及施工测量

1. 隧道控制

(1)洞外控制测量

①洞外平面控制测量：洞外平面控制测量的常用方法有中线法、精密导线测量、

边角测量、GPS 定位等。中线法控制形式最简单，但由于方向控制较差，故只能用于较短的隧道(直线隧道短于 1 km，曲线隧道短于 500 m)；GPS 定位精度高，选点灵活，无须通视，观测时间短，是目前隧道控制网建立的首选方法。

②洞外高程控制测量：洞外一般采用二、三等水准布设高程控制。

(2)洞内控制测量

①洞内平面控制测量：常采用中线法、导线法两种方式。其中，中线法是指洞内不设导线，以洞口投点为依据，向洞内直接测设隧道中线点，不断延伸作为洞内平面控制，用中线点直接进行施工放样。而导线法是指洞内控制依靠导线，施工放样用的中线点由导线测设，中线点的精度能满足局部地段施工要求即可。导线点有时设于坑道顶板，需采用点下对中。

②洞内高程控制测量：洞内高程由洞外高程控制点向洞内测量传算，结合洞内施工特点，每隔 200~500 m 设立一对高程点以便检核；为便于施工使用，每隔 100 m 应在拱部边墙上设立一个水准点。因洞内施工干扰大，常使用挂尺传递高程。洞内施工测量的工作内容主要包括洞口定线放样、洞内中线测量、洞内腰线测设、开挖断面测量、衬砌放样等。

其中，中线测设是根据隧道洞口中线控制桩和中线方向桩，在洞口开挖面上测设开挖中线，并逐步往洞内引测隧道中线上的里程桩。隧道每掘进 20m，要埋设一个中线里程桩。中线桩可以埋设在隧道的底部或顶部。

腰线测设是在隧道施工中，为了控制施工的标高和隧道横断面的放样，在隧道岩壁上，每隔一定距离(5~10m)测设出比洞底设计地坪高出 1 m 的标高线(“腰线”)。腰线的高程由引测入洞内的施工水准点进行测设。腰线的高程按设计坡度随中线的里程而变化，它平行于隧道底设计地坪高程线。

2. 隧道施工测量

洞外控制测量中，每个洞口应测设不少于三个平面控制点，包括洞口点及其相联系的控制点；埋设不少于两个水准点，水准点间的高差以安置一次水准仪即可测出为宜。

洞内平面控制测量一般先敷设边长较短、精度较低的施工导线，指示隧道掘进；而后敷设高等级导线对低等级导线进行检查校正。

洞内施工导线的边长宜近似相等；洞内水准路线应往返测量。隧道工程相向贯通的贯通误差要求见表 3-6。

表 3-6　**隧道工程贯通误差**

类别	两开挖洞口长度 L/km	贯通误差限差/mm
横向	$L<4$	100
	$4\leqslant L<8$	150
	$8\leqslant L<10$	200
高程	不限	70

四、矿井施工测量

为了便于成果、成图的相互利用，应尽量采用国家3°带高斯平面直角坐标系。在特殊情况下，可采用任意中央子午线、矿区平均高程面为投影面的矿区独立坐标系。

1. 地下导线布设要求

①地下导线应尽量沿巷道中线(或边线)布设，尽量避免长短边相接。

②地下导线延伸测量时：应对以前的导线点作检核测量。在直线地段，可只作角度检测，在曲线地段，还要同时做边长检测。

③地下导线边长较短，角度观测时应尽可能减小仪器对中和目标对中误差的影响。

④边长测量中，采用钢尺悬空丈量时，应加尺长、温度和垂曲改正。

⑤凡能构成闭合图形的导线网(环)，都应进行平差计算，以求出导线点精确坐标值。

⑥对于螺旋形巷道，不能形成长边导线，每次向前延伸时，都应从洞外复测。复测精度应一致，在证明导线点无明显位移时，取点位的均值。

井下平面控制测量通常为地下导线。地下导线可以布设为附合导线、闭合导线、方向附合导线、无定向导线、支导线及导线网等。地下导线的起始点坐标由地面控制测量和联系测量测定。

2. 井下高程控制测量的任务

①确定主要巷道内水准点和永久导线点的高程，以建立地下高程基本控制；

②给定巷道在竖直面内的方向；

③确定巷道底板的高程；

④检查主要巷道及其运输线路的坡度和测绘主要运输巷道纵剖面图。

其中，巷道及回采工作面测量内容是：

①根据采矿设计标定巷道掘进的方向和坡度，并随时检查和纠正，称为巷道中线和腰线标定；

②及时准确测定巷道的实际位置，检查巷道的规格质量和丈量巷道进尺，并把巷道填绘在有关的平面图、立面图和剖面图上；

③测绘回采工作面的实际位置，统计产量和储量变动情况，此项工作称为回采工作面测量；

④有关采矿工程、井下钻探、地质特征点、瓦斯突出点和涌水点的测定等。

五、联系测量

1. 联系测量作用

联系测量是为使地面与地下建立统一的坐标系统和高程基准，通过平峒、斜井及竖井将地面的坐标系统及高程基准传递到地下的传递工作。保证地下工程按照设计图纸正确施工，确保隧(巷)道的贯通，地下工程与地面的相对位置关系。

2. 联系测量方法

联系测量分为平面联系测量和高程联系测量。

①通过平峒、斜井平面采用导线直接导入，高程采用水准测量、三角高程测量直接导入。

②竖井联系测量的平面联系测量(亦称竖井定向测量)任务是测定地下起始点的坐标和起始边的方位角，方法分为几何定向和陀螺经纬仪定向。

③高程联系测量(也称导入标高)任务是确定地下高程基点的高程，常用方法有长钢尺法、长钢丝法、光电测距仪和铅直测距法等。

3. 几何定向方法

①一井定向。

②两井定向：当地下工程有两个竖井，且两井之间有巷道相通并能进行测量时，应采用两井定向。在两井定向中，由于两垂球线间的距离远大于一井定向的距离，因而其投向误差也大大减小。

4. 陀螺经纬仪定向方法

陀螺经纬仪实现自动寻找真北方向，从而测定任意测站上任意方向的大地方位角。在南、北半球纬度不大于75°的范围内。

陀螺经纬仪的定向测量可分为陀螺经纬仪定向和陀螺方位角测定两个作业过程：其原理是因受地球自转影响而产生一个力矩，使高速旋转的陀螺仪转子的轴指向通过测站的子午线方向，即真北方向；再加测站的子午线收敛角改正。

(1)陀螺经纬仪定向

包括：a. 在已知边上测定仪器常数；b. 在待定边上测定陀螺方位角；c. 在已知边上重新测定仪器常数，求算仪器常数最或是值，评定一次测定中误差；d. 求算子午线收敛角；e. 求算待定边的坐标方位角。

(2)陀螺方位角一次测定

包括：a. 在测站上整平对中陀螺经纬仪，以一个测回测定待定边或已知边的方向值，然后将仪器大致对正北方；b. 粗略定向，测定近似陀螺北方向；c. 测前悬带零位观测；d. 精密定向，测定精密陀螺北方向；e. 测后悬带零位观测；f. 以一个测回测定待定边或已知边的方向值，当测前测后两次观测的方向值的互差小于规定的数值时，取其平均值作为测线方向值。

六、贯通测量

1. 常用贯通形式

包括：a. 两个工作面相向掘进，称为相向贯通；b. 从一端向另一端的指定地点掘进，称为单向贯通；c. 两个工作面同向掘进，称为同向贯通或追随贯通。

2. 工作步骤

①调查了解待贯通巷道的实际情况，根据贯通的容许误差，选择合理的测量方案与测量方法。对重要的贯通工程，要编制贯通测量设计书，进行贯通测量误差预计，以验证所选择的测量方案、测量仪器和方法的合理性。

②依据选定的测量方案和方法，进行施测和计算，每一个施测和计算环节，均须有独立可靠的检核，并要将施测的实际测量精度与设计书中要求的精度进行比较。若发现实测精度低于设计中的要求时，应分析其原因，并采取提高实测精度的相应措施，返工重测。

③根据有关数据计算贯通隧(巷)道的放样元素，实地标定隧(巷)道的中线和腰线。

④根据隧(巷)道掘进的需要，及时延长隧(巷)道的中线和腰线，定期进行检查测量和填图，并按照测量结果及时调整中线和腰线。

⑤隧(巷)道贯通之后，应立即测量出实际的贯通偏差值，并将两端的导线连接起来，计算各项闭合差。此外，还应对最后一段隧(巷)道的中线、腰线进行调整。

⑥重大贯通工程完成后，应对贯通测量进行精度分析与精度评定，编写技术总结。

3. 贯通误差与控制

贯通误差：对于平、斜隧(巷)道贯通，贯通误差的方向及其影响如下：a. 纵向贯通误差。水平面内沿中心线方向的贯通误差分量，仅对贯通有距离上的影响，故对其要求较低。b. 横向贯通误差。水平面内垂直于中心线方向的贯通误差分量，对隧(巷)道质量有直接影响，需重点控制。c. 高程贯通误差。铅垂线方向的贯通误差分量对坡度有影响，若采用水准测量方法，一般较容易控制。

在贯通测量中，为保证贯通测量精度，应注意以下问题：a. 注意原始资料的可靠性，起算数据应准确无误。b. 各项测量工作都要有可靠的独立检核，要进行复测复算，防止产生粗差。c. 对精度要求很高的重大贯通工程，要采取提高精度的必要技术措施。例如，适当加测陀螺定向边；尽可能增大导线边长；设法提高仪器和目标的对中精度，或采用三联脚架法等。d. 及时对观测成果要进行精度分析，并与预计的贯通误差进行对比，必要时返工重测。e. 掘进过程中，要及时进行测量和填图，并根据测量成果及时调整掘进方向和坡度。如果采用全断面一次成巷施工，则在贯通前的一段巷道内可采用临时支护，铺设临时的简易轨道，以减少巷道贯通后的整修工作量。

第七节 地下管线测量

一、地下管线测量

地下管线测量是为各种地下管线及其附属设施的规划、设计、施工、运营及维修等所进行的测量工作。一般包括地下管线探查和地下管线测绘。

①地下管线探测：是通过现场调查和仪器探查，查明地下管线的埋设位置、深度和相关属性，并在地面设置管线点的标志。

②地下管线探测的实施过程包括：a. 资料搜集和踏勘；b. 仪器检验和方法试验；c. 技术设计；d. 实地调查和仪器探查；e. 控制测量；f. 管线点测量；g. 地下管线图编绘。

地下管线测绘师对所设管线点的平面位置和高程进行测量，并编绘地下管线图。

二、地下管线探测方法

1. 精度要求

地下管线隐蔽管线点的探查精度一般为：位置限差为 0. 1 h；埋深限差为 0.15 h（h 为管线中心的埋深，小于 1 m 时按 1 m 计）。地下管线点的测量精度为：相对于邻近控制点，点位中误差不超过±5 cm，高程中误差不超过±2 cm。

2. 地下管线探测方法

地下管线探测方法包括明显管线点的实地调查、隐蔽管线点的物探调查和开挖调查 3 种方法，几种方法往往需要结合进行。

3. 管线探查仪器与物探方法

地下管线探查仪器的选用与采用的物探方法相适应，物探方法根据任务要求、探查对象和地球物理条件选用。

(1)地下管线探查仪器的选用

①探查金属地下管线宜选用电磁感应类管线探查仪器，即采用频率域电磁法的管线仪。频率域电磁法分为被动源法和主动源法，被动源法包括工频法和甚低频法；主动源法包括直接法、夹钳法、电偶极感应法、磁偶极感应法和示踪法。

②探查非金属地下管线宜选用非电磁感应类管线探查仪器。例如，采用电磁波法的地质雷达，采用地震波法的浅层地震仪，采用直流电法的电阻率仪，采用磁法的磁力仪，采用红外辐射仪等。

(2)物探方法

地下管线仪器探查按照从已知到未知、从简单到复杂的原则、采用综合方法进行。常用探查方法如下：

①金属管道宜使用管线仪采用主动源的直接法、夹钳法及电磁感应法探查；

②非金属管道宜使用地质雷达用电磁波法探查，使用浅层地震仪用地震波法探查；

③电力电缆宜使用管线仪先采用被动源的工频法进行搜索和初步定位，再用主动源法精确定位、定深；

④电信电缆宜使用管线仪采用主动源法探查。

三、地下管线图测绘

地下管线图作为专题图，分为综合管线图和专业管线图。地下管线图一般以大比例尺地形图为基础进行编绘，即可采用增加地下管线内容，更新地形图内容的方法来制作地下管线图。

地下管线图表示的内容：a. 各专业管线；b. 管线上的建筑物；c. 地面上建筑物；d. 铁路、道路、河流、桥梁；e. 主要地形特征。

四、质量控制与成果提交

①每个工区必须在隐蔽管线点和明显管线点中，分别按不少于总数5%的比例，随机抽取管线点进行重复探查，检查管线探查的数学精度和属性调查质量。

②每个工区应在隐蔽管线点中，按不少于总数1%的比例，随机抽取管线点进行开挖验证，检查管线点的数学精度。

③地下管线探测成果的整理归档包括：a. 技术设计书，技术总结；b. 管线调查、探查资料；c. 管线测量观测、计算资料；d. 地下管线图，成果表；e. 地下管线数据库；f. 仪器检定和检校资料；g. 检查报告，验收报告。

第八节 工程竣工测量

一、竣工测量内容

竣工测量工作内容包括控制测量、细部测量(亦称竣工测量)、竣工图编绘等。

①工业厂房及一般建筑物包括房角坐标,管线进出口位置和高程,并附房屋编号、结构、层数、面积和竣工时间等资料;

②铁路和公路等交通线路包括起止点、转折点、交叉点的坐标,曲线要素,桥涵等构筑物位置和高程,人行道、绿化带界线等;

③地下管网包括检修井、转折点、起始点坐标,井盖、井底、沟槽和管顶高程,并附注管道及检修井的编号、名称、管径、管材、间距、坡度和流向;

④架空管网包括转折点、节点、交叉点坐标,支架间距,基础面高程;

⑤特种构筑物包括沉淀池、污水处理池、烟筒、水塔等的外形、位置及高程;

⑥绿化环境工程的位置及高程;

⑦测量控制网点的坐标和高程。

竣工图是工程完成后,符合工程实际状况的施工图。竣工图是竣工测量的主要成果,包括竣工总平面图、专业分图、断面图等。

二、建筑物竣工测量

建筑竣工测量在建筑工程完工后进行,其目的是为工程的交工验收及将来的维修、改建、扩建提供依据。其工作内容主要包括建筑平面位置及四至关系测量、建筑高程及高度测量。

1. 平面位置及四至关系测量

平面位置测量采用极坐标法,四至关系测量采用手持测距仪或钢尺实量法。

2. 高程及高度测量

①高程测量是采用图根水准连测建筑物的室外地坪(或散水)、室内地坪、±0,建筑配套管线的检修井、管线点等细部点的高程。

②楼高测量是采用三角高程法、前方交会法、手持测距仪或钢尺实量法量测屋顶楼面到室外地坪的相对高度和地下室地坪比高、檐口比高、女儿墙比高等,按需量测坡屋脊比高以及屋顶面上水箱间、电梯间、楼梯间等附房的高度。

三、线路竣工测量

1. 中线测量

首先根据护桩将主要控制桩恢复到路基上。在桥梁、隧道地段进行线路中线贯通测量，检查桥梁、隧道的中线是否与恢复的线路中线相符合。如果不相符合，应从桥梁、隧道的中线向两端引测。贯通测量后的线路中线位置应符合路基宽度和建筑物接近限界的要求，同时应对中线控制桩和交点桩固桩。中线测量完成后，在中线上的直线地段每 50 m，曲线地段每 20 m 测设一桩。道岔中心、变坡点、桥涵中心等处需钉设加桩。全线里程自起点连续计算，消除因局部改线或假设起始里程而造成的里程“断链”。

2. 高程测量

通过水准测量将水准点引测于桥台、涵洞帽石、隧道洞口边墙等稳固建筑物上，也可沿线路埋设永久性混凝土水准点。其间距不应大于 2 km，精度与定测要求相同。全线高程必须统一，消除因采用不同高程基准而产生的“断高”，以作为运营维修时线路标高的依据。

3. 横断面测量

通过横断面测量主要检查路基宽度，侧沟、天沟的深度和宽度，路基护道宽度等是否符合设计要求，若不符合要求应进行整修。

四、桥梁竣工测量

桥梁竣工测量在桥梁工程竣工后进行，包括桥梁墩台竣工测量、桥梁架设竣工测量。

1. 桥梁墩台竣工测量

墩台竣工测量主要包括测定各墩台的跨度、丈量墩台各部尺寸、测定支承垫石顶面高程等工作。桥墩、桥台各部尺寸主要是墩顶的尺寸、支承垫石的尺寸和位置等。

2. 桥梁架设竣工测量

桥梁架设竣工测量包括测定主梁弦杆的直线性、梁的拱度、立柱的竖直性、各墩上梁的支点与墩台中心的相对位置等工作。主梁弦杆的直线性、梁的拱度和立柱的竖直性的测定按照架梁时的方法进行。根据测量结果，即可推算出梁的支点与墩台中心的相对位置，以及与设计位置的差值。

五、地下管线竣工测量

地下管线竣工测量包括管线点调查和管线点测量。

1. 管线点调查

查明管线管材、特征、附属物、管径或管块断面尺寸、埋深、电缆根数、埋设年代、权属单位、连接方向、电压值等属性，并填写管线点调查表。

2. 管线点测量

对于各种管线的起止点、转折点、分支点、交叉点、变径点、变坡点及每隔适当距离的直线点等，采用导线串联法、极坐标法等解析法采集管线点坐标和高程，标绘竣工测量草图，编制管线点成果表。

六、竣工总图编绘

编绘竣工总平面图分三步：选择图幅大小与比例尺、绘制底图、编绘竣工总图。

1. 编绘资料

应收集资料包括：a. 总平面布置图；b. 施工设计图；c. 设计变更文件；d. 施工检测记录；e. 竣工测量资料；f. 其他相关资料。

2. 编绘原则

竣工总图遵循现场测量为主、资料编绘为辅的原则进行编绘。
①施工中可根据施工情况和设计变更文件及时编绘竣工总图；
②单项工程竣工后应立即进行实测并编绘竣工总图；
③对于设计变更部分，应按实测资料绘制；
④地下管道及隐蔽工程，应根据回填前的实测数据编绘。

3. 编绘过程

竣工总图通常随着工程的陆续竣工而相继编绘，过程包括：底图处理和总图编制。

七、成果的整理归档

竣工测量成果的整理归档包括：a. 技术设计书，技术总结；b. 竣工测量观测、计算资料；c. 竣工总图、专业分图、断面图；d. 细部点成果表；e. 仪器检定和检校资料；f. 检查报告，验收报告。

第九节　变 形 监 测

一、概述

1. 基本概念

变形分为变形体自身的形变(伸缩、错动、弯曲和扭转)、变形体的刚体位移(整体平移、整体转动、整体升降和整体倾斜)两类，一般称前者为形变，称后者为变形。

变形监测(亦称变形测量、变形观测)是利用测量仪器或专用仪器对变形体的变化状况进行监视、监测的测量工作。形变监测是对地壳或地面的水平和垂直运动所进行变形监测工作，其目的是监测地震前兆或评价区域构造的稳定性。

2. 变形监测对象

①全球性变形监测，包括地极移动监测、地球板块运动监测、地球旋转速率变化监测等。

②区域性变形监测，包括地壳形变监测、城市地面沉降监测等。

③局部性变形监测，包括工程建(构)筑物三维变形监测、滑坡体滑动监测、地下开采区、地面移动和沉降监测等。

3. 变形监测特点

与工程建设中的地形测量和施工测量相比，变形监测具有以下特点：

①重复观测，变形需要重复观测，而且每一周期的观测方案都要尽量一致，这是变形监测的最大特点。

②精度要求较高，变形监测典型精度要求达到 1 mm 或相对精度达到 10^{-6}次方。

③测量方法综合应用。

④数据处理要求严密。

4. 变形监测内容

变形监测内容包括几何量、物理量两方面。

(1)几何量监测

监测内容主要包括水平位移、垂直位移和偏距、倾斜、挠度、弯曲、扭转、震动、裂缝等测量。水平位移是变形监测点在水平面上的变动，垂直位移是变形监测点在铅直线方向上的变动。偏距、倾斜、挠度等也可归结为水平和垂直位移。偏距和挠度可视为某一特定方向的位移；倾斜可换算成水平或垂直位移分量，也可以通过水平或垂直位移测量得到。

(2)物理量监测

监测内容主要包括应力、应变、温度、气压、水位(库水位、地下水位)、渗流、渗压、扬压力等测量。

二、变形监测要求

(1)设计要求

变形监测网一般应进行同时顾及精度、可靠性、灵敏度及费用准则的优化设计。

(2)观测要求

各观测周期的变形观测，应满足下列要求：a. 在较短的时间内完成；b. 采用相同的观测路线和观测方法；c. 使用同一仪器和设备；d. 观测人员相对固定；e. 记录相关的环境因素，包括荷载、温度、降水、水位等；f. 采用统一基准处理数据。

(3)预警要求

每期观测结束后，必须即刻报警，通知建设单位和施工单位采取相应措施。

包括：a. 变形量达到预警值或接近允许值；b. 变形量或变形速率出现异常变化；c. 变形体、周边建筑(构)物或地表出现裂缝快速扩大等异常变化。

(4)变形分析要求

变形分析包括：a. 观测成果的可靠性分析；b. 变形体的累计变形量和两相邻观测周期的相对变形量分析；c. 相关影响因素(荷载、应力应变、气象和地质)的作用分析；d. 回归分析；e. 有限元分析。较小规模的工程，至少应包括前三项内容。

三、监测等级与精度

变形监测的等级及精度要求取决于变形体设计时确定的变形允许值大小和变形监测的目的，一般认为监测的目的是为了建筑物工程的安全，使得观测的中误差应小于允许变形值的1/10~1/20；《工程测量规范》规定的变形监测等级和精度见表3-7。

表3-7　**变形监测等级划分及精度要求**　(单位：mm)

等级	垂直		水平	主要适用范围
	高程	高差	点位	
一等	0.3	0.1	1.5	变形特别敏感的高层建筑、高耸构筑物、工业建筑、重要古建筑、精密工程设施、特大型桥梁、大型直立岩体、大型坝区地壳变形监测等

续表

等级	垂直		水平	主要适用范围
	高程	高差	点位	
二等	0. 5	0. 3	3. 0	变形比较敏感的高层建筑、高耸构筑物、工业建筑、古建筑、特大和大型桥梁、大中型坝体、直立岩体、高边坡、重要工程设施、重大地下工程、危害性较大的滑坡监测等
三等	1. 0	0. 5	6. 0	一般性高层建筑、多层建筑、工业建筑、高耸构筑物、直立岩体、高边坡、深基坑、一般地下工程、危害性一般的滑坡监测、大型桥梁等
四等	2. 0	1. 0	12. 0	观测精度要求较低的建筑物、普通滑坡监测、中小型桥梁等

《建筑变形测量规范》对变形测量的等级、精度指标及其适用范围规定见表 3-8（观测点测站高差中误差和观测点坐标中误差，单位为 mm）。

表 3-8　　**变形监测等级划分及精度要求**

等级	沉降	位移	主要适用范围
	高程	点位	
特级	±0. 05	±0. 3	特高精度要求的特种精密工程的变形测量
一等	±0. 15	±1. 0	地基基础设计为甲级的建筑的变形测量；重要的古建筑和特大型市政桥梁变形测量等
二等	±0. 5	±3. 0	地基基础设计为甲、乙级的建筑的变形测量；场地滑坡测量；重要管线的变形测量；地下工程施工及运营中变形测量；大型市政桥梁变形测量等
三等	±1. 5	±10. 0	地基基础设计为乙、丙级建筑的变形测量；地表、道路及一般管线的变形测量；中小型市政桥梁变形测量等

四、监测网点布设

（1）基准点

变形监测的基准应布设在变形影响区域外稳固可靠的位置。每个工程至少应布设 3 个基准点。大型工程的变形监测，其水平位移基准点应采用观测墩，垂直位移基准点宜采用双金属标或钢管标。

(2)工作基点

为直接观测变形点而在现场布设的相对稳定的测量控制点，即工作基点。水平位移监测宜采用观测墩，垂直位移监测可采用钢管标。

(3)变形观测点(亦称目标点、变形点、观测点)

变形观测点布设在变形体的地基、基础、场地及上部结构等能反映变形特征的敏感位置。

变形观测周期根据变形体的变形特征、变形速率、观测精度及外界影响因素等综合确定。

五、变形监测方法

1. 静态监测方法

①常规大地测量方法：测量方法包括边角测量法、各种交会法、极坐标法以及几何水准测量法、三角高程测量法等。该法主要用于变形监测网的布设以及周期观测。

②GPS 测量方法：用于测定场地滑坡的三维变形、大坝和桥梁水平位移、地面沉降等。GPS 测量方法具有精度高、受外界干扰小等特点。

③合成孔径雷达干涉测量(InSAR)方法：用于地面形变监测，其特点包括覆盖范围大，方便迅速；成本低，不需要建立监测网；空间分辨率高，可以获得某一地区连续的地表形变信息；全天候，不受云层及昼夜影响。

④准直测量方法：通过测量变形观测点偏离基准线的距离，确定某一方向上点位相对于基准线的变化。准直测量包括水平准直和铅直两种方法。

⑤液体静力水准测量方法：利用静止液面原理来传递高程的方法，可以测出两点或多点间的高差，即利用连通管原理测量各处容器内液面高差的变化以测定垂直位移。该法适用于建筑物基础、混凝土坝基础、廊道和土石坝表面的垂直位移观测。

⑥特殊监测方法：除了上述测量手段外，变形监测还包括一些专门测量技术手段，如应变计测量、倾斜仪测量等。这些方法具有测量过程简单、容易实现自动化观测和连续监测、提供的是局部变形信息等主要特点。

2. 动态监测方法

①实时动态 GPS 测量方法：将 1 台 GPS 接收机安置在变形体外稳固处作为连续运行的基准站，另外一台或数台 GPS 接收机天线安置在变形点上作为流动站进行连续观测。

②近景摄影测量方法：在变形体周围的稳定点上安置高精度数码相机，对变形体进行摄影，然后通过数字摄影测量处理获得变形信息。

③地面三维激光扫描方法：利用地面三维激光扫描系统以一定间隔对变形体表面

进行扫描，大量采集三维坐标数据(点云数据)，通过去噪、拟合和建模，获得变形体的变形信息。需要站与站之间拼接时，在变形体周围要布置标靶。

六、变形观测

变形观测的主要方面：沉降观测(垂直位移观测)、位移观测、倾斜观测、动态变形观测、地面形变观测。

1. 沉降观测

变形监测网一般布设为基准网(首级网)、监测网(次级网)两级。基准网由基准点和工作基点构成；监测网由部分基准点、工作基点和变形观测点构成。

采用大地测量方法进行变形监测网布设时，对于大型建筑物、滑坡等，水平位移监测网宜布设三角形网、导线网、GPS 网等；对于分散、单独的小型建筑物，水平位移监测网可布设监测基线(如视准线)。垂直位移监测网一般布设为环形水准网。

沉降观测是测量变形体在垂直方向上的位移。沉降观测的常用方法是水准测量，有时也采用液体静力水准测量。对于工业与民用建筑，沉降观测包括场地沉降观测、基坑回弹观测、地基土分层沉降观测、建筑物基础及建筑本身的沉降观测等。其中，场地沉降观测包括测定建筑相邻影响范围内的相邻地基沉降以及建筑相邻影响范围外的场地地面沉降。对于桥梁，沉降观测主要包括桥墩、桥面、索塔的沉降观测以及桥梁两岸边坡的沉降观测等。对于混凝土坝，沉降观测主要包括坝体、临时围堰、船闸的沉降观测等。

2. 位移观测

水平位移观测是测量变形体在水平方向上的移动。水平位移观测方法包括地面测量方法、数字近景摄影测量方法、GPS 测量方法和特殊测量方法(如视准线、激光准直法)等。通过各期的水平位移观测成果可绘制水平位移曲线图。

位移观测还包括建筑裂缝观测、挠度观测等：

①裂缝观测主要是观测裂缝的长度、宽度、深度随时间变化的情况，通过各期的裂缝观测成果可绘制裂缝变化曲线图；

②挠度观测是通过观测不同位置变形点相对于固定点的位移值来计算挠度值，也可使用挠度计、位移传感器等来观测，通过各期的挠度观测成果可绘制挠度曲线图。

3. 倾斜观测

倾斜观测是各种高层建筑物变形监测的主要内容。倾斜观测分为如下两类：

①相对于水平面的倾斜(如建筑基础倾斜)。通过测定两点间的相对沉降来确定倾斜度，倾斜观测可采用几何水准测量方法、液体静力水准测量方法和倾斜仪测量方法。倾斜仪测量方法是在高层建筑物结构的不同高度放置倾斜仪，测定建筑物的倾斜

情况。常用的倾斜仪有水准管式倾斜仪、气泡式倾斜仪和电子倾斜仪。

②相对于垂直面的倾斜(如建筑主体倾斜)。通过测定顶部中心相对于底部中心，或者某层中心相对于下层中心的水平位移矢量来确定倾斜度。倾斜观测可采用投点法、测水平角法，前方交会法，激光铅直仪观测法，激光位移计法和正、倒垂线法等。

4. 动态变形观测

动态变形测量方法的选择可根据变形体的类型、变形速率、变形周期特征和测定精度要求等因素来确定，并符合下列规定：

①对于精度要求高、变形周期长、变形速率小的动态变形测量，可采用全站仪自动跟踪测量或激光测量等方法；

②对于精度要求低、变形周期短、变形速率大的建筑，可采用位移传感器、加速度传感器、GPS 动态实时差分测量等方法；

③当变形频率小时，可采用数字近景摄影测量或经纬仪测角前方交会等方法。

5. 地面形变观测

地面形变观测包括地面沉降观测、地震形变观测等。目前，地面形变观测主要采用水准测量、GPS 测量、InSAR 测量等方法。

七、数据处理与分析

1. 观测数据处理

每期变形观测结束后，应依据测量误差理论和统计检验原理，对获得的观测数据及时进行平差计算和处理，并计算各种变形量。剔除含有粗差的观测数据。

根据参考基准情况，变形监测网可采用固定基准的经典平差(常用间接平差法)、拟稳点基准的拟稳平差、重心基准的秩亏自由网平差等方法进行平差计算，从而计算各种变形量，并进行精度评定。

2. 变形几何分析

基准点稳定性分析方法有平均间隙法、卡尔曼滤波法等，常用方法为平均间隙法。

平均间隙法的基本思想是：先进行两周期图形一致性检验及整体检验，如果检验通过，则确认所有参考点是稳定的；否则，采用“尝试法”寻找不稳定点，依次去掉 1 点，计算图形不一致性减少的程度，使图形不一致性减少到最大的那一点就是不稳定点；排除该不稳定点后，再重复上述过程，直到图形一致性通过检验为止。

3. 变形物理解释

变形物理解释的方法可分为统计分析法、确定函数法(力学模型分析法)和混合模型法三类。

①统计分析法。以回归分析法为主。对于沉降观测，当观测值近似成等时间间隔时，可采用灰色建模法建立沉降量与时间之间的灰色模型；对于动态变形观测获得的时序数据，可采用时间序列分析法建模。

②确定函数法。以有限元法为主。

③混合模型法。用统计法计算，然后用实际值拟合而建立模型。

八、质量控制与成果归档

1. 变形监测质量控制

变形监测成果质量检验包括：a. 执行技术设计书及技术标准、政策法规情况；b. 使用仪器设备及其检定情况；c. 记录和计算所用软件系统情况；d. 基准点和变形观测点的布设及标石、标志情况；e. 实际观测情况，包括观测周期、观测方法和操作程序的正确性等；f. 基准点稳定性检测与分析情况；观测限差和精度统计情况；g. 记录的完整准确性及记录项目的齐全性；观测数据的各项改正情况；h. 计算过程的正确性、资料整理的完整性、精度统计和质量评定的合理性；变形测量成果分析的合理性；i. 提交成果的正确性、可靠性、完整性及数据的符合性情况；j. 技术总结内容的完整性、统计数据的准确性、结论的可靠性及体例的规范性；成果签署的完整性和符合性情况等。

2. 变形监测成果归档

变形监测任务完成后应提交的成果：a. 技术设计书，技术总结；b. 变形监测网点分布图；c. 变形观测、计算资料；d. 变形曲线图、成果表；e. 变形分析、预报资料；f. 仪器检定和检校资料；g. 检查报告，验收报告。

第十节 精密工程测量

一、概述

1. 精密工程测量简介

精密工程测量是指采用的设备和仪器，其绝对精度达到毫米量级，相对精度达到

10^{-5}量级的精确定位和变形监测等所进行的测量工作。它是传统工程测量的现代发展和延伸。其任务是准确求定控制点和工作点的坐标、高程以及进行精密定向、精密准直、精密垂准。精密工程测量的工作内容与普通工程测量相似，主要包括精密工程控制网建立(如特大型桥梁)、精密施工放样(如超高层建筑物)、精密设备安装与检测(如高能粒子加速器)、精密变形监测(如大型水坝)。

2. 精密工程测量方案设计

①对工程区的环境条件、工程及水文地质、气候特点等进行详细的分析和描述，并分析总结这些条件对测量作业的影响。要全面完整地掌握测区已有的测量资料，分析和评价这些资料的精度及利用价值。

②确定工程区基准，在详细进行精度分析和遵循有关规范条款的基础上兼顾整个工程区建设的需要，提出控制方案和施测方法，对精度进行预估等。

③确定测量中的关键技术所在，并结合自己的经验，广泛吸收同类工程实例的成功经验，提出数个实施方案。实施方案应包括采用的仪器、测量方法、关键技术、预期精度以及不同方案的比较。

④拟定数据处理方法。

⑤对方案可行性的论证、工作量和经费的概算等。

二、精密工程测量方法

精密角度测量：是精密三角测量、精密边角测量、精密导线测量和精密定向测量中的主要环节。精密角度测量通常使用高精度的光学经纬仪、电子经纬仪或全站仪。例如，徕卡 TPS2000 系列全站仪、TM5100a 电子经纬仪等，仪器的一测回方向标准偏差达到±0. 5″，具有动态角度扫描系统及三轴自动补偿、目标自动识别和动态频率校正等功能。

在精密工程测量中，要获得高精度的角值，除了使用高精度仪器外，还必须注意减弱仪器对中误差、目标偏心误差、照准误差、竖轴倾斜误差及环境条件的影响。

1. 精密距离测量

数百米内的精密距离测量使用因瓦基线尺比较方便。用特制的因瓦基线尺配合显微镜读数及专门的机械装置，可使一尺段的测量误差降低到几微米，相对精度高于10^{-6}次方。数百米至数千米的精密距离测量宜使用精密的光电测距仪(或全站仪)。为保证精密测距成果的可靠性，应注意减弱观测环境的影响，光电测距仪须经过严格的检验。双频激光干涉仪是目前测长仪中精度较高的一种仪器，它能在较差的环境中达到 5×10^{-7}左右的测量精度，测程可达数十米，而且自动化程度高，适用于精密距离测量以及测距仪、全站仪测距精度的自动检测。

2. 精密高程测量

几何水准测量仍是精密高程测量的最主要方法。液体静力水准测量具有高精度、遥测、自动化、可移动和可持续测量等特点，已成为一种新的工程水准测量方法。它一般不用于建立精密高程控制网，而用于特殊条件下的工程水准测量。

3. 精密准直测量

在大坝、防洪大堤及其他构筑物的变形监测，以及高精度的机械设备安装中，需要观测基本位于同一水平基准线上的许多点的偏移值，称为准直测量。

准直测量方法很多，光学测量方法有小角法、活动标牌法；光电测量方法有激光准直法等；机械法有引张线法等。

4. 精密垂准测量

在数百米的高大厦、电视塔、烟囱等建筑物上施工，以及核电站/火箭发射架等机械设备安装中，必须进行高精度垂准测量，垂准精度通常要求达到亚毫米级。垂准测量是以过基准点的铅垂线为垂直基准线，测定沿垂直基准线分布的目标点相对于铅垂线的水平距离。与准直测量一样，铅垂线可以用光学法、光电法或机械法产生。

三、精密工程控制网布设方法

1. 控制网布设方案设计

精密工程控制网的精度指标是根据精密工程关键部位竣工位置的容许误差要求，结合实际情况，综合分析确定。精密水平控制网通常布设为固定基准下的独立网，网形主要取决于工程任务和实地条件，一般不作具体要求。控制网一般由基准线、三角形、大地四边形及中点多边形等基本图形构成，根据具体情况可布设成基准线、三角网、三边网或边角网，也可采用 GPS 网建立相对水平控制网。精密高程控制网主要采用水准测量的方法建立，布设为闭合环或附合路线构成的节点网。精密工程测量的平面点常采用带有强制对中装置的测量标志。一般用基岩标作为绝对位置要求非常稳定的平面和高程基准点；在软土地区可用深埋钢管标作为高程基准点，用倒锤作为平面基准点。

2. 特殊精密控制网布设

(1) 直伸形三角网

在线状设备的安装或直线度、同轴度要求较高的设备安装工程中，如大桥、大坝的横向变形监测、自动化流水线的长轴线或导轨的准直测量等，需要建立直线控制，可布设直伸形三角网。

(2)环形控制网

在环形粒子加速器工程施工中。为精确放样储能环上的磁块等设备，并在运行期间监测其变形，需要建立环形控制，可布设环形控制网。

(3)三维控制网

在小范围内，采用高精度全站仪或激光跟踪仪可以同时获得精度相匹配的斜距、水平角、天顶距等观测元素，经过三维网整体平差可一次性得到网中待定点的三维坐标。因此，在安装控制网中三维网的应用越来越广泛。

四、工业设备形位检测

1. 精密安装控制网建立

大型设备的安装和检修，特别是需要分段、分块安装时，必须建立安装控制网。安装控制网通常布设成由规则图形构成的精密微型网。与常规的测量控制网相比，安装控制网的特点为边长短、范围小，其精度与设备安装的精度要求有关。对于大型精密设备，安装控制网的控制点点位中误差通常要求不超过±1 mm。

2. 形位检测方法及其选择

(1)形位检测常用方法

工业设备形位检测的常用方法有如下4类：

①电子经纬仪(或全站仪)基于前方交会的测量方法；

②全站仪(或激光跟踪仪)基于极坐标的三维坐标测量方法；

③近景摄影测量方法；

④激光准直测量方法。

(2)形位检测方法的选择

工业设备形位检测方法的选择原则如下：

①选择工业设备形位检测用的电磁波测距仪或扫描仪，其测量精度可达±(0.02~2) mm。但是，测量精度要求越高，测量距离就必须越短。

②基于测角仪器(电子经纬仪或全站仪)最佳极限高精度是最短视距与仪器测角中误差的乘积。可见，缩短观测距离和选用高精度仪器，是保证工业设备形位检测精度的根本保证。

③近景摄影测量的极限高精度是像点点位中误差与影像比例尺分母的乘积。

④对于运动物体形位检测，进行直接测量或摄影测量的传感器工作频率是重要技术指标。

模拟试题汇编及参考答案

模拟试题汇编

一、单项选择题(共 220 题，每题的备选选项中，只有一项最符合题意)。

1. 下列内容中，不属于工程测量学的内容的是(　　)。

A. 工程控制测量　　B. 建筑物施工放样

C. 1∶1 000 基本地形图测绘　　D. 大型精密设备安装与调试测量

2. 下列测量工作不属于工程建设施工阶段的是(　　)。

A. 工程地质勘探　　B. 定线放样

C. 土方测绘　　D. 轴线投测

3. 地下工程施工平面控制网一般采用的是(　　)。

A. 建筑方格网　　B. 边角网

C. GPS 网　　D. 导线测量

4. 下列工程控制网分类中，不是按照施测方法分类的是(　　)。

A. 测角网　　B. 边角网

C. GPS 网　　D. 导线网

5. 大比例尺测图所需要的高程控制网，通常采用(　　)的方法建立的。

A. GPS 测量　　B. 水准测量

C. 三角高程测量　　D. 导线测量

6. 有固定起算数据的工程测量网称为(　　)。

A. 自由网　　B. 经典自由网

C. 约束网　　D. 独立网

7. 抵偿高程坐标系统的归算高程面与参考椭球面(　　)。

A. 平行　　B. 相切

C. 相离　　D. 既不相交也不平行

8. 观测某目标的竖直角，盘左读数为 101°23′36″，盘右读数为 258°36′00″，则指标差为(　　)。

A. 24″　　B. −12″

C. −24″　　D. 12″

9. GPS 载波相位测量，在接收机间求一次差，可以消除的误差是(　　)。

A. 卫星钟误差　　B. 电离层折射误差

C. 对流层折射误差　　D. 卫星星历误差

10. 设地面上有 A、B 两点，A 为后视点，B 为前视点，测得后视读数为 a，前视

读数为 b，若使 AB 两点之间的高差为 h_{AB} 大于零，则为(　　)。

A. $a<b$　　B. $a>b$

C. $a=b$　　D. $a\leqslant b$

11. 在某一地面平坦的建筑施工场地，由于无经纬仪，放样点位应选用(　　)方法为宜。

A. 直角坐标　　B. 极坐标

C. 角度交会　　D. 距离交会

12. 刚体的放样定位，必须完全确定(　　)个自由度。

A. 3　　B. 4

C. 5　　D. 6

13. 采用偏角法测设圆曲线时，其偏角应等于相应弧长所对圆心角的(　　)。

A. 1.5 倍　　B. 2 倍

C. 1/2　　D. 2/3

14. 变形监测中，下列内容属于变形体的几何量监测的是(　　)。

A. 震动　　B. 温度

C. 气压　　D. 水位

15. 变形监测最大的特点是(　　)。

A. 周期观测　　B. 精度要求高

C. 观测时间短　　D. 数据处理严密复杂

16. 与 GPS 测量方法相比，摄影测量在变形监测中应用最显著的特点是(　　)。

A. 不需要接触被监测的变形体　　B. 可同时确定变形体上任意点的变形

C. 观测时间短　　D. 摄影信息精度高

17. 拱坝的绝对水平位移通常可采用的观测方法是(　　)。

A. 正垂线法　　B. 引张线法

C. 倒垂线法　　D. 差异沉降法

18. 对于工程建筑物变形监测，下列说法不正确的是(　　)。

A. 基准点应远离变形区　　B. 测点应离开变形体

C. 监测仪器应定期检校　　D. 监测周期应相对固定

19. 在一般情况下，在直线和圆曲线之间布设缓和曲线是为了(　　)。

A. 使得路曲线的形状更加美观　　B. 保证车辆运行的安全与平顺

C. 克服地形障碍　　D. 连接不同的坡度

20. 某隧道拱顶需要全部进行倒尺测量，已知拱顶 A 点的高程为 1 000，倒尺读数为 1 m，B 点倒尺读数为 1.01 m，那么 B 点高程为(　　)m。

A. 1 001.99　　B. 1 000.01

C. 999.99　　D. 1 001.01

21. 测绘资料要满足工程规划设计的需要，其主要质量标准不包括(　　)。

A. 地形图精度　　B. 比例尺的合理选择

C. 测绘内容的取舍　　D. 图面密度

22. 水下某地面点 A 所处位置的高程基准面为 72. 260 m，深度基准面为 70. 36 m，A 点高程 60. 68 m，高程异常为 1. 62 m，则该点的水深值是(　　)m。

A. 9. 68　　B. 11. 30

C. 8. 06　　D. 1. 58

23. GPS 测量中限制卫星高度角大小的主要目的是为了减弱(　　)对定位精度的影响。

A. 对流层误差　　B. 电离层误差

C. 多路径效应误差　　D. 相对论效应误差

24. 深埋双金属管标属于(　　)。

A. 高程控制点　　B. 平面控制点

C. 变形目标点　　D. 温度计

25. 设建筑物某结构部位竣工实际位置相对于设计位置极限偏差为 Δ，误差分析时考虑在测量、施工、加工制作三个方面进行误差分配。允许测量工作误差为 Δ_1，允许施工误差为 Δ_2，允许加工制作误差为 Δ_3，并假定各项误差相互独立，按照“等影响原则”进行分配。测量误差 Δ_1 又由 m_1、m_2两项误差组成，其中 m_2影响较小，按“忽略不计原则”，m_2应小于(　　)。

A. $\dfrac{\Delta}{\sqrt{120}}$　　B. $\dfrac{\Delta}{\sqrt{60}}$

C. $\dfrac{\Delta}{\sqrt{30}}$　　D. $\dfrac{\Delta}{3\sqrt{30}}$

26. 导线网水平角观测过程中，一测回内 2C 互差或同一方向值各测回较差超限时，应(　　)。

A. 重测超限方向，并联测零方向　B. 重测该测回

C. 重测该测站　　D. 可忽略，继续观测

27. 某隧道洞内采用“正倒尺法”传递高程，为测设位于洞顶 B 点高程(设计高程为 32. 653m)，水准仪后视洞底 A 点尺读数为 2. 659 m，A 点已知高程为 28. 562 m，则 B 点正确读数应为(　　)m。

A. 1. 432　　B. −1. 432

C. 2. 032　　D. −2. 032

28. 初测导线成果进行两化改正，指的是(　　)。

A. 把导线坐标增量总和先改化到参考椭球面，再改化到高斯平面上

B. 把导线坐标增量总和先改化到高斯平面，再改化到参考椭球面上

C. 把导线坐标增量总和先改化到水平面上，再改化到高斯平面上

D. 把导线坐标增量总和先改化到高斯平面，再改化到水平面上

29. 线路施工时，施工单位应检核线路测量的有关图表资料，并对线路进行复测，其复测的目的是(　　)。

A. 重新测设桩点　　B. 恢复定测桩点，检查定测质量
C. 修订桩点的平面位置和高程　　D. 全线里程贯通，消除断链

30. 根据“忽略不计原则”，若某项误差由 m_1 和 m_2 两部分组成，即 $M^2 = m_1^2 + m_2^2$，其中 m_2 影响较小，当 m_2 小到约等于(　　)m_1 时，可把 m_2 视为忽略不计。

A. 1/2　　B. 1/3
C. 1/4　　D. 1/5

31. 下列测量工作，不属于桥梁施工阶段的是(　　)。

A. 施工控制测量　　B. 桥梁长度测量
C. 桥址选址勘测　　D. 墩台中心定位

32. 曲线桥的墩、台中心位于(　　)。

A. 曲线外侧切线上　　B. 曲线内侧弦线上
C. 桥梁工作线交点上　　D. 以梁长为弦长的弦与曲线交点上

33. 特大桥梁平面控制测量中，最优的测量方法是(　　)。

A. 三角网　　B. 精密导线网
C. GPS 网　　D. 边角网

34. 桥梁施工测量中，若考虑以桥墩中心在桥轴线方向的位置中误差不大于 2.0 cm，根据“控制点误差对放样点位不发生显著影响”，则放样过程中所产生的点位误差最大为(　　)mm。

A. 8　　B. 10
C. 18　　D. 20

35. 建筑方格网的最大优点是可以采用(　　)进行细部放样。

A. 直角坐标法　　B. 极坐标法
C. 后方交会法　　D. 前方交会法

36. 高层建筑物施工测量中的主要问题是(　　)。

A. 控制各层的高程　　B. 控制建筑物的沉降
C. 控制竖向轴线偏差　　D. 控制各层细部点放样

37. 三维激光扫描测量获得的数据是(　　)。

A. 影像数据　　B. 点云数据
C. 纹理数据　　D. 格网数据

38. 正直摄影与等偏摄影对比，(　　)。

A. 两者的光轴垂直于摄影基线且相互平行
B. 两者的光轴不垂直于摄影基线且相互平行
C. 两者的光轴垂直于摄影基线但相交
D. 两者的光轴垂直于摄影基线但不相交也不平行

39. 相对于其他测量手段，近景摄影测量尤其适合于测量(　　)。

A. 物体的形状　　B. 动态物体
C. 物体的几何位置　　D. 物体的大小

40. 按方向的间接平差估算公式适用于(　　)的横向贯通误差的影响值的估算。

A. 三角网　　B. 边角网

C. GPS 网　　D. 任意平面控制网

41. 某地下导线分三级布设：施工导线(边长 30~50 m)、基本导线(边长 50~80 m)、主要导线(边长 80~150 m)，该地下导线测量误差对横向贯通误差的影响值应以(　　)估算。

A. 施工导线　　B. 基本导线

C. 主要导线　　D. 三种导线一起

42. 陀螺经纬仪定向的正确步骤是(　　)。

A. 粗略定向、精密定向、悬带零位观测

B. 悬带零位观测、粗略定向、精密定向、悬带零位观测

C. 粗略定向、悬带零位观测、精密定向、悬带零位观测

D. 悬带零位观测、粗略定向、精密定向

43. 陀螺经纬仪测定的方位角是(　　)。

A. 坐标方位角　　B. 磁北方位角

C. 真北方位角　　D. 施工控制网坐标系的方位角

44. 某丘陵地区 1∶1 000 地形测图基本等高距确定为 1 m，那么，图根控制点的高程中误差不应超过(　　)m。

A. ±0.10　　B. ±0.15

C. ±0.20　　D. ±0.25

45. 根据《工程测量规范》规定，一级导线网中，节点与节点、节点与高级点之间的导线段长度不应大于(　　)km。

A. 2.8　　B. 4

C. 6.3　　D. 9

46. 城镇规划测量主要包括(　　)、拨地测量、规划监督测量。

A. 定线测量　　B. 竣工测量

C. 验收测量　　D. 面积量算

47. 利用高程为 118.302m 的水准点测设设计标高 118.000m 的点，设后视读数为 1.302，则前视读数应为(　　)m。

A. 1.302　　B. 0.302

C. 0.604　　D. 1.604

48. 面积小于(　　)km^2的小测区工程项目，可不经投影采用平面直角系统在平面上直接计算。

A. 10　　B. 15

C. 20　　D. 25

49. 某测区相对参考椭球面的平均高程 H=1 000 m，在国家标准 3°带内跨越的 y 坐标范围为-80~-50 km，若不变中央子午线，应选择(　　)m 基准面作为高程抵偿

投影面。(提示：$H_0 = H - \frac{y_m^2}{2R}$，$R = 6\ 370$ km)

A. 445.0　　　　B. 650.0

C. 545.0　　　　D. 670.0

50. 某铁路隧道长度为 9 km，只有一端的路口进行了竖井联系测量，已知高程贯通误差限值为 70 mm，则地面高程控制测量贯通中误差允许值应在(　　)mm 以内。

A. ±12.5　　　　B. ±14.4

C. ±17.7　　　　D. ±20.21

51. 某地区相对于参考椭球面的高程 H_m = 500 m，为使边长的高程投影及高斯投影引起的长度变形为 0，则应选择与该地区相距(　　)km 处的子午线作为中央子午线。

A. 66　　　　B. 80

C. 91.5　　　　D. 100

52. 对于相向施工特长隧道，应采用对提高横向贯通测量的措施，其中较好的测量方法是(　　)。

A. 尽可能增大导线长度　　　　B. 三联脚架法导线观测

C. 双导线观测　　　　D. 用陀螺经纬仪适当加测导线边方位角

53. 实测某隧道三维导线网，设测角精度为±2″，导线边长平均为 1 km，若导线第一边无方位角误差，则当导线延长到 16 km 时，其第 16 边的方位角中误差为(　　)。

A. 4″　　　　B. 8″

C. 22.62″　　　　D. 32″

54. 布设隧道地下导线测量时，不正确的是(　　)。

A. 地下导线只能敷设成支导线形式

B. 先布设主要控制导线，后布设施工导线

C. 基本导线主要任务是检查施工导线的粗差

D. 主要导线应力求靠近隧道的中心线布设

55. 地下导线布设要求，点与点之间的视线离障碍物的间距应大于(　　)m。

A. 0.2　　　　B. 0.5

C. 0.6　　　　D. 0.8

56. 水平角观测中，避免视线靠近山坡、岩石、建筑物、烟囱或电杆的目的是(　　)。

A. 削弱多路径效应　　　　B. 减弱旁折光影响

C. 削弱望远镜照准误差　　　　D. 消除地球曲率影响

57. 下列关于等深线绘制的原则，说法错误的是(　　)。

A. 等深线应绘制成平滑和自然的形状，勾绘成圆滑的曲线

B. 等深线绘制中若出现个别浅的深度必须用点线单独勾绘

C. 等深线不能相交，几条等深线挤在一起时，可绘制深的等深线

D. 基本等深线以实线绘制，辅助等深线以虚线绘制

58. 布设施工平面控制网时，对于地势平坦、建筑物众多且分布比较规则和密集的工业场地，一般采用(　　)。

A. 建筑方格网　　B. 导线网

C. 三角形网　　D. GPS 控制网

59. 隧道施工测量中，按导线布设的形式分，最常用的是(　　)。

A. 闭合导线　　B. 附合导线

C. 支导线　　D. 节点导线

60. 用全站仪在某测站进行水平角观测，若一测回中重测方向数超过总方向数的 1/3 时，正确的处理方式是(　　)。

A. 重测下半测回　　B. 重测零方向

C. 重测该测回　　D. 重测该测站

61. 海洋测量定位中，无线电定位法属于(　　)。

A. 前方交会法　　B. 后方交会法

C. 距离交会法　　D. 极坐标法

62. 水深计算的起算面是(　　)。

A. 测站基准面　　B. 冻结基准面

C. 深度基准面　　D. 绝对基准面

63. 干出滩的深度点应在其位置上写出干出数字，个别未干出的深度点，用(　　)勾绘其范围。

A. 地类界　　B. 零米线

C. 虚线　　D. 境界线

64. 陀螺经纬仪定向时，设求算的仪器常数最或是值为 Δ，待定边上测定的陀螺方位角 α_T，求算的子午收敛角为 γ，则待定边坐标方位角 α 为(　　)。

A. $\alpha_T+\Delta-\gamma$　　B. $\alpha_T-\Delta-\gamma$

C. $\alpha_T+\Delta+\gamma$　　D. $\alpha_T-\Delta+\gamma$

65. 设对某角观测一测回的观测中误差为±3″，现要使该角的观测结果精度达到±1.4″，需观测(　　)个测回。

A. 2　　B. 3

C. 4　　D. 5

66. 设 AB 距离为 200.23m，方位角为 121°23′36″，则 AB 的 x 坐标增量为(　　)m。

A. −170.919　　B. 170.919

C. 104.302　　D. −104.302

67. 用陀螺经纬仪测得 PQ 的真北方位角为 $A_{PQ}=62°11'08''$，计算得 P 点的子午线收敛角 $\gamma_P=-0°48'14''$，则 PQ 的坐标方位角 $\alpha_{PQ}=$(　　)。

A. 62°59′22″　　B. 61°22′54″

C. 61°06′16″　　D. 62°22′16″

68. 下列措施中，不能消除水准仪水准尺下沉误差的是(　　)。

A. 踩实尺垫

B. 测站数设为偶数站

C. 观测间隔将水准尺从尺垫取下，减小下沉量

D. 往返观测，取高差平均值减弱其影响

69. 下列测量误差中，按测量误差分类属于系统误差的是(　　)。

A. 量距误差　　B. 瞄错目标

C. 目标偏心误差　　D. 仪器对中误差

70. 设 DJ6 级经纬仪室外一测回的方向值中误差为±6″，则归零差中误差为(　　)。

A. ±12″　　B. ±8.5″

C. ±24″　　D. ±17″

71. 地面上有 A、B、C 三点，已知 AB 边的坐标方位角 $\alpha_{AB}=35°23'$，测得左夹角 $\angle ABC=89°34'$，则 CB 边的坐标方位角 $\alpha_{CB}=$(　　)。

A. 124°57′　　B. 304°57′

C. −54°11′　　D. 305°49′

72. 某导线全长 620m，算得 $f_x=0.123$ m，$f_y=-0.162$ m，导线全长相对闭合差 $K=$(　　)。

A. 1/2 200　　B. 1/3 100

C. 1/4 500　　D. 1/3 048

73. 施工阶段，桥梁控制网精度确定应考虑(　　)。

A. 控制点点位精度应尽可能均匀　B. 点位精度应尽可能提高

C. 桥址纵断面及辅助断面测量　　D. 桥轴线长度测量、墩台放样精度要求

74. 工程竣工后应测制竣工平面图，其测制的方法是(　　)。

A. 全部实地测绘　　B. 实地测绘为主，结合设计图编制为辅

C. 根据设计图编制　　D. 结合设计图编制为主，实地测绘为辅

75. 下列质量元素中，不属于工程控制网成果质量元素的是(　　)。

A. 数据质量　　B. 点位质量

C. 资料质量　　D. 观测质量

76. 城镇详细规划需要的地形图比例尺一般为(　　)。

A. 1∶500　　B. 1∶1 000

C. 1∶2 000　　D. 1∶5 000

77. 下列定位方法中，不可以用于水下地形图测绘的是(　　)。

A. 全站仪定位　　B. 经纬仪后方交会定位

C. GPS 定位　　D. 水下声学定位

78. 下列内容中，工程地形图成果归档时不需要提交的是(　　)。

A. 技术总结书　　B. 图幅接合表

C. GPS 控制网网图　　D. 仪器检定资料

79. 定线测量的中线点、拨地测量的界址点相对于临近基本控制点的点位中误差不应超过(　　)cm。

A. ±2　　B. ±3

C. ±4　　D. ±5

80. 拨地测量中，检测角与条件角较差最大不得超过(　　)。

A. 30″　　B. 40″

C. 50″　　D. 60″

81. 建筑物基层施工高程放样后需要进行检查，一般允许误差为(　　)mm。

A. ±10　　B. ±20

C. ±15　　D. ±30

82. 采用悬挂钢尺代替水准尺进行建筑物施工层高程传递时，钢尺不需要进行的改正项是(　　)。

A. 温度　　B. 尺长

C. 拉力　　D. 倾斜

83. 长距离沿线路的带状地形图通常采用的测绘方法是(　　)。

A. GPS-RTK 测图　　B. 数字摄影测量

C. 车载移动道路测图系统　　D. 全站仪测图

84. 新建线路测绘沿线路带状地形图一般需要测绘(　　)比例尺地形图。

A. 1∶500　　B. 1∶1 000

C. 1∶2 000　　D. 1∶5 000

85. 通过平硐、斜井的平面联系测量可采用的方法是(　　)。

A. 长钢丝法　　B. 联系三角形法

C. 导线测量法　　D. 激光准直投点法

86. 陀螺经纬仪在南、北半球纬度不大于(　　)的范围内，可以实现快速定向。

A. 60°　　B. 65°

C. 70°　　D. 75°

87. 对于立井贯通，影响贯通质量的主要是(　　)。

A. 平面位置偏差　　B. 纵向贯通偏差

C. 横向贯通偏差　　D. 高程贯通偏差

88. 对埋深为 0.9 m 的隐蔽管线点进行探查，其平面位置限差为(　　)cm。

A. 9　　B. 10

C. 13.5　　D. 15

89. 电信电缆的探测应使用管线仪采用(　　)探查。

A. 电磁波法　　B. 地震波法

C. 被动源法　　D. 主动源法

90. 下列内容中，地下管线数据库一般不包括的是(　　)。

A. 管线要素空间数据　　B. 管线要素属性数据

C. 必要的地形数据　　D. 必要的地籍数据

91. 某地下管线测量项目共探测了 1 000 个管线点，其中隐蔽管线点 200 个。根据现行《工程测量规范》，随机抽查管线点进行重复探测的点数至少为(　　)个。

A. 10　　B. 20

C. 50　　D. 60

92. 线路竣工测量中，一般通过水准测量将水准点引测至桥台、涵洞帽石等稳固建筑物上，沿线埋设永久性混凝土水准的间距最大为(　　)km。

A. 2　　B. 3

C. 4　　D. 5

93. 对于较小规模的工程项目进行变形分析时，可以不分析的内容是(　　)。

A. 观测成果可靠性分析　　B. 变形体的累积量分析

C. 荷载、应力应变作用分析　　D. 回归分析

94. 变形监测网基准点应选在变形影响区域以外稳固可靠之处。每个工程至少应有(　　)个基准点。

A. 2　　B. 3

C. 4　　D. 5

95. 根据《工程测量规范》规定，对一般性的高层建筑物进行垂直位移监测，变形观测点相对于临近基准点的高程中误差应不超过(　　)mm。

A. 0.3　　B. 0.5

C. 1.0　　D. 2.0

96. 设立在工程施工区域内的水平位移监测工作基点宜采用(　　)。

A. 观测墩　　B. 地表岩石标

C. 墙脚水准点　　D. 钢管标

97. 按现行《工程测量规范》规定，隧道两开挖洞口间长度为 8 km，则隧道横向贯通误差限差为(　　)mm。

A. 70　　B. 100

C. 150　　D. 200

98. 在软土地区可采用(　　)作为精密工程控制网的平面基准点。

A. 基岩标　　B. 深埋钢管标

C. 正垂　　D. 倒垂

99. 目前，建立精密高程控制网最主要的方法是(　　)。

A. 水准测量　　B. 液体静力水准测量

C. 精密三角高程测量　　D. GPS 水准

100. 近景摄影测量的极限高精度是像点点位中误差与影像比例尺分母的(　　)。

A. 商　　　　B. 和

C. 差　　　　D. 乘积

101. 根据规范规定，航空摄影前布设地面标志，对于城镇建筑区、工业厂区和隐蔽区地面标志的对空视角，不应小于(　　)。

A. 30°　　　　B. 45°

C. 60°　　　　D. 75°

102. 某城镇建筑区采用POS辅助摄影技术进行1∶2 000地形图航空摄影测量，周围基准点分布应满足相邻站间距离不宜超过(　　)km。

A. 10　　　　B. 15

C. 20　　　　D. 30

103. 全野外方式布设像片控制点时，每个立体像对平高控制点数至少应有(　　)点。

A. 2　　　　B. 4

C. 6　　　　D. 8

104. 数字线划图测绘过程中，应依比例尺测绘地物的，测标中心应(　　)。

A. 切准轮廓线或拐角测点连线　　　　B. 切准其相应的定位点或定位线

C. 实测外廓，填绘符号　　　　D. 表示其定位点或定位线

105. 规范规定，一般地区的山地、高山地1∶2 000数字航空摄影测量成图项目，像片控制点相对于邻近等级控制点平面位置中误差最大为(　　)m。

A. ±0.1　　　　B. ±0.15

C. ±0.2　　　　D. ±0.3

106. 在明显管线点上应实地量测地下管线的埋深，误差不得超过(　　)cm。

A. ±2　　　　B. ±3

C. ±5　　　　D. ±6

107. 某地下管线测量项目共探测隐蔽管线点200个，采用开挖验证方法进行质量检查，开挖验证的点数至少为(　　)个。

A. 2　　　　B. 3

C. 5　　　　D. 10

108. 根据《地下管线探测技术规程》规定，通过重复探查对明显管线点地下管线的埋深进行质量检查时，明显管线点的量测埋深中误差最大为(　　)cm。

A. ±2　　　　B. ±2.5

C. ±3　　　　D. ±5

109. 地下管线的测量成果必须进行成果质量检验，应随机抽查测区管线点总数的(　　)进行复测。

A. 1%　　　　B. 3%

C. 5%　　　　D. 10%

110. 在某水域地区(地形倾角 $\alpha \geqslant 25°$)等高距为 2m 的 1∶2 000 比例尺地形图上，等高线插求点相对于临近图根点的高程中误差为(　　)m。

A. ±0.5　　B. ±1.0

C. ±2.0　　D. ±3.0

111. 为满足某地区 1∶500 比例尺地形图，图根控制点相对于基本控制点的点位中误差不应超过(　　)m。

A. ±0.05　　B. ±0.10

C. ±0.15　　D. ±0.20

112. 某平坦地区 1∶500 比例尺地形图，全站仪测图时，除应选择一个图根点相对于一个图根点作为测站定向点外，尚应施测另外一个图根点作为测站检核，检核点的平面位置较差不应大于(　　)m。

A. ±0.10　　B. ±0.15

C. ±0.20　　D. ±0.25

113. 进行 1∶1 000 比例尺地面数字测图，图根点(包括平面控制点)的密度应达到每平方千米有(　　)个点。

A. 4　　B. 8

C. 16　　D. . 32

114. 根据《工程摄影测量规范》，地貌测绘时对地形特征点应测注高程，一般 $0.01m^2$ 范围内应测注不应少于(　　)点。

A. 10　　B. 12

C. 15　　D. 20

115. 采用单景卫星影像进行正射纠正制作卫星遥感数字正射影像图时，若外参数解算采用严格轨道模型，需要不少于(　　)明显地物点作为控制点。

A. 5　　B. 9

C. 10　　D. 15

116. 工程地形图上，地物点相对于临近图根点的点位中误差要求水域地区不应超过图上(　　)mm。

A. ±0.6　　B. ±0.8

C. ±1.5　　D. ±2.0

117. 采用散点法按测站精度对测绘的 1∶500 比例尺工矿区现状图数学精度进行检测，采集了 25 个主要建筑物细部点高程，计算得 $\sum_{i=1}^{25} \Delta_i^2 = 100\text{cm}$，则高程中误差为(　　)cm。

A. ±1.4　　B. ±2.0

C. ±4.0　　D. 超限

118. 卫星定位测量控制网的精度，应根据(　　)进行评定。

A. 同步环全长相对闭合差　　B. 异步环全长相对闭合差

C. 闭合环闭合差　　D. 附合路线闭合差

119. 隧道工程的相向施工中线在贯通面上的横向贯通误差，按(　　)，分别要求贯通误差限差为100 mm、150 mm、200 mm。

A. 隧道的总长度　　B. 两开挖洞口间长度

C. 隧道的横断面面积　　D. 隧道开挖掘进方式

120. 依据《工程测量规范》“纸质地形图的绘制”有关规定，对于“半比例尺绘制的符号”，应保持(　　)。

A. 其轮廓位置的精度　　B. 其主线位置的几何精度

C. 其主点位置的几何精度　　D. 其符号的整体美观性

121. 城镇建筑区进行地形测量，要求地物点相对于邻近图根点的点位中误差，不应超过图上(　　)mm。

A. 0.5　　B. 0.6

C. 0.8　　D. 1.5

122. 竣工总图工矿区一般建筑物、构筑物细部点点位高程中误差不应大于(　　)cm。

A. ±2　　B. ±3

C. ±5　　D. ±7

123. 根据《工程测量规范》，测绘1∶1 000地形图，一般地区地形点的最大间距为(　　)m。

A. 15　　B. 30

C. 50　　D. 100

124. 下列内容中，不属于竣工总图编绘应收集资料范畴的是(　　)。

A. 施工设计图　　B. 施工检测记录

C. 建筑物立面图　　D. 竣工测量资料

125. 根据《工程测量规范》，GPS控制测量测站作业，应满足：天线高的量取应精确至1 mm；天线安置的对中误差，不应大于(　　)mm。

A. 1　　B. 2

C. 3　　D. 4

126. 根据《工程测量规范》，对于GPS-RTK测图，流动站作业的有效卫星数不宜少于(　　)个，PDOP值应小于6，并应采用固定解成果。

A. 3　　B. 4

C. 5　　D. 6

127. 地形图应经过内业检查、实地的全面对照及检查。实测检查量不应少于测图量的(　　)。

A. 5%　　B. 10%

C. 30%　　D. 50%

128. 按现行《工程测量规范》，采用图根导线进行平面控制，当导线长度小于规定长度的 1/3 时，其绝对闭合差不应大于图上( )mm。

A. 0.3　　B. 0.4

C. 0.5　　D. 0.6

129. 对于测定细部坐标点的图根导线，当长度小于 200 m 时，其绝对闭合差不应大于( )cm。

A. 6　　B. 9

C. 12　　D. 13

130. 可以采用 GPS-RTK 方法直接测定图根点的坐标，但其作业半径不宜超过( )km。

A. 5　　B. 10

C. 15　　D. 20

131. 按现行《工程测量规范》，采用图根水准测量方法进行高程控制，当水准路线布设成支导线时，其路线长度不应大于( )km。

A. 1.5　　B. 2.0

C. 2.5　　D. 3.0

132. 现行《工程测量规范》规定，对于大型的、有特殊要求的水工建筑物施工项目，其最末级平面控制点相对于起始点或首级网点的点位中误差不应大于( )mm。

A. 10　　B. 25

C. 50　　D. 70

133. 变形监测中，布设于待测目标体上，并能反映变形特征的点为( )。

A. 基准点　　B. 工作基点

C. 变形点　　D. 连接点

134. GPS-RTK 测图需要确定坐标转换参数，可采用重合点来求定转换参数，一般要求重合点的个数不应少于( )个。

A. 2　　B. 3

C. 4　　D. 5

135. GPS-RTK 测图时，需要确定坐标转换参数。对于面积较大的测区，需要分区求解转换参数时，相邻分区的重合点数不应少于( )个。

A. 2　　B. 3

C. 4　　D. 5

136. 采用 GPS-RTK 测绘地形图，使用不同参考站作业时，流动站应检查一定数量的地物重合点，重合点的点位较差不应大于图上的( )mm。

A. 0.5　　B. 0.6

C. 0.8　　D. 1.0

137. 根据现行《工程测量规范》规定，测绘地形图时，每幅图应测出图廓线外( )mm。

A. 5　　B. 10

C. 15　　D. 20

138. 数字地形图的编辑检查，应着重检查间距小于图上(　　)mm 的不同属性线段处理是否恰当。

A. 0.1　　B. 0.2

C. 0.3　　D. 0.4

139. 纸质地形图数字化过程中检查图应与原图比较，点状符号及明显地物点的偏差不宜大于图上(　　)mm。

A. 0.1　　B. 0.2

C. 0.3　　D. 0.4

140. 按现行《工程测量规范》，数字高程模型的建立，可按图幅进行，也可分区建立。其数据源覆盖范围，不应小于图廓线或分区线外图上(　　)mm。

A. 5　　B. 10

C. 15　　D. 20

141. 水域地形测量中，定位中心应与测深仪换能器中心设置在一条垂线上，其偏差不得超过定位精度的(　　)，否则应进行偏心改正。

A. 1/5　　B. 1/4

C. 1/3　　D. 1/2

142. 水深测量结束后，应对测深断面进行检查。检查断面与测深断面宜垂直相交，检查点数不应少于总数的(　　)。

A. 5%　　B. 8%

C. 10%　　D. 12%

143. 水深测量结束后，应对测深断面进行检查。当水深在 100 m 位置时，检查断面与测深断面相交处，图上 1 mm 范围内水深点的深度较差不得超过(　　)m。

A. 0.4　　B. 0.6

C. 1.6　　D. 2.0

144. 按现行《工程测量规范》，地形图的修测如果修测面积超过原图总面积的(　　)，应重新进行测绘。

A. 1/2　　B. 1/3

C. 1/4　　D. 1/5

145. 按现行《工程测量规范》，地形图的修测，新测地物与原有地物点的间距中误差，不得超过图上(　　)mm。

A. 0.3　　B. 0.4

C. 0.5　　D. 0.6

146. 线路施工前，应对其(　　)线路进行复测，满足要求后方可放样。

A. 初测　　B. 定测

C. 主要　　D. 部分

147. 按现行《工程测量规范》，高速公路和一级公路的高程控制精度按(　　)等水准测量进行，且应布设成附合导线。

A. 二　　B. 三

C. 四　　D. 五

148. 铁路、二级及以下等级公路的平面控制可采用导线测量方法。导线的起点、终点及每间隔不大于(　　)km 的点上，应与高等级控制点联测检核；当联测有困难时，可分段增设 GPS 控制点。

A. 10　　B. 20

C. 30　　D. 50

149. 铁路、二级及以下等级公路的高程控制测量，水准路线应每隔(　　)km 与高等级水准点联测一次。

A. 10　　B. 15

C. 20　　D. 30

150. 按现行《工程测量规范》，铁路、二级及以下等级公路的高程控制精度按(　　)等水准测量的有关规定执行。

A. 二　　B. 三

C. 四　　D. 五

151. 某新建运煤铁路专线长约 9 km，沿路布设水准路线进行高程测量。按现行的《工程测量规范》，该水准路线环线闭合差应不超过(　　)cm。

A. 9　　B. 12

C. 15　　D. 18

152. 按现行的《工程测量规范》规定，线路中线测量，应与初测导线、航测外控点或 GPS 点联测。联测间隔最大不应超过(　　)km。

A. 5　　B. 10

C. 20　　D. 30

153. 某二级公路定测时，对于中线桩的高程测量，沿线路布设了一条长 9 km 的附合导线。在该附合导线上，中线桩的高程测量闭合差不应超过(　　)cm（L 为附合路线长度，单位为 km）。

A. 12　　B. 15

C. 16　　D. 20

154. 按现行《工程测量规范》，架空送电线路测量，杆(塔)施工前应对杆(塔)或直线桩进行复测，要求其直线偏离度、线路转角的复测成果与原成果的较差，不应超过(　　)。

A. 1′30″　　B. 2′

C. 2′30″　　D. 3′

155. 按现行《工程测量规范》，地下管线图的测绘精度，应满足实际地下管线的线位与邻近地上建(构)筑物、道路中心线或相邻管线的间距中误差不超过图上

(　　)mm。

A. 0.3　　B. 0.4

C. 0.5　　D. 0.6

156. 地下管线点相对于邻近控制点的测量点位中误差不应大于(　　)cm。

A. ±2　　B. ±3

C. ±5　　D. ±6

157. 建筑物施工网的坐标轴，一般应(　　)。

A. 与国家坐标系一致　　B. 与工程坐标系一致

C. 与工程设计的主副轴线一致　　D. 与地方坐标系一致

158. 场区平面控制网相对于勘察阶段控制点的定位精度，不应大于(　　)cm。

A. 3　　B. 5

C. 7　　D. 10

159. 按现行《工程测量规范》，建筑方格网的建立，一级方格网测角中误差不应超过(　　)。

A. 1″　　B. 3″

C. 5″　　D. 8″

160. 按现行《工程测量规范》，建筑方格网角度检查，一级方格网角度偏差值不应超过(　　)。

A. 1″　　B. 5″

C. 6″　　D. 8″

161. 按现行《工程测量规范》，场区水准点，可单独布设在场地相对稳定的区域，也可布设在平面控制点的标石上，但距离建(构)筑物不宜小于(　　)m。

A. 15　　B. 20

C. 25　　D. 30

162. 按现行《工程测量规范》，建筑物施工平面控制网轴线起始点的定位误差，不应大于(　　)cm。

A. 1　　B. 2

C. 3　　D. 5

163. 按现行《工程测量规范》规定，进行建筑物高程控制应采用水准测量。水准点可设置在平面控制网的标桩或外围的固定地物上，也可单独埋设，水准点的个数不应少于(　　)个。

A. 2　　B. 3

C. 4　　D. 5

164. 某市新建一栋建筑物，建筑侧墙高度 80 m，按现行《工程测量规范》规定，其混凝土浇筑相对基础中心线的允许偏差不应超过(　　)cm。

A. 3　　B. 4

C. 6　　D. 8

165. 规范规定，桥梁施工高程控制网的布设，每岸水准点不应少于(　　)个。

A. 1　　B. 2

C. 3　　D. 4

166. 按现行《工程测量规范》规定，桥梁施工测量分为桥梁基础、桥梁下部构造、桥梁上部构造等施工测量工作，其中桥梁下部构造承台轴线位置测量允许偏差量为(　　)mm。

A. 2　　B. 4

C. 6　　D. 8

167. 隧道洞内平面控制，导线的边长宜近似相等，直线段不宜超过(　　)m。

A. 50　　B. 70

C. 100　　D. 200

168. 现行《工程测量规范》规定，隧道洞内施工测量，当较短隧道采用中线法测量时，其中线点间距，直线段不宜小于(　　)m。

A. 50　　B. 70

C. 100　　D. 200

169. 现行《工程测量规范》规定，隧道洞内施工测量，在隧道衬砌前，应对中线点进行复测检查并根据需要适当加密，加密时中线点间距不宜大于(　　)m。

A. 10　　B. 20

C. 30　　D. 50

170. 现行《工程测量规范》规定，隧道洞内施工测量，在隧道衬砌前，应对中线点进行复测检查并根据需要适当加密，加密中线点位的横向偏差不应大于(　　)mm。

A. 5　　B. 10

C. 20　　D. 50

171. 竣工总图的比例尺，宜选用(　　)，坐标系统、高程基准、图幅大小、图上注记、线条规格，应与原设计图一致。

A. 1∶500　　B. 1∶1 000

C. 1∶2 000　　D. 与原设计图一致

172. 竣工总图的编绘，当平面布置改变超过图上(　　)时，不宜在原施工图上修改和补充，应重新编制。

A. 1/2　　B. 1/3

C. 1/4　　D. 1/5

173. 现行《工程测量规范》规定，当采用交会法进行水平位移监测时，宜采用三点交会法；使用角交会法时的交会角，应在(　　)之间。

A. 30°~150°　　B. 60°~120°

C. 45°~135°　　D. 35°~145°

174. 采用摄影测量方法进行建筑物变形监测，像控点应布设在监测体的四周；

当监测体的景深较大时，应在景深范围内均匀布设。像控点的点位精度不宜低于监测体监测精度的(　　)。

A. 1/5　　B. 1/4

C. 1/3　　D. 1/2

175. 现行《工程测量规范》规定，对于开挖面积较大、深度较深的重要建(构)筑物的基坑进行回弹观测，观测标志应埋入基底面下(　　)cm。其钻孔必须垂直并应设置保护管。

A. 2~5　　B. 5~10

C. 10~20　　D. 30~50

176. 现行《工程测量规范》规定，沉降观测标志应稳固埋设，高度以高于室内地坪(±0 面)(　　)m 为宜。对于建筑立面后期有贴面装饰的建(构)筑物，宜预埋螺栓式活动标志。

A. 0.1~0.2　　B. 0.05~0.1

C. 0.03~0.05　　D. 0.2~0.5

177. 进行工业与民用建筑物的沉降观测，应布设观测点于烟囱、水塔和大型储藏罐等高耸构筑物基础轴线的部位，且每一个构筑物不得少于(　　)个观测点。

A. 1　　B. 2

C. 3　　D. 4

178. 进行工业或多层民用建筑物的沉降观测，其观测总次数不应少于(　　)次。

A. 2　　B. 3

C. 4　　D. 5

179. 地下隧道在施工和运营初期，应对地表进行沉陷观测。变形观测点应沿隧道地面中线呈横断面布设，每个横断面不少于(　　)个变形观测点。

A. 3　　B. 4

C. 5　　D. 6

180. 某区域进行岩质滑坡监测，现行《工程测量规范》规定，其垂直位移监测的高程中误差不应大于(　　)mm。

A. 3.0　　B. 6.0

C. 10.0　　D. 12.0

181. 规范规定，滑坡监测中，单个滑坡体的变形观测点不宜少于(　　)点。

A. 2　　B. 3

C. 4　　D. 5

182. 某地级市为了满足城市规划建设的需要，欲在全市周围布设三等水准网，埋设相应等级的标石水准点。一般需要挖坑深度为(　　)m。

A. 0.6　　B. 0.9

C. 1.2　　D. 1.5

183. 建筑沉降观测应设置高程控制点，特级沉降观测的高程点基准点数不应少于( )个。

A. 2 B. 3

C. 4 D. 5

184. 当使用静力水准测量方法进行沉降观测时，用于联测观测点的工作基点宜与沉降观测点设置在同一高程面上，偏差不应超过( )cm。

A. ±1 B. ±2

C. ±3 D. ±5

185. 对于特级、一级位移观测的平面基准点、工作基点，应建造具有强制对中装置的观测墩或埋设专门观测标石，强制对中装置的对中误差不应超过( )mm。

A. ±0.05 B. ±0.1

C. ±0.2 D. ±1.0

186. 现行《建筑变形测量规范》规定，一级沉降观测中，对于观测点的观测，每站前后视距差不得大于( )m。

A. 0.1 B. 0.2

C. 0.3 D. 0.7

187. 当采用数字水准仪进行沉降观测时，按现行的《建筑变形测量规范》规定，其最短视线长度不小于( )m。

A. 1.0 B. 3.0

C. 0.6 D. 8.0

188. 现行《建筑变形测量规范》规定，基坑回弹观测不应少于( )次观测次数。

A. 2 B. 3

C. 4 D. 5

189. 现行《建筑变形测量规范》规定，分层沉降观测精度可按分层沉降观测点，相对于邻近工作基点或基准点的高程中误差不大于( )mm 的要求设计确定。

A. ±0.05 B. ±0.1

C. ±0.2 D. ±1.0

190. 精密工程测量中，平面点的标志上应具备强制对中装置。强制对中装置的对中误差应按照观测精度确定，一般为( )mm。

A. ±0.001~±0.01 B. ±0.002~±0.01

C. ±0.025~±0.1 D. ±0.0~±0.2

191. 精密工程测量中，高程点标志埋设浅埋式钢管时钻孔地必须夯实，金属管应插入孔底下( )cm。

A. 10 B. 15

C. 20 D. 30

192. 精密角度测量应在目标成像清晰稳定的有利观测时间内进行，一、二级角度测量应在可控环境中进行，视线距周围障碍物应超过( )m。

A. 0.5　　B. 1.3

C. 1.5　　D. 2.0

193. 现行《精密工程测量规范》规定，采用光学法进行准直观测，待测点之间的水平距离量测精度应达到(　　)。

A. 1∶500　　B. 1∶1 000

C. 1∶2 000　　D. 1∶5 000

194. 导线网中，节点与高级点间或节点与节点间的导线长度不应大于附合导线规定长度的(　　)倍。

A. 0.3　　B. 0.5

C. 0.6　　D. 0.7

195. 城市首级水准网等级的选择应根据城市面积的大小、城市的远景规划、水准路线的长短而定。各级水准网中最弱点的高程中误差(相对于起算点)不得大于(　　)mm。

A. 5　　B. 10

C. 2.5　　D. 20

196. 水准测量的转点尺承可采用尺桩或尺台，用于二等水准测量的尺台重量不应小于(　　)kg。

A. 1　　B. 3

C. 4　　D. 5

197. 采用高程导线测量方法进行四等高程控制测量，高程导线的边长最长为(　　)km。

A. 0.5　　B. 1.0

C. 2.5　　D. 2.0

198. 城市建筑区和基本等高距为 0.5 m 的平坦地区，其高程注记相对于邻近图根点的高程中误差不得大于(　　)m。

A. ±0.1　　B. ±0.15

C. ±0.2　　D. ±0.5

199. 高速铁路工程测量中，平面坐标系统采用工程独立系统，边长投影在对应的线路设计高程面上，投影长度变形不应大于(　　)cm/km。

A. 2.5　　B. 1.0

C. 0.5　　D. 5.0

200. CPO 控制点应沿线路走向每(　　)km 左右布设一个点，在线路起点、终点或其他路衔接的地段应至少有一个 CPO 控制点。

A. 20　　B. 30

C. 40　　D. 50

201. CPⅢ 平面网可根据施工需要分段测量，分段测量的区段长度不宜小于(　　)km。

A. 3　　B. 4

C. 5　　D. 6

202. 若城市轨道交通工程线路轨道的平均高程与城市投影面高程的高差影响每千米大于(　　)mm 时，应采用其线路轨道平均高程作为投影面高程。

A. 1.0　　B. 2.0

C. 5.0　　D. 6.0

203. 变形点的高程中误差和点位中误差是相对于邻近的(　　)而言。

A. 变形点　　B. 基准点

C. 连接点　　D. 观测点

204. 城市轨道交通工程线路中线控制桩放样，采用解析法作业时，线路中线控制桩相对于邻近控制点(地物点)的点位中误差不得大于(　　)cm。

A. ±5　　B. ±7

C. ±10　　D. ±15

205. 隧道工程测量中，隧道贯通前至少需要独立进行(　　)次联系测量工作。

A. 2　　B. 3

C. 4　　D. 5

206. 使用陀螺经纬仪进行隧道内定向测量时，一般要求定向边边长应大于(　　)m 及视线距隧道边墙的距离大于 0.5 m。

A. 10　　B. 20

C. 50　　D. 60

207. 按现行《1∶500 1∶1 000 1∶2 000 外业数字测图技术规程》规定，四等以下各级基础高程控制的最弱点相对于起算点的高程中误差不应大于(　　)cm。

A. 2　　B. 3

C. 5　　D. 6

208. 测绘 1∶2 000 地形图，图根点相对于图根起算点的点位中误差不应大于(　　)cm。

A. 5　　B. 10

C. 15　　D. 20

209. 图根水准可沿图根点布设为附合路线、闭合路线或节点网。当水准路线组成单节点时，各路线长度不应大于(　　)km。

A. 2.3　　B. 2.5

C. 3.7　　D. 4.0

210. 城市基本网以城市框架网点为基础，在城市范围内均匀布设，一般点位平均间距在(　　)km。

A. 7~12　　B. 5~8

C. 10~15　　D. 20~30

211. 城市GPS水准网的建设，应保证(　　)以上的城市框架网点和城市基本网点纳入到城市水准网中，以用于似大地水准面建模。

A. 30%　　B. 50%

C. 70%　　D. 80%

212. 当坝轴线两端点在地面标定以后，都必须将坝轴线延伸到两岸的山坡上，各埋设1~2个永久性标志，目的是(　　)。

A. 提高坝轴线测设精度　　B. 检查端点的位置变化

C. 作为后视方向　　D. 提高施工测量效率

213. 1″级全站仪的说法是指该仪器的(　　)为1″。

A. 最小读数　　B. 一测回水平方向中误差

C. 一测回测角中误差　　D. 单位权中误差

214. 根据《工程测量规范》规定，1∶500比例尺地形图测绘一般地区地形点的最大点位间距不应超过(　　)m。

A. 15　　B. 30

C. 50　　D. 100

215. 在隧道施工平面控制网设计时，应特别注意(　　)方向的精度。

A. 隧道轴线　　B. 垂直于隧道轴线

C. 与隧道轴线呈30°　　D. 与隧道轴线呈45°

216. 一井定向时，连接三角形最有利的形状是(　　)。

A. 等边三角形　　B. 直角三角形

C. 延伸三角形　　D. 等腰三角形

217. 地下隧道掘进时，由测量人员给定掘进坡度，所标定的那条线通常称为(　　)。

A. 中线　　B. 腰线

C. 示坡线　　D. 方向线

218. 倒锤装置的作用是监测工作基点的(　　)。

A. 垂直位移　　B. 倾斜位移

C. 水平位移　　D. 三维位移

219. 现行规范规定，高程注记点相对于邻近图根点的高程中误差不应大于相应比例尺地形图基本等高距的(　　)。

A. 1/3　　B. 2/3

C. 1/2　　D. 3/2

220. 图根控制测量中，四等及以下各级基础平面控制测量的最弱点相对于起算点点位中误差不应大于(　　)cm。

A. 2　　B. 3

C. 4　　D. 5

二、多项选择题(共 75 题，每题的备选选项中，有 2 项或 2 项以上符合题意，至少有 1 项是错项)。

1. 导线网数据处理时，属于边长归化投影计算的工作包括(　　)。
   A. 气象改正和仪器的加、乘常数改正　B. 水平距离计算
   C. 归算到测区平均高程面上　D. 归算到参考椭球面上
   E. 计算测距边在高斯投影面上的长度
2. 日照测量的工作内容主要有(　　)。
   A. 立面图测绘　B. 图根控制测量
   C. 界址点测量　D. 地形图测绘
   E. 日照分析
3. 高层建筑的铅垂线放样通常采用的方法有(　　)。
   A. 光学铅垂仪法　B. 经纬仪+弯管目镜法
   C. 激光铅垂仪法　D. 正倒垂线法
   E. 引张线法
4. 变形监测的自动化要求是基于(　　)原因。
   A. 变形速度太快　B. 监测点太多
   C. 监测精度要求高　D. 监测间隔太短
   E. 灵敏度太高
5. 新线路工程定测阶段的测量工作主要有(　　)。
   A. 地形测量　B. 纵断面测量
   C. 导线测量　D. 横断面测量
   E. 中线测量
6. 下列观测方法中，常用于挠度观测的是(　　)。
   A. 引张线法　B. 激光准直法
   C. GPS 观测法　D. 倒垂线法
   E. 液体静力水准观测法
7. 电磁测距仪的距离观测值需要进行的改正有(　　)。
   A. 仪器加乘常数改正　B. 地球曲率改正
   C. 气象改正　D. 大气折光差改正
   E. 倾斜改正
8. 下列因素中，影响液体静力水准测量精度的是(　　)。
   A. 液体静力水准仪零点差　B. 连通管倾斜
   C. 大气湿度影响　D. 液体蒸发影响
   E. 测量点温度差影响
9. 下列测量方法中，属于点位放样方法的是(　　)。
   A. 极坐标法　B. 测小角法
   C. 正倒镜法　D. 自由设站法

E. GPS-RTK 法

10. 下列仪器中，可用于直接测量或放样坐标的测量仪器是(　　)。

A. GPS 接收机　　B. 激光跟踪仪

C. 水准仪　　D. 垂线坐标仪

E. 激光扫描仪

11. 数字法测图的平面位置精度不包含的误差是(　　)。

A. 解析图根点的展绘误差　　B. 图根点的测定误差

C. 测定地物点的视距误差　　D. 测定地物点的方向误差

E. 地形图上地物点的刺点误差

12. 下列工作中，属于水下地形测量的内业工作的是(　　)。

A. 测深断面线和断面点的设计与布设

B. 将外业测角和测深数据汇总并逐点核对

C. 由水位观测结果和水深记录计算各点高程

D. 展绘测点，注记相应高程

E. 在图上钩绘等高线或等深线

13. 下列准则中，为变形监测方案制定准则的是(　　)。

A. 一周期所允许的观测时间　　B. 所要观测的周期数

C. 所要监测的最大变形量　　D. 两周期之间的时间间隔

E. 描述或确定变形监测状态所需要的测量精度

14. 在变形分析中，下列监测内容属于效应量的有(　　)。

A. 位移　　B. 渗流

C. 库水位　　D. 沉陷

E. 气温

15. 铁路既有线的主要测量工作有(　　)。

A. 线路中线测量　　B. 线路纵横断面测量

C. 纵向里程丈量　　D. 线路平面测绘

E. 横向测绘

16. 布设洞室开挖工程的地下导线点时，要求(　　)。

A. 导线点布设在洞室中心线上　　B. 相邻导线点间保持通视

C. 导线边长尽量缩短　　D. 便于安置仪器

E. 便于保存

17. 下列测量任务中，属于市政工程测量的设计测量阶段任务的有(　　)。

A. 中线测设　　B. 细部放样

C. 竣工图编制　　D. 变形监测

E. 横断面测绘

18. 线路定测阶段测绘横断面的作用主要是为(　　)提供依据。

A. 设计桥面位置　　B. 细部放样

C. 计算土石方量　　D. 确定路基填挖边界
E. 设计线路纵向坡度

19. 既有曲线测量常用的测量方法有(　　)。
A. 偏角法　　B. 图解法
C. 全站仪极坐标法　　D. GPS-RTK 法
E. 切线支距法

20. 水下地形测量的工作内容主要包括(　　)。
A. 平面测量　　B. 定位
C. 高程测量　　D. 测深
E. 方位角测量

21. 为指导坝体填筑工作，在清基后应放样出坡脚线。常用的坡脚线放样的方法有(　　)。
A. 中线法　　B. 偏角法
C. 坡脚尺法　　D. 套绘断面法
E. 平行线法

22. 可以用来建立水平基准线或垂直基准线的方法包括(　　)。
A. 大地测量方法　　B. 光学测量方法
C. 光电测量方法　　D. 准直法
E. 机械法

23. 陀螺经纬仪定向的作业过程包括(　　)。
A. 地面测定仪器常数　　B. 井下测定陀螺方位角
C. 逆转点法定向　　D. 解算子午线收敛角
E. 解算井下导线边坐标方位角

24. 地下工程测量过程中，高程测量可以采用的方法有(　　)。
A. 水准测量　　B. 光电测距三角高程测量
C. GPS 水准　　D. 激光三维扫描
E. 导线测量

25. 隧道贯通测量中，洞内平面控制测量常采用(　　)等方式进行施工。
A. 中线法　　B. 导线法
C. 测角法　　D. 测边法
E. 边角网法

26. 铁路新线初测阶段的主要工作有(　　)。
A. 基平测量　　B. 中平测量
C. 带状地形测绘　　D. 纵横断面测量
E. 中线测量

27. 隧道洞内、洞外联系测量的主要形式有(　　)。
A. 三角测量　　B. 导线测量

C. 交会测量　　D. 水准测量

E. GPS 测量

28. 曲线测设的主要方法有(　　)。

A. 偏角法　　B. 切线支距法

C. 长弦偏角法　　D. 极坐标法

E. 导线法

29. 通过竖井的联系测量工作包括(　　)。

A. 陀螺经纬仪测量　　B. 导线测量

C. 高程联系测量　　D. 倾斜测量

E. 平面联系测量

30. 目前，水下地形图的测绘其测深方法主要采用的有(　　)。

A. 测深杆　　B. 测深锤

C. 回声测深仪　　D. 多波束测深系统

E. 机载激光测深

31. 建筑物沉降观测可以采用的方法有(　　)。

A. 常规大地测量方法　　B. 准直测量

C. 水准测量　　D. 液体静力水准测量

E. 光学法

32. 观测时不需要接触被监测物体的变形测量方法是(　　)。

A. GPS 测量方法　　B. 数字近景摄影测量方法

C. 激光扫描方法　　D. InSAR 方法

E. 水准测量方法

33. 隧道竣工后，为了检查主要结构及路线位置是否符合设计要求，应进行竣工测量，该项工作包括(　　)。

A. 中线纵断面测量　　B. 中线横断面测量

C. 净空断面测量　　D. 永久中心点测设

E. 水准点测设

34. 在线路工程中偏角法是用(　　)元素来测设圆曲线细部点。

A. 转折角　　B. 弧线

C. 切线　　D. 偏角

E. 弦线

35. 圆曲线主点的放样时，应先计算出的元素有(　　)。

A. 曲线半径　　B. 切线长

C. 曲线长　　D. 转折角

E. 外矢距

36. 变形监测基准点(亦称参考点)其稳定性分析检验常见的方法有(　　)。

A. 准直法　　B. 气压法

C. 平均间隙法　　D. GPS 高程拟合法
E. 卡尔曼滤波法

37. 变形监测的频率取决于变形测量的(　　)。
A. 荷载的变化　　B. 目的
C. 变形值的大小　　D. 周期
E. 变形速率

38. 精密微型安装测量控制网建立的特殊布网形式有(　　)。
A. 直伸三角形网　　B. 测高环形三角网
C. 环形边角测量网　　D. 环形四边形网
E. 三维控制网

39. 在高精度设备安装和调试中，直线的准直是轴线调整的主要内容，常用的精密定线方法有(　　)。
A. 外插定线　　B. 内插定线
C. 精密经纬仪测角　　D. 引张线法准直
E. 光学机械法

40. 地下管线测绘的工作内容包括(　　)。
A. 管线点平面位置测量　　B. 管线点高程测量
C. 管线埋深测量　　D. 管线属性数据采集
E. 管线权属调查

41. 地下管线探测的方法主要有(　　)。
A. 实地调查法　　B. 物探调查法
C. 摄影测量法　　D. 激光探测法
E. 开挖调查法

42. 带有缓和曲线段的圆曲线主点有(　　)。
A. 直缓点(ZH 点)　　B. 直圆点(ZY 点)
C. 缓圆点(HY 点)　　D. 圆直点(YZ 点)
E. 曲中点(QZ 点)

43. 针对工程项目制定变形监测方案应着重考虑的内容包括(　　)。
A. 监测内容　　B. 监测方法、监测仪器和监测精度
C. 监测部位和测点布置　　D. 监测费用
E. 监测周期(或频次)

44. 高层建筑轴线投测可以采用的方法有(　　)。
A. 激光经纬仪法　　B. 激光垂准仪法
C. 吊线坠法　　D. 引张线法
E. 测小角法

45. 变形监测网与测图控制网比较，具有的特点有(　　)。
A. 点位分布均匀　　B. 点位密度大

C. 高可靠性和高灵敏度　　D. 精度要求高

E. 重复观测

46. 下列准则中，属于工程控制网的质量准则的有(　　)。

A. 精度准则　　B. 可靠性准则

C. 灵敏度准则　　D. 费用准则

E. 多样性准则

47. 下列原则中，属于工程控制网布设原则的是(　　)。

A. 分级布网，逐级控制　　B. 足够的精度

C. 足够的点位密度　　D. 图形强度均匀

E. 统一的规格

48. 工程控制测量成果质量元素主要有(　　)。

A. 附件质量　　B. 数据质量

C. 埋石质量　　D. 点位质量

E. 资料质量

49. 线划地形图可以应用于(　　)。

A. 量测点的坐标　　B. 图上设计坡度线

C. 确定汇水面积　　D. 计算水库容量

E. 确定区域降水量

50. 与传统地形图相比，DEM 具有的优势是(　　)。

A. 便于存储、更新、传播和计算机自动处理

B. 具有多比例尺特性

C. 特别适合定性分析

D. 可以绘制断面图

E. 可以用于三维建模

51. 下列质量子元素中，属于工程地形图成果的数据质量子元素的有(　　)。

A. 数学基础　　B. 数据及结构正确性

C. 地理精度　　D. 计算质量

E. 观测质量

52. 下列因素中，用于确定动态变形测量精度指标的有(　　)。

A. 变形速率　　B. 测量要求

C. 变形体特性　　D. 经济因素

E. 变形幅度

53. 下列因素中，可用于确定动态变形测量方法的有(　　)。

A. 变形体类型　　B. 测定精度要求

C. 变形速率　　D. 荷载变化情况

E. 变形周期特征

54. 目前，地面形变观测主要采用的方法是(　　)。

A. 液体静力水准测量 B. 水准测量
C. GPS 测量 D. InSAR 测量
E. 近景摄影测量

55. 较小规模的工程，变形分析内容至少应包括(　　)。
A. 观测成果的可靠性分析 B. 相关影响因素的作用分析
C. 回归分析 D. 有限元分析
E. 累计变形量和相对变形量分析

56. 下列测量方法中 属于精密准直测量方法的有(　　)。
A. 测小角法 B. 活动觇牌法
C. 波带板激光准直法 D. 引张线法
E. 激光垂准仪法

57. 高层建筑物施工放样通常采用(　　)方法进行高程传递。
A. 激光铅垂仪 B. 悬吊钢尺
C. 光学垂直仪 D. 全站仪天顶测高
E. 全站仪+弯管目镜法

58. 采用全站仪测地形图，现行的方法主要有(　　)。
A. GPS-RTK 法 B. 草图法
C. 实时成图法 D. 测记法
E. 编码法

59. 现行《工程测量规范》规定，图根平面控制测量可采用的方法有(　　)。
A. 图根导线 B. GPS 测量
C. 极坐标法 D. 边角交会法
E. 三角高程

60. 采用机载激光雷达测量技术制作 1∶500 数字线划图时，数据获取后应补飞的情况有(　　)。
A. 同一航线内航高变化超过相对航高 5%
B. 重叠度不够
C. 存在点云漏洞
D. 数据质量缺陷造成整条航线不能解算
E. 立体影像判读困难

61. 工程高程控制网的建立，主要的施测方法有(　　)。
A. 水准测量 B. 三角高程测量
C. 三角网测量 D. 导线测量
E. GPS 水准测量

62. 下列关于数字地形图编辑检查内容的描述正确的有(　　)。
A. 图形连接是否正确
B. 注记位置是否适当

C. 线段的连接、相交或重叠是否恰当、准确

D. 等高线的绘制是否与地性线协调

E. 间距小于图上 0.4 mm 的不同属性线段，处理是否恰当

63. 当采用电磁波测距三角高程测量时，数据处理时应进行直返觇的高差(　　)的改正。

A. 气象改正　　B. 偏心距改正

C. 仪器加、乘常数改正　　D. 地球曲率

E. 大气折光差

64. 变形体在水平方向的位移，常采用的监测方法是(　　)。

A. GPS 测量法　　B. 数字近景摄影测量法

C. 视准线法　　D. 差异沉降法

E. 激光准直法

65. 在线路工程中，断链桩不得在线路的(　　)内设立。

A. 桥梁　　B. 隧道

C. 曲线段　　D. 公路立交

E. 直线段

66. 竖井联系测量的平面控制，宜采用的方法有(　　)。

A. 光学投点法　　B. 激光准直投点法

C. 陀螺经纬仪定向法　　D. 联系三角形法

E. 光电测距三角高程法

67. 竣工总图编绘完成后，应经原(　　)技术负责人进行审核、会签。

A. 施工单位　　B. 监理单位

C. 设计单位　　D. 勘察单位

E. 建设单位

68. 为了确保变形监测成果的质量，对各期的变形监测，应满足下列要求(　　)。

A. 采用相同的图形(观测路线)和观测方法

B. 使用同一仪器和设备

C. 观测人员绝对固定

D. 在较短的时间内完成

E. 采用统一基准处理数据

69. 地下管线探查是通过现场实地调查和仪器探测的方法探寻各种管线的(　　)。

A. 埋设位置　　B. 埋设深度

C. 材质、规格等属性　　D. 长度

E. 颜色

70. 动态连续变形测量可以采用的测量仪器有(　　)。

A. 自动跟踪全站仪　　B. GPS 接收机
C. 液体静力水准　　D. 钢尺
E. 经纬仪

71. 根据《工程测量规范》，下列关于 GPS 测量控制网的约束平差的说法正确的是(　　)。

A. 应在 WGS-84 坐标系中进行二维或三维约束平差
B. 应在国家坐标系或地方坐标系中进行二维或三维约束平差
C. 对于已知坐标、距离或方位，可以强制约束，也可加权约束
D. 平差结果，应输出观测点在相应坐标系中的二维或三维坐标、基线向量改正数、基线长度、基线方位角等，以及相关的精度信息，需要时还应输出坐标转换参数及其精度信息
E. 控制网约束平差的最弱边边长相对中误差，应满足相应等级的规定

72. 编辑多色图等高线时，遇(　　)可以不中断等高线。

A. 路堤　　B. 湖泊
C. 池塘　　D. 斜坡
E. 双线河

73. 按现行《工程测量规范》，变性测量过程中必须立即报告建设单位和施工单位采取相应安全措施的情况包括(　　)。

A. 变形量达到预警或接近允许值　B. 变形量出现异常变化
C. 少数变形观测点遭到破坏　　D. 工程或地表的裂缝迅速扩大
E. 数据处理结果不符合技术方案要求

74. 变形监测网的监测周期，一般是根据监测体的(　　)等因素综合确定的。

A. 形状大小　　B. 变形特征
C. 变形速率　　D. 工程地质条件
E. 观测精度

75. 城市排水管道实地调查的内容有(　　)。

A. 压力　　B. 管径
C. 埋深　　D. 材质
E. 流向

参考答案

一、单项选择题

1. C	2. A	3. D	4. D	5. B	6. C	7. A	8. B
9. A	10. B	11. D	12. D	13. C	14. A	15. A	16. A
17. B	18. B	19. B	20. B	21. D	22. A	23. A	24. A
25. A	26. A	27. B	28A	29. A	30. B	31. C	32. C

33. C	34. C	35. A	36. C	37. B	38. A	39. A	40. D
41. C	42. C	43. C	44. A	45. A	46. A	47. D	48. D
49. B	50. D	51. B	52. D	53. B	54. B	55. A	56. B
57. C	58. A	59. C	60. C	61. C	62. C	63. B	64. A
65. D	66. D	67. A	68. B	69. A	70. A	71. A	72. D
73. D	74. B	75. D	76. C	77. B	78. C	79. D	80. D
81. A	82. D	83. B	84. C	85. C	86. D	87. A	88. B
89. D	90. D	91. C	92. A	93. D	94. B	95. C	96. A
97. D	98. D	99. A	100. D	101. B	102. B	103. B	104. A
105. D	106. C	107. B	108. B	109. C	110. D	111. A	112. A
113. C	114. A	115. B	116. C	117. A	118. B	119. B	120. B
121. B	122. B	123. B	124. C	125. B	126. C	127. B	128. A
129. D	130. A	131. C	132. A	133. C	134. C	135. A	136. B
137. A	138. B	139. B	140. D	141. C	142. A	143. D	144. D
145. D	146. B	147. C	148. C	149. D	150. D	151. A	152. B
153. B	154. A	155. D	156. C	157. C	158. B	159. C	160. D
161. C	162. B	163. A	164. D	165. C	166. C	167. D	168. C
169. A	170. A	171. A	172. B	173. B	174. C	175. C	176. D
177. D	178. D	179. C	180. A	181. B	182. B	183. C	184. A
185. B	186. D	187. B	188. B	189. D	190. C	191. D	192. A
193. C	194. D	195. D	196. D	197. B	198. B	199. B	200. D
201. B	202. C	203. B	204. A	205. B	206. D	207. A	208. B
209. C	210. A	211. C	212. B	213. B	214. A	215. B	216. C
217. B	218. C	219. A	220. D				

二、多项选择题

1. CDE	2. ABDE	3. ABC	4. ABD	5. BDE
6. CDE	7. ACE	8. ADE	9. ACE	10. ABE
11. AE	12. BCDE	13. ABDE	14. AD	15. CDE
16. ABDE	17. AE	18. CD	19. ACD	20. BD
21. DE	22. BCE	23. ABDE	24. AB	25. AB
26. ABC	27. ABD	28. ABCD	29. CE	30. CD
31. CD	32. BCD	33. CDE	34. DE	35. BCE
36. CE	37. BCE	38. ABDE	39. ABDE	40. ABCD
41. ABE	42. ACE	43. ABCE	44. ABC	45. BCDE
46. ABCD	47. BCE	48. BDE	49. ABCD	50. ABDE
51. ADE	52. ABDE	53. ABCE	54. BCD	55. ABE
56. ABCD	57. BD	58. BCE	59. ABCD	60. BCD

61．ABE	62．ABCD	63．DE	64．ABCE	65．ABCD
66．ABCD	67．AC	68．ABDE	69．ABC	70．ABC
71．BCDE	72．AD	73．ABD	74．BCDE	75．BCDE

第四章　房 产 测 绘

第一节　概　　述

一、房产测绘的概念与作用

1. 房产测绘的概念

房产测绘，主要是采集和表述房屋和房屋用地的有关信息，为房产产权、产籍管理、房地产开发利用、交易、征收税费及城镇规划建设等提供数据和资料。

2. 房产测绘的作用

(1)法律方面的作用

房产测绘为房屋的产权、产籍管理、房产开发提供房屋和房屋用地的权属界址、产权面积、权源及产权纠纷等资料，是进行产权登记、产权转移和产权纠纷裁决的依据。经房产行政主管部门确认以后的房产成果资料具有法律效力。

(2)财政经济方面的作用

房产测绘的成果包括房地产的数量、质量、利用状况等资料，为进行房地产评估、征收房地产税费、房地产开发、房地产交易、房地产抵押以及保险服务等方面提供数据和成果。

(3)社会服务方面的作用

可以为房地产业、城镇规划、建设、市政工程等城镇事业提供基础资料和有关信息。

(4)测绘服务方面的作用

房产测绘属于大比例尺地图测绘，是建立现代化城市地理信息系统重要的基础信息，同时也是城市大比例图更新的重要基础资料。

二、房产测绘的基本内容

房产测绘的基本内容包括：房产平面控制测量、房产调查、房产要素测量、房产图绘制、房产面积测算、变更测量、成果资料的检查与验收等。

房产测绘中主要是平面控制测量。房产平面控制测量是房产要素测量的基础。

1. 房产要素测量

房产要素测量是测定房屋和房屋用地及其相关要素的几何位置，包括坐标或边长。主要的要素有界址点和界址线，房角点和房屋轮廓线，以及房屋的附属设施和房屋维护物的几何位置或相关数据。

2. 房产调查

房产调查，分为房屋用地调查和房屋调查，包括对每个权属单元的位置、权界、权属、数量和利用状况等基本情况，以及地理名称和行政境界的调查。

3. 房产绘图

房产图可分为房产分幅平面图、房产分丘平面图和房产分户平面图。

三、房产测绘成果

1. 成果分类

房产测量提供的成果由房产簿册、房产数据和房产图集三部分组成。

2. 成果内容

(1)房产簿册，包括房产调查表、房屋用地调查表、有关产权状况的调查资料，有关证明及协议文件等；

(2)房产数据集，包括房产平面控制点成果、界址点成果、房角点成果、高程点成果、面积测算成果等；

(3)房产图集，包括房产分幅平面图、房产分丘平面图，房屋分层分户图、房产证附图、房屋测量草图、房屋用地测量草图等。

此外，在房产测绘中使用过的地形图、控制点成果以及测量完成的控制点、界址点、面积测算成果等，以及房产平面图和相应的技术设计书、技术总结等也都应归入房产测绘成果，包括纸质资料和电子文档。

第二节　房产平面控制测量

一、控制测量

1. 控制测量的作用

①为房产要素测量提供起算数据。在测定房产要素的几何位置时，需要有房产平面控制点提供和传递起算数据，尤其是在测定界址点、房角点的位置时。

②为房产图的测绘提供测图控制和起算数据。

③为房产测绘的变更与修测提供起算数据。

房产平面控制测量工作主要采用GPS定位技术和导线测量技术。

2. 控制测量的要求

①控制网要求保持控制点间有较高的相对精度，即要求最末一级的房产平面控制网中，相邻控制点间的相对点位中误差(即相邻点间的相对位置中误差)不超过±0.025 m，最大误差不超过±0.05 m。

②房产平面控制点包括二、三、四等平面控制点和一、二、三级平面控制点。房产平面控制点均应埋设固定标志。房产平面控制点的密度与测区的大小、测区内界址点数量和精度及测区内地物地形情况有关，而与测图比例尺无直接关系。依据国标规定，建筑物密集区的控制点平均间距在100 m左右，建筑物稀疏区的控制点平均间距在200 m左右。

3. 控制网布设

(1)首级控制网布设

为了充分利用国家和城市已有的控制测量成果，保证测绘成果的共享和质量，满足国家经济建设和房产管理的需求，房产平面控制网的布设和其他控制网一样，应遵循从整体到局部、从高级到低级、分级布网的原则，也可越级布网。

房产平面控制网的建立，应当优先选用国家统一的平面坐标系统。

(2)加密控制布设

加密控制网是指除国家和城市的一、二、三、四等控制网外的一、二级导线网，一、二级小三角网，GPS的E、F级网等。

二、控制测量数据处理

1. 坐标系统选择

城市平面控制网由于要满足城市工程放样的需要，对投影变形的限制很严格，要求变形小于2.5 cm/km，即投影误差应不超过1/40 000。因此，应尽可能地利用已有的城市平面控制网。在需要建立房产平面控制网时，也应考虑城市工程放样的需要，满足城市基本比例尺地形图及房产分幅图对于精度的要求。

为了向各部门提供房产测量成果和资料，并便于房产图纸的拼接、测制、汇编及房产测量数据库的建立，房产测量应采用国家规定的坐标系统，采用地方坐标系时应与国家坐标系联测。房产测量统一采用高斯投影。房产测量一般不测高程，需要进行高程测量时，由设计书另行规定。若无法利用已有的坐标系统或无坐标系统可利用时，则可根据测区的地理位置和平均高程，以投影长度变形值不超过2.5 cm/km为原则选择坐标系统。

2. 平差计算

房产平面控制网可以采用三角测量、三边测量、导线测量、GPS定位测量等形式布设，并以GPS控制网和常规边角组合网的等级划分，按二、三、四等与一、二、三级依次进行分级；导线网分级则依次为三、四等和一、二、三级的等级划分。按有关规定，二、三、四等平面控制网的计算应采用严密平差法，平差后应进行精度评定，包括平差后单位权中误差、最弱点点位中误差(点位误差椭圆参数)、最弱相邻点点位中误差(相对点位误差椭圆参数)、最弱边的边长相对中误差及方位角中误差等。四等以下平面控制网的计算可采用近似平差法，并按近似方法评定其精度。

第三节　房产要素测量

一、房产测绘测量草图

房产要素的获得有两种途径：对于位置的、数量的以及地物、地貌部分要素通过测量手段获得，其过程称为房产要素测量；对于属性的、地理的要素则是通过信息采集的方式获取，其过程称为房产信息数据采集。测量草图包括房屋用地测量草图和房屋测量草图。

1. 测量草图的规格及要求

草图用纸可用 787 mm×1 092 mm 的 1/8、1/16、1/32 规格的图纸。测量草图应在实地绘制，测量的原始数据不得涂改擦拭，汉字字头一律向北，数字字头向北或向西。

2. 房屋用地测量草图的内容

房屋用地测量草图内容包括：a. 平面控制网点及点号。b. 界址点、房角点相应的数据。c. 墙体的归属。d. 房屋产别、房屋建筑结构、房屋层数；房屋用地用途类别。e. 丘(地)号。f. 道路及水域。g. 有关地理名称，门牌号。h. 观测手簿中所有未记录的测定参数；测量草图符号的必要说明。i. 指北方向线。j. 测量日期，作业员签名。

3. 房屋测量草图内容及要求

房屋测量草图内容及要求包括：a. 房屋测量草图均按概略比例尺分层绘制；b. 房屋外墙及分隔墙均绘单实线；c. 图纸上应注明房产区号、房产分区号、丘(地)号、幢号、层次及房屋坐落，并加绘指北方向线；d. 住宅楼单元号、室号，注记实际开门处；e. 逐间实量，注记室内净空边长(以内墙面为准)、墙体厚度，数字取至厘米；f. 室内墙体凸凹部位在 0.1 m 以上者如柱垛、烟道、垃圾道、通风道等均应表示；g. 凡有固定设备的附属用房如厨房、厕所、卫生间、电梯楼梯等均应实量边长，并加必要的注记；h. 遇有地下室、复式房、夹层、假层等应另绘草图。

二、房产要素测量的内容

房产要素测量的主要内容包括界址测量、境界测量、房屋及其附属设施测量、陆地交通测量、水域测量、其他相关地物测量。

1. 界址测量

①界址点测量从邻近基本控制点或高级界址点起算，以极坐标法、支导线法或正交法等野外解析法测定，也可在全野外数据采集时和其他房地产要素同时测定。

②界址点的编号，以高斯投影的一个整公里格网为编号区，每个编号区的代码以该公里格网西南角的横纵坐标公里值表示。点的编号在一个编号区内从 1～99999 连续顺编。点的完整编号由编号区代码、点的类别代码、点号三部分组成，编号形式如下：

编号区代码	类别代码	点的编号
(9位)	(1位)	(5位)
* * * * * * * * *	*	* * * * *

编号区代码由9位数组成，第1、第2位数为高斯坐标投影带的带号或代号，第3位数为横坐标的百公里数，第4、第5位数为纵坐标的千公里和百公里数，第6、第7位和第8、第9位数分别为横坐标和纵坐标的十公里和整公里数。

类别代码用1位数表示，其中：3表示界址点，而房角点的类别代码为4。

点的编号用5位数表示，从1~99999连续顺编。

丘界线测量，需要测定丘界线边长时，用预检过的钢尺丈量其边长，也可由相邻界址点的解析坐标计算丘界线长度。对不规则的弧形丘界线，可按折线分段丈量，测量结果应标示在分丘图上，为计算丘面积及复丈检测提供依据。

界标地物测量，应根据设立的界标类别、权属界址位置(内、中、外)选用各种测量方法测定，测量结果应标示在分丘图上。界标与邻近的永久性的地物宜进行联测。

2. 房屋及附属设施测量

每幢房屋应分幢分户丈量作图；丈量房屋以勒脚以上墙角为准；测绘房屋以外墙水平投影为准。房角点测量，指对建筑物角点测量。房角点测量不要求在墙角上都设置标识，可以房屋外墙勒脚以上(100±20)cm处墙角为测点。房角点测量一般采用极坐标法、正交法测量。对正规的矩形建筑物，可直接测定三个房角点坐标，另一个房角点的坐标可通过计算求出。亭以柱外围为准；塔、烟囱、罐以底部外围轮廓为准；水井以中心为准。构筑物按需要测量。

3. 陆地交通测量

陆地交通测量是指铁路、道路桥梁测量。铁路以轨距外缘为准；道路以路缘为准；桥梁以桥头和桥身外围为准测量。

4. 水域测量

水域测量是指河流、湖泊、水库、沟渠、水塘测量。河流、湖泊、水库等水域以岸边线为准；沟渠、池塘以坡顶为准测量。

三、房产要素测量方法

房产要素的测量方法包括野外解析法测量、航空摄影测量、全野外数据采集等。

1. 野外解析法测量

①极坐标法测量：由平面控制点或自由设站的测量站点，通过测量方向和距离，来测定目标点的位置。

②正交法测量：又称直角坐标法，它是借助测线和短边支距测定目标点的方法。正交法使用钢尺丈量距离配以直角棱镜作业，支距长度不得超过50 m。

③线交会法测量：又称距离交会法，它是借助控制点、界址点和房角点的解析坐标值，按三边测量定出测站点坐标，以测定目标点的方法。

2. 航空摄影测量

利用航空摄影测量方法测绘 1：500、1：1 000 房产分幅平面图，可采用精密立体测图仪、解析测图仪、精密立体坐标量测仪机助测图和数字测图方法。

其中，像片调绘过程中，调绘像片和航测原图上各种要素应分红、绿、黑三色表示。其中房产要素、房产编号和说明用红色，水系用绿色，其他用黑色。

3. 全野外数据采集

全野外数据采集是指利用电子速测仪和电子记簿或便携式计算机组成的野外数据采集系统，记录的数据可以直接传输至计算机，通过人机交互处理生成图形数据文件，可自动绘制房地产图。

四、房屋面积测量的分类

1. 按房地产业和房屋管理的要求及内容分类

分为房屋建筑面积测量、房屋套内建筑面积测量和房屋使用面积测量。

①房屋建筑面积系指房屋外墙(柱)勒脚以上各层的外围水平投影面积。

②成套房屋的套内建筑面积由套内房屋的使用面积、套内墙体面积、套内阳台建筑面积 3 部分组成。

③房屋使用面积指房屋户内全部可供使用的空间面积，按房屋内墙面水平投影计算。

2. 按测量方式和数据来源分类

可分为面积实地测量和图纸测量。

①房屋面积的实地测量是指房屋建成后，对房屋进行实地测量，获取房屋面积数据的过程。房屋面积实地测量成果可用于房屋交易、产权登记、办理土地及规划手续、征地拆迁、房屋评估等用途。

②房屋面积图纸测量是根据设计图纸，对房屋进行图纸数据采集，获取房屋面积数据的过程。

五、房屋面积测量基本方法

房屋面积测量的方法主要有坐标解析法、实地量距法和图解法。

1. 坐标解析法

①根据界址点坐标成果表上数据，按下式计算面积：

$$S=\frac{1}{2}\sum_{i=1}^{n}X_i(Y_{i+1}-Y_{i-1})\ \text{或}\ S=\frac{1}{2}\sum_{i=1}^{n}Y_i(X_{i-1}-X_{i+1})$$

式中：S 为面积，m^2；X_i为界址点的纵坐标，m；Y_i为界址点的横坐标，m；n 为界址点个数；i 为界址点序号，按顺时针方向顺编。

②面积中误差按下式计算：

$$m_s=\pm m_j\sqrt{\frac{1}{8}\sum_{i=1}^{n}D_{i-1,\ i+1}^2}$$

式中：m_s为面积中误差，m^2；m_j为相应等级界址点规定的点位中误差，m；$D_{i-1,i+1}$为多边形中对角线长度，m。

2. 实地量距法

实地量距法是在实地用长度测量工具量取有关图形的边长而计算出这个图形的面积。规则图形，可根据实地丈量的边长直接计算面积；不规则图形，将其分割成简单的几何图形，然后分别计算面积。实地量距是目前房地产测量中最普遍的面积测算方法。

3. 图解法

图上量算面积的方法很多，最简单的方法是求积仪法，但求积仪法精度太低。常用的还有几何图形法。图上面积测算均应独立进行两次。两次量算面积较差不得超过下式规定：

$$\Delta S=\pm 0.0003M\sqrt{S}$$

式中：ΔS 为两次量算面积较差，m^2；S 为所量算面积，m^2；M 为图的比例尺分母。

使用图解法量算面积时，图形面积不应小于 $5cm^2$。图上量矩应量至 0.2mm。

六、房屋面积测量的基本要求

房屋面积测量均指房屋水平投影面积的量测。按照国标规定，能够计算建筑面积的房屋原则上应具备以下普遍性条件：a. 应具有上盖；b. 应有围护物；c. 结构牢固，属永久性的建筑物；d. 层高在 2.20 m 或 2.20 m 以上；e. 可作为人们生产或生活的场所。

房屋面积测量的基本要求有：

①面积测量量距以米为单位，取至 0.01 m；面积以平方米为单位，取至 0.01 m^2。

②面积测算的要求：各类面积测算必须独立测算两次，其较差应在规定的限差以内，取中数作为最后结果。量距应使用经检定合格的卷尺或其他能达到相应精度的仪器和工具。

③使用钢卷尺测量水平距离时，尺两端应选取房屋的相同高度的参考点，以保持尺子处于水平位置。使用手持式测距仪测边时，应使测线紧贴墙角并保持水平。

④在进行房屋面积图纸测量时，由于图纸成图变形原因以及比例尺直接量取精度原因，图纸边长及墙体厚度数据只可依据图纸标注获得，不得用比例尺直接量取。

七、房屋各特征部位的测量

①房屋外围建筑面积应取勒脚以上外墙最外围为准量测。

②房屋室内边长及墙体厚度应取未进行装饰贴面的墙体为准量测。

③房屋屋顶为斜面结构（坡屋顶）的，按层高（高度）2.20 m以上的部位为准量测。

④柱廊以柱外围为准量测。

⑤檐廊以外轮廓水平投影、架空通廊以外轮廓水平投影为准量测。

⑥门廊以柱或维护物外围为准，独立柱的门廊以顶盖投影为准量测。

⑦挑廊以外轮廓投影为准量测。

⑧阳台以维护结构为准量测。

⑨阳台、挑廊、架空通廊的外围水平投影超过其底板外沿的，以底板水平投影为准量测。

⑩对倾斜、弧状等非垂直墙体的房屋，按层高（高度）2.20 m以上的部位为准量测，房屋墙体向外倾斜，超出底板外沿的，以底板投影为准连测。

⑪门墩以墩外围为准量测。

⑫门顶以顶盖水平投影为准量测。

⑬室外楼梯和台阶以外围水平投影为准量测。

第四节　房产信息数据采集

一、房产信息数据采集的内容

房产信息数据采集主要包括：确认建筑物名称、坐落、产权人、产别、层数、所在层次、建筑结构、建成年份、房屋用途、墙体归属、权界线及绘制房屋权界线示意图、权源、产权纠纷和他项权利、楼号与房号、房屋分幢及幢号编注等以及与建筑物有关的规划信息、产权人及委托人信息等。

①房屋产别是指根据产权占有不同而划分的类别，按照国标附录 A 中的表 A4 执行。

②房屋总层数与所在层次。

房屋总层数为房屋地上层数与地下层数之和。房屋层数是指房屋的自然层数，一般按室内地坪±0 以上计算。采光窗在室外地坪以上的半地下室，其室内层高在 2.20 m以上的，计算自然层数。在采集房屋层数信息时，无论相关文件对于房屋的自然层层数如何描述(如 0.5 层，缺失自然数序列某一层等)，房屋自然层层数均按照自然数序列计数。假层、附层(夹层)、插层、阁楼(暗楼)、装饰性塔楼，以及突出屋面的楼梯间、水箱间不计自然层数。

③房屋建筑结构是指根据房屋的梁、柱、墙等主要承重构件的建筑材料划分类别，按照国标附录 A 中的表 A5 执行。

④房屋建成年份是指房屋实际竣工年份。拆除翻建的，应以翻建竣工年份为准。一幢房屋有两种以上建成年份，应分别注明。

⑤房屋用途是指房屋的实际用途。一幢房屋有两种以上用途，应分别调查注明。

⑥房屋墙体归属是房屋四面墙体所有权的归属，分为自有墙、共有墙和借墙等三类。

⑦房屋权界线是指房屋权属范围的界线，包括共有房屋的权界线，以产权人的指界与邻户认证来确定。对有争议的权界线，应作相应记录。房屋权界线示意图是以权属单元为单位绘制的略图，表示房屋及其相关位置、权界线、共有房屋权界线，以及与邻户相连墙体的归属，并注记房屋边长。对有争议的权界线应标注部位。

⑧房屋产权来源是指产权人取得房屋产权的时间和方式，如继承、分拆、买受、受赠、交换、自建、翻建、征用、收购、调拨、价拨、拨用等。产权来源两种以上的，应全部注明。

⑨在调查中对产权不清或有争议的及设有典当权、抵押权等他项权利的，应作记录。

⑩房屋的楼号是指按照一定的编号规则，由相关行政管理部门批准的平、楼房的门牌号、楼牌号；房屋的房号是指在一幢楼房内划分出的若干套房间的编号，是房屋内部产权划分的基本编号依据。

⑪房屋幢号以丘为单位，自进大门起，从左到右，从前到后，用数字 1、2、…顺序按 S 形编号。幢号注在房廓线内左下角，并加括号表示。房产权号：在他人用地范围内所建的房屋，应在幢号后面加编房产权号，房产权号用标识符 A 表示。房屋共有权号：多户共有的房屋，在幢号后面加编共有权号，共有权号用标识符 B 表示。

⑫丘的编号按“市、市辖区(县)、房产区、房产分区、丘”五级编号。

市代码+市辖区(县)代码+房产区代码+房产分区代码+ 丘号
(2位)　(2位)　(2位)　(2位)　(4位)

⑬建筑物有关的产权人及委托人信息包括产权人和委托人的名称、地址、企业编码、联系方式等。

二、房产的结构和产别分类代码

1. 房屋的结构分类代码

钢结构——1；钢、钢筋混凝土结构——2；钢筋混凝土结构(框架结构)——3；混合结构——4；砖木结构——5；其他结构——6。

2. 房屋的产别分类代码

国有房产——1；集体所有房产——2；私有房产——3；联营企业房产——4；股份制企业房产——5；港澳台投资房产——6；涉外房产——7；其他房产——8。

三、房产信息数据来源与采集要求

1. 房产信息数据来源

房产信息数据来源大致分为三类：

①国家相关行政管理部门出具的行政文书。

②行政部门或法律部门出具的相关证件或法律文书。

③其他由委托人或相关权利人提供，或由数据采集人员根据相关技术规范现场获取。

2. 房产信息数据采集要求

房产信息数据采集的要求：依法、准确、详尽。

第五节　房产数据处理

一、房屋数据处理的内容和要求

1. 房屋数据处理的内容

房屋测量数据处理、房产面积计算和共有面积分摊三部分。

房屋测量数据分为房产平面控制测量数据和房产要素测量的数据，按照测量平差的相关理论和规定进行处理。

2. 房屋数据处理的要求

我国房产面积的精度分为三个等级，如表4-1，表中 S 为房产面积，单位 m^2。

表4-1　房屋面积测算中误差与限差　（单位：m^2）

房产面积的精度等级	限差	中误差
一	$0.02\sqrt{S}+0.0006S$	$0.01\sqrt{S}+0.0003S$
二	$0.04\sqrt{S}+0.002S$	$0.02\sqrt{S}+0.001S$
三	$0.08\sqrt{S}+0.006S$	$0.04\sqrt{S}+0.003S$

二、房屋面积计算

①房屋建筑面积系指房屋外墙(柱)勒脚以上各层的外围水平投影面积，包括阳台、挑廊、地下室、室外楼梯等，且具备上盖，结构牢固，层高2.20 m以上(含2.20 m)永久性建筑。

②房屋的产权面积系指产权主依法拥有房屋所有权的房屋建筑面积。房屋产权面积由省、自治区、直辖市、市、县房地产行政主管部门登记确权认定。

③房屋的共有建筑面积系指各产权主共同占有或共同使用的建筑面积。

④成套房屋的套内建筑面积由套内房屋的使用面积、套内墙体面积、套内阳台建筑面积三部分组成。

套内房屋使用面积为套内房屋使用空间的面积，以水平投影面积按以下规定计算：a. 套内楼梯按自然层数的面积总和计入使用面积；不包括在结构面积内的套内烟囱、通风道、管道井均计入使用面积。b. 套内墙体面积是套内使用空间周围的维护或承重墙体或其他承重支撑体所占的面积，其中各套之间的分隔墙和套与公共建筑空间的分隔墙以及外墙(包括山墙)等共有墙，均按水平投影面积的一半计入套内墙体面积。套内自有墙体按水平投影面积全部计入套内墙体面积。c. 套内阳台建筑面积均按阳台外围与房屋外墙之间的水平投影面积计算。其中封闭的阳台按水平投影全部计算建筑面积，未封闭的阳台按水平投影的一半计算建筑面积。

⑤房屋使用面积系指房屋户内全部可供使用的空间面积，按房屋的内墙面水平投影计算。

三、房屋面积计算范围

1. 计算全部建筑面积的范围

①永久性结构的单层房屋，按一层计算建筑面积；多层房屋按各层建筑面积的总

和计算。

②房屋内的夹层、插层、技术层及其梯间、电梯间等其层高在2.20 m以上的部位计算建筑面积。

③穿过房屋的通道，房屋内的门厅、大厅，均按一层计算建筑面积。门厅、大厅内的回廊部分，层高在2.20 m以上的，按其水平投影面积计算。

④楼梯间、电梯(观光梯)井、提物井、垃圾道、管道井等均按房屋自然层计算面积。

⑤房屋天面上，属永久性建筑，层高在2.20 m以上的楼梯间、水箱间、电梯机房及斜面结构屋顶高度在2.20 m以上的部位，按其外围水平投影面积计算。

⑥挑楼、全封闭的阳台按其外围水平投影面积计算。

⑦属永久性结构有上盖的室外楼梯，按各层水平投影面积计算。

⑧与房屋相连的有柱走廊，两房屋间有上盖和柱的走廊，均按其柱的外围水平投影面积计算。

⑨房屋间永久性的封闭的架空通廊，按其外围水平投影面积计算。

⑩地下室、半地下室及其相应出入口，层高在2.20 m以上的，按其外墙(不包括采光井、防潮层及保护墙)外围水平投影面积计算。

⑪有柱或有围护结构的门廊、门斗，按其柱或围护结构的外围水平投影面积计算。

⑫玻璃幕墙等作为房屋外墙的，按其外围水平投影面积计算。

⑬属永久性建筑有柱的车棚、货棚等按柱的外围水平投影面积计算。

⑭依坡地建筑的房屋，利用吊脚做架空层，有围护结构的，按其高度在2.20 m以上部位的外围水平投影面积计算。

⑮有伸缩缝、沉降缝的房屋，若其与室内任意一边相通，具备房屋的一般条件，并能正常利用的，伸缩缝、沉降缝应计算建筑面积。

2. 计算一半建筑面积的范围

①与房屋相连有上盖无柱的走廊、檐廊，按其围护结构外围水平投影面积的一半计算。

②独立柱、单排柱的门廊、车棚、货棚等属永久性建筑的，按其上盖水平投影面积的一半计算。

③未封闭的阳台、挑廊，按其围护结构外围水平投影面积的一半计算。

④无顶盖的室外楼梯按各层水平投影面积的一半计算。

⑤有顶盖不封闭的永久性的架空通廊，按外围水平投影面积的一半计算。

3. 不计算建筑面积的范围

①层高小于2.20 m的夹层、插层、技术层和层高小于2.20 m的地下室和半地下室。

②突出房屋墙面的构件、配件、装饰柱、装饰性玻璃幕墙、垛、勒脚、台阶、无

柱雨篷等。

③与室内不相通的类似于阳台、挑廊、檐廊的建筑。

④房屋之间无上盖的架空通廊。

⑤房屋的天面，挑台、天面上的花园、泳池。

⑥建筑物内的操作平台，上料平台及利用建筑物的空间安置箱、罐的平台。

⑦骑楼、过街楼的底层用作道路街巷通行的部分。

⑧临街楼房、挑廊下的底层作为公共道路街巷通行的。

⑨利用引桥、高架路、高架桥、路面作为顶盖建造的房屋。

⑩活动房屋、临时房屋、简易房屋。

⑪独立烟囱、亭、塔、罐、池，地下人防干、支线。

⑫与房屋室内不相通的房屋间伸缩缝。

⑬楼梯已计算建筑面积的，其下方空间不论是否利用均不再计算建筑面积。

四、房屋面积计算

1. 房屋面积分摊类型

房屋共有部分按照其使用功能和服务对象，主要可分成三类：

①全幢共有部位：指为整幢服务的共有部位，全幢进行分摊。

②功能区间共有部位：指专为某几个功能区服务的共有部位，由其所服务的功能区分摊。

③功能区内共有部位：指专为某个功能区服务的共有部位，由该功能区分摊。

2. 房屋共有面积分摊的基本原则

①产权各方有合法权属分割文件或协议的，按文件或协议规定执行。

②无产权分割文件或协议的，可按相关房屋的建筑面积按比例进行分摊。

应分摊的共有建筑面积有大堂、楼梯间、电房、泵房、外半墙及为整幢服务的管理用房等，不应分摊的建筑面积有架空层、地下层、无使用功能及为多幢服务的管理用房等。

3. 共有面积分摊基本模型

按相关建筑面积进行共有部位分摊，按下式计算：

$$\delta si = k \cdot s;$$

$$k = \frac{\sum \delta si}{\sum si}$$

式中：k 为面积的分摊系数；si 为各单元参加分摊的建筑面积，m^2；δsi，为各单元参加分摊所得的面积，m²；$\sum \delta si$ 为需要分摊的面积总和，m²；$\sum si$ 为参加分摊的各单元建筑面积总和，m²。

面积的分摊系数=需要分摊的面积总和/参加分摊的各单元建筑面积总和；

各单元参加分摊所得的分摊面积=分摊的分摊系数×各单元参加分摊的建筑面积。

第六节　房产图绘制

在房产测绘工作中，按照管理的需要形成的图件种类有房产分幅平面图、房产分丘平面图和房屋分户平面图三种。

一、房产图的基本规格

1. 分幅图的规格

分幅图采用 50 cm×50 cm 正方形分幅。建筑物密集区的分幅图一般采用 1∶500 比例尺，其他区域的分幅图可以采用 1∶1 000 比例尺。

2. 分丘图的规格

(1)分丘图的幅面可在 787 mm×1 092 mm 全开纸的 1/32~1/4 之间选用。

(2)分丘图的比例尺根据丘面积大小，在 1∶100~1∶1 000 之间选用。

3. 分户图的规格

(1)房产分户图的幅面可选用 787 mm×1 092 mm 的 1/32 或 1/16 等尺寸。

(2)分户图的比例尺一般为 1∶200，当房屋图形过大或过小时，比例尺可适当放大或缩小。

二、房产图式符号规定

①所有房产图图式符号按照国家标准规定执行。

②符号的规格，均以毫米为单位。

③符号的规格和线粗可随不同的比例尺做适当调整。在一般情况下，符号的线粗为 0. 15 mm，点大为 0. 3 mm。

④圆形、正方形、矩形、三角形等几何图形符号的定位点，在其图形的中心。

⑤宽底符号的定位点在底线中心。

⑥底部为直角形的符号的定位点，在直角的顶点。

⑦两种以上几何图形组成的符号的定位点，在其下方图形的中心点或交叉点。

⑧下方没有底线的符号，定位点在其下方两端间的中心点。
⑨不依比例尺表示的其他符号的定位点，在符号的中心点。
⑩线状符号的定位线，在符号的中心线。
⑪独立地物符号的方向垂直于南图廓线。

三、房产图的绘制方法和精度要求

1. 房产图的绘制方法

房产测绘的绘制方法主要有：a. 全野外采集数据成图；b. 航摄像片采集数据成图；c. 野外解析测量数据成图；d. 平板仪测绘房产图；e. 编绘法绘制房产图。

2. 房产图绘制的精度要求

①全野外采集数据或野外解析测量等方法所测量的房地产要素点和地物点，相对于邻近控制点的点位中误差不超过±0. 05 m。
②模拟方法测绘的房产分幅平面图上的地物点，相对于邻近控制点的点位中误差不超过图上±0. 5 mm。
③利用已有的地籍图、地形图编绘房产分幅图时，地物点相对于邻近控制点的点位中误差不超过图上±0. 6 mm。
④采用已有坐标或已有图件，展绘成房产分幅图时，展绘中误差不超过图上±0. 1 mm。

四、房产分幅平面图的表示

房产分幅图是全面反映房屋及其用地的位置和权属等状况的基本图。是分丘图和分户图的基本资料。分幅图应表示的基本内容有控制点，行政境界、丘界、房屋、房屋附属设施和房屋围护物、与房地产有关的地籍地形要素和注记。

1. 境界与地物

①行政境界一般只表示区、县和镇的境界线，街道办事处或乡的境界根据需要表示。境界线重合时，用高一级境界线表示。境界线与丘界线重合时，用丘界线表示。境界线跨越图幅时，应在内外图廓间的界端注出行政区划名称。
②丘界线表示方法。丘界线与房屋轮廓线或单线线状地物重合时，用丘界线表示，同时表示出丘内的土地用途分类代码。
③房产区界线和房产分区界线根据需要表示。
④房屋包括一般房屋、架空房屋和窑洞等。
⑤分幅图上应绘制房屋附属设施及房屋围护物，包括柱廊、檐廊、架空通廊、底

层阳台、门廊、门楼、门、门墩和室外楼梯，以及和房屋相连的台阶等。

⑥分幅图上应表示的房地产要素和房产编号包括丘号、房产区号、房产分区号、丘支号、幢号、房产权号、门牌号、房屋产别、结构、层数、房屋用途和用地分类等，根据调查资料以相应的数字、文字和符号表示。

⑦与房产管理有关的地形要素包括铁路、道路、桥梁、水系和城墙等地物均应表示。

2. 注记

①地名的总名与分名应用不同的字级分别注记。

②同一地名被线状地物和图廓分割或者不能概括大面积和延伸较长的地域、地物时，应分别调注。

③单位名称只注记区、县以上和使用面积大于图上 100 cm^2的单位。

五、房产分丘平面图的表示

1. 分丘图的表示内容

房产分丘图是房产分幅图的局部图，是绘制房屋产权证附图的基本图。

除表示房产分幅平面图的内容外，还应表示房屋权界线、界址点点号、窑洞使用范围、挑廊、阳台、建成年份、用地面积、建筑面积、墙体归属和四至关系等各项房地产要素。

2. 分丘图的技术要求

①房产分丘平面图的坐标系统应当与房产分幅平面图坐标系统相一致。

②分丘图上各类点位精度要求，与房产分幅平面图相同。

③房产分丘平面图上应分别注明所有周邻产权所有单位(或人)的名称，分丘图上各种注记字头应朝北或朝西。

④测量本丘与邻丘毗连墙体时，共有墙以墙体中间为界，量至墙体厚度的 1/2 处；借墙量至墙体的内侧；自有墙量至墙体外侧并用相应符号表示。

⑤房屋权界线与丘界线重合时，表示丘界线；房屋轮廓线与房屋权界线重合时，表示房屋权界线。

⑥分丘图的图廓位置，根据该丘所在位置确定，图上须注出西南角的坐标值。

六、房产分户平面图的表示

1. 分户图表示的内容

分户图应表示的主要内容包括：房屋权界线、四面墙体的归属和楼梯、走道等部位，以及门牌号、所在层次、户号、室号、房屋建筑面积和房屋边长等。

2. 分户图的技术要求

分户图的方位应使房屋的主要边线与图框边线平行，按房屋的方向横放或竖放，并在适当位置加绘指北方向符号。

分户图上的房屋的丘号、幢号应与分丘图上的编号一致。房屋边长应实际丈量，注记取至 0.01 m，注在图上相应位置。

3. 注记

①房屋产权面积包括套内建筑面积和共有分摊面积，标注在分户图框内。
②本户所在的丘号、户号、幢号、结构、层数、层次标注在分户图框内。
③楼梯、走道等共有部位，在范围内加简注。

第七节　房产变更测量

房产变更测量分为房产现状变更测量和房屋权属变更测量。

一、房屋变更测量内容

1. 房屋现状变更测量内容

①房屋新建、拆建、改建、扩建及房屋建筑结构、层次变化；
②房屋的损坏与灭失，包括全部拆除或部分拆除、倒塌或烧毁；
③围墙、栅栏、篱笆、铁丝网等维护物，以及房屋附属设施的变化；
④道路、广场、河流拓宽、改造及各类水域便捷的变化；
⑤地名、门牌号等房屋坐落的更改与变化；
⑥ 房屋及其用地类型面积的增减变化。

2. 房屋权属变更测量内容

①房屋买卖、交换、继承、分割、赠与、兼并等引起的权属的转移；
②土地使用权界的调整，包括合并、分割、塌没和截弯取直；
③征拨、出让、节让土地而引起的土地权属界线的变化；
④他项权利范围的变化和注销。

二、房屋变更测量程序

①根据房地产变更资料，进行房地产要素调查，包括现状、权属和界址调查；

②分户权界和面积的测定；
③调整有关的房地产编码；
④进行房地产资料的修正。

三、变更测量的实施

1. 变更测量的方法与过程

①变更测量应据现有变更资料，确定变更范围，按平面控制点的分布情况，选择测量方法。

②房地产的合并和分割，应根据变更登记文件，在当事人或关系人到现场指界下，实地测定变更后的房地产界址和面积。

③修测之后，应对现有房产、地籍资料进行修正与处理。

2. 变更测量的基准

①变更测量以变更范围内平面控制点和房产界址点作为测量的基准点。所有已修测过的地物点不得作为变更测量的依据。

②变更范围内和邻近的符合精度要求的房角点，也可作为修测的依据。

3. 变更测量的精度要求

①变更后的分幅、分丘图图上精度，新补测的界址点的精度都应符合本规范的规定。

②房产分割后各户房屋建筑面积之和与原有房屋建筑面积的不符值应在限差以内。

③用地分割后各丘面积之和与原丘面积的不符值应在限差以内。

④房产合并后的建筑面积，取被合并房屋建筑面积之和；用地合并后的面积，取被合并的各丘面积之和。

四、房产编号的处理

①丘号：用地的合并与分割都应重新编丘号。新增丘号按编号区内的最大丘号续编。组合丘内，新增丘支号按丘内的最大丘支号续编。

②界址点、房角点点号：新增的界址点或房角点的点号，分别按编号区内界址点或房角点的最大点号续编。

③幢号：房产合并或分割应重新编幢号，原幢号作废，新幢号按丘内最大幢号续编。

五、变更测量的业务要求

①变更测量时，应做到变更有合法依据，对原已登记发证而确认的权界位置和面积等合法数据和附图不得随意更改。

②房地产合并或分割，分割应先进行房地产登记，且无禁止分割文件，分割处必须有固定界标；位置毗连且权属相同的房屋及其用地可以合并应先进行房地产登记。

③房屋所有权发生变更或转移，其房屋用地也应随之变更或转移。

第八节　房产测绘成果管理

一、房产测绘成果检查

房产测绘成果应一次通过房产测绘单位作业部门的过程检查、房产测绘单位质量管理部门的最终检查和项目管理单位组织的验收或委托具有资质的质量检验机构进行质量验收。其要求如下：

①房产测绘单位实施成果质量的过程检查和最终检查。过程检查采用全数检查。最终检查一般采用全数检查，涉及野外检查项的可采用抽样检查，样本以外的应实施内业全数检查。

②验收一般采用抽样检查，质量检验机构应对样本进行详查，必要时可对样本以外的单位成果的重要检查项进行概查。

③各级检查验收工作应独立、按顺序进行，不得省略、代替或颠倒顺序。

④最终检查应审核过程检查记录，验收应审核最终检查记录，审核中发现的问题作为资料质量错漏处理。

二、房产测绘成果检查的内容

1. 外业测量检查内容

①仪器是否检测合格。

②草图准备是否充分；房屋面积测算草图的记录是否正确、完整；测量草图上的原始数据是否有涂改擦拭，汉字字头是否一律向北，数字字头是否向北或向西。

③各类测量的测量方法、记录是否正确。

④控制测量：控制测量网的布设和标志埋设是否符合要求。

⑤房产要素测量：测量的要素是否齐全、准确，对有关地物的取舍是否合理等。

⑥房产要素调查的内容填写是否齐全，房屋坐落、产权人、产别、层数、所在层次、建筑结构、建成年份、用途、墙体归属、权源、产权纠纷和他项权利等基本情况填写是否完整，是否绘制房屋权界线示意图。

2. 内业计算检查内容

①各类控制点的测定方法、扩展次数及各种限差、成果精度是否符合要求；起算数据和计算方法是否正确，平差的成果精度是否满足要求。

②房产要素测量的测量方法、记录和计算是否正确；房屋边长、面积数据误差配赋是否适当；各项限差和成果精度是否符合要求。

③面积测算：房产面积的计算方法是否正确、精度是否符合要求等。

④变更与修测成果的检查：变更与修测的方法、测量基准、测绘精度是否符合要求等。房屋各项信息的录入是否与依据文件一致。

3. 房产图绘制检查内容

①房产图的规格尺寸、技术要求、表述内容、图廓整饰等是否符合要求；房地产要素的表述是否齐全、正确，是否符合要求；对有关地形要素的取舍是否合理；图面精度和图边处理是否符合要求。

②调查表中的用地略图和房屋权界线示意图上的用地范围线、房屋权界线、房屋四面墙体归属，以及有关说明、符号和房产图上是否一致。

③绘制的面积计算图中建筑面积、套内面积的图形划定是否准确，房屋名称及面积注记是否正确，阳台的类型、归属划分是否正确。

三、房产测绘成果档案管理

1. 房产测绘成果档案内容

检查工作结束、成果发出后，应立即对各类测算数据资料及成果进行整理、存档。存档内容包括：

①房产测绘技术设计书。

②成果资料索引及说明。

③控制测量成果资料：用于布设和加密房产控制网的起始控制点、完成的房产控制网的各等级控制点、各类界址点坐标成果表以及相应点的点之记均应归入房产测绘成果档案。

④房产测算成果资料：实测算原始数据记录、草图以及预测算所依据的完整清晰成套的建筑施工图纸；数据计算成果纸质文件及电子文件。纸质文件包括报告书、房

屋登记图表、分摊计算表等；电子版文件包括报告书及房屋登记图表、数据库文件包等。

⑤图形数据成果和房产原图及相应数据库文件。

⑥技术总结。

⑦检查验收报告等，包括检查及处理记录、产品检验记录单、产品检测传递单等。

⑧作业人员对于测算过程需要说明的文件。

⑨计算所依据的分摊文件。

⑩委托单位提供的和测算所依据的其他文件和资料。

2. 房产测绘成果档案存档整理要求

房产测绘整理，就是将零散的和需要进一步系统化的房产测绘成果进行基本的分类、组合和编目，使之系统起来。通过房产测绘成果中的说明和要求以使房产测绘成果在进行法律认定时有据可查。

(1)整理的原则

由于房产测绘成果在进行产权认定后所具有的法律意义，要求在整理过程时应保持客观的数据，包括数据来源的依据和证明，以及明确责任人。

(2)分类编号与建立档案

整理后的资料进行建档，须分类编号。每案卷编一个号，为档案号，简称档号。卷可以按街坊，也可以按幢为单位编制。档号通常包括分类代号和案卷顺序号两部分，两者之间用破折号隔开。其中分类代号由汉字或汉语拼音字母组成，案卷顺序号统一使用阿拉伯数字。

编制档号应注意：尽可能简练，逻辑性强，直观性好，留有扩展余地，尽可能规范化。在房地产产权档案的整理和管理中，常用的档案号有五种：全宗号、产别号、案卷目录号、案卷号、卷内文件页号。

(3)档案文件要求

①所有原始数据记录及草图应完整、整洁，测量人员与记录人员及测量日期应填写无误，多页记录应顺序编号。

②计算过程资料、成果资料的各类图表均应完整成套，纸质文件与电子文件内容一致。

③所搜集的房屋信息资料和测算依据资料完整，并由提供方签字或加盖公章。

④存档文件应当符合相应纸张规格，所有纸质文件不得用圆珠笔书写，除外业记录手簿和草图外，所有纸质文件不得用铅笔书写。传真文件需复印后存档。

⑤所有文件不重份。电子文件需保存历次版本时，应在电子文件命名时加入时间字段。

模拟试题汇编及参考答案

模拟试题汇编

一、单项选择题(共 96 题，每题的备选选项中，只有一项最符合题意)。

1. 房屋调查与测绘以(　　)为单元分户进行。

A. 宗地　　B. 丘

C. 地块　　D. 幢

2. 房产平面控制点的密度与(　　)无直接关系。

A. 测区大小　　B. 测区内界址点数量和精度

C. 测区内地物地形情况　　D. 测图比例尺

3. 在建筑物稀疏区的房产平面控制点平均间距在(　　)m 左右。

A. 100　　B. 150

C. 200　　D. 300

4. 下列关于房产平面控制网的布设说法中，错误的是(　　)。

A. 应选择通视良好，便于观测的地方

B. 应当优先选用国家统一的平面坐标系统

C. 房产平面控制网可以越级布网

D. 房产平面控制点有临时的、永久的

5. 下列内容中，绘制房屋用地测量草图时不必注记的是(　　)。

A. 墙体归属　　B. 道路及水域

C. 高程控制网点　　D. 指北方向线

6. 房屋面积测算的要求：各类面积测算必须独立测算(　　)，其较差应在规定的限差以内，取中数作为最后结果。

A. 两次　　B. 三次

C. 四次　　D. 五次

7. 在房产调查中，房屋墙体归属是房屋四面墙体所有权的归属，其归属分类不包含的是(　　)。

A. 自有墙　　B. 共有墙

C. 借墙　　D. 承重墙

8. 房屋及其附属设施测量中，独立地物“井”的测量应以(　　)为准。

A. 柱外围　　B. 底部外围轮廓

C. 中心点　　D. 内轮廓投影

9. 下列内容中，不属于房产测量的成果的是(　　)。

A. 房产簿册　　B. 房屋套内面积
C. 房产测量数据　　D. 房产图集

10. 计算房产面积时，下列情况中，需要按房屋自然层计算建筑面积的是(　　)。
A. 垃圾道　　B. 有顶盖、不封闭的永久性的架空通廊
C. 简易房屋　　D. 房屋的天面上的矩形泳池

11. 房产要素测量过程中涉及其他相关地物测量，下列说法错误的是(　　)。
A. 消火栓、碑不测其外围轮廓，以符号中心定位
B. 天桥、阶梯路均按依比例绘出，取其水平投影位置
C. 站台、游泳池均按中心位置测绘，内加简注
D. 地下铁道、过街地道等不测出其地下物的位置，只表示出入口位置

12. 房屋附属设施测量中，独立柱的门廊测量应以(　　)为准。
A. 柱外围　　B. 顶盖投影
C. 外轮廓投影　　D. 柱中心

13. 规范规定，绘制房产分户图时，房屋的朝向应(　　)。
A. 房屋的主要边线与图廓线平行　B. 房屋的主要边线与指北针平行
C. 与分丘图绘制要求相同　　D. 以图框坐标北为基准

14. 下列地物中，在房产分幅图上可以不表示的是(　　)。
A. 铁丝网　　B. 亭
C. 铁路　　D. 栏杆

15. 现行《房产图图式》规定，符号的线粗和规格可随不同比例尺而不同，在一般情况下，符号的线粗一般为(　　)mm。
A. 0.1　　B. 0.15
C. 0.2　　D. 0.3

16. 房产面积计算中，按现行《房产测量规范》，以玻璃幕墙等作为房屋外墙的，房屋建筑面积应(　　)计算。
A. 按玻璃幕墙外围水平投影　　B. 玻璃幕墙内的梁柱内全算
C. 玻璃幕墙与柱子之间半算　　D. 按玻璃幕墙内围水平投影

17. 下列建筑部位中，层高达到2.20 m以上不应计算建筑面积的是(　　)。
A. 无顶盖室外楼梯　　B. 未封闭的阳台
C. 可通屋内的有柱走廊　　D. 以高架路为顶盖的房屋

18. 下列建筑物中，无论相关文件如何描述均不计自然层数的是(　　)。
A. 突出屋面的水箱间　　B. 电梯(观光梯)井
C. 管道井　　D. 楼梯间

19. 下列关于房产测绘幢号编立的说法中，错误的是(　　)。
A. 幢号应以丘为单位　　B. 幢号应按反S形编号
C. 幢号注在房廓线左下角　　D. 幢号应加括号表示

20. 丘号是按照分丘原则划分房屋用地单元地块的编号，下列关于丘号的编立说法错误的是(　　)。

A. 丘号编立顺序，以房产分区为单位，从北到南、从西到东呈反S形编列

B. 在变更测量或修补测量中，新增的丘号按原编号顺序连续编立

C. 没有房产分区的区域，丘号以图幅为单位，从左到右，从上到下呈反S形编列

D. 当丘跨越图幅时，按主门牌所在的图幅编立丘号，其相邻图幅应另编丘号

21. 房屋特征部位测量中，檐廊应以(　　)为准进行量测。

A. 柱外围　　B. 外轮廓水平投影

C. 顶盖投影　　D. 底板投影

22. 房产面积测算系指房屋面积和用地面积的水平面积测算，一般面积测算方法不包括(　　)。

A. 坐标解析法　　B. 求积仪法

C. 实地量距法　　D. 图解法

23. 房产分幅平面图中，单位名称只注记区、县以上和使用面积大于图上(　　) cm^2的单位。

A. 50　　B. 100

C. 200　　D. 300

24. 房产分户图应在分丘图的基础上，以一户产权人为单位采用表图结合的形式绘制，一般比例尺宜为(　　)。

A. 1∶100　　B. 1∶200

C. 1∶500　　D. 1∶1 000

25. 现行规范规定，房产测量末级相邻基本控制点的相对点位中误差最大为(　　)mm。

A. ±20　　B. ±25

C. ±50　　D. ±75

26. 下列房屋结构中，净高在2.50 m以上的应按自然层数计算的是(　　)。

A. 采光窗在室外地坪以上的半地下室　　B. 阁楼(暗楼)

C. 突出屋面的楼梯间　　D. 假层、附层(夹层)

27. 下列建筑物在计算房屋面积时，计算全部建筑面积的是(　　)。

A. 房屋内净高2.30 m的夹层　　B. 无顶盖的室外楼梯

C. 房屋天面2.20 m高的泳池　　D. 独立柱式永久性车棚

28. 商住楼中住宅与商业共同使用的共有建筑面积，按住宅与商业的(　　)比例分摊给住宅和商业。

A. 房屋价值　　B. 建筑面积

C. 土地面积　　D. 土地价值

29. 房地产分丘图、分层分户图经过房地产管理机构审查后，可作为房产证附图，一般比例尺大小为(　　)。

A. 1∶50　　B. 1∶100

C. 1∶200　　D. 1∶500

30. 房产测量中，规范规定要求末级基本控制点的点位中误差最大为(　　)mm。

A. 18　　B. 20

C. 25　　D. 50

31. 现行《房产测量规范》规定，房产分幅图的分幅方式是(　　)。

A. 50 cm×50 cm　　B. 40 cm×50 cm

C. 50 cm×70 cm　　D. 自由分幅

32. 根据规范规定，房屋用地用途分类编号“31”表示的是(　　)。

A. 市政公用设施　　B. 住宅用地

C. 交通用地　　D. 农用地

33. 采用模拟法绘制房产图时，分幅图上的地物点相对于邻近控制点的点位中误差不超过图上(　　)mm。

A. ±0.1　　B. ±0.3

C. ±0.5　　D. ±0.6

34. 全野外采集数据或野外解析测量等方法所测量的房地产要素点和地物点，相对于邻近控制点的点位中误差不超过(　　)cm。

A. ±2.5　　B. ±5

C. ±7.5　　D. ±10

35. 绘制某房产分幅图时，在表示房产编号时注记太密，标注不下时，可以省略的注记是(　　)。

A. 房产权号　　B. 房屋丘号

C. 房屋门牌号　　D. 房屋产别

36. 规范规定，境界线重合时，用高一级境界线表示，境界线与丘界线重合时，用(　　)表示。

A. 丘界线　　B. 境界线

C. 高一级境界线　　D. 重合线

37. 幢号以(　　)为单位，自进大门起，从左到右，从前到后，用数字 1、2…顺序按 S 形编号。

A. 房产区　　B. 丘

C. 宗地　　D. 街道

38. 下列工作中，不属于房屋调查作业内容的有(　　)。

A. 产权性质　　B. 墙体归属

C. 用地面积　　D. 建成年份

39. 下列内容中，关于房产丘的编号的描述不正确的是(　　)。

A. 房屋幢号以丘为单位

B. 幢号顺序按反 S 形进行编号

C. 幢号注在房屋轮廓线内的左下角

D. 房屋共有权号用标识符 B 表示

40. 规范规定，房屋的结构共分 6 类采用阿拉伯数学表示，其中表示“砖木结构”的代码是(　　)。

A. 2　　　　B. 3

C. 4　　　　D. 5

41. 规范规定，房屋的产别共分 8 类采用阿拉伯数学表示，其中代码“6”表示的是(　　)。

A. 集体所有房产　　　　B. 联营企业房产

C. 港澳台投资房产　　　　D. 涉外房产

42. 下列内容中，不属于分幅图应表示的是(　　)。

A. 行政境界　　　　B. 平面控制点

C. 丘界　　　　D. 墙体归属

43. 房产用地面积测算时，需计入用地面积的是(　　)。

A. 公共使用的排水沟　　　　B. 市政道路

C. 权属不明的巷道　　　　D. 房屋占地面积

44. 房产分幅图可根据测区的地理位置和平均高程，以投影长度变形值不超过 2.5 cm/km 为原则选择坐标系统。当测区面积小于(　　)km^2时，可不经投影，采用平面直角坐标系统。

A. 10　　　　B. 25

C. 30　　　　D. 100

45. 下列几种情形，(　　)由房地产行政主管部门委托房产测绘单位进行。

A. 申请产权初始登记的房屋

B. 自然状况发生变化的房屋

C. 房屋权利人或其他利害关系人要求测绘的房屋

D. 房产管理中需要的房产测绘

46. 下列房屋内部结构中，净高度达到 2.50 m 时需计算全部建筑面积的是(　　)。

A. 房屋内设备夹层　　　　B. 房屋内操作平台

C. 厂房内上料平台　　　　D. 大型水箱构架

47. 房产测量过程中，本丘与邻丘毗连墙体为借墙时，应测量至(　　)。

A. 墙体厚度 1/2 处　　　　B. 墙体内侧

C. 墙体外侧　　　　D. 墙体所有权范围为界

48. 用来衡量房产平面控制测量的基本精度指标是(　　)。

A. 最弱点中误差　　　　B. 最弱边中误差

C. 相对点位中误差　　　　　　D. 最弱边相对中误差

49. 房产调查是利用已有的地形图、地籍图、航摄像片，以及有关产籍等资料，以幢和丘(或宗)为单位逐项实地进行调查，其中不需要调查的内容是(　　)。

A. 房屋建筑面积　　　　　　B. 共有共用建筑面积

C. 产权面积　　　　　　D. 使用面积

50. 房产分幅平面图上某房屋轮廓线中央注记“4123”，则该房屋的产别是(　　)。

A. 集体所有　　　　　　B. 联营企业

C. 涉外房产　　　　　　D. 国有

51. 某房产分丘图如下图所示，在图中所标的数字“3”代表房屋建筑结构，则该房屋的结构类型为(　　)。

8.78

1 3 01 1985

6.00

(6)A

A. 钢筋混凝土结构　　　　　　B. 砖木结构

C. 钢和钢筋混凝土结构　　　　　　D. 钢结构

52. 现行《房产测量规范》规定，新建商品房面积测算限差计算公式为(　　)。

A. $0.02\sqrt{S}+0.0006S$　　　　　　B. $0.01\sqrt{S}+0.0003S$

C. $0.04\sqrt{S}+0.002S$　　　　　　D. $0.02\sqrt{S}+0.001S$

53. 利用已有的地籍图、地形图编绘房产分幅图时，地物点相对于邻近控制点的点位中误差不超过图上(　　)mm。

A. ±0.1　　　　　　B. ±0.25

C. ±0.5　　　　　　D. ±0.6

54. 成套房屋的套内建筑面积由(　　)组成。

A. 由套内房屋的使用面积、套内墙体面积、所得的分摊面积三部分

B. 由套内房屋的使用面积、套内墙体面积、套内阳台面积三部分

C. 由套内房屋的使用面积、套内墙体面积、套内阳台面积及所得的分摊面积四部分

D. 由套内房屋的使用面积、套内阳台面积、所得的分摊面积三部分

55. 下列用地中，土地使用权出让的期限为40年的是(　　)。

A. 居住用地　　　　　　B. 工业、科教文卫用地

C. 商业、娱乐、别墅、旅游用地　D. 综合或其他用地

56. 一套单元住宅，单元总建筑面积是120 m^2，住宅分摊系数为20%，该单元的套内建筑面积是(　　) m^2。

A. 100　　B. 80

C. 96　　D. 112

57. 成套房屋的建筑面积由(　　)和分摊共有面积组成。

A. 房屋使用面积　　B. 墙体面积

C. 套内建筑面积　　D. 阳台面积

58. 某人购房一套，房产证上标明产权面积为 140 m^2，套内建筑面积为 120 m^2，则该套房共有分摊系数是(　　)。

A. 0.20　　B. 0.16

C. 0.25　　D. 0.33

59. 共有面积分摊时，无产权分割文件或协议时，可按相关房屋的(　　)按比例进行分摊。

A. 建筑面积　　B. 套内使用面积

C. 共有面积　　D. 用地面积

60. 房产测量过程中，可用正交法测量房产要素，所利用的短边支距长度最长为(　　)m。

A. 50　　B. 100

C. 150　　D. 200

61. 绘制房产分幅图时，下列与房产管理有关的地形要素根据需要表示的是(　　)。

A. 铁路　　B. 独木桥

C. 池塘　　D. 停车场

62. 某市下辖甲、乙、丙、丁四个区的行政代码分别为 01、02、03、04，该市某宗房产用地的丘号为 010302030102，则该房产位于(　　)区。

A. 甲　　B. 乙

C. 丙　　D. 丁

63. 房产测绘产品成果质量评定实行(　　)评定制度。

A. 合格品、不合格品

B. 优级品、良级品、合格品

C. 优级品、良级品、合格品、不合格品

D. 批“合格”、批“不合格”

64. 用航空摄影测量方法测绘房产图时，所用调绘像片和航测原图上各种要素应分(　　)三色表示。

A. 红、绿、黑　　B. 红、黄、蓝

C. 红、青、黑　　D. 红、紫、黑

65. 现行规范规定，建筑物密集区的分幅图一般采用(　　)比例尺。

A. 1∶100　　B. 1∶200

C. 1∶500　　D. 1∶1 000

66. 现行规范规定，使用图解法量算房屋用地面积时图形面积最小为(　　)cm^2。

A. 5　　B. 10

C. 50　　D. 100

67. 新增的界址点和建筑物角点的点号，分别按(　　)的最大点号续编。

A. 编号区内界址点　　B. 建筑物角点

C. 编号区内界址点或建筑物角点　　D. 编号区内界址点和建筑物角点

68. 下列图形中，表示在他人用地范围内所建的房屋是(　　)。

A. 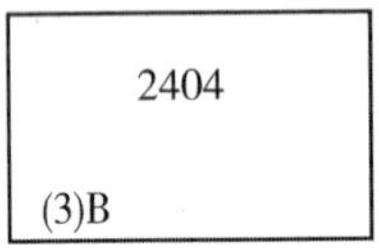 2404 (3)B

B. 2404-A (3)

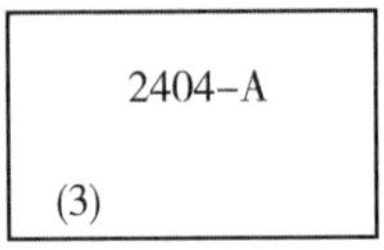

C. 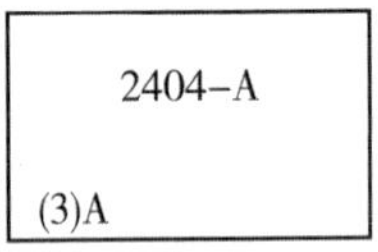 2404-A (3)A

D. 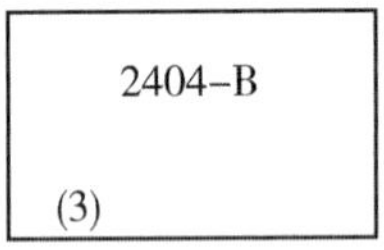 2404-B (3)

69. 某 100 m^2的单元住宅，进行房产测绘时，采用房产面积精度二级，其房产面积的精度限差是(　　)m^2。

A. ±0.26　　B. ±0.6

C. ±1.40　　D. ±0.10

70. 某房产资料显示的丘编号为 61012219010126，则说明(　　)。

A. 该丘在 10 房产分区　　B. 该丘丘号是 126

C. 该丘在 19 房产区　　D. 该丘丘号为 10126

71. 在绘制房屋测量草图时，室内墙体凸凹部位在(　　)以上者均应表示。

A. 0.05 m　　B. 0.1 m

C. 0.15 m　　D. 0.2 m

72. 某房产分幅图的编号为 35139264841，则该图的比例尺应该是(　　)。

A. 1∶200　　B. 1∶500

C. 1∶1 000　　D. 1∶2 000

73. 某房产分幅图的编号为 35139264840，则该图的比例尺应该是(　　)。

A. 1∶200　　B. 1∶500

C. 1∶1 000　　D. 1∶2 000

74. 成套房屋共有共用面积的包括(　　)。

A. 共有的房屋建筑面积和成套房屋建筑面积

B. 共用的房屋用地面积和公用墙体面积

C. 共有的房屋建筑面积和共用的房屋用地面积

D. 共有的房屋建筑面积和共用的绿化用地面积

75. 套内阳台建筑面积均按阳台外围与房屋(　　)之间的水平投影计算。

A. 内墙　　B. 自有墙

C. 外墙　　D. 共用墙

76. 下列套内房屋建筑部位的面积不计入套内房屋使用面积的是(　　)。

A. 厨房　　B. 楼梯

C. 内墙面装饰厚度　　D. 阳台

77. 下列房屋或其用地状况发生变化的情形中，属于房屋权属变更测量的是(　　)。

A. 房屋及其用地分类面积增减变化

B. 道路、广场、河流的拓宽等边界的变化

C. 门牌号更改

D. 土地使用权界截弯取直

78. 下列建筑物部位，应该参与分摊共有建筑面积的是(　　)。

A. 共有的室外楼梯　　B. 权属单元的阳台

C. 人防工程　　D. 为小区服务的门卫用房

79. 下列建筑物部位中，不用参与分摊面积的是(　　)。

A. 共有电梯间　　B. 共有的地下室

C. 门斗　　D. 共用休息的亭

80. 全面反映房屋及其用地位置和权属等状况的基本图是(　　)。

A. 分幅图　　B. 分丘图

C. 分户图　　D. 房产证附图

81. 房产分幅图中线状地物重叠时，首要表示的是建筑物的(　　)。

A. 界线　　B. 房屋轮廓线

C. 围墙　　D. 栅栏

82. 下列关于房产变更测量的精度要求，描述错误的是(　　)。

A. 符合房产测量规范的规定

B. 房产分割后各户房屋建筑面积之和与原有房屋建筑面积的不符值应在限差以内

C. 高于原测量精度，当分割面积之和与原面积的不符值超限时，以本次为准

D. 房产合并后的建筑面积，取被合并房屋建筑面积之和；用地合并后的面积，取被合并的各丘面积之和

83. 原幢号为 18 的多层住宅楼拆除，新建两幢 6 层住宅，丘内最大幢号为 26，这两幢新建住宅幢号应为(　　)。

A. 18-1，18-2　　B. 18，19

C. 27，28　　D. 18，27

84. 在绘制某房产分幅图时，在表示房产编号时注记太密，标注不下时，下列注记可以省略的是(　　)。

A. 房产权号　　B. 丘号

C. 门牌号　　D. 房屋用途和用地分类

85. 某房产测量单位在对某房屋进行用地调查时，发现该房屋没有门牌号，调查人员的正确处理方式是(　　)。

A. 以房屋所在地附近最大的门牌号续编

B. 应借用毗连房屋门牌号并加注东、南、西、北方位

C. 应借用毗连房屋门牌号并加小写的 a、b、c、d 字母表示

D. 应借用毗连房屋门牌号续编

86. 现行的《房产测绘规范》规定，“房屋调查表”和“房屋用地调查表”以(　　)为单位逐项实地进行调查。

A. 房产权号和门牌号　　B. 幢号和丘号

C. 门牌号和宗地号　　D. 幢号和房产权号

87. 某宗地内共有登记房屋 28 幢，若幢号为 20、25 的两幢房屋进行房产合并，则合并后的房产幢号为(　　)。

A. 20-1　　B. 25-1

C. 29　　D. 26

88. 如下图所示，是某层次一般房屋的房产分幅图，箭头所指的“2”代表的具体含义是(　　)。

A. 产别　　B. 建筑结构

C. 层数　　D. 幢号

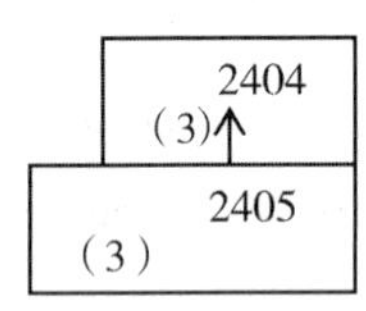

89. 现行的《房产测量规范》规定，采用已有坐标或已有图件，展绘成房产分幅图，展绘中误差不得超过图上(　　)mm。

A. 0.1　　B. 0.2

C. 0.3　　D. 0.5

90. 房产面积计算中，与房屋相连有上盖无柱的走廊、檐廊，按其围护结构外围水平投影面积的(　　)计算。

A. 一半面积　　B. 全面积

C. 不计面积　　D. 根据实际情况

91. 绘制房产图时，围墙不分结构，均以双线表示，围墙宽度大于图上(　　)mm 的依比例尺绘出。

A. 1.0　　B. 0.4

C. 0.5　　D. 0.6

92. 房屋用地用途分类代码应注记在房产分幅平面图上的(　　)位置处。

A. 房屋轮廓线内左下角　　B. 丘号正下方
C. 幢号右侧与幢号并列　　D. 房屋轮廓线一侧中间

93. 房产分幅平面图上某房屋轮廓线中央注记“14011957”，则该房屋的建筑结构是(　　)。
A. 混合结构　　B. 钢结构
C. 钢筋混凝土结构　　D. 砖木结构

94. 某房产测绘项目两相邻一级界址点间距离为 40 m，按现行的《房产测量规范》规定，则其两界址点的间距误差应控制在(　　)cm 以内。
A. 2.4　　B. 3.6
C. 4.8　　D. 5.0

95. 房产分丘图上某房屋轮廓线中央注记“12023002”，其中数字“1”表示该房屋的(　　)。
A. 结构　　B. 产别
C. 幢号　　D. 建成年份

96. 下列建筑部位中，层高达到 2.20 m 以上不应计算建筑面积的是(　　)。
A. 无顶盖室外楼梯　　B. 未封闭的阳台
C. 可通屋内的有柱走廊　　D. 以高架路为顶盖的房屋

二、多项选择题(共 25 题，每题的备选选项中，有 2 项或 2 项以上符合题意，至少有 1 项是错项)。

1. 按现行《房产测量规范》，需要在房产分丘平面图上表示的内容有(　　)。
A. 房屋层次　　B. 控制点
C. 单位名称　　D. 界址点点号
E. 墙体归属

2. 房屋面积测算主要内容包括(　　)等的测算。
A. 房屋建筑面积　　B. 共有建筑面积
C. 占地面积　　D. 使用面积
E. 产权面积

3. 在房产测绘工作中，按照管理的需要形成的图件种类有(　　)。
A. 房产分幅立面图　　B. 房产分幅平面图
C. 房产分丘平面图　　D. 房产分户平面图
E. 房产分户立面图

4. 房角点测量，指对建筑物角点测量。一般采用(　　)方法测量。
A. 极坐标法　　B. 直角坐标法
C. 线交会法　　D. 三维激光扫描法
E. GPS 测量

5. 下列工作中，属于房产测绘作业内容的有(　　)。
A. 测量房产界址点　　B. 测量房屋内部尺寸

C. 绘制房屋登记用图　　D. 计算专有共有面积

E. 办理房屋交易登记

6. 下列建筑部位中，计入套内房屋使用面积的有(　　)。

A. 套内楼梯　　B. 不包括在结构面积内的套内管道井

C. 套内卧室　　D. 套内阳台

E. 内墙面装饰厚度

7. 下列关于房产图的描述中，说法正确的是(　　)。

A. 分丘图的丘号要与分幅图一致

B. 分幅图的丘号要与分丘图一致

C. 分丘图的坐标系可以与分幅图坐标系不同

D. 分丘图的精度要高于分幅图

E. 分丘图表示的范围小于分幅图的表示范围

8. 房产图的绘制方法通常有(　　)。

A. 全野外采集数据成图　　B. 航摄像片采集数据成图

C. 野外解析测量数据成图　　D. 平板仪测绘房产图

E. 代数法绘制房产图

9. 下列关于房产分丘图的表述中，正确的有(　　)。

A. 房产分丘图是全面反映房屋及其用地的位置和权属等状况的基本图

B. 房产分丘图是房产分幅图的局部明细图

C. 房产分丘图的比例尺为 1：100~1：1 000

D. 房产分丘图包括控制点、行政境界、丘界、房屋、附属设施等要素和注记

E. 房产分丘图是在分户图基础上进一步绘制的明细

10. 下列关于房产图的表述中，正确的有(　　)。

A. 分幅图是全面反映房屋及其用地的位置和权属等状况的基本图，比例尺一般为 1：500

B. 分丘图能反映丘内所有房屋及其用地情况等各项房地产要素

C. 分户图是表示房屋建筑结构的细部，比例尺一般为 1：100

D. 分户图是分丘图的局部明细图

E. 分丘图是测绘分户图和分幅图的基础资料

11. 计算房产面积时，下列部位中，可被各专有部位分摊的有(　　)。

A. 建筑物内公共楼梯　　B. 建筑物内市政配电间

C. 建筑物内消防水池　　D. 建筑物内地下室人防工程

E. 建筑物楼顶电梯机房

12. 按现行《房产测量规范》，下列情况中，不需要在房产分幅图上表示的内容有(　　)。

A. 宽度小于图上 1 mm 的室外楼梯　　B. 与房屋相连的 4 步台阶

C. 单位内部的维护物　　D. 围墙

E. 底层阳台

13. 房产调查的任务主要包括(　　)。

A. 房屋状况调查　　B. 房地产权属状况调查

C. 使用人情况调查　　D. 地理名称和行政境界调查

E. 房屋用地权界的调查

14. 下列建筑物部位中，在计算建筑面积时按全建筑面积计算的是(　　)。

A. 房屋内的门厅　　B. 房屋间永久性封闭的架空通廊

C. 与房屋相连有上盖无柱走廊　　D. 利用吊脚做架空层净高 2.3 m 的房屋

E. 利用引桥作为顶盖建造的房屋

15. 下列建筑物部位中，在计算建筑面积时不计算建筑面积的是(　　)。

A. 房屋内净高 2.18 m 的夹层

B. 净高 2.2 m 的地下室

C. 骑楼的底层用作道路街巷通行部分

D. 已计算建筑面积的楼梯下方空间

E. 与房屋室内不相通的房屋间伸缩缝

16. 房产用地面积测算时，不需计入用地面积的是(　　)。

A. 无明确使用权属的冷巷、巷道或间隙地

B. 有明确使用权属的冷巷、巷道或间隙地

C. 市政管辖的道路、街道等公共用地

D. 已征用、划拨或者属于原房产证记载范围，经规划部门核定需要作为市政建设的用地

E. 已征用、划拨或者属于原房产证记载范围，未经规划部门核定需要作为市政建设的用地

17. 目前，房产平面控制测量方法主要采用的是(　　)。

A. GPS 定位　　B. 三角测量

C. 三边测量　　D. 边角测量

E. 导线测量

18. 下列关于丘的编号说法中，正确的是(　　)。

A. 丘的编号按市、市辖区(县)、房产区、房产分区、丘五级编号

B. 房产区和房产分区均以两位自然数字从 01 至 99 依序编列；当未划分房产分区时，相应的房产分区编号用“00”表示

C. 丘的编号以房产分区为编号区，采用 4 位自然数字从 0001 至 9999 编列

D. 以后新增丘接原编号顺序连续编立

E. 丘的编号从北至南，从西至东以反 S 形顺序编列

19. 房屋调查内容包括房屋坐落、(　　)用途、墙体归属、权源、产权纠纷和他项权利等基本情况，以及绘制房屋权界线示意图。

A. 产权人　　B. 产别

C. 层数　　D. 底层±0 标高

E. 建筑结构

20. 房产要素测量的主要内容有(　　)。

A. 界址测量及境界测量　　B. 房屋及其附属设施测量

C. 土质与植被　　D. 陆地交通、水域测量

E. 相关地形地貌测量

21. 房产变更测量为现状变更和权属变更测量，下列内容属于现状变更的有(　　)。

A. 房屋的新建、拆迁、改建、扩建、房屋建筑结构、层数的变化

B. 土地使用权界的调整，包括合并、分割、塌没和截弯取直

C. 征拨、出让、转让土地而引起的土地权属界线的变化

D. 地名、门牌号的更改

E. 房屋买卖、交换、继承、分割、赠予、兼并等引起的权属的转移

22. 房产分幅图上必须表示的房产要素有(　　)。

A. 丘号　　B. 分丘号

C. 幢号　　D. 门牌号

E. 房产权号

23. 在房产分幅图上可以不表示的建筑部位有(　　)。

A. 活动房屋　　B. 装饰柱

C. 门顶　　D. 门墩

E. 城墙

24. 当注记过密，容纳不下时，房产分幅图上可以省略的注记有(　　)。

A. 丘号　　B. 房产区号

C. 建筑层数　　D. 房产权号

E. 门牌号

25. 房屋用地调查的内容包括用地坐落、产权性质、等级、税费、用地人、用地单位所有制性质、(　　)用地面积和用地纠纷等基本情况，以及绘制用地范围略图。

A. 墙体归属　　B. 使用权来源

C. 四至　　D. 界标

E. 用地用途分类

参考答案

一、单项选择题

1. D　2. D　3. C　4. D　5. C　6. A　7. D　8. C
9. B　10. A　11. C　12. B　13. A　14. B　15. B　16. A
17. D　18. A　19. B　20. D　21. B　22. B　23. B　24. B

25. B	26. A	27. A	28. B	29. C	30. A	31. A	32. A
33. C	34. B	35. D	36. A	37. B	38. C	39. B	40. D
41. C	42. D	43. D	44. B	45. D	46. A	47. B	48. C
49. C	50. B	51. A	52. C	53. D	54. B	55. C	56. A
57. C	58. B	59. A	60. A	61. D	62. C	63. B	64. A
65. C	66. A	67. C	68. C	69. B	70. C	71. B	72. B
73. C	74. C	75. C	76. D	77. D	78. A	79. D	80. A
81. A	82. C	83. C	84. D	85. B	86. B	87. C	88. A
89. A	90. A	91. C	92. B	93. A	94. B	95. B	96. D

二、多项选择题

1. BCDE	2. ABDE	3. BCD	4. AB	5. ABCD
6. ABCE	7. ABE	8. ABCD	9. BC	10. ABD
11. ACE	12. ABC	13. ABDE	14. ABD	15. CDE
16. ACD	17. ABCE	18. ACDE	19. ABCE	20. ABD
21. AD	22. ACDE	23. AB	24. BC	25. BCDE

第五章　地 籍 测 绘

第一节　概　　述

一、地籍概念

地籍是记载以土地权属为核心、以地块为基础的土地及其附着物的权属、位置、界址、数量、质量及用途等基本情况的簿册。

表现形式：将基本情况的属性用文件、数据、图件和表册等各种形式表示出来。

二、地籍调查

1. 地籍调查的定义

地籍调查是指依照国家的规定，通过权属调查和地籍测绘，查清宗地的权属、界址线、面积、用途和位置等情况，形成数据、图表、表册等调查资料，为土地注册登记、核发证书提供依据的基础工作。

2. 地籍调查的内容

地籍调查的主要内容可以概括为土地权属调查和地籍测绘以及数据库建设与地籍数据更新。土地权属调查指确认每宗土地的权利人、现有权利内容、来源和土地用途，并在现场标定宗地界址、位置，绘制宗地草图，填写地籍调查表的工作。地籍测绘指依据权属调查成果，对每宗土地的界址点、界址线、位置、形状、面积等进行的现场测绘工作。权属调查和地籍测绘有着密切联系，但也存在质的区别。权属调查主要是按照的法律程序，根据有关政策，利用行政手段，调查核实土地权利状况，确定界址点和权属界线的行政性工作，权属调查工作主要是定性的；地籍测绘则主要是测量、计算地籍要素的技术性工作，地籍测绘工作主要是定量的。因此，地籍调查的主要内容可概括为土地权属调查和地籍测量。

(1)土地权属调查

土地权属调查指通过对土地权属及其权利所及的界线的调查，在现场标定土地权属界址点、线，绘制宗地草图，调查用途，填写地籍调查表，为地籍测量提供工作草图和依据。土地权属调查的基本单元是宗地。

(2)地籍测量

地籍测量是指在土地权属调查的基础上，借助仪器，以科学的方法，在一定区域内，测量宗地的权属界线、界址位置、形状等，计算面积，测绘地籍图和宗地图，为土地登记提供依据。地籍测量的内容包括地籍控制测量、地籍细部测量。地籍细部测量又分为测定界址点位置、测绘地籍图、宗地面积量算、绘制宗地图。

3. 地籍调查的分类

地籍调查通常分为初始地籍调查和变更地籍调查，初始地籍调查是对行政辖区或特定区域在一定期间内组织进行的地籍调查。变更地籍调查是利用初始地籍调查调查成果对因土地权属、土地用途等地籍要素发生变化的宗地而进行的地籍调查。由于城镇及近郊区以及市辖区范围内建设用地利用率高、建筑物密集、土地价值高等因素，对地籍测绘的精度要求也比较高，这些范围内地籍图比例尺一般为1∶500或1∶2 000。对山区地籍测绘的精度要求较以上范围低，山区地籍图比例尺一般为1∶1万。

《地籍调查规程》将地籍调查分为地籍总调查和日常地籍调查。

①地籍总调查：在一定时间内，对辖区内或者特定区域内土地进行的全面地籍调查。

主要内容：准备工作、土地权属调查、地籍测量、检查验收、成果资料整理与归档、数据库与地籍信息系统建设等工作。

②日常地籍调查：因宗地设立、灭失、界址调整及其他地籍信息的变更而开展的地籍调查。

主要内容：准备工作，日常土地权属调查，日常地籍测量，成果资料的检查、整理变更与归档等工作。

4. 地籍调查的依据

地籍测绘的主要依据有《地籍测绘规范》《城镇地籍调查规程》《城镇地籍数据库标准》《国土资源信息核心元数据标准》《城市测量规范》《土地利用现状分类》《第二次全国土地调查技术规程》等技术标准；《中华人民共和国土地管理法》《确定土地所有权和使用权的若干规定》以及其他相关政策、法规、政策性文件。

三、地籍测绘的准备工作

开展地籍测绘工作之前，应实地核实权属调查资料。资料的核实应包括：

①接收地籍调查表、宗地草图、宗地关系草图及街坊划分示意图等权属调查原始资料；

②核实宗地草图的界址点编号与实地的一致性；

③核实界址点设置是否符合测量技术要求，不符合的，可提请权属调查人员纠正或增设界址点，并应订正权属调查原始资料；

④核实宗地及界址点编号的正确性；

⑤核实房屋单元的划分与编号的正确性；

⑥查对地名、路名及行政区域界线如区界、街道、镇、村界等有关名称、境界资料。

四、地籍测绘的内容

地籍测绘也称地籍测量。是为获取和表达地籍信息，依据权属调查成果，对每宗土地的界址点、界址线、位置、形状、面积等进行的现场测绘工作。具体内容如下：

①进行地籍控制测量，测设地籍控制点和地籍图根控制点；

②测定行政区划界线和土地权属界线的界址点坐标；

③测绘地籍图，测算地块和宗地的面积；

④进行土地信息的动态监测，进行地籍变更测量，包括地籍图的修测、重测和地籍簿册的修编，以保证地籍成果资料的现势性与正确性；

⑤根据土地整理、开发与规划的要求，进行有关的地籍测绘工作。

像其他测量工作一样，地籍测绘也遵循一般的测量原则，即先控制后碎部、从高级到低级、由整体到局部的原则。

地籍簿册与地籍图统称为地籍测绘资料，是地籍测绘的最终成果。

五、地籍测绘技术设计的要求

地籍测绘技术设计应在地籍调查技术方案基础上编写。内容包括：已有控制点及其成果资料的分析和利用、控制网采用的坐标系统、控制网的布设方案、控制点的埋设要求、各项技术参数的改正、观测方法、计算方法、采用的数据采集软件、界址点的观测方法及精度要求、地籍图的成图方法、地籍图比例尺、面积量算方法及精度要求等。

第二节　地籍控制测量

一、地籍控制网的基本要求

地籍控制测量工作是地籍要素测绘的基础，结合测区具体情况，按控制测量的基本原则和精度要求进行技术设计、选点、埋石、观测、数据处理、成果整理等的测量工序进行。

地籍控制测量主要是平面位置的测量，为地籍细部测量和日常地籍测绘服务。地籍控制网的布设，在精度上要满足测定界址点坐标精度的要求，在密度上要满足测量地籍细部测量的要求，同时还要顾及日常地籍管理的需要。

地籍平面控制网应利用已有的国家平面控制网加密建立。平面控制网的布设应遵循从整体到局部、分级布网的原则。加密网可逐级布设、越级布设或布设同级全面网。

二、地籍控制网的技术指标

1. 平面控制点等级

平面控制点分为基本控制点和地籍控制点。基本控制点包括一、二、三、四等控制点；

地籍控制点包括一、二级控制点。地籍平面控制网的建立，应当根据具体情况依次选择坐标系统：高斯正形投影统一3°带、抵偿高程面上的高斯正形投影3°带、高斯正形投影任意带、假定平面直角坐标系统。

2. 地籍平面控制测量基本精度要求

①四等网中最弱相邻点的相对点位中误差不得超过5 cm；

②四等以下网最弱点(相对于起算点)的点位中误差不得超过5 cm。

地籍平面控制测量中目前主要采用GPS定位技术和导线测量技术。高程控制测量主要

采用水准测量、GPS定位技术和三角高程测量技术。

三、地籍控制测量方法

1. 地籍平面控制测量方法

①首级网主要采用静态全球定位系统定位方法建立；一、二、三级和图根控制可采用卫星定位动态测量。

②地籍图根控制可采用导线测量和GPS(包括GPS-RTK)测量方法施测。

③平面控制测量精度等级分为二、三、四等和一、二、三级和图根控制。

2. 首级高程控制测量

①高程控制网应利用已有国家高程控制网加密建立。高程控制测量精度等级划分

依次为三、四等和等外，原则上只测设四等或等外水准。

②首级高程控制网最弱点高程中误差相对于起算点不大于±2 cm。

③高程控制测量方法可采用水准测量、GPS 测量、三角高程测量技术。

3. 地籍图根平面控制测量

①每个图根点均应有 2 次独立的观测结果，2 次测量结果的平面坐标较差不得大于 3 cm，高程的较差不得大于 5 cm，在限差内取平均值作为图根点的平面坐标和高程。

②在测量界址点和测绘地籍图时采用全站仪对相邻 RTK 图根点进行边长检查，其检测边长的水平距离的相对误差不得大于 1/3 000。

③RTK 图根点测量的观测和计算应按照《全球定位系统实时动态测量 RTK 技术规范》(CH/T 2009)执行。

4. 图根导线测量

①当采用图根导线测量方法时，导线网宜布设成附合单导线、闭合单导线或节点导线网。

②图根导线点用木桩或水泥钢钉做标志，其数量以能满足界址点测量的要求为准。

③导线上相邻的短边与长边边长之比不小于 1/3。

④如导线总长超限或测站数超限，则其精度技术指标应做相应的提高。

⑤因受地形限制，图根导线无法附合时，可布设图根支导线，每条支导线总边数不超过 2 条，总长度不超过起算边的 2 倍。支导线边长往返观测，转折角观测 1 测回。

⑥图根高程控制网点采用三角高程测量技术施测，高程线路与一级、二级图根平面导线点重合。

控制测量作业包括技术设计、实地选点、标石埋设、观测和平差计算等主要步骤。

第三节　土地权属调查

土地权属调查内容主要包括调查土地权属状况和界址、绘制宗地草图、填写地籍调查表、签订土地权属界线协议书或填写土地权属争议原由书。

一、土地权属调查的内容

土地权属状况调查是指调查人员通过现场勘查对宗地的土地权利人、土地坐落、权属性质、土地用途(地类)、宗地四至情况、共有权利状况、权利限制条件等基本情况，结合申请人提交的土地权属来源证明资料，进行调查核实的过程。

土地权属调查的内容包括权利主体，土地权属来源情况，土地权属性质，土地用途、坐落、宗地四至及其他要素等。内容如下：

①国有土地使用权宗地的权属状况调查。

②集体土地所有权宗地的权属状况调查。

③集体建设用地使用权宗地的权属状况调查。

④宅基地使用权宗地的权属状况调查。

二、土地权利主体和土地权属来源调查

1. 土地权利主体调查

土地权利主体的调查包括对土地所有权人、土地使用权人主体资格和身份的调查核实。对土地使用权，应当调查核实使用土地的单位或个人的具体名称、性质、土地使用单位的法定代表人等。

2. 土地权属来源调查

对土地所有权性质以及土地取得的方式的调查。土地权属性质分类如图 5-1 所示。

- 国有土地使用权
  - 国有建设用地使用权
  - 国有农用地使用权
- 集体土地所有权
  - 村农民集体土地所有权
  - 乡(镇) 农民集体土地所有权
  - 其他农民集体土地所有权
- 集体土地使用权
  - 乡(镇) 集体建设用地土地使用权
  - 村集体建设用地使用权
  - 宅基地使用权
  - 集体农用地使用权

图 5-1　权属性质

三、土地权属性质和土地用途的调查

1. 土地权属性质调查

土地权属性质调查是指对土地的所有权性质以及土地取得方式的调查。使用权类型如图 5-2 所示。

- 国有土地使用权
  - 划拨国有土地使用权
  - 出让国有土地使用权
  - 国家作价出资(入股)国有土地使用权
  - 国家租赁国有土地使用权
  - 国家授权经营国有土地使用权
  - 其他(未确定使用权的国有土地(指无明确使用权的国有自然土地，如荒地、荒漠、草地等))
- 集体土地使用权
  - 荒地拍卖
  - 批准拨用宅基地
  - 批准拨用企业用地
  - 集体土地入股(联营)
  - 其他

图 5-2　使用权类型

2. 土地用途的调查

按照国家标准《土地利用现状分类》的二级类的要求，调查核实土地的批准用途和实际利用用途。批准用途指的是权属证明材料批准的此宗地用途。实际用途是指现场调查核实的此宗地的主要用途，即地类名称。批准用途与实际用途均按照《土地利用现状分类》的二级类填写。同时填写地类名称和地类代码，以“二级类名称(地类代码)”格式为准，如“农村宅基地(072)”。

其中地类对应的编码分别是，一级分类：耕地(01)，园地(02)，林地(03)，草地(04)，商服用地(05)，工矿仓储用地(06)，住宅用地(07)，公共管理与公共服务用地(08)，特殊用地(09)，交通运输用地(10)，水域及水利设施用地(11)，其他土地(12)。

二级分类：水田(011)，果园(021)，住宿餐饮用地(052)，工业用地(061)，城镇住宅用地(071)，农村宅基地(072)，机关团体用地(081)，公共设施用地(086)，军事设施用地(091)，铁路用地(101)，公路用地(102)，河流水面(111)，田坎(123)。

四、界址调查

界址调查是指调查人员按照现场勘查的情况，结合已有地籍调查成果及其他有关证明材料，组织本宗地权利人和相邻宗地权利人进行边界指认，确定宗地权属界线，划定争议界线和范围，并相应设定宗地界址点、界址线和测量界址边长的过程。

1. 指界

具体实现过程：a. 指界方式(双方、现场)；b. 确定指界人的身份资格；c. 发放《指界通知书》；d. 指界结果的处理。

2. 界址线的设定

①界址线位置的确定：界址线是界址点之间的连接线。界址线应根据界标物设定，并标明界址线与界标物的位置关系。

②界址线类别的确定：界址线类别按照界标物的种类不同分别确定。

③界址线设定的基本原则：界址线一般按照土地权属来源证明材料载明的宗地范围设定界址线；无土地权属来源的，界址线以宗地使用现状为基础按照当事人指认的界线来设定界址线。

④ 确定界址线性质：界址线性质分为已定界和未定界两大类。未定界包括工作界和争议界。

3. 设定界址点

①设定界址点的基本原则：宗地界址线走向有明显变化处(拐点)，以及两个以上宗地界址线交叉处应当设定界址点。

②设定界址点的要求：设定的界址点应当能够准确表达反映界址线的具体走向。

③设定界址点的方法：界址点可根据给定的条件(面积、几何关系、坐标等)，现场放样进行设定。

④界址点标志的设置：在沟渠中心、水面等设置永久性界标确有困难的，乡镇、村、公路、铁路、河流等界线一般不设界标。

⑤界址点的编号：界址点应以街坊为单位，统一自西向东、自北向南，由"1"开始顺序编号。初始地籍调查时，可编制临时界址点号，临时界址点号应以宗地为单位，从左上角按顺时针方向，用阿拉伯数字编制，地籍调查成果数据入库后，应以街坊为单位，生成正式界址点号。变更地籍调查时，未废弃的界址点使用原编号，废弃的界址点编号不应重复使用，新增界址点编号在最大界址点号后续编。

⑥已毁损的界址点的恢复：采用放样方式，在实地恢复界址点位置。

五、地籍编号

地籍编号以县级行政区为单位，按街道(乡、镇)、街坊(村)、宗地三级编号，对于较大行政区可按区(县)、街道(乡、镇)、街坊(村)、宗地四级编号。街道是以市行政建制区的街道办事处或镇(乡)的行政辖区为基础划定；街坊是根据实际情况将街道再划分为若干个调查区。宗地是根据权属和土地用途划分的调查单元。

六、测绘宗地草图

宗地草图是描述宗地位置、界址点、线和相邻宗地关系的实地草编记录。

宗地草图的内容应包括宗地号、权利人名称、界址点(包括相邻宗地落在本宗地界址线上的界址点)、界址点号及界址线，相邻宗地的宗地号、权利人名称或相邻地物，界址边长、宗地内必要的建(构)筑物，指北针、测绘日期、调查员及审核员签字。

1. 宗地草图记录的内容

①本宗地号和门牌号，权利人名称和相邻宗地的宗地号、门牌号、权利人名称；

②本宗地界址点，界址点序号及界址线，宗地内地物及宗地外紧靠界址点线的地物等；

③界址边长、界址点与邻近地物的相关距离和条件距离；

④确定宗地界址点位置，界址边长方位所必需的建筑物或构筑物；

⑤概略指北针和比例尺、测绘日期、调查员及审核员签字。

2. 宗地草图的特征

①宗地草图是宗地的原始描述；

②图上数据是实量、实测的，精度高；

③所绘宗地草图是近似的，相邻宗地草图不能拼接。

3. 宗地草图的作用

①宗地草图是地籍资料中的原始资料；

②配合地籍调查表，为测定界址点坐标和制作宗地图提供了初始信息；

③可为界址点的维护、恢复和解决权属纠纷提供依据。

4. 绘制宗地草图的基本要求

数字注记字头向北向西书写；过密的部位可移位放大绘出；应在实地绘制，不得涂改注记数字；有条件的地方用钢尺丈量界址边长和相关边长，并精确至 0.01 m；也可以在测量界址点坐标基础上，计算界址边长。

七、调查底图制作的要求与方法

调查工作底图是指由调查人员利用已有地籍调查成果、航片、卫片以及其他相关图件制作，并用于现场勘查定界的基础工作图，目的是为实地调查提供指导。

工作底图的选择与制作要求：a. 工作底图比例尺宜与测绘制作的地籍图成图比

例尺一致；b. 工作底图的坐标系宜与测绘制作的地籍图成图的坐标系一致；c. 已有土地利用现状图和地籍图等图件可作为调查的工作底图；d. 已有地形图和航空航天正射影像图等图件可作为调查工作底图；e. 无图件的地区，在地籍子区范围内绘制所有宗地的位置关系图形成调查底图；f. 工作底图上应标绘地籍区和地籍子区界线。除 f. 外，工作底图都应该是数字化的，并输出一份纸质的工作底图用于土地权属调查和地形要素的调绘或修补测。

初始地籍调查时，调查人员应当利用地籍调查数据和基本比例尺地形图等资料制作权属调查底图。制作权属调查底图，有基本比例尺地形图资料的，可以直接使用地形图资料；没有的，可以使用数字正射影像图(DOM)为载体，结合市、县(区)、乡(镇、街道)等各级境界与村等土地权属界线，以及已有的土地调查的确权界线，并附以村级以上必要的地名。境界直接使用民政部门的行政勘界成果。

涉及集体所有权宗地调查的，制作的权属调查底图比例尺应不小于 1∶1 万；涉及土地使用权宗地调查的，根据制作底图的基础资料比例尺不同，应当分别制作比例尺为 1∶500 或 1∶2 000 的权属调查底图。

第四节　地籍要素测量

地籍要素指宗地的属性，包括地籍区界线、地籍子区界线、土地权属界址线、界址点、图斑界线、地籍区号、地籍子区号、宗地号(含土地权属类型代码和宗地顺序号)、地类代码、土地权利人名称、坐落地址等。

地籍要素测量主要包括界址点测量和地形要素测量。

一、界址点测量

界址点的测量是地籍测量的核心，实地位置作出明确标志或埋设永久性标志。界址线就是权属界线，包括所有权和使用权的界线。

其中，界址线与行政区界线相重合时，只表示行政区界线，同时在行政区界线上标注土地权属界址点。行政区界线在拐角处不得间断，应在转角处绘出点或线。

1. 界址点测量方法

(1)解析法：利用全站仪、GPS 接收机，实地采集界址点坐标的方法，这种方法是目前城镇界址点测定的主要方法。界址点坐标与界址点间距离量算单位为 m，取值到小数后三位。

(2)图解法：以已测得的大比例尺地形图或地籍图为基础，在图上确定界址点的位置，通过图解量算来确定界址点的坐标。

2. 界址点测量精度要求

界址点测量精度应符合表5-1。

表5-1　　界址点基本精度　　单位：cm

类别	界址点对邻近图根点点位误差		界址点间距允许误差	界址点与邻近地物点关系距离允许误差	使用范围
	中误差	允许误差			
一	±5	±10	±10	±10	城镇街坊外围界址点及街坊内明显的界址点
二	±7.5	±15	±15	±15	城镇街坊内部隐蔽的界址点及村庄内部的界址点

3. 技术要求

①采用全站仪测量界址点，应在三级导线或以上控制点上设站，使用不低于J6级全站仪，用极坐标法测定，并应符合现行行业标准《城市测量规范》的规定。

②采用RTK测量时，其施测方法和技术要求，等同于图根控制测量。

③对街坊内隐蔽地区的界址点，可使用内插、外插、距离交会、直角推算等间接方法，并符合下列要求：距离丈量应使用经检验合格的钢尺丈量2次取中数；用直角推算时，严禁用短边推长边；用距离交会时，条件边不少于3边。

④经权属调查确认的已有界址点，现场核实界标未损坏和移动，经重新测量，坐标差值在允许误差范围内，应使用原界址点坐标成果；如发现界址点有误，应重新测量界址点。

⑤分割、合并与新增的界址点，可用申请者给定的条件计算坐标后，在实地放样埋设界桩。界址点埋设的要求与放样的精度应符合界址点测量的精度要求。

山区范围内困难地区集体土地所有权的界址点可采用图解法，图解界址点组成的界址线应有界址走向描述。

二、地形要素测量

1. 地形要素内容

必要的地形要素包括测量控制点、房屋、道路、水系以及与地籍有关的必要地物、地理名称、等高线与高程点等。

2. 地形要素测量方法

①有近期相应基本比例尺地形图的地区，地形要素可直接采用基本比例尺地形图上的相 关内容，但应对变化的其他地籍要素进行修测。

②有近期相应比例尺航摄像片的地区，地形要素可直接依据影像解译获得，但应满足以下要求：建筑物投影差值大于图上 0.2 mm 时，应进行投影差改正；图上房屋轮廓线应以墙基为准，当屋檐宽度大于图上 0.2 mm 时应加屋檐宽度改正；影像图上没有或被阴影遮蔽的其他地籍要素应进行全野外解析测量。

无相应基本比例尺地形图或正射影像图的地区，应进行全野外解析测量。

第五节　地籍图与宗地图绘制

一、地籍图的内容

地籍图内容主要有地籍要素、数学要素和地形要素、行政区划要素、图廓要素。

1. 地籍要素

地籍要素包括地籍区界线、界址点、界址线、地类号、地籍号、坐落、土地使用者或所有者及土地等级等。

①各级行政界线要素：行政级别从高到低依次为：省级界线、市级界线、县级界线和乡级界线。当按照标准分幅编制地籍图时，在乡(镇、街道办事处)的驻地注记名称外，还应在内外图廓线之间、行政区界线与内图廓线交会处的两边注记乡(镇、街道办事处)的名称。

②界址要素：宗地的界址点、界址线，地籍街坊界线，城乡结合部的集体土地所有权界线。在地籍图上界址点用直径 0.8 mm 的红色圆圈表示，界址线用 0.3 mm 红线表示。

③地籍号：地籍号由区(县)编号、街道(乡、镇)号、街坊号及宗地号组成。在地籍图上宗地号和地类号的注记以分式表示，分子表示宗地号，分母表示地类号。对于跨越图幅的宗地，宗地在不同幅的各部分都须注记宗地号。

④地类：在地籍图上按《土地利用现状分类》体系规定的土地利用类别码注记地类。地籍图上应注记地类的二级分类。

⑤坐落：宗地的坐落有行政区名、道路名(或地名)及门牌号组成。

⑥土地使用者或所有者。

⑦土地等级：对于已经完成土地定级估价的城镇，在地籍图上绘出土地分级界线及相应的土地等级注记。

2. 数学要素

地籍图上应表示的数学要素包括大地坐标系、内外图廓线、坐标格网线及坐标注记、控制点点位及其注记、地籍图比例尺、地籍图分幅索引图、本幅地籍图分幅编号、图名及图廓整饰等内容。

3. 地形要素

地籍图上应表示的地形要素包括建筑物、道路、水系、地貌、土壤植被、注记等。

二、地籍图的比例尺

地籍图比例尺的选择应满足地籍管理的不同需要。我国城镇地区地籍图比例尺一般可选用1∶500~1∶1 000；郊区可选用1∶2 000；城市繁华区域、复杂地区或特殊需要地区可选用1∶500；农村地区可选用1∶5 000和1∶1万的比例尺。其中，农村居民点地籍图可选用1∶1 000或1∶2 000的比例尺。可按表5-2选择城市地籍图比例尺。

表5-2　**城市地籍图比例尺的选用**

地区	比例尺
大城市市区	1∶500
中、小城市市区，大型独立工矿区	1∶500或1∶1 000
郊县城镇、小型独立工矿区	1∶1 000
郊县城镇	1∶2 000

三、地籍图的分类和精度

1. 地籍图的分类

地籍图按所表示的内容可分为基本地籍图和专题地籍图；按城乡差别可分为城镇地籍图和农村地籍图；按用途可分为税收地籍图、产权地籍图和多用途地籍图。

2. 地籍图的精度

地籍原图或地籍电子底图、地籍图精度的检测应满足：

①相邻界址点间距、界址点与邻近地物点距离中误差的绝对值不应大于图上0.3

mm，较差允许误差的绝对值不应大于2倍中误差的绝对值。

②邻近地物点间距中误差的绝对值不应大于图上0.4 mm，较差允许误差的绝对值不应大于2倍中误差的绝对值，在丘陵、山区，中误差可按上述规定放宽1倍。

③地物点点位中误差的绝对值不应大于图上0.5 mm，允许误差的绝对值不应大于2倍中误差的绝对值。

④宗地内部与界址边不相邻的地物点，其点位中误差不应大于图上0.5mm；

四、地籍图的分幅和编号

①1∶50 000的地籍图，以1∶100万国际标准分幅为基础，采用24×24的行列分幅编号。图幅大小为经差15′，纬差10′。

②1∶10 000的地籍图，以1∶100万国际标准分幅为基础，采用96×96的行列分幅编号。图幅大小为经差3′45″，纬差2′30″。

③1∶5 000的地籍图，以1∶100万国际标准分幅为基础，采用192×192的行列分幅编号。图幅大小为经差1′52.5″，纬差1′15″。

④1∶500、1∶1 000、1∶2 000的地籍图可采用正方形分幅(50cm×50cm)或矩形分幅(40cm×50cm)。图幅编号按照图廓西南角坐标公里数编号，*X*坐标在前，*Y*坐标在后，中间用短横线连接。

五、宗地图制作

宗地图内容与地籍图类似，也应突出地籍要素，宗地图应表示本宗地号、地类号、宗地面积、界址点及界址点号、界址边长、邻宗地号及邻宗地界址示意线等内容，并应作为土地证书和宗地档案的附图。

1. 宗地图的内容

①所在图幅号、地籍区(街道)号、街坊号、宗地号、界址点号、利用分类号、土地等级、房屋栋号；

②本宗地用地面积值和实量界址边长或反算的界址边长；

③邻宗地的宗地号及相邻宗地间的界址分隔示意线；

④紧靠宗地的地理名称；

⑤宗地内的建(构)筑物等附着物及宗地外紧靠界址点线的附着物；

⑥本宗地界址点位置、界址线、地形地物的现状、界址点坐标系、权利人名称、用地性质、用地面积、测图日期、测点(放桩)日期、制图日期；

⑦指北方向和比例尺；

⑧为保证宗地图的正确性，宗地图要检查审核，宗地图的制图者、审核者均要在图上签名。

2. 宗地图特性

①宗地图是地籍图的一种附图，是地籍资料的一部分；
②图中数据都是实量得到或实测得到的，精度高且可靠；
③其图形与实地有严密的数学相似关系；
④相邻宗地图可以拼接；
⑤识符齐全，人工和计算机都可方便地对其进行管理。

3. 宗地图作用

①宗地图是土地证上的附图，它通过具有法律手续的土地登记过程的认可，使土地所有者或使用者对土地的使用或拥有感到可靠的法律保证，宗地草图不能做到这一点；
②宗地图是处理土地权属问题的具有法律效力的图件，比宗地草图更能说明问题；
③在变更地籍测绘中通过对这些数据的检核与修改，较快地完成地块的分割与合并等工作，直观地反映了宗地变更的相互关系，也便于日常地籍管理。

4. 宗地图的施测与要求

①宗地图是在分幅地籍图的基础上编制而成，当没有建立基本地籍图的成果资料时，也可按宗地施测宗地图。施测的方法和要求与地籍图是一致的。
②编绘宗地图时，应做到：界址线走向清楚，坐标正确无误，面积准确，四至关系明确，各项注记正确齐全，比例尺适当。
③内图廓长度误差不得大于 0.2 mm，内图廓对角线误差不得大于 0.3 mm；图廓点、控制点和坐标网的展点误差不得超过 0.1 mm，其他解析坐标点的展点误差不得超过 0.2 mm。

第六节 面积量算、地籍簿册建立

一、面积量算方法

面积量算的内容包括宗地面积、地类面积、宗地内建筑占地面积、建筑面积与面积汇总统计。面积量算方法分为解析法和图解法。

1. 解析法

解析法包括坐标解析法和几何图形计算法。

在运用几何图形计算法时，常将一些多边形地块，划分成若干个三角形(或四边形等)分别计算面积，在划分时应注意：a. 所划分的三角形其锐角不能太小，底与高应尽量相等，其底与高之比限制在 1 ∶ 3～3 ∶ 1 之内；b. 应尽量提高短边的测量精度；c. 在实地测量中，一般通过视觉很难决定哪些地块是规则的四边形，只能根据任意四边形面积公式进行计算。

2. 图解法

凡是直接在图上测算面积(无论采用何种工具和方法)，均属于图解法面积量算。图解法量算面积的方法较多，如方格法、格点法、几何图形法、求积仪法等。另外特别指出，当使用数字化采集设备(如数字化仪、数字坐标仪、立体坐标量测仪等)时，在图上或航片上采集被量图形周边各拐点的坐标，然后计算出土地面积，也属于图解法。

二、面积量算要求

对于未采用计算机解析法量算面积的，均应独立进行两次量算。两次量算的较差在限差范围内取中数，两次量算的较差应满足下式：

$$\Delta P \leqslant 0.0003M\sqrt{P}$$

式中：P 为量算面积，m^2；M 为地籍图比例尺分母。

采用实测几何要素解析法时，面积中误差应满足下式：

$$m_P = \pm(0.04\sqrt{P} + 0.003P)$$

式中：P 为面积，m^2。

①采用部分解析法进行地籍测绘时，面积量算应采用坐标法计算每个街坊面积，用街坊面积数控制本街区内宗地面积之和。街坊内各宗地面积之和与街坊面积误差小于 1/200 时，将误差按面积分配到各宗地，得出平差后的各宗地面积。采用实测数据解析法测算的宗地面积，只参加闭合差计算，不参加闭合差的配赋。

②采用图解法进行地籍测绘时，图面量算宜采用二级控制，首先以图幅理论面积为首级控制，图幅内各街坊及其他区块面积和图幅理论面积之差小于允许范围时，将闭合差按比例分配给各街坊及各区块，得出平差后的各街坊及各区块的面积。然后用平差后的各街坊及各区块的面积去控制街坊内丈量的各宗地面积，其相对误差在允许范围内将闭合差按比例分配给各宗地，得出平差后的宗地面积。采用实测数据解析法测算的宗地面积，只参加闭合差计算，不参加闭合差的配赋。

③土地分级量算的限差要求：分区土地面积量算允许误差，按一级控制要求计算。土地利用分类面积量算限差，按二级控制要求计算(求积仪法，图解法，方格法、网点板法、平行线法)。

三、面积汇总统计

整理、汇总的面积才能真正发挥土地信息功能，为土地登记、土地统计提供基础数据。面积计算与汇总的结果均以表格的形式提供，报表的类型包括：

①界址点成果表。内容包括界址点号、坐标，如果外业测有高程，还包括每个界址点的高程。输出范围：宗地、街坊。

②宗地面积计算表。一个宗地的输出，包括界址点号、坐标、边长，以及宗地的建筑物占地面积、建筑面积、建筑密度和建筑容积率。输出范围：宗地、街坊。

③宗地面积汇总表。内容包括地籍号、地类代码、面积。输出范围：街坊、街道。

④地类面积统计表。内容包括输出范围内按土地利用现状分类统计的各类面积及汇总结果。输出范围：街坊、街道、区(县)、市。

面积统计汇总是在全面完成外业调查和内业数据建库工作的基础上，对调查数据进行统计、汇总，形成各级、各类土地调查面积数据成果。通过统计汇总掌握调查区域内土地总面积、各地类面积、分布和权属状况。

面积量算的总体原则是：从整体到局部，层层控制，分级量算，块块检核，逐级汇总，按面积成比例平差。几何要素解析法是将多边形划分为若干个三角形，分别计算面积。

四、地籍数据库的建立

地籍数据库由主体数据库和元数据库组成。主体数据库由空间数据库、非空间数据库组成，元数据库由矢量数据元数据、DOM 元数据、DEM 元数据等组成。数据库的内容主要包括以下方面：

①基础地理信息数据：包括测量控制点、行政区划、等高线、房屋等；

②土地权属数据：包括宗地、界址线、界址点等；

③栅格数据：包括 DEM、DOM、DRG 和其他栅格数据；

④元数据：包括矢量数据元数据、DOM 元数据、DEM 元数据等；

⑤表格、报告文本、扫描文件等其他数据。

第七节　地籍变更测量

地籍变更测量应包括地籍变更调查资料核实、变更界址点测量、变更后宗地图测绘、面积量算与地籍图修测等内容，并应测量分割或合并的宗地的地籍要素。

一、变更地籍调查流程

变更地籍调查包括变更权属调查和变更地籍测绘。变更测量前，应先进行变更权属调查。进行变更权属调查与测量前，应准备下列资料：a. 变更土地登记或房地产登记申请书；b. 原有地籍图和宗地图的复制件；c. 本宗地及邻宗地的原有地籍调查表的复制件，包括宗地草图；d. 有关界址点坐标；e. 必要的变更数据的准备；f. 变更地籍调查表；g. 本宗地附近测量控制点成果；h. 变更地籍调查通知书。

二、宗地变更后的编号

①宗地分割或合并后，原宗地号不应再用；

②分割后的各宗地以原编号的支号顺序编列；数宗地合并后的宗地号应以原宗地号中的最小宗地号加支号表示；如18号宗地分割成三块宗地，分割后的编号分别为18-1，18-2，18-3；如18-2号宗地再分割成2宗地，则编号为18-4，18-5；如18-4号宗地与10号宗地合并，则编号为10-1，如18-5号宗地与25号宗地合并，则编号为18-6。

③宗地合并后，应对新宗地的界址点进行统一编号，并应备注相应点的原有编号。

三、宗地变更权属状况调查

变更权属调查是指调查人员接收到土地登记人员初审的变更土地登记或初始土地登记申请文件后，会同土地权利人在现场对宗地权属状况和界址的变化进行调查核实，并在现场重新标定土地权属界址点，绘制宗地草图，调查土地用途，填写变更地籍调查表等工作。

变更权属调查的基本单元是宗地。其基本过程是指界、界址线的设定、确定争议区和争议界、设定界址点、界址点的编号要求、编制宗地号、填写地籍调查表、绘制宗地草图。

四、变更地籍测绘的特点及准备工作

1. 变更地籍测绘的特点

①区域分散、范围小。变更地籍测绘利用原界址点或控制点作为控制，利用原地籍图作为基础图件。

②变更地籍测绘精度要求高。变更地籍测绘精度应不低于变更前地籍测绘精度。

③变更地籍测绘任务急。

2. 变更地籍测绘的准备工作

(1)资料准备

进行变更地籍测绘前准备下述主要资料：a. 原有地籍图和宗地图的复制件；b. 本宗地及邻宗地的变更地籍调查表及原有地籍调查表的复制件(包括宗地草图)；c. 有关界址点坐标数据；d. 必要的变更数据准备，如宗地分割放样元素的计算；e. 本宗地附近测量控制点成果等。

(2)制定技术方案

变更地籍测绘技术方案内容包括：控制点利用及检查恢复界址点方案，新增界址点放样元素计算方法、新增界址点放样方案、界址点测量方案、宗地内部地物地类测量方案、面积计算方法，宗地图绘制方法、地籍图修编及地籍测绘成果变更方案。

五、变更地籍测绘的分类

变更地籍测绘包括界址未发生变化的变更地籍测绘、界址发生变化的变更地籍测绘及新增宗地变更地籍测绘三种情况。

1. 界址未发生变化宗地的变更地籍测绘

①当宗地内新建建筑物、拆迁建筑物等地形要素发生较大变化时需进行地形要素变更测量。

②当土地权利人或国家行政管理部门要求对宗地界址点坐标进行精确测量或精确测算宗地面积时，应重新进行地籍要素测量。

2. 界址发生变化宗地的变更地籍测绘

①宗地分割时，测量人员应依变更权属调查提供的资料及原地籍调查成果，准备相应的放样数据，现场放样分割界址点，并设立界标，然后用解析法或图解法测量新增界址点的坐标。

②宗地合并不重新增设界址点的，除特殊需要外，原则上不进行变更地籍测绘，可直接利用原测量结果。当权利人提出重新进行地籍测绘时，应按照地籍测绘有关技术要求重新进行变更地籍测绘。

③如变更宗地已进行了建设用地勘测定界且成果符合地籍测绘有关技术要求的，可直接引用工程竣工图和勘测定界图的测量成果。

④由变更引起的邻宗变化也应进行测量。

⑤变更宗地内地形地物发生变化、土地利用现状发生变化的，要同时进行地形地物和地类图斑界的测量。

⑥变更地籍测绘后，应对所测成果进行实地检查(包括精度和遗缺检查)、内业面积计算、数据一致性检查等，并提交检查结果报告。如果检查不合格，应进行补测

或重新测量。

⑦原初始测量资料与变更测量成果不符时的处理方法。包括：a. 原初始测量成果与本次变更测量成果差值如不超限，则采用原初始测量成果。b. 本次变更测量成果错误，重新进行变更测量后再分析判断。c. 原初始测量成果错误，以本次变更测量成果为准。d. 原初始测量成果正确，但因以下原因造成原初始测量成果与本次变更测量成果不符的，需在地籍测绘记事栏中注明，需要图形说明的，必须测绘现状图：相关宗地合法变更后，相关宗地使用者未及时申请变更登记；因政府部门重复规划、划拨、出让；因相关宗地使用者非法超占使用土地。

⑧填写变更地籍测绘说明。内容包括：变更地籍测绘前控制点和界址点的检查情况及检查的精度分析；变更地籍测绘的方法、比例尺和精度，变更地籍测绘成果与原地籍资料不一致的情况说明；面积量算的方法及精度分析，面积分摊的原理及方法，面积量算成果与原地籍资料的面积数据的差异等。

⑨变更地籍测绘之后应形成新的宗地图和地籍测绘成果图。

六、测量成果资料的变更

1. 宗地面积变更

①变更地籍测绘宗地面积应在充分利用原成果资料的基础上，采取高精度代替低精度的原则，即用精度较高的面积值取代精度低的面积值。属原面积计算有误的，在确认重新量算的面积值正确后，须以新面积值取代原面积值。

②对宗地分割的宗地面积变更，如变更后宗地面积之和与原宗地面积的差值满足规定限差要求，将差值按分割宗地面积比例配赋到变更后的宗地面积，如差值超限，则应查明原因，并取正确值。

2. 地籍图及宗地图变更

为保证地籍图的现势性，当在一幅图内或一个街坊内宗地变更面积超过 1/2 时，应对该图幅或街坊进行基本地籍图的重新测量。新旧地籍图一起归档。宗地图是土地证的附图，不论变更宗地的界址是否发生变化，都必须重新绘制新的宗地图。其他资料变更包括界址点坐标册变更、面积汇总表及统计表变更、相邻宗地变更等。

第八节　地籍测绘成果整理、归档与检验

一、地籍测绘成果整理要求

地籍测绘成果整理应符合下列要求：

①地籍测绘成果的图件部分各项内容应齐全，图面整饰应美观；控制网展点网图、地籍图分隔接合表的图幅不宜小于500 mm× 500 mm；

②文字总结、报告等图件以外的其他成果，应按其所属类别，分别装订成册；

③装订成册的成果资料应加具封面；封面应注明本项成果的名称；同一项成果分为若干册的，应进行顺序编号，封面应注明本册成果资料的内容范围；

④涉及街道、街坊、宗地编号的成果装订成册时，同一类别的成果资料应按街道、街坊、宗地编号的顺序进行编列，同一册中应保持街坊内资料的完整性；

⑤成果的数据文件应注明所属内容、范围和测绘时间。

二、地籍测绘主要成果及成果档案的编号

1. 地籍测绘主要成果

地籍测绘结束后，应提交成果：

①文字成果应包括技术设计、技术总结、工作总结、土地利用分类统计分析报告、检查报告及验收报告等；

②图件成果应包括各等级控制网展点网图、点之记、原始观测记录、平差计算资料及成果表，仪器检定资料，包含街道、街坊分区示意图等的地籍索引图，地籍图及其分幅接合表，界址点坐标、面积计算成果表；

③面积量算成果应包括以街坊为单位，以宗地为单元的面积量算表，以街坊为单位的宗地面积汇总表，以街道为单位的街坊面积汇总表，以区、街道为单位的城镇土地分类面积统计表，以区、街道为单位的国有、集体土地面积统计表；

④数据成果应提交相应格式的数据文件。

2. 地籍测绘成果档案编号

地籍测绘成果档案的编号按省为单位，由市、县代号、类目代号和案卷顺序号组成。

三、地籍测绘成果检查的内容与方法

1. 地籍测绘成果检查内容

①地籍控制测量成果应检查的内容：控制网等级选择是否适当，起算数据是否准确；控制网布设、点位密度是否适当；控制网施测方法是否正确；数据处理方法是否符合要求；观测记录和成果数据是否齐全。

②地籍要素测量应检查测量方法是否正确，测量内容、手簿及各项精度是否符合要求。

③地籍图应检查下列内容：数学精度是否符合有关技术要求(包括数学基础、平面位置精度)；图示使用是否正确，各种注记、编码有无遗漏，图面整饰是否清晰完善；图幅间接边是否合理、有无不接现象及逻辑错误；界址点、地物点点位精度、邻近点精度是否符合规程要求；地籍要素分类代码是否正确。

④宗地图应检查内容是否齐全，有无错漏，图式使用是否正确，各种注记、编码有无遗漏，图面整饰是否清晰完善。

⑤面积量算及统计汇总应检查的内容：面积量算方法是否正确，数据计算是否正确；汇总统计表格是否齐全，数据是否正确；表内的纵向、横向数据是否平衡；表间的衔接是否严密；表间逻辑关系是否正确。

⑥在室内全面检查的基础上，应进行实地核实和检测，检查应包括的内容：界址点、界址线位置是否正确、有无遗漏，界址点标志设置是否规范；建筑物结构、层次是否正确；地物要素有无遗漏，取舍是否恰当；界址点坐标、界址点间距、界址点与邻近地物点间距、地物点相邻间距等实地检测精度是否符合要求；各点位精度是否符合要求；图上数据与实地测量数据之差是否符合要求。

2. 检查方法

外业随机抽取界址点、地物点按有关要求进行测量，并与已有坐标进行比较，按以下公式计算点位中误差。

$$m_{中} = \pm\sqrt{\frac{\sum \Delta P^2}{n}},$$

式中：$\Delta P = \sqrt{(X_{测} - X_{原})^2 + (Y_{测} - Y_{原})^2}$；$m_{中}$为平面点位中误差；$n$为样本抽取数量；$X_{测}$、$Y_{测}$为检测的$X$、$Y$值；$X_{原}$、$Y_{原}$为成果的$X$、$Y$值。

模拟试题汇编及参考答案

模拟试题汇编

一、单项选择题(共96题，每题的备选选项中，只有一项最符合题意)。

1. 我国地籍管理的研究体系的主体内容是(　　)和土地登记。

A. 土地权属调查　　B. 地籍测绘

C. 土地统计　　D. 地籍档案与信息管理

2. (　　)是土地登记的基础工作，其资料成果经土地登记后具有法律效果。

A. 土地登记　　B. 地籍测绘

C. 地籍调查　　D. 土地权属调查

3. 土地用途调查时，调查人员要核实土地的(　　)和实际利用用途的一致性。

A. 原用途　　B. 批准用途

C. 申请书上填写用途　　D. 土地转变用途

4. 在地籍控制测量中，平面控制点等级包括(　　)。

A. 二、三、四等，一、二等　　B. 二、三、四等，一、二级和图根

C. 二、三、四等，一、二、三级　　D. 二、三、四等，一、二、三级和图根

5. 地籍平面控制测量中，二、三、四等平面控制宜采用(　　)方法。

A. 三角测量　　B. 导线测量

C. 卫星定位动态测量　　D. 卫星定位静态测量

6. 下列工作内容不属于地籍测绘基本工作的是(　　)。

A. 地籍控制测量　　B. 行政界线界址点坐标测定

C. 界址调查　　D. 宗地图制作

7. 地籍图的精度要求相邻界址点间距、界址点与邻近地物点距离中误差的绝对值不应大于图上(　　)mm。

A. 0.3　　B. 0.4

C. 0.5　　D. 0.6

8. 地籍调查通常分为(　　)两类。

A. 权属调查和地籍测绘　　B. 权属调查和地类调查

C. 地籍总调查和日常地籍调查　　D. 土地调查和房产调查

9. 下列要素中，不属于地籍要素的是(　　)。

A. 宗地号　　B. 测量控制点

C. 土地利用类型　　D. 宗地坐落

10. 当采用图解法进行地籍测绘时，土地面积量算以(　　)面积为首级控制。

A. 宗地　　B. 图幅

C. 街坊或村　　D. 街道

11. 地籍调查的基本单元是(　　)。

A. 地块　　B. 宗地

C. 图斑　　D. 丘

12. 土地面积汇总统计以(　　)土地调查成果为基础开展。

A. 图幅　　B. 街坊

C. 街道　　D. 县级

13. 变更地籍测绘精度应(　　)变更前地籍测绘精度。

A. 低于　　B. 等于

C. 不低于　　D. 不高于

14. 采用实测数据解析法测算宗地面积时，应(　　)。

A. 参加闭合差计算并进行闭合差配赋

B. 只参加闭合差计算，不参加闭合差配赋

C. 在允许范围内按比例分配误差给各宗地

D. 不参加闭合差计算及闭合差配赋

15. 地籍测绘一级控制点的精度要求最弱点的点位中误差不得超过(　　)cm。

A. 2　　B. 5

C. 7　　D. 10

16. 地籍测绘成果中，某界址点相对于邻近图根控制点的允许误差为±15 cm，则该界址点为(　　)类界址点。

A. 一　　B. 二

C. 三　　D. 四

17. 变更权属调查过程中，某地块区域内有2宗地，宗地号分别为35、36，由于界址发生变化，则续编后的宗地号是(　　)。

A. 35　　B. 36

C. 37　　D. 35-1

18. 实地测绘1∶2 000比例尺地籍图时，相邻地物点的间距中误差不得大于(　　)m。

A. ±0.4　　B. ±0.6

C. ±0.8　　D. ±1.0

19. 地籍图上一类界址点相对于邻近图根点的点位中误差不得超过(　　)cm。

A. ±5　　B. ±7.5

C. ±10　　D. ±15

20. 地籍管理的内容包括土地调查、土地登记、土地统计、土地分等定级估价、(　　)等。

A. 地籍档案建立　　B. 地籍图测绘

C. 界址点测定　　D. 宗地图测绘

21. 地籍面积量算中，下列方法中，属于解析法量算面积的是(　　)。

A. 坐标法　　B. 方格法

C. 几何图形法　　D. 求积仪法

22. 为保证地籍图的现势性，当一幅图内或一个街坊宗地变更面积超过(　　)时，应对该图幅街坊基本地籍图的更新测量，重新测绘地籍图。

A. 1/5　　B. 1/4

C. 1/3　　D. 1/2

23. 土地勘测定界工作中，应按(　　)调查并标注地类。

A. 一级分类　　B. 二级分类

C. 三级分类　　D. 实际需要

24. 地籍调查作业单位质量管理机构组织的对成果质量进行检查称为(　　)。

A. 自检　　B. 互检

C. 专检　　D. 内部初验

25. 地籍图一般采用(　　)形式进行表示。

A. 分幅图　　B. 拼接图

C. 诸分图　　D. 主附图

26. 1∶5 000 地籍图幅面规格通常采用(　　)。

A. 40 cm×50 cm　　B. 50 cm×50 cm

C. 国际标准分幅　　D. 自由分幅

27. 宗地图是以宗地为单位编绘的地籍图，其比例尺一般是(　　)。

A. 1∶200　　B. 1∶500

C. 1∶100　　D. 适当比例尺

28. 地籍图根控制可采用 GPS 快速静态测量模式施测，其非同步观测基线构成多边形闭合环(或附合路线)，每一闭合环(或附合路线)边数不超过(　　)条。

A. 6　　B. 10

C. 15　　D. 4

29. 宗地图上的界址点通常采用(　　)表示。

A. 0.8 mm 直径的小圆圈　　B. 0.5 mm 直径的小圆圈

C. 0.3 mm 直径的小圆圈　　D. 1 mm 边长的正方形

30. 在地籍图上一般不用注记的地籍号是(　　)。

A. 区县编号　　B. 街道号

C. 街坊号　　D. 宗地号

31. (　　)是土地证书的附图，是处理土地权属问题时具有法律效力的图件。

A. 地籍图　　B. 宗地图

C. 宗地草图　　D. 房产图

32. 地籍总调查成果的验收工作是由(　　)组织实施。

A. 省级测绘行政主管部门　　B. 省级国土资源主管部门

C. 省级建设规划主管部门　　D. 市级以上国土资源主管部门

33. 集体土地所有权调查时，其地籍图的基本比例尺为(　　)。

A. 1∶500　　B. 1∶1 000

C. 1∶1 万　　D. 1∶5 万

34. 地籍测绘成果中输出范围为地籍子区、地籍区、区(县)、市的是(　　)。

A. 界址点成果表　　B. 宗地面积计算表

C. 宗地面积汇总表　　D. 地类面积统计表

35. 某宗地的宗地代码为 469035007002GB00092，则该宗地的土地权属类型是(　　)。

A. 国有土地建设用地使用权(地表)

B. 国有土地建设用地使用权(地上)

C. 集体土地所有权

D. 农村宅基地使用权

36. 采用解析法获取土地使用权明显界址点相对于邻近控制点的点位允许误差不得超过(　　)cm。

A. ±5　　B. ±7.5

C. ±10.0　　D. ±15.0

37. 荒漠、高原、山地、隐蔽地区测绘地籍图时，图上邻近地物点的间距中误差最大值是(　　)mm。

A. ±0.3　　B. ±0.4

C. ±0.5　　D. ±0.6

38. 下列关于地籍图上地籍要素的表示，说法错误的是(　　)。

A. 对于集体土地所有权宗地，只注记宗地号

B. 宗地面积太小注记不下时，允许移注在空白处并以指示线标明

C. 宗地的坐落地址可选择性注记

D. 个人用地的土地使用权名称必须注记

39. 地籍图表示，对于集体土地所有权宗地，必须注记(　　)。

A. 地类代码　　B. 宗地号

C. 宗地坐落地址　　D. 土地级别

40. 为便于检索和使用，地籍调查工作结束后，应以(　　)为单位编辑地籍索引图。

A. 村级　　B. 乡镇级

C. 县级　　D. 街坊

41. 地籍总调查成果实行(　　)制度。

A. 三级检查、一级验收　　B. 二级检查、一级验收

C. 二级检查、二级验收　　D. 三级检查、二级验收

42. 下列工作内容中，不属于日常地籍测量内容的是(　　)。

A. 界址检查　　B. 界址点放样

C. 宗地面积计算　　D. 土地权属调查

43. 根据规范规定，二等地籍平面控制测量不能采用的测量方法是(　　)。

A. 导线测量　　B. GPS 测量

C. 三角测量　　D. 边角组合测量

44 地籍控制测量中，布设图根导线时，当导线长度小于允许长度(　　)时，导线闭合差限定在±13 cm 以内。

A. 1/2　　B. 1/3

C. 1/4　　D. 1/5

45. 某 1 : 1 000 比例尺地籍测绘项目，按现行的《地籍调查规程》规定，实地量测时地物点相对于邻近控制点的点位误差允许值最大为(　　)m。

A. 0.5　　B. 0.6

C. 0.8　　D. 1.0

46. 土地权属调查中宗地代码采用层次码结构组成，其中第四层次是(　　)。

A. 地籍子区　　B. 地籍区

C. 土地权属类型　　D. 宗地顺序号

47. 土地权属调查中宗地代码采用层次码结构组成，其中宗地特征码“A”所指的是(　　)。

A. 集体土地所有权宗地　　B. 建设用地使用权宗地

C. 宅基地使用权宗地　　D. 使用权未确定或有争议的土地

48. 地籍要素测量，一般不选用的测量方法是(　　)。

A. 极坐标法　　B. 图解法

C. 直角坐标法　　D. 航空摄影测量

49. 16-1 号宗地与 15 号及 32 号宗地合并，则合并后的宗地号为(　　)。

A. 16-2　　B. 16-1-1

C. 15-1　　D. 32-1

50. 编号为 8 的宗地分割为 8-1、8-2 两块宗地，其中 8-2 号宗地再次分为三宗地，则其中编号数字最小的宗地号为(　　)。

A. 8-2-1　　B. 8-3-1

C. 8-2-3　　D. 8-3

51. 土地勘测定界时，界址点放样的点位中误差应控制在(　　)cm 内。

A. ±5　　B. ±10

C. ±15　　D. ±20

52. 土地勘测定界时，界址点间距超过(　　)m 时，应加设界址桩。

A. 100　　B. 150

C. 200　　D. 250

53. 某测量员利用现有的 1∶2 000 地籍图，使用图解法两次独立量算某地块的面积值分别为 906.6 m^2、900.4 m^2，则该地块最后的面积值应为(　　)m^2。

A. 903.5　　B. 906.6

C. 900.4　　D. 量算值超限，应重新量测

54. 在利用 GPS-RTK 进行地籍图根控制测量时。对每个图根控制点均应独立测定两次，两次测定图根点坐标的点位互差不应大于(　　)cm。

A. ±2　　B. ±3

C. ±10　　D. ±5

55. 埋设界桩时，界址位置在永久性明显地物上(如房角、墙角等)的，可采用(　　)。

A. 石头界址桩　　B. 喷漆界址桩

C. 混凝土界址桩　　D. 带帽钢钉界址桩

56. 地籍平面控制点相对于起算点的点位中误差不超过(　　)cm。

A. ±3　　B. ±5

C. ±7.5　　D. ±10

57. 地籍图上相邻地物点之间的间距中误差不应超过(　　)mm。

A. ±0.2　　B. ±0.3

C. ±0.4　　D. ±0.5

58. 城镇地区进行地籍测量，地籍图比例尺可选用(　　)。

A. 1∶500~1∶1 000　　B. 1∶2 000

C. 1∶5 000~1∶10 000　　D. 1∶1000~1∶2 000

59. 城镇地区城区地籍控制点的密度一般为每隔(　　)m一点。

A. 100~200　　B. 200~400

C. 400~500　　D. 500~600

60. 地籍测量控制点均应埋设固定标志，有条件时宜设置保护点，保护点个数不少于(　　)。

A. 1　　B. 2

C. 3　　D. 4

61. 地籍平面控制测量三等三角测量的三角形最大闭合差是(　　)。

A. ±1.0″　　B. ±3.5″

C. ±7.0″　　D. ±9.0″

62. 现行的《地籍测绘规范》规定，二级导线长度不得超过(　　)km。

A. 15　　B. 3.6

C. 2.4　　D. 10

63. 在地籍控制测量时，布设的GPS网点与原有控制网的高级点重合应不少于(　　)个。

A. 2个　　B. 3个

C. 4个　　D. 不需要与原有控制网的高级点重合

64. 在坚硬的路面或地面上的界址点一般应埋设的界标类型是(　　)。

A. 混凝土界址界标　　B. 带铝帽的钢钉界址界标

C. 喷漆界址标志　　D. 带塑料套的钢筋界址界标

65. 下列内容中，不属于在工作底图上绘制土地权属界线附图应表示的是(　　)。

A. 土地权利人及相关权利人的名称　　B. 宗地代码

C. 重要的地理名称　　D. 邻近界线的地类符号

66. 根据界址点精度要求，困难地区隐蔽界址点，相邻界址点间距允许误差不超过(　　)。

A. ±5 cm　　B. ±7.5 cm

C. ±10 cm　　D. ±15 cm

67. 根据规范规定，同号三立或同号双立的界桩、界碑在图上不能按实际位置绘出时，用(　　)按实地关系位置绘出，并注出各自的编号。

A. 空心小圆圈　　B. 实心小圆圈

C. 0.3 mm 粗线　　D. 0.8 mm 粗线

68. 下列有关宗地的设立说法正确的是(　　)。

A. 在地籍子区内，划分国有土地所有权宗地和集体土地所有权宗地

B. 两个或两个以上农民集体共同所有的地块，应设为共有宗

C. 两个或两个以上权利人共同使用的地块，应设为共有宗

D. 土地权属有争议的地块可设为一宗地

69. 地籍原图或地籍电子图进行质量检测时，要求宗地内部与界址边不相邻的地物点，其点位中误差不应大于图上(　　)mm。

A. 0.2　　B. 0.3

C. 0.4　　D. 0.5

70. 下列关于宗地草图的说法，错误的是(　　)。

A. 宗地草图描述了宗地位置、界址点、线和相邻宗地关系

B. 宗地草图图形与实地有严密的数学相似关系，应在现场绘制

C. 宗地草图是地籍图的一种附图，是处理土地权属的原始资料

D. 宗地草图中的边长数据可以通过图解转化得到

71. 变更前后均为解析法量算的宗地面积，如原界址点坐标或界址点间距满足精度要求，则该宗地面积(　　)。

A. 按变更后面积计算　　B. 保持原面积不变

C. 取前后的均值　　D. 取加权平均值

72. 某地籍测绘成果资料中出现某点编号“351392648-4-00126”，其中“4”代表的是(　　)。

A. 水准点　　B. 界址点

C. 建筑物角点　　D. 高级地形控制点

73. 土地面积汇总是以(　　)为单位按土地利用类别进行。

A. 图幅　　B. 街坊

C. 街道　　D. 县级行政区

74. 某 100 m^2 的宗地进行面积量算时，采用实测几何要素解析法，则该宗地面积中误差是(　　)m^2。

A. ±0.1　　B. ±0.3

C. ±0.4　　D. ±0.7

75. 地籍图比例尺的选择应满足地籍管理的不同需要，城市地籍图中郊县村镇地区应选用(　　)。

A. 1∶500　　B. 1∶1 000

C. 1∶2 000　　D. 1∶5 000

76. 地籍调查过程中，按我国现行土地利用分类，编码 011 代表的是(　　)。

A. 水田　　B. 果园

C. 有林地　　D. 天然牧草地

77. 地籍调查过程结束后，准备组织质量验收，若发现实地界址点设定不正确比例超过(　　)的，应评定为不合格，不予以验收，退回整理后再申请验收。

A. 3%　　B. 5%

C. 10%　　D. 2%

78. 地籍测量中，采用电磁波测距图根导线的总长可放宽 50%，但导线全长闭合差应(　　)m 以内。

A. ±0. 12　　B. ±0. 13

C. ±0. 22　　D. ±0. 26

79. 地籍测量中，二类界址点对邻近图根点点位中误差(　　)cm。

A. ±3　　B. ±5

C. ±7. 5　　D. ±10

80. 地籍控制测量埋石点个数应根据测区的实际情况确定，每幅 1∶500 分幅地籍图内至少要有(　　)个埋石点。

A. 3　　B. 4

C. 6　　D. 9

81.《城镇地籍调查规程》规定，解析法和勘丈法测定城镇街坊外围界址点及街坊内明显的界址点位置时，界址点间距允许误差、界址点与邻近地物点距离允许误差为(　　)cm。

A. ±10　　B. ±5

C. ±7. 5　　D. ±15

82. 对于城镇街坊外围界址点及街坊内明显的界址点，其检查距离与原勘测距离较差允许误差为(　　)cm。

A. ±7. 5　　B. ±10

C. ±5　　D. ±15

83. 地籍铅笔原图的基本精度要求是，相邻界址点间距，界址点与邻近地物点关系距离的中误差应控制在图上(　　)mm 内。

A. ±0. 4　　B. ±0. 3

C. ±0. 5　　D. ±0. 7

84. 现行《地籍调查规程》规定，界址点相对于邻近地物点的间距误差，在图上允许误差为(　　)mm。

A. 0. 4　　B. 0. 6

C. 0. 8　　D. 1. 0

85. 为检查地籍图图面精度，利用实地丈量一组相邻界址点的距离，并与相应的图解距离比较，实测距离与图解距离允许误差的绝对值应不大于(　　)mm。

A. 0. 3　　B. 0. 4

C. 0. 6　　D. 0. 8

86. 某宗地编码为150204003005GS00037，该宗地为(　　)。

A. 集体建设用地使用权宗地

B. 宅基地使用权宗地

C. 国家建设用地使用权宗地(地上)

D. 国有建设用地使用权(地下)

87. 地籍调查过程中，土地使用权调查，其地籍图基本比例尺为(　　)。

A. 1∶1 000　　B. 1∶2 000

C. 1∶500　　D. 1∶5 000

88. 地籍测量过程中，首级高程控制网最弱点高程中误差相对于起算点不大于(　　)cm。

A. ±2.0　　B. ±2.5

C. ±5.0　　D. ±1.0

89. 进行权属调查时，如一方指界人违约缺席指界，其宗地界线应(　　)为准确定。

A. 根据土地权属来源资料及另一方所指界线

B. 由调查人员根据土地权属来源资料、实际使用现状及地方习惯

C. 其宗地界线权属调查人员认定的

D. 暂不确定界线，等双方下次都到时再确定

90. 同一所有者的集体土地被铁路分割时，应(　　)。

A. 保持一宗地　　B. 分别划分宗地

C. 请示上级地籍部门　　D. 搁浅放置

91. 土地利用现状图上耕地、园地的最小图斑面积为(　　)mm^2。

A. 4　　B. 6

C. 8　　D. 15

92. 同一街道、街坊、宗地被两幅以上分幅的地籍图分割时，应(　　)。

A. 分别进行编号并注记

B. 根据需要分别注记或注记同一地籍号

C. 注记同一地籍号

D. 街道、街坊注记同一地籍号，宗地分别编号

93. 下列地籍要素中，不需要在地籍图上标注的是(　　)。

A. 地类号　　B. 宗地号

C. 宗地面积　　D. 街坊号

94. 在地籍图上地籍号以分式表示，其中分母表示(　　)。

A. 地类号　　B. 宗地号

C. 宗地面积　　D. 界址点号

95. 已知某幅1∶500(50cm×50cm)比例尺地籍图上共有4个区块，图上量算分别为684 cm^2、780 cm^2、579 cm^2和452 cm^2，则其图幅面积闭合差绝对值为

(　　)cm^2。

A. 6　　B. 5

C. 4　　D. 3

二、多项选择题(共36题，每题的备选选项中，有2项或2项以上符合题意，至少有1项是错项)。

1. 地籍调查的主要工作内容有(　　)。

A. 土地权属调查　　B. 地籍测绘

C. 数据库建设　　D. 地籍数据更新

E. 土地登记

2. 完整的地籍图要求，地籍要素应包括(　　)。

A. 土地利用总体规划的相关要素　　B. 各类各级界线、宗地界址点线

C. 地籍号注记、宗地坐落　　D. 土地利用分类代码、土地等级

E. 土地权属主名称

3. 根据现行土地使用制度，我国的土地权属性质主要有(　　)。

A. 国有土地所有权　　B. 国有土地使用权

C. 集体土地所有权　　D. 集体土地使用权

E. 个人所有权

4. 地籍测绘成果中宗地面积计算表的输出范围有(　　)。

A. 宗地　　B. 街坊

C. 街道　　D. 区(县)

E. 市

5. 地籍图的主要内容有(　　)。

A. 地籍要素　　B. 数学要素

C. 地形要素　　D. 地理要素

E. 辅助要素

6. 下列内容属于土地权属调查内容范畴的是(　　)。

A. 土地权属状况和界址　　B. 绘制宗地图

C. 填写地籍调查表　　D. 签订土地权属界线协议书

E. 填写土地权属争议原由书

7. 在地籍图中，下列内容中属于地籍要素的有(　　)。

A. 土地的编号　　B. 土地的利用类别

C. 地理名称　　D. 房屋、道路、水系

E. 土地的面积

8. 宗地图是描述(　　)的图件。

A. 宗地位置　　B. 界址点、线

C. 测量坐标　　D. 相邻宗地关系

E. 宗地地价

9. 地籍测量中几何图形计算法主要用于计算(　　)。

A. 宗地面积　　B. 地类面积

C. 宗地内建筑占地面积　　D. 建筑面积量算

E. 面积汇总

10. 变更地籍测量技术方案的主要内容包括(　　)。

A. 地籍图测绘方法　　B. 面积计算方法

C. 界址点测量方案　　D. 宗地内部地物地类测量方案

E. 宗地图绘制方法

11. 面积计算与汇总结果均以表格的形式提供，其中宗地面积计算表的内容包括(　　)。

A. 建筑密度　　B. 地籍号

C. 建筑容积率　　D. 界址点边长

E. 宗地的建筑占地面积

12. 变更权属调查的主要内容有(　　)。

A. 发送变更地籍调查通知　　B. 宗地权属状况调查

C. 填写变更地籍调查表　　D. 勘丈或修改宗地草图

E. 测绘地籍图

13. 地籍图按照用途可分为(　　)。

A. 税收地籍图　　B. 专题地籍图

C. 产权地籍图　　D. 基本地籍图

E. 多用途地籍图

14. 地籍测绘的主要内容包括(　　)。

A. 土地权属调查　　B. 地籍要素测绘

C. 界址确认　　D. 平面控制测量

E. 动态监测与更新

15. 目前，测制地籍图多采用数字测量的方法，包括(　　)。

A. 内外业一体化成图　　B. 数字摄影测量成图

C. 野外平板仪测绘　　D. 编绘法成图

E. 装绘法成图

16. 地籍图比例尺的选择应满足地籍管理的不同需要，农村居民点地籍图的比例尺可以选用(　　)。

A. 1∶500　　B. 1∶1 000

C. 1∶2 000　　D. 1∶5 000

E. 1∶10 000

17. 我国土地面积汇总统计实行(　　)等级别。

A. 乡镇　　B. 县

C. 市　　D. 省

E. 全国

18. 地籍数据库主要由(　　)组成。

A. 主体数据库　　B. 土地权属数据

C. 栅格数据　　D. 元数据库

E. 表格、数据文本

19. 在开展地籍测绘工作之前，核实权属调查资料的主要工作包括(　　)。

A. 查询测区范围内已有的控制测量成果

B. 接受各类权属调查原始资料

C. 核实宗地界址点编号的正确性、境界资料

D. 核实房屋单元划分与编号的正确性

E. 查对各类行政境界

20. 地籍调查表的主要内容包括(　　)。

A. 土地使用者名称　　B. 界址调查记录

C. 土地地质情况　　D. 宗地地貌形态

E. 土地坐落、权属性质、宗地四至

21. 地籍图上应表示的地形地物要素包括(　　)。

A. 建筑物　　B. 道路

C. 水系　　D. 等高线

E. 注记

22. 地籍测绘工作结束后，应提交的测绘成果资料有(　　)。

A. 土地利用分类统计分析报告　　B. 各等级控制网展点网图

C. 宗地关系草图　　D. 街坊划分示意图

E. 相应格式的测量数据文件

23. 下列要素中，属于地籍图应表示的数学要素有(　　)。

A. 地籍号　　B. 地籍图比例尺

C. 控制点点位　　D. 地类号

E. 各类注记

24. 进行变更权属调查与测量前，应准备的主要资料有(　　)。

A. 变更土地登记或房地产登记申请书

B. 原宗地图和地籍图原件

C. 变更地籍调查表

D. 所有的变更数据的准备

E. 变更地籍调查通知书

25. 按现行地籍测绘规范，街坊外围界址点坐标测量的方法包括(　　)。

A. 全站仪法　　B. 数字摄影测量法

C. 图面图解法　　D. 皮尺量边测算法

E. RTK 测量法

26. 土地使用权调查中，村庄用地、采矿用地、风景名胜设施用地等区域可采用(　　)地籍图。

A. 1∶500　　B. 1∶1 000

C. 1∶2 000　　D. 1∶5 000

E. 1∶10 000

27. 地籍总调查的工作内容主要有(　　)。

A. 土地权属调查　　B. 绘制宗地图

C. 地籍测量　　D. 现场拍照

E. 数据库与地籍信息系统建设

28. 变更权属调查的主要内容包括(　　)。

A. 发送变更地籍调查通知　　B. 宗地权属状况调查

C. 填写变更地籍调查表　　D. 勘丈或修改宗地草图

E. 测绘地籍图

29. 现行规范规定，地籍调查的主要内容有(　　)。

A. 土地权属调查　　B. 地籍测量

C. 土地登记　　D. 土地统计

E. 数据库与地籍信息系统建设

30. 现行规范规定，地籍测量的主要内容有(　　)。

A. 土地权属调查　　B. 界址点测量

C. 绘制地籍图　　D. 面积量算

E. 绘制宗地图

31. 下列内容中，属于地籍调查基本内容的是(　　)。

A. 地块权属　　B. 土地利用类别

C. 土地等级　　D. 房屋用地调查

E. 建筑物状况

32. 现行规范规定，土地权属状况调查内容主要有(　　)。

A. 土地权利人　　B. 土地权属性质及来源

C. 土地位置　　D. 土地价格

E. 土地的共有共用、土地权利限制等情况

33. 地籍数据库土地权属数据主要包括(　　)。

A. 宗地的权属　　B. 宗地的位置

C. 宗地的界址　　D. 宗地的面积

E. 行政区图斑的权属

34. 下列内容中，属于工作底图上绘制土地权属界线附图内容的是(　　)。

A. 土地权利人及其印章　　B. 宗地代码

C. 地形示意线和地理特征线　　D. 重要的地理名称和地理表示

E. 邻近界线的地物符号

35. 下列内容中，在地籍图上一般不表示的是(　　)。

A. 宗地坐落　　B. 土地权属主名称

C. 房屋建筑结构　　D. 内部道路

E. 房屋层次

36. 下列工作内容中，属于日常地籍测量内容的有(　　)。

A. 地形要素测量　　B. 宗地面积计算

C. 土地权属调查　　D. 地籍数据库建设

E. 界址放样与测量

参考答案

一、单项选择题

1. A	2. C	3. B	4. D	5. D	6. D	7. A	8. C
9. B	10. B	11. B	12. D	13. C	14. B	15. B	16. B
17. C	18. C	19. A	20. A	21. A	22. D	23. B	24. C
25. A	26. C	27. D	28. B	29. A	30. A	31. B	32. B
33. C	34. D	35. A	36. C	37. D	38. D	39. B	40. C
41. A	42. D	43. A	44. B	45. D	46. C	47. A	48. B
49. C	50. D	51. B	52. B	53. A	54. D	55. B	56. B
57. C	58. A	59. A	60. C	61. C	62. C	63. B	64. B
65. D	66. D	67. A	68. D	69. D	70. D	71. B	72. C
73. B	74. D	75. C	76. A	77. B	78. C	79. C	80. A
81. A	82. B	83. B	84. B	85. C	86. C	87. C	88. A
89. A	90. B	91. B	92. C	93. C	94. A	95. B	

二、多项选择题

1. ABCD	2. BCDE	3. BCD	4. AB	5. ABC
6. ACDE	7. ABE	8. ABD	9. CD	10. BCDE
11. ACDE	12. ABCD	13. ACE	14. BDE	15. AB
16. BC	17. BCDE	18. AD	19. BCDE	20. ABE
21. ABCE	22. ABE	23. BC	24. ACE	25. ABE
26. ABC	27. ACE	28. ABCD	29. AB	30. BCD
31. ABCE	32. ABCE	33. ABCD	34. ABD	35. CE
36. ABE				

第六章　行政区域界线测绘

第一节　概　　述

一、界线测绘的基本概念

界线测绘的内容包括界线测绘准备、界桩埋设和测定、边界点测定、边界线及相关地形要素调绘、边界协议书附图制作与印刷、边界点位置和边界走向说明的编写。

界线测绘成果包括界桩登记表、界桩成果表、边界点成果表、边界点位置和边界走向说明、边界协议书附图。

行政区域界线勘定后，应定期进行界线联合检查工作，界线联合检查内容包括界桩维修更新、增设界桩、调整界线、重新测量界桩坐标与高程、重新修改协议书、重新测绘协议书附图等。

二、界线测绘的基准和比例尺

界线测绘宜采用国家统一的2000国家大地坐标系和1985国家高程基准。

界线测绘中，边界地形图和边界协议书附图的比例尺视情况选用：同一地区，勘界工作用图和边界协议书附图应采用相同比例尺；同条边界，协议书附图应采用相同比例尺；省级行政区选用1∶5万或1∶10万比例尺；省级以下行政区采用1∶1万比例尺；地形地物稀少地区可适当缩小比例尺；地形地物稠密地区可适当放大比例尺。

三、界线测绘的基本精度

界线测绘的基本精度包括界桩点的精度和边界协议书附图的精度。

界桩点的精度以中误差来评定。界桩点平面位置中误差一般不应大于相应比例尺地形图图上±0.1 mm。界桩点高程中误差一般不大于相应比例尺地形图上平地、丘陵、山地(高山地)1/10基本等高距(特殊困难地区可放宽0.5倍中误差)。资源开发利用价值较高地区可执行地籍测绘规范中界址点精度的规定。

边界协议书附图中界桩点的最大展点误差不超过相应比例尺地形图图上±0.2 mm，补调的与确定的边界有关的地物点相对于邻近固定地物点的间距中误差不超过相应比例尺地形图图上±0.5 mm。

第二节　界线测绘的准备工作

一、边界地形图制作

边界地形图，一般指利用国家最新的1∶5 000、1∶1万、1∶5万、1∶10万地形图作为资料，按照一定的经差、纬差自由分幅，图内内容范围为垂直界线两侧图上各10 cm或5 cm(1∶10万)内，沿界线走向制作呈带状分布的地形图，供界线测绘工作时使用。其表现方式有纸质或数字形式。

二、边界调查

边界调查包括实地调查、绘制边界情况图、编写边界情况说明与绘制边界主张线图等几项内容。

边界调查应核实法定边界线、习惯边界线、行政管辖线，以及与边界线有关的资源归属范围线等界线的实地位置，并调查边界争议的有关情况。实地调查后，根据调查资料可以在边界地形图上编制边界线情况图，即在边界地形图上绘制法定边界线、习惯边界线、行政管辖线和与边界线有关的资源归属范围线等边界现状和历史沿革等情况。同时，要编写边界情况说明，即以文字形式描述边界线的划定情况及其历史沿革等情况。

在绘制边界线情况图的基础上，由界线相邻两行政区域，根据确定边界线的原则，将各自的边界主张线标绘在边界地形图上。主张采用0.3 mm的实线绘出，颜色一方用红色，另一方用蓝色，可压盖图上任何要素。

三、桩与边界点

1. 界桩的选定与埋设

界桩点，指具有实测平面坐标和高程值，且在界线上或界线两侧的界线标志物。界桩点分为单立、同号双立和同号三立三种。

边界点，指实地在界线上，选取一定数量能确定边界线走向、有明确固定位置、可在边界地形图上准确判读平面位置的地物点，称为边界点(含界桩点)。

各级行政区域界桩埋设的密度，以能控制边界的基本走向、尽量少设为原则，界河两岸设置同号双立界桩；界河交叉口岸设置同号三立界桩。

2. 界桩的编号与书写

省级界线的界桩编号以每一条边界线为一个编号单元，在一个编号单元内一般沿边界线由西向东或由北向南用阿拉伯数字从001开始按顺序编号。界桩完整编号共8位，由边界线的编号、界桩序号及类型码三部分组成，完整编号形式如下：

××××	×××	×
边界线的编号	界桩序号	类型码
(4位)	(3位)	(1位)

省级边界线的编号由相邻省(自治区、直辖市)的省简码按数值大小由小至大顺序排列组成。省级界线名称由相邻两省(自治区、直辖市)的简称加"线"字组成，省简码小的省(自治区、直辖市)简称排列在前。

界桩序号一般是在一个边界线编号内沿边界线由西向东或由北向南用阿拉伯数字001开始按顺序编号。

同号双立界桩的类型码分别用A、B表示，同号三立界桩的类型码分别用C、D、E表示，单立界桩的类型码用Q。同号双立界桩的类型码根据省简码赋予值，省级码小的为A，大的为B；同号三立界桩的类型码当一方只有一个界桩时，该桩类型码为c，其他桩类型码顺时针依次为D、E。

三省(自治区、直辖市)边界线交会处(简称三交点)界桩的完整编号也由三部分组成。前6位由界线交会处三省(自治区、直辖市)的省简码组成，省简码按数值大小由小至大顺序排列；第7位为界桩序号；第8位为等级码，用"S"表示。三省(自治区、直辖市)边界线只存在唯一交会处时，界桩序号为"0"；交会处不唯一时，则按由西向东或由北向南的顺序用阿拉伯数字自1开始顺编。

在界桩的两个或三个宽面，书写省(自治区、直辖市)的专名，内蒙古、广西、西藏、新疆四自治区在其汉字下加注自治区通用民族文字。同号双立界桩书写界桩序号有效数字及类型码，三面型界桩不书写界桩编号。所有界桩均应书写"国务院"和界桩设置年代等文字。

界桩埋设后，应对界桩所处位置的全貌和周围的环境拍摄像片，使其能表述界桩设置地的环境和地形特征以及界桩与相关地物的关系。

省以下行政区域的界桩编号，一般情况下遵循省级行政区域界桩编号原则，具体编排方法由省以下行政区域双方共同商定。省以下行政区域边界线的编号与命名由省(自治区、直辖市)自行规定。省以下行政区域的所有界桩均应书写省(自治区、直辖市)的专名，内蒙古、广西、西藏、新疆四自治区在其汉字下加注自治区通用民族文字，界桩设置年代等文字。

3. 边界点、界桩编码的改变

①边界线编号(代码)发生变化，应相应改变边界点、界桩点的编号并修改相关资料。

②新增边界点或界桩点时，新增界桩的完整编号由四部分10位数组成：

×××××××	+	×	+	××	+	×	单立界桩	免
编号单位代码		短线		数字序号		类型码	双立界桩	AB
(4位)		(1位)		(2位)		(1位)	三立界桩	CDE

编号单位代码为变更前相邻两边界点界桩序号(编号)中数值小的完整编号，要删去类型码。例如，在湖南省与江西省边界点3643001与3643002之间增设界桩两个，其新增界桩完整编号分别为：3643001-01，3643001-02；如为同号双立则为：3643001-01A，3643001-01B，3643001-02A，3643001-02B。

③新立界桩的书写：短线“-”后加序号，例如：-01，-02，01A，01B……

④新增界桩中间再增新桩的编号：在原新增界桩编号段中的最大序号续编例如原新增界桩为3643001-01~3643001-08，在3643001~3643002这一段中再新增界桩则其编号为3643001-09……从原来08续编。

第三节　边界点测绘及边界线标绘

一、边界点测量要求

边界点测绘的基础控制成果包括已有的国家控制点和国家GPS网点，以及城市控制网点及相应等级的控制成果。界桩点的平面和高程精度应参照前述基本精度的要求，一般情况以2倍中误差作为限差，特殊困难时可适当放宽。

当实地测量确有困难，但能在图上准确判定界桩点位时，可在现有最大比例尺的地形图上量取，误差不得超过图上±0.3 mm，同时必须保证与周边地物的相应位置正确。

二、边界点测量方法

界桩点的平面坐标宜采用卫星定位系统(GPS)定位测量、光电测距附合导线、光电测距支导线、测边测角交会等方法进行测定。当点位中误差小于或等于1 m时，采用GPS定位测量。具体的技术要求按照相关规范执行。

界桩点的高程与平面坐标同时施测，采用水准测量、三角高程或GPS大地水准面拟合计算等方法测定。当采用水准测量、三角高程测定高程时，使用不同比例尺的地图，野外测量边长要求和中误差的要求，按相应规范执行。

三、界桩点方位物的测绘

设立原则是：方位物应利于判定界桩点的位置；方位物必须明显、固定、不易损毁；每个界桩的方位物不少于3个；以大物体作为方位物时，要明确测量点在方位物的具体部位。

界桩点至方向物的距离，一般应在实地测量，要求量至0.1 m，界桩点相对于邻近固定地物点间距误差不大于±2.00 m。

四、特殊边界点的测绘

对在边界线两侧设置界桩而本点上未设置界桩的边界点，除按规定测定所有界桩点的位置外，对同号双立的界桩还应测绘每一界桩点至该双立界桩连线与边界线交点的距离；对同号三立的界桩则应测绘每一界桩点至边界线在该交叉口处转折点的距离。距离测量的误差限差不大于±2.00 m。

可以在该地形图上量取，边界点坐标与高程。点位量测精度应满足不大于所用最大比例尺地形图图上0.20 mm，高程精度应小于图1/3基本等高距。

对野外施测坐标困难，又无准确地图可以量取其坐标的边界点，可量取其至少3个以上永久性的固定地物点或永久性的固定地形特征点的距离加以表述。

五、界桩登记表的填写

界桩登记表的内容主要包括边界线编号、界桩编号、界桩类型、界桩材质、界桩所在地(两处或三处)、界桩与方位物的相互位置关系、界桩的直角坐标、界桩的地理坐标和高程、界桩位置略图、备注及双方(或三方)负责人签名等。

界桩登记表中的界桩位置略图应标绘出边界线、界桩点、界桩方位物、边界线周边地形等，具体要求按照相关规范执行。

六、边界线标绘

界桩点、界线转折点及界线经过的独立地物点相对于邻近固定地物点的平面位置中误差一般不应大于图上±0.4 mm。具体技术要求按照相关规范执行。

第四节　边界协议书附图及边界位置说明

一、边界协议书附图

边界协议书附图，是描述边界线地理位置的法律图件。作为协议书的附图，是边界信息与修测后的边界地形图叠加在一起制作而成的，与界线协议书具有同等的法律作用。

边界协议书附图是以地图形式反映边界线走向和具体位置的，并经由界线双方政府负责人签字认可的重要界线测绘成果；界桩点、边界点展绘、边界线标绘、界线附近地形要素的调绘或修测、各种说明注记等，均应经过采集、符号化编辑，整理制成边界协议书附图。边界协议书附图应以双方共同确定的边界地形图为底图，根据量测的边界点坐标或相关数据、协商确定或裁定的边界线及边界线的标绘成果、地物调绘成果整理、绘制而成。边界协议书附图的内容应包括边界线、界桩点及相关的地形要素、名称、注记等，各要素应详尽表示。

当在边界协议书附图上无法详细表示局部地段边界线的位置和走向时，应利用更大比例尺的地形图加绘放大图。放大图以岛图形式加绘在边界线两侧的适当位置，放大图宜绘平面图，将界线与相关地物关系表达清楚。

二、《行政区域边界协议书附图集》的编纂

编纂《行政区域边界协议书附图集》是为了完整反映行政区域边界的情况。《行政区域边界协议书附图集》是根据双方边界协议书附图以及界桩成果表编纂而成的带状地图集。利用标绘好的边界协议书附图数据作为底图，进行矢量化跟踪、采集，在规定的制图软件中进行分层编辑、符号化、要素关系处理，最后制成数字边界协议书附图。将数字边界协议书附图制成 EPS 文件，按《地图印刷规范》的规定印刷成图。

《中华人民共和国省级行政区域边界协议书附图集》内容包括图例、图幅接合表、边界协议书附图、编制说明、界桩坐标表等。《中华人民共和国省级行政区域边界协议书附图集》的编排包括封面、编制说明、图例、示意图、边界协议书附图、坐标表、版权页、封底等。图集宜以每一条边界线为单元进行装订。边界线较短时，可将若干条界线合并装订成册；边界线较长时，也可将其分上、下两册装订。

三、边界点的位置说明

边界点位置说明应描述边界点的名称、位置、与边界线的关系等内容。对埋设界

桩的边界点还应描述界桩号、类型、材质、界桩坐标和高程、界桩与边界线的关系、界桩与方位物的关系、界桩与周围地形要素的关系等内容。

边界线走向说明是对边界线走向和边界点位置的文字描述，是边界协议书的核心内容。边界线走向说明与边界协议书附图配合使用。边界线走向说明的编写内容一般包括每段边界线的起讫点、界线延伸的长度、界线依附的地形、界线转折的方向、两界桩间界线长度、界线经过的地形特征点等。

边界线走向说明的编写以明确描述边界实地走向为原则。叙述应简明清楚，采用通用的名词术语，地名准确，译名规范，并与边界协议书附图和实地情况相一致。

边界线走向说明应根据界线所依附的参照物编写，参照物包括各种界线标志(如界墙、界桩、河流、山脉、道路等)、地形点、地形线等。边界线走向说明根据界线所依附的参照物的实际情况分为若干条，每条分为若干自然段。每一自然段一般是对相邻两界桩间边界线情况的文字描述。

边界线走向说明中的距离及界线长度等数据，均以米(m)为单位，实地测量的距离精确到0.1 m，图上量取的距离精确到图上0.1 mm。边界线走向说明中涉及的方向，采用16方位制(以真北方位为基准)描述。

边界线走向方位的描述：边界线走向说明中涉及的方向，采用16方位制(以真北方向为基准)描述，如图6-1所示。

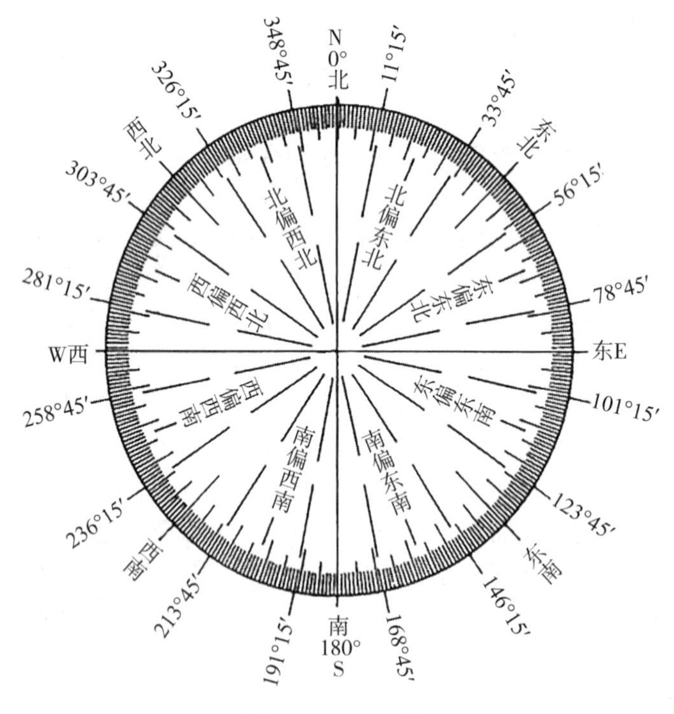

图6-1　16方位图

16个方位的含义如下：北：348°45′~11°15′；北偏东北；11°15′~33°45′；东北：33°45′~56°15′；东偏东北；56°15′~78°45′；东：78°45′~101°15′；东偏东南：101°15′~123°45′；东南：123°45′~146°15′；南偏东南：146°15′~168°45′；南：168°45′~191°15′；南偏西南：191°15′~213°45′；西南：213°45′~236°15′；西偏西南：236°15′~258°45′；西：258°45′~281°15′；西偏西北：281°15′~303°45′；西北：303°45′~326°15′；北偏西北：326°15′~348°45′。

第五节　行政区域界线测绘成果整理与验收

一、界线测绘成果整理

界线测绘成果包括界桩登记表、界桩成果表、边界点成果表、边界点位置和边界走向说明、边界协议书附图。

在实测界桩的过程中，起始点成果、作业中的计算成果、作业的最终成果，除要填写纸质文档外，还要生成电子文档。成果整理的内容包括界桩登记表、界桩成果表、控制测量中各种计算表格、边界协议书、边界地形图、边界协议书附图。成果形式应有纸质的和电子的两种，电子的成果格式还需符合数据库输入要求。

在行政区域界线测绘过程中使用和产生的数据主要有边界地形图数据、边界专题数据，这些数据整理宜参照建成界线数据库的要求进行。

元数据是关于数据的数据，是数据和信息资源的描述性信息，如有关数据源、数据的标识、覆盖范围、数据质量、数据更新、空间和时间模式、空间参考系和分发等信息。在制作边界地形图、协议书附图过程中，都应有一个元数据文件。元数据文件录入的具体内容执行《地理信息元数据》。

二、界线测绘成果检查、验收与归档

行政区域界线测绘是一项重要的技术工作，对保证行政区域边界清晰、便于管理意义重大，各级测绘主管部门根据《中华人民共和国测绘法》的要求，严格做好质量控制，切实做好行政区域界线的测绘工作。

界线测绘成果资料必须接受测绘主管部门的质量监督检验。检查验收按测绘主管部门的有关规定执行，并须由界线双方指定的负责人签字。

《行政区域界线管理条例》(中华人民共和国国务院令第353号)第十三条规定：勘定行政区域界线以及行政区域界线管理中形成的协议书、工作图、界线标志记录、备案材料、批准文件以及其他与勘界记录有关的材料，应当按照有关档案管理的法律、行政法规的规定立卷归档，妥善保管。

模拟试题汇编及参考答案

模拟试题汇编

一、单项选择题(共52题，每题的备选选项中，只有一项最符合题意)。

1. 界线测绘的目的是通过对行政区域界线的位置和走向等信息的分析确认，(　　)为各级政府边界管理工作提供基础资料和科学依据。

A. 测出边界地形图　　B. 测出边界协议书附图

C. 勘定一条公平合理的行政区域边界　　D. 测定系列界址点

2. 行政区域界线测绘所采用的坐标系统是(　　)。

A. 高斯-克吕格　　B. 北京54坐标系

C. 2000国家大地坐标系　　D. 1980西安坐标系

3. 行政区域界线测绘所采用的高程基准是(　　)。

A. 1985国家高程基准　　B. 1956黄海高程

C. 吴淞高程　　D. 弗拉基米尔斯基理论最低潮面

4. 具有实测平面坐标和高程值，且在界线上或界线两侧的界线标志物。界桩按一定的规格和类型，用钢筋混凝土或其他石质材料制成，称为(　　)。

A. 边界点　　B. 界桩点

C. 特征点　　D. 判界点

5. 已知某省级界线的某界桩编号为“3436-107-Q”，则可知其为(　　)。

A. 单立界桩　　B. 同号双立界桩

C. 同号三立界桩　　D. 三省交界界桩

6. 实地在界线上，选取一定数量能确定边界线走向、有明确固定位置，可在边界地形图上准确判读平面位置的地物点，称为(　　)。

A. 边界点　　B. 界桩点

C. 特征点　　D. 判界点

7. (　　)一般是指利用国家最新的1∶5 000、1∶10 000、1∶50 000、1∶100 000地形图作为资料，按照一定的经差、纬差自由分幅，图内内容范围为垂直界线两侧图上10 cm或5 cm(1∶100 000)内，沿界线走向制作呈带状分布的地形图，供界线测绘工作时使用。

A. 边界地形图　　B. 边界图

C. 边界现状图　　D. 边界协议书附图

8. 界线走向实地明显，且无道路通过的地段，一般不埋设界桩；有天然或人工标志的地段，可不埋设界桩，界河交叉口岸设置(　　)。

A. 双面型界桩　　B. 三面型界桩
C. 同号双立界桩　　D. 同号三立界桩

9. 界线测绘中，界桩编号以每一条边界线为一个编号单元，其完整编号共(　　)位，由边界线的编号、界桩序号及类型码三部分组成。

A. 6　　B. 7
C. 8　　D. 9

10. 三省边界线交会点(三交点)处界桩的完整编号是由三部分组成，前六位是(　　)。

A. 两省简码　　B. 界桩序号
C. 类型码　　D. 三省简码

11. 在界桩方位物的测定中，界桩点相对于邻近固定地物点的间距误差不大于(　　)m。

A. ±0. 10　　B. ±0. 20
C. ±1. 00　　D. ±2. 00

12. (　　)指描述边界线地理位置的法律图件，作为协议书的附图。是边界信息与修测后的边界地形图叠加一起制作而成，与界线协议书具有同等的法律作用。

A. 边界地形图　　B. 边界图
C. 边界现状图　　D. 边界协议书附图

13. 下列内容中，不属于边界协议书附图内容的是(　　)。

A. 界桩点　　B. 边界线
C. 界桩类型　　D. 地形要素

14.《行政区域边界协议书附图集》是根据双方(　　)以及界桩成果表编纂而成的带状地图集。

A. 边界协议书附图　　B. 行政区域协议书附图
C. 边界协议书　　D. 行政区域边界协议书

15. 边界线走向说明中涉及的方向，采用(　　)方位制描述。

A. 4　　B. 8
C. 16　　D. 32

16. (　　)是对边界线走向和边界点位置的文字描述，是边界协议书的核心内容。

A. 边界线实地走向说明　　B. 边界线走向说明
C. 边界线趋势说明　　D. 边界走向说明

17. 湖北(简码42)与江西(简码36)两省边界线的第10个界桩点位于江西一侧的同号双立界桩编号为(　　)。

A. 4236010A　　B. 4236010B
C. 3642010A　　D. 3642010B

18. 当前，我国现有(　　)两级陆地行政区域界线已经基本勘定。

A. 省、市　　B. 省、县

C. 市、县　　D. 国、省

19. 界线测绘中，常用十六个方位描述边界走向，边界走向角度为20°(以真北方向为基准)的方位是(　　)。

A. 北　　B. 北偏东北

C. 东北　　D. 东偏东北

20. 边界线走向说明中的方向采用16方位制，以真北方向为基准，每个方位占(　　)度。

A. 11.25　　B. 11.30

C. 22.5　　D. 22.30

21. A、B两省的某段边界处于地形地物稠密地区，对其省界线进行界线测绘时，边界地形图和边界协议书附图的比例尺应选择(　　)。

A. 1∶10 000　　B. 1∶50 000

C. 1∶10 0000　　D. 依据实际情况可以灵活选用

22. 关于边界地形图和边界协议书附图的比例尺，下列说法错误的是(　　)。

A. 同一地区，勘界工作用图和边界协议书附图可以采用不同比例尺

B. 同条边界，协议书附图应采用相同比例尺

C. 省级以下行政区采用1∶1万比例尺

D. 地形地物稀少地区可以适当缩小比例尺，地形地物稠密地区可以适当放大比例尺

23. 根据《行政区域界线测绘规范》，采用GPS静态相对定位技术测定界桩点位置时，观测基线最大间距为(　　)km。

A. 50　　B. 60

C. 80　　D. 100

24. 边界地形图和边界协议书附图的比例尺视情况而定，省级行政区选用(　　)比例尺。

A. 1∶10 000　　B. 1∶5 000

C. 1∶50 000或1∶100 000　　D. 1∶5 000或1∶10 000

25. 现行规范规定，下列有关省级界桩书写的说法错误的是(　　)。

A. 同号三立界桩书写界桩序号及类型码

B. 三面界桩不书写界桩编号

C. 所有界桩均应书写“国务院”和设置年代

D. 内蒙古、广西、新疆、西藏等4个自治区应加注通用民族文字

26. 边界线界桩点平面位置中误差一般不应大于相应比例尺地形图上(　　)mm。

A. ±0.1　　B. ±0.15

C. ±0.2　　D. ±0.25

27. 边界协议书附图中界桩点的最大展点误差不超过相应比例尺地形图图上

(　　)mm。

A. ±0. 1　　B. ±0. 15

C. ±0. 2　　D. ±0. 25

28. 边界协议书附图中补调的与确定边界有关的地物点相对于邻近固定地物点的间距中误差不超过相应比例尺地形图图上(　　)mm。

A. ±0. 1　　B. ±0. 2

C. ±0. 2　　D. ±0. 5

29. 边界地形图一般情况下沿边界呈带状，图内内容范围为垂直界线两侧图上一定距离内，对于 1∶100 000 边界地形图，该距离为(　　)cm。

A. 5　　B. 6

C. 7. 5　　D. 10

30. 边界线的划定情况及其历史沿革等情况，一般以(　　)形式描述。

A. 边界情况图　　B. 数字地形图

C. 文字　　D. 示意图

31. 边界主张线图绘制中，主张线一般采用(　　)mm 的实线绘出。

A. 0. 1　　B. 0. 2

C. 0. 3　　D. 0. 4

32. (　　)是在绘制边界线情况图的基础上，由界线相邻两行政区域，根据确定边界线的原则，将各自的边界主张线标绘在边界地形图上。

A. 边界主张线图　　B. 边界协议书附图

C. 行政区域边界协议书附图集　　D. 边界交会图

33. (　　)应选在对反映边界线走向具有重要意义的边界点上或边界点附近，一般为实地地形不易辨别的边界线转折处、界线与河流相交处、过境道路与边界线相交处、以线状地物为界的边界线起讫处等。

A. 预设界桩点位置　　B. 边界位置

C. 边界线位置　　D. 界桩位置

34. 省级界线的界桩完整编号共 8 位，某界线的界桩编号为"3536440S"，则该编号中的"S"表示(　　)。

A. 单立界桩的类型码　　B. 同号双立界桩的类型码

C. 同号三立界桩的类型码　　D. 三省交界处界桩的等级码

35. 界桩点坐标一般要求实测，当实地测量确有困难，但能在图上准确判定界桩点位时，可在现有最大比例尺的地形图上量取，误差不得超过图上(　　)mm，同时必须保证与周边地物的相对位置正确。

A. ±0. 1　　B. ±0. 2

C. ±0. 3　　D. ±0. 4

36. 测量界桩点的平面坐标，当点位中误差小于或等于 1 m 时，应采用(　　)测量方法。

A. GPS 定位　　B. 光电测距附合导线法

C. 光电测距支导线法　　D. 测边测角交会法

37. 界址点的平面位置测量，采用 GPS(　　)观测时，应与高等级 GPS 控制网进行联测，建立与 2000 国家大地坐标系的联系，联测控制点点数应不少于 3 个，与控制点基线距离不能超过 80 km，联测控制点。

A. 静态相对定位方法　　B. 静态绝对定位方法

C. 动态相对定位方法　　D. 动态绝对定位方法

38. 某基于 1∶50 000 比例尺地形图的行政区域界限测绘项目，采用光电测距附和导线测量方法测定界桩点的平面坐标。该导线全长 15 km，共 15 条边，根据现行的《行政区域界线测绘规范》规定，其方位角闭合差不应超过(　　)。

A. ±60″　　B. ±80″

C. ±100″　　D. ±120″

39. 现行的《行政区域界线测绘规范》规定，当采用交会法进行边界点测量时，各种交会的交会角允许范围为(　　)。

A. ⩾30°或⩽150°　　B. ⩾20°或⩽150°

C. ⩾30°或⩽160°　　D. ⩾20°或⩽160°

40. 在地形图上能准确可靠地判断其点位未设界桩的边界点，可以在该地形图上量取其坐标与高程，点位量测精度应满足不大于所用最大比例尺地形图图上(　　)mm。

A. ±0. 1　　B. ±0. 2

C. ±0. 3　　D. ±0. 4

41. 在某等高距为 1 m 的地形图上判断其点位未设界桩的边界点，可以在该地形图上量取其坐标与高程，高程量测精度应小于(　　)m。

A. 0. 5　　B. 0. 3

C. 0. 2　　D. 0. 1

42. 根据《行政区域界线测绘规范》，界桩点的平面位置，宜采用 GPS 测量方法。采用 RTK 测量方法时，应至少选择一个高等级 GPS 点进行测量校核。校核点的平面位置较差应不大于(　　)cm。

A. 5　　B. 10

C. 15　　D. 20

43. 边界地形图修测中，当边界线附近的地形要素发生变化时需进行边界调绘的主要内容是(　　)。

A. 调查与边界线和界桩点有关的权属要素

B. 测定界桩点的坐标

C. 收集整理与边界线和界桩点有关的历史资料

D. 与确定边界线及界桩点位置有关的地形要素、地理名称等

44. 下列说法中，对边界地形图调绘作业的方法描述最准确的是(　　)。

A. 判读法直接标绘或正射影像图调绘

B. 实地修测

C. 一般采用判读法直接标绘或正射影像图调绘，地形要素变化较大区域采用实地修测

D. 采用 DEM 进行

45. 在调绘图的绘制中，各类要素符号的规格与所利用的边界地形图应保持一致，而边界调绘的各要素采集数据应是(　　)。

A. 矢量数据　　B. 栅格数据

C. 点状数据　　D. 面状数据

46. 边界地形图修测中，对于边界调绘的精度和要求描述正确的是(　　)。

A. 调绘的地物点对于野外控制点的平面误差不应大于图上±0.5 mm

B. 调绘的地物点对于野外控制点的平面误差不应大于图上±0.3 mm

C. 困难地区不应大于图上±1.0 mm

D. 困难地区不应大于图上±0.5 mm

47. 确定了的边界线、界桩点位置，都应准确地标绘在经调绘整理后的(　　)图上。

A. 边界线情况图　　B. 边界主张线图

C. 边界地形图　　D. 边界协议书附图

48. 行政区域界线测绘中，对于边界线标绘的技术要求，下列说法错误的是(　　)。

A. 边界线在图上用 0.2 mm 红色实线不间断表示

B. 以线状地物中线为界且地物符号宽度小于 1.0 mm，界线符号在线状地物符号两侧跳绘

C. 界桩符号用直径 1.5 mm 红色小圆圈表示

D. 界桩号用红色标注出来

49. 界线测绘中，界桩点、界线转折点及界线经过的独立地物点相对于邻近固定地物点的平面位置中误差一般不应大于图上(　　)mm。

A. ±0.1　　B. ±0.2

C. ±0.3　　D. ±0.4

50. (　　)是以地图形式反映边界线走向和具体位置，并经由双方政府负责人签字认可的重要界线测绘成果。

A. 边界外业调绘底图　　B. 边界地形图

C. 边界协议书附图　　D. 边界协议书附图放大图

51. 边界线走向说明的编写内容一般包括每段边界线的起讫点、界线延伸的长度、界线依附的地形、界线转折的方向、界桩间界线长度以及(　　)等。

A. 界线上界桩的详细说明　　B. 界线经过的地形特征点

C. 界线上界桩的竖立方法　　D. 界线上界桩点的方向点

52. 界线测绘中，对边界线走向方位的描述采用 16 方位制，其中北方向的角度区间为(　　)。

A. 11°15′~33°45′　　B. 348°45′~11°15′

C. 0°~22°30′　　D. 326°15′~348°45′

二、多项选择题(共 26 题，每题的备选选项中，有 2 项或 2 项以上符合题意，至少有 1 项是错项)。

1. 界线测绘的内容包括界线测绘准备、(　　)及相关地形要素调绘、边界协议书附图制作与印刷、边界点位置和边界走向说明的编写。

A. 界桩埋设和测定　　B. 边界踏勘

C. 边界点测定　　D. 边界水准测量

E. 边界线调绘

2. 界线测绘成果包括(　　)、边界点位置和边界走向说明、边界协议书附图。

A. 判界点　　B. 界桩登记表

C. 界桩成果表　　D. 边界点成果表

E. 边界点测定

3. 行政区域界线测绘中，区域界线勘定后，应定期进行界线联合检查工作。界线联合检查内容主要有(　　)。

A. 重新修改协议书　　B. 界桩维修更新

C. 界桩增设　　D. 界线调整、界桩坐标与高程重新测量

E. 协议书附图修改

4. 行政界线的边界调查应核实(　　)等界线的实地位置，并调查边界争议的有关情况。

A. 法定边界线　　B. 习惯边界线

C. 行政管辖线　　D. 与边界有关的资源归属范围线

E. 协议边界线

5. 边界主张线图的绘制，是在绘制边界线情况图的基础上，由界线相邻两行政区域，根据确定边界线的原则，将各自的边界主张线标绘在边界地形图上。描述正确的是(　　)。

A. 主张线采用 0.3 mm 的实线绘出

B. 颜色一方用红色，另一方用黄色

C. 可压盖图上任何要素

D. 不可压盖图上任何要素

E. 主张线采用 1.5 mm 的红线实线不间断表示

6. 一般完整省级界线的界桩编号共 8 位，分别由(　　)三部分组成。

A. 界桩序号　　B. 方位码

C. 类型码　　D. 时间

E. 边界线的编号

7.《中华人民共和国省级行政区域边界协议书附图集》内容包括(　　)边界协议书附图、编制说明、界桩坐标表等。

A. 图例　　B. 图幅结合表

C. 界桩登记表　　D. 界桩成果表

E. 边界历史说明

8. 数字边界协议书附图是利用标绘好的边界协议书附图数据做底图，经过(　　)等一系列过程制作而成。

A. 矢量化跟踪、采集　　B. 分层编辑

C. 符号化　　D. 模型重构

E. 要素关系处理

9. 边界点位置说明应描述边界点的名称、位置、与边界线的关系等内容。对埋设界桩的边界点还应描述界桩号、(　　)、界桩与边界线的关系、界桩与方位物的关系、界桩与周围地形要素的关系等内容。

A. 方位　　B. 大小

C. 材质　　D. 界桩坐标和高程

E. 界桩类型

10. 边界线走向说明应根据界线所依附的参照物编写，参照物包括各种界线标志，如界墙、界桩、河流、山脉、(　　)。

A. 等高线　　B. 地形点

C. 地形线　　D. 边界点

E. 道路

11. 界线测绘成果的质量检查与验收的主要内容是(　　)。

A. 控制测量的质量　　B. 境界图质量

C. 成果管理方法及档案质量　　D. 境界信息系统建立质量

E. 资料的质量，包括资料整饰质量和完整性

12. 界线测绘成果应归档管理的内容包括(　　)界线标志记录及其他与勘界记录有关的材料等。

A. 勘界协议书　　B. 土地等级、类型划分资料

C. 备案材料　　D. 批准材料

E. 工作图

13. 边界协议书附图的主要内容有(　　)。

A. 控制点　　B. 界桩点

C. 边界线　　D. 相关地形要素

E. 名称、注记

14. 行政区域界线测绘的内容主要包括(　　)。

A. 界桩埋设和测定　　B. 边界点测定

C. 边界线像片调绘　　D. 边界协议书附图制作

E. 边界点位置和边界走向说明的编写

15. 行政区域界线测绘应归档提交的成果主要有(　　)。

A. 界桩登记表、成果表　　B. 边界点成果表

C. 边界点位置和边界走向说明　　D. 边界地形图

E. 边界协议书附图

16. 界线测绘中，对于界桩点高程中误差说法正确的是(　　)。

A. 不大于相应比例尺地形图上平地、丘陵地 1/10 基本等高距

B. 不大于相应比例尺地形图上山地、高山地 1/10 基本等高距

C. 不大于相应比例尺地形图上平地、丘陵地 1/6 基本等高距

D. 不大于相应比例尺地形图上山地、高山地 1/6 基本等高距

E. 对于特殊困难地区可放宽 0.5 倍中误差

17. 边界地形图应制作为带有坐标信息的(　　)。

A. 数字栅格图　　B. 数字影像图

C. 栅格地图　　D. 数字线划图

E. 数字高程模型图

18. 界线测绘的准备工作中，边界调查的工作内容有(　　)。

A. 实地调查　　B. 边界线情况图绘制

C. 历史资料的查阅　　D. 边界情况的说明编写

E. 边界主张线图的绘制

19. 下列对于界桩埋设原则的描述，正确的是(　　)。

A. 实地地形不易辨别的边界线转折处

B. 界线与河流相交处

C. 过境道路与边界线相交处

D. 界河交叉口岸设置同号双立界桩

E. 以线状地物为界的边界线起讫处

20. 界线测绘中，界桩位置选定一般为(　　)。

A. 边界线与过境道路相交处　　B. 实地地形不易辨别的边界线转折处

C. 以线状地物为界的地物转折处　　D. 界线与河流相交处

E. 对反映边界线走向具有重要意义的边界点上或边界点附近

21. 界线测绘中，对于界桩的埋设，下列说法错误的是(　　)。

A. 界桩埋设的密度以能控制边界线的基本走向、尽量少设为原则

B. 界线走向实地明显，且无道路通过的地段，一般应埋设少量界桩

C. 有天然或人工标志的地段，可不埋设界桩

D. 界河两岸设置同号三立界桩

E. 界河交叉口设置同号双立界桩

22. 界桩点高程测定中，界桩点的高程与平面坐标同时施测，可以采用(　　)方法测定。

A. 水准测量　　　　　　　　B. 三角高程测量
C. GPS 大地水准面拟合计算　　D. 交会测量
E. 液体静力水准测量

23. 界桩登记表中的界桩位置略图应标绘出(　　)以及边界线周边地形。
A. 边界线　　　　　　　　B. 界桩点之记
C. 界桩点　　　　　　　　D. 界桩坐标
E. 界桩方位物

24. 现行的《行政区域界线测量规范》规定，对于边界线标绘，下列说法正确的是(　　)。
A. 确定了的边界线、界桩点位置应标绘在经调绘整理后的边界地形图上
B. 边界线标绘一般要求在边界调绘的基础上进行
C. 对有明显分界线且地形要素变化不大的边界地段或以边界点连线作为边界线的地段，可由界线测绘双方在室内直接将边界线标绘在边界地形图上
D. 以线状地物中心线为界时，界线符号在线状地物符号两侧跳绘
E. 界桩点相对于邻近固定地物点的平面位置中误差一般不应大于图上 ±0.3 mm

25. 边界线更新测绘的主要内容有(　　)。
A. 界桩的埋设重新进行认定与测绘　　B. 外业调绘
C. 控制测量　　　　　　　　　　　　D. 权属调查
E. 界线和(或)界桩编号的变更以及内业处理

26. 对于埋设界桩的边界点，应对界桩描述的内容有(　　)。
A. 界桩点桩号、位置　　　　B. 类型、材质
C. 界桩点与方位物相关位置　　D. 坐标和高程
E. 界桩点的埋设的年代

参考答案

一、单项选择题

1. C	2. C	3. A	4. B	5. A	6. A	7. A	8. D
9. C	10. D	11. D	12. D	13. C	14. A	15. C	16. B
17. C	18. B	19. B	20. C	21. B	22. A	23. C	24. C
25. A	26. A	27. C	28. D	29. A	30. C	31. C	32. A
33. D	34. D	35. C	36. A	37. A	38. C	39. D	40. B
41. B	42. D	43. D	44. C	45. A	46. A	47. C	48. A
49. D	50. C	51. B	52. B				

二、多项选择题

1. ACE	2. BCD	3. ABCD	4. ABCD	5. AC
6. ACE	7. AB	8. ABCE	9. CDE	10. BCE
11. ABE	12. ACDE	13. BCDE	14. ABDE	15. ABCE
16. ABE	17. CD	18. ABDE	19. ABCE	20. ABDE
21. BDE	22. ABC	23. ACE	24. ABC	25. ABE
26. ABCD				

第七章　测绘航空摄影

第一节　概　　述

一、胶片航摄仪

1. 胶片航摄仪的基础知识

单镜头分幅摄影机是目前应用较多的航空摄影机(表 7-1)，它装有低畸变透镜。透镜中心与胶片面有固定而精确的距离，称为摄影机主距。胶片幅面的大小通常是边长为 230 mm 的正方形。胶片暗盒能存放长达 152 m 的胶片。摄影机的快门每启动一次可拍摄一幅影像，故又称为框幅式摄影机。单镜头框幅式胶片航空摄影机主要由镜筒、机身和暗盒三部分组成。框幅式胶片航空摄影机作为量测型像机，大多数设有两种类型的框标：位于承片框四边中央的为齿状的机械框标；位于承片框四角的为光学框标。新型的航空摄影机均兼有光学框标和机械框标。

表 7-1　　**航空摄影机的分类**

像场角(2β)/(°)	主距(f)/mm
常角　≤75	长焦距　≥255
宽角　75~100	中焦距　102~255
特宽角　≥100	短焦距　≤102

航空摄影对于航摄机主距的选择，顾及像片上投影差的大小以及摄影基高比对高程测定精度的影响，一般情况下，对于大比例尺单像测图(如正射影像制作)，应选用常角或窄角航摄机；对于立体测图，则应选用宽角或特宽角航摄机。

焦距的选择原则：a. 综合法测图应选择长焦距物镜，使由于地形起伏引起的投影差最小。b. 立体测图时，平坦地区：选择短焦距物镜，可以提高基高比，提高立体量测精度；山区：选择长焦距物镜，减少摄影死角的影响，减少像片的数量，改善立体观测条件。

2. 感光材料特性及胶片冲洗

胶片航摄仪的感光材料的感光特性通常可用感光度、反差系数、宽容度、灰雾密度、显影动力学曲线等进行描述，其主要组成部分是乳剂层和片基。

航摄胶片的冲洗主要包括显影、定影、水洗、干燥等过程。

3. 航摄仪的辅助设备

包括：a. 航摄滤光片；b. 影像位移补偿装置；c. 航摄仪自动曝光系统。

4. 常用的胶片航摄仪

我国现行使用的框幅式胶片航空摄影仪有 RC 型航摄仪和 RMK 型航摄仪两种。

(1) RC 型航摄仪

RC 型航摄仪常用的有 RC-10、RC-20 和 RC-30 等型号，像幅均为 23 cm×23 cm。新一代的 RC-30 航空摄影系统由 RC-30 航摄仪、陀螺稳定平台和飞行管理系统组成，具有像移补偿装置和自动曝光控制设备，并具有导航 GPS 数据接口，可进行 GPS 辅助的航空摄影。

(2) RMK 型航摄仪

RMK 型航摄仪有 5 个不同焦距的摄影物镜，像幅均为 23 cm×23 cm。常用的 RMK-TOP 型航摄仪是在 RMK 的基础上改进成具有陀螺稳定装置的航摄仪，该航摄仪具有高质量的物镜和内置滤光镜，像移补偿装置及陀螺稳定平台可以对图像质量进行补偿，自动曝光装置采用图像质量优先，并提供支持 GPS 航空摄影导航系统。

二、数字航摄仪

数字航摄仪可分为框幅式(面阵 CCD)和推扫式(线阵 CCD)两种。现有的商业化大像幅框幅式数字航摄仪主要有 DMC、UltraCam-D(简称 UCD)和 SWDC 系列航摄仪等，而推扫式数字航摄仪主要有 ADS 系列航摄仪。面阵式航摄仪是利用面阵 CCD 记录影像，优点是可以直接获取二维图像信息，测量图像直观。线阵式航摄仪是利用线阵 CCD 的扫描记录影像，如三行线阵 CCD 的推扫式测量型数字航摄仪的镜头采用中心投影，对前视、下视、后视三个方向扫描获取影像，每条扫描线有其独立的摄影中心，拍摄得到的是一整条带状无缝隙的影像，也就是说一条航线对应着一组外方位元素。

1. DMC 数字航摄仪

在航摄飞行中，DMC 数字航摄仪的 8 个镜头同步曝光，一次飞行可同步获取黑白、真彩色和彩红外像片数据。镜头的设计和安装使得 4 个全色镜头所获得的数字影像有部分的重叠，然后可以将所获得的4幅中心投影影像拼接成一幅具有虚拟投影中心、固定虚拟焦距(120 mm)的虚拟中心投影“合成”影像，影像大小为7 680像素×13 824像素。同样，4个多光谱镜头能获得覆盖4个全色镜头所获得影像范围的影像，通过影像匹配和融合技术，可将4个多光谱镜头所获得的影像与全色的“合成”影像进行融合，进而获得高分辨率的真彩色影像数据或彩红外影像数据。

2. UCD数字航摄仪

UCD数字航摄仪也是属于多镜头组成的框幅式数字航摄仪，一次摄影可同时获取黑白、彩色和彩红外影像。

与DMC数字航摄仪一样，UCD也采用了由8个小型镜头组成的镜头组，共有13块大小为4 008像素×2 672像素的CCD面阵传感器担负感光的责任，其中9个为全色波段，另外4个为R、G、B和近红外波段。执行航摄任务时，全色波段相机镜头的安置方向与航线方向保持一致。当相机拍摄时，由计算机控制4个镜头的快门在同一地点上方依次开启曝光，最后利用九个CCD面阵影像之间的同名点，进行精确配准，生成11 500像素×7 500像素的中心投影影像。

3. SWDC系列数字航摄仪

SWDC系列数字航空摄影仪包括单镜头、双镜头、四镜头几种类型，其中四镜头相机最适合航测生产使用。SWDC系列产品的制作原理是基于多台非量测型像机，经过精密像机检校和拼接，集成测量型GPS接收机、航空摄影控制系统、地面后处理系统，经多像机高精度拼接生成虚拟影像，以提供数字摄影测量数据源，是一种能够满足航空摄影规范要求的大面阵数字航空摄影仪。该系列产品的显著特点是：像机镜头可更换、幅面大、视场角大、基高比大、高程精度高，能实现空中摄影自动定点曝光；通过精密GPS辅助空三，可使航摄外业控制的工作量大大减少；产品具有较强的数据处理软件功能，可实现对所获取影像的准实时、高精度纠正与拼接。

4. ADS系列数字航摄仪

ADS系列数字航摄仪包括ADS40/ADS80机载数字航空摄影测量系统，使用全球卫星定位系统(GPS和高精度惯性测量系统IMU)技术，是基于三行线阵CCD的推扫式测量型数字航摄仪。镜头采用中心投影设计，它的全色波段采用了三对CCD线阵对前视、下视和后视三个方向同时获取影像，R、G、B和近红外4个波段阵列安置于全色阵列之间，记录目标的多光谱信息，可以利用一次飞行获得前视、底视、后视的具有100%三度重叠、连续无缝的全色立体影像、彩色影像和彩红外影像。其成像方式不同于传统航摄仪的中心投影构像，ADS40得到的是线中心投影的条带影像，每条扫描线有其独立的摄影中心，拍摄得到的是一整条带状无缝隙的影像。

三、航摄影像的分辨率

1. 数字影像的分辨率

1 m 分辨率影像是指一个像素表示地面大约 1 m×1 m 的面积，而非地物的大小。

2. 胶片影像的分辨率

胶片摄影分辨率是指衡量摄影机成像系统对黑白相间、宽度相等的线状目标影像分辨的能力，以每毫米线对数表示。“线对”指的是一条白线和宽度相等的间隔（黑色）。通常情况下，胶片式航空摄影不直接对影像地面分辨率提出要求，如需要，可以通过胶片摄影分辨率和摄影比例尺来测算。

3. 扫描影像的分辨率

当采用胶片影像进行数字摄影测量生产时，需要使用专业影像扫描仪对胶片影像进行扫描数字化，扫描影像以扫描分辨率表示。扫描分辨率是指影像扫描仪在实现图像的模数转换时，通过扫描元件将扫描对象表示成像素所采用的最小面元单位，即一个扫描像素在原始胶片上的实际尺寸，常使用微米来表示扫描分辨率。扫描影像的地面分辨率可通过原始胶片影像的摄影分辨率、摄影比例尺及扫描分辨率测算。

四、航摄仪的检定

1. 航片摄影仪检校的内容

一般来讲，航片摄影仪检校的内容主要包括：

a. 像主点位置（x_0，y_0）与主距（f）的测定；b. 摄影物镜光学畸变差或畸变系数大小的测定；c. 底片压平装置的测定；d. 框标间距以及框标坐标系垂直性的测定。

对于数字摄影仪，检校的内容还应包括像元大小（x，y）方向的测定、调焦后主距变化的测定以及调焦后畸变差变化的测定等。上述摄影仪检校的内容均属于几何检校的范畴。广义上讲，摄影机检校的内容还应包括辐射检校和对影像质量评估的相关内容。对于多传感器集成的摄影成像系统，还必须考虑系统的检校问题。

2. 摄影仪检校的方法

航空摄影测量的摄影仪检校方法主要有光学实验室检校法、试验场检校法和自检校法。对摄影机内方位元素的确定和物镜光学畸变差的确定是摄影仪检校的主要内容。

五、测绘航空摄影基本要求

1. 航摄像片倾角

航摄像片倾角是指航摄机向地面摄影时，摄影物镜的主光轴偏离铅垂线的夹角。在实际航空摄影过程中，应尽可能获取像片倾角小的近似水平像片，因为应用水平像片测绘地形图的作业要比应用倾斜像片作业方便得多。凡是像片倾角小于2°~3°的航空摄影称为竖直航空摄影，这是常用的一种航空摄影方式。

2. 航摄比例尺

航摄像片的比例尺是指像片上的一个单位距离所代表的实际地面距离。对于平坦地区拍摄的垂直摄影像片，像片比例尺为摄影机主距 f 和像片拍摄处的相对航高 H 的比值，即

$$1:m=\frac{\text{摄影机主距}}{\text{相对航高}}=\frac{f}{H}$$

摄影比例尺 $1:m$ 越大，像片地面分辨率越高，越有利于影像的解译和提高成图的精度。实际工作中，摄影比例尺要根据测绘地形图的精度要求与获取地面信息的需要来确定。

3. 像片重叠度

像片重叠度分为航向重叠和旁向重叠。一般情况下，航空摄影测量作业规范要求航向应达到56%~65%的重叠，以确保在各种不同的地面至少有50%的重叠。相邻航线的像片间也要求具有一定的重叠，称为旁向重叠。旁向重叠度一般应为30%~35%。

4. 航线弯曲与航迹角

把一条航线的航摄像片根据地物景象叠拼起来，每张像片的主点连线不在一条直线上，而呈现为弯弯曲曲的折线，称为航线弯曲。通常规定航线弯曲度不得大于3%。

5. 像片旋偏角

在航空摄影过程中，相邻像片的主点连线与像幅沿航线方向的两框标连线之间的夹角，称航片旋偏角。航片旋偏角的产生是由于飞机在动态中进行摄影，产生左右移动、左右倾斜、航摄仪绕主光轴转动、航线改向、飞机纵轴偏离、航摄仪安装误差以及摄影时的操作误差等综合反映。像片旋偏角过大会减小立体像对的有效作业范围，另外，当按框标连线定向时，会影响立体观测的效果。实际航空摄影时，可通过设置摄影仪在其座架中的旋转角从而消除或减小旋偏角，以达到理想的立体覆盖效果。

①在一条航线上，达到或接近最大旋偏角的像片数不得超过 3 片，且不得连续。
②在一个摄区内出现最大旋偏角的像片不得超过摄区像片总数的 4%。

第二节　测绘航空摄影技术设计

一、航摄技术设计

1. 设计分析

(1)资料收集
收集和分析航摄区域的地理概况、技术设备情况。
(2)方案选择
根据航摄区域的地理特点、技术设备情况、飞行空域概况等，进行系统分析，选择最佳方案。
(3)确定主要设计因子
分析确定航摄精度指标、主要技术参数、使用的软硬件设备、质量控制要求和提交的成果内容。

2. 航摄设计用图的选择

①应是摄区新近出版的基本比例尺地形图；
②一般根据成图比例尺按表 7-2 选择，也可按照现行有关规范的规定进行选择。

表 7-2　**成图比例尺与设计用图比例尺对应关系**

成图比例尺	设计用图比例尺
≥1 : 1 000	1 : 1 万
≥1 : 1 万	1 : 2. 5 万~1 : 5 万
≥1 : 10 万	1 : 10 万~1 : 25 万

3. 航摄比例尺的选择

航摄比例尺按表 7-3 选择，也可根据成图的目的、摄区的具体情况由用户确定。

表 7-3　　　　成图比例尺与航摄比例尺对应关系

成图比例尺	航摄比例尺
1：500	1：2 000~1：3 500
1：1 000	1：3 500~1：7 000
1：2 000	1：7 000~1：1.4 万
1：5 000	1：1 万~1：2 万
1：1 万	1：2 万~1：4 万
1：2. 5 万	1：2. 5 万~1：6 万
1：5 万	1：3.5 万~1：8 万
1：10 万	1：6 万~1：10 万

4. 航摄仪的选择

航空摄影时，应根据测图方法、仪器设备、成图比例尺和测图精度等要求综合选择与其相匹配的航摄仪。

为了适应不同航高和飞行速度的需要，航摄仪的快门应具有较宽的曝光时间变隔范围(1/100~1/1 000 s)。此外，还要求快门的光效系数要高(80%~90%或更高些)。

安放航摄仪的座架应具有良好的减震效果，以防止由飞机的震动而引起不许可的影像模糊。

选择胶片式摄影机时，还要考虑航摄仪的压平系统。航摄仪的压平系统应使航摄软片在曝光时间完全吻合于贴附框平面。应根据摄区的地理位置、摄影季节、地面照度、地物反差和光谱特性等因素，选择合适的航空胶片。

选择数码式摄影机时，则除考虑像机的技术参数外，还要考虑机载数据存储和处理单元的各项指标是否能达到摄影要求。

为保证航摄仪器的稳定状况，选用的摄影器材应是检定合格的仪器和设备。

5. 航摄分区的划分

根据测图要求的比例尺及地区情况选择摄影比例尺及航高，划分航摄分区。

航摄分区划分时，要遵循以下原则：

①分区界线应与图廓线相一致。

②分区内的地形高差一般不大于 1/4 相对航高；当航摄比例尺大于或等于 1：7 000时，一般不应大于 1/6 相对航高。

③分区内的地物景物反差、地貌类型应尽量一致。

④根据成图比例尺确定分区最小跨度，在地形高差许可的情况下，航摄分区的跨度应尽量划大，同时分区划分还应考虑用户提出的加密方法和布点方案的要求。

⑤当地面高差突变，地形特征显著不同时，在用户认可情况下，可破图幅划分航摄分区。

⑥划分分区时，应考虑航摄飞机侧前方安全距离与安全高度。

⑦当采用 GPS 辅助空三航摄时，划分分区除应遵守上述各规定外，还应确保分区界线与加密分区界线相一致或一个摄影分区内可涵盖多个完整的加密分区。

6. 航线敷设方法

在设计中，要根据合同及航线敷设原则，将摄区划分为若干个航摄分区并进行航线敷设。航线敷设时，要遵循以下原则：

①航线应东西向直线飞行。特定条件下也可按照地形走向做南北向飞行或沿线路、河流、海岸、境界等任意方向飞行。

②常规方法敷设航线时，航线应平行于图廓线。位于摄区边缘的首末航线应设计在摄区边界线上或边界线外。

③水域、海区航摄时，航线敷设要尽可能避免像主点落水；要确保所有岛屿达到完整覆盖，并能构成立体像对。

④荒漠、高山区隐蔽地区等和测图控制作业特别困难的地区，可以敷设构架航线。构架航线根据测图控制布点设计的要求设置。

⑤根据合同要求航线按图幅中心线或按相邻两排成图图幅的公共图廓线敷设时，应注意计算最高点对摄区边界图廓保证的影响和与相邻航线重叠度的保证情况，当出现不能保证的情况时，应调整航摄比例尺。

⑥采用 GPS 领航时，应计算出每条航线首末摄站的经纬度(即坐标)。

⑦GPS 辅助空三航摄时，应符合国家现行有关标准规范的要求。

7. 航摄时间的确定

航空摄影应选择本摄区最有利的气象条件，并要尽可能地避免或减少地表植被和其他覆盖物(如积雪、洪水、沙尘等)对摄影和测图的不良影响，确保航摄像片能够真实地显现地面细部。在合同规定的航摄作业期限内选择最佳航摄季节，综合考虑下列主要因素：a. 摄区晴天日数多；b. 大气透明度好；c. 光照充足；d. 地表植被及其覆盖物(如洪水、积雪、农作物等)对摄影和成图的影响最小；e. 彩红外、真彩色摄影，在北方一般避开冬季。

航摄时间的选定原则：a. 既要保证具有充足的光照度，又要避免过大的阴影，一般按表 7-4 规定执行。对高差特大的陡峭山区或高层建筑物密集的特大城市，应进行专门的设计。b. 沙漠、戈壁滩等地面反光强烈的地区，一般在当地正午前后各 2h 内不应摄影。c. 彩红外与真彩色摄影应在色温 4 500~6 800 K 范围内进行；雨后绿色植被表面水滴未干时不应进行彩红外摄影。

表 7-4　　航摄时间的选定原则

地形类别	太阳高度角/(°)	阴影倍数
平地	>20	<3
丘陵地和一般城镇	>30	<2
山地和大中型城市	≥45	≤1
陡峭山区和高层建筑密集的大城市	在当地正午前后 1 h 内	<1

二、技术设计书编写

航摄项目应根据航摄活动的需求编写技术设计书，技术设计书的内容包括项目概况、摄区基本技术要求及技术依据、项目技术设计、实施方案等。

1. 项目概况

主要包括如下内容：
①任务来源及基本概况；
②摄区地理位置、地貌、地物情况、气象状况、执行任务的有利与不利因素；
③飞行空域状况；
④特别需要说明的其他事项，如国界、禁区、安全高度保证等。

2. 摄区基本技术要求及技术依据

技术要素部分说明合同对航摄资料提供的要求及地面处理与成果质量的特殊技术要求等。技术依据部分要说明项目设计编写过程中所引用的标准、规范或其他技术文件。

3. 项目技术设计

项目技术设计包括航摄分区设计、航线设计、技术参数设计、摄影时间等。技术设计时，根据航摄技术设计要求，设计并计算相关的技术参数。内容包括：a. 航摄因子计算表；b. 飞行时间计算表；c. 航摄材料消耗计算表；d. GPS 领航数据表。

采用不同的航摄平台时，其技术设计应符合该航摄平台的性能指标。如无人机航摄在设计飞行高度时，应高于摄区和航路上最高点 100 m 以上，设计总航程时应小于无人机能到达的最远航程。

4. 实施方案

项目实施方案包括项目实施过程的飞行保障、软硬件设备选择、主要技术标准及精度要求、质量控制、成果提交、人员及进度安排等。

①飞行保障。包括飞机型号、机场、导航设备、空域协调等。

②软硬件设备选择。包括航摄仪及数据处理设备等。

③主要技术标准及精度要求。根据相应比例尺的航空摄影测量规范及本项目的应用需求，航摄活动应达到的主要技术标准及精度要求。包括重叠度、旋偏角、航高、航线弯曲度、相片倾角、太阳高度角、影像质量等。

④质量控制。航空摄影质量控制主要包括飞行质量控制、摄影质量控制、补摄与重摄的技术要求及控制方法、采取的主要质量保证措施等。

⑤成果提交。上交和归档航摄成果、摄影机检校报告、技术文件、质检结果及其他资料。

⑥人员及进度安排。包括参与本项目的人员及航摄计划安排。

设计要在项目的合同规定期限范围内，结合工作的准备情况，安排合适的时间。生产进度安排时，将项目的整个过程划分成不同的阶段，规定各个阶段要完成的主要工作和要达到的目标，完成每个阶段任务的时间段等。

在安排生产进度时，要注意考虑计划进行中的意外因素，在时间上预留一定的缓冲空间。

第三节　测绘航空摄影的作业过程

测绘航空摄影作业过程主要包括航摄空域申请、编写航空摄影技术设计书、航摄仪的选用和检定、航摄季节和航摄时间的选择、摄区划分、航摄基本参数计算、成果质量检查和成果整理与验收等技术环节。

一、航摄空域申请

航摄空域申请主要包括以下两方面工作内容：

①航摄计划制订：根据航摄范围，编制航摄范围略图，航摄范围略图中应详细标注航摄范围线上所有经纬度坐标，并制订出完成该航摄计划所需要的时间计划。

②航摄空域申请：由航摄项目所在的地方政府出具《航空摄影空域申请报告》，申请报告包括航摄范围和航摄所需要的时间计划等内容。航摄范围略图作为《航空摄影空域申请报告》的必要附件一并报送航摄区域所属的大军区司令部。应获得大军区司令部同意使用该空域的批复和大军区司令部下属空军司令部同意使用该空域的批复两份文件。

二、编写航空摄影技术设计书

航空摄影技术设计书包括任务来源、摄区概况、主要技术依据、技术设计、实施方案、质量控制与保障、成果整理与包装、提交成果资料等内容。

三、机型选择

根据摄影的相对航高选择飞机的机型。例如，某摄区摄影的相对航高为 480 m，可用运五型飞机飞行，该机是小型单螺旋桨双翼飞机，最高升限 4 000 m，巡航速度 180 km/h，飞机姿态保持由先进的 GPS 全球定位系统与相机检影器共同承担，在航迹修正及飞机的俯仰、横滚与侧滚的控制方面均能达到较满意的效果。

四、航摄仪选择

应根据测图方法、仪器设备、成图比例尺和测图精度等要求综合选择与其相匹配的航摄仪。例如，某摄区选用高精度数码航摄仪 DMC2001，焦距为 120 mm。该相机具有小畸变、大光圈、高分辨率和均质的镜头系统，同时具有全电子像移补偿(FMC)装置，提高了影像的清晰度。基于面阵 CCD 传感器，影像具有已定义的、刚性几何特征；传统的中心投影几何方式，适用于现有的数字摄影测量系统软件；每像素(12 μm×12 μm)12 bit 的辐射分辨率，确保影像顶级清晰度；带有陀螺平台的镜头座架 t-as 和飞行管制系统 ASMS，既可以保证所摄影像的清晰度，又可以自动保持相机在工作中的正确姿态。相机的物镜分解力、径向畸变差等均于当年检测并达到作业要求。

五、航摄仪检定

航摄仪检定应由具有相应资质的法定检验单位进行。根据每台航摄仪的稳定状况，凡有下列情况之一者应进行检定：a. 距前次检定时间超过 2 年；b. 快门曝光次数超过 20 000 次；c. 经过大修或主要部件更换以后；d. 在使用或运输过程中产生剧烈震动以后。

航摄仪检定项目如下：a. 检定主距；b. 径向畸变差；c. 最佳对称主点坐标；d. 自准直主点坐标；e. CCD 面阵坏点。

六、航摄季节和航摄时间的选择

航空摄影应选择本摄区最有利的气象条件，并要尽可能地避免或减少地表植被和其他覆盖物(如积雪、洪水、沙尘等)对摄影和测图的不良影响，确保航摄像片能够真实地显现地面细部。在合同规定的航摄作业期限内选择最佳航摄季节和航摄时间。

摄区划分、航摄基本参数计算在前面相关章节已介绍。成果质量检查和成果整理与验收将在后面有关章节讲述。

第四节　测绘航空摄影中的新技术

一、GPS

1. 航摄飞行导航

使用 GPS 进行航空摄影导航，保证摄影比例尺、航向叠度及旁向叠度。

2. GPS 辅助空中三角测量中的导航与定位

GPS 辅助空中三角测量的目的是利用 GPS 精确的测定摄影曝光瞬间航摄仪物镜中心的位置，将所测数据应用于摄影测量内业加密，以便尽可能减少对地面控制点的数量要求。用于确定摄影曝光瞬间航摄仪物镜中心的位置时，需采用高精度相位差分的 GPS 动态定位方法，其实时差分定位可用于摄影导航，而确定航摄仪物镜中心的位置则利用布设在地面的 2~3 台 GPS 基准站的观测数据进行后处理获得。

二、机载激光扫描测量技术

三维激光扫描测量技术克服了传统测量技术的局限性，采用非接触主动测量方式直接获取高精度三维数据。它具有扫描速度快、实时性强、精度高、主动性强、全数字特征等特点，可极大地降低成本、节约时间，而且使用方便。

激光扫描技术与惯性导航系统（INS）、全球定位系统（GPS）、电荷耦合（CCD）等技术相结合，在大范围数字高程模型的高精度实时获取、城市三维模型重建、局部区域的地理信息获取等方面表现出强大的优势，成为摄影测量与遥感技术的一个重要补充。

三、机载侧视雷达

机载侧视雷达是利用装于飞机机身两侧或下方的天线，随着飞机向前飞行而扫描飞机下方两侧的带状地面，进行高分辨率地形测绘的雷达。飞行器上的侧视雷达包括发射机、接收机、传感器、数据存储和处理装置等部分。

侧视雷达具有下列特点：a. 具有全天候工作性能；b. 分辨率高，所摄照片清晰；c. 覆盖面积大，提供信息快，把飞行中连续拍摄的照片拼接起来可构成大面积的地形图；d. 不易受干扰；e. 具有分辨地面固定和活动目标的能力。

机载合成孔径侧视雷达在农业、地质勘探、资源考察、环境保护和海洋调查等方面已获广泛应用。机载和星载 SAR 影像的应用主要体现在地形的立体测绘方面。利用雷达图像提取地形信息，除了基于同轨或异轨雷达图像的立体测量外，还有一种新的技术，称为雷达干涉测量技术(InSAR)，它可以用来提供大范围的数字高程模型(DEM)。

雷达干涉测量技术的应用领域涉及地形测量、地壳形变监测、土地利用变化监测、海面洋流监测及舰船的跟踪以及火山灾害监测等。

四、低空遥感系统

低空遥感系统主要包括超轻型飞行器航摄系统和无人飞行器航摄系统。超轻型飞行器航摄系统是指采用 2 000 万像素以上框幅式数码相机和有人驾驶超轻型固定翼飞机、三角翼飞行器、动力滑翔伞、直升机等飞行平台进行航空摄影的系统。无人飞行器航空系统是指采用 2 000 万像素以上框幅式小像幅数码像机和无人驾驶的固定翼飞机、直升机、飞艇等飞行平台进行航空摄影的系统。无人驾驶低空遥感系统由无人驾驶飞行器平台系统、测控及信息传输分系统、轻小型多功能对地观测传感器系统、遥感空基交互控制系统、地面实验处理与加工系统、综合保障系统组成，在我国北方低平原地区应用较多，其成果质量无法保证，适合于对精度要求不高的影像拼接、规划、灾害应急等；地形图更新以及小范围区域的 4D 产品制作等用图需求则有人驾驶超轻型飞行器低空遥感系统更适合，国内平原、山地地区均有应用实例。

五、定位定姿系统

定位定姿系统是 IMU/DGPS 组合的高精度位置与姿态测量系统(POS)，利用装在飞机上的 GPS 接收机和设在地面上的一个或多个基站上的 GPS 接收机同步而连续地观测 GPS 卫星信号，精密定位主要采用差分 GPS 定位(DGPS)技术，而姿态测量主要是利用惯性测量装置(IMU)来感测飞机或其他载体的加速度，经过积分等运算，获取载体的速度和姿态(如位置及旋转角度)等信息。

机载 POS 系统一般由以下几部分组成：

①惯性测量装置(IMU)。IMU 由三个加速度计、三个陀螺仪、数字化电路和一个执行信号调节及温度补偿功能的中央处理器组成。

②GPS 接收机。GPS 系统由一系列 GPS 导航卫星和 GPS 接收机组成，并采用载波相位差分的 GPS 动态定位技术解求 GPS 天线相位中心位置。

③计算机系统。计算装置包含 GPS 接收机、大规模存储系统和一个实时组合导航的计算机，实时组合导航计算的结果作为飞行管理系统的输入信息。

④数据后处理软件。数据后处理软件通过处理 POS 系统在飞行中获得的 IMU 和 GPS 原始数据以及 GPS 基准站数据得到最优的组合导航解。当 POS 系统用于摄影测量时，最后还需要利用后处理软件解算每张影像在曝光瞬间的外方位元素。

第五节　航摄成果的检查验收

一、质量控制

1. 飞行质量检查

航摄飞行质量是航摄像片的航向重叠度、旁向重叠度、像片倾斜角、旋偏角、航线弯曲度、实际航高与预定航高之差、摄区和摄影分区的边界覆盖等质量要求的总称。具体的飞行的质量要求可参考相应的航空摄影测量规范。飞行质量检查主要检查以下方面：a. 像片重叠度；b. 像片倾斜角；c. 像片旋偏角；d. 航线弯曲度；e. 航高保持；f. 摄区、分区、图廓覆盖保证；g. 图幅中心线和旁向两相邻图幅公共图廓线敷设航线的飞行质量；h. 控制航线(构架航线)；i. 漏洞补摄；j. 飞行记录填写等。

2. 摄影质量检查

胶片摄影质量检查包括影像的密度、反差、像点位移误差、框标和数据记录、反差、清晰度、色彩等的检查，其具体要求可参见有关规范。数码摄影质量检查包括影像的清晰度、层次的丰富性，色彩发差和色调柔和情况，影像有无缺陷，拼接影像品有无明显模糊、重影和错位、像点位移误差等。

二、成果整理

航摄工作完成后，要提供的航摄成果有航摄影像成果及各类文本资料。

1. 胶片航摄

胶片航摄一般包括航空摄影原始底片、数码航摄仪的原始数据资料、航摄像片(按合同规定提供的份数)、摄区完成情况图、摄区航线、像片索引图、航摄仪技术参数检定报告、航空摄影底片压平质量检测报告、航空摄影底片密度检测报告、航摄鉴定表、像片中心点接合图、航空摄影技术设计书、航空摄影飞行记录、航摄底片感光测定报告及底片摄影处理冲洗报告、像片中心点坐标数据、附属仪器记录数据等。

2. 数码航摄

数码航摄一般包括影像数据、航线示意图、航摄相机在飞行器上安装方向示意图、航空摄影技术设计书、航空摄影飞行记录、像机检定参数文件、航摄资料移交书、航摄军区批文、航摄资料审查报告、其他相关资料等。

模拟试题汇编及参考答案

模拟试题汇编

一、单项选择题(共104题，每题的备选选项中，只有一项最符合题意)。

1. 航测法成图的内业主要工作是电算加密以及(　　)和立体测图。

A. 像片图测图　　B. 像片纠正

C. 像片调绘　　D. 像片坐标量测

2. (　　)是航测中建立平面坐标系、进行像点坐标量测及对像片进行变形改正的重要依据。

A. 主距　　B. 框标

C. 分辨率　　D. 同名点

3. 对平坦地区进行航空摄影测量，欲提高高程量测精度，航摄仪宜选用(　　)镜头。

A. 长焦距　　B. 中等焦距

C. 较长焦距　　D. 短焦距

4. 下列有关数码航摄仪的特性，说法错误的是(　　)。

A. 像元大小决定影像几何分辨率

B. 面阵排列像元总数为行与列的乘积

C. 摄影物镜的几何尺寸较小

D. 获取连续影像的最小周期为连续摄影最大时间间隔

5. 航摄影像上高出摄影基准面物点的摄影比例尺(　　)基准面上的物点的摄影比例尺。

A. 小于　　B. 大于

C. 等于　　D. 小于等于

6. 恢复一个像对的两张像片内方位元素的工作称为(　　)。

A. 内定向　　B. 相对定向

C. 绝对定向　　D. 坐标转换

7. 像片判读时，在像片上的一片草地主要是通过其(　　)来判定。

A. 色调特征　　B. 阴影特征

C. 纹理特征　　D. 图案结构特征

8. 航外控制测量中要求高级地形控制点对于附近国家等级三角点的平面位置中误差不超过图上(　　)mm。

A. 0.05　　B. 0.1

C. 0.15　　D. 0.2

9. 航外控制测量中，对于不规则区域网布点，补飞航线应在航线(　　)度重叠出布设平高点。

A. 3　　B. 4

C. 5　　D. 6

10. 下列要求中，符合航空摄影测量规范关于航线敷设时应遵循的原则的有(　　)。

A. 航线应南北向直线飞行

B. 航线应垂直于图廓线

C. GPS 领航应计算出每条航线首尾站经纬度

D. 水域、海区可以敷设构架航线

11. 为了满足内业成图的需要和保证像片图及图幅间不致发生漏洞与重复，划分调绘面积时应使得调绘面积线距像片边缘大于(　　)cm。

A. 1　　B. 2

C. 3　　D. 5

12. 大比例尺航摄像片调绘时，当投影差大于图上(　　)mm，将对成图精度产生影响，应进行改正。

A. 0.1　　B. 0.2

C. 0.3　　D. 0.4

13. 数字摄影测量系统采用数字影像相关方法在左、右影像中寻找(　　)。

A. 像主点　　B. 像底点

C. 框标点　　D. 同名像点

14. 航摄成果检查像片重叠度是否满足要求时，应以重叠部分的(　　)部分为准。

A. 最低地形　　B. 最高地形

C. 摄影标志　　D. 明显地物

15. 在生产中，为了方便地确认像片控制点的性质，由字母“V”代表的是(　　)。

A. 平面点　　B. 高程点

C. 平高点　　D. 等外水准点

16. 连续像对相对定向是以左像片为基础，求解右像片相对于左像片的(　　)个定向元素的过程。

A. 3　　B. 4

C. 5　　D. 6

17. 单张像后方交会中，需已知地面点坐标的点数至少为(　　)。

A. 1　　B. 2

C. 3　　D. 4

18. 航空摄影实施过程中，同一航线内，各摄影站的航高差不得大于(　　)m。

A. 20　　B. 30

C. 50　　D. 100

19. 大比例尺航空摄影，当相对航高大于 1 000 m 时，其实际航高与设计航高之差不得大于设计航高的(　　)。

A. 2%　　B. 3%

C. 4%　　D. 5%

20. 摄影测量共线方程中，像片的三个外方位元素共组成(　　)个方向余弦。

A. 3　　B. 6

C. 9　　D. 12

21. 下列立体观测方法中，主要应用于数字摄影测量系统的是(　　)。

A. 红绿色互补法　　B. 光闸法

C. 偏振光法　　D. 液晶闪闭法

22. 数字摄影测量中，采用双线性插值法进行影像重采样至少需要(　　)个采样点。

A. 4　　B. 6

C. 12　　D. 16

23. 航空摄影时为了使立体像对之间有一定的连接，一般在航线方向要保持(　　)度重叠。

A. 3　　B. 4

C. 5　　D. 6

24. 我国航摄规范规定，摄影比例尺为 1∶500～1∶10 万时，最大容许像移值 δ 为(　　)mm。

A. 0.03　　B. 0.04

C. 0.05　　D. 0.06

25. 摄影机的像移补偿装置，是通过胶片沿焦平面移图像的移动速度移动以达到去除图像模糊的目的，下列参数中与图像移动速度无关的是(　　)。

A. 飞机飞行速度 v　　B. 航高 H

C. 航摄仪焦距 f　　D. 曝光时间 t

26. 航空摄影时，在航摄仪成像面的地面构像沿航线方向产生的像移值 δ，与之成反比的参数是(　　)。

A. 摄影比例尺　　B. 航摄影焦距

C. 航高　　D. 曝光时间

27. 数字摄影测量系统中，利用计算机的影像匹配，通过自动量测(　　)对以上同名点像片坐标来解算相对定向元素。

A. 5　　B. 6

C. 7　　D. 12

28. 下列遥感卫星中，全色波段影像空间分辨率最高的是(　　)。

A. 资源三号　　B. QuickBird

C. SPOT5　　D. WorldView

29. 航空摄影测量中，因地面物体具有一定的高度或地形自然起伏所引起的航摄像片上的像点位移称为航摄像片的(　　)。

A. 倾斜误差　　B. 辐射误差

C. 畸变误差　　D. 投影差

30. 下列关于航摄分区划分原则的描述，错误的是(　　)。

A. 分区界线应与图廓线相一致

B. 分区内的地形高差一般不大于1/4相对航高

C. 分区内的地物景物反差、地貌类型应尽量一致

D. 根据航摄比例尺确定分区最小跨度

31. 下列关于航线敷设原则的描述，错误的是(　　)。

A. 航线应东西向直线飞行

B. 航线应平行于图廓线

C. 要尽可能避免像主点落水

D. 位于摄区边缘的首末航线应设计在摄区边界线上或边界线内

32. 下列关于选择最佳航摄季节的描述，错误的是(　　)。

A. 摄区晴天日数多

B. 大气透明度好，光照充足

C. 地表植被及其覆盖物对摄影和成图的影响最小

D. 彩色红外、真彩色摄影，在北方一般避开夏季

33. 下列关于航摄时间选定原则的描述，错误的是(　　)。

A. 既要保证具有充足的光照度，又要避免过大的阴影

B. 对高差特大的陡峭山区或高层建筑物密集的特大城市，应进行专门的设计

C. 沙漠、戈壁滩等地面反光强烈的地区，一般在正午前后2 h内不应摄影

D. 雨后绿色植被表面水滴未干时不应进行真彩色摄影

34. 摄影基线与航高的比值称为航空摄影的基高比，下列因素中，与基高比成正比的是(　　)。

A. 航高　　B. 重叠度

C. 航摄仪焦距　　D. 航摄仪像幅在航线方向的边长

35. 航摄时间的选定，既要保证充足的光照度，又要避开过大的阴影。对于丘陵地、小城镇太阳高度角(h_θ)的选择应超过(　　)。

A. 15°　　B. 20°

C. 30°　　D. 45°

36. 在山地进行航空摄影时，要求太阳高度角最小为(　　)。

A. 20°　　B. 30°

C. 45°　　D. 60°

37. 在高层建筑物密集的大城市进行航空摄影，限定在当地正午前后各(　　)小时内进行。

A. 0.5　　B. 1

C. 2　　D. 2.5

38. 在高差特大的陡峭山区进行航摄，限定当地正午前后1小时进行，且要求阴影倍数应(　　)倍。

A. <3　　B. <2

C. <1　　D. ≤1

39. 沙漠、戈壁滩等地面反光强烈的地区，一般在当地正午前后各(　　)小时内不应摄影。

A. 0.5　　B. 1

C. 2　　D. 2.5

40. 某航空摄影测量生产任务，摄影分区长度为10.03 km，摄影基线为100 m，则该航线上的像片数为(　　)。

A. 100　　B. 101

C. 102　　D. 103

41. 像片倾角误差是由于像片倾斜而引起的，在(　　)上的像点无倾斜误差。

A. 等比线　　B. 主纵线

C. 像片边缘　　D. 等角点

42. 航摄像片的投影误差是由于地面起伏而引起的误差，下列关于投影误差的特性说法错误的是(　　)。

A. 投影误差发生在像底点的辐射线上

B. 投影误差的大小与辐射距 r 无关

C. 投影误差的大小与地面点到基准面的高差成正比

D. 投影误差与基准面的航高成反比

43. 将像对的两张像片在各自平面内绕某同名像点按同方向旋转(　　)放置，在立体观察时只有平面图像的感觉效果，称为零立体效应。

A. 45°　　B. 90°

C. 135°　　D. 180°

44. 建立一个可量测的立体几何模型必须恢复(　　)个外方位元素。

A. 5　　B. 6

C. 7　　D. 12

45. 下列关于像片控制点布设的要求中，说法错误的是(　　)。

A. 同一幅图或同一区域内，像控点应从左到右，从上到下的顺序同一排立

B. 同一类点在同一幅图或同一布点区内必须同号表示

C. 利用相邻幅或领区的控制点时仍原元编号，并注记相邻图幅号

D. 一般用 P 代表平面点，G 代表高程点，N 代表平高点，V 代表等外水准点

46. 像片控制点布设过程中，因旁向重叠较小，需要分别布点时，控制范围所裂开的垂直距离不得大于(　　)cm。

A. 1.0　　B. 1.5

C. 2.0　　D. 3.0

47. 像片控制点应选在旁向重叠中线附近，对于23cm×23cm 像幅的像片，离开方位线的距离应大于(　　)cm。

A. 1.0　　B. 1.5

C. 3.0　　D. 4.5

48. 某航空摄影测量生产任务，摄影分区宽度为5.03 km，航线间隔为50 m，则该航线上的航线数为(　　)。

A. 100　　B. 101

C. 102　　D. 103

49. 通常，我们把像片上能用来识别地面物体的影像特征叫做像片的(　　)。

A. 判读特征　　B. 解译标志

C. 解译区域　　D. 判读标志

50. 摄影物镜的主光轴偏离铅垂线的夹角，称为(　　)。

A. 像片旋转角　　B. 航迹角

C. 航线弯曲度　　D. 像片倾角

51. 航空摄影时，为了防止影像模糊，航摄仪应加装(　　)。

A. 航摄滤光片　　B. 影像位移补偿装置

C. 减振器　　D. 航摄仪自动曝光系统

52.《数字航摄仪检定规程》规定，检定场应均匀地、密集地布设控制点，单张像幅至少需要(　　)个控制点。

A. 3　　B. 6

C. 9　　D. 12

53.《数字航摄仪检定规程》规定，检定场控制点密集区的控制点个数应不少于(　　)个。

A. 30　　B. 60

C. 90　　D. 100

54. 按现行的《数字航摄仪检定规程》规定，检定场控制点尺寸设计应覆盖(　　)像元以上，且控制点的中心颜色应与周边物体有较大的反差。

A. 3　　B. 6

C. 9　　D. 12

55. 某单位承接了一平原地区1∶2 000地形图测量项目，并由无人飞机航空摄影完成，各摄影分区基准面的地面分辨率应选择在(　　)cm 范围内。

A. ≤5　　B. 8~10
C. 15~20　　D. 25~30

56. 航片编号采用以(　　)为单位的流水编号。
A. 测图范围　　B. 摄区
C. 分区　　D. 航线

57. 航片编号有12位数字构成，采用以航线为单位的流水编号。其中5~6位为(　　)。
A. 摄区代号　　B. 分区号
C. 航线号　　D. 航片流水号

58. 数字航片编号自左至右的正确顺序为(　　)。
A. 摄区代码—分区号—航线号—航片流水号
B. 摄区代码—航线号—分区号—航片流水号
C. 分区号—摄区代码—航线号—航片流水号
D. 分区号—航线号—摄区代码—航片流水号

59. 某单位进行一航空摄影测量项目，其中某分区一航线编号为001 012013 021022 030的像片，由于摄影质量达不到精度，须补飞该航线，则补飞航线的航片流水号为(　　)。
A. 001 012013 021022 031　　B. 002 012013 021022 031
C. 001 012013 021022 530　　D. 002 012013 021022 530

60.《无人机航摄安全作业基本要求》，无人机起降场应距离军用、商用机场(　　)km以上。
A. 5　　B. 10
C. 15　　D. 20

61.《无人机航摄安全作业基本要求》，无人机伞降时应确保无人机预定着陆点(　　)m范围内没有非工作人员。
A. 50　　B. 100
C. 150　　D. 200

62.《无人机航摄安全作业基本要求》规定，飞行现场管理弹射起飞时发射架前方(　　)m、90°夹角扇形区域不能站人。
A. 50　　B. 100
C. 150　　D. 200

63. 无人机航摄对飞行平台的性能指标要求中，实用升限高于海拔(　　)m。
A. 2 000　　B. 2 500
C. 3 000　　D. 5 000

64. 无人机航摄对飞行导航与控制系统的性能指标要求，航路点设置数量应多于(　　)个。
A. 50　　B. 75

C. 100　　D. 150

65. 无人机航摄对地面监控系统性能指标要求，无线电遥感器通道数应多于(　　)个，以满足使用要求。

A. 4　　B. 6

C. 8　　D. 12

66. 无人机航摄对数码像机的性能指标要求中，像素 2 000 万的影像能存储(　　)幅以上。

A. 500　　B. 600

C. 800　　D. 1 000

67. 下列对于航线敷设原则叙述错误的是(　　)。

A. 航线飞行方向一般设计为东西向，特定条件下亦可设计南北向或任意方向飞行

B. 位于摄区边缘的首末航线应设计在摄区边界线上或边界线外

C. 当相邻航线重叠度不能保证满足要求时，应调整航摄比例尺

D. 沿图幅中心线敷设航线时，平行于航摄飞行方向的测区边缘可不用外延一条航线

68. 下列各项资料中，不属于航摄设计书内容的是(　　)。

A. 航摄因子计算表　　B. 航摄材料消耗计算表

C. 航摄鉴定表　　D. GPS 领航数据表

69. 航摄飞行时间的计算，分区摄影时间等于分区面积除以航线间隔乘以(　　)系数再除以有效速度。

A. 0.85　　B. 1.2

C. 1.3　　D. 1.5

70. 下列关于航空摄影时飞行质量的要求，叙述错误的是(　　)。

A. 航向重叠度一般应为 60%~65%；个别最大不应大于 75%，最小不应小于 56%

B. 像片倾斜角一般不大于 3°，个别最大不大于 5°

C. 航摄比例尺越大，像片旋角的允许值就越大，但一般以不超过 6°为宜

D. 航线弯曲度一般不大于 3%

71. 航空摄影测量实施过程中一般要求相邻航线的像片旁向重叠度应为(　　)。

A. 20%~25%　　B. 25%~30%

C. 30%~35%　　D. 35%~40%

72. 航空摄影测量实施过程中一般要求旁向重叠度最小不应小于(　　)。

A. 12%　　B. 13%

C. 14%　　D. 15%

73. 基于某 1：2 000 比例尺的航空摄影项目，要求同一条航线上相邻像片的航高差不应大于(　　)m。

A. 10　　B. 20

C. 30　　D. 40

74. 航摄设计用图应选择摄区新近出版的基本比例尺地形图，当成图比例尺为1∶5 000时，应选择的设计用图比例尺为(　　)。

A. 1∶1 万　　B. 1∶2.5 万~1∶5 万

C. 1∶5 万~1∶10 万　　D. 1∶10 万~1∶25 万

75. 航摄设计用图应选择摄区新近出版的基本比例尺地形图，当成图比例尺为1∶2.5万时，应选择的设计用图比例尺为(　　)。

A. 1∶1 万　　B. 1∶2.5 万~1∶5 万

C. 1∶5 万~1∶10 万　　D. 1∶10 万~1∶25 万

76. 进行航空摄影测量对航摄仪的选择应综合考虑，但其有效使用面积内镜头分辨率应不低于(　　)线对/mm。

A. 15　　B. 25

C. 35　　D. 45

77. 对于较大面积的航空摄影测区，对于航摄仪的选择，最多可采用(　　)个不同主距的航摄仪，但在同条航线上只能采用同一主距的航摄仪。

A. 2　　B. 3

C. 4　　D. 5

78. 进行航空摄影测量要求航摄胶片的分辨率不应小于(　　)线对/mm。

A. 55　　B. 65

C. 75　　D. 85

79. 进行 1∶5 000 地形图航空摄影时，下列关于飞行质量的叙述错误的是(　　)。

A. 同一条航线上相邻像片的航高差不应大于 20 m

B. 最大航高与最小航高之差不应大于 50 m

C. 航摄分区内实际航高与设计航高之差不应大设计航高的 5%

D. 1∶5 000 和 1∶25 000 地形图航空摄影时，对航高的要求一样

80. 制订航摄任务计划时要根据计划测图的范围和图幅(　　)。

A. 划定需要航摄的区域范围　　B. 确定航摄分区

C. 确定航摄基准面　　D. 确定航线敷设方法

81. 进行 1∶10 000 地形图航摄时，下面关于测区覆盖保证和按图幅中心线敷设航线时的飞行质量要求，叙述错误的是(　　)。

A. 按图幅中心线和旁向两相邻图幅公共图廓线敷设航线时，旁向超出分区界线最少不少于像幅的 10%

B. 要求一张像片覆盖一幅图和一张像片覆盖四幅图时，中心片的选择要保证图廓线距像片边缘一般不少于 2.5 cm，最少不少于 1.5 cm

C. 旁向覆盖超出摄区边界线一般不少于像幅的 50%，最少不少于像幅

的 30%

D. 实际航迹偏离图幅中心线一般不应大于旁向图廓边长的 1/5

82. 进行 1∶50 000 地形图航空摄影时，对构架航线的要求叙述正确的是(　　)。

A. 构架航线的摄影比例尺应比测图航线的摄影比例尺大 25%左右，应有不小于 75%的航向重叠度

B. 位于摄区周边的构架航线，要保证其像主点落在摄区边界线上或边界线之外，两端要超出摄区边界线 2 条基线

C. 位于摄区内部加密分区间的构架航线，要保证其像主点落在所跨乘的加密分区界线两侧测图航线 1 条基线的范围内

D. 控制航线间的交叉衔接处，要保证有不少于四条基线的相互重叠

83. 定位定资系统是(　　)组合的高精度位置与姿态测量系统。

A. IMU/InSAR　　B. INS/GPS

C. IMU/DGPS　　D. INS/DGPS

84. 航摄 1∶1 万地形图时对最大曝光时间的限定，除保证航摄胶片正常感光外，还应确保因飞机地速的影响，在曝光瞬间造成的像点位移不得超过(　　)mm。

A. 0.01　　B. 0.02

C. 0.03　　D. 0.04

85. 用数字摄影测量方式进行自动相对定向，同名点的剩余上下视差最大值是(　　)mm。

A. 0. 01　　B. 0. 02

C. 0. 03　　D. 0. 04

86. 下列关于像控点布设的叙述，错误的是(　　)。

A. 控制点距像片的各类标志应大于 1 mm

B. 布设的控制点宜能共用

C. 位于自由图边、待成图边以及其他方法成图的图边控制点，应布设在图廓线外

D. 控制点应选择在旁向重叠中线附近，离开方位线的距离应小于 3 cm

87. 某航空摄影测量作业中，成图比例尺为 1∶1 000，采用航摄比例尺为 1∶4 000。当采用综合法成图的全野外控制点布点时，在每隔号像片测绘区域内需要布设(　　)个平高点。

A. 5　　B. 6

C. 8　　D. 9

88. 某 1∶1 000 地形图航空摄影测量外业中，像片控制点离开通过像主点且垂直于方位线的直线一般不应大于(　　)cm。

A. 1　　B. 1. 5

C. 2　　D. 3

89. 1∶2 000 地形图航空摄影测量外业中，高山或低于纠正起始面的物体，投影差不大于图上(　　)mm 时，应进行投影差改正。

A. 0.1　　B. 0.2

C. 0.3　　D. 0.5

90. 1∶5 000 地形图航空摄影测量中，图上地物点对附近野外控制点的平面位置中误差，平地、丘陵地不超过±(　　)mm。

A. 0.5　　B. 0.75

C. 1.0　　D. 1.2

91. 1∶5 000 地形图航空摄影外业测量中，对于平高控制点的布设，当采用一张中心像片覆盖一幅图的方法作业时，区域网范围在 16 幅以内采用周边(　　)点法布设。

A. 6　　B. 8

C. 10　　D. 12

92. 1∶10 000 地形图航空摄影外业测量中，对于平高控制点的布设，当一幅图有 2 条以上航线覆盖时，山地、高山地以(　　)幅图为一个区域的，采用周边 6 点法布设。

A. 6　　B. 8

C. 10　　D. 12

93. 1∶10 000 地形图航空摄影外业测量中，对于补飞航线应在(　　)重叠处布设平高控制点。

A. 2°　　B. 3°

C. 4°　　D. 5°

94. 1∶5 000 地形图航空摄影外业测量中，对于单航线布点，每条航线按(　　)点法布设平高点。

A. 四或五　　B. 五或六

C. 六或七　　D. 七或八

95. 1∶5 000 地形图航空摄影外业测量中，立测法成图中，如云影子、阴影、雪影等，覆盖面积在像片上小于(　　)cm^2，且位于地形简单的等倾斜面上时，除补测地物外，可在实地将影像不明显的地貌用任意等高线描绘，以供内业修改。

A. 2　　B. 3

C. 4　　D. 5

96. 采用航空摄影进行 1∶25 000 比例尺地形图的数字化成图时，高山地的高程注记点密度应为图上每 100 cm^2内(　　)个。

A. 5~20　　B. 10~20

C. 8~15　　D. 15~25

97. 衡量等高线高程精度的公式 $m_h = \pm\sqrt{a^2 + b^2\tan^2\alpha}$ 适用于(　　)。

A. 1∶500 地形图高山地地面坡度在 40°以上

B. 1∶1 000 地形图高山地

C. 比例尺为 1∶25 000 以下的地形图山地、高山地

D. 1∶2 000 地形图山地、高山地

98. 采用航空摄影进行 1∶50 000 比例尺地形图的数字化成图时，对于平地要求像片高程控制点相对于邻近基础控制点的中误差应不大于(　　)m。

A. 0.6　　B. 0.8

C. 1.0　　D. 1.2

99. 当采用像幅为 23 cm×23 cm 的像片进行 1∶50 000 地形图航空摄影外业像片控制点的布设时，控制点距像片边缘不应小于(　　)cm。

A. 1.0　　B. 1.2

C. 1.5　　D. 2.0

100. 当采用像幅为 23 cm×23 cm 的像片进行 1∶50 000 地形图航空摄影外业像片控制点的布设时，控制点距像片的各类标志应大于(　　)mm。

A. 1.0　　B. 1.2

C. 1.5　　D. 2.0

101. 1∶50 000 地形图航空摄影外业测量时，对于航线布点，一般以(　　)幅图为单位。

A. 1　　B. 2

C. 3　　D. 4

102. 1∶25 000 地形图航空摄影外业测量，需构架航线布点的困难地区，每条航线应布设(　　)个平高点。

A. 3　　B. 4

C. 5　　D. 6

103. 1∶50 000 地形图航空摄影外业测量时，不规则区域网布点，在凸角转折处布设(　　)。

A. 平面控制点　　B. 高程控制点

C. 地形控制点　　D. 平高控制点

104. 根据《无人机航摄安全作业基本要求》，当发动机在地面着车时，人员至少应远离发动机正侧方和正前方(　　)m。

A. 5　　B. 10

C. 15　　D. 20

二、多项选择题(共 30 题，每题的备选选项中，有 2 项或 2 项以上符合题意，至少有 1 项是错项)。

1. 数码航摄仪获取连续影像的最小周期是数码航摄仪进行连续摄影时的最小时间间隔，其最主要的影响因素是(　　)。

A. CCD 像元总数　　B. CCD 响应时间

C. CCD 所能感受的光谱范围　　D. CCD 数据压缩率

E. CCD数据记录速度

2. 摄影测量外业中，布设区域网的大小和像片控制点的跨度主要考虑因素有(　　)。

A. 成图精度　　　　B. 气候环境

C. 航摄资料条件　　　　D. 航高

E. 系统误差处理

3. 摄影测量中加密平、高点的量测精度主要取决于(　　)。

A. 飞行质量　　　　B. 航摄系统质量

C. 摄影比例尺大小　　　　D. 地形特征

E. 影像反差

4. 航空摄影时，对于航摄仪焦距的选择主要考虑的因素有(　　)。

A. 成图方法　　　　B. 测绘成果类型要求

C. 航摄像片数量　　　　D. 测区地形特征

E. 航摄比例尺

5. 航空摄影时，引起像片产生重叠度误差的主要原因是(　　)。

A. 气流的稳定性　　　　B. 摄区地物的变化

C. 摄区地形条件　　　　D. 摄区分区划分

E. 航高高度

6. 航空摄影中计算分区摄影时间的每条航线所需要的摄影时间主要取决于(　　)。

A. 航线长度　　　　B. 航线间隔

C. 摄影比例尺　　　　D. 飞机速度

E. 领航技术水平

7. 航摄仪使用像移补偿装置后的作用是(　　)。

A. 获得更高分辨率的遥感图像数据

B. 提高大比例尺航摄影像的质量

C. 可以使曝光时间不受限制

D. 可以提高航摄生产率

E. 利于消除空中蒙雾亮度的影响

8. 遥感图像的质量评定一般是通过(　　)进行综合评估的。

A. 图像的可检测性　　　　B. 图像的直观性

C. 图像的可分辨性　　　　D. 图像的可量测性

E. 图像的一览性

9. 航空摄影机通常根据其(　　)进行分类。

A. 主距　　　　B. 光圈

C. 曝光时间　　　　D. 感光材料

E. 像场角

10. 航摄仪的辅助设备主要有(　　)。

A. 座架　　B. 镜箱

C. 航摄滤光片　　D. 影像位移补偿装置

E. 航摄仪自动曝光系统

11. 下列航空摄影仪属于数字航摄仪的是(　　)。

A. RC　　B. DMC

C. Ultra Cam-D　　D. SWDC

E. ADS

12. 大多数情况下，摄影机校验的主要内容包括(　　)。

A. 内方位元素的确定　　B. 物镜光学畸变差的确定

C. 底片压平装置的测定　　D. 像元大小的测定

E. 框标间距以及框标坐标系垂直性的测定

13. 机载 POS 系统一般由(　　)组成。

A. 惯性测量装置　　B. GPS 接收机

C. 计算机系统　　D. 数据后处理软件

E. 数据预处理软件

14. 机载 POS 系统的数据后处理软件通过处理 POS 系统在飞行中获得的(　　)计算得到最优的组合导航解。

A. IMU 原始数据　　B. GPS 原始数据

C. GPS 基准站数据　　D. 曝光瞬间的外方位元素

E. 曝光瞬间的航高

15. 航摄成果质量检查验收中，飞行质量检查的主要内容有(　　)。

A. 航线弯曲度　　B. 航高保持

C. 像片重叠度　　D. 框标和数据记录

E. 像点位移误差

16. 航摄成果质量检查验收中，摄影质量检查的主要内容有(　　)。

A. 像片重叠度　　B. 像片倾斜角

C. 影像清晰度　　D. 框标和数据记录

E. 像点位移误差

17. 下列情况中，需要进行航摄仪检定的是(　　)。

A. 距前次检定时间超过 1 年

B. 经过大修或主要部件更换以后

C. 快门曝光次数超过 10 000 次

D. 在使用或运输过程中产生剧烈震动以后

E. 新购置且未投入使用的航摄仪

18. 选择最佳航摄季节应综合考虑的主要因素有(　　)。

A. 摄区晴天日数多　　B. 大气透明度好

C. 光照充足　　D. 假彩色摄影时，在北方应避开冬季

E. 地表植被及其覆盖物对摄影和成图的影响最小

19. 机载测试雷达是利用飞机机身两侧或下方天线，扫描飞机下方两侧的带状地面，进行高分辨率地形测绘的雷达，其特点有(　　)。

A. 具有全天候工作性能

B. 分辨率高，所摄照片清晰

C. 受大雾天气的干扰严重

D. 不具有分辨地面固定和活动目标的能力

E. 覆盖面积大，提供信息快，可把飞机连续拍摄的照片拼接成大面积地形图

20. 立体像对的相对定向，主要的依据是(　　)。

A. 共面条件方程　　B. 共线条件方程

C. 地面控制点　　D. 模型点的上下视差

E. 模型点的左右视差

21. 无人机航摄系统基本构成主要包括(　　)、发射与回收系统以及地面保障设备。

A. 飞行平台　　B. 飞行导航与控制系统

C. 地面监控系统　　D. 飞机定位设备

E. 数据传输系统

22. 航空摄影测量后应绘制摄区略图，摄区略图须注记的内容有(　　)。

A. 摄区代号　　B. 分区编号

C. 航线间隔　　D. 分区平均平面高程

E. 图幅编号

23. 航摄底片压平质量检查时，应满足的条件有(　　)。

A. 每个暗匣应检查两个或四个连续立体像对

B. 定向点至离方位线的距离应不小于 8 cm

C. 检查点应分布均匀，每个像对不少于 10 个点

D. 用于检查的底片应影像质量优良、框标影像清晰齐全

E. 尽可能选择平坦或起伏不大的丘陵地区的底片

24. 下列关于 1∶2 000 地形图像片调绘的叙述，正确的是(　　)。

A. 应采用放大片调绘，调绘像片的比例尺不宜小于成图比例尺的 1.5 倍

B. 影像模糊地物、被阴影遮盖的地物，可以在调绘像片上进行补调

C. 建筑物的投影差改正，采用全能法成图时可以不用内业处理

D. 调绘像片最好采用连号像片，个别采用隔号像片

E. 全野外布点时调绘面积界线应该是像片控制点的连线

25. 对于像片控制点的判读，下列说法正确的是(　　)。

A. 野外控制点应以刺点为主，判点为辅

B. 点位目标可选在交角良好的细小线状地物交点

C. 高程控制点的点位目标应选在高程变化较小的地方

D. 在弧形地物及阴影处，航摄前应铺设地面标志

E. 控制点与基准面不在同一平面时，应标注比高，量注至 0.1 m

26. 测定像片控制点的高程，通常可采用(　　)方法进行施测。

A. 测图水准　　B. 光电测距高程导线

C. GPS 拟合高程测量　　D. 三角高程导线

E. 独立交会高程点

27. 下列情况中，在像片图测图时应补测的是(　　)。

A. 影像模糊地物　　B. 被影像或阴影遮盖的地物

C. 航摄后被拆除的建筑物　　D. 航摄时水淹、云影地段

E. 不满幅的自由图边

28. 立体测图数字化成图应上交的成果资料包括(　　)。

A. 控制像片　　B. 控制点成果

C. 控制点分布略图　　D. 图历簿

E. 调绘像片及像片图

29. 对于航空摄影测量中调绘像片的整饰，下列说法正确的是(　　)。

A. 图幅编号应注在调绘片正上方

B. 像片号应注于调绘片左上角

C. 调绘面积界线应用蓝色，自由图边与已成图接边界线应用红色

D. 调绘内容整饰按图式符号规定执行，采用统一颜色清绘

E. 水系要素及注记用绿色，地类界和屋檐宽度注记用红色

30. 像片控制测量中，全野外布点方案的成图的方法可分为(　　)。

A. 综合法　　B. 单航线法

C. 区域网法　　D. 微分法

E. 全能法

参考答案

一、单项选择题

1. B	2. B	3. D	4. D	5. B	6. A	7. C	8. A
9. A	10. C	11. A	12. B	13. D	14. B	15. D	16. C
17. C	18. C	19. D	20. C	21. D	22. A	23. A	24. B
25. D	26. C	27. B	28. D	29. D	30. D	31. D	32. D
33. D	34. D	35. C	36. C	37. B	38. C	39. C	40. D
41. A	42. B	43. B	44. D	45. B	46. C	47. D	48. B
49. A	50. D	51. B	52. C	53. D	54. B	55. C	56. D

57. B	58. A	59. C	60. B	61. A	62. D	63. C	64. C
65. C	66. D	67. D	68. C	69. B	70. B	71. C	72. B
73. B	74. B	75. D	76. B	77. B	78. D	79. A	80. A
81. A	82. D	83. C	84. D	85. C	86. D	87. A	88. A
89. B	90. A	91. A	92. A	93. B	94. B	95. C	96. C
97. C	98. B	99. C	100. A	101. B	102. D	103. D	104. A

二、多项选择题

1. BDE	2. ACE	3. ABDE	4. AD	5. ABC
6. ACD	7. BCD	8. ACD	9. AE	10. CDE
11. BCDE	12. AB	13. ABCD	14. ABC	15. ABC
16. CDE	17. BDE	18. ABCE	19. ABE	20. AD
21. ABCE	22. ABE	23. ACDE	24. ABE	25. BCE
26. ABDE	27. ABDE	28. ADE	29. ACE	30. ADE

第八章　摄影测量与遥感

第一节　概　　述

一、摄影测量

摄影测量的内容包括被摄物体的影像获取方法、影像信息的记录和存储方法、基于单张或多张像片的信息提取方法、数据的处理与传输、产品的表达与应用等方面的理论、设备和技术。

摄影测量的基本原理是建立影像获取瞬间像点与对应物点之间所存在的几何关系。按照所研究对象的不同，摄影测量可分为地形摄影测量和非地形摄影测量两大类。摄影测量也可按摄影站的位置或传感器平台分为航天(卫星)摄影测量、航空摄影测量、低空摄影测量和地面(近景)摄影测量等。航空摄影测量的主要任务是测制各种比例尺的地形图、制作影像地图和建立地形数据库，并为各种地理信息系统和土地信息系统提供地理基础数据。航空摄影测量测绘的地形图比例尺一般为1：500~1：5万。摄影测量经历了模拟、解析和数字摄影测量三个发展阶段。

二、遥感

遥感技术主要由遥感图像获取技术和遥感信息处理技术两大部分组成。

遥感技术的分类方法很多。按电磁波波段的工作区域，可分为可见光遥感、红外遥感、微波遥感和多波段遥感等。按传感器的运载工具可分为航天遥感(或卫星遥感)、航空遥感和地面遥感，其中航空遥感平台又可细分为高空、中空和低空平台，后者主要是指利用轻型飞机、汽艇、气球和无人机等作为承载平台。按传感器的工作方式可分为主动方式和被动方式两种。

在遥感技术中除了使用可见光的框幅式黑白摄影机外，还使用彩色摄影、彩红外摄影、全景摄影、红外扫描仪、多光谱扫描仪、成像光谱仪、CCD线阵列扫描和面阵摄影机以及合成孔径侧视雷达等手段。许多新的传感器的地面空间分辨率、光谱分辨率和时间分辨率都有了很大提高，同时还具备了立体覆盖的功能，所有这些都为遥感影像的定量化研究提供了保证。

三、摄影测量与遥感的结合

遥感图像的高精度几何定位和几何纠正就是解析摄影测量现代理论的重要应用；数字摄影测量中的影像匹配理论可用来实现多时相、多传感器、多种分辨率遥感图像的融合和几何配准；自动定位理论可用来快速、及时地提供具有“地学编码”的遥感影像；摄影测量的主要成果，如DEM、地形测量数据库和专题图数据库，乃是支持和改善遥感图像分类效果的有效信息；至于像片判读和影像分类的自动化和智能化则是摄影测量和遥感技术共同研究的课题。遥感技术为摄影测量提供了多种数据源，利用卫星影像测图已是一种重要途径。一个现代的数字摄影测量系统与一个现代的遥感图像处理系统已看不出什么本质差别了，两者的有机结合已成为地理信息系统(GIS)技术中的数据采集和更新的重要手段。与此同时，摄影测量与遥感技术也有许多新的发展，其中值得关注的是机载LiDAR和车载移动测图系统。

第二节 摄影测量与遥感基础知识

一、像点位移

1. 像片倾斜引起的像点位移

一般情况下，航空摄影所获取的像片是倾斜的。正是由于存在这种差异，使得中心投影的航摄像片不具备正射投影的地图功能。摄影测量中对这种因像片倾斜引起的像点位移可用像片纠正的方法予以改正。

2. 地面起伏引起的投影差

由于地球表面起伏所引起的像点位移称为像片上的投影差。投影差的存在，使得地面目标物体在航摄像片上的构像偏离了其正射投影的正确位置。

投影差具有如下性质：

①越靠近像片边缘，投影差越大，在像底点处没有投影差；

②地面点的高程或目标物体的高度越大，投影差也越大；

③在其他条件相同的情况下，摄影机的主距越大，相应的投影差越小。

城区航空摄影时，为有效减小航摄像片上投影差的影响，应选择焦距较长的摄影机进行摄影。

二、内方位元素

内方位元素是描述摄影中心与像片之间相互位置关系的参数，包括三个参数，即摄影中心到像片的垂距f(主距)及像主点在像片框标坐标系中的坐标(x_0，y_0)。

内方位元素值一般视为已知，它可通过对摄影机的鉴定得到。内方位元素中的x_0、y_0是一个微小值。内方位元素值的正确与否，直接影响测图的精度，因此对航摄机需作定期的鉴定。

三、外方位元素

在恢复了内方位元素的基础上，确定摄影光束在摄影瞬间的空间位置和姿态的参数，称为外方位元素。一张像片的外方位元素包括 6 个参数：3 个线元素和 3 个角元素。

1. 外方位线元素

外方位 3 个线元素是用来描述摄影瞬间，摄影中心 S 在所选定的地面空间坐标系中的坐标值，外方位线元素常用(x_s，y_s，z_s)表示。

2. 外方位角元素

外方位 3 个角元素是用来描述摄影瞬间，摄影像片在所选定的地面空间坐标系中的空间姿态。外方位角元素常用(ψ，ω，k)表示。

外方位元素可以利用地面控制信息通过平差计算得到，或者利用 POS 系统测定。

四、共线方程

1. 共线方程表达式

所谓共线方程就是指中心投影的像方程，即在摄影成像过程中，摄影中心 S、像点 a 及其对应的地面点 A 三点位于一条直线上。此时，摄影中心 S 点的物方空间坐标(Xs，Ys，Zs)、像点 a 的像片坐标(x，y)以及对应地面点 A 的物方空间坐标(X_A，Y_A，Z_A)满足下式：

$$
\begin{cases}
x - x_0 = -f\dfrac{a_1(X_A - X_S) + b_1(Y_A - Y_S) + c_1(Z_A - Z_S)}{a_3(X_A - X_S) + b_3(Y_A - Y_S) + c_3(Z_A - Z_S)} \\
y - y_0 = -f\dfrac{a_2(X_A - X_S) + b_2(Y_A - Y_S) + c_2(Z_A - Z_S)}{a_3(X_A - X_S) + b_3(Y_A - Y_S) + c_3(Z_A - Z_S)}
\end{cases}
$$

共线方程式是摄影测量中最基本、最重要的关系式。

2. 共线方程的主要应用

在摄影测量中，共线方程是极其有用的。共线方程的主要应用包括：
①单像空间后方交会和多像空间前方交会；
②解析空中三角测量光束法平差中的基本数学模型；
③构成数字投影的基础；
④利用数字高程模型(DEM)与共线方程制作正射影像；
⑤利用 DEM 和共线方程进行单幅影像制图等。

五、影像定向

1. 影像的内定向

摄影测量中常采用以像主点为原点的像平面坐标来建立像点与地面点的坐标关系。对于数字化的影像，由于在像片扫描数字化过程中，像片在扫描仪上的位置通常是任意放置的，即像片的扫描坐标系与像平面坐标系一般不平行，且坐标原点也不同，此时所量测的像点坐标(实际为行、列号)存在着从扫描坐标到像片坐标的转换问题，这一过程称为影像的内定向。对直接由数码航空相机得到的影像则不存在内定向的问题。

内定向问题需要借助影像的框标来解决。现代航摄仪一般都具有 4~8 个框标，它们一般均对称分布。为了进行内定向，必须量测影像上框标点的扫描坐标，然后根据航摄像机的检定结果所提供的框标理论坐标，用解析计算的方法求得内定向参数，从而实现扫描坐标到像片坐标的转换。

2. 相对定向

暂不考虑像片的绝对位置和姿态，而只恢复两张像片之间的相对位置和姿态，这样建立的立体模型称为相对立体模型，其比例尺和方位均是任意的。

确定两张影像相对位置关系的过程称为相对定向。相对定向不需要外业控制点，就能建立地面的立体模型。相对定向的唯一标准是两张像片上所有同名点的投影光线对对相交，所有同名点光线在空间的交会集合构成了地面的立体模型。

用于描述两张像片相对位置和姿态关系的参数，称为相对定向元素。相对定向元素共有 5 个。用解析计算的方法解求相对定向元素的过程，称为解析法相对定向。

解析法相对定向计算过程中同名光线对对相交的特性可用共面条件来实现。共面条件的几何含义是摄影基线和左右片同名光线三矢量共面，它是解求相对定向元素的基本关系式。在数字摄影测量系统中，利用计算机的影像匹配代替人眼的立体观测识别同名点，通过自动量测六对以上同名点的像片坐标，用最小二乘平差计算解求出五个相对定向元素。

3. 绝对定向

像片的外方位元素是描述像片在摄影瞬间的绝对位置和姿态的参数，即是一种绝对方位元素。若能同时恢复立体像对中两张像片的外方位元素，即可重建被摄地面的立体模型，恢复立体模型的绝对位置和姿态。

要确定立体模型在地面测量坐标系中的正确位置，则需要把相对定向所建立的立体模型进行平移、旋转和缩放，以便纳入到地面测量坐标系中，并归化到制图比例尺，这一过程称为立体模型的绝对定向。绝对定向需要借助地面控制点来进行，需要二个平高点和一个高程点列出七个方程解求七个变换参数。

六、电磁波谱

卫星遥感中常用的几个波谱为：紫外线(ultraviolet，UV)、可见光(visible light)、红外线(infrared，IR)、微波(microwave)。

七、大气窗口

遥感接收的电磁波信号需要穿过介于地表与高空之间厚厚的大气层，大气层中的水汽(H_2O)、二氧化碳(CO_2)和臭氧(O_3)等对某些波段的电磁波具有散射和吸收影响，其余的在通过大气层时较少被散射、吸收和反射，具有较高的透过率，这些波段称为“大气窗口”。常用的大气窗口包括：可见光和部分紫外、近红外(0.3~1.3μm)；近、中红外(1.5~1.8μm，2.0~3.5μm)；中红外(3.5~5.5μm)；远红外(8~14μm)；微波(1.0mm~1m)等。

对地球观测卫星遥感而言，只有选择透过率高的“大气窗口”波段，才对观测有意义，否则，物体的电磁波信息难以到达传感器；而对于大气遥感而言，则应选择“大气窗口”外衰减系数大的波段，才能收集到有关大气成分、云高、气压分布和温度等方面的信息。

八、地物波谱特性

进行地物波谱辐射特性的研究，可以为多波段遥感最佳波段的选择和遥感图像的解译提供基本依据。

目前对地物波谱的测定主要分三部分，即反射波谱、发射波谱和微波波谱。物体的反射波谱限于紫外、可见光和近红外，尤其是后两个波段。

地物波谱特性的变化与太阳和测试仪器的位置、地理位置、时间环境(季节、气候、温度等)和地物本身有关。

九、遥感图像特征

遥感图像特征可归纳为几何特征、物理特征和时间特征，这三方面的表现特征即为空间分辨率、光谱分辨率和时间分辨率。

1. 空间分辨率

空间分辨率是指遥感图像上能够详细区分的最小单元的尺寸或大小，通常用地面分辨率和影像分辨率来表示。

一般说来，空间分辨率越高，其识别物体的能力越强。但实际上每一目标在图像的可分辨程度，不完全决定于空间分辨率的具体值，而是和它的形状、大小，以及它与周围物体亮度、结构的相对差异有关。

经验证明，遥感器系统空间分辨率的选择，一般应选择小于被探测目标最小直径的二分之一。

2. 光谱分辨率

光谱分辨率是指传感器所能记录的电磁波谱中，某一特定波长范围值，波长范围值越宽，光谱分辨率越低。一般来说，传感器波段数越多，波段宽度越窄，地面物体的信息越容易区分和识别，针对性越强。成像光谱仪所得到的图像在对地表植被和岩石的化学成分分析中具有重要意义，因为高光谱遥感能提供丰富的光谱信息，足够的光谱分辨率可以区分出那些具有诊断性光谱特征的地表物质。

由于特定的目标，选择的传感器并非波段越多，光谱分辨率越高，效果就越好，而要根据目标的光谱特性和必须的地面分辨率来综合考虑。

3. 时间分辨率

对同一目标进行重复探测时，相邻两次探测的时间间隔，称为遥感影像的时间分辨率。

十、遥感图像的解译

遥感解译人员需要通过遥感图像获取三方面的信息：目标地物的大小、形状及空间分布特点，目标地物的属性特点，目标地物的变化动态特点。

遥感信息的提取主要有目视解译和数字图像处理两个途径。图像解译首先是图像识别，其实只是个分类过程，即根据遥感图像的光谱特征、空间特征、时相特征，按照解译者的认识程度或自信程度和准确度，逐步进行目标的探测、识别和鉴定过程。遥感图像的解译是从遥感影像的特征入手的。影像特征不外乎色、形两个方面。前者指影像色调、颜色、阴影等，其中色调与颜色反映了影像的物理性质，是地物电磁波能量的记录，而阴影则是地物三维空间在影像色调上的反映；后者指影像的图形结构特征，如大小、形状、纹理结构、图形格式、位置、组合等，它是色调、颜色的空间排列，反映了影像几何性质和空间关系。

第三节　影像资料收集与预处理

一、航摄影像分析

根据具体成图比例尺及相应技术指标要求，分析确定适宜的航摄影像资料。比如地表植被及覆盖物对成图影响小的时间摄取的影像，彩红外和真彩色影像在北方应避开冬季等。

1. 模拟影像

一般成图比例尺与航摄比例尺、地面采样距离的对应关系见表8-1。

表8-1　成图比例尺与航摄比例尺、地面采样距离的对应关系

成图比例尺	航摄比例尺	地面采样间距(GSD)/cm
1∶500	1∶2 000~1∶3 500	4~7
1∶1 000	1∶3 500~1∶7 000	7~14
1∶2 000	1∶7 000~1∶1.4万	14~28
1∶5 000	1∶1万~1∶2万	20~40
1∶1万	1∶2万~1∶4万	40~80
1∶2.5万	1∶2.5万~1∶6万	50~120
1∶5万	1∶3.5万~1∶8万	70~160

实际测图中，要根据测区的地理条件、摄影条件和测绘成果精度、类型要求，选择确定适宜的航摄比例尺。

2. 数字影像

一般成图比例尺与数码相机像素地面分辨率的对应关系见表8-2。

表 8-2 成图比例尺与数码相机像素地面分辨率的对应关系

成图比例尺	地面分辨率/m
1∶500	优于 0.1
1∶1 000	优于 0.1
1∶2 000	优于 0.2
1∶5 000	优于 0.5
1∶1 万	优于 1.0
1∶2.5 万	优于 2.5
1∶5 万	优于 5.0

实际测图中，要根据测区的地理条件、摄影条件和测绘成果精度、类型要求，确定设置适宜的像机地面分辨率。

二、遥感影像分析

遥感影像在测绘中主要被用来测绘地形图、制作正射影像或各种专题图。卫星影像分辨率的选择除了考虑不同比例尺成图对影像分辨率要求，还要考虑现有可获取卫星影像产品的规格。影像获取时应尽量避开冬季。目前，常用卫星与影像成图比例尺之间的对应关系如表 8-3 所示。

表 8-3 常用卫星分辨率与成图比例尺对应关系

卫星影像名称	地面分辨率/m	最大成图比例尺	仅用于一般判读的成图比例尺
MSS	全色 79	1∶50 万	1∶25 万
TM	多光谱 30，全色 15	1∶10 万	1∶5 万
ASTER	多光谱 30，全色 15	1∶25 万	1∶25 万
SPOT 1—4	多光谱 20，全色 10	1∶5 万	1∶2.5 万
RAPIDEYE	全色 5	1∶5 万	1∶5 万
SPOT 5	多光谱 10，全色 2.5	1∶2.5 万	1∶1 万
SPOT6	多光谱 6，全色 1.5	1∶2.5 万	1∶1 万
IRS—P5	全色 2. 5	1∶2.5 万	1∶1 万
ALOS	多光谱 10，全色 1	1∶2.5 万	1∶1 万
IKONOS	多光谱 4，全色 1	1∶1 万	1∶5 000
QuickBird	多光谱 2. 44，全色 0.61	1∶5 000	1∶2 000

续表

卫星影像名称	地面分辨率/m	最大成图比例尺	仅用于一般判读的成图比例尺
Geoeye—1	多光谱 1. 65，全色 0. 41	1∶5 000	1∶2 000
WorldView 1—2	多光谱 1. 8，全色 0. 5	1∶5 000	1∶2 000
WorldView 3	多光谱 1. 24，全色 0. 31	1∶5 000	1∶2 000
资源三号	多光谱 5，全色 2. 5	1∶2. 5 万	1∶1 万
高分一号	多光谱 8，全色 2	1∶2. 5 万	1∶1 万
高分二号	多光谱 4，全色 1	1∶1 万	1∶5 000 万

三、航空遥感影像资料

航空遥感影像主要有模拟和数字影像两种，要按照设计要求收集航空遥感影像资料。

1. 模拟影像资料

模拟影像资料包括航摄原始底片、航摄像片、摄区范围图(含分区范围图)、像片索引图、航摄仪技术参数检定报告、航空摄影底片压平质量检测报告、航空摄影底片密度检测报告、航摄鉴定表、像片中心点结合图、航摄飞行记录、航空摄影技术设计书、航空摄影资料移交书等。其中，航摄仪检定资料包括航摄仪检定坐标系、航摄仪框标编号和框标坐标、航摄仪检定焦距、航摄仪镜头自准轴主点坐标、航摄仪镜头对称畸变差测定值。

2. 数字影像资料

数字影像资料包括影像数据、像片索引图、航空摄影技术设计书、航摄鉴定表、航摄仪技术参数、航摄军区批文及航空摄影资料送审报告、航空摄影飞行记录、摄区航线和像片接合图、摄区完成情况图、航空摄影资料移交书等。若是 IMU/DGPS 组合辅助航空摄影，还要收集 IMU/GPS 如下资料：

①IMU/GPS 辅助航空摄影资料。主要包括 IMU/GPS 辅助航空摄影项目工作总结报告、IMU/GPS 辅助航空摄影资料移交、IMU/GPS 设备检定报告、IMU/GPS 数据处理报告、航摄飞行 IMU/GPS 记录报告、基站点位测量报告、检校场检测样区底片资料单及像片接合图、精度检测样区精度检测报告、每张像片外方位元素成果表。

②地面技术文档资料。主要包括摄区 IMU/DGPS 辅助航空地面测量技术设计书、摄区 IMU/DGPS 辅助航空摄影地面测量技术总结、摄区 IMU/DGPS 辅助航空摄影地面测量检查报告、摄区地面控制测量成果表、摄区精度检测样区精度检测报告、摄区测站信息表。

收集现势性好、影像质量好、成图性价比高的航空遥感影像资料。

四、航天遥感影像资料

航天遥感影像资料用于地形图测绘主要有立体像对(或条带)、单景卫星影像，有全色数据和多光谱数据(红、绿、蓝、红外)。

航天遥感影像收集包括数据格式、应用级别等满足要求的单片或立体的全色数据、多光谱数据、完整的卫星参数等资料。

收集时相好、影像质量好、成图性价比高的航天遥感影像资料。

五、航空遥感影像预处理

航空遥感影像预处理包括模拟航空摄影获取的底片扫描和数字航空摄影获取的数字影像几何处理。

1. 模拟影像预处理

(1)底片扫描分辨率的确定

扫描影像的分辨率应优于正射影像的地面分辨率，扫描分辨率依据成图比例尺和航空摄影比例尺确定，具体可参考下面公式。如果采用大比例尺航摄资料，扫描分辨率最大不得超过 60 μm。航片扫描分辨率 r 为可以根据下式求得：

$$r = 20 \times (m/M)$$

式中：单位为 μm；m 为成图比例尺分母；M 为航摄比例尺分母。

(2)扫描参数调整

原则是使扫描影像的各通道灰度直方图尽可能布满 0~255 个灰阶，并接近正态分布，彩色影像不偏色。

(3)扫描质量

扫描分辨率满足要求，影像完整清晰。

(4)影像增强

采用滤波和直方图拉伸的方法对原始影像进行增强处理，使影像直方图尽量呈正态分布，纹理清晰、无显著噪声。同时需要注意对光标进行单独增强处理，使之清晰可见，从而保证内定向精度。

2. 数字影像预处理

数字航空摄影所获取的影像各通道灰度直方图应接近正态分布，彩色影像不偏色。对于线阵扫描成像的影像(如 ADS80)，主要包括影像增强、降位处理、匀光处理、影像旋转等。

(1)影像增强

采用滤波和直方图拉伸的方法对原始影像进行增强处理，使影像直方图尽量呈正态分布，纹理清晰、无显著噪声。

(2)降位处理

数字影像通常为12 bit或16 bit编码，如果影像产品要求8 bit，或影像处理软件不能处理高于8 bit的影像，则需要在影像增强后做降位处理，每个像元统一转换为unsigned 8 bit，即影像的灰度值在0~255之间。

(3)匀光处理

数字影像的匀光和匀色处理。

(4)影像旋转

将数字影像或扫描数据旋转为与飞行方向一致，使之保持正确的航向重叠度和旁向重叠度。

六、航天遥感影像预处理

1. 影像格式转换

常用的遥感影像处理软件都有自己的数据格式，因此需要将原始航天遥感影像转换为生产软件可以利用的格式(TIF或IMG等)。

2. 轨道参数提取

(1)根据卫星影像的成像机理，分析卫星影像的星历参数、姿态角数据资料，构建其严格几何成像模型。

(2)如果使用RFM成像模型，必须根据卫星影像的成像机理和卫星影像的星历参数、姿态角数据资料，计算其严格几何成像模型的替代模型——RFM模型的参数。计算所得的RFM成像模型必须以极高的精度替代原有的严格成像模型，其拟合中误差应不大于0.05像素。对于直接提供RFM模型参数的卫星影像，应进行必要的数据格式转换。

3. 影像增强

在对影像进行进一步处理之前，必须要对影像采用对比度增强、直方图增强和图像间算术运算的方法对原始影像进行增强处理。

4. 去除噪声和滤波

通过修改遥感图像频率成分来实现遥感图像数据的改变，达到抑制噪声或改善遥感图像质量的目的，常用的滤波有低通滤波、高通滤波、带阻滤波、带通滤波、同态滤波等。

5. 去薄云处理

针对不同的遥感影像，云层的大小和厚度不一致，灵活修改照度增益、反射率增益和截取频率这三个参数值，即可达到较好的去云效果。

6. 降位处理

原始影像不是 8 bit，需要在影像增强后做降位处理，每个像元统一转换为 unsigned 8bit，即影像的灰度值在 0~255 之间。

7. 多光谱波段选取

根据需要选取必要的波段组合，做增强和降位处理，降低数据冗余。

8. 匀色处理

采用直方图均衡化和直方图匹配方法，用非线性对比拉伸重新分配像元值，使每景影像直方图与参照图像直方图匹配，达到每景影像的色彩均衡。

第四节 区域网划分与像片控制测量

一、区域网划分

根据航空摄影分区(遥感影像获取范围)和地形条件，沿图廓线整齐划分的方形或矩形区域内，采用一定的控制测量布点方案而构成的空中三角测量平差网称为区域网。区域网的大小和像片控制点的跨度主要与成图精度、摄影资料条件以及对系统误差的处理等因素有关。根据成图精度要求，按摄影资料及地形条件可将区域网分为平面区域网和平高区域网。

1. 平面区域网

平面区域网是指该区域内采用一定的控制测量布点方案，布设少量的平面控制点，采用空中三角测量平差方法获得测图所需的其他平面控制点。

2. 平高区域网

平高区域网是指该区域内采用一定的控制测量布点方案，布设少量的平高控制点和高程控制点，采用空中三角测量平差方法获得测图所需的其他平高控制点或高程控制点。

二、像片控制测量

像片控制测量是在实地测定用于空三加密或直接用于测图定向的像片控制点平面位置和高程的测量工作。

1. 布点方案

像片控制测量的布点方案分为全野外布点方案、非全野外布点方案和特殊情况布点方案等。

(1)全野外布点方案

全野外布点方案是指通过野外控制测量获得的像片控制点不需内业加密，直接提供内业测图定向或纠正使用。这种布点方案精度高但费工时，只有在遇到下列情况时才采用：

①航摄像片比例尺较小，而成图比例尺较大，内业加密无法保证成图精度；

②用图部门对成图精度要求较高，采用内业加密不能满足用图部门需要；

③由于设备限制，航测内业暂时无法进行加密工作；

④由于像主点落水或其他特殊情况，内业不能保证相对定向和模型连接精度。

(2)非全野外布点方案

非全野外布点方案按航线数分为单航线和区域网两种。

非全野外布点方案中为保证航线网内精度最弱处的加密点平面和高程中误差不超出限差，就须限制每段航线的跨度。通常限制航线跨度是按空中三角测量的精度估算公式进行反算，即根据规范规定的加密点允许误差，由给定的精度估算公式反算出相应的航线网跨度值。

平高区域网布点应依据成图比例尺、航摄比例尺、测区地形特点、航区的实际分划、程序具有功能以及计算机容量等全面考虑，进行区域的划分。平高区域网布点要求每条航线的两端必须布设高程点，平地、丘陵地高程点除区域网周边布点外，区域网内部高程点的间隔，按高程点计算跨度间隔布设。平高区域网不规则时，应在区域网周边的凸角处布设平高点，凹角处布设高程点；当沿航向的凸凹角间距大于或等于三条基线时，则在凹角处也应布设平高点。具体布点要求应符合规范的规定。

(3)特殊情况的布点方案

对于航摄区域结合处、航向重叠不够、旁向重叠不够、像主点和标准点位落水、水滨和岛屿等特殊情况的布点，应按照规范的规定进行。

2. 基本作业流程

像片控制测量一般按照专业技术设计要求划分区域网，根据不同区域网各自的布点方案，在室内预选各类控制点目标，野外施测时依据室内预选各类控制点目标的指引进行，经野外观测、平差计算后再进行成果整理，移交下一工序。基本作业流程包括影像资料准备、区域网划分、控制点目标选取、控制点野外施测、成果整理等。

3. 控制点目标选取

航外像片控制点的布设不仅和布点方案有关，还须考虑航测成图过程中像点量测精度、绝对定向和各类误差改正对像片控制点的具体点位要求，航外像片控制点应满足下列条件：

①像片控制点的目标影像应清晰易判别。航外像片控制点一般应设在航向及旁向六片重叠范围内，如果选点困难也可以选在五片重叠范围内。而且同一控制点在每张像片上的点位都能准确辨认、转刺和量测，符合刺点目标的要求及其他规定。

②航外像片控制点距像片边缘不小于 1～1. 5 cm。对于数字影像或卫星影像控制点距像片边缘不小于 0. 5 cm 即可。

③立体测图时每个像对四个基本定向点离通过像主点且垂直于方位线的直线不超 1 cm，最大不能超过 1. 5 cm，四个定向点的位置应近似成矩形。

④控制点应选在旁向重叠中线附近。当旁向重叠过大时应分别布点，因旁向重叠较小使相邻航线的点不能公用时，可分别布点。

⑤位于不同方案布点区域间的控制点应确保精度高的布点方案能控制其相应面积，并尽量公用，否则按不同要求分别布点；位于自由图边、待成图边以及其他方法成图的图边控制点，一律布设在图廓线外。

4. 刺点目标的选择要求

刺点目标应根据地形条件和像片控制点的性质进行选择，以满足规范要求。

①平面控制点的刺点目标应选在影像清晰、能准确刺点的目标点上，一般选在线状地物的交点和地物拐角上，如道路交叉点、线状地物的交角或地物拐角应在 30°～150°之间，以保证交会点能准确刺点。在地物稀少地区，也可选在线状地物端点，尖山顶和影像小于 0. 3 mm 的点状地物中心。弧形地物和阴影等均不能选作刺点目标。

②高程控制点的刺点目标应选在高程变化不大的地方，一般选在地势平缓的线状地物的交会处、地角等，在山区常选在平山顶以及坡度变化较缓的圆山顶、鞍部等处，狭沟、太尖的山顶和高程变化急剧的斜坡不宜做刺点目标。

③平高控制点的刺点目标应同时满足平面和高程的刺点要求。

5. 控制点的编号、整饰和注记

(1)控制点的编号

实际作业中一般用 P 代表平面点，G 代表高程点，N 代表平高点，同期成图的一个测区内要分别统一编号，采用字母后附加数字的方法，编号顺序采用同一航线从左到右，航线间从上到下的顺序，编号中不得出现重号。

(2)刺点

野外控制点的目标选定后应根据像片上的影像，在现场用刺点针把目标准确地刺在像片上，刺点时应注意以下几点：

①应在所有相邻像片中选择影像最清晰的一张像片用于刺点；

②刺孔要小而透，针孔直径不得大于 0.1 mm；

③刺孔位置要准，不仅目标要判读准确，而且下针位置也要准确，刺点误差应小于像片上 0.1 mm；

④同一控制点只能在一张像片上有刺孔；

⑤同一像片控制点在像片上只能有一个刺孔；

⑥国家等级的三角点、水准点及小三角点均应刺点，当不能准确刺出时，对于三角点、小三角点可用虚线以相应符号表示其概略位置，在像片背面写出点位说明或绘出点位略图；

⑦各类野外像控点根据刺孔位置在实地打桩，以备施测时用。

(3)整饰和注记

像片控制点在刺点后必须根据实际情况加以简要说明，说明和略图用黑色铅笔一律写绘在像片反面，称为控制点的反面整饰。在像片反面控制点刺点位置上，以相应的符号标出点位、注记点名或点号及刺点日期，刺点者、检查者均应签名。点位说明应简明扼要、准确清楚，同时与所绘略图一致。刺点略图应模仿正面影像图形绘制，与正面影像的方位、形状保持一致。刺在控制像片上的野外控制点(连同三角点、水准点等)除进行反面整饰和注记外，还需要用彩色颜料在刺孔像片的正面进行整饰和注记。根据针孔用规定符号标出点位(对不能精确刺孔的点，符号用虚线绘)，用分数形式进行注记，分子为点号或点名，分母为该点的高程。

6. 像控点平面坐标和高程的施测

测量工作必须遵循“从整体到局部，先控制后碎部”的原则，即先进行整个测区的控制测量，再进行碎部测量。测定像片控制点的平面坐标，采用 GPS 网、双基准站、GPS-RTK、电磁波测距导线、交会及引点等方法，其测量精度应符合规范的相关规定。测量地面点的高程也遵循“由整体到局部”的原则，即先建立高程控制网，再根据高程控制网确定地面点的高程；测定像片控制点的高程，通常采用测图水准、电磁波测距高程导线或单基准站 RTK 方法测定；丘陵地、山地图幅的高程点可采用 GPS 拟合高程或单基准站 RTK 方法测定，其测定精度应符合规范的相关规定。

7. 控制点接边

控制测量结束后，应及时与相邻图幅或区域进行控制接边。控制接边主要包括以下内容：

①本幅或本区如需使用邻幅与邻区所测的控制点，需检查这些点是否满足本幅或本区的各项要求；如果符合要求，则将这些控制点转刺到本幅或本区的控制像片上，同时将成果转抄到计算手簿和图历表上。本幅或本区的控制点提供给邻幅或邻区使用，按同样的程序和方法转刺、转抄成果。

②自由图边的像片控制点，应利用调绘余片进行转刺并整饰，同时将坐标和高程等数据抄在像片背面，作为自由图边的专用资料上交。

③接边时应着重检查图边上或区域边上是否因布点不慎产生了控制裂缝，以便补救。

三、像片控制测量质量控制

一级检查：对所有成果进行100%室内外检查；二级检查：对所有成果进行100%室内检查和10%~20%野外实地检查。检查内容如下：

①检查像控点的布设是否合理；

②刺点目标是否符合要求，略图表述与影像是否一致；

③像控点联测方法及精度是否满足成图要求；

④所有观测手簿、测量计算手簿、控制像片、自由图边以及接边情况，都必须经过自我检查、上级部门检查验收，经修改或补测合格，确保无误后方可上交。

四、像片控制测量成果整理与移交

1. 成果整理

①平面测量观测及计算手簿按控制网装订成册，按任务区上交；

②高程测量观测及计算手簿按任务区装订，装订顺序按地形图航空摄影外业规范的有关要求执行。邻区转抄的成果应注明抄自何区及何编号计算手簿，并与图历簿保持一致；

③控制片以加密区域为单元，采用图号配合航线序号、像片序号等进行编号。

2. 成果移交

①已知点(三角点、GPS点、水准点)成果表；

②平面控制测量观测手簿；

③平面控制测量平差计算手簿；

④水准测量观测手簿；

⑤水准测量平差计算手簿；

⑥控制像片；

⑦像控点成果表(坐标、高程保留至小数点后两位)；

⑧像控点布点略图；

⑨技术总结；

⑩质量检查报告；

⑪仪器检定资料。

第五节　影像判读与野外像片调绘

一、影像判读基本概念

遥感图像的目视解译是遥感应用分析中最基本的研究手段。它把解译者的专业知识、区域知识、遥感知识及经验介入图像分析中去，根据遥感图像上目标及周围影像特征——色调、形状、大小、纹理、图形以及影像上目标的空间组合规律等，并通过地物间的相互关系，经推理、分析来识别目标。影像判读就是一种影像的解译过程，是根据地物的光谱特性、成像规律、影像特征来识别地物，判断出类别及属性。可分为专业判读、地形判读。

二、影像判读原理

影像判读原理之所以被人们掌握，是基于以下三方面原因：

①影像与地物之间保持着一定的几何关系；

②影像反映了地物的形状、大小、色调、阴影、相关位置、纹理等几何特征，也反映了地物的一些物理特性以及人为因素的影响；

③在相同的情况下，相同的地物反映出的影像也相同。

解译人员通过图像获取三方面的信息：目标地物的大小、形状及空间分布特点，目标地物的属性特点，目标地物的变化动态特点。

三、影像的解译

根据影像特征的差异可以识别和区分不同的地物，这些典型的影像特征称为影像解译标志。解译标志的建立是解译的前提。解译标志分为直接解译标志和间接解译标志。

1. 直接解译标志

①形状：地物在影像上的形状受空间分辨率、比例尺、投影性质等的影响。

②大小：地物影像的大小取决于比例尺，根据比例尺，可以计算影像上的地物在实地的大小。影像大小除受目标大小影响外，还要受像片倾斜、地形起伏及亮度的影响。

③阴影：阴影的长度、形状和方向受到太阳高度角、地形起伏、阳光照射方向、目标所处的地理位置等多种影响，阴影可使地物有立体感，有利于地貌的判读。根据

阴影的形状、长度可判断地物的类型和量算其高度。必要时可以利用多波段数据比值方法去除地形起伏引起的一部分阴影。热红外影像上的阴影称为热力阴影，活动物体造成的热力阴影形成的立体感尤为显著，阴影中没有任何被遮挡的地物信息。

④色调：色调指影像上黑白深浅的程度。地物的属性、几何形状、分布范围和规律都通过色调差别反映在遥感图像上。

⑤颜色：颜色指彩色图像上色别和色阶，用彩色摄影方法获得真彩色影像，地物颜色与天然彩色一致；用光学合成方法获得的假彩色影像，根据需要可以突出某些地物，更便于识别特定目标。

⑥纹理：纹理也叫影像结构。

⑦图案：目标物的有规律地组合排列而形成的图案，又称影纹图案。常见的影纹图案有：条带状，如由岩层层理构成的条带状影像；网格状，这是由于区域性两组或多组层理、裂隙、冲沟等地物组成的影像；环状，由圆、椭圆形地物组成的影像；垅状，硬的岩层、垅岗、沙垅、冰碛堤组成的影像；链状，新月形沙丘组成的影像；斑点状和斑块状，树林常形成斑点状影像，而细碎的田块则成斑块状影像；其他还有层纹状、花纹状、隐纹状、波纹状、树枝状、套环状等影像。

⑧位置：各种地物都有特定的环境部位，因而它是判断地物属性的重要标志。

⑨布局：又称相关位置，指多个目标物之间的空间位置。

2. 间接解译标志

不同专业有不同的间接解译标志，通过分析获得对目标的正确判断。

3. 应用解译标志应注意的问题

由于遥感图像种类较多，投影性质、波谱特征、色调和比例尺等存在差异，故利用上述解译标志时应区分不同遥感图像的特点。

(1)假彩色合成图像

遥感中最常见的假彩色图像是彩色红外合成的标准假彩色图像，它是在彩色合成时，把近红外波段的影像作为合成图像中的红色分量，把红色波段的影像作为合成图像中的绿色分量，把绿色波段的影像作为合成图像中的蓝色分量进行合成的结果。

(2)多光谱图像

对于多光谱像片可以使用比较判读的方法，将多光谱图像与各种地物的光谱反射特性数据联系起来，达到正确判读地物的属性和类型。

(3)热红外图像

这种影像的形状、大小和色调(或色彩)与景物的发射辐射有关，景物发射辐射与绝对温度的四次方成比例。

(4)雷达图像

雷达图像是多中心斜距投影的侧视图像。

四、像片调绘基本要求

野外像片调绘是以像片判读为基础。目前大多采用先室内判绘，后野外检查补绘的办法来完成。

1. 综合取舍

在外业调绘时要进行综合取舍。综合取舍的过程，就是对地物地貌进行选择和概括的过程。综合取舍的目的就是通过综合和选择使地面物体在地形图上得以合理的表示，具有主次分明的特点，保证重要地物的准确描绘和突出显示，反映地区的真实形态。运用综合取舍进行调绘，应遵循以下原则：

①根据地形元素在国民经济建设中的重要作用决定综合取舍。

②根据地形元素分布的密度进行综合取舍。

③根据地区的特征决定综合取舍。

④根据成图比例尺的大小进行综合取舍。

⑤根据用图部门对地形图的不同要求进行综合取舍。

2. 其他要求

①调绘应判读准确，描绘清楚，图式符号运用恰当，各种注记准确无误，图面清晰易读。

②地形要素属性项原则上满足相应数据规定的要求，要素属性与要素实体一同表示在调绘影像图上。

③表示内容一般以影像获取的时间为准。影像获取后的新增重要地物应进行补测、补调。

五、像片调绘方法和内容

1. 调绘方法

像片调绘可采用全野外调绘法和室内外综合调绘法。

(1) 全野外调绘法

全野外调绘法是持调绘片直接到实地，将影像所反映的地物要素信息与实地状况一一对照、识别，将各种地物要素用规定的线划、符号在调绘片上标绘出来，地物属性也同时标注在调绘片上。

(2) 室内外综合调绘法

采用先室内判绘，后野外检查、核实和补调，将各种地物要素用规定的线划、符号在调绘片上标绘出来，地物属性也同时标注在调绘片上。

2. 调绘内容

主要调绘内容有独立地物调绘，居民地调绘，道路及其附属设施调绘，管线、垣栅和境界的调绘，水系、地貌、土质和植被的调绘，地理名称的调查和注记等。

①表示水系时，要求位置正确、主次分明、能反映水系的基本形态及为交代清楚与其他地物之间的相互关系所应表示的水系附属设施情况，并结合水利专业资料情况表示。注意用流向表示方式。河流、水库、水塘的水涯线一般按摄影时期的水位调绘，若摄影时水位变化很大时，应按常年水位调绘。

②居民地调绘应重点反映出居民地的平面位置、类型、形状等相应要素特性，合理表示为依比例尺居民地、半依比例居民地、不依比例居民地。

③交通要素应能正确表示道路的类别、等级、位置，反映道路网的结构特征、通行情况、分布密度以及与其他要素的关系。

④管线、垣栅和境界等应根据相关资料判调，实地调绘增补各种地理名称。

⑤植被的表示应反映出地面植被覆盖的类别、主次、分布特征，土质的表示应反映出土质的类别、形态、分布特征；根据地区的整体特征、图面表示能力及要素上图指标的综合情况进行相应的综合取舍。

六、调绘片的整饰与接边

调绘的内容要及时清绘，调绘像片接边按范围可分为图幅内部接边、幅与幅之间接边。图幅内部必须完全接边；幅与幅之间接边按作业时间可分为同期作业接边、不同期作业的接边(一般是与已成图之间的接边)。同期作业接边原则上接西、北图边，查东、南图边。测区外围图边一般按自由图边处理。

七、新增地物的补测

新增地物是指在影像获取时不存在，作业时新增加的地物。新增地物必须在调绘时进行补测，通常可采用交会法、截距法、坐标法和比较法确定新增地物的位置。在补测新增地物量距时必须要量测到中心点或中心线的位置，同时注意地物的方向、形状和大小，补测线状地物时，各转折点的位置要准确。

八、像片调绘质量控制

实行两级检查一级验收制度。

1. 调绘质量控制方法

①通过人工目视检查核对实物(包括野外实地巡视检查)、数据表格或可视化的

图形，从而判断检查内容的正确性。

②利用检查程序将有疑点的地方搜索出来，缩小范围或精确定位，再采用人机交互检查方法，由人工判断数据的正确性。

2. 调绘质量控制内容

一级检查：对所有成果进行100%检查；二级检查：调绘成果进行20%~30%的实地重点检查。具体内容如下：

①居民地类型表示是否合理，综合取舍是否得当，道路主、次干道及支线表示是否分明，居民地轮廓特征表示是否正确。

②各类要素属性是否齐全、表示是否协调合理，各种注记是否准确无误；各类要素接边是否符合接边要求，重要要素是否遗漏未表示，补测数据的正确性，数据整合的正确性。

③调绘片、元数据与图名接合图的图名是否一致。

④资料是否齐全，数据是否准确，数量是否相符。

九、调绘成果整理

野外调绘成果经各级检查修改后方可移交下一工序，移交前要进行成果整理。调绘成果一般应分幅整理，也可按一定大小的区域整理，区域的大小以方便下工序作业为原则。一般情况下，中小比例尺图以1∶5万图幅大小为整理区域，大比例尺图以解析空中三角测量解算区域的大小为整理区域。

第六节　空中三角测量

一、基本概念

空中三角测量是利用航摄像片与所摄目标之间的空间几何关系，根据少量像片控制点，计算待求点的平面位置、高程和像片外方位元素的测量方法。空中三角测量分为利用光学机械实现的模拟法和利用电子计算机实现的解析法两类。

模拟法空中三角测量是用光学机械的方法，在实现摄影过程的几何反转原理的基础上，借助立体测图仪进行空中三角测量。一般只限于在一条航线内进行。

解析法空中三角测量是根据像片上的像点坐标(或单元立体模型上点的坐标)同地面点坐标的解析关系或每两条同名光线共面的解析关系，构成摄影测量网的空中三角测量。建立摄影测量网和平差计算等工作都由计算机来完成。建网的方法有多种，最常用的是航带法、独立模型法和光束法。

GPS 辅助空中三角测量是利用装在飞机和设在地面的一个或多个基准站上的至少两台 GPS 信号接收机同时而连续地观测 GPS 卫星信号，通过 GPS 载波相位测量差分定位技术的离线数据后处理获取航摄仪曝光时刻摄站的三维坐标，然后将其视为附加观测值引入摄影测量区域网平差中，经采用统一的数学模型和算法以整体确定点位并对其质量进行评定的理论、技术和方法。

定位定姿系统(POS)是集 GPS 和惯性测量装置(IMU)技术于一体，可以获取移动物体的空间位置和三轴姿态信息。POS 主要包括 GPS 信号接收机和惯性测量装置两个部分，也称 GPS/IMU 集成系统。利用 POS 系统可以在航空摄影过程中直接测定每张像片的 6 个外方位元素，极大地减少了测量外业控制点的工作。

二、精度指标

空中三角测量的精度指标主要是指定向误差和控制点残差。

框标坐标残差绝对值一般不大于 0.010 mm，最大不超过 0.015 mm。扫描数字化航摄影像连接点上下视差中误差为 0.01 mm(1/2 像素)，数码航摄仪获取的影像连接点上下视差中误差为 1/3 像素。

基本定向点残差、检查点残差、公共点较差依据相应的规范执行。

三、作业过程

空中三角测量的作业过程主要包括准备工作、内定向、相对定向、绝对定向和区域网平差计算、区域网接边、质量检查、成果整理与提交等技术环节。

①准备工作：包括资料的收集和分析。

②内定向：应采用仿射变换进行框标坐标计算。

框幅式数字航摄仪获取的影像需使用焦距、像素大小、像素行数与列数、像素值参考位置等航摄仪鉴定资料。

扫描数字化航摄影像需使用焦距、像主点位置、框标坐标或距离、物镜畸变差等航摄仪鉴定资料。

③相对定向：每个像对连接点应分布均匀，每个标准点位区应有连接点。标准点位区落水时，应沿水涯线均匀选择连接点。航向连接点宜 3°重叠，旁向连接点宜 6°重叠。自由图边在图廓线以外应有连接点。

④绝对定向和区域网平差计算：平差计算时对连接点、像片控制点进行粗差检测，剔除或修测检测出的粗差点。对于 IMU/GPS 辅助空中三角测量和 GPS 辅助空中三角测量，需导入摄站点坐标、像片外方位元素进行联合平差。

⑤区域网接边：根据同比例尺同地形类别、同比例尺不同地形类别、不同比例尺与已成图或出版图、不同投影带 5 种情况考虑接边方法和接边较差。

⑥质量检查：空中三角测量成果检查主要包括外业控制点和检查点成果使用正确

性检查、航摄仪检定参数和航摄参数检查、各项平差计算的精度检查和提交成果的完整性检查。

⑦成果整理与提交：按照技术设计要求对空中三角测量成果进行整理和提交。

四、解析空中三角测量

解析空中三角测量指的是用摄影测量解析法确定区域内所有影像的外方位元素及待定点的地面坐标。根据平差中所采用的数学模型解析空中三角测量可分为航带法、独立模型法和光束法；根据平差范围的大小，又可分为单模型法、单航带法和区域网法。

1. 航带法空中三角测量

航带法空中三角测量处理的对象是一条航带的模型，即首先要把许多立体像对所构成的单个模型连接成航带模型，然后把一个航带模型视为一个单元模型进行解析处理。航带模型经绝对定向以后还需作模型的非线性改正，才能得到较为满意的结果。

2. 独立模型法空中三角测量

独立模型法区域网空中三角测量是把一个单元模型视为刚体，利用各单元模型彼此间的公共点连成一个区域，在连接过程中，每个单元模型只作平移、旋转和缩放，这一过程是通过单元模型的空间相似变换来完成的。

3. 光束法空中三角测量

光束法解析空中三角测量是以一幅影像所组成的一束光线作为平差的基本单元，以中心投影的共线方程作为平差的基础方程。通过各个光线束在空间的旋转和平移，使模型之间公共点的光线实现最佳的交会，并使整个区域最佳地纳入到已知的控制点坐标系统中。光束法解析空中三角测量是最严密的一种解法，误差方程式直接对原始观测值列出，能最方便地顾及影像系统误差的影响，最便于引入非摄影测量附加观测值，如导航数据和地面测量观测值。它还可以严密地处理非常规摄影以及非量测像机的影像数据。

五、GPS 辅助空中三角测量

GPS 辅助空中三角测量的作业过程大体上可分为以下四个阶段：

(1)现行航空摄影系统改造及偏心测定。对现行的航空摄影飞机进行改造，安装 GPS 接收机天线，并进行 GPS 接收机天线相位中心到摄影机中心的测定偏心。

(2)带 GPS 信号接收机的航空摄影。在航空摄影过程中，以 0.5~1.0 s 的数据更新率，用至少两台分别设在地面基准站和飞机上的 GPS 接收机同时而连续地观测

GPS 卫星信号，以获取 GPS 载波相位观测量和航摄仪曝光时刻。

(3)解求 GPS 摄站的坐标。对 GPS 载波相位观测量进行离线数据后处理，解求航摄仪曝光时刻机载 GPS 天线相位中心的三维坐标(x_a, y_a, z_a)，即 GPS 摄站坐标及其方差-协方差矩阵。

(4)GPS 摄站坐标与摄影测量数据的联合平差。将 GPS 摄站坐标视为带权观测值与摄影测量数据进行联合区域网平差，以确定待求地面点的位置并评定其质量。

六、POS 辅助空中三角测量

将 POS 系统和航摄仪集成在一起，通过 GPS 载波相位差分定位获取航摄仪的位置参数及惯性测量装置(IMU)测定航摄仪的姿态参数，经 IMU、GPS 数据的联合后处理，可直接获得测图所需的每张像片的六个外方位元素，能够大大减少地面控制进行航空影像的空间地理定位。

航摄仪、GPS 天线和 IMU 三者之间的空间坐标系可以通过坐标变换来统一。为了保证获取航摄仪曝光瞬间摄影中心的空间位置和姿态信息，航摄仪应该提供或加装曝光传感器及脉冲输出装置。除安装在飞机上的设备外，还应在测区内或周边地区设定至少一个基准站，并安装静态 GPS 信号接收机，要求地面 GPS 接收机的数据更新频率不低于机载接收机的更新频率，以相对 GPS 动态定位方式来同步观测 GPS 卫星信号。最后，利用后处理软件解算每张影像在曝光瞬间的外方位元素。

七、质量控制

空中三角测量的质量控制主要包括原始资料使用正确性检查、各项参数使用和设置检查、平差精度检查三个方面。

①原始资料使用正确性检查：主要是检查航摄成果的飞行质量和摄影质量是否符合规范要求，区域网基本定向点的平面和高程坐标值是否正确，多余控制点的平面和高程坐标值是否正确，是否有被遗漏未用的外业像片控制点等。

②各项参数使用和设置检查：检查航摄仪参数使用的是否正确，影像坐标系统的方向定义是否正确，航摄仪焦距使用是否正确，航摄仪镜头对称畸变差测定值输入是否正确等。

③平差精度检查：主要是检查内定向、相对定向、绝对定向和区域网接边等精度。

八、成果整理

空中三角测量成果主要包括成果清单、像机文件、像片控制点坐标、连接点或测图定向点像片坐标和大地坐标、每张像片的内外方位元素、连接点分布略图、保密检查点大地坐标、技术设计书、技术总结、检查报告和验收报告以及其他资料等。

数据成果、文档资料、生产过程成果及各种专业资料等，应按照设计要求统一整理并汇交。各种文档资料应按项目设计要求进行组织；生产使用的各种专业资料应建立完整的资料目录及其使用情况说明。

第七节　数字线划图制作

一、概述

数字线划地图(DLG)是现有地形图上基础地理要素分层存储的矢量数据集。数字线划地图既包括空间信息也包括属性信息，可用于建设规划、资源管理、投资环境分析等各个方面以及作为人口、资源、环境、交通、治安等各专业信息系统的空间定位基础。数字线划地图的技术特征为：地图内容、分幅、投影、精度、坐标系统与同比例尺地形图一致。图形输出为矢量格式，任意缩放均不变形。

二、生产作业过程

数字线划图一般采用“先内后外”的成图方法进行生产，制作 DLG 流程主要包括资料准备、定向建模、内业矢量数据采集、野外补测、内业数据编辑与接边、数据质量检查及数据成果提交等技术环节。

1. 资料准备

资料准备主要包括原始像片或扫描地形图、技术设计书等所需的其他技术资料。

2. 定向

采用摄影测量方法制作 DLG 数据需要对像片进行定向建模，主要包括内定向、相对定向和绝对定向。

3. 内业矢量数据采集

三维立体采集影像上所有可见的地物要素，原则上采用内业定位和外业定性。测绘地物时，应仔细辨认和判读地物。内业对有把握并能判准的地物、地貌要素，用测标中心切准定位点或地物外轮廓线准确绘出，不得遗漏、变形和移位，按规定图层赋要素代码。对把握不准的要素，如隐蔽地区、阴影部分，只采集可见部分，地物未采集或不完整处用红线圈出范围，由外业实地进行定位补调。对平山头或凹地、狭长而坡缓的沟底、脊以及鞍部等处适当采集特征点线。

4. 野外补测

当由于云影、阴影等影响无法进行立体测图或处理，航空摄影出现绝对漏洞且不补摄，新增大型工程设施、大面积开发区或居民地变化较大等情况时，应进行野外补测。

5. 内业数据编辑与接边

数据编辑主要是依据立体测图成果，调绘成果进行要素数据的图形编辑、属性录入，图幅接边形成非符号化数据，非符号化数据通过检查后配置符号、注记进行符号化处理及图廓整饰形成符号化数据。

对于数据接边，地物平面位置和等高线接边较差一般不得大于平面、高程中误差的 2 倍，最大不得大于 2.5 倍。误差超限时要查找原因，不得盲目强接。

6. 质量检查

数据检查主要包括空间参考系、位置精度、属性精度、完整性、逻辑一致性、表征质量和附件质量的检查。

7. 成果整理与提交

按照技术设计要求对数字线划图成果进行整理和提交。主要成果包括：DLG 数据文件、元数据文件、DLG 数据文件接合表、质量检查记录、质量检查(验收)报告、技术总结报告等。

三、生产作业方法

制作数字线划地图所用的原始资料主要包括外业采集的数据、航空像片、高分辨率卫星影像、地形图资料等。可采用的技术方法如下：

1. 航空摄影测量法

这是利用数字摄影测量系统，采用以人工作业为主的三维跟踪的立体测图方法。

具体的 DLG 数据采集可以利用以下作业方式：a. 先外后内的测图方式；b. 先内后外的测图方式；c. 内外业调绘、采编一体化的测图方式。

2. 航天遥感测量法

对具有立体覆盖的卫星遥感影像，仍然可采用与航空摄影测量法相类似的生产方式。当利用单景卫星遥感影像生产 DLG 时，DLG 的数据采集和属性录入可按下列方式进行：

①以 DOM 影像为背景叠加 DRG 进行 DLG 数据采集，从影像上能准确判绘的水

系、交通、居民地及工矿设施、植被等要素，几何位置依据 DOM 影像采集，其他属性值参照 DRG 以及有关专题资料判定录入；不能准确判绘的要素(包括图形与属性)，如地名、境界、管线等要素以及其他有关要素的属性应到野外进行调绘。

②根据内业预采的成果，到野外进行全面核查、纠错、补调。

③根据野外核查、补调的成果，内业进行要素补充采集(包括图形与属性)和编辑。

3. 地形图扫描矢量化法

利用地形图扫描矢量化法进行 DLG 数据采集与更新时，可按下列方式进行：在 DRG 背景数据上，采用人机交互方式，进行 DLG 数据采集及属性录入，属性数据主要由 DRG 获取。当有新 DOM 以及专业数据资料时，应参照预处理图，在 DRG 与 DOM 叠合的基础上，以 DOM 为背景对更新要素进行图形采集，同时赋属性值；当发现矢量要素与其 DOM 同名影像位置的套合误差在某些部位超限时，应以 DOM 为准，对矢量要素进行修正。

4. 数字线划图缩编法

在用缩编法采集 DLG 数据的过程中，要素的缩编采集一般按有利于要素关系协调的先后顺序进行，如地貌、水系、交通(铁路、公路、街道及其他道路)、居民地与建(构)筑物、管线、境界、植被和土质、其他要素等。同时，按要求对采集的要素进行分层，赋代码、属性，构建拓扑关系，根据缩编数据与产品数据的对比分析建立相应的数据模板，用于继承、转换或编辑处理等操作。

第八节　数字高程模型制作

一、概述

1. 基本概念

数字高程模型(DEM)是在一定范围内通过规则格网点描述地面高程信息的数据集，用于反映区域地貌形态的空间分布。

2. 数据内容

数字高程模型成果由数字高程模型数据、元数据及相关文件构成。

3. 数据格式

数字高程模型数据存储时，应按由西向东、由北向南的顺序排列。数据格式宜满足《地球空间数据交换格式》(GB/T 17798)的要求。

4. 格网尺寸

数字高程的格网尺寸依据比例尺选择，通常 1∶500~1∶2 000 的格网尺寸不应大于 $0.001M_{图}$（$M_{图}$为成图比例尺分母），1∶5 000~1∶10 万不应大于 $0.000\,5M_{图}$。数据点的密度是影响数字高程模型的主要因素。

二、生产作业过程

数字高程模型的生产主要包括资料准备、定向、特征点线采集、构建不规则三角网(TIN)内插 DEM、数据编辑、数据接边、数据镶嵌和裁切、质量检查、成果整理与提交等技术环节。

1. 资料准备

资料准备主要包括原始像片或扫描地形图、技术设计书等所需的其他技术资料。

2. 定向

采用摄影测量方法制作 DEM 数据需要对像片进行定向建模，主要包括内定向、相对定向和绝对定向。采用地形图扫描矢量化法制作 DEM 数据需要对扫描后的地形图进行定向。

3. 特征点线采集

对平山头或凹地、狭长而坡缓的沟底、脊以及鞍部等处适当采集特征点线。

4. 构建 TIN 内插 DEM

通过等高线和高程点建立(TIN)，然后在 TIN 基础上通过线性和双线性内插建立 DEM。

5. 数据编辑

立交桥、桥梁、居民地等人工地物范围，DEM 应编辑至地面或水面。土堤、拦水坝、水闸，应编辑至这些地物的顶部。

6. 数据接边

测区内相邻图幅 DEM 接边不应出现漏洞。不同地形类别 DEM 接边限差为两种地形类别 DEM 格网点接边限差之和。超过限差时应查明原因，不得盲目取中数。图幅之间相同 DEM 格网点高程应一致。

7. 数据镶嵌和裁切

将相邻的 DEM 数据进行镶嵌，按照相关规范或技术要求规定的起止格网点坐标进行裁切，根据具体要求可以外扩一排或多排 DEM 格网。

8. 质量检查

DEM 数据检查主要包括空间参考系、高程精度、逻辑一致性和附件质量四个方面。

9. 成果整理与提交

按照技术设计要求对数字高程模型成果进行整理和提交。

三、数据采集的方法

1. 航空摄影测量方法

航空摄影测量方法主要包括定向、特征点线采集、构建不规则三角网(TIN)内插 DEM、数据编辑、数据接边、数据镶嵌和裁切等。

2. 利用空间传感器方法

利用全球定位系统 GPS、机(星)载雷达或机载激光测距仪等进行数据采集。特别是机载激光雷达(LiDAR)，可以快速地获取大量反映地球表面及其感兴趣目标物体的三维形状的点云数据。

3. 地形图扫描矢量化法

将地形图扫描在计算机屏幕上数字化等高线，采集高程点；再构建不规则三角网(TIN)内插 DEM。

无论采用何种数据获取的方法，对所获取的数据都必须进行数据预处理。数据预处理一般包括数据的编辑、数据分块、数据格式的变换以及坐标系统的转换等内容。

四、质量控制

DEM 的质量控制包括生产过程质量控制和最终成果质量控制两部分。

1. 生产过程质量控制

生产过程中的质量控制重点检查原始资料使用的正确性、定向的准确性以及数据采集是否合理。湖泊、水库、双线河的分层是否合理，水涯线及海岸线的高程赋值是否合理正确，静止的水体范围内的DEM高程值应一致，流动水域的DEM高程值应自上而下平缓过渡，关系合理。达不到规定高程精度要求的区域应划为DEM高程推测区。位于空白区域的格网应赋予高程值-9999，对空白区的处理要完整地记录在元数据中。

2. 最终成果质量控制

最终成果的质量控制可通过DEM内插等高线的方法，目视检查等高线是否有突变情况或与地形图比较，当地貌形态、同名点(近似)高程差异较大时，可判断存在质量问题，进行修改。检查DEM数据起止点坐标的正确性，检查高程值有效范围是否正确。DEM拼接后应检查、判断有无重叠和裂缝，拼接精度是否达到要求。

五、成果整理与提交

数字高程模型数据生产需要提交的主要成果包括：数字高程模型数据文件、原始特征点、线数据文件、元数据文件、数字高程模型数据文件接合表、质量检查记录、质量检查(验收)报告、技术总结报告等。

数字高程模型以光盘为主要存储介质，也可使用磁带或磁盘等。成果外包装上应包括成果标记、生产单位、分发单位等内容，成果标记应包含成果名称、所采用标准的标准号、成果分级代号、图幅分幅编号、格网尺寸、最新生产时间等内容，根据需要也可标识版本号。

第九节　数字正射影像图制作

一、概述

1. 基本概念

数字正射影像图(DOM)是将地表航空航天影像经垂直投影而生成的影像数据集，并参照地形图要求对正射影像数据按图幅范围进行裁切，配以图廓而成。它具有像片的影像特征和地图的几何精度。

2. 数据内容

数字正射影像图成果由正射影像数据(包括影像定位信息)、元数据及相关文件构成。相关文件是指需要随数据同时提供的说明信息，如图廓整饰、图历簿等。

3. 数据格式

数字正射影像图成果应具有坐标信息，存储数字正射影像图应选用带有坐标信息的影像格式存储，如 GeoTIFF、TIFF+ TFW 等影像数据格式。

数字正射影像图的色彩模式分为全色和彩色两种形式，全色影像为 8 bit，彩色影像为 24 bit；影像空间信息文件为 ASCII 文本格式，坐标起算点为影像左上角像素中心坐标；元数据文件可采用 MDB 格式或文本格式存储。

4. 影像分辨率

数字正射影像图的地面分辨率在一般情况下应不大于 0.000 1$M_{图}$($M_{图}$为成图比例尺分母)。以卫星影像为数据源制作的卫星数字正射影像图的地面分辨率可采用原始卫星影像的分辨率。

5. 精度指标

平地、丘陵地数字正射影像图的平面位置中误差一般不应大于图上 0.5 mm，山地、高山地数字正射影像图的平面位置中误差一般不应大于图上 0.75 mm，明显地物点平面位置中误差的两倍为其最大误差。

数字正射影像图应与相邻影像图接边，接边误差不应大于两个像元。

二、生产作业过程

数字正射影像图的生产主要包括资料准备、色彩调整、DEM 采集、影像纠正(融合)、影像镶嵌、图幅裁切、质量检查、成果整理与提交等技术环节。

1. 资料准备

需准备的资料主要包括原始数字像片、控制点成果、DEM 成果、技术设计书等所需的其他技术资料。

2. 色彩调整

色彩调整主要包括影像匀光处理和影像匀色处理。

3. DEM 采集

采集地形特征点线，制作 DEM 数据。

4. 影像纠正

利用 DEM 数据对影像进行数字微分纠正和影像重采样，生成数字正射影像。

5. 影像镶嵌

按图幅范围选取需要镶嵌的数字正射影像，在相邻数字正射影像之间选绘、编辑镶嵌线，按镶嵌线对所选的单片正射影像进行裁切，完成正射影像之间的镶嵌工作。

6. 图幅裁切

按照内图廓线对镶嵌好的正射影像数据进行裁切，也可根据设计的具体要求外扩一排或多排栅格点影像进行裁切，裁切后生成 DOM 成果。

7. 质量检查

质量检查主要包括空间坐标系、精度、影像质量、逻辑一致性和附件质量检查。

8. 成果整理与提交

按照技术设计要求对 DOM 成果进行整理和提交。

三、生产作业方法

1. 航空摄影测量法

航空摄影测量方法 DOM 数据采集可以采用微分纠正方法进行。主要工作包括：

(1)设置正射影像参数

设置影像地面分辨率、成图比例尺，选择影像重采样方法，一般采用双三次卷积内插法。

(2)正射纠正

基于共线方程，利用像片内外方位元素定向参数以及 DEM，对数字航空影像进行微分纠正重采样；并依次完成图幅范围内所有像片的正射纠正。

(3)单片正射影像镶嵌

按图幅范围选取所有需要进行镶嵌的正射影像，在相邻影像之间选择镶嵌线，按镶嵌线对单片正射影像进行裁切，自动完成单片正射影像之间的镶嵌。

(4)图幅正射影像裁切

按照内图廓线最小外接矩形范围，根据设计要求外扩一排或多排栅格点影像进行裁切，裁切后生成正射影像文件。

2. 航天遥感测量法

卫星遥感影像正射纠正按下列作业方法进行：

①如采用全色与多光谱影像纠正，应根据地区光谱特性，通过试验选择合适的光谱波段组合，分别对全色与多光谱影像进行正射纠正。

②对于高山地、山地，根据影像控制点，应用严密物理模型或有理函数模型并通过 DEM 数据进行几何纠正，对影像重采样，获取正射影像。

③对于丘陵地可根据情况利用低一等级的 DEM 进行正射纠正，对于平地可不利用，DEM 直接采用多项式拟合进行纠正。

3. 真正射影像制作

所谓真正射影像，简单一点讲就是在数字微分纠正过程中，要以数字表面模型(DSM)为基础来进行数字微分纠正。对于空旷地区而言，其 DSM 和 DEM 是一致的，此时只要知道了影像的内、外方位元素和所覆盖地区的 DEM，就可以按共线方程进行数字微分纠正了，而且纠正后的影像上不会有投影差。

四、质量控制

正射影像图的质量控制主要包括几何精度检查和影像质量检查两个方面。

1. 几何精度检查

几何精度的检查可采用：a. 野外检测：用于检查正射影像图的绝对精度；b. 与等高线图或线划地图套合后进行目视检查；c. 影像镶嵌时检查接边差是否超限。由于接边不仅仅涉及几何方面的精度问题，同时还涉及不同影像之间色调的不一致。

2. 影像质量检查

正射影像的影像质量主要是指影像的辐射(亮度、色彩)质量。一般采用目视检查方法进行，主要内容包括：整张影像色调是否均匀，反差及亮度是否适中，影像拼接处色调是否一致，影像上是否存在斑点、划痕或其他原因所造成的信息缺失的现象等。

五、成果整理

数字正射影像图数据生产需要提交的主要成果包括数字正射影像图数据文件、正射影像镶嵌线数据文件、元数据文件、数字正射影像图数据文件接合表、质量检查记录、质量检查(验收)报告、技术总结报告等。

数字正射影像图以光盘为主要存储介质，也可使用磁带或磁盘等。

第十节　三维建筑模型建立

一、基本概念和技术要求

1. 基本概念

基础地理信息三维模型是地形地貌、地上地下人工建(构)筑物等基础地理信息的三维表达，反映被表达对象的三维空间位置、几何形态、纹理及属性等信息。

2. 技术要求

下面介绍的地表三维建筑模型精细建模技术要求，在实际作业中可以适当调整。

①模型宜根据精细仪器测量结构或建筑设计资料制作。

②模型要求真实反映建模物体的外观细节，侧面上的阳台、窗、广告牌及各类附属设施都应清晰表现，且侧面轮廓线应反映侧面上的变化细节。

③模型使用的纹理材料应与建筑外观保持一致，反映出纹理的实际图像、颜色、透明度等，区别出砖、木头、玻璃等不同质地。

④模型要求反映建模物体长、宽、高等任意维度变化大于 0.5 m 的细节(个别标志性古建筑反映维度变化 0.2 m 的细节)。

⑤模型的屋顶应反映屋顶结构形式与附属设备等细节。

⑥模型的高度与实际物体的误差不得超过 1 m。

⑦对于主体包含球面、弧面、折面或多种几何形砖多个复杂建筑物，要求表现建筑物的主体几何特征。

⑧对于包含多种类型建筑物的复杂建筑物，可以拆分为不同类型建筑物再建模。

⑨建筑模型的基底应与所处地形位置处于同一水平面上，与地形起伏相吻合。

二、生产作业过程

根据项目经费投入的程度和时间上的需求，制作方法也有很大的不同，三维模型的生产主要包括资料准备、数据采集与属性录入、模型的制作、质量检查、成果整理与提交五个环节。通常利用交互式 CAD、摄影测量或激光扫描等技术手段，获取几何信息，根据模型的精度要求贴加不同类型的纹理。

①资料准备：高分辨率的航片影像、大比例尺矢量数据。

②数据采集与属性录入：实地建筑纹理采集、与模型对应矢量数据的属性(建成年份、权属部门、层数、建筑性质、用途类型、工作时间等相关信息)的调绘及属性

录入、建筑纹理与大比例尺数据的对应。

③模型的制作：对实地采集的建筑纹理进行处理，对建筑结构进行模型构建，得到模型几何与纹理数据文件。

④质量检查：根据项目要求对制作的模型进行质量检查。

⑤成果整理与提交：成果数据可直接放到表现平台上直接加载，如果确定无错误后，则检查后的成果按有关规范进行整理与上交备份。

三、主要作业方法

根据获取模型的几何数据技术手段不同，可以分为：

①航空摄影测量方法；

②激光扫描方法；

③倾斜摄影方法(是指采用倾斜摄影方式，获取地理要素的几何及纹理信息，构建模型)；

④野外实地测量方法。

实际生产作业时，模型的几何数据可综合采用航空摄影测量、激光扫描、倾斜摄影、野外实地测量、内业数据处理等方法获取，相互之间拓扑关系表达主要通过内业数据处理实现。采集时应遵照有关技术规定，以确保地理要素三维表达时必需的技术指标。

四、质量控制

1. 质量控制方法

检查方法可分下以下几类：

①文件替换：如果资金充足或是相关制作人员较多，由主要模型平台设计人员提供相关位置的替换模型的长方体，由几个员工同时按同一标准制作同一模型(通常是2人或3人)，在规定的时间内，选取质量好的模型放入平台。

②专业美工人员审验：一片区域模型制作小组随同一名美工人员在制作过程中进行随时质量监督以控制质量。如果项目较大，可以设置更高一级的质量检查人员来逐级控制。

③针对项目管理软件控制：采用相关的文件控制软件来实现文件权限分配，并用相关脚本语言进行批量逐项检查，检查不合格的返工修改再检查，直到检查合格为止。

④建模软件插件控制：采用针对项目而编写或是修改的插件来检验并尝试修复错误，对于不能解决的少数错误进行手动修改。

2. 质量控制要求

数据质量应采用数据质量元素描述。数据质量元素包括完整性、几何精度、属性精度、现势性和逻辑一致性等方面内容。对于数据源、数据加工过程、数据内容取舍和数据更新维护过程等涉及数据质量的相应内容应有记录文档。

3. 模型质量评定

模型的质量主要从数据组织、几何精度、结构精度、纹理质量、附件质量五个方面进行评定。

①数据组织：主要检查文件命名、数据组织和数据格式的正确性、规范性，存储数据介质和规格的正确性，模型展示效果等。

②几何精度：主要检查模型平面位置精度(绝对、相对)和高程精度(绝对、相对)。

③结构精度：主要检查模型细节表现和相互关系的正确性。

④纹理质量：主要检查影像色调是否均匀、反差是否适中，影像清晰度，影像外观质量(噪声、云块、划痕、斑点、污迹等)。

⑤附件质量：主要检查元数据文件的正确性和完整性，上交资料的齐全性。

五、成果整理

三维模型制作的数据生产需要提交的主要成果包括：模型几何源数据、模型纹理源数据、模型平台成果数据、质量检查记录、质量检查(验收)报告、技术总结报告、相关文件参数(包括区划范围内模型的点数、三角面数、贴图个数、贴图尺寸、总贴图数据量、运行平台模型表现时的资源影响程度)等。

第十一节　遥感调查工作底图制作

一、基本概念和技术要求

1. 数据内容

遥感调查工作底图由正射影像图和图廓整饰信息、行政界线、地名及其他专题信息组成。

①正射影像图包括影像数据、影像信息文件、元数据文件。

②图廓整饰信息包括影像时间、比例尺、制作单位、密级等信息。

③专题遥感数据成果包括栅格数据、矢量数据和元数据。

2. 数据格式

遥感正射影像数据一般采用非压缩的TIFF格式存储，元数据文件可采用MDB格式或文本格式存储，调查底图制图数据根据所使用的制图软件平台来确定，专题遥感数据一般包括矢量数据格式和栅格数据格式。

3. 分辨率

根据项目要求确定影像时间分辨率、地面分辨率和波谱分辨率。

二、生产作业流程

获取收集项目要求的航空、航天遥感影像，采集纠正控制点，使用遥感图像处理软件进行正射纠正、配准、融合、镶嵌与增强，制作正射影像图；进行图面整饰，叠加行政界线等要素，制作遥感调查工作底图，提供实地采样调绘；根据采样调绘成果对影像进行解译，采集专题数据，制作专题遥感数据成果。

三、遥感调查工作底图的制作

1. 遥感影像数据源选择

制定遥感影像数据源方案，确定采用的影像类型、影像分辨率，收集获取遥感影像资料。

2. 像控点采集

制定像控点采集方案。像控点获取方式主要包括外业GPS实测或在已有的地形图、正射影像图上进行采集。

3. DOM生产

(1)航空摄影测量方法

以航空摄影资料、像控点成果、数字高程模型数据为基本资料，利用数字摄影测量系统及辅助软件，通过空三—正射纠正—影像镶嵌裁切—图像处理等工作，制作航空数字正射影像图数据。

(2)航天摄影测量方法

以遥感影像、像控点成果、数字高程模型数据为基本资料，利用遥感影像处理平台，进行正射纠正—影像融合—影像镶嵌—影像裁切—图像处理等，制作数字正射影像图数据。

4. 调查工作底图制作

①影像增强：主要方法有彩色增强、反差增强、滤波增强和比值增强等；
②影像图整饰；
③调查底图喷绘。

5. 调查与采样

以遥感调查工作底图为基础，对项目区内的要素属性进行实地调查，采集影像分类训练样本与检验样本。

6. 影像解译

(1)目视解译

①遥感图像的目视解译原则是：总体观察，综合分析，对比分析，观察方法正确，尊重影像的客观实际，解译图像耐心认真，有价值的地方重点分析。

②目视解译的方法：从已知到未知，先易后难，先山区后平原，先地表后深部，先整体后局部，先宏观后微观，先图形后线形。

③目视解译的一般程序：一般包括解译准备、建立解译标志、解译、实地核查与成果修改完善等阶段。第一，了解影像的辅助信息，即熟悉获取影像的平台、遥感器，成像方式，成像日期、季节，影像的比例尺，空间分辨率，彩色合成方案等。第二，建立解译标志，根据影像特征及外业调绘采样数据，建立影像和实地目标物之间的对应关系。第三，进行预解译，根据解译标志对影像进行解译，勾绘类型界线，标注地物类别。野外调查与影像预解译的顺序可选择“先内后外”或“先外后内”的作业方式。第四，进行实地调查。在室内预解译的图件存在错误或者难以确定的类型，需要野外实地调查验证。第五，进行解译，根据野外实地调查与采样结果，修正预解译图中的错误，确定未知类型，细化预解译图，形成正式的解译图。

(2)计算机解译

计算机自动分类包括监督分类和非监督分类。非监督分类一般包括影像分析、分类器选择与优化、影像分类、类别定义与类别合并、分类后处理、结果验证六个步骤；监督分类一般包括类别定义与特征判别、训练样本选择、分类器选择与优化、影像分类、分类后处理、结果验证六个步骤。

7. 专题成果制作

对遥感解译专题数据进行版面设计与符号配置、色彩设计等，形成遥感专题数据成果。

四、质量控制

遥感调查工作底图和专题遥感数据成果的质量控制包括 DOM 质量控制和专题遥感数据的质量控制。专题遥感数据成果的质量控制主要包括属性精度检查和质量精度检查，可采用以下方法进行：

①野外检测：用于检查专题遥感数据成果的绝对精度；

②与遥感调查底图叠加后目视检查其几何精度；

③利用分辨率高于工作底图的遥感影像抽样检查其属性精度；

④目视接边检查，保证分幅分块数据的几何接边与属性接边；

⑤通过 GIS 软件检查矢量数据拓扑关系的正确性。

五、成果整理

遥感调查工作底图和专题遥感数据成果生产需要提交的主要成果包括正射影像图数据、遥感调查工作底图数据、专题遥感数据、成果质量检查记录、质量检查(验收)报告、技术总结报告、其他成果及各种专业资料等。数据成果、文档资料、生产过程成果及各种专业资料等，应按照设计要求统一整理并汇交。

模拟试题汇编及参考答案

模拟试题汇编

一、单项选择题(共 200 题，每题的备选选项中，只有一项最符合题意)。

1. 航空摄影测量的主要任务是测制(　　)比例尺地形图和影像图，建立地形数据库，为各种 GIS 和 RS 提供最原始的基础数据。

A. 大　　B. 小

C. 各种　　D. 中小

2. 摄影测量处理的基本原理是严格建立(　　)。

A. 像片获取瞬间像点与物点之间的几何关系

B. 像片获取后像点对应物点的地理坐标

C. 像片获取后像点代表地物的性质

D. 直接在像片进行地物量测

3. 遥感技术的工作原理是(　　)。

A. 不同地物的海拔高度不同

B. 不同地物的表面温度不同

C. 不同地物的电磁波特性不同

D. 不同地物的化学特征不同

4. 遥感传感器的主要作用是(　　)。

A. 只接收地面物体的反射波谱

B. 只记录接收地面物体辐射波谱

C. 接收地面物体反射或辐射的电波信息

D. 对获得的信息进行处理分析

5. 摄影瞬间像点、投影中心、(　　)位于同一条直线上，描述这三点共线的数学表达式称之为共线条件方程。

A. 同名点　　B. 物点

C. 匹配点　　D. 模型点

6. 直接由数码航摄仪获取影像其过程无须进行(　　)。

A. 内定向　　B. 相对定向

C. 绝对定向　　D. 立体观测

7. 遥感器系统空间分辨率的选择，一般应选择小于被探测目标最小直径的(　　)。

A. 1/5　　B. 1/4

C. 1/3　　D. 1/2

8. 摄影测量领域，空间坐标变化中的正交变换矩阵的 9 个元素中只有(　　)个独立元素。

A. 3　　B. 4

C. 5　　D. 6

9. 像片倾斜引起的像点位移可用(　　)的方法予以改正。

A. 几何纠正　　B. 重采样

C. 融合　　D. 像片纠正

10. 对于数字影像或卫星影像控制点距离像片边缘最小应不小于(　　)cm。

A. 0.5　　B. 0.6

C. 0.8　　D. 1.0

11. 航外像片控制点一般应设在航向及旁向(　　)片重叠范围内。

A. 3　　B. 4

C. 5　　D. 6

12. 一个像对立体模型的绝对定向至少需要(　　)控制点。

A. 三个平面　　B. 三个平高

C. 四个平高点　　D. 两个平高和一个高程

13. 对于黑白影像，影像像素的灰度值一般是(　　)之间的某个整数。

A. 1~255　　B. 0~255

C. 0~256　　D. 1~256

14. 利用 POS 系统可以在(　　)过程中直接测定每张像片的 6 个外方位元素。

A. 航空摄影　　B. 外业控制测量

C. 解析空中三角测量　　D. 立体测图

15. 数字线划图(DLG)是现有地形图数据基础地理要素分层存储的(　　)数据。

A. 数字高程　　B. 矢量

C. 栅格　　D. 影像

16. 下列内容中，不属于数字航摄仪检定内容的是(　　)。

A. 像主点位置与主距的测定

B. 像元大小的测定

C. 调焦后主距变化的测定

D. 框标间距以及框标坐标系垂直型的测定

17. 数字高程模型数据存储时，应按(　　)的顺序排列。

A. 由东向西，由南向北　　B. 由东向西，由北向南

C. 由西向东，由南向北　　D. 由西向东，由北向南

18. 数字摄影测量系统中，以(　　)代替人工观测，达到自动确定同名像点的目的。

A. 影像匹配　　B. 影像镶嵌

C. 影像压缩　　D. 影像配准

19. 像点坐标量测过程中，(　　)需要借助地面控制点坐标进行。

A. 内定向　　B. 相对定向

C. 绝对定向　　D. 影像匹配

20. 像点坐标量测过程，解析法相对定向完成的标志是(　　)。

A. 左右视差为零　　B. 上下视差为零

C. 像片内方位元素恢复　　D. 控制点残差消除

21. 数字正射影像图的质量控制主要包括几何精度检查和(　　)检查两个方面。

A. 整饰质量　　B. 元数据

C. 附件质量　　D. 影像质量

22. 遥感图像的(　　)可分为图像增强、图像平滑与锐化等两个方面。

A. 图像转换　　B. 辐射处理

C. 图像校正　　D. 图像融合

23. 遥感图像平滑的目的在于消除各种干扰噪声，使图像中的(　　)成分消退。

A. 低频　　B. 高频

C. 中频　　D. 细节

24. 遥感图像的锐化是增强图像的(　　)成分，突出图像的边缘信息。

A. 高频　　B. 低频

C. 中频　　D. 细节

25. 解析法相对定向“同名光线对对相交”的特性是通过(　　)来实现。

A. 共线方程　　B. 共面条件

C. 影像匹配　　D. 影像镶嵌

26. 遥感影像数据(　　)可分为 3 个层次，即像元级、特征级和符号级。

A. 重采样　　B. 融合

C. 锐化　　D. 增强

27. 基于灰度的影像相关方法中，目标区可设置的尺寸规格可以是(　　)。

A. 4×4　　B. 3×4

C. 5×5　　D. 6×6

28. 当前像片纠正和正射影像图制作的主要方法是(　　)。

A. 一次纠正法　　B. 分带纠正法

C. 光学微分纠正法　　D. 数字微分纠正法

29. 传统的内定向需要借助影像的(　　)。

A. 主点　　B. 框标

C. 焦距　　D. 摄影中心

30. 平高区域网布点方案要求每条航线两端(　　)布设高程点。

A. 可以　　B. 一般

C. 必须　　D. 不能

31. 侧视雷达图像上由地形引起的几何畸变不包括(　　)。

A. 透视收缩　　B. 斜距投影变形

C. 叠掩　　D. 阴影

32. 在云雾范围很大的区域，欲了解农田被洪水淹没与受灾的情况，最好采用的遥感图像是(　　)。

A. 热红外遥感图像　　B. MSS 图像

C. TM 图像　　D. 微波雷达图像

33. 推扫式航空摄影属于(　　)投影成像。

A. 正射　　B. 垂直

C. 斜距　　D. 中心

34. (　　)航摄仪具有陀螺稳定装置，支持 GPS 辅助空中三角测量。

A. RC-10　　B. RC-20

C. RC-30　　D. RMK-CC24

35. TM 遥感器的各波段中，用于区分许多植物物种，并用于确定土壤界限、地物特征和人文特征的波段是(　　)波段。

A. 蓝绿　　B. 绿

C. 红　　D. 近红外

36. 航空摄影测量加密中，基本定向点坐标残差不应大于(　　)倍加密点坐标中误差。

A. 0.5　　　　B. 0.75

C. 1　　　　D. 1.25

37. DOM空间信息文件为ASCII码文件，坐标起算点位影像(　　)像素中心坐标。

A. 左上角　　　　B. 左下角

C. 右上角　　　　D. 右下角

38. 下列方法中，不属于三维建筑模型数据的获取方法的是(　　)。

A. 航空摄影测量　　　　B. 航天遥感测量

C. 倾斜摄影　　　　D. 激光扫描

39. 下列内容中，不属于整饰遥感工作底图内容的是(　　)。

A. 图廓整饰　　　　B. 行政区划

C. 地名　　　　D. 注记符号

40. 三维建筑物建模时，建模物体长、宽、高等任意维度变化大于(　　)m细节应表示。

A. 0.1　　　　B. 0.25

C. 0.5　　　　D. 0.75

41. 采用数字摄影测量方法获取1：1万地图时，数码相机像素地面分辨率一般选择优于(　　)m。

A. 0.1　　　　B. 0.2

C. 0.5　　　　D. 1.0

42. 对于数字影像，航空遥感影像预处理中，其处理过程不包括的是(　　)。

A. 影像增强　　　　B. 降位处理

C. 多光谱波段选取　　　　D. 影像旋转

43. 下列数字航摄仪中，制作原理基于多台非量测型相机和GPS辅助空中三角测量的是(　　)。

A. DMC数码航摄仪　　　　B. UCD数码航摄仪

C. SWDC数码航摄仪　　　　D. ADS数码航摄仪

44. 摄影测量像片内定向的目的是(　　)。

A. 解求共线方程参数

B. 恢复摄影瞬间的外方位元素

C. 将像点的图像坐标转换为像平面坐标

D. 测定像元大小

45. QuickBird卫星多光谱波段的分辨率是(　　)m。

A. 1.65　　　　B. 1.8

C. 2.44　　　　D. 0.61

46. 下列方法中，不能恢复影像像片的外方位元素的是(　　)。

A. 单片后方交会　　　　B. 立体像对的相对定向、绝对定向

C. 空中三角测量　　D. 立体像对的前方交会

47. 采用全野外布点方案的像片控制测量，不需要做的是(　　)。

A. 内业加密　　B. 布设控制点

C. 布设高程点　　D. 立体测图

48. 通过对遥感影像进行(　　)可使得影像直方图尽量呈正态分布。

A. 辐射校正　　B. 几何校正

C. 匀光处理　　D. 影像增强

49. 航天遥感影像预处理中，用户从遥感卫星地面站获得的数据格式是(　　)。

A. img　　B. tif

C. 通用二进制　　D. 8 bit

50. 航天遥感影像预处理轨道参数提取过程中，计算所得的 rfm 成像模型必须以极高的精度替代原有的严格成像模型，其拟合中误差应不大于(　　)像素。

A. 0.05　　B. 1.00

C. 0.10　　D. 2.00

51. 数字高程的格网尺寸依据比例尺选择，通常情况下 1∶5 000 至 1∶10 万不应大于(　　)$M_{图}$($M_{图}$为成图比例尺分母)

A. 0.001　　B. 0.005

C. 0.000 1　　D. 0.000 5

52. 下列内容中，不属于遥感调查工作底图的组成部分的是(　　)。

A. 正射影像图　　B. 建筑物范围矢量线划

C. 地名及专题信息　　D. 行政界线

53. 摄影测量中，绝对定向的作用是(　　)。

A. 将立体模型变换到地面坐标系中，解求地面目标的绝对空间坐标

B. 整体解求摄影像片的外方位元素和地面目标的空间坐标

C. 建立与地面相似的立体模型计算出模型点的空间坐标

D. 通过立体像对内外方位元素求解同名像点对应地面目标的空间坐标

54. 遥感图像自动识别分类中，对每个像素计算其落于各先验类别的概率，概率最大的相应类别，即为某像素的所属类的分类方法是(　　)。

A. 最大似然法　　B. 判别分析法

C. 聚类分析法　　D. ISOMIX 法

55. 合成孔径雷达的方位分辨力与天线孔径有关，与成像距离(　　)。

A. 成正比　　B. 成反比

C. 无关　　D. 平方成反比

56. BIL 是数字图像的(　　)。

A. 像元连续记录格式　　B. 行、波段交叉记录格式

C. 像元、波段交叉记录格式　　D. 波段顺序记录格式

57. 遥感图像纠正时，采用多项式纠正用二次项时必须有(　　)个控制点。

A. 3　　B. 4

C. 5　　D. 6

58. 采用数码航摄测制 1∶500 地形图时，数码相机像素地面分辨率应优于(　　)m。

A. 0.05　　B. 0.1

C. 0.2　　D. 0.5

59. 平高区域网不规则时，应在区域网的周边的凸角处布设(　　)。

A. 平高点　　B. 高程点

C. 平面点　　D. GPS 点

60. 平面控制点的刺点目标一般选在线状地物的交角和地物拐角上，交角范围须在(　　)。

A. 10°~15°　　B. 15°~30°

C. 20°~160°　　D. 30°~150°

61. 高程控制点的刺点目标不应选在(　　)的目标上。

A. 地势平缓　　B. 地角

C. 线状地物交会处　　D. 狭沟

62. 遥感中最常见的标准假彩色图像是把(　　)波段的影像作为合成图像中红色分量。

A. 蓝色　　B. 近红外

C. 红色　　D. 绿色

63. 遥感影像景物的时间特征在图像上以(　　)表现出来。

A. 波普反射特性曲线　　B. 空间几何形态

C. 光谱特征及空间特征的变化　　D. 偏振特性

64. 下列遥感影像中，垂直航线方向距离越远比例尺越大的影像是(　　)。

A. 中心投影影像　　B. 推扫式影像

C. 逐点扫描式影像　　D. 真实孔径侧视雷达影像

65. DOM 制作前需要通过外业实测或者在已有地形图、正射影像图上采集控制点，主要用于(　　)。

A. 正射纠正　　B. 影像镶嵌

C. 影像增强　　D. 影像融合

66. 规范规定，要按照设计要求收集航空遥感影像资料，其中数字影像资料不用收集的是(　　)。

A. 航摄原始底片　　B. 像片索引图

C. 航空摄影技术设计书　　D. 航摄鉴定表

67. 雷达影像上量测的地面斜坡长度(　　)实际长度。

A. 长于　　B. 短于

C. 等于　　D. 不可比

68. 植物在多光谱图像 MSS7 波段则有强烈的反射峰值，其色调呈现(　　)。

A. 绿色　　B. 红色

C. 蓝色　　D. 白色

69. 摄影测量中，不需要地面控制点坐标的是(　　)。

A. 形成核线影像　　B. 正解法数字微分纠正

C. 单像空间后方交会　　D. 立体像对空间前方交会

70. 航空影像的分辨率通常指的是(　　)。

A. 从照片上识别地面物体的最小尺寸

B. 对同一目标进行两次探测的时间间隔

C. 一个像素代表的地面的大小

D. 传感器所能记录的电磁波谱的某一波段的范围值

71. 下列特性中，不属于微波遥感特点的是(　　)。

A. 全天候、全天时工作

B. 对某些地物具有特殊的波谱特征

C. 分辨率较高，特性明显

D. 对冰雪、森林、土壤等具有一定的穿透能力

72. 下列内容中，不属于遥感影像数据源的特点的是(　　)。

A. 能提供大量空间信息和属性信息

B. 相对而言，影像的获取速度较快

C. 能提供各类专题地图所需要的数据

D. 能取得大面积、综合的信息

73. 遥感解译时，图像影像特征中的(　　)反映了影像的物理性质。

A. 阴影　　B. 色调

C. 纹理　　D. 形状

74. 三维建筑模型建立时，模型的高度与实际物体的误差不得超过(　　)m。

A. 2.0　　B. 1.5

C. 1.0　　D. 0.5

75. 像片水平时，投影差计算公式为 $\delta_h = \frac{R_h h}{H}$，关于其特性说法错误的是(　　)。

A. 相对航高越大，投影差越小

B. 地面点高程越大，投影差也越大

C. 摄影机主距越大，相应投影差越大

D. 像底点没有投影差

76. 航天遥感影像预处理时提取卫星参数是为了获得影像的(　　)从而构建成像模型。

A. 内方位元素　　B. 外方位元素

C. 控制点　　D. 同名点

77. 对于地球观测卫星遥感而言，应选择的波段是(　　)。

A. 透过率高的“大气窗口”波段

B. 透过率低的“大气窗口”波段

C. “大气窗口”外衰减系数小的波段

D. “大气窗口”外衰减系数大的波段

78. 像片倾斜和地面起伏会引起像点位移，下列关于其特性的说法不正确的是(　　)。

A. 像片上任何一点都存在像点位移

B. 等比线上像点不存在像片倾斜引起的位移

C. 像片倾斜引起的像点位移与主距无关

D. 像底点不存在投影差影响

79. 摄影测量中，采用连续法解算相对定向元素至少需要量测(　　)个以上定向点像点坐标。

A. 4　　B. 5

C. 6　　D. 7

80. 航测法成图作业中，立体测图是基于(　　)的原理。

A. 空间前方交会　　B. 空间后方交会

C. 空间侧方交会　　D. 空间距离交会

81. 下列设备中，可尽可能消除空中蒙雾亮度的影响，提高航空景物的反差的是(　　)。

A. 航摄仪自动曝光装置　　B. 航摄滤光片

C. 影像位移补偿装置　　D. 遮光片

82. 在像片上，以像主点为原点，对应框标连线为 x、y 轴，用以描述像点平面位置的直角坐标系称为(　　)。

A. 摄影测量坐标系　　B. 像平面坐标系

C. 像空间坐标系　　D. 物空间坐标系

83. 下列航空测量技术中，最适宜在 3D 模型建设中采用的新技术是(　　)。

A. 机载激光扫描技术　　B. 机载 POS 系统

C. 机载侧视雷达技术　　D. 低空遥感系统

84. 航空摄影项目进行摄影测量技术设计的目的是(　　)。

A. 制定摄影测量的技术目标　　B. 测绘项目的综合性整体设计

C. 制定切实可行的技术方案　　D. 对测绘活动技术要求的设计

85. 在正射影像上不可以量测地物的(　　)。

A. 长度　　B. 高度

C. 宽度　　D. 坡度

86. 规则格网的数字高程模型是一个二维数字矩阵，矩阵的行列号表示地面点的

(　　)。

A. 坐标　　B. 高程

C. 坡度　　D. 坡向

87. 利用数字高程模型表示复杂地形表面时，最理想的数据结构是(　　)。

A. 规则格网　　B. 金字塔

C. 不规则三角网　　D. 四叉树

88. 利用航摄像片制作正射影像，其核心是将中心投影转变为(　　)。

A. 平行投影　　B. 高斯投影

C. 正射投影　　D. 斜距投影

89. 电磁波信号通过大气层时较少被散射、吸收和反射，具有较高通过率的波段称为(　　)。

A. 可见光　　B. 大气窗口

C. 微波　　D. 紫外线

90. 将航空或卫星影像逐个像元进行纠正，生成正射影像的过程被称为(　　)。

A. 数字影像配准　　B. 数字影像镶嵌

C. 数字影像相关　　D. 数字微分纠正

91. 在解析空中三角测量中，(　　)最便于引入非摄影测量附加观测值。

A. 航带法　　B. 独立模型法

C. 区域网法　　D. 光束法

92. (　　)空中三角测量可以严密地处理非常规摄影测量以及非测量相机的影像数据。

A. 航带法　　B. 独立模型法

C. 区域网法　　D. 光束法

93. 将 POS 系统和航摄仪集成在一起，可通过 IMU 测定航摄仪的(　　)。

A. 空间位置　　B. 内方位元素

C. 姿态参数　　D. 外方位元素

94. 数字航空摄影中，标准点位区落水时，应沿(　　)均匀选择连接点。

A. 地性线　　B. 水涯线

C. 落水范围　　D. 高潮位置线

95. 下列系统中，不属于全数字摄影测量系统的是(　　)。

A. ArcGIS　　B. JX-4C

C. VirtuoZo　　D. Leica/HelavaDPW770

96. 激光雷达扫描测量得到的点云数据包括三维坐标、激光反射强度和(　　)。

A. 颜色信息　　B. 法向量

C. 辐射量　　D. 纹理

97. 规范规定，空三测量人工选择用于初始连接的连接点，相邻航线之间至少需要(　　)个连接点。

A. 2　　B. 3

C. 4　　D. 5

98. 数字航空影像是一个二维数字矩阵，与像点坐标无关的参数是(　　)。

A. 行列号　　B. 水平分辨率

C. 垂直分辨率　　D. 像素灰度值

99. 航摄漏洞补摄时，补摄航线两端应超出漏洞之外不少于(　　)基线。

A. 1　　B. 2

C. 3　　D. 4

100. 规范规定，机载 IMU/GPS 辅助航摄测量过程，GPS 接收机天线在飞机平飞状态时应处于(　　)位置。

A. 水平　　B. 垂直

C. 与飞机成 45°　　D. 与飞机成 30°

101. DOM 制作前需要通过外业实测或者在已有地形图、正射影像图上采集像控点，主要用于(　　)。

A. 正射纠正　　B. 影像融合

C. 影像镶嵌　　D. 影像增强

102. 卫星遥感影像正射纠正，对于山地、高山地，应根据(　　)采用严密物理模型或者有理函数模型通过 DEM 数据进行几何纠正、影像重采样，获取正射影像。

A. 影像内定向参数　　B. 影像控制点

C. 内外方位元素　　D. 传感器参数

103. 立体测图时每个像对四个基本定向点离通过像主点且垂直方位线的直线最大不超过(　　)cm。

A. 0.5　　B. 1.0

C. 1.5　　D. 2.0

104. 雷达图像属于(　　)的侧视图像。

A. 中心投影　　B. 正射投影

C. 垂直投影　　D. 多中心斜距投影

105. “逻辑一致性”是立体测图的数据检查项的质量元素之一，其质量子元素不包含(　　)。

A. 概念一致性　　B. 表达一致性

C. 格式一致性　　D. 拓扑一致性

106. 正射影像是以(　　)为基础来进行微分纠正。

A. DEM　　B. DSM

C. DOM　　D. DLG

107. 下列精度指标中，不属于数字线划图的精度指标的是(　　)。

A. 属性精度　　B. 平面位置精度

C. 高程精度　　D. 数据平差精度

108. DOM 质量控制主要包括几何精度检查和影像质量检查两个方面，其中影像质量主要是指影像的(　　)。

A. 投影误差　　B. 纠正精度

C. 融合质量　　D. 辐射质量

109. 下列内容中，不属于空中三角测量平差精度检测内容的是(　　)。

A. 相对定向　　B. 绝对定向

C. 位置精度　　D. 区域网接边

110. 下列内容中，不属于野外像片调绘时的综合取舍的依据的是(　　)。

A. 地形要素的重要作用　　B. 用图部门的不同要求

C. 航摄比例尺的大小　　D. 地形要素的分布密度

111. 在高分辨率的遥感图像上估计建筑物的大致高度，其主要依据是建筑物的(　　)。

A. 阴影　　B. 大小

C. 纹理　　D. 形状

112. 共线方程是构成数字投影的基础，可以利用其与(　　)制作正射影像和单幅影像图。

A. DEM　　B. DLG

C. DRG　　D. DOM

113. 下列地面采样间距(GSM)中，适合 1 : 2 000 比例尺模拟影像成图的是(　　)。

A. 7 cm　　B. 10 cm

C. 20 cm　　D. 30 cm

114. 航天遥感影像预处理获取模拟航空摄影的底片扫描影像，若采用大比例尺航摄资料，扫描分辨率最大不得超过(　　)μm。

A. 30　　B. 40

C. 50　　D. 60

115. 航天遥感影像预处理中要有效利用卫星遥感影像，首先必须建立(　　)成像模型。

A. 传感器　　B. 轨道

C. 姿态　　D. RPC

116. 野外像片控制点施测中，刺点目标可选择在尖山顶和影像小于(　　)mm 的点状地物中心。

A. 0.1　　B. 0.2

C. 0.3　　D. 0.4

117. 下列测绘方法中，不可用于数字线划图制作的是(　　)。

A. 航空摄影测量　　B. 水准测量

C. 航天遥感测量　　D. 地形图扫描矢量化

118. 像片外业调绘中，若摄影时水位变化很大，河流、水库、水塘的水涯线应按摄影时期的(   )调绘。

A. 最高水位　　B. 最低水位

C. 常年水位　　D. 平均水位

119. 下列质量元素中，不属于数字正射影像检查项主要内容的是(   )。

A. 空间坐标系　　B. 高程精度

C. 影像质量　　D. 逻辑一致性

120. 在标准假彩色合成的影像上，植被的颜色是(   )。

A. 绿色　　B. 蓝色

C. 红色　　D. 黄色

121. 航空摄影采用GPS领航时，应计算出每条航线(   )摄站的经纬度(即坐标)。

A. 首　　B. 末

C. 中间　　D. 首末

122. 采用IMU/GPS辅助航摄时，飞机在飞行过程中转弯坡度不宜超过(   )。

A. 20°　　B. 25°

C. 30°　　D. 40°

123. IMU/GPS数据在曝光时刻的解算精度应满足相关规定，当一条航线连续3片的解算精度超出限值的(   )时，需补摄。

A. 20%　　B. 25%

C. 30%　　D. 50%

124. 将有重叠影像的多张像片经过纠正，根据控制点或同名影像进行拼接，切去重叠部分的边条，将中央部分拼接和粘贴在图板的作业过程，称为(   )。

A. 像片镶嵌　　B. 光学镶嵌

C. 影像匹配　　D. 几何配准

125. 像片纠正时，一般可消除倾角对像点位移的影响，但地形起伏产生的误差不能消除，一般限制纠正误差在(   )mm以内，对高差大的地区可采用分带或微分纠正。

A. 0.2　　B. 0.3

C. 0.4　　D. 0.6

126. 规范规定，机载IMU/GPS系统及航摄仪安装后，应测定偏心分量。对于GPS偏心分量3次测量的较差一般不应大于(   )cm。

A. 1　　B. 2

C. 3　　D. 5

127. 采用IMU/GPS辅助航空摄影技术进行1∶1万地形图测量，摄影区域内任意位置离最近基准站的距离不应大于(   )km。

A. 200　　B. 300

C. 100　　D. 50

128. 按《IMU/GPS 辅助航空摄影技术规范》，采用 GPS 精密单点定位，IMU 和 GPS 数据联合解算的平面位置偏差不应大于(　　)m。

A. 0.15　　B. 0.5

C. 0.25　　D. 0.3

129. 采用 IMU/GPS 辅助航摄区域网布点时：可根据需要加布高程控制点，区域网中至少布设(　　)个平面检查点。

A. 1　　B. 2

C. 3　　D. 4

130. 数字影像输出调绘用图时，像元尺寸不应大于相应比例尺图上(　　)mm。

A. 0.1　　B. 0.2

C. 0.3　　D. 0.4

131. 空中三角测量相对定向中，连接点上下视差中误差为(　　)个像素，特别困难地区可放宽 0.5 倍。

A. 1/3　　B. 1/2

C. 2/3　　D. 4/3

132. 某单位制作 1∶1 000 数字正射影像图，空中三角测量相对定向过程中，模型连接平面位置较差限差不得超过(　　)m。

A. 0.03　　B. 0.35

C. 0.02　　D. 0.06

133. 空中三角测量相对定向中，每个像对连接点应分布均匀，自动像对定向时，每个像对连接点数目一般不少于(　　)个。

A. 10　　B. 15

C. 20　　D. 30

134. 空中三角测量相对定向中，每个像对连接点应分布均匀。人工像对定向时，每个像对连接点数目一般不少于(　　)个。

A. 5　　B. 8

C. 9　　D. 10

135. 数字航空摄影测量中，当成图比例尺为 1∶1 000，单模型定向中相对定向限差为(　　)像素。

A. 0.5　　B. 1

C. 1/3　　D. 2

136. 规范规定，丘陵地区基本等高距为 1 m 的 1∶2 000 数字航空摄影测量成图项目，像控点高程中误差最大为(　　)m。

A. ±0.1　　B. ±0.25

C. ±0.33　　D. ±0.50

137. 采用 IMU/GPS 辅助航摄时，机载 GPS 接收机数据采样间隔最大为

(　　)s。

A. 1　　　　B. 2

C. 5　　　　D. 10

138. 1∶2 000 地形图航空摄影测量成图项目，丘陵地区应采用的基本等高距为(　　)m。

A. 0.5　　　　B. 1.0

C. 2.0　　　　D. 2.5

139. 规范规定 1∶1 000 地形图航空摄影成图项目，内业加密点对附近野外控制点的高程中误差在丘陵地区域内不应大于(　　)m。

A. 0.35　　　　B. 0.5

C. 0.7　　　　D. 1.0

140. 刺孔像片上野外控制点正面整饰和注记中，分数形式注记中分母表示该点的(　　)。

A. 点名或点号　　　　B. 高程

C. 坐标　　　　D. 等级

141. 某 1∶2 000 地形图航空摄影测量任务中内业清绘图的图廓对角线尺寸与理论对角线尺寸之差不应大于(　　)mm。

A. 0.15　　　　B. 0.2

C. 0.25　　　　D. 0.3

142. 解析法控制三角测量方法中，使用立体转点仪转点、选刺点，刺孔的大小和误差不应大于(　　)mm。

A. 0.06　　　　B. 0.10

C. 0.12　　　　D. 0.15

143. 某 1∶1 000 地形图航空摄影测量任务中，精密立体测图仪测图、解析测图仪测图的定向点不少于(　　)个。

A. 2　　　　B. 4

C. 6　　　　D. 8

144. 某 1∶1 000 地形图航空摄影测量任务，利用立体坐标量测仪量测时，平地、丘陵地标准相对定向的残余上下视差不大于(　　)mm。

A. 0.02　　　　B. 0.03

C. 0.04　　　　D. 0.05

145. 某 1∶1 000 地形图航空摄影测量任务，绝对定向后，丘陵地区的基本定向点平面位置限差为(　　)m。

A. 0.3　　　　B. 0.4

C. 0.5　　　　D. 0.8

146. 某 1∶1 000 地形图航空摄影测量内业作业中，当进行像片的分带纠正时，一般不宜超过(　　)带。

A. 2　　　　B. 3

C. 4　　　　D. 5

147. 某 1∶1 000 地形图航空摄影测量内业作业中，采集断面数据一般使用精密立体测图仪、立体坐标量测仪加其外围设备或解析测图仪，断面数据还可以从任何一种(　　)获取。

A. DOM　　　　B. DLG

C. DRG　　　　D. DEM

148. 1∶5 000 地形图航空摄影测量，等高线注记图上，其密度为图上每 100 cm^2 内(　　)个。

A. 3~5　　　　B. 8~15

C. 1~3　　　　D. 10~20

149. 解析法空中三角测量中，转刺点应在立体观察下进行，刺孔的大小和误差不应大于(　　)mm。

A. 0.1　　　　B. 0.15

C. 0.2　　　　D. 0.3

150. 规范规定，境界线编辑时若境界线以线状地物为界，应离线状地物(　　)mm 按图式绘制。

A. 0.1　　　　B. 0.2

C. 0.3　　　　D. 0.4

151. 采用数字摄影测量工作站测图，自动相对定向过程中，点数一般不少于(　　)点，且应分布均匀。

A. 9　　　　B. 30

C. 80　　　　D. 90

152. 某单位承接了 1∶10 000 地形图航空摄影测量项目，在平地、丘陵地类别处，平高控制点相对临近基础控制点的平面中误差不应超过±(　　)m。

A. 0.5　　　　B. 1.0

C. 2.5　　　　D. 5.0

153. 空中三角测量时，数码航摄仪获取的黑白影像辐射分辨率不应小于(　　)bit。

A. 6　　　　B. 8

C. 10　　　　D. 12

154. 空中三角测量时，内定向框标坐标残差绝对值一般不大于(　　)mm。

A. 0.010　　　　B. 0.015

C. 0.020　　　　D. 0.025

155. 空中三角测量时，内定向应采用(　　)进行框标坐标计算。

A. 格网变换　　　　B. 辐射变换

C. 多项式 3 次变换　　　　D. 仿射变化

156. 空中三角测量时，当采用数码航摄仪获取的影像进行相对定向时，连接点上下视差最大残差不应大于(　　)像素。

A. 1　　B. 1/2

C. 1/3　　D. 2/3

157. 空中三角测量中，自动相对定向时，每个相对连接点数目一般不少于(　　)个。

A. 10　　B. 20

C. 25　　D. 30

158. 空中三角测量时，在相对定向过程中人工选择连接点用于航线初始连接，相邻航线之间最少选(　　)个航线连接点。

A. 1　　B. 2

C. 3　　D. 4

159. 数字航空摄影测量中，航片扫描时，扫描影像数据采用(　　)格式存储。

A. TIFF　　B. 压缩 TIFF

C. 无压缩 TIFF　　D. JPG

160. 1∶1 000 数字栅格地图图面分辨率不低于(　　)点/mm。

A. 10　　B. 11

C. 12　　D. 15

161. 1∶1 000 数字栅格地图图上地物点对最近野外控制点的图上点位中误差，当地形类型为平地、丘陵地时，不得大于(　　)mm。

A. 0.2　　B. 0.4

C. 0.6　　D. 0.8

162. 1∶1 000 数字栅格图中，图廓点和格网交叉点位置偏差不应大于(　　)个栅格。

A. 0.5　　B. 1

C. 1/3　　D. 2

163. 某数字栅格地图成果标记为“CH/T9008. 4—1∶500，C，10.40—27.75，200906，2.1”，其中“10.40—27.75”部分是(　　)。

A. 成果分类代码　　B. 最新生产时间

C. 版本号　　D. 图幅分幅编号

164. 1∶2 000 数字正射影像图影像地面分辨率为(　　)m。

A. 0.05　　B. 0.1

C. 0.2　　D. 0.5

165. 1∶2 000 数字正射影像图明显地物点的平面位置中误差在地形类型为平地、丘陵地时，不应大于图上(　　)mm。

A. 0.5　　B. 0.6

C. 0.8　　D. 1.0

166. 数字正射影像图应与相邻影像图接边，接边误差不应大于(　　)个像元。

A. 1/2　　B. 1

C. 2　　D. 4

167. 1∶2 000 数字高程模型格网尺寸为(　　)m。

A. 0.5　　B. 0.8

C. 1.0　　D. 2.0

168. 数字高程模型按正方形或矩形分幅时，按照规定，图幅向四边扩展图上约(　　)mm 提供数据。

A. 5　　B. 8

C. 10　　D. 12

169. 1∶2 000 数字线划图地物点对邻近野外控制点的平面位置中误差，当地形类型为平地、丘陵地时，不得大于(　　)m。

A. 0.3　　B. 0.6

C. 0.8　　D. 1.2

170. 1∶25 000 数字高程模型格网尺寸为(　　)m。

A. 2.5　　B. 5

C. 10　　D. 25

171. 近景摄影测量是指利用对物距不大于(　　)m 的目标获取立体像对进行的摄影测量。

A. 100　　B. 150

C. 200　　D. 300

172. 遥感影像平面图制作时，平地、丘陵地地形条件下，地物点相对于附近控制点、经纬网或公里格网点的图上点位中误差不应大于图上±(　　)mm。

A. 0.5　　B. 0.6

C. 0.75　　D. 0.8

173. 为了制作 1∶10 万遥感影像平面图，用于制作遥感影像平面图的遥感图像的地面分辨率应为(　　)m。

A. 10　　B. 20

C. 30　　D. 50

174. 用于制作遥感影像平面图的遥感图像，一般情况下，相邻各帧(张)图像之间应有不小于图像宽度(　　)的重叠度。

A. 4%　　B. 5%

C. 10%　　D. 15%

175. 彩色遥感影像平面图的制作一般应选择不少于(　　)个波段的多光谱影像。

A. 3　　B. 4

C. 5　　D. 6

176. 遥感影像平面图的制作中，各波段影像的配准误差不大于(　　)mm。

A. 0.1　　B. 0.2

C. 0.3　　D. 0.4

177. 规范规定，制作遥感影像平面图过程中采用光学法进行图像纠正，由于地球曲率引起的像点误差和地面高差引起的像点位移的残余系统误差不得大于(　　)mm。

A. 0.4　　B. 0.5

C. 0.6　　D. 0.8

178. 制作遥感影像平面图过程中，采用纠正仪对扫描图像进行分条幅纠正，在各条幅内应选取(　　)个以上的纠正控制点。

A. 2　　B. 4

C. 5　　D. 6

179. 遥感影像平面图的制作，采用纠正仪对图像纠正时，对于雷达图像而言，只适用于(　　)地形。

A. 平坦地区　　B. 丘陵地区

C. 山区　　D. 高山区

180. 遥感影像平面图的制作，当采用光学法进行图像纠正和镶嵌时，应在所成遥感影像平面图同比例尺或较大比例尺的地形图上选取控制点，每个镶嵌块应选(　　)个控制点。

A. 3~4　　B. 4~6

C. 4~9　　D. 6~8

181. 遥感影像平面图的制作，当没有数字影像时，可以通过图像数字化获取数字影像，图像数字化时扫描点尺寸的选择应根据像片的分辨率确定，一般选用(　　)μm。

A. 10~15　　B. 15~20

C. 25~50　　D. 60~80

182. 遥感影像平面图的制作过程中，当采用数字法进行图像纠正和镶嵌时，使用纠正公式对影像逐像元进行纠正，纠正误差要求不大于图上(　　)mm。

A. 0.2　　B. 0.3

C. 0.4　　D. 0.5

183. 在生产 1∶2 000 数字线划图作业中，地图数字化采集的数字线划地形图，其点位目标位移偏差不得大于±(　　)m。

A. 100　　B. 200

C. 300　　D. 400

184. 采用框幅式数字航空摄影，分区的划分应遵循一定的原则，当地面分辨率大于(　　)cm 时，分区内的地形高差不应大于 1/4 摄影航高。

A. 8　　B. 10

C. 15　　D. 20

185. 航测外业像片调绘时，凡属于保密单位的，图上(　　)表示。

A. 按实地调绘名称　　B. 一般不注记真实名称

C. 不注记名称　　D. 用序号并加注保密字样

186. DLG 生产过程中，当成图比例尺为 1∶10 000 时，数码航摄获取的影像地面分辨率应不大于(　　)m。

A. 0.5　　B. 1.0

C. 1.5　　D. 2.0

187. 采用 GPS-RTK 作业方式进行平地高程点注记测量，不同测站所测的高程注记点，相互之间不少于(　　)个重合点。

A. 2　　B. 3

C. 4　　D. 5

188. 利用单景卫星遥感影像生产 DLG，采集的 DLG 数据相对于 DOM 背景影像的位置偏差不得大于(　　)个 DOM 像元。

A. 1.0　　B. 0.5

C. 1.5　　D. 2.0

189. 地形图扫描矢量法生产 DLG 数据，DLG 数据相对于 DRG 背景图像，点要素的位置采集偏差不大于图上(　　)mm。

A. 0.1　　B. 0.15

C. 0.2　　D. 0.35

190. 制作遥感影像平面图时，选取控制点的数量应根据采用的纠正公式决定，剔除粗差后至少应保留(　　)个以上多余控制点，便于平差计算。

A. 1　　B. 2

C. 3　　D. 4

191. 采用推扫式数字航空摄影生产 1∶2 000 地形图时，摄区内任意位置与最近基站间的最远距离不应大于(　　)km。

A. 150　　B. 100

C. 80　　D. 50

192. 应用数字摄影测量生产数字线划图，外业调绘要素定位应基于影像位置，最大位置偏差不大于数字正射影像图(　　)像元。

A. 1　　B. 2

C. 3　　D. 4

193. 地图数字化采集的数字地图，比例尺为 1∶1 000 时其点位目标位移偏差不大于(　　)m。

A. 0.1　　B. 0.2

C. 0.3　　D. 0.4

194. 以地形图数字化方法生成的数字高程模型，其格网点高程中误差不大于相应比例尺地形图的(　　)等高距。

A. 1/3　　B. 2/3
C. 1/2　　D. 3/4

195. 制作遥感影像平面图时，使用纠正公式对影像逐像元进行纠正，纠正误差最大不得超过图上(　　)mm。

A. 0.2　　B. 0.3
C. 0.4　　D. 0.5

196. 规范规定，航摄数字化测图时，对于山地、高山地类型，内业加密点和地物点对最近野外控制点的图上点位中误差不得超过(　　)mm。

A. 0.4　　B. 0.55
C. 0.6　　D. 0.8

197. 规范规定，摄影测量中进行绝对定向时平面对点误差，平地、丘陵地一般不大于图上(　　)mm。

A. 0.4　　B. 0.5
C. 0.6　　D. 0.8

198. 地形图航空摄影测量内业规范规定，原图清绘要求各类地物元素的线划、符号中心位置偏移不应大于(　　)mm。

A. 0.1　　B. 0.2
C. 0.3　　D. 0.4

199. 规范规定，城市三维建模的纹理尺寸应为2的n次幂，且最大尺寸不得超过(　　)像素。

A. 64×64　　B. 256×256
C. 512×512　　D. 2048×2048

200. 规范规定，城市三维建模的模型命名通常是由(　　)部分组成。

A. 行政区域编码+建模单元顺序号+管理单元顺序号
B. 行政区域编码+管理单元顺序号+建模单元顺序号
C. 建模单元编码+模型类型+模型细节层次+模型顺序号
D. 建模单元编码+模型类型+模型纹理层次+模型顺序号

二、多项选择题(共38题，每题的备选选项中，有2项或2项以上符合题意，至少有1项是错项)。

1. 机载激光雷达获取的点云数据，通常是利用基于(　　)的算法对其进行自动分类。

A. 入射强度　　B. 回波次数
C. 地物形状　　D. 地貌差异
E. 反射强度

2. 遥感图像可获取目标地物的大小、形状及(　　)方面的信息。

A. 纹理特点　　B. 空间分布特点
C. 变化动态特点　　D. 属性特点

E. 色彩特点

3. 摄影测量中，投影差会发生变大的情况是(　　)。

A. 越靠近像片边缘　　B. 越靠近像片中心
C. 地面点高程越大　　D. 地面点高程越小
E. 摄影机主距越小

4. 数字摄影测量系统的硬件包括计算机和(　　)。

A. 立体观测及操作控制设备　　B. 辅助功能软件
C. 输入输出设备　　D. 小型机
E. 工作站

5. 遥感图像特征的表现可归纳为(　　)。

A. 空间分辨率　　B. 颜色分辨率
C. 时间分辨率　　D. 光谱分辨率
E. 形态分辨率

6. 通过数字摄影测量技术可以直接获取的信息有(　　)。

A. 影像外方位元素　　B. 影像灰度值
C. 数字高程模型　　D. 数字地面模型
E. 数字正射影像图

7. 解析空中三角测量的精度分析主要包括(　　)。

A. 接边精度分析　　B. 理论精度分析
C. 实际精度分析　　D. 区域网精度分析
E. 单航带精度分析

8. 像点坐标的系统误差主要是由(　　)引起的。

A. 摄影材料变形　　B. 摄影物镜畸变
C. 大气折光　　D. 地形起伏
E. 地球曲率

9. 航摄分区划分时要遵守的原则有(　　)。

A. 分区界线应与图廓线相一致
B. 分区内地形高差一般不大于 1/4 相对航高
C. 分区内的地物景物反差、地貌类型应尽量一致
D. 应考虑航摄飞机正前方安全距离与安全高度
E. GPS 领航时，应计算出每条航线首末摄站的经纬度

10. 三维建筑模型建立的质量控制方法有(　　)。

A. 文件替换　　B. 专业美工人员审验
C. 渲染检查　　D. 针对项目管理软件控制
E. 建模软件插件控制

11. 数字线划图 DLG 的检查中，精度检查主要内容包括(　　)。

A. 位置精度　　B. 属性精度

C. 逻辑一致性　　D. 接边精度

E. 影像质量

12. 像片判读的特征有形状、大小、色调和(　　)等。

A. 阴影　　B. 纹形图案

C. 位置布局　　D. 清晰度

E. 活动

13. 基础地理信息三维模型是地形地貌、地上地下建(构)筑物等基础地理信息的三维表达，主要表示被表达对象的(　　)等信息。

A. 激光扫描图像　　B. 三维空间位置

C. 几何形态　　D. 点云数据

E. 纹理及属性

14. 共线条件方程是以数学形式表达了(　　)之间的共线关系。

A. 像点　　B. 投影中心

C. 控制点　　D. 物点

E. 同名点

15. 共线条件方程在摄影测量中主要应用于(　　)。

A. 影像定向　　B. 单幅影像制图

C. DEM 生成　　D. 物点定位

E. DOM 制作

16. 在摄影测量中，共线条件方程用于求解(　　)。

A. 像点坐标　　B. 外方位元素

C. 像片变形值　　D. 地面点坐标

E. 内方位元素

17. 数字线划图是现有地形图上基础地理要素分层存储的矢量数据包括(　　)信息。

A. 高程信息　　B. 影像信息

C. 属性信息　　D. 坐标信息

E. 空间信息

18. 野外像片控制点的施测，平面控制点的刺点目标应选择在(　　)的目标点上。

A. 影像清晰、能准确刺点　　B. 线状地物交点

C. 弧形地物的交点　　D. 影像小于 0.3 mm 的点状地物中心

E. 地物拐角上

19. 野外像片控制点的施测，高程控制点应选择在(　　)的目标上。

A. 地势平缓的线状地物的交会处　B. 尖山顶

C. 地角　　D. 圆山顶及鞍部处

E. 狭沟

20. 解析空中三角测量根据平差范围的大小可分为(　　)。
A. 航带法　　B. 独立模型法
C. 光束法　　D. 区域网法
E. 单模型法

21. 空中三角测量的技术设计中，应包含的技术设计要求有(　　)。
A. 采用的系统　　B. 选点规则和数量
C. 平差方法　　D. 镶嵌误差
E. 精度指标

22. 遥感图像目视解译的主要方法有直判法、(　　)等。
A. 对比法　　B. 邻比法
C. 动态对比法　　D. 逻辑推理法
E. 计算机自动分类法

23. 航外像片控制测量中，非全野外布点方案按航线数可分为(　　)。
A. 多航带　　B. 单航线
C. 独立网　　D. 区域网
E. 单航带

24. 下列遥感卫星中，全色波段的分辨率为 2.5 的是(　　)。
A. SPOT 5　　B. GeoEye-1
C. WorldView　　D. 资源三号
E. IRS-P5

25. 航天遥感影像预处理过程中，不同的遥感影像，其云层的大小和厚度不一致，通过灵活修改(　　)等参数值，即可达到较好的去云效果。
A. 照度增益　　B. 灰度增益
C. 反射率增益　　D. 截取频率
E. 入射率增益

26. 数字线划图的技术特征主要有(　　)。
A. 地图地理内容与同比例尺地形图一致
B. 图形输出为矢量格式
C. 图形输出为栅格格式
D. 任意缩放均不变形
E. 任意缩放会发生变形

27. 遥感调查工作底图制作主要包括(　　)。
A. 几何校正　　B. 影像增强
C. 影像图整饰　　D. 调查底图喷绘
E. 目视解译

28. 目前，我国常用于 1∶10 000 地形图地物更新的遥感卫星全色波段影像是(　　)。

A. SPOT-5　　B. IKONOS
C. QuickBird　　D. Landsat ETM+
E. 资源三号

29. 一般采用内插方法来获取 DEM 格网点高程，常用的方法有(　　)。
A. 线性内插　　B. 双线性多项式内插
C. 分块双三次多项式内插　　D. 移动曲面拟合法内插
E. 双三次卷积内插法

30. 制作数字高程模型过程中，DEM 数据检查的内容主要包括(　　)。
A. 空间参考系　　B. 高程精度
C. 逻辑一致性　　D. 平面位置精度
E. 附件质量

31. 遥感调查工作底图和专题遥感数据成果生产需要提交的主要成果有(　　)质量检查记录、质量检查(验收)报告、技术总结报告、其他成果及各种专业资料等。
A. 正射影像图数据　　B. 遥感调查工作底图数据
C. 专题遥感数据　　D. DLG 数据
E. DRG 数据

32. 空中三角测量基本作业时，采用框幅式数字航摄仪获取的影像需要使用的航摄仪鉴定资料内容有(　　)。
A. 焦距　　B. 像主点位置
C. 像素大小　　D. 框标坐标或距离
E. 像素值参考位置

33. 根据《数字测绘成果质量要求》的规定，下列元素中，属于数字测绘成果检查质量子元素的是(　　)。
A. 逻辑一致性　　B. 格式一致性
C. 完整性　　D. 平面精度
E. 大地基准

34. 制作数字线划图、数字正射影像图时，空三加密成果应逐项整理并上交的成果有(　　)。
A. 像片控制点坐标　　B. 像片内、外方位元素
C. 连接点分布略图　　D. 像机文件
E. 测图定向点像片坐标和大地坐标

35. 数字栅格地图是我国基础地理信息数字成果的主要组成部分。它可由模拟地图经(　　)等处理过程后形成。
A. 扫描　　B. 符号化处理
C. 综合取舍　　D. 几何纠正
E. 色彩归化

36. 遥感影像平面图制作时，光学法图像纠正准备的主要内容包括(　　)。

A. 遥感图像的几何精度检查　　B. 工作母片的选择

C. 地球曲率引起像点位移的误差检查

D. 地面高差引起像点位移的参与系统误差

E. 对画幅式面中心投影图像进行纠正

37. 空中三角测量内定向中，像点量测坐标需要考虑(　　)等系统误差的影响。

A. 像主点位置　　B. 航摄仪物镜畸变

C. 大气折光　　D. 地球曲率

E. 摄影机焦距

38. 数字正射影像图(DOM)由(　　)等构成。

A. 数字正射影像数据(含影像定位信息)　　B. 图廓整饰

C. 元数据　　D. 相关文件

E. 数据质量评定报告及说明

参考答案

一、单选试题

1. C	2. A	3. C	4. C	5. B	6. A	7. D	8. A
9. D	10. A	11. D	12. D	13. B	14. A	15. B	16. D
17. D	18. A	19. C	20. B	21. D	22. B	23. B	24. A
25. B	26. B	27. C	28. D	29. B	30. C	31. D	32. D
33. D	34. C	35. C	36. B	37. A	38. B	39. D	40. C
41. D	42. C	43. C	44. C	45. C	46. D	47. A	48. D
49. C	50. A	51. D	52. B	53. A	54. A	55. C	56. B
57. D	58. B	59. A	60. D	61. D	62. B	63. C	64. D
65. A	66. A	67. B	68. D	69. A	70. C	71. C	72. C
73. B	74. C	75. C	76. B	77. A	78. C	79. C	80. A
81. B	82. B	83. A	84. C	85. D	86. A	87. C	88. C
89. B	90. D	91. D	92. D	93. C	94. B	95. A	96. A
97. A	98. D	99. A	100. A	101. A	102. B	103. C	104. D
105. B	106. A	107. D	108. D	109. C	110. C	111. A	112. A
113. C	114. D	115. A	116. C	117. B	118. C	119. B	120. C
121. D	122. A	123. D	124. A	125. C	126. D	127. B	128. A
129. A	130. A	131. A	132. A	133. D	134. C	135. B	136. A
137. A	138. B	139. A	140. B	141. D	142. A	143. B	144. B
145. A	146. B	147. D	148. C	149. A	150. B	151. C	152. B
153. B	154. A	155. D	156. D	157. D	158. B	159. C	160. C
161. C	162. B	163. D	164. C	165. B	166. C	167. D	168. C

169. D	170. C	171. D	172. A	173. A	174. A	175. A	176. B
177. A	178. B	179. A	180. C	181. C	182. D	183. B	184. D
185. B	186. A	187. D	188. D	189. A	190. B	191. D	192. C
193. A	194. B	195. D	196. B	197. A	198. B	199. D	200. C

二、多选试题

1. BCE	2. BCD	3. ACE	4. ACDE	5. ACD
6. ACDE	7. BC	8. ABCE	9. ABC	10. ABDE
11. ABD	12. ABCE	13. BCE	14. ABD	15. ABDE
16. ABD	17. CE	18. ABDE	19. ACD	20. DE
21. ABCE	22. ABCD	23. BD	24. ADE	25. ACD
26. ABD	27. BCD	28. BC	29. ABCD	30. ABCE
31. ABC	32. ACE	33. BDE	34. ACDE	35. ADE
36. ABCD	37. ABCD	38. ABCD		

第九章　地图制图

第一节　地图的基础知识

一、地图的特性

地图具有以下基本特性：

①可量测性：地图采用了地图投影、地图比例尺和地图定向等特殊数学法则，保证地图图形具有可量度性。

②直观性：采用地图语言(符号、色彩、注记)表示各种复杂的自然和社会现象，使地图比影像等更具直观性。

③一览性：地图是缩小了的地面表象，它不可能表达出地面上所有的地理要素，需要通过制图综合(取舍、概括)的方法，使地面上任意大小的区域缩小制图，一览无余地呈现出来。

二、地图的分类

地图分别以内容、比例尺、制图区域范围、用途、介质表达形式和使用方法等作为标志进行分类。

1. 按内容分类

地图按其内容可分为普通地图和专题地图两大类。

普通地图是以相对平衡的详细程度表示地球表面的水系、地貌、土质植被、居民地、交通网、境界等自然现象和社会现象的地图。

专题地图是根据专业方面的需要，突出反映一种或几种主题要素或现象的地图，其中作为主题的要素表示得很详细，而其他要素则视反映主题的需要，作为地理基础概略表示。

2. 按比例尺分类

地图按比例尺分类是一种习惯上的做法。在普通地图中，按比例尺可分为：
①大比例尺地图：比例尺大于等于 1∶10 万的地图；
②中比例尺地图：比例尺在 1∶10 万~1∶100 万之间的地图；
③小比例尺地图：比例尺小于等于 1∶100 万的地图。

3. 按制图区域范围分类

①按自然区域划分，分为世界地图、大陆地图、洲地图等。
②按政治行政区域划分，分为国家地图、省(区)地图、市地图、县地图等。

4. 按使用方式分类

按使用方式可分为桌面用图(如地形图、地图集等)、挂图(如教学挂图等)、随身携带的地图(如小图册、折叠地图等)、专用地图(如盲文地图、航空地图、航海地图等)等。

5. 按介质表达形式分类

按介质表达形式可分为纸质地图、丝绸地图、塑料地图，以及以磁盘、光盘为介质的电子地图、数字地图等。

6. 特种地图

特种地图包括如绸质地图、夜光地图、塑料地图、立体地图、盲文地图。

三、地图语言

1. 地图符号

地图符号根据地理要素的抽象特征，可以分为点状符号、线状符号和面状符号。按比例尺关系可分为不依比例尺符号、半依比例尺符号和依比例尺符号。

地图符号有形状、尺寸、色彩、方向、亮度和密度 6 个基本变量。

2. 地图色彩

地图色彩主要是运用色相、亮度和饱和度的不同变化与组合，结合人们对色彩感受的心理特征，建立起色彩与制图对象之间的联系。一般情况下，色相主要表示事物的质量特征，如淡水用蓝色，咸水用紫色；亮度和饱和度通常表示事物的数量特征和重要程度。地图上一般重要的事物符号通常用较浓、艳的颜色表示，而次要的事物符号用较浅、淡的颜色表示。

3. 地图注记

地图注记通常分为名称注记、说明注记、数字注记和图外整饰注记等。地图注记的要素包括字体、字大(字号)、字色、字隔、字位、字向和字顺等。地图注记在某种意义上还可直接起到符号的作用。例如，可以根据居民地注记字体，判定居民地属于城镇和村庄；根据山脉或山岭的名称注记，可明显显示它们的走向形势等。

地图上一般根据被注物体的特点，注记有水平字列、垂直字列、雁行字列和屈曲字列四种布置方式。点状要素一般用水平和垂直字列，线状、面状要素一般用雁行和屈曲字列。

四、地图内容

地图的内容由数学要素、地理要素和辅助要素构成。

1. 数学要素

数学要素包括地图的坐标网、控制点、比例尺、定向等内容。

①坐标网是指地理坐标网(经纬线网)、直角坐标网(方里网)。

②控制点是指平面控制点(天文点、三角点)、高程控制点(水准点)。

③比例尺是指地图的缩小程度，是地图上某一线段的长度与实地相应位置水平距离之比。

④地图定向则是确定地图上图形的方向，一般地图图形均以北方定向。

2. 地理要素

地图的主题内容是地理要素现象。根据地理现象的性质，大致可以区分为自然要素、社会要素和其他标志等。

①普通地图的地理要素表示了制图区域最基本的自然和社会经济地理现象，主要有独立地物、居民地、交通网、水系、地貌、土质与植被、境界线等要素。

②专题地图的地理要素表示了制图区域所要反映的专题要素和为专题要素进行地理定位的地理基础(地理底图)要素。专题要素是主题要素的主要组成部分，通常需要使用特定的表示方法来描述专题内容的数量、质量或分布特征。地理基础(地理底图)要素一般按专题要素的需要选取，内容通常要比同比例尺的普通地图内容简略。

3. 辅助要素

为方便使用地图，在地图的图廓(或主图)外，除注明图名外，还配备了供读图使用的工具性图表和说明性内容，统称为地图的辅助要素。它分为读图工具和参考资料。

读图工具图表主要包括图例、图号(图幅编号)、接图表、图廓间要素、分度带、比例尺、坡度尺、附图等；参考资料指说明性内容，主要包括编图及出版单位、成图时间、地图投影(小比例尺地图)、坐标系、高程系、编图资料说明和资料略图等。

第二节　地图的数学基础

一、地图投影的基础知识

1. 地图投影的基本概念

将地球椭球面上的点投影到平面上的方法称为地图投影。具体来讲，就是按照一定的数学法则，使地面点的地理坐标(λ，φ)与地图上相对的点平面直角坐标(x，y)建立函数关系。

2. 投影变形

由于地球椭球面是一个不可展的曲面，将它投影到平面上，必然会产生变形。投影产生了长度变形、面积变形以及角度变形。

3. 投影分类

一般按投影的变形性质和构成方式进行分类。

①按投影变形性质分类有等角投影、等面积投影、任意投影。

②按投影构成方式分类可分为几何投影和非几何投影。

a. 几何投影：特点是将椭球面上的经纬线投影到辅助面上，然后再展开成平面，如圆锥投影、圆柱投影、方位投影等。

b. 非几何投影：是在几何投影的基础上，根据制图的具体要求，有条件地按数学法则加以改造形成的，如伪方位投影、伪圆柱投影、伪圆锥投影等。

二、几何投影

1. 圆锥投影

圆锥投影是以圆锥面作为投影面，将圆锥面与地球椭球面相切或相割，将经纬线投影到圆锥面上，然后把圆锥面展开平面而成。同时，有正圆锥、横圆锥和斜圆锥几种不同的投影。在圆锥投影中，也有等角、等面积和等距离几类投影。正圆锥投影的经线表现为相交于一点的直线，纬线为同心圆弧。这种投影方式最适合于中纬度地带沿东西伸展区域的地图使用，由于地球上广大的陆地都处中纬地带，所以被广泛使用。

1962年联合国在德国波恩举行的世界百万分之一国际地图技术会议上，建议用等角圆锥投影作为百万分之一地图的数学基础。各国编制出版的百万分之一地图，采用相同的规格，即地图投影、分幅编号、图式规范等基本上一致，促使该比例尺地图得到较广泛的国际应用。

我国1∶100万地形图采用双标准纬线正等角圆锥投影。投影变形的分布规律是：

①角度没有变形，即投影前后对应的微分面积保持图形相似；

②等变形线和纬线一致，同一条纬线上的变形处处相等；

③两条标准纬线上没有任何变形；

④在同一经线上，两标准纬线外侧为正变形(长度比大于1)，而两标准纬线之间为负变形(长度比小于1)，因此，变形比较均匀，绝对值也较小；

⑤同一条纬线上等经差的线段长度相等，两条纬线间的经线线段长度处处相等。

2. 圆柱投影

圆柱投影是以圆柱面作为投影面，将圆柱面与地球椭球面相切或相割，将经纬线投影到圆柱面上，然后把圆柱面展开平面而成。同样，有正圆柱、横圆柱和斜圆柱几种不同的投影。在圆柱投影中，也有等角、等面积和等距离几类投影。正圆柱投影的经线表现为等间隔的平行直线，纬线为垂直于经线平行直线。等角圆柱投影(墨卡托)具有等角航线表现为直线的特性，因此最适宜于编制各种航海图、航空图。

3. 方位投影

方位投影是以平面作为投影面，将平面与地球椭球面相切或相割，将经纬线投影到平面上而成。同样，又有正方位、横方位和斜方位几种不同的投影。在方位投影中，也有等角、等积和等距离几类投影。正方位投影的经线表现为辐射直线，纬线为同心圆。方位投影最适宜于表示圆形轮廓的区域，如表示两极(南、北极)地区的地图。

三、高斯-克吕格投影

我国现行的大于等于1∶50万的各种比例尺地形图，都采用高斯-克吕格投影。

1. 高斯-克吕格投影的基本概念

从地图投影性质来说，高斯-克吕格投影是等角投影。从几何概念来分析，高斯-克吕格投影是一种横切椭圆柱投影。假设一个椭圆柱横套在地球椭球体上，使其与某一条经线相切，用解析法将椭球面上的经纬线投影到椭圆柱面上，然后将椭圆柱展开成平面，即获得投影后的图形，其中的经纬线相互垂直。在平面直角坐标系中，是以相切的经线(中央经线)为 X 轴，以赤道为 Y 轴(图9-1)。

2. 高斯-克吕格投影的变形分析

高斯-克吕格投影没有角度变形，面积变形是通过长度变形来表达的。

其长度变形的规律是：

①中央经线上没有长度变形；

②沿纬线方向，离中央经线越远变形越大；

③沿经线方向，纬度越低变形越大。

整个投影变形最大的部位在赤道和最外一条经线的交点上(纬度为0°，经差为±3°时，长度变形为1.38‰)。当投影带增大时，该项误差还会继续增加。这就是高斯-克吕格投影采取分带投影的原因。

另外，也可以看出，该投影在低纬度和中纬度地区，误差显得大了一些，比较适用于纬度较高的国家和地区。

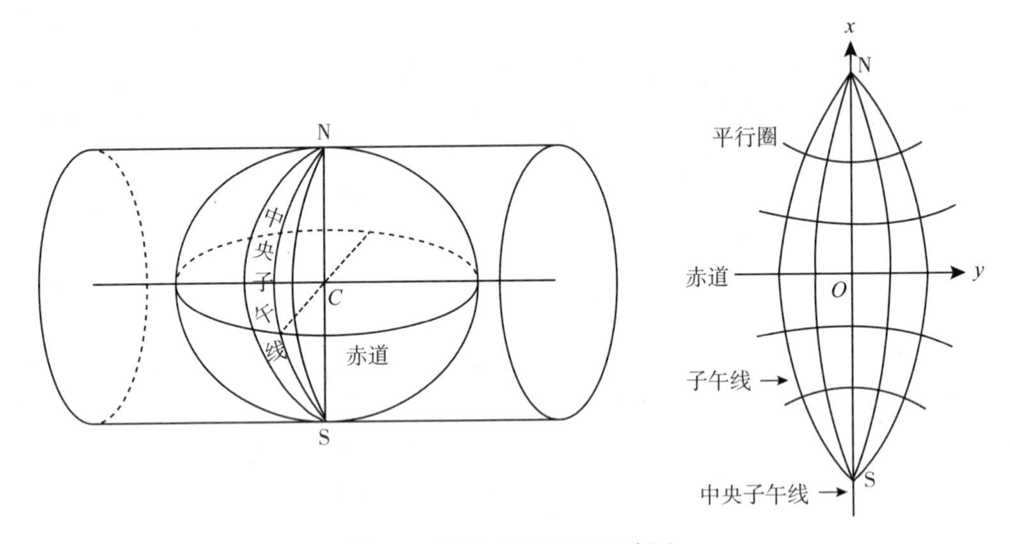

图9-1 高斯-克吕格投影示意图

3. 高斯-克吕格投影分带的规定

为保证地形图所需精度的要求，就要限制经差，即限制高斯-克吕格投影的东西宽度。因此，高斯-克吕格投影采用分带的方法，将全球分为若干条带进行投影，每个条带单独按高斯-克吕格投影进行计算。为了控制变形，我国的1∶2.5万~1∶50万地形图均采用6°分带投影；考虑到1∶1万和更大比例尺地形图对制图精度有更高的要求，均采用3°分带投影，以保证地形图有必要的精度。

(1)6°分带法

从格林尼治0°经线起，每6°为一个投影带，全球共分60个投影带。东半球的30

个投影带，从0°起算往东划分，用1~30予以标记。西半球的30个投影带，从180°起算，回到0°，用31~60予以标记。凡是6°的整数倍的经线皆为分带子午线，如图9-2所示。每带的中央经线度 L_0 和代号 n 用式(9-1)求出。

$$L_0 = 6^\circ \times n - 3^\circ$$

$$n = \left[\frac{L}{6^\circ}\right] + 1 \tag{9-1}$$

式中：[　]表示商取整；L 为某地点的经度。

我国领土位于东经72°至136°之间，共含11个6°投影带，即13至23带。各带的中央经线的经度分别为75°，81°，87°，…，135°。

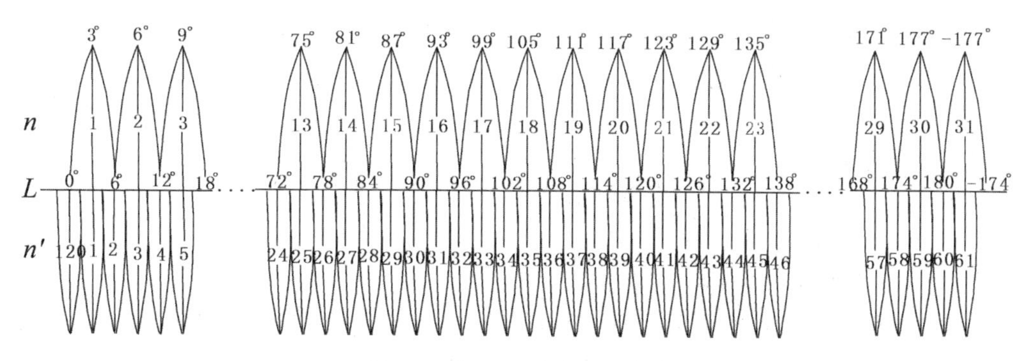

图9-2　高斯-克吕格投影分带

(2)3°分带法

从东经1°30′起算，每3°为一带，全球共分120个投影带。这样分带使6°带的中央经线均为3°带的中央经线(图9-2)。从3°转换成6°带时，有半数带不需换带计算。带号 n 与相应的中央子午线经度 L_0 可用式(9-2)求出。

$$L_0 = 3^\circ \times n$$

$$n = \left[\frac{L + 1^\circ 30'}{3^\circ}\right] \tag{9-2}$$

式中：[　]表示商取整；L 为某地点的经度。

我国领土共含22个3°投影带，即24至45带。

四、地图的分幅和编号

1. 地图分幅形式

通常有矩形分幅和经纬线分幅两种分幅形式。

(1)矩形分幅

用矩形的图廓线分割图幅，相邻图幅间的图廓线都是直线，矩形的大小根据需要自定。矩形分幅一般用于以区域为制图单元的地图及工程建设方面的大比例尺地形图，普通地图集也常常采用矩形分幅。

(2)经纬线分幅

图廓线由经线和纬线组成，大多数情况下表现为上下图廓为曲线的梯形。地形图、大区域的分幅地图多用经纬线分幅。

2. 我国地形图的分幅编号

我国基本比例尺地形图都是在1∶100万比例尺地形图编号的基础上进行的。

(1)1∶100万比例尺地图的编号

1∶100万比例尺地形图的编号采用“行列”法编号。

①行：从赤道算起，纬度每4°为一行，至南北纬88°各22行，用大写英文字母A，B，C，…，V表示。

②列：从180°经线算起，自西向东每6°为一列，全球分为60列，用阿拉伯数字1，2，…，60表示。

③一个列号和一个行号就组成一幅1∶100万地形图的编号。北京市所在的1∶100万图幅位于东经114°~120°，北纬36°~40°，其编号为J50。

(2)1∶5 000~1∶50万比例尺地形图的编号

1∶5 000 1∶50万比例尺地形图的编号都是在1∶100万地形图的基础上进行的，其编号都是由10个代码组成，其中前3位是所在的1∶100万地形图的行号(1位)和列号(2位)，第4位是比例尺代码，每种比例尺有一个特殊的代码(表9-1)，后面6位分为两段，前3位是图幅行号数字，后3位是列号数字；不足三位时前面加“0”。

每幅1∶100万地形图划分为：a. 1∶50万：2行、2列；b. 1∶25万：4行、4列；c. 1∶10万：12行、12列；d. 1∶5万：24行、24列；e. 1∶2.5万：48行、48列；f. 1∶1万：96行、96列；g. 1∶5 000：192行、192列。

表9-1　**比例尺代码**

比例尺	1∶50万	1∶25万	1∶10万	1∶5万	1∶2.5万	1∶1万	1∶5 000
代码	B	C	D	E	F	G	H

例如：J 50 B 001002为1∶50万地形图的编号，J 50 C 003003为1∶25万地形图的编号，J 50 D 010010为1∶10万地形图的编号，J 50 E 017016为1∶5万地形图的编号，J 50 F 042002为1∶2.5万地形图的编号，J 50 G 093004为1∶1万地形图的编号，J 50 H 192192为1∶5 000地形图的编号。

五、地图比例尺

地图比例尺的含义是指地图上某线段的长度与实地的水平长度之比。地图比例尺通常有数字式、文字式和图解式(直线比例尺、复式)等形式。

1. 数字式

数字式就是用阿拉伯数字表示。可以用比的形式，如：1∶50 000，1∶5 万，也可以用分数式，如：1/50 000、1/100 000 等。

2. 文字式

文字式就是用文字注释的方法表示。例如：十万分之一，图上 1cm 相当于实地 1km。表达比例尺长度单位，在地图上通常以厘米计，在实地以米和千米计。

3. 图解式

图解式就是用图形加注记的形式表示，最常用的是直线比例尺，尤其是在电子地图、网络地图上。小比例尺地图上，由于投影变形比较复杂，往往根据不同经纬度的不同变形，绘制复式比例尺，又称经纬线比例尺，用于不同地区的长度量算。

六、地图定向

确定地图上图形的方向叫地图定向。

1. 地形图定向

规定在 1∶2. 5 万、1∶5 万、1∶10 万比例尺地形图上绘出三北方向。一般情况下，三北方向线的方向是不一致的，它们之间相互构成一定的角度，称之为偏角或三北方向角。

(1)真北方向

过地面上任意一点，指向北极的方向叫真北方向。对一幅图，通常把图幅的中央经线的北方向作为真北方向。

(2)坐标北方向

纵坐标值递增的方向称为坐标北方向。

(3)磁北方向

实地上磁北针所指的方向称为磁北方向。

2. 一般地图定向

一般地图通常采用真北方定向。有时制图区域的形状比较特殊，用真北方定向不利于有效利用标准纸张，也可以采用斜方位定向，但需要在地图明显位置加注“指北方向”标志。

第三节　地图设计

一、地图设计的基本程序

承担地图设计任务的编辑人员在接受制图任务以后，通常按以下步骤开展工作：

(1)确定地图的用途和对地图的基本要求

确定新编地图的用途是设计地图的起点，承担任务的编辑，首先是要同委托单位充分接触，从确立地图的用途、使用方式、使用对象、使用范围入手，就地图的内容、表示方法、出版方式等同委托单位充分交换意见。

(2)分析已成图

为了使设计工作有所借鉴，在接受任务之后，往往先要收集一些同新编地图性质相类似的地图加以分析，明确其优点和不足，作为设计新编地图的参考。

(3)研究制图资料

制图资料的收集、整理、分析评价以及制图资料的使用。

(4)研究制图区域的基本情况

制图区域是地图描绘的对象，想要确切地描述它，必须先深刻地认识它。

(5)设计地图的数学基础

设计地图的数学基础包括设计或选择一个适合于新编地图的地图投影(确定变形性质、标准纬线或中央经线的位置、经纬线密度、范围等)，确定地图比例尺和地图的定向等。

(6)地图的分幅和图面设计

当所编地图需要分幅时要进行分幅设计。图面设计是对所编地图的主区位置、图名、图廓、图例、附图等的图面配置设计。国家基本比例尺地形图不需要进行分幅和图面设计。

(7)地图内容确定及表示方法设计

根据地图用途、制图资料及制图区域特点，选择地图内容，它们的分类、分级，应表达的指标体系及表示方法，针对上述要求设计地图符号并建立符号库。

(8)各要素制图综合指标的确定

规定各要素的选取指标、概括原则和程度。制图综合指标决定表达在新编地图上地物的数量及复杂程度，是地图创作的主要环节。

(9)地图制作工艺设计

在数字环境下，地图制图过程是相对稳定的，在制图硬件、软件及输入输出方法选定后，基本不需要进行过程设计。

(10)样图试验

以上各项设计是否可行，结果是否可以达到预期目的，常常要选择个别典型的区域做样图试验。

二、制图资料收集与制图区域分析

1. 制图资料收集

①在编辑设计准备工作中，要充分了解制图区域的资料和数据情况，广泛收集可用于编绘地图的各种最新资料和数据。

②对收集到的资料应进行全面分析、研究，以确定基本资料、补充资料和参考资料。

③基本资料的选用应截至编绘作业之前。现势资料一般截至地图数据输出之前。

2. 制图区域分析

分析研究制图区域，目的在于清楚地了解制图现象的区域特征，从整体上了解制图区域的地理概况和基本特征。根据分析研究的成果拟定要素的分类、分级、表示法、概括尺度和选取标准，使其能顾及区域特征的差别，在新编地图上再现制图区域地理空间结构。

三、地图设计文件

根据制图任务的差别，地图设计文件有所区别，概括起来为图 9-3 中所列举的情况。

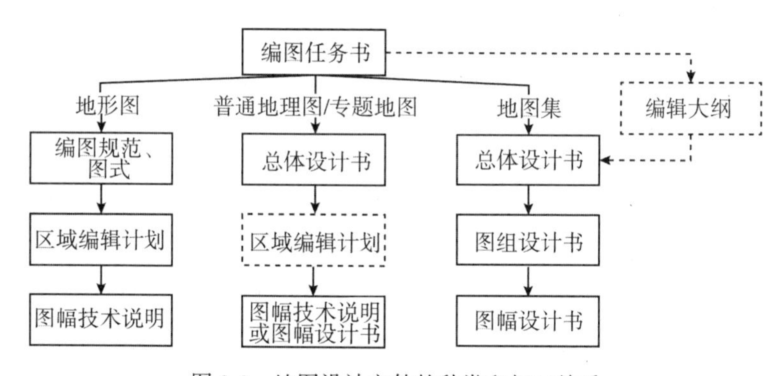

图 9-3　地图设计文件的种类和相互关系

地形图指国家基本比例尺地图。对于这一类地图，国家测绘地信主管部门以国家标准的形式发布了各种比例尺地图的编图规范和图式等一系列标准化的编辑文件。每一个具体的制图单位在接到制图任务书后，根据规范、图式的规定并结合制图区域的地理情况，编写区域编辑计划。针对每一个具体图幅，则要在区域编辑计划的基础上，结合本图幅的具体情况编写图幅技术说明。

普通地理图及大部分专题地图(少数有行业标准的除外)由于没有统一的规范作指导，通常要编写总体设计书，再根据具体任务编写(当区域不大时不编写)区域编辑计划。对于每一个具体图幅，编写图幅技术说明或图幅设计书。

地图集的编制要复杂一些。如果编图任务书的内容很详细，可以直接根据任务书的要求设计和编写地图集总设计书，否则，要先编写一个编辑大纲提供给编委会讨论，认可后再编写总设计书。对于每个图组，由于其类型、内容都相差甚远，要编写图组设计书。每一幅图又有不同的类型，还要编写图幅设计书。

编图任务书是由上级主管部门或委托单位提供的，其内容包括：地图名称、主题、区域范围、地图用途、地图比例尺，有时还指出所采用的地图投影、对地图的基本要求、制图资料的保障情况以及成图周期和投入的资金等项目。

地图编辑在接受制图任务后，经过一系列的设计，编写相应的编辑文件。一般地图设计文件内容包括：

1. 任务概述

说明制图任务来源、制图范围、行政隶属、地图用途、任务量、完成期限、承担单位等基本情况。对于地图集(册)，还应重点说明其要反映的主体内容等。对于电子地图，还应说明软件基本功能及应用目标等。

2. 制图区域概况和编图资料情况

(1)制图区域概况

制图区域地理现象的类型特征和典型地理特点，从整体上了解制图区域的地理概况和基本特征。

(2)编图资料情况

说明已有资料采用的平面和高程基准、比例尺、测制单位和年代，资料的数量、形式，主要质量情况和评价，列出基本资料、补充资料和参考资料(包括可利用的图表、图片、文献等)，分析这些制图资料利用的可能性并提出利用方案等。

3. 引用文件

引用文件包括引用的标准、规范、图式和其他技术文件。

4. 成果(或产品)主要技术指标

说明地图比例尺、投影、出版形式、坐标系统及高程基准，地图类别和规格，地图性质以及其他主要技术指标等。

对于地图集(册)，还应说明图集的开本、成品尺寸及印张数、图集(册)的内容结构等主要情况。对于电子地图，则应说明其主题内容、制图区域、比例尺、用途、功能、媒体集成程度、数据格式、可视化模型、数据发布方式等。

5. 设计方案

(1)地图内容与表示方法设计

明确地图的主题及体现主题的具体内容，包括它们的分类、分级程度，并根据内容的性质和特点设计内容的表示方法。

(2)各要素的制图综合

各要素的制图综合是设计书的主要部分，其内容包括：要素的地理特点，选取指标和选取方法，概括的原则和概括程度，典型特征的描绘和特殊符号的使用，注记的定名与选取，要素之间的关系协调，数据的更新等。

(3)符号设计与符号库

符号设计应说明符号设计的基本原则和方法，明确符号的颜色、形状和尺寸，符号的配置原则；注记的字体、字大、字色的设计，注记的配置原则等。完整的符号列表作为附件放在设计书的后面。

符号库的建立方法，符号库的管理及符号的使用规则等都需了解。

(4)样图设计

样图设计与制作是为了给编制不同类型图提供直观、形象的参考依据。因此，需选择各图组或各类型图有代表性的图幅，进行具体的设计，并对类型图的制作提出原则性要求。

(5)接边的规定

地图的拼接形式、接边的部位、宽度、方法等的具体规定。

6. 编制技术路线

数字地图制图的基本过程，包括地图设计、数据输入、数据处理和数据输出这四个阶段。地图编制技术路线可以用框图的形式加以说明。

7. 印刷与装帧

内容包括出版要求、印刷要求、地图产品的装帧设计和版面设计等。

8. 质量控制

根据资料、技术力量、设备及使用的工艺等条件，提出可能达到的质量标准，从而确定检查验收的要求和基本程序。内容包括质量控制的内容、方法、程序以及相关技术指标和要求。

9. 制订进度计划

制订进度计划包括地图数据、技术、人力、财力、物力等方面的管理方法和进度计划。

10. 提交成果

明确成果的内容与形式、地图成果数据、元数据及图历簿、图件的数量等。

11. 编制经费预算表

进行项目经费预算安排。

12. 附录

设计书的附录内容和数量，根据所设计地图的情况而定。其中可能包括的内容有：色标、符号表、分幅和图面设计略图、资料配置略图、各要素的分区和制图综合指标图、典型地区的综合样图、不同类型样图、各种统计表格、图面及整饰略图等。

四、地图投影的选择

除国家基本比例尺地形图外，其他类型地图需根据用途、制图区域位置、大小和形状等因素，选择合适的地图投影。

1. 根据制图区域的空间特征选择地图投影

制图区域的空间特征，是指它的形状、大小和在地球椭球体上的位置。依制图区域的形状和位置选择投影，以减少图上的变形。如区域形状接近圆形的区域，在两极地区宜采用正轴方位投影；东、西半球地图常采用横轴方位投影，在中纬度地区宜选用正轴圆锥投影，在低纬度地区多采用正轴圆柱投影；沿经线南北向延伸的竖长形地区，一般可采用横轴圆柱投影；沿任意斜方向延伸的长形地区，多采用斜轴圆柱投影或斜圆锥投影。

设计中国全图时，若南海诸岛作为附图，选择等角正圆锥投影；若南海诸岛不作附图，应改为选择等角斜方位投影、伪方位投影、等面积伪圆锥投影(彭纳投影)等。编制城市交通旅游地图时，对各主城区繁华地图应尽量放大，可考虑采用多焦点的变比例尺投影。

2. 根据地图的用途和使用方法选择地图投影

政区地图，各局部区域的面积大小对比处于突出地位，常使用等面积投影；用作定向的地图则适于采用等角投影；军用地图，要求方位距离准确，通常采用等角投影；教学用地图，常采用各种变形都不大的任意性质投影；海洋地图、宇航地图都用墨卡托投影(等角圆柱投影)，航空基地图都用等距离方位投影，各国的地形图大多数都用等角横切(割)圆柱投影。世界时区图，为了便于划分时区，习惯用经纬线投影后互相成垂直平行直线的等角正轴圆柱投影等。

3. 根据地图内容选择地图投影

经济地图，为了表示出经济要素的面积分布和面积的正确对比，常常要采用等面积性质的投影；航海地图、航空地图、气候地图等，为了比较正确的表示航向、风向和海流的流向，以及为了使一定面积的几何图形相似，一般多采用等角性质的投影。

4. 根据投影本身特征选择地图投影

(1)变形性质

地形图、航海地图和导航地图一定要用等角地图投影。

(2)变形大小和分布

正圆柱、正圆锥投影，变形同经度无关，随纬度的增宽而增大，它们适用于东西延伸的地区；方位投影的等变形线分布同心圆，离中心愈远则变形愈大，适应于面积不大的圆形区域。我国分省(区)地图常用正轴等角割圆锥投影。

(3)特殊线段的形状

墨卡托投影中等角航线成直线，这就是航海图采用该投影的理由。在球心投影上，地球表面两点间距离最近的大圆航线成直线，它是地面上距离最近的线，表达港口和基地、机场之间联系的地图可以考虑采用这种投影。例如，航空图上，要求把地面上距离最近的大圆航线投影成直线，就要选择等角正圆锥投影。

五、坐标网的选择

地图投影最后都要以坐标网的形式表现出来。设计地图时要特别注意选择适当的坐标网。地图上的坐标网有地理坐标网(经纬线网)和直角坐标网(方里网)。

1. 地理坐标网的选择

地理坐标网是由经线和纬线所构成的坐标网，又称经纬线网。

在1∶1万~1∶10万比例尺地形图上，经纬线只以图廓线的形式直接表现出来，并在图角处注出相应度数。为了在用图时加密成网，在内外图廓间还绘有加密经纬网的加密分划短线，必要时对应短线相连就可以构成加密的经纬线网。

1∶25万地形图上，除内图廓上绘有经纬网的加密分划外，图内还有加密用的十字线，其密度为经差15′，纬差10′。

我国的1∶50万~1∶100万地形图，在图面上直接绘出经纬线网，其密度为：1∶50万地形图上为经差30′，纬差20′；在1∶100万地形图上经纬差各1°，内图廓上也有供加密经纬线网的加密分划短线。

普通地理图上，经纬网密度主要取决于地图的用途，例如，教学挂图上经纬网就可以稀一些，科学参考图上密度应比较大。但一般来说，应当符合三点要求：第一、应该是整度数；第二、在一个网格内视觉不能区分出投影变形的差别；第三、在不移动视线的情况下视野范围内应包含 4 个以上的网格。

小比例尺地图上经纬网的密度，还受制图区域的地理位置、地图投影的类型、同类型地图的习惯用法等因素的影响，通常根据需要取 1°、2°、5°、10°的间隔。

2. 直角坐标网的选择

方里网是由平行于投影坐标轴的两组平行线所构成的方格网。因为是每隔整公里数(其密度规定见表 9-2)绘出坐标纵线和坐标横线，所以称之为方里网。由于方里线同时又是平行于直角坐标轴的坐标网线，故又称直角坐标网。

表 9-2　　**地形图上方里网的密度规定**

密度＼比例尺	1∶1 万	1∶2.5 万	1∶5 万	1∶10 万
图上距离(cm)	10	4	2	2
实地距离(km)	1	1	1	2

六、地图比例尺设计

地图上标明的比例尺是指投影中标准线上的比例尺(即地图主比例尺)。

1. 选择比例尺的条件

取决于制图区域范围的大小、图纸规格和地图需要的精度。

2. 确定地图比例尺的方法

根据制图区域的范围和图纸规格直接计算确定地图比例尺。在设计地图(集、册)时，图纸规格是固定的，在这个固定的图面上，各制图单元(如省或县)要选用什么比例尺，最适合用套框法确定。

七、地图分幅与拼接设计

1. 地图分幅设计

地图的幅面用纸尺寸称为地图的开幅。顾及纸张、印刷机的规格和使用等条件，地图的开幅应当是有限的。地图分幅可按经纬线分幅，也可按矩形分幅。

(1)经纬线分幅设计

经纬线分幅是当前世界各国地形图和大区域的小比例尺分幅地图所采用的主要分

幅形式。经纬线分幅在具体使用中常采取合幅、破图廓或设计补充图幅、设置重叠边带等的分幅设计来弥补其缺点，使之更加完善。

(2)矩形分幅设计

矩形分幅是区域性地图，特别是多幅拼接挂图的分幅形式，其外框是一个大的矩形，内部各图幅的图廓也都是矩形，沿图廓拼接起来成为一个完整的图面。

在实施分幅时，要顾及以下各因素：

① 纸张规格。

② 印刷条件(考虑印刷时，印刷机的咬口量，咬口通常设在纸张的长边处，一般对开印刷机的咬口量在9~12mm，全开印刷机咬口量在10~18mm)。

③ 主区在总图廓中基本对称，同时要照顾到同周围地区的经济和交通联系，在两者有矛盾时往往会优先照顾后者。

④ 内分幅的各图幅的印刷面积尽可能平衡。

⑤ 其他要求：分幅时还应照顾到图面配置和尽量不破坏重要目标的完整等。

2. 地图拼接设计

既然需要分幅表示，在使用时就必然会有拼接的问题。

(1)图廓拼接

使用时沿每幅图图廓拼接起来。地形图都是用图廓拼接的，经纬线分幅的普通地理图也常使用图廓拼接。经纬线分幅的地图由于分带、分块投影的影响，图幅拼接时会有困难，可采用设置重叠边带的方法解决。

(2)重叠拼接

多幅印刷的挂图拼接时，通常在两幅相邻的分幅图之间设置一个重叠带(通常为8~10mm)，即这条带的内容在两幅相邻分幅图上是重复绘制的。

(3)图幅拼接原则

通常图幅拼接时按上幅压下幅、左幅压右幅的顺序进行拼接。

八、地图内容设计

1. 普通地图内容设计

(1)普通地图内容

普通地图内容主要包括水系、地貌、土质植被、居民地、交通网、境界、控制点与独立地物等地理要素。

(2)普通地图内容设计的原则

在普通地图内容设计时，一般遵循如下原则：

① 满足用途要求。任何地图都服务于一定的使用目的，其内容表示的详细程度，首先取决于地图的用途。

② 图面清晰易读。在保证地图内容清晰易读的前提下，地图内容设计要满足地图载负量的需求。

③ 保证制图精度。包括数据的采集限差，图廓点及公里网点的定位控制点点位误差，更新要素的相对精度等，保证地图的可量测性。

④反映制图区域的地理特征。客观反映制图区域地理特点，是编绘地图内容的一条根本原则。区域地理特点包括制图物体和现象的类型、形态、分布密度、分布规律和相互联系。

2. 专题地图内容设计

(1)专题地图内容与分类

专题地图内容主要包括数学基础、主题要素(专题要素、地理基础要素)和辅助要素。专题地图按其内容的专题性质分为三种类型：自然地图、人文地图和其他专题地图。

(2)专题地图内容设计的原则

a. 满足使用要求；b. 使用专门的符号和特殊的表示方法(包括满足专业要求和习惯的符号及表示方法)；c. 图面层次感要强；d. 反映现象的静态状况和动态发展。e. 表示现象的定性与定量特征。

(3)地理底图内容设计的原则

a. 地理底图要素必须为专题地图起到“骨架”作用并作为转绘专题内容的控制基础；b. 遵循普通地图内容的设计原则，只是内容制图综合程度要大一些，符号的色彩、形状设计以不影响专题内容的表示为准则；c. 内容表达形式上注意与专题内容的视觉层次对比要退后。

九、地图符号设计

1. 制约地图符号设计的基本要素

(1)主观因素

符号视觉变量及视觉感受效果，符号构图的视觉生理和心理因素，地图信息的视觉感受水平，符号传统习惯与标准。

(2)客观因素

地图资料的特点，地图的用途和内容，地图的比例尺，地图的使用环境要求，印刷要求。

2. 地图符号设计的原则

地图符号设计中要把握的原则是使地图符号具有可定位性、概括性、可感受性、组合性、逻辑性和系统性。

十、地图表示方法设计

1. 普通地图的表示

(1)独立地物

在地形图上，独立地物符号必须精确地表示地物位置，符号要规定定位点，便于定位。

(2)水系

要表示其类型、形状、大小(长度和宽度)和流向。

海洋及依比例尺表示的湖泊、水库、双线河流等面状水系一般用蓝色水涯线与浅蓝色水域色表示。

河流、运河及沟渠等水系一般以蓝色线状符号的轴线表示其位置及长度。单线河由河源到河口用0.1mm~0.5mm或0.1mm~0.4mm逐渐加粗，单线的粗细渐变反映河流的流向和形状单线河线状符号的粗细表示河流的上游与下游、主流与支流的关系。为与单线河衔接及美观的需要，常用0.4 mm不依比例尺双线符号过渡到依比例尺的双线符号。运河与沟渠图上一般用蓝色单实线表示。

(3)地貌

地貌与水系一起构成地图上其他要素的自然地理基础。通常要反映其形态特征，表示其不同类型和分布特点，显示其地面起伏的效果。

地貌的表示一般有反映其数量特征的等高线法，明显反映地貌高程带的分层设色法，反映地貌立体感的晕渲法。

(4)土质与植被

在地图上通常用地类界、说明符号、底色、说明注记或相互配合来表示。

(5)居民地

在图上通常用符号加注记的方式表示其位置、形状、类型、建筑物的质量特征、人口数量和行政等级。居民地的外部形状，取决于街道网、街区和其他各种建筑物的分布范围。居民地的内部结构，主要依靠街道网图形、街区形状、水域、种植地、绿化地、空旷地等配合显示。居民地的类型多用名称注记的字体来区分。行政等级一般用地名注记的字体、字大来表示。居民地的人口数通常是通过圈形符号形状和尺寸的变化表示。

(6)交通网

地图上交通要素一般是指陆路交通、水路交通、空中交通和管线运输。

我国大中比例尺地形图上，铁路用传统的黑白相间的花线符号来表示。在小比例尺地图上，铁路用黑色实线表示。

公路用双线符号，配合符号宽窄、线划的粗细、色彩的变化表示，用说明注记表示公路等级、路面性质和宽度等。

其他道路用实线、虚线、点线并配合线划的粗细表示。

空中交通常采用符号来表示航空机场，除非航空专题图，一般不表示航空线。

管线运输主要包括管道和高压输电线，通常采用线状符号加说明注记来表示。

(7)境界

境界包括政治区划界、行政区划界及其他地域界，用不同结构、不同粗细与不同颜色的点线符号表示。

2. 专题地图的表示

专题地图内容通常有十种基本的表示方法。

(1)定位符号法

采用不同形状、颜色和大小的符号，表示呈点状分布物体的数量与质量特征的方法即定位符号法，如工业企业、文化设施、气象台站、城市人口规模等。

(2)线状符号法

线状符号法是用来表示呈线状或带状延伸的专题要素的一种方法，如河流、交通线、地质构造线等。

(3)范围法

范围法是表示要素在制图区域内间断而成片的分布范围和状况，常用真实的或隐含的轮廓线表示其分布范围，其内再用颜色、网纹、符号乃至注记等手段区分其质量和分布特征，如森林、沼泽、某种农作物分布等。

(4)质底法

质底法表示连续分布、满布于整个区域的面状现象，其表示手段与范围法几乎相同，同样是在轮廓界线内用颜色、网纹、符号乃至注记等表示现象的质量特征(类别差异)。如地质现象、土地利用状况、土壤类型等。

(5)等值线法

等值线法是用等值线的形式表示布满全区域的面状现象。最适用于如地形起伏、气温、降水、地表径流等布满整个制图区域的均匀渐变的自然现象。

(6)定位图表法

用图表的形式反映定位于制图区域某些点的周期性现象的数量特征和变化即定位图表法。

(7)点值法

点值法就是用一定大小的、形状相同的点，表示现象分布范围、数量特征和分布密度的方法。对制图区域中呈分散的、复杂分布的现象，如人口、动物分布，某种农作物和植物分布，可以用一定大小和形状的点群来反映。那么点的分布范围可大致代表现象分布范围，点的多少反映其数量指标，点的集中程度反映现象分布的密度。用点数法作图时，点子的排布方式有两种：一是均匀布点法，二是定位布点法。

(8)运动线法

运动线法又称动线法，是用矢量符号和不同宽度、颜色的条带表示现象移动的方向、路径和数量、质量特征。自然现象如洋流、寒潮、气团变化，社会现象如移民、货物运输、资本输入(输出)等都适合运用动线法表示。

(9)分级统计图法

分级统计图法又称分级比值法，是按行政区划或自然区划分出若干制图单元，根据各单元的统计数据并对它们分级，用不同色阶(饱和度、亮度，乃至色相的差别)或用晕线网级反映各分区现象的集中程度或发展水平的方法。

(10)分区统计图表法

分区统计图表法是在各分区单元(同样是以行政区划单元为主)内按统计数据描绘成不同形式的统计图表，置于相应的区划单元内，以反映各区划单元内现象的总量、构成和变化。

3. 专题地图表示方法运用的原则

为了反映某专题要素多方面的特征，往往在一幅专题地图上同时采用几种表示方法来反映它们，在几种方法配合运用时，必须以一种或两种表示方法为主，其他几种方法为辅，并遵循下列原则，以达到更好揭示制图现象特征的目的。

① 应采用恰当的表示方法和整饰方法，明显突出反映专题地图的内容。

② 表示方法的选择应与专题地图内容相适应。

③ 应充分利用点状、面状和线状表示方法的相互配合。

④ 当两种近似的表示方法配合时，应注意突出主要者。

⑤ 当两种以上的表示方法或整饰方法配合时，应特别注意色彩的选择，以保证地图清晰易读。

十一、地图图面配置设计

地图图面配置设计就是针对图名、图廓、图例、附图、附表、图名、图例、比例尺及各种说明的位置、范围大小及其形式的设计。

1. 图面配置的基本要求

(1)清晰易读

地图各组成部分在图面的配置要合理。所设计的地图符号必须精细，要有足够大小。

(2)视觉对比度适中

对比度太小或太大都会造成人眼阅读的疲劳，降低视觉感受效果，影响地图信息的传递。

(3)层次感强

为了使地图主题内容能快速、准确、高效地传递给用图者，应使主题和重点内容突出，整体图面具有明显的层次感。

(4)视觉平衡

使各要素配置显得更合理。图面中的各要素不要过亮或过暗，偏大或偏小。

2. 图面配置设计

图面配置设计包括图面主区和图面辅助元素的配置，并指出图幅尺寸、图名、比例尺、图例、各种附图和说明的位置和范围，地图图廓、图边的形式等。

(1)图面主区的配置

主区应占据地图幅面的主要空间，地图的主题区域应完整地表达出来；地图主区图形的重心或地图上的重要部分，应放在视觉中心的位置，保持图面上视觉平衡。

(2)图名的配置

图名中包含两个方面的内容，即制图区域和地图的主要内容。大型地图的图名多安放于图廓外图幅上方中央，图名占图边长的三分之二为宜，离左右图廓角至少应大于一个字的距离，距外图廓的间隔约为三分之一字高，以求突出而清晰，但字体不可过大，排列不能与图幅同宽。字的大小与字的黑度相关联，黑度大的可以小一些，黑度小时则可以大一些，但最大通常不超过图廓边长的6%。

(3)图例的配置

图例的位置，从布局上要考虑在预定的范围内，密度适中、安置方便、便于阅读。图例、图解比例尺和地图的高度表都应尽可能地集中在一起。

(4)比例尺的配置

目前地图上用得最多的形式，是将数字比例尺和直线比例尺组合一起表示在地图上。数字比例尺最好全用阿拉伯数字，电子地图宜用直线比例尺表示。比例尺放置的位置，在分幅地图上多放在南图廓外的中央，或者左下角的适当地方。

(5)附图、图表和文字说明的配置

附图、图表和文字说明在图幅上的位置，一般来说并无统一的格式，但要注意保持图面的视觉平衡，避免影响阅读图面主区。通常置于图内较空的地方，并多数放在四角处。

(6)图廓的设计

图廓分内图廓和外图廓。内图廓通常是一条细线并常附以分度带。外图廓的种类则比较多，地形图上只设计一条粗线，挂图则多带有各种花边和图案。花边的宽度视本身的黑度而定，一般取图廓边长的1%~1.5%。内外图廓间的间距通常为图廓边长的0.2%~1.0%。

十二、地图集设计

1. 地图集特点

①地图集是围绕特定的主题与用途，在地图学原理指导下，运用信息论、系统

论，遵循总体设计原则，经过对各种现象与要素的分析与综合，系统汇集相互有逻辑关系的一组地图而形成的集合体。

②地图集是科学的综合总结。

③地图集是科学性、实用性与艺术性相结合的成果。

④地图集的编图程序及制印工艺复杂。

2. 地图集设计的主要内容

(1)开本设计

地图集开本主要取决于地图集的用途和在某特定条件下的方便使用。通常，国家级的地图集用4(或8)开本，省(区)级用8(或16)开本，大城市地图集也有用8开本的。

(2)内容设计

地图集内容的设计取决于地图集的性质与用途。

普通地图集一般可分为三大部分，即总图部分、分区图部分和地名索引部分。总图是指反映全区总貌的政区、区位、地势、人口、交通等图幅；分区图是这类图集的主体；地名索引则视需要与可能进行编制。

综合性地图集由序图组、普通地图组及若干专题图组组成。

(3)内容编排设计

在编排时，先按图组排序，然后再在每一个图组内按图幅的内容安排次序。在普通地图集中，总图安排在前，分区图安排在后；在专题地图集中，则以序图组开始，总结性的图组垫后，中间按各专题的学科特点有序地安排。

(4)各图幅的分幅设计

地图集中各图幅的分幅，是指确定每幅地图应包括的制图区域范围，同时还应确定各区域占有的幅面大小。

(5)各图幅的比例尺设计

各分幅图的比例尺是根据开本所规定的图幅幅面大小和制图区域的范围大小来确定的。但地图集中的地图比例尺应该有统一的系统。总图与各分区图，各分区图与某些扩大图以及各分区图间比例尺都应保持某些简单的倍率关系。比例尺的种类要适量，不宜过多。

(6)图型和表示法设计

图幅类型及图幅内容表示方法和表达效果的设计是地图集设计工作中的重点之一，它的任务是设计什么样的图形和用什么样的表示方法去突出表达所规定的内容。而综合地图集则因表示内容的广泛和特殊，图形较多，有分布图、等值线图、类型图、区划图、动线图和统计图等多种，按其对内容表示的综合程度，又可分为解析型、合成型和复合型等三类，表示方法更有十种之多。

(7)图面配置设计

地图集各幅地图的配置就是充分利用地图的幅面大小，合理地摆布地图的主体内容、附图、附表、图名、图例、比例尺、文字说明等。地图与图例、图表、照片、文字要依照内容的主次、首尾呼应等逻辑关系进行均衡、对称的编排。

(8)地图集投影设计

设计地图投影的基本宗旨在于保持制图区域内的变形最小，或者投影变形误差的分布符合设计要求，以最大的可能保证必要的地图精度以及某一图组内图幅之间内容的延续性和可比性。

(9)图例设计

图例设计包括三方面：一是普通地图集或单一性专题地图集(如地质图集)，要设计符合各种不同比例尺地图的统一的图例；二是综合性的专题地图集，对每幅不同主题内容的地图要设计相应的图例符号，但应符合总的符号设计原则，整部地图集应具有统一协调的格调；三是各种现象分类、分级的表达，在图例符号的颜色、晕线、代号的设计上必须反映分类的系统性。

(10)整饰设计

地图集的整饰设计包括：制定统一的版式设计，相对统一协调的符号、注记和色相系统设计；统一确定各类符号的大小、线划粗细和用色；统一确定各类注记的字体、字形、大小及用色；统一用色原则并对各图幅的色彩设计进行协调；进行图集的封面设计、内封设计；确定图集封面的材料；确定装帧方法以及其他诸如图组扉页、封底设计等。

3. 地图集设计中的统一协调

(1)统一协调工作的目的

① 正确而明显地反映地理环境各要素之间的相互联系和相互制约的客观规律。

② 消除由于各幅地图作者观点不一致、地图资料不平衡和制图方法不同而产生的矛盾和分歧。

③ 对地图的表示方法、表达效果和整饰进行统一设计，使各地图间便于比较和使用。

(2)统一协调工作的内容

① 图集的总体设计要贯彻统一的整体观点。

② 采用统一的原则设计地图内容。针对不同的内容，设计不同的图形，如自然地图以分布图、类型图、等值线图为主；人文经济图则以分布图、统计图的图形为主。要统一确定分类、分级的标准与单位，在自然地图中主要是确定相同级别的分类单位和不同类别的分级标准；人文经济图中则主要是确定表达的行政级别单位。

③ 对同类现象采用共同的表示方法及统一规定的指标。

④ 采用统一和协调的制图综合原则。

⑤ 统一协调的地理底图。地理底图的统一协调包括数学基础的统一协调、地理基础的统一协调和地理底图整饰的统一协调。

⑥ 采用统一协调的整饰方法。

保持地图集在设计风格、用色原则、符号系统设计上的一致，同类现象在不同地图幅面上出现时表达一致，图面配置风格上一致等。

十三、数字地图制图技术路线设计

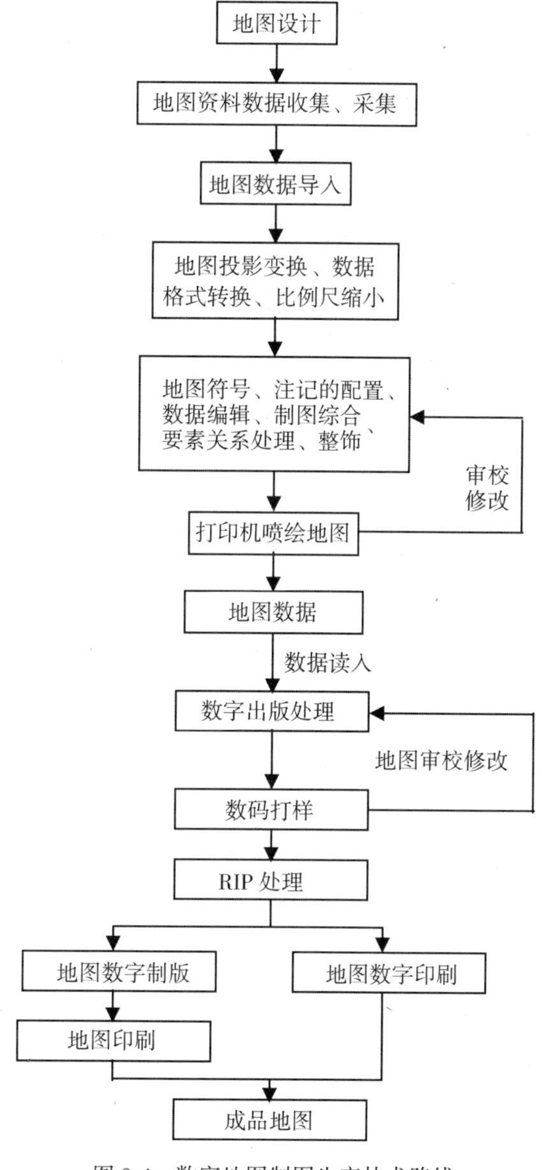

图 9-4 数字地图制图生产技术路线

1. 制作地图的途径

制作地图有两种途径：实测地图和编绘地图。

2. 数字地图制图的基本方法

数字地图制图分为地图设计(编辑准备)、数据输入(数据资料获取)、数据编辑(符号化处理)、数据输出四个阶段。

3. 数字地图制图生产技术路线

根据编图的数据来源不同，地图生产的技术流程大同小异(图 9-4)。地图的类型、用于编图的资料数据、地图内容的复杂程度、制图人员的作业水平及计算机硬(软)件设备等的不同，多少会影响到地图制图生产工艺的制定。因此，编图时应根据单位实际，设计编制切实可行的生产技术工艺流程。

第四节　地图编绘

一、地图数据

地图数据包括三个基本信息范畴：图形数据、属性数据和时间因素。其中，图形数据和属性数据也称为空间数据和非空间数据。

1. 图形数据

图形数据是用来表示地理物体的空间位置、形态、大小和分布特征以及几何类型的数据。地图图形可以按几何特点分为点、线、面几种元素，其中点是最基本的图形元素。

图形数据是一种非常重要的信息，其重要性体现在以下四个方面：空间定位、空间量度、空间结构和空间关系。图形数据包括矢量和栅格两种形式。

2. 属性数据

属性数据是用来描述地理实体质量和数量特征的数据。属性数据是以特征码形式表现的。特征码即为根据地图要素的类别、级别等分类特征和其他质量特征进行定义的数字编码。

二、制图综合的基本概念

制图综合包括两种基本处理：选取和概括。

1. 选取

选取也称取舍，即选择对制图目的有用的信息保留在地图上，不需要的信息则舍掉。

2. 概括

概括是对制图物体的形状、数量、质量特征进行化简，即是对那些选取了的信息，在比例尺缩小的条件下，能够以需要的形式传输给读者。其中，形状概括是去掉复杂轮廓形状中的某些碎部，保留和夸大重要特征，以总的形体轮廓代替。

三、制图综合的基本方法

制图综合是通过对地图内容要素的选取、化简、概括和移位四种基本形式进行的。

1. 制图物体的选取

选取的方法有资格法和定额法。

①资格法：是以一定数量或质量标志作为选取标准(资格)的方法。

②定额法：规定单位面积内应选取的制图物体的数量而进行选取的方法。

2. 制图物体图形化简

形状化简方法用于线状(如单线河、沟渠、道路等)，主要是减少弯曲；对于面状地物(如居民地平面图形)则既要化简外部轮廓，又要化简其内部结构。化简的方法通常有删除、夸大、合并。

①删除：缩小后的某些碎部无法清晰表示，予以删除。

②夸大：为了显示和强调制图物体的形状特征，需要夸大一些本来按比例应当删除的碎部。

③合并：图形及其间隔小到不能详细区分时，采用合并同类物体细部的方法，来反映制图物体主要特征。

3. 制图物体的数量和质量特征概括

概括常分为数量特征概括和质量特征概括。

数量特征概括的结果，一般表现为数量标志的改变，并且常常是变得比较概略。质量概括的结果，常常表现为制图物体间质量差别的减少，以概括的分类、分级代替详细的分类、分级，以总体概念代替局部概念。概括的方法通常有等级合并、概念转换和图形转换等方法。

4. 制图物体的图形移位

随着地图比例尺的缩小，以符号表示的各个制图物体之间相互压盖，模糊了相互间的关系，需要采用图解的方法即采用“移位”的方法，目的是保证地图内容各要素总体结构的适应性与协调性，即与实地的相似性。

四、制图综合的基本规律

1. 制图物体选取的基本规律

①制图对象的密度越大，被舍弃的绝对数量越大，反之亦然。物体密度系数损失的绝对值和相对量都应从高密度区向低密度区逐渐减少。

②遵循从主到次、从大到小的顺序原则进行选取，在任何情况下，都应舍弃较小的、次要的目标，保留较大的、重要的目标。

③在保持各密度区之间具有最小辨认系数的前提下，保持各区域间的密度对比。

2. 制图物体形状概括的基本规律

①保持各线段上的曲折系数和单位长度上的弯曲个数的对比。

②保持弯曲图形的类型特征。

③保持制图对象的结构对比。

④保持面状物体的面积平衡。

五、各要素关系处理原则和方法

1. 各要素关系处理原则

地图数据编辑处理时常常采用舍弃、位移和压盖的方法来处理。在长期制图实践中形成了如下约定的规则：

(1)考虑要素的重要性

①位移：同种要素矛盾时，保持级别高的要素位置不变，位移低一级的要素；不同种要素矛盾时，保持主要要素位置不变，位移次要要素；独立地物与其他要素矛盾时，位移其他要素。

②压盖：点状符号或线状符号对于面状符号时，如街区中的有方位意义的独立地物或河流，它们可以采用压盖街区的办法完整地绘出点、线符号。一般来说，不同颜色的要素才能压盖。

(2)衡量各要素的稳定性

自然物体，稳定性较高；而人工物体，稳定性相对较差。它们在一起发生位置矛盾时，一般移动人工物体。

(3)正确处理各要素间的相互关系

例如：居民地(圈形符号表示)、水系、道路之间的相切、相割(通常为正割)、相离的关系，一般要保持与实地相对应。

(4)保持有控制意义的物体的位置精度

河流、经纬线应尽量保持其位置的准确性，境界线、重要居民点、道路应尽量保持其位置的相对准确性。

对于国界线无论在什么情况下，均不允许位移，周围地物相对关系要与国界相对应；省(市)县级界线一般也不应位移。有时为了处理与其他要素关系，在不产生归属问题时，可作适当移动。

2. 各要素关系处理方法

地图要素分为点、线、面要素，当要素关系发生冲突时，通常的处理方法是：

①点点冲突：保证高层次点状要素图形完整，并对低层次点状要素移位。

②点线冲突：保证点状要素图形完整，线状要素图形与点状要素图形重叠部分应隐去。

③点面冲突：保证点状要素图形完整，并将原多边形分解为一多边形加一内含多边形。

④线线冲突：保证高层次线状要素图形完整，低层次线状要素图形与高层次线状要素图形重合部分应隐去。

⑤线面冲突：保证线状要素图形完整，并将原多边形分解为若干个子多边形。

六、普通地图编绘的基本要求

1. 各要素综合指标拟定的基本原则

①综合指标应能反映物体的不同类型及其在不同地区的数量分布规律。

②能反映地图上所表示的制图物体的数量随地图比例尺的缩小而变化的规律。

③综合指标的选取界限和极限容量应符合地图载负量的要求，能反映密度的对比。

④综合指标的拟定应具有理论依据，要通过实践的检验，方便使用。

2. 常用的综合指标形式

根据各要素本身的特点，地图综合中常用的指标具有以下几种形式：

①定额指标：图上单位面积内选取地物的数量，适用于居民地、湖泊、记号性房屋等的选取。

②等级指标：将制图物体按照某些标志分成等级，按等级高低进行选取(例如，

居民地行政等级分级或按人口数分等级）。

③分界尺度（选取的最小尺寸）：决定制图物体取与舍的标准。

七、各要素编绘要求

1. 独立地物

①与线状地物的关系：与道路、河流的关系，应保持相交、相切、相离的关系。

②与次要地物的关系：与独立房屋、小路等地物在一起时，一般保持独立地物的中心位置而移动其他次要地物的位置。

③与同色要素的关系：与道路、居民地在一起时，颜色相同的间断其他要素，颜色不同的压盖其他要素。

④与不同颜色要素的关系：与河流、等高线在一起时，压盖其他颜色符号，精确地绘出独立地物符号。

2. 水系

水系要素应注意正确表示水系的类型、主次关系、岸线弯曲程度、河渠网及湖泊的形状特征和分布特点、附属设施及名称，合理反映区域水系的总体特征、分布规律和不同地区的密度对比，以及附属设施的情况，处理好水系与其他要素的关系。

3. 居民地

居民地的表示应总体上反映其位置、轮廓、分布特征、通行情况、行政意义及名称，按居民地的行政等级、重要性（政治、方位、经济等）、密度对比和分布特征进行选取表示，保持不同区域间居民地的密度对比关系，并处理好与其他要素的关系。

4. 道路

应能正确表示道路的类别、等级、位置，反映道路网的结构特征、通行状况、分布密度以及与其他要素的关系。按道路的等级由高级到低级进行选取，重要道路优先选取，道路的选取表示要与居民地的选取表示相适应，保持道路网平面图形的特征和不同地区道路网的密度对比关系。

5. 等高线

地貌要素应能正确显示各地区的基本地貌类型及形态特征，保持地貌特征点、地性线的位置和高程的正确，反映地面切割程度及土质类型和分布规律，做到整体结构明显，地貌类型突出，同时还要处理好地貌同其他要素的关系。等高线的形状应随删去碎部而改变，同一斜坡的等高线图形应协调一致，强调显示地貌基本形态的特征，反映地貌类型方面的特征。进行等高线图形概括时，常用的方法是：删除、移位、夸大和合并。

6. 境界

①在陆地上不与线状地物重合的境界符号，应连续不断地绘出，符号的中心线位置保持不变。

②境界与线状地物(河、渠、道路)重合时，应使境界符号与这些地物的图形一致，并在其两侧跳绘。

③不同等级境界相重合时，只表示高一级境界。

④当境界沿山脊和谷地通过时，要注意境界线与地貌图形的一致，特别是与山顶、脊线、山隘、谷底等的协调一致。

⑤境界的描绘应尽量力求准确，境界转折时应用点或线来描绘，以反映真实形状并便于定位。

八、国家基本比例尺地图编绘

国家基本比例尺地图包括：1∶5 000、1∶1 万、1∶2.5 万、1∶5 万、1∶10 万、1∶25 万、1∶50 万、1∶100 万这 8 种比例尺。

1. 数学基础

(1)地图投影

大于等于 1∶50 万比例尺地形图，采用高斯-克吕斯投影，其中 1∶5 000、1∶1 万地形图按经差 3°分带投影，其他比例尺地形图按 6°分带投影。1∶100 万地形图采用双标准纬线正轴等角圆锥投影，其分带方法是由赤道起每纬度 4°为一投影带，每幅图经差为 6°。

(2)高程系统

采用 1985 国家高程基准。

(3)坐标系统

采用 2000 国家大地坐标系。

2. 地形图要素编绘要求

各要素的编绘除满足国家基本比例尺地形图编绘规范外还应满足如下要求：

①地物地貌各要素的综合取舍和图形概括应符合制图区域的地理特征，各要素之间的关系协调、层次分明，重要道路、居民地、大的河流、地貌等内容应明显表示，注记正确，位置明确。

②地形图的各内容要素、要素属性、要素关系应正确、无遗漏。

③应正确、充分地使用各种补充、参考资料对各要素特别是水系、道路、境界、

居民地及地名等要素进行增补、更新，符合制图时的实际情况，体现地形图现势性强的特点。

3. 各要素编绘的编辑处理

(1)基本数据预处理

按照成图比例尺图幅范围进行坐标转换、数据拼接、3°分带转6°分带。

(2)制作综合参考图

据图幅的难易，确定是否制作综合参考图，即按照成图比例尺打印出图，根据各要素的技术要求及综合指标，标绘有关要素，并将需补充、修改的要素标在图上。

(3)要素的取舍与综合

按设计书的要求进行要素选取和图形概括(有综合参考图的可进行对照)，根据补充、参考资料进行要素的修改和补充。

(4)地形数据接边

地形数据接边包括跨投影带相邻图幅的接边。接边内容包括要素的几何图形、属性和名称注记等，原则上本图幅负责西、北图廓边与相邻图廓边的接边工作。相邻图幅之间的接边要素图上位置相差0.6 mm以内的，应将图幅两边要素平均移位进行接边；相差超过0.6 mm的要素应检查和分析原因，处理结果需记录在元数据及图历簿中。相差0.3 mm的可以单边移动。

九、专题信息的综合处理

1. 制图资料数据处理

要进行专题制图，还必须对这些资料进行包括坐标和比例尺变换、量度单位统一、专题要素分类分级处理、制图对象的符号化等。

2. 制图数据的分类处理

根据专题数据各样本的多个观测指标具体找出一些能够度量样本或指标之间相似程度的统计量，作为划分类型的依据，将相似程度较大的样本(或指标)聚合为类。反映事物之间的相似性和差异性。

3. 制图数据的分级处理

对要素空间分布的统计数据进行分级处理，用于反映要素在空间分布的规律性和一定的定性质量差异。为了增强地图的易读性，必须限制分级数，以满足对地图阅读的要求，常用的分级数的适宜范围是5~7级。

十、专题地图表示方法选择

专题地图表示方法的选择是由多种因素决定的，这些因素主要有：表示现象的分布性质、专题要素表示的量化程度和数量特征、专题要素类型及其组合形式、地图用途、制图区域特点和地图比例尺等。对表示方法的选择主要取决于制图现象的分布特征(表 9-3)。

表 9-3　　表示方法的选择取决于制图现象的分布特征

现象的空间分布＼表示方法		定点符号法	线状符号法	范围法	质底法	等值线法	定位图表法	点数法	运动线法	分级统计图法	分区统计图表法
点状分布		✓							✓	✓	✓
线状分布			✓				✓		✓	✓	✓
面状分布	呈间断分布			✓					✓	✓	✓
	布满全制图区域				✓	✓	✓		✓	✓	✓
	分散分布							✓	✓	✓	✓

十一、专题地图编绘的基本过程

专题地图编制，常分为地图设计与编辑准备、编稿与编绘、地图数据制作和地图制印四个阶段。

1. 设计与编辑准备

完成专题地图设计和正式编绘前的各项准备工作。一般包括：确定地图的选题、内容选择、指标和地图比例尺等；搜集、分析和评价制图资料；选择表示方法和拟定图例符号；确定制图综合的原则要求与编绘工艺流程，此外，还要提出地图编绘的要求和专题内容分类、分级的原则等。

2. 编稿与编绘

完成专题地图的编稿和编绘工作。一般包括：资料处理；确定地理基础底图；将所需表达的专题内容按经过实验确定下来的地图设计方案，转绘到地理基础底图上。在编绘过程中要进行制图综合，即进行专题内容的选取和概括。

3. 地图数据制作

与普通地图数据制作方法一样，分为数据输入(数据资料获取)、地图编绘(数据编辑与符号化处理)、印前数据处理等步骤。

4. 地图制印

地图制印一般分专题地图数码打样、数字制版、四色印刷与印后加工等步骤。

第五节　电子地图产品制作

一、电子地图的概念

1. 数字地图的概念

数字地图是一种以数字形式存储的抽象地图。数字地图是电子地图的基础，是存储方式；它用属性、坐标与关系来描述对象，是面向地形地物的，没有规定用什么符号系统来具体表示，只有将数字地图中的几何数据和属性说明转换成各种地图符号，才能完成由数据向图形的转换(即可视化)。

2. 电子地图的概念

电子地图是以数字地图为基础，以多种媒体显示的地图数据的可视化产品；是数字地图的可视化，是表示方式。

3. 电子地图的特点

电子地图具有以下八个主要特点：动态性、交互性、无级缩放、无缝拼接、多尺度显示、地理信息多维化表示、超媒体集成和共享性。

4. 电子地图产品的种类

选择适当的硬件平台及系列软件的支持，即可形成不同形式的电子地图产品。主要有：①单机或局域网电子地图；②CD-ROM 或 DVD-ROM 电子地图；③触摸屏电子地图；④个人数字助理 PAD 电子地图；⑤互联网电子地图。

二、电子地图功能

电子地图系统是指在计算机软硬件的支持下，以地图数据库为基础，能够进行空间信息的采集、存储、管理、分析和显示的计算机系统。它由硬件、软件、数据和人员等组成。

1. 软件组成

软件系统包括操作系统、地图数据库管理软件、专业软件以及其他应用软件。其中地图数据库管理软件是核心软件。

2. 主要功能

①地图构建功能：用户自己选择内容、比例尺、地图投影、地图符号、颜色等，生产所需要的地图。

②管理功能：使用地图数据库来管理空间数据、属性数据和多媒体数据等这些复杂、大量的数据。

③检索查询功能：检索有关的图形、数据和属性信息，以多媒体、图形、表格和文字报告形式提供查询结果。

④数据的统计、分析和处理功能：对相关内容进行简单的统计分析，打印直方图。

⑤数据更新功能：提供数据输入、编辑能力，确保及时更新数据，以保证电子地图的现势性。

⑥地图概括功能：电子地图中，地图概括是按视觉限度的原理实现的。

⑦输出功能：将空间查询、地图制图的结果，通过一定的方式提供给用户。

三、电子地图的结构

1. 电子地图的总体结构

通常有片头、封面、图组、主图、图幅、插图和片尾等部分组成。

2. 电子地图数据的逻辑结构

电子地图系统采用图组来组织数据，每个图组对应着一个专题内容。图组分别又是由许多不同专题的图幅构成，每个图幅可以根据同一专题的多个侧面来划分，图幅可以连接多幅插图来增强表现力和内容的丰富性，插图与图幅、插图与插图之间也可以进行循环链接，图幅和插图上都可以设置点、线、面不同几何属性的多个激活区域来连接多媒体数据库。

3. 电子地图的页面结构

电子地图的页面，通常由图幅窗口、索引图窗口、图幅名称列表框、热点名称列表框、地图名称条、系统工具条、伴随视频窗口、背景音乐、多媒体信息窗口、其他信息输入或输出窗口等组成。

四、电子地图设计

电子地图应重点从内容设计、界面设计、符号设计和色彩设计等方面来考虑。

1. 内容设计

根据电子地图的用途、用图对象的要求、制图资料的情况以及对制图区域情况研究的结果，确定电子地图上应该表示的内容，应该分几个图组，每个图组的主图和图幅数量等。

2. 界面设计

①界面的形式设计：用户界面主要有菜单式、命令式和表格式三种形式。
②界面的布局设计：地图显示区应设计得大一些，通常整个屏幕都是地图。
③界面的图层显示设计：图层显示一般有图层控制、视野控制以及两者结合等方式。

3. 符号与注记设计

①电子地图符号尽可能与纸质地图符号保持一定的联系。
②符号设计与制作要精确、综合、清晰和形象，体现逻辑性与协调性。
③符号的尺寸设计与制作要根据视距和屏幕分辨率来设计，一般不随着地图比例尺的变化而改变大小。
④合理利用敏感(鼠标跟踪显示法)符号和敏感注记，减少图面载负量。
⑤特别重要的要素可以使用闪烁符号。

4. 色彩设计

设色有两种风格：一种是设色比较浅，清淡素雅；另一种是设色浓艳，具有很强的视觉冲击力。

第六节　地图制印

一、地图制印概念

①印刷工艺：实现地图印刷的程序和操作方法。
②印刷原稿：地图印刷过程中制版、印刷所依据的实物或载体上的图文信息。
③印前：地图印刷之前的工艺过程。

④栅格图像处理器：将矢量数据转换为栅格数据的优化软件。

⑤分色：把彩色地图原稿分解成为各单色版的过程。

⑥计算机直接制版：将已排版的地图数据页面文件由主计算机直接复制到印版的过程。

⑦纸张光边：对印刷原纸张“粗糙的毛边”进行裁切，使变得光滑整齐的过程。光边尺寸规定不超过 3 mm。

⑧印后加工：使印刷品获得所要求的形状和使用性能的生产工序。

二、地图制印实施过程

地图制印过程包括印前数据处理、地图印刷和地图印后加工。

1. 印前数据处理

为了将印刷原图交付印刷，必须对数字制图的地图数据进行印前处理，主要包括数据格式的转换、符号压印的透明化处理、拼版、组版、分色加网及出血线、成品线、套合线和印刷装订的控制要素的添加、光栅化处理(RIP)、喷绘样等工作。

地图出版系统中处理的文件可分为矢量图形文件和栅格图像文件。无论何种文件，在输入到激光照排机前都要转换为印刷业的桌面排版标准文件格式 PS 或 EPS，再由激光照排机经 RIP 处理后形成分色胶片。

通常的输出方式主要有彩色喷墨打印输出、数码打样输出、彩色激光打印输出、分色胶片输出、分色版输出和数字印刷等。

彩色喷墨打印输出和彩色激光打印输出常用于生产过程中的检查修改；数码打样输出可获得较少份数的成品；分色胶片输出用于制作印刷版，上机印刷；分色版输出可直接得到印刷版，上机印刷；计算机直接制版(数字制版)省去出片工序。数字印刷可由数据直接生成印刷品，省去出片和制版工序。目前主要采用计算机直接制版(数字制版)技术，分色胶片输出技术已逐渐被淘汰。

对印刷工序较简单的单幅地图而言，印前数据处理工作大多在地图编制工序完成；而对印刷工序较复杂的地图集而言，此项工作通常在印刷单位完成。

2. 地图印刷

(1)地图印刷工序

地图印刷工序主要包括制版、打样、印刷、分检等。

① 制版：依照印刷原图复制成印版的工艺过程。

② 打样：为检验印前制作质量和工艺设计效果，审核制版质量，为审校、客户签样和印刷提供样张和依据，利用胶印打样机或其他打样设备(如数码打样机等)打印样图的过程。

③ 印刷：使用印版、印刷机械、油墨颜料或其他方式(如数字载体)将印刷原图

上的图文信息转移到承印物上的复制过程。

④ 分检：依据标准对印刷品逐张进行检验的过程。

(2)地图印刷过程工艺流程

在地图印刷过程中，将地图成果数据经过数码打样检查修改无误；然后，用 RIP (Raster Image Processor，栅格图像处理器)矢量数据转换为栅格数据，通过直接制版机输出分色印刷版或通过数字印刷机制成印刷品。其主要技术流程如图 9-5 所示。

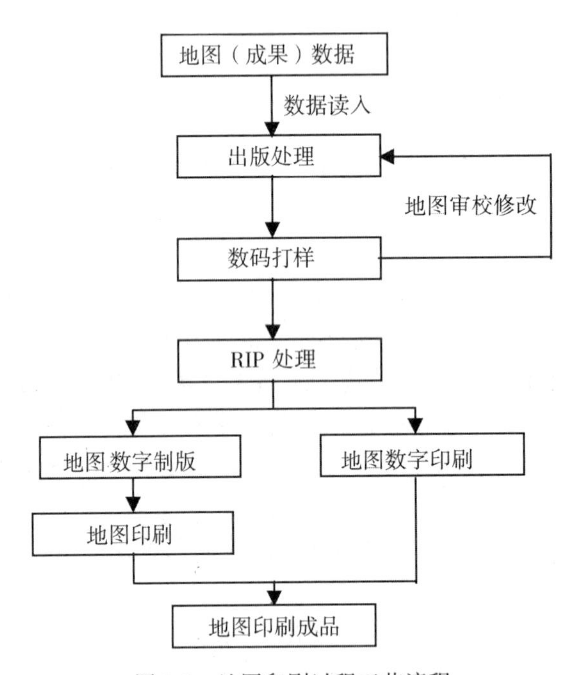

图 9-5　地图印刷过程工艺流程

3. 地图印后加工

(1)地图印后加工工序

主要包括覆膜、拼贴、裁切、装订和包装等。

① 覆膜：透明(半透明)塑料薄膜通过热(冷)压覆贴到地图产品表面的过程。

② 拼贴：依照设计要求，将分幅地图进行拼组的过程。

③ 裁切：依照地图产品周边用于指示切割部位的线条进行切割的过程。

④ 装订：是将印好的地图产品加工成册或整理配套，订成集(册)等印后加工的总称。一般包括订和装两大工序。订是将单幅地图页订成集(册)，是地图集(册)芯的加工过程；装(或装帧)是地图集(册)封面的加工过程。

⑤ 包装：指在流通过程中，为保护地图产品、方便储运、促进销售，依据不同情况而用容器、材料、辅助物将地图产品进行装饰和保护的过程。

(2)印后加工工艺流程

以无线胶粘装订为例，其工艺流程为：接(开)页—折页—配页—查号—撞胶—分本—贴背—压背—裁切—自检—上(套)书皮—打包。

第七节　地图质量控制和成果归档

一、地图编绘质量控制

1. 地图编绘质量控制依据

①地图编绘引用文件；②地图编绘使用资料；③地图设计文件。

2. 地图编绘质量要求

①数学基础(精度)符合规定的要求。

②地理要素(精度)及主题要素符合规定的要求。包括：正确、充分地使用各种编图资料数据；地图内容各要素的选取、综合和表示方法符合编辑设计文件的规定，各要素间的关系处理清晰、协调、合理；符号、线划、色彩符合图式规定；名称注记、说明文字等正确、配置恰当，所属关系明确；地理要素接(抄)边无误。

③数据及结构符合规定要求。包括：文件命名、数据组织正确性；数据格式的正确性；要素分层的正确性、完备性；属性代码的正确性；属性接边的正确性。

④整饰符合规定要求。包括：符号、线划、色彩、注记质量；图面要素协调性；图面、图廓外整饰及装帧质量。

二、地图制印质量控制

1. 印刷成图质量控制依据

①《地图印刷规范》(GB/T 14511—2008)。
②《书刊印刷与装订》(CY/T1，2，5，27，28，29—1999)，新闻出版行业标准。
③《图书和杂志开本及其幅面尺寸》(GB/T 788—1999)。
④地图设计文件。

2. 印刷成图质量要求

(1)地图印刷品外观

成图内容应保持与印刷原图或样图一致；文字、图形完整、位置准确，线划、注记、网线(点)光洁实在，无双影、条痕花糊、虚断和脏污；图纸无破口、折角、破洞和褶皱，纸张白度与印刷前无明显差别，背面无脏污，天头、地脚、左右裁切位置符合设计规定。

(2)地图印刷品墨色网点

印刷墨色应符合批印样或用色标准；地图集(册)、成套地图及多幅拼接图的相同墨色应深浅一致，网点清晰，层次分明，角度准确，不出重影。

(3)地图各色套印误差

全开图幅，精度要求较高的地图误差不大于0.2 mm，一般地图误差不大于0.3 mm；对开及小于对开图幅，国家基本比例尺地形图及精度要求较高的地图误差不大于0.1 mm，一般地图误差不大于0.2 mm；双面印件套印，正反面误差不超过0.5 mm。

3. 装订成品质量要求

①页码顺序正确，无多页、少页、倒头、错页现象。

②封面与书芯粘贴牢固，书背平直，无空泡，无皱褶、变色、破损，黏口符合要求。

③地图成品裁切后无严重刀花，无连刀页，无严重破头，成品尺寸符合标准，非标准尺寸按合同要求。

④地图成品外观整洁，无压痕；书背文字居中无歪斜，烫印字迹、图案清晰，不糊、不花，牢固有光泽。

三、地图成果整理、归档和验收

1. 地图成果整理要求

①以项目为单位整理立卷。

②成果资料按要求系统整理，组成保管单元。

③地图数据成果资料按要求每一盘为一卷，可独立进行数据读取，并附带说明文件。

④归档的成果资料按要求进行包装。

2. 地图成果归档要求

(1)归档内容

归档内容包括项目文档、项目成果和项目成果归档目录。

(2)归档要求

① 按要求填写项目归档申请表。

② 按要求提交电子版文档和正本原件的纸质文档。

③ 归档的成果资料为正本原件。

④ 地图数据成果资料用光盘介质归档。

⑤ 每个案卷内均须有卷内目录，有必要说明的事项还应有备考表。

⑥ 成果资料汇交后，汇交单位对资料有1年的备份保存义务，保存期满后，按要求销毁。

3. 地图成果检查要求

① 归档内容完整性；

② 归档内容一致性；

③ 地图成果(或数据成果存储介质)符合性；

④ 文件的有效性；

⑤ 地图数据文件病毒检验。

模拟试题汇编及参考答案

模拟试题汇编

一、单项选择题(共184题，每题的备选选项中，只有一项最符合题意)。

1. 下列特性中，不属于地图基本特征的是(　　)

A. 直观性　　B. 量测性

C. 一览性　　D. 实时性

2. 用以表达事物直观性的地图语言不包括(　　)。

A. 地图比例尺　　B. 地图符号

C. 地图色彩　　D. 地图注记

3. 地图注记通常分为名称注记、说明注记、(　　)和图外整饰注记等。

A. 高程注记　　B. 地貌注记

C. 数字注记　　D. 文字注记

4. 地图的内容由(　　)构成，通称地图“三要素”。

A. 色相、亮度、饱和度

B. 自然要素、社会要素、专题要素

C. 数学要素、地理要素、辅助要素

D. 自然要素、社会要素、人文要素

5. 将地球椭球面上的点转换为平面上点的方法称为(　　)。

A. 地图投影　　B. 投影变换

C. 投影反解　　D. 曲面映射

6. 下列投影中，不是按投影变形性质分类的是(　　)。

A. 等角投影　　B. 等面积投影
C. 等距离投影　　D. 任意投影

7. 对圆锥投影的投影变形描述，下列正确的是(　　)。
A. 在双标准纬线之间为正向变形，在以外为负向变形
B. 在双标准纬线之间为负向变形，在以外为正向变形
C. 在双标准纬线之间为正向变形，在以外也为正向变形
D. 在双标准纬线之间为负向变形，在以外也为负向变形

8. 对于中纬度地带沿东西伸展区域的地图，最适合用(　　)。
A. 正轴方位投影　　B. 墨卡托投影
C. 高斯-克吕格投影　　D. 正轴圆锥投影

9. 对于两极(南、北极)地区的地图，最适合用(　　)。
A. 正轴方位投影　　B. 横轴方位投影
C. 斜轴方位投影　　D. 伪方位投影

10. 正轴方位投影适宜用于两极地区，其投影中的等变形线是(　　)。
A. 曲线　　B. 直线
C. 同心圆　　D. 同心圆弧

11. 下列关系中，不属于表示居民地的圈形符号同面状要素的关系是(　　)。
A. 相接　　B. 相切
C. 相离　　D. 重叠

12. 河流和弯曲的道路通常采用的地图注记排列方式是(　　)。
A. 水平字列　　B. 垂直字列
C. 雁行字列　　D. 屈曲字列

13. 普通地图内容设计(或编绘地图内容)时应遵循的最根本原则是(　　)。
A. 满足用途要求　　B. 图面清晰易读
C. 保证制图精度　　D. 反映制图区域的地理特征

14. 1∶10万地形图上绘制平面直角坐标网的网格间隔相当于实地长是(　　)km。
A. 1　　B. 2
C. 4　　D. 10

15. 1∶10万国家基本比例尺地形图图内千米网格网间隔为图上(　　)cm。
A. 2　　B. 4
C. 8　　D. 10

16. 在地形图上真子午线指的是(　　)。
A. 坐标纵线　　B. 外图廓线
C. 南北内图廓线　　D. 东西内图廓线

17. 我国1∶500 000地形图采用的投影是(　　)。
A. 方位投影　　B. 圆锥投影

C. 高斯-克吕格投影　　D. 墨卡托投影

18. 组成地图的主体部分是(　　)。

A. 数学要素　　B. 地理要素

C. 辅助要素　　D. 补充说明

19. 我国绘制世界地图常采用的地图投影是(　　)。

A. 等差分纬线多圆锥投影　　B. 方位投影

C. 彭纳投影　　D. 墨卡托投影

20. 若由赤道向两极变形椭圆的形状变化为短半径不变，长半径逐渐增大，则该投影的变形性质为(　　)。

A. 等积投影　　B. 等角投影

C. 任意投影　　D. 方位投影

21. 地图注记要素在一定程度上用于反映被注对象的重要性和数量等级的是(　　)。

A. 字体　　B. 字大

C. 字色　　D. 字顺

22. 正轴圆锥投影适合的制图区域是(　　)。

A. 低纬度地区　　B. 高纬度地区

C. 中纬度地区　　D. 赤道附近

23. 下列比例尺地形图中，不绘出直角坐标网的是(　　)。

A. 1∶5 万　　B. 1∶10 万

C. 1∶25 万　　D. 1∶50 万

24. 下列比例尺地形图中，图内经纬网间隔为 30′×20′的是(　　)。

A. 1∶10 万　　B. 1∶25 万

C. 1∶50 万　　D. 1∶100 万

25. 图幅号为 J50G001001 的地图所在图幅的比例尺是(　　)。

A. 1∶5 000　　B. 1∶50 万

C. 1∶50 000　　D. 1∶10 000

26. 我国标准的地形图上的湖水的性质往往是借助水部的颜色来区分，一般用(　　)分别表示淡水和咸水。

A. 浅灰色和浅紫色　　B. 浅蓝色和浅青色

C. 浅绿色和浅紫色　　D. 浅蓝色和浅紫色

27. 河流、运河及沟渠在地图上是用线状符号配合注记来表示，当河宽在图上大于(　　)mm 时，即可用双线(套色)表示。

A. 0.1　　B. 0.2

C. 0.3　　D. 0.4

28. 范围法用颜色、网纹、符号乃至注记等手段来表示某些专题现象的分布范围，适宜表示下列(　　)面状现象。

A. 动物分布　　B. 地质现象
C. 土地利用状况　　D. 土壤类型

29. 专题地图表示方法中，不需要根据分类指标体系划分类型或分区的是(　　)。
A. 质底法　　B. 范围法
C. 线状符号法　　D. 等值线法

30. 在高斯-克吕格投影中，符合地图主比例尺的是(　　)。
A. 赤道　　B. 两极
C. 中央经线　　D. 各纬线

31. 下列专题地图表示方法中，不需要对数据集进行分级的是(　　)。
A. 动线符号法　　B. 范围法
C. 统计图表法　　D. 等值线法

32. 从非洲南端的好望角到澳大利亚的墨尔本的最近航线，在墨卡托投影图上表现(　　)。
A. 直线　　B. 折线
C. 大圆弧线　　D. 螺旋曲线

33. 制图综合中，对一根等高线表示的小山头，只能取舍、不能合并的是(　　)。
A. 沿共同基底延伸法相分布的小山头　　B. 主要山脊上的小山头
C. 位于山体斜坡上的小山头　　D. 顺山脊线延伸方向分布的小山头

34. 下列专题地图表示方法中，可表示精确点状分布的专题要素的方法是(　　)。
A. 质底法　　B. 范围法
C. 点值法　　D. 统计图表法

35. 在编图过程中，规定人数达到 1 000 人以上的居民点则选取，低于此标准的则舍去，这种方法称为(　　)。
A. 定额法　　B. 资格法
C. 标准法　　D. 等级法

36. 采用不同形状、大小和颜色的符号，表示呈点状分布物体的位置、性质和数量特征的方法是(　　)。
A. 定位图表法　　B. 点数法
C. 定点符号法　　D. 分区统计图表法

37. 用不同颜色、结构、粗细的线型，表示呈线状分布现象的质量特征、重要程度的方法是(　　)。
A. 运动线法　　B. 等值线法
C. 质底法　　D. 线状符号法

38. 测得 a、b 两特征点的高程分别为 201.3m 和 207.5m，若相邻两条计曲线间的高差为 5m，则 a、b 两点间的基本等高线有(　　)条。

A. 4　　B. 5

C. 6　　D. 7

39. 设计中国全图时，若南海诸岛作为附图，可选择(　　)投影。

A. 等角正圆锥　　B. 等角斜方位

C. 正轴圆柱　　D. 彭纳

40. 用等值线的形式，表示布满整个区域且均匀渐变的面状现象数量特征的方法是(　　)。

A. 定位图表法　　B. 分级统计图法

C. 等值线法　　D. 分区统计图表法

41. 用图表的形式，反映定位于制图区域某些点上周期性现象的数量特征和变化的方法是(　　)。

A. 分级统计图法　　B. 等值线法

C. 分区统计图表法　　D. 定位图表法

42. 用一定大小、形状相同的点群，表示制图区域中呈分散的、复杂分布现象的分布范围、数量特征和分布密度的方法是(　　)。

A. 定点符号法　　B. 点数法

C. 定位图表法　　D. 分区统计图表法

43. 用矢状符号和不同宽度、颜色的条带，表示现象移动的方向、路径和数量、质量特征的方法是(　　)。

A. 运动线法　　B. 等值线法

C. 线状符号法　　D. 特征线法

44. 在制图区域内按行政区划或自然区划区分出若干制图单元，根据各单元的统计数据并对它们分级，用不同的色阶或晕线网纹反映各分区现象的集中程度或发展水平的方法，称为(　　)。

A. 等值线法　　B. 分区统计图表法

C. 定位图表法　　D. 分级统计图法

45. 在各分区单元内，按统计数据描绘成不同形式的统计图表，置于相应的区划单元内，以反映各区划单元内现象的总量、构成和变化的方法，称为(　　)。

A. 分级统计图法　　B. 定位图表法

C. 分区统计图表法　　D. 等值线法

46. (　　)色彩设计是否成功直接影响到整幅电子地图的总体效果。

A. 点状符号　　B. 线状符号

C. 面状符号　　D. 注记

47. 在小比例尺地图上，用半依比例符号表示的事物有(　　)。

A. 森林　　B. 洋流

C. 公路　　D. 气象台站

48. 规范规定，纸张光边是对印刷原纸张进行裁切使变得光滑整齐的过程，要求光边尺寸不超过(　　)mm。

A. 2　　B. 3

C. 5　　D. 10

49. 下列表示地形的方法中，表示立体感最强的方法是(　　)。

A. 等高线法　　B. 分层设色法

C. 分层设色与明暗等高线法　　D. 晕渲法

50. 对印刷工序较简单的单幅地图而言，印前数据处理工作大多在(　　)工序完成。

A. 地图设计　　B. 地图编制

C. 地图整饰　　D. 地图数字化

51. 下列地理事物中，适合用等值线法制图的是(　　)。

A. 人均产值　　B. 人口分布

C. 气温　　D. 农作物分布

52. 现行的规范规定，印刷成图质量要求，全开图幅，一般的地图误差不大于(　　)mm。

A. 0.1　　B. 0.2

C. 0.3　　D. 0.5

53. 现行的规范规定，印刷成图质量要求，对开及小于对开图幅，国家基本比例尺地形图及精度要求较高的地图误差不大于(　　)mm。

A. 0.1　　B. 0.2

C. 0.3　　D. 0.5

54. 现行的规范规定，印刷成图质量要求，双面印件套印，正反面误差不超过(　　)mm。

A. 0.1　　B. 0.2

C. 0.3　　D. 0.5

55. 地图成果资料汇交后，汇交单位对资料有(　　)的备份保存义务。

A. 半年　　B. 1年

C. 2年　　D. 3年

56. 在我国范围内，1：5万地形图的图幅经纬差是(　　)。

A. 20′×10′　　B. 30′×20′

C. 15′×10′　　D. 30′×15′

57. 从几何意义上说，属于圆锥投影的是(　　)。

A. 墨卡托投影　　B. 高斯-克吕格投影

C. 兰勃特投影　　D. UPS投影

58. 地图内容的选取方法主要有资格法和定额法两种，下列方法属于定额法的是(　　)。

A. 选取图上河流长度大于 1cm 的河流

B. 选取地图上居民地人口数量大于 500 人的居民地

C. 选取地图上面积大于 $2mm^2$的湖泊

D. 在地图上 $10cm^2$内选取 1 个居民地

59. 在大比例尺地图中，下列地物可以使用依比例尺符号表示的是(　　)。

A. 垣栅　　B. 道路

C. 灯塔　　D. 亭

60. 下列数据格式不属于矢量数据格式的是(　　)。

A. . CDR　　B. . DXF

C. . PSD　　D. . AI

61. 地图注记的排列方式有四种，对于点状地物的名称注记一般采用(　　)方式进行。

A. 垂直排列　　B. 水平排列

C. 雁行排列　　D. 屈曲排列

62. 通过建立地图拓扑关系可以解决用户关心的很多问题，如京九铁路经过哪些城市，它利用的拓扑关系是(　　)。

A. 节点与弧段的拓扑关联　　B. 节点与弧段的拓扑临接

C. 节点与弧段的拓扑包含　　D. 节点之间的拓扑临接

63. 下列设计中，不属于专题地图数学基础设计的内容是(　　)。

A. 地图投影的选择与设计　　B. 制图网格密度的设计

C. 地图比例尺的设计　　D. 地图图幅设计

64. 为了详细表示地貌，通常等高线间隔定为读者能清楚辨认和绘图完成的最小间隔是(　　)mm。

A. 0. 1　　B. 0. 15

C. 0. 2　　D. 0. 25

65. 在彩色地图上，表示定性信息的视觉变量第一选择是(　　)。

A. 网纹　　B. 形状

C. 色相　　D. 尺寸

66. 计算矩形分幅地图的图廓点坐标的方法取决于(　　)、中央经线的位置和坐标起始点等条件。

A. 地图的分幅　　B. 分幅线的位置

C. 地图的投影　　D. 地图的定向

67. 研究制图区域所用的资料通常包括地图资料、像片资料和(　　)。

A. 文字资料　　B. 统计资料

C. 卫星像片　　D. 区划资料

68. 影响制图综合的基本因素有(　　)、比例尺、景观条件、图解限制和数据质量。

A. 地图用途　　B. 制图区域
C. 地图类型　　D. 制图物体

69. 独立地物的制图综合主要表现为(　　)。
A. 概括　　B. 合并
C. 删除　　D. 选取

70. 境界的制图综合主要体现在(　　)两方面。
A. 删除和合并　　B. 选取和形状概括
C. 选取和概括　　D. 夸大和删除

71. 衡量地图上地图内容的多少，目前使用最普通的标志是(　　)。
A. 地图大小　　B. 地图比例尺
C. 地图负载量　　D. 地图尺寸

72. 地图上的图形是有误差的，地图上有明确点位的地物点中误差大体在(　　)mm 左右。
A. ±0.5　　B. ±0.4
C. ±0.3　　D. ±0.6

73. 制图综合引起的误差包括(　　)、移位误差和由形状概括引起的误差。
A. 资料图的误差　　B. 描绘误差
C. 复制误差　　D. 转绘误差

74. 境界的制图综合中，以河流中心线分界，江河内绘不下境界符号时，色带应按(　　)绘出。
A. 河流中心线连续　　B. 沿河流两侧分段交替
C. 沿河流一侧不间断　　D. 沿河流一侧间断

75. 地形图上基本线条的粗为 0.1 mm，基本点为 0.15 mm，主要是根据(　　)来设计的。
A. 地图载负量　　B. 视敏度
C. 符号设计需要　　D. 感受效果

76. 地图符号感受效果中，产生数量感的最有效的变量是(　　)。
A. 形状　　B. 密度
C. 尺寸　　D. 色彩

77. 在专题地图上通常用(　　)箭头来表示暖流。
A. 红色　　B. 蓝色
C. 绿色　　D. 紫色

78. 独立地物由于实地形体较小，无法以真形显示，所以大多是用(　　)的象形符号来表示。
A. 正视　　B. 侧视
C. 俯视　　D. 平视

79. 地图上某一线段长度与实地水平距离之比称为地图比例尺，其形式通常不包括(　　)。

A. 数字式　　　　B. 示意式

C. 文字式　　　　D. 图解式

80. 专题地图通常由专题地图的数学要素、专题要素、(　　)等三个方面构成。

A. 独立地物要素　　　　B. 自然要素

C. 社会经济要素　　　　D. 地理底图要素

81. 用线状符号表示要素的位置时，严格定位的是(　　)。

A. 境界线条带　　　　B. 海岸线

C. 航空线　　　　D. 远洋航线

82. 编绘地图时，对于岛屿的综合，任何时候都不可进行(　　)。

A. 选取　　　　B. 舍弃

C. 移位　　　　D. 合并

83. 居民地内有街道通过时，当街道两侧有街区，应(　　)。

A. 以街区边线代替街道线

B. 以街道线代替街区边线

C. 按真宽依比例表示，加注名称注记

D. 用平行斜晕线表示街道线

84. 对于建筑密集街区，进行形状概括的原则是(　　)。

A. 删除为主、合并为辅　　　　B. 合并为主、删除为辅

C. 简化为主、选取为辅　　　　D. 合并为主、分割为辅

85. 在地形图上，当独立地物符号和街道线或街区发生重叠和冲突时，正确的处理方式是(　　)。

A. 移动独立地物符号位置　　　　B. 移动街道线

C. 不用处理，直接压盖　　　　D. 可以中断街道线，街区留空绘出

86. 地图数据在出版系统中存储格式有矢量格式和栅格格式，下列格式中属于栅格格式的是(　　)。

A. CDR　　　　B. PCT

C. BMP　　　　D. WMF

87. 下列不属于数字制图印前处理的内容是(　　)。

A. 数据格式转换　　　　B. 符号压印的透明化处理

C. 屏幕矢量化　　　　D. 光栅化处理(RIP)

88. 地图的分级、包装是地图印刷的最后工序，地图印品分级质量标准中要求各色套印准确，线划色和普染色套合误差不超过(　　)mm。

A. 0.3　　　　B. 0.5

C. 0.6　　　　D. 1.0

89. 电子地图的设计原则中界面设计不包括的原则是(　　)。

A. 界面的形式设计　　　　B. 界面的显示设计

C. 界面的布局设计　　D. 界面的色彩设计

90. 地图成果归档应按要求提交电子版文档和正本原件的纸质文档，数据成果资料用光盘介质归档，每个案卷内均须有(　　)。

A. 光盘　　B. 病毒检验文件

C. 卷内目录　　D. 成果质量检查表

91. (　　)上，往往根据不同纬度的变形，绘制复式比例尺。

A. 小比例尺地图　　B. 大比例尺地图

C. 平面图　　D. 地球仪

92. 下列投影分类中，属于任意投影的是(　　)。

A. 方位投影　　B. 等距离投影

C. 等面积投影　　D. 等角投影

93. 一般参考图和中小学教学用的地图，常选用的投影方式是(　　)。

A. 等角投影　　B. 任意投影

C. 等面积投影　　D. 等距离投影

94. 地图编绘中，一般用(　　)来反映地貌的数量特征。

A. 等高线法　　B. 晕渲法

C. 分层设色法　　D. 晕滃法

95. 地图制图过程中，处理制图矛盾的原则和方法的前提是(　　)。

A. 针对地理要素

B. 仅对已经过制图综合取舍进程而保留下来的要素

C. 仅对有冲突关系的点、线、面要素

D. 全部地图要素

96. 我国的基本比例尺地形图时按(　　)分幅的。

A. 经纬线　　B. 矩形

C. 直角坐标线　　D. 网格线

97. 专题地图内容表示方法的选择主要取决于(　　)。

A. 制图现象的分布特点　　B. 专题要素类型及组合方式

C. 制图区域特点　　D. 专题要素表示的量化程度和数量特征

98. 在专题地图中专题内容的表示应(　　)。

A. 具有统一的符号系统　　B. 采用统一的表示方法

C. 具有统一的地理基础　　D. 突出显示在第一层平面上

99. 示坡线通常在图上用(　　)mm 长的短线垂直于等高线绘在等高线拐弯处。

A. 0.3　　B. 0.4

C. 0.5　　D. 0.6

100. 等高线高程注记，通常选注在(　　)平滑处，用棕色数字注出，字头方向朝向山顶。

A. 首曲线　　B. 计曲线

C. 助曲线　　D. 间曲线

101. 植被要素表示中，凡图上面积大于(　　)mm^2的，均用依比例符号表示。

A. 5　　B. 6

C. 10　　D. 20

102. 下列地图中，属于普通地图的是(　　)。

A. 人口图　　B. 地形图

C. 政区图　　D. 水系图

103. 采用蓝色斜体数字“2456”作为注记在某地图上表示的含义是(　　)。

A. 高程　　B. 宽度

C. 距离　　D. 新测得海洋等深点注记

104. 在普通地图上采用独立微地貌符号表示的特殊地貌形态的是(　　)。

A. 冲沟　　B. 龟裂地

C. 溶斗　　D. 陡石山

105. 散列式居民地，圈形符号应配置在(　　)。

A. 房屋较集中部位的中心　　B. 空旷的位置

C. 大房屋的中心　　D. 散列范围的中心

106. 编制普通地图时，经纬网一般不采用的颜色是(　　)。

A. 黑色　　B. 蓝色

C. 墨绿色　　D. 黄色

107. 山区公路的“之”字形弯曲，为了保持其形状特征又不过多地使道路移位，可采用的方法是(　　)。

A. 删除小弯曲　　B. 共线

C. 夸大特征弯曲　　D. 局部缩小符号

108. 规范规定，对地图数据图形尺寸和出血量进行检查时，要求出血量至少为(　　)mm。

A. 3　　B. 4

C. 5　　D. 6

109. 地图图面配置设计中，下列情况不属于附图的是(　　)。

A. 地形图上的分幅接表图

B. 重点区域扩大图

C. 同一幅图行政区域划界外面的部分

D. 主区嵌入图

110. 关于图例的设计的基本要求，下列说法错误的是(　　)。

A. 图例要素具有完备性　　B. 图例说明的准确性

C. 图例符号与图面符号一致性　　D. 图例说明的定位性

111. 不同的视觉变量会产生不同的视觉效果，最有效地表示数量感的视觉变量为(　　)。

A. 颜色　　B. 尺寸
C. 明度　　D. 结构

112. 在方位投影中，正方位投影的经线表现为(　　)。
A. 辐射直线　　B. 同心圆
C. 同心圆弧　　D. 平行直线

113. 我国 1∶5000～1∶10 万的地形图上，经纬线是以(　　)的形式直接表现出来的。
A. 加密分划线　　B. 十字线
C. 图廓　　D. 经纬度

114. 我国 1∶2.5 万标准比例尺地形图上，方里网图上间隔所对应的实地距离为(　　)km。
A. 1.0　　B. 2.0
C. 2.5　　D. 5.0

115. 为了地图使用需要，规定在大于(　　)的各种比例尺地形图绘出三北方向和三个偏角图形。
A. 1∶1 万　　B. 1∶2.5 万
C. 1∶5 万　　D. 1∶10 万

116. 经纬线比例尺常用于不同地区的长度量算，按地图比例尺形式划分属于(　　)类别。
A. 数字式　　B. 文字式
C. 图解式　　D. 变比例尺

117. 地图制图综合中，轮廓图形突出部分，能清楚分辨其形状的最小尺寸是(　　)mm。
A. 0.08　　B. 0.15
C. 0.2　　D. 0.3

118. 下列特点中，属于经纬线分幅形式的优点的是(　　)。
A. 图幅之间接合紧密，便于拼接使用
B. 每个图幅都有明确的地理位置概念
C. 可以充分利用纸张
D. 能够保持重要地物的完整性

119. 下列地貌表示方法中，具有可量测性的方法是(　　)。
A. 写景法　　B. 透视法
C. 等高线法　　D. 晕渲法

120. 普通地图编制中，地图居民地的名称注记最小尺寸不得小于(　　)mm。
A. 2.5　　B. 2.0
C. 1.75　　D. 1.5

121. 正轴圆柱投影的等变形线是(　　)。

A. 同心圆　　B. 平行于赤道的直线
C. 平行于中央经线的直线　　D. 同心圆圆弧

122. 地图色彩主要运用(　　)来表示事物的质量特征。
A. 亮度　　B. 色相
C. 饱和度　　D. 浓度

123. 下列内容中，不属于地图辅助要素的是(　　)。
A. 地图注记　　B. 附图
C. 地图投影　　D. 资料略图

124. 地图的幅面用纸尺寸称为地图的开幅，出版地图时使用的规格不包含的是(　　)。
A. 全张　　B. 六开
C. 对开　　D. 八开

125. 下列关于投影变形性质的说法中，错误的是(　　)。
A. 等角投影的经纬线一定是正交的，经纬线正交的投影也一定是等角投影
B. 圆锥投影中，任一条纬线上的纬距从中心向南、北方向的变化，若相等，则一定是等距投影
C. 同纬度带，经差相同的梯形面积差别大，肯定不是等角投影
D. 圆锥投影中，任一条纬线上的纬距从中心向南、北方向的变化，若逐渐缩小，则一定是等积投影

126. 制图综合中，某境界线经过某河流，与该区域的铁路、公路挨到一起，无法用规定符号描绘，此时应首先考虑移动的是(　　)。
A. 水系　　B. 铁路
C. 境界线　　D. 公路

127. 下列专题图表示方法中，适用于表示人口分布的是(　　)。
A. 分级比值法　　B. 点值法
C. 定位图表法　　D. 分区图表法

128. 专题图表示方法中，常用等值线法来表示四季气温的分布，以示季节分布的变化，绘制等温线时，采用(　　)表示春季气温的分布。
A. 棕色　　B. 红色
C. 绿色　　D. 蓝色

129. 专题地图编绘时，专业人员将专题内容转绘到基础地理底图上形成的图纸称为(　　)。
A. 编绘原图　　B. 作者草图
C. 印刷原图　　D. 制版原图

130. 下列要求中，不作为地图编绘质量要求的是(　　)。
A. 数学基础符合规定要求　　B. 地理要素及主题要素符合要求
C. 整饰符合规定要求　　D. 光栅化(RIP)符合规定要求

131. 编绘普通地图时，时令河是季节性河流，通常用(　　)表示。

A. 蓝色虚线　　B. 蓝色点线

C. 棕色虚线　　D. 黑色点线

132. 普通地图上，冰川、冰陡崖等冰雪地貌的符号一般采用(　　)表示。

A. 蓝色　　B. 白色

C. 棕色　　D. 绿色

133. 选择地图集开本的大小时，其主要依据取决于(　　)。

A. 地图集的用途　　B. 制图区域的大小

C. 制图内容的复杂程度　　D. 地图集比例尺大小

134. 拼贴成地理底图的蓝图，规定要求拼贴裂隙或重贴部分不得超过(　　)mm。

A. 0.1　　B. 0.2

C. 0.15　　D. 0.3

135. 制图综合中，居民地内部以及水网地区的井、泉，一般仅在大于(　　)的地图上表示，其他地图不表示。

A. 1∶5 000　　B. 1∶1 万

C. 1∶2.5 万　　D. 1∶5 万

136. 地图投影按其投影方式分类的基本方法有两种：一种是几何投影法，另一种叫(　　)。

A. 平面投影法　　B. 插值法

C. 数学解析法　　D. 递归法

137. 制图综合中，以正向形态为主的地貌，主要采用的化简方法是(　　)。

A. 扩正压负　　B. 正负均衡化简

C. 扩负压正　　D. 均以删除为主

138. 为了表达某种地貌局部特征，有时需要在规定的范围内采用夸大图形的方法适当移动等高线的位置，下列情况中，是为了保持地貌形态特征而移动等高线的是(　　)。

A. 距离地性线太近

B. 山顶的最小直径小于 0.3 mm

C. 显示主谷和支谷的关系，协调谷底线

D. 距离国界线太近

139. 制作全国各个省份人均收入水平对比的专题地图一般采用的方法是(　　)。

A. 分级统计图表法　　B. 分区统计图表法

C. 定位图表法　　D. 质底法

140. 我国基本比例尺地形图中，1∶1 万地形图的图幅经纬差是(　　)。

A. 经差 30′、纬差 20′　　B. 经差 15′、纬差 10′

C. 经差 7′30″、纬差 5′　　D. 经差 3′45″、纬差 2′30″

141. 若某点经度为114°33′45″，纬度为39°22′30″，其所在1∶10万比例尺地形图的编号是(　　)。

A. J50D001001　　B. J50D002002

C. J50E001001　　D. J50E002002

142. 某地形图的图号为J50B001001，其西南图廓点的经纬度是(　　)。

A. 114°、38°　　B. 114°、40°

C. 117°、38°　　D. 117°、40°

143. 1∶2.5万地形图的行、列号为016004，其隶属于1∶10万地形图的行、列号为(　　)。

A. 003002　　B. 003001

C. 004002　　D. 004001

144. 1∶2.5万、1∶5万、1∶10万地形图的东西两边的图廓线为直线表示，南北两边的图廓线以折线表示，每经差(　　)点为折点。

A. 1′52.5″　　B. 3′45″

C. 7′30″　　D. 15′

145. 地形图基本等高距依据制图区域地形类别不同而有所不同，其中地形类别为山地或高山地的1∶5万地形图的基本等高距是(　　)m。

A. 5　　B. 10

C. 20　　D. 40

146. 地形图基本等高距依据制图区域地形类别不同而有所不同，当地势十分平坦时，1∶10万地形图可选用的基本等高距是(　　)m。

A. 2.5　　B. 10

C. 5.0　　D. 40

147. 现行规范规定，1∶50 000地形图平地上等高线对于附近野外控制点的高程中误差不大于(　　)m。

A. ±1.5　　B. ±2.0

C. ±3.0　　D. ±5.0

148. 地形图要素编绘要求中，高水界与水涯线间的图上距离大于(　　)mm时应表示高水界。

A. 0.5　　B. 1.0

C. 1.5　　D. 2.0

149. 地形图要素编绘要求中，1∶10万地形图上长度大于(　　)cm的河流、运河、沟渠一般均应表示。

A. 0.5　　B. 1.0

C. 1.5　　D. 2.0

150. 地形图要素编绘要求中，图上面积大于(　　)mm^2的岛屿(沙洲)应表示。

A. 0.5　　B. 0.6

C. 0.8　　D. 1.0

151. 编绘1∶100 000地形图，居民地内部的普通房屋与相邻街区间隔小于(　　)mm时，可合并到街区表示。

A. 0.2　　B. 0.3

C. 0.4　　D. 0.5

152. 1∶2.5万、1∶5万、1∶10万地形图要素编绘要求中，街区最小图斑一般不小于图上(　　)mm^2，小于上述尺寸的改用普通房屋符号表示或舍去。

A. 0.5　　B. 1.0

C. 1.5　　D. 2.0

153. 编绘比例尺大于(　　)的地形图，应表示全部的火车站，比例尺再缩小就要对它们进行选取。

A. 1∶1万　　B. 1∶5万

C. 1∶10万　　D. 1∶25万

154. 编绘1∶2.5万、1∶5万、1∶10万地形图时，针对等高线图形综合要求，下列编绘方法中，错误的是(　　)。

A. 一般情况下删除次要的负向地貌碎部

B. 概括刃脊、角峰、冰斗、凹地等图形时，则可删除主要的正向地貌碎部

C. 相邻两条等高线间距不应小于0.2 mm，不足时可间断个别等高线

D. 等高线遇到房屋、窑洞、公路、双线表示的沟渠等符号时应断开

155. 编绘1∶2.5万、1∶5万、1∶10万地形图时，编绘应按有利于要素关系协调原则和重要要素在先、次要要素在后的顺序进行，下列编绘顺序，正确的是(　　)。

A. 内图廓线、控制点、行政境界、管线、植被与土质、图廓整饰

B. 内图廓线、控制点、管线、行政境界、植被与土质、图廓整饰

C. 内图廓线、高程点、铁路、水系、行政境界、图廓整饰

D. 内图廓线、高程点、行政境界、水系、铁路、图廓整饰

156. 国家基本比例尺1∶2.5万、1∶5万和1∶10万地图编绘中，图廓对角线长度与理论值之差不大于(　　)mm。

A. ±0.15　　B. ±0.2

C. ±0.25　　D. ±0.3

157. 1∶25万地形图的东西两边的图廓线以直线表示，南北两边的图廓线以折线表示，每经差(　　)点为折点。

A. 3′45″　　B. 7′30″

C. 15′　　D. 30′

158. 地形图要素编绘要求中，1∶25万地形图上长度大于(　　)mm的河流、运河、沟渠一般均应表示。

A. 3.0　　B. 4.0

C. 5.0　　D. 6.0

159. 1∶25万地形图要素编绘要求中，街区最小图斑一般不小于图上(　　)mm^2。小于上述尺寸的改用普通房屋符号表示或舍去。

A. 0.5　　B. 1.0

C. 1.5　　D. 2.0

160. 现行规范规定，编制1∶250 000地图时，对于铁路的选取与表示，一般不予以进行(　　)。

A. 化简　　B. 概括

C. 合并　　D. 移位

161. 国家基本比例尺1∶2.5万、1∶5万、1∶10万和1∶25万地图编绘中，对于地物符号化后出现的压盖、符号间应保留的空隙或小面积重要地物夸大表示等情况引起的地物要素的位移时，位移值一般不超过(　　)mm。

A. 0.2　　B. 0.3

C. 0.4　　D. 0.5

162. 1∶50万、1∶100万地形图的东西两边的图廓线为直线表示，南北两边的图廓线以折线表示，每经差(　　)点为折点。

A. 3′45″　　B. 7′30″

C. 15′　　D. 30′

163. 地形图要素编绘要求中，海洋中的岛屿在图上面积大于(　　)mm^2应依比例尺表示，小于此面积时用不依比例尺的点状岛屿符号表示。

A. 0.25　　B. 0.3

C. 0.35　　D. 0.4

164. 1∶50万地形图要素编绘要求中，街区最小图斑一般不小于图上(　　)mm^2。

A. 0.5　　B. 1.0

C. 1.5　　D. 2.0

165. 国家基本比例尺地形图编绘中，相邻图幅之间的接边要素在图上相差(　　)mm以内的，可只移动一边要素直接接边。

A. 0.2　　B. 0.3

C. 0.4　　D. 0.6

166. 国家基本比例尺地形图编绘中，相邻图幅之间的接边要素在图上相差(　　)mm以内的，应图幅两边要素平均移位进行接边。

A. 0.2　　B. 0.3

C. 0.4　　D. 0.6

167. 国家基本比例尺1∶50万、1∶100万地图编绘中，对于地物符号化后出现的压盖、符号间应保留的空隙或小面积重要地物夸大表示等情况引起的地物要素的位移时，符号化后的要素之间间隔不小于(　　)mm。

A. 0.2　　B. 0.3
C. 0.4　　D. 0.5

168. 现行规范规定，原图内的地物要素变化率超过(　　)宜进行重测更新。
A. 30%　　B. 40%
C. 50%　　D. 60%

169. 现行规范规定，当出现下列情况宜进行修编更新的是(　　)。
A. 原图精度达不到现标准规定的精度要求
B. 地物要素变化率超过10%，但小于40%
C. 原图内某种重要地物位置发生变化
D. 原图内地物要素属性发生变化

170. 按现行的《国家基本比例尺地形图更新规范》，凡原图未收集到质量验收报告且质量不明确的，需进行精度检查。在图幅内均匀选取不少于(　　)个明显地形点进行量测检查。
A. 20　　B. 30
C. 40　　D. 50

171. 按现行的《国家基本比例尺地形图更新规范》更新相应比例尺地形图，采用航空摄影测量方法与外业调绘的作业方法，获取的地形点对于野外控制点平面位置中误差不大于图上(　　)mm。
A. 0.1　　B. 0.2
C. 0.5　　D. 1.0

172. 现行规范规定，1∶2 000国家基本比例尺地形图的更新周期不宜超过(　　)年。
A. 1　　B. 2
C. 3　　D. 5

173. 根据《公开版地图质量评定标准》，下列地图质量差错中，属于大差错的是(　　)。
A. 符号(等级)、注记(字体、字号)的设计不合理，造成关系不清
B. 重要专题内容的分区、分类、分级等出现重要科学性的差错
C. 普通居民地符号，注记的差错
D. 境界线综合不当，描绘变形超限

174. 现行的《公开版地图质量评定标准》规定，地图印刷质量双面印刷的正反套印不超过(　　)mm。
A. 0.3　　B. 0.4
C. 0.5　　D. 0.6

175. 现行规范规定，地图印刷、装订时，多幅拼图接口裁切允许差为(　　)mm。
A. 1.0　　B. 1.5

C. 2.0　　D. 3.0

176. 墨卡托投影中纬线的间隔自赤道向两极（　　）。

A. 逐渐增大　　B. 逐渐缩小

C. 保持相等　　D. 显著增大

177. 现行的《地图印刷规范》规定，印版质量要求对版误差不大于(　　)mm。

A. 0.1　　B. 0.2

C. 0.3　　D. 0.4

178. 现行《地图印刷规范》规定，印版质量要求咬口尺寸要符合制定机器的要求，测规误差不超过(　　)mm。

A. 1.0　　B. 2.0

C. 3.0　　D. 5.0

179. 现行《数字航空摄影测量测图规范》规定，生产 1∶500 数字线划图，进行立体测图时宜首先采集的要素是(　　)。

A. 水系　　B. 控制点

C. 道路　　D. 居民地

180. 地图印刷通常采用 CMYK 四种颜色进行印刷，其中不属于减色混合的三原色的是(　　)。

A. 青色　　B. 品红色

C. 黄色　　D. 黑色

181. 以色调的明暗、冷暖变化，表示地面起伏形态的方法称为(　　)。

A. 分层设色法　　B. 写景法

C. 晕滃法　　D. 晕渲法

182. 普通地图的编绘原图质量元素“地理精度”检查项不包含的是(　　)。

A. 地图投影选择合理性　　B. 制图资料现势性

C. 地理要素协调性　　D. 图内注记正确性

183. 现行《地图印刷规范》规定，胶片打印样图质量要求各要素套合误差不超过(　　)mm。

A. 0.1　　B. 0.2

C. 0.3　　D. 0.4

184. 现行规范规定，纸质印刷的地图上，相邻两条线划之间的距离最小宽度是(　　)mm。

A. 0.1　　B. 0.2

C. 0.3　　D. 0.4

二、多项选择题(共 70 题，每题的备选选项中，有 2 项或 2 项以上符合题意，至少有 1 项是错项)。

1. 下列地图中，利用特殊介质或以特殊形式显示的特种地图的有(　　)。

A. 绸质地图　　B. 塑料地图

C. 夜光地图　　D. 立体地图
E. 教学挂图

2. 用线状符号表示要素的位置时，严格定位的是(　　)。
A. 航空线　　B. 境界线
C. 海岸线　　D. 远洋航线
E. 交通线

3. 下列关于制图综合的基本规律，说法正确的是(　　)。
A. 制图物体的密度越大，其选取标准定得越窄，被舍去目标的绝对数量越大
B. 物体密度系数损失的绝对值和相对量都应从高密度向低密度区逐渐增加
C. 要保持各线段的曲折系数和单位长度上的弯曲个数对比
D. 在保持各密度之间具有最小辨认系数的前提下，保持各地区间的密度对比关系
E. 选择遵守的一般顺序为：从局部到整体

4. 下列事物中，地图上用线状符号表示的是(　　)。
A. 高速公路　　B. 等高线
C. 单线河　　D. 等温线
E. 境界

5. 编制某省比例尺为1∶100万的地图时，可选择的合适投影方法有(　　)。
A. 墨卡托投影　　B. 正轴等角割圆锥投影
C. 正轴等角切方位投影　　D. 宽带高斯-克吕格投影
E. 横轴等角割圆锥投影

6. 下列地物按其图形特征分类采用象形符号表示的是(　　)。
A. 烟囱　　B. 气象站
C. 风车　　D. 水塔
E. 矿井

7. 1∶10 000 地形图上，下列独立地物中，其符号属于几何中心定位的有(　　)。
A. 移动通信塔　　B. 水车
C. 石油井　　D. 贮油罐
E. 发电厂

8. 关于正射投影，下列说法正确的是(　　)。
A. 其视点位于无穷远处　　B. 其视点位于球面上
C. 其视点位于球心外　　D. 斜轴方位投影
E. 常用以编制星球图，如月球图及其行星图

9. 下列关于境界的编绘，说法正确的是(　　)。
A. 境界线按实地位置描绘，交汇处可以是点、实线或虚线
B. 不同等级的境界重合时只绘高级境界的符号

C. 境界两侧的地物符号及其注记都不要跨越境界线，保持其归属准确
D. 编绘国界时，只能对标准国界图进行图形概括，不能选取
E. 以河流中心线为界，河流内能容纳境界符号时，境界符号应不间断连续绘出

10. 确定坐标网在图纸上的相对位置的主要定位依据是(　　)。
A. 地图图式规范　　B. 图幅的中央经线
C. 地图投影的标准线　　D. 地图的定向
E. 图纸规格

11. 地图制图综合中，化简制图物体形状的基本方法有(　　)。
A. 选取　　B. 分割
C. 删除　　D. 转换
E. 合并

12. 下列专题图表示方法中，是以点状符号设计表示的是(　　)。
A. 定点符号法　　B. 分区统计图表法
C. 等值区域法　　D. 点值法
E. 动线法

13. 制图物体的质量特征概括的方法有(　　)。
A. 等级合并　　B. 概念转换
C. 图形转换　　D. 图形移位
E. 图形取舍

14. 下列要素中，属于社会经济要素的是(　　)。
A. 居民地要素　　B. 水系要素
C. 交通要素　　D. 境界要素
E. 地貌要素

15. 普通地图要素一般分为(　　)。
A. 独立地物要素　　B. 自然要素
C. 社会经济要素　　D. 植被要素
E. 地貌要素

16. 制图综合中对制图现象进行的基本处理有(　　)。
A. 化简　　B. 取舍
C. 综合　　D. 概括
E. 舍弃

17. 制图综合中，道路图形概括的方法主要有(　　)。
A. 删除　　B. 合并
C. 夸大　　D. 共线
E. 缩小符号

18. 下列资料中，可以作为普通地图编绘质量控制依据的是(　　)。

A. 引用文件　　B. 使用资料
C. 设计文件　　D. 行业规范
E. 地图图式

19. 地图语言的构成主要包括(　　)。
A. 地图符号　　B. 地图色彩
C. 地图注记　　D. 地图比例尺
E. 地图图例

20. 地图内容的构成要素，即地图“三要素”包括(　　)。
A. 数学要素　　B. 地理要素
C. 读图工具要素　　D. 辅助要素
E. 参考资料要素

21. 地图的数学要素主要包括(　　)。
A. 坐标网　　B. 投影参数
C. 控制点　　D. 比例尺
E. 地图定向

22. 为了方便使用地图，地图配置有辅助要素，下列属于读图工具的是(　　)。
A. 出版说明　　B. 分度带
C. 坐标系　　D. 坡度尺
E. 接图表

23. 为了方便使用地图，地图配置有辅助要素，下列属于参考资料的是(　　)。
A. 出版说明　　B. 分度带
C. 坐标系　　D. 坡度尺
E. 地图投影

24. 下列投影方式中属于条件投影的是(　　)。
A. 方位投影　　B. 圆柱投影
C. 圆锥投影　　D. 伪圆锥投影
E. 伪圆柱投影

25. 下列关于1：100万地形图的分幅和编号论述正确的是(　　)。
A. 由经度180°开始按经差6°进行划分
B. 由赤道开始，按纬差2°进行划分
C. 编号行号在前，列号在后
D. 由赤道开始，按纬差4°进行划分
E. 每幅1：100万地形图的编号是由列号和行号所组成

26. 设计合适的地图编绘指标，需要考虑的因素包括(　　)。
A. 制图区域的地理特征　　B. 地图用途要求
C. 比例尺所允许的地图载负量　　D. 地图精度要求
E. 地图图面配置要求

27. 选择地图比例尺的条件主要有(　　)。

A. 地图用途　　B. 制图区域位置

C. 制图区域大小　　D. 图纸规格

E. 地图需要的精度

28. 专题内容地图设计的原则包括(　　)。

A. 反映制图区域的地理特征　　B. 使用专门的符号和特殊的表示方法

C. 图面层次感要强　　D. 反映现象的静态状况和动态特征

E. 表示现象的定位与定量特征

29. 地图集设计中地理底图的统一协调包括(　　)。

A. 地图内容的统一协调　　B. 表示方法的统一协调

C. 数学基础的统一协调　　D. 地理基础的统一协调

E. 地理底图整饰的统一协调

30. 统一协调性是评定地图集质量的一项重要指标，不属于统一协调原则的设计行为是(　　)。

A. 各图幅比例尺依据图幅幅面和制图区域范围来设计，比例尺种类不受限制

B. 专题地图的地理底图须沿用作者原图的地理底图，确保专业内容与地理底图的最佳协调

C. 各图组的图幅数由资料丰富程度决定，有较大差别

D. 随着主题和比例尺不同，地理底图的内容可以作不同程度的取舍和概括

E. 普通地图集中表示地形起伏所采用的分层设色的高度表，在不同地貌类型区域，可以重新设计完全不同的分层方案，采用不同的设色表示

31. 制图综合是通过对地图内容要素的(　　)等基本形式进行的。

A. 化简　　B. 聚合

C. 概括　　D. 选取

E. 删除

32. 下列关于制图综合的基本规律，说法正确的是(　　)。

A. 制图物体的密度越大，其选取标准定得越低，被舍去目标的绝对数量越大

B. 物体密度系数损失的绝对值和相对量都应从高密度区向低密度区逐渐增加

C. 要保持各线段上的曲折系数和单位长度上的弯曲个数的对比

D. 在保持各密度区之间具有最小的辨认系数的前提下，保持各地区间的密度对比关系

E. 选择遵守的一般顺序：从局部到整体，从低级到高级，从小到大，从次要到重要

33. 制图物体图形化简包括外部轮廓化简和内部结构化简，化简的方法通常有

(　　)。

A. 删除　　B. 转换
C. 拟合　　D. 夸大
E. 合并

34. 地图制图综合过程中，形状概括主要通过(　　)方法来实现图形的化简。

A. 删除　　B. 移位
C. 夸大　　D. 合并
E. 分割

35. 编制地图时，对各要素间的争位性矛盾，常采用的(　　)方法处理。

A. 舍弃　　B. 合并
C. 移位　　D. 压盖
E. 聚合

36. 制图要素相互矛盾时的关系处理规则包括(　　)。

A. 考虑各要素的重要性
B. 衡量各要素的稳定性
C. 考虑各要素之间的相互关系
D. 对于有方位意义的物体，要保持位置的精度
E. 对于有控制意义的物体，要保持位置的精度

37. 普通地图编绘的基本要求包括(　　)。

A. 保持图面清晰易读　　B. 客观地表示制图区域内的内容
C. 保持事物的分布特点　　D. 反映事物的密度对比
E. 既尊重选取指标又灵活掌握

38. 数字地图是电子地图的基础，是一种存储方式，它用(　　)来描述对象。

A. 属性　　B. 坐标
C. 关系　　D. 符号
E. 注记

39. 在专题地图编制的设计和编辑准备阶段，要完成(　　)项工作。

A. 确定地图选题　　B. 搜集、分析和评价制图资料
C. 选择表示方法，确定编绘工艺　　D. 将专题内容转绘到地理基础地图上
E. 撰写专题地图编制设计文件

40. 下列关于数字地图和电子地图的描述，正确的是(　　)。

A. 数字地图是一种以数字形式存储的抽象地图
B. 数字地图是电子地图的基础，是表示方式
C. 电子地图是以数字地图为基础、以多种媒体显示地图数据的可视化产品
D. 电子地图均带有操作界面，一般与数据库连接，能进行查询、统计和空间分析
E. 电子地图没有符号系统

41. 专题地图表示方法的选择，对精确点状分布的专题要素可采用的方法有(　　)。

A. 质底法　　B. 范围法
C. 点值法　　D. 统计图表法
E. 定点符号法

42. 专题地图表示方法的选择，对断续面状分布的专题要素可采用的方法有(　　)。

A. 质底法　　B. 范围法
C. 点值法　　D. 统计图表法
E. 定点符号法

43. 选择正确表示方法是专题地图可视化的重要环节，对连续面状分布的专题要素可采用的方法有(　　)。

A. 质底法　　B. 范围法
C. 等值线法　　D. 统计图表法
E. 定点符号法

44. 选择正确表示方法是专题地图可视化的重要环节，对统计面状分布的专题要素可采用的方法有(　　)。

A. 等值区域法　　B. 范围法
C. 等值线法　　D. 统计图表法
E. 定点符号法

45. 电子地图总体结构通常由(　　)等部分组成。

A. 图幅　　B. 图层
C. 封面　　D. 点、线、面、属性
E. 插图

46. 电子地图的页面通常包括(　　)。

A. 图幅窗口　　B. 制图区域
C. 状态栏　　D. 索引图窗口
E. 热点名称列表框

47. 电子地图用户界面的形式设计一般采用(　　)形式。

A. 菜单式　　B. 命令式
C. 列表式　　D. 数字式
E. 图片式

48. 电子地图的符号尺寸设计与制作要根据(　　)来设计。

A. 视距　　B. 屏幕尺寸
C. 屏幕分辨率　　D. 地图比例尺
E. 用户的使用习惯

49. 地图印刷后的加工工序主要包括(　　)。

A. 打样　　B. 剪切
C. 分检　　D. 拼粘
E. 装订

50. 地图成果归档内容主要有(　　)。
A. 地图设计文件　　B. 地图编绘引用文件
C. 项目文档　　D. 项目成果
E. 项目成果归档目录

51. 目前分幅方式为经纬线分幅和矩形分幅，为了弥补其缺陷，可以采取(　　)方法完善。
A. 设置重叠边带　　B. 破坏图廓
C. 改变纸张大小　　D. 合幅处理
E. 设计补充图廓

52. 计算机地图制图的资料包括(　　)。
A. 实测地形图　　B. 航片卫片
C. 地理考察报告　　D. 广告宣传画
E. 政府公告

53. 在视觉变量中，引起等级感最主要的因素是(　　)。
A. 尺寸　　B. 色彩
C. 亮度　　D. 密度
E. 方向

54. 地图符号感受效果中，产生质量差异感的最常用的变量是(　　)。
A. 尺寸　　B. 色彩
C. 亮度　　D. 形状
E. 方向

55. 下列地物中，按图形特征分类属于侧形符号表示的有(　　)。
A. 水塔　　B. 风车
C. 烟囱　　D. 矿井
E. 独立树

56. 地图集内容的设计取决于地图集的(　　)。
A. 用途　　B. 开本
C. 制图区域大小　　D. 比例尺
E. 类型

57. 影响制图综合的基本因素有(　　)。
A. 制图区域的特点　　B. 地图用途
C. 地图比例尺　　D. 地图投影
E. 符号的图形尺寸

58. 下列要素中，属于普通地图上的人文要素的有(　　)

A. 居民地　　B. 交通网
C. 境界线　　D. 水系
E. 独立地物

59. 普通地图编绘中常用的编绘指标有(　　)。
A. 详细指标　　B. 定额指标
C. 等级指标　　D. 分界尺度
E. 质量指标

60. 下列关于岛屿的制图综合，做法正确的是(　　)。
A. 大的岛屿岸线概括同海岸线概括的方法一致
B. 小岛主要应突出其形态特征
C. 海洋中的岛屿图形只能选取或舍去
D. 面积太小需要选取的岛屿用蓝点表示
E. 海洋中的岛屿图形在适当的情况下可以进行合并

61. 测绘技术设计文件主要包括(　　)。
A. 测绘任务通知文件　　B. 项目设计书
C. 专业技术设计书　　D. 技术设计更改文件
E. 质量管理体系文件

62. 编绘 1∶50 000 国家基本比例尺地形图时，当地势十分平坦或用图需要时，可以使用的基本等高距是(　　)m。
A. 2.5　　B. 5.0
C. 10.0　　D. 20.0
E. 40.0

63. 地形图要素编绘要求中，选取谷地时，(　　)应优先选取。
A. 有河流通过的谷地　　B. 有道路通过的谷地
C. 有方位意义的谷地　　D. 有微地貌特征的谷地
E. 主要鞍部

64. 制作 1∶5 000 数字线划图时，需对影像数据进行数字微分纠正，对(　　)类型地貌需逐片纠正。
A. 平地　　B. 丘陵地
C. 山地　　D. 高山地
E. 居民地密集区

65. 1∶5000 地形图上，下列独立地物中，其符号以其主体部分的中心定位的是(　　)。
A. 无线电杆　　B. 水车
C. 泉　　D. 矿井
E. 独立树

66. 现行规范规定，地形图更新方式依据地形要素变化情况，比例尺大小，资料情况等因素可选择的技术方法有(　　)。

A. 外业实测法　　B. 摄影测量法
C. 内外业联测法　　D. 地形图编绘法
E. 地形图转绘法

67. 现行规范规定，适宜于 1∶500～1∶10 万比例尺地形图的更新方法有(　　)。

A. 重测　　B. 修测
C. 重采样　　D. 修编
E. 联测

68. 现行规范规定，地形图更新方案的确定，宜进行动态更新的情况有(　　)。

A. 原图内某种重要地物发生变化　　B. 原图内地物要素属性发生变化
C. 用图部门的需要　　D. 原图以超过地形图更新周期
E. 原图所依据的技术标准如分类代码或地形图图式发生变化

69. 下列专题地图中，按内容分类属于自然地理图的是(　　)。

A. 动物分布图　　B. 景观地图
C. 航海图　　D. 城市地图
E. 环境地图

70. 现行规范规定确定更新方法时，下列情况宜进行修测更新的是(　　)。

A. 当原图内的地物要素变化率超过 40%
B. 地物要素变化率超过 10%，但小于 40%
C. 原图采用修测或修编更新方法更新三次
D. 原图精度达不到现行标准规定的精度要求
E. 原图内某种重要地物位置发生变化

参考答案

一、单项选择题

1. D	2. A	3. C	4. C	5. A	6. C	7. B	8. D
9. A	10. C	11. A	12. D	13. D	14. C	15. B	16. D
17. C	18. B	19. A	20. C	21. B	22. C	23. D	24. C
25. D	26. D	27. D	28. A	29. D	30. C	31. B	32. C
33. C	34. D	35. B	36. C	37. D	38. B	39. A	40. C
41. D	42. B	43. A	44. D	45. C	46. C	47. C	48. B
49. D	50. B	51. C	52. C	53. A	54. D	55. B	56. C
57. C	58. D	59. A	60. C	61. B	62. A	63. D	64. C
65. C	66. D	67. A	68. A	69. D	70. B	71. C	72. A
73. B	74. A	75. B	76. C	77. A	78. B	79. B	80. D

81. B　82. D　83. A　84. B　85. D　86. C　87. C　88. A
89. D　90. C　91. A　92. B　93. B　94. A　95. B　96. A
97. A　98. D　99. D　100. B　101. C　102. B　103. D　104. C
105. A　106. D　107. B　108. A　109. C　110. D　111. B　112. A
113. C　114. A　115. D　116. C　117. D　118. B　119. C　120. C
121. B　122. B　123. A　124. B　125. A　126. D　127. B　128. A
129. B　130. D　131. A　132. A　133. A　134. B　135. C　136. C
137. A　138. C　139. B　140. D　141. B　142. A　143. D　144. B
145. C　146. B　147. C　148. D　149. B　150. A　151. B　152. C
153. C　154. B　155. B　156. D　157. C　158. C　159. B　160. A
161. D　162. D　163. C　164. D　165. B　166. D　167. A　168. B
169. D　170. B　171. C　172. C　173. A　174. B　175. C　176. D
177. A　178. D　179. A　180. D　181. D　182. A　183. A　184. B

二、多项选择题

1. ABCD　2. BCE　3. ACD　4. ACE　5. BD
6. BCE　7. BDE　8. AE　9. BCE　10. BCD
11. BCE　12. ABD　13. ABC　14. ACD　15. ABC
16. BD　17. ACDE　18. ABC　19. ABC　20. ABD
21. ACDE　22. BDE　23. ACE　24. DE　25. ACDE
26. ABCE　27. CDE　28. BCDE　29. CDE　30. ABCE
31. ACD　32. ACD　33. ADE　34. ACDE　35. ACD
36. ABCE　37. BCDE　38. ABC　39. ABCE　40. ACD
41. DE　42. BC　43. AC　44. AD　45. ACE
46. ADE　47. AC　48. AC　49. BDE　50. CDE
51. ABDE　52. ABCE　53. AC　54. BD　55. ACE
56. AE　57. ABCE　58. ABCE　59. BCD　60. ABCD
61. BCD　62. BC　63. ABE　64. CDE　65. AC
66. ABDE　67. AB　68. AC　69. AB　70. BE

第十章　地理信息工程

第一节　概　　述

一、地理信息系统构成

地理信息系统应该包括硬件系统、软件系统、地理信息数据库系统和系统开发、管理与应用人员。

1. 硬件系统

一般包括以下五个部分：a. 计算机主机；b. 数据输入设备；c. 数据存储设备；d. 数据输出设备；e. 网络设备。

2. 软件系统

通常由以下三个部分组成：a. 操作系统；b. GIS 平台和应用系统，用于支持对空间数据输入、存储、转换、输出和与用户接口，它包含了处理地理信息的各种高级功能，可作为其他应用系统建设的平台，其代表产品有 ARC/INFO、MapGIS、SuperMap 等；c. 数据库管理系统，包括服务于以非空间属性数据为主的数据库软件，这类软件有 Oracle、SQL server、DB2 等。

3. 地理信息数据库系统

地理信息数据库系统是一个包含了用于表达通用 GIS 数据模型(要素、栅格、拓扑、网络等)的空间数据集的数据库。地理数据描述地理实体的空间特征、属性特征和时间特征。它们的数据表达可以采用矢量和栅格两种组织形式。

4. 系统开发、管理与应用人员

一个周密规划的地理信息系统项目应包括负责系统设计和执行的项目经理、信息管理的技术人员、系统用户化的应用工程师以及最终运行系统的用户。因此，系统开发、管理、维护和使用人员是地理信息系统中的重要构成因素之一。

二、地理信息系统的分类

全国地理信息标准化技术委员会(SAC/TC 230)在《地理信息标准体系框架》中将地理信息系统分为：基础地理信息系统、专业应用的地理信息系统和专项应用的地理信息系统。

三、地理信息系统与其他学科的关系

1. GIS与地图学

GIS是地图学理论、方法与功能的延伸，地图学与GIS是一脉相承的，它们都是空间信息处理的科学，只不过地图学强调图形信息传输，而GIS则强调空间数据处理与分析。

2. GIS与数据库系统

GIS离不开数据库技术。数据库技术的优点是数据存储和管理有效，查询和检索方便，但数据表示不直观，不能描述图形的拓扑关系，一般没有空间概念，即使存储了图形，也只是以文件形式管理，图形要素不能分解查询。GIS能处理空间数据，其工作过程主要是处理空间实体的位置、空间关系及空间实体的属性。

3. GIS与CAD

GIS与CAD系统的主要区别是：CAD处理的多为规则几何图形及其组合，它的图形功能尤其是三维图形功能极强，属性库功能相对较弱，采用的一般是几何坐标系，基本不具备复杂的空间分析和计算功能。而GIS处理的多为自然目标，因而图形处理的难度大，GIS的属性库内容结构复杂，功能强大，图形与属性的相互操作十分频繁，且多具有专业化特征，GIS采用的多是大地坐标，必须有较强的多层次空间叠置分析功能，GIS的数据量大，数据输入方式多样化，所用的数据分析方法具有专业化特征。

四、地理信息系统的主要功能

1. 数据采集与输入

数据采集与输入是将现有的地图、外业观测成果、航空像片、遥感影像数据、文本资料等转换成GIS可以接收的数字形式。

2. 数据编辑与更新

数据编辑主要包括图形编辑和属性编辑。图形编辑主要包括拓扑关系的建立、图形编辑、图形整饰、图幅拼接、图形变换、投影变换、误差校正等功能；属性编辑主要与数据库管理结合在一起的。数据更新是指以新的数据项或记录来替换数据文件或数据库中相对应的数据项或记录，它是通过删除、修改、插入等一系列操作来实现的。

3. 数据存储与管理

各种图形或图像信息都以严密的逻辑结构存放于空间数据库中；属性数据的管理一般直接利用商用关系数据库软件。

4. 空间查询与分析

一般定义为从数据库中找出所有满足属性约束条件和空间约束条件的地理对象，主要包括图形查询、属性查询、图形和属性互查、地址匹配等。空间分析是对空间数据的分析技术，可以实现缓冲区分析、叠加分析、网络分析、空间插值、统计分析等功能。

5. 数据显示与输出

数据显示是将中间处理过程和最终结果显示在屏幕上，通过人机交互的方式来选择显示的对象与形式，对于图形数据，可放大或缩小显示。数据输出是指经系统处理分析，可以直接提供给用户各种地图、图表、数据报表或文字报告等。

五、地理信息系统的发展

地理信息系统的发展主要有分布式 GIS；智能 GIS 与空间数据挖掘；GIS、RS、GNSS 的集成；时空 GIS；三维 GIS；移动 GIS，移动 GIS 系统主要由移动通信、GIS、定位系统和移动终端四个部分组成。

第二节　地理数据结构

一、空间数据的特征

①属性特征：用以描述事物或现象的特性。

②空间特征：用以描述事物或现象的地理位置，又称几何特征、定位特征。

③时间特征：用以描述事物或现象随时间的变化。

二、空间实体的表达

空间实体的表达是地理数据组织、存储、运算、分析的理论基础。尽管地理空间中的空间对象复杂多变，但通过抽象和归类，其表达方法主要可分为矢量、栅格、不规则三角网、面向对象等。

1. 矢量表达法

(1)0维矢量

0维矢量为空间中的一个点(point)。点在二维、三维欧氏空间中分别用(x, y)和(x, y, z)来表示。点包括如下几类实体：①实体点；②注记点；③内点：用于标识多边形的属性；④节点(node)；⑤角点(vertex)或中间点：表示线段或弧段的内部点。

(2)一维矢量

一维矢量表示空间中的线划要素，包括线段、边界、弧段、网络等。

①长度：从起点到终点的总长。

②弯曲度：弯曲的程度，如道路与河流的弯曲程度。

③方向性：开始于首节点，结束于末节点，如河流中水流方向。

(3)二维矢量

二维矢量表示空间的一个面状要素，在二维欧氏平面上是指由一组闭合弧段所包围的空间区域。所以，二维矢量又称多边形，是对岛、湖泊、地块、储量块段、行政区域等现象的描述。在三维欧氏空间中二维矢量为空间曲面。目前，通过二维矢量对空间曲面的表达主要有等高线和剖面法两种。

二维矢量的主要参数包括以下：

①面积：指封闭多边形的面积。对于三维欧氏空间中的空间曲面而言，还包括其在水平面上的投影面积。

②周长：如果形成多边形的弧段为折线，周长为各折线段长度之和；如果多边形由曲线组成，采用积分法。

③凹凸性：凸多边形的内角均小于180°，凹多边形有一个或多个内角大于180°。

④走向、倾角和倾向：在描述地形、地层的特征要素时常使用这些参数。

(4)三维矢量

三维矢量用于表达三维空间中的现象和物体，是由一组或多组空间曲面所包围的空间对象，它具有体积、长度、宽度、高度、空间曲面的面积、空间曲面的周长等属性。

2. 栅格表达法

栅格表达法主要描述空间实体的级别分布特征及其位置。栅格类似于矩阵。在栅格表达中，对空间实体的最小表达单位为一个单元(cell)或像素(pixel)，依行列构成的单元矩阵称为栅格(grid)，每个单元通过一定的数值表达方式(如颜色、纹理、灰度级)表达现实世界点、线、面状等不同的地理实体。

栅格表达法同样可以表达0维、一维、二维等矢量图形或地理现象。航空、航天技术获取的影像资料可通过栅格表达。栅格表达法的精度与分辨率有关，分辨率越高，其影像就越能表达地理空间现象的细微特征。

3. 不规则三角网的表达方法

不规则三角网(TIN)采用不规则多边形拟合地表。利用Delaunay三角剖分准则就可完成对TIN的自动生成。单个三角形顶点就是数据点或其他空间信息控制点。TIN表达有以下特点。

①能够表达不连续的空间变量。TIN处理逆断层、悬崖峭壁等特殊空间对象时相对容易。

②由于三角形顶点(vertex)就是实际的控制点，所以，它对空间对象的表达精度较高。

③能够精确表达河流、山脊、山谷等线性地形特征。

TIN的空间几何要素构成如下：三角形顶点、三角形边、三角面。

4. 面向对象的表达方法

实际上，矢量表达方法中的点、线、面也是对象(object)，但它们是简单对象。面向对象的表达方法是一种新的程序设计方法。面向对象方法的基本含义是无论多么复杂的空间实体，都可以用一个对象来准确表示，而无须把复杂对象分解为单一的对象实体(如点、线、面、体)，然后利用矢量表达方法加以表示。结合程序设计方法，通过分类、概括、联合、聚集四种数据处理技术就可以实现面向对象的各种表达方法。

三、地理空间关系

空间关系是指地理空间实体对象之间的空间相互作用关系。通常将空间关系分为拓扑关系、方向(顺序)关系和度量关系。

1. 拓扑关系

为了真实地描述空间实体，不仅需要反映实体的大小、形状及属性，还要反映出实体之间的相互关系。归纳起来，节点、弧段、多边形间的拓扑关系主要有如下三种。

(1)邻接关系

存在于空间图形的同类图形实体之间的拓扑关系，如节点间的邻接关系和多边形间的邻接关系。

(2)关联关系

存在于空间图形实体中的不同类图形实体之间的拓扑关系。如弧段在节点处的联结关系和多边形与弧段的关联关系。

(3)包含关系

包含关系是指不同级别或不同层次的多边形图形实体之间的拓扑关系。

空间数据拓扑关系在地理信息工程的数据处理和空间分析等方面具有十分重要的意义和作用。根据拓扑关系，不需要利用坐标和距离就可以确定一种空间实体相对于另一种空间实体的空间位置关系。因为拓扑数据已经清楚地反映出空间实体间的逻辑结构关系，而且这种关系较之几何数据有更大的稳定性，即它不随地图投影而变化。利用拓扑数据有利于空间数据的查询。例如，判别某区域与哪些区域邻接，某条受污染的河流会影响哪些居民区的用水，某行政区域包括哪些土地利用类型等。利用拓扑数据作为工具，进行道路的选取、最佳路径分析等。

2. 方向关系

方向关系描述空间实体之间的方位关系。

3. 度量关系

度量关系描述空间实体之间的距离或远近等关系方位。

四、空间数据模型

1. 矢量模型

矢量模型是利用欧几里得几何学中的点、线、面及其组合来表示地理实体空间分布的一种数据组织方式。这种方式能最好地逼近地理实体的空间分布特征，数据精度高、数据存储的冗余度低。矢量模型具有如下特点：

①通过对节点、弧、多边形拓扑关系的描述，相邻弧段的公用节点，相邻多边形的公用弧段在计算机中只需记录一次。而在面条模型(Spaghetti Model)中的记录次数则大于1。

②空间图形实体的拓扑关系，如邻接、关联、包含关系不会随着诸如移动、缩放、旋转等变换而变化，而空间坐标及一些几何属性(如面积、周长、方向等)会受到影响。

③通过矢量模型所表达的空间图形实体数据文件占用的存储空间比栅格模型小。

④能够精确地表达图形目标，精确地计算空间目标的参数(如周长、面积)。

2. 栅格模型

栅格模型是储存空间数据的最简单方法，它将对象划分成均匀的格网，每个格网作为一个像元。在栅格模型中，点(点状符号)由一个或多个像元构成，线由一串彼此相连的像元构成，面由聚集在一起的相邻像元的集合构成。栅格模型具有如下几个特点。

①栅格的空间分辨率是指一个像元在地面所代表的实际面积大小(一个正方形面积)。

②对于同一幅图形或图像来说，随着分辨率的增大，存储空间也随之增大。

③表达空间目标、计算空间实体相关参数的精度与分辨率密切相关，分辨率越高，精度越高。

④适合进行空间分析，如同一地区多幅遥感图像的叠加操作等。

⑤不适合进行比例尺变化、投影变换等。

3. 数字高程模型

数字高程模型(DEM)采用规则或不规则多边形拟合面状空间对象的表面，主要是对数字高程表面的描述。根据多边形的形状，可以把数字高程模型分为两种，即格网模型和不规则三角网模型。

4. 混合数据模型

矢量模型通过给定唯一的目标标识使每个物体具有良好的个性化的特性，并能根据名称和各种复合的条件使每一个物体具有良好的可选取性，便于空间查询和空间分析。而栅格模型则在 GIS 与遥感和 DEM 结合方面具有不可替代的作用。所以，如何充分利用各种模型，建立一种兼有多种模型优点的混合模型就成为一个重要课题。目前，有代表性的研究成果主要有 TIN 与矢量的一体化模型，栅格与矢量一体化的多级格网模型等。

5. 面向对象的数据模型

面向对象数据模型可表达图形数据又可有效地表达属性数据。它利用数据抽象技术：分类、概括、联合、聚集和数据抽象工具继承和传播，采用对象联系图描述其模型的实现方法，使得复杂的客观事物变得清楚易懂。由于面向对象的数据模型是将现实世界的实体都抽象成对象，以人们认识问题的自然方式将所有的对象构建成一个分层结构，来描述问题领域中各实体之间的相互关系和相互作用，从而建立起一个比较完整的结构模型，使得对现实世界的构成与人们认识问题的方式直接对应。面向对象的系统分析与设计方法和面向对象的数据模型，为 GIS 面临的问题提供了较好的解决途径，成为 GIS 进入决策应用的关键技术之一。

五、空间数据结构

1. 矢量数据结构

矢量数据结构的编码方式。

(1)实体式编码

优点：编码容易、数字化操作简单、数据编排直观。

缺点：边界坐标数据与多边形单元实体一一对应，各多边形边界单独编码和数字化，相邻多边形的公共边界需要数字化两遍(冗余、垃圾图斑)；无拓扑关系，则相邻多边形公共边界检索无法进行。

(2)索引式编码

先对所有的边界点编号，按顺序建立点的坐标文件，再建立点与边界线、线与多边形的索引文件。

优点：消除了相邻多边形边界的数据冗余和不一致的问题。

缺点：处理岛状信息和检查拓扑关系时较为困难。

(3)双重独立式编码(DIME)

以直线段作为编码的主题，采用拓扑编码结构。文件格式：点文件(点号、坐标)，线文件(线号、左多边形、右多边形、起点、终点)。

特点：该种结构的拓扑关系明确，可通过线文件自动寻找并形成面文件。

(4)链状双重独立式编码

DIME 编码的改进。引入弧段的概念，以弧段为研究的主体。

2. 栅格数据结构

栅格结构又称为网格结构(raster、grid cell)或像元结构(pixel)。在这种数据结构中，空间的二维投影平面被划分为大小均匀紧密相邻的规则格网阵列(通常为正方形)，每个格网作为一个像元或像素，由行、列号定义，并包含一个表示该像素属性类型或量值的代码，或包含一个指向其属性记录的指针。每个栅格的大小代表了定义的空间分辨率，每个栅格对应于一个特定的空间位置，栅格的值表达了这个实际位置的状态。

特点：属性明显、定位隐含；操作简单、易于处理；容易与遥感数据结合处理。

(1)栅格代码(属性值)的确定

栅格代码(属性值)的确定可采用中心归属法、长度占优法、面积占优法、重要性法。

①中心归属法：每个栅格单元的值以网格中心点对应的面域属性值来确定。对于具有连续分布特征的地理要素，如降水分布、人口密度等问题，中心法是被首要选用的。

②长度占优法：每个栅格单元的值以网格中线的大部分长度所对应的面域的属性值来确定。

③面积占优法：每个栅格单元的值以在该网格单元中占据最大面积的属性值来确定。此法常见于分类较细，地物类别斑块较小的情况。

④重要性法：根据栅格内不同地物的重要性程度，选取特别重要的空间实体决定对应的栅格单元值。此法常见于具有特殊意义而面积较小且不在栅格中心的地理要素。尤其是点、线状地理要素，如城镇、交通枢纽、交通线、河流水系等。

(2)简单栅格数据结构

以某种栅格数据采样方法，对空间信息逐点采样，并以一个完整的数字矩阵(或数组)进行信息记录的数据集合，称之为简单栅格数据结构(或全栅格数据结构)。在GIS中，绝大多数栅格数据的分析运作与处理是在全栅格数据下进行的。

(3)链式编码(chain code)

链式编码又称为弗里曼编码(freeman)或边界链码，是一种压缩编码方法。自线状要素或面状要素边界上的某一点开始，构建其基本方向矢量链，以此实现对线状地物和面状地物的压缩编码存储。

优点：可有效压缩存储数据；具有一定的运算功能。

缺点：相邻界线重复存储产生冗余；边界的合并、插入等操作难以进行。

(4)游程编码

游程编码又称为行程编码(run-length code)，也是一种压缩编码方法。当栅格图像中各行数据代码发生改变时，依次记录该代码以及相同代码重复的个数，从而实现数据的压缩。

优点：压缩效率高，对运算操作的影响不大。

缺点：不适用于复杂图件。

(5)块状编码(block code)

块状编码是游程编码扩展到二维的情况，采用方形区域作为记录单元，每个记录单元包括相邻的若干栅格。

特点：双向数据压缩；数据的组织以正方形地块完成。

(6)四叉树编码(quad-tree code)

将一幅栅格图像等分为四等份，逐块检查其格网属性值(或灰度)。如果某个子区的所有格网值都具有相同的值，则这个子区就不再继续分割，否则将该子区继续划分为四等份，直到每个子块都含有相同的属性值为止。

优点：压缩效率高；不受分辨率的影响；可以利用树的一些性质进行运算操作；易于表示洞。

缺点：不适用于复杂图件。

3. 矢量和栅格数据结构的比较

矢量数据结构是面向目标组织数据，栅格数据结构是面向空间分布组织数据。

(1)矢量数据结构

优点：a. 提供更严密的数据结构，数据量小，冗余度低；b. 提供更有效的拓扑编码，因而对需要拓扑信息的操作更有效，如网络、检索分析；c. 表示地理空间数据的精度高；d. 图形输出美观。

缺点：a. 比栅格数据结构复杂；b. 叠加操作没有栅格有效；c. 不能像数字图像那样做增强处理；d. 软硬件技术复杂，显示和绘图成本高。

(2)栅格数据结构

优点：a. 数据结构简单；b. 叠加操作易实现；c. 能有效表达空间可变性；d. 栅格图像便于做图像的有效增强。

缺点：a. 数据结构不严密不紧凑，图形数据量大，需要用压缩技术解决这个问题；b. 难以表达拓扑关系；c. 图形输出不美观，线条有锯齿，需要增加栅格数量来克服，但会增加数据量；d. 地图投影变换难实现。

4. 矢量栅格一体化数据结构

采用填满线状目标路径和充填面状目标空间的表达方法作为一体化数据结构的基础。无论是点状地物、线状地物，还是面状地物均采用面向目标的描述方法，因而它可以完全保持矢量的特性，而元子空间充填表达建立了位置与地物的联系，使之具有栅格的性质。

第三节　地理信息工程技术设计

一、地理信息工程的基本框架

地理信息工程面向具体应用，解决具体问题，应具有较好的实用性。地理信息工程具有行业应用特点，同一数据在不同行业应用中，对数据的组织不尽相同。地理信息工程数据结构和算法复杂。

地理信息工程的实施有以下几个主要步骤：a. 用户需求调研与可行性研究；b. 工程实施方案与总体设计；c. 开发与测试；d. 试运行与调试；e. 系统维护和评价。

用户需求调研是地理信息工程建设的重要一步，调研用户对 GIS 的需求和现有业务需求，以及用户现有数据基础，并形成用户需求调研报告，明确用户业务需求和系统需求，分析用户数据和系统现状，提出系统建设预期目标，分析系统建设的可行性。用户需求调研报告是系统总体设计和系统功能设计的依据。

在用户需求调研报告基础上，对系统进行总体设计，并制定系统工程建设的实施方案。以总体设计和实施方案为纲领，实施系统的详细设计、数据整理分析和开发测试工作。在系统开发完成之后进行系统试运行和调试、完善系统及系统安装运行。

二、系统需求分析

需求调研是后期设计和系统建设、运行的基础和关键。用户需求分析是针对系统功能和设计工作就用户的现行软件系统和现有数据基础，以及业务工作对系统的需求进行调研，明确用户对系统的需求，发现并提出现有软件系统中的问题，并分析用户需求和系统建设的可行性，形成对问题、数据、需求的调研报告。

具体工作内容包括：a. 用户情况调查包括现有软件系统问题、数据现状、业务需求；b. 明确系统建设目标和任务；c. 系统可行性分析研究；d. 撰写并提交需求调研报告。

1. 系统目标分析

根据地理信息工程特点，可通过下述方式明确系统的建设目标和任务：a. 进行用户类型分析；b. 对现行系统进行调查分析；c. 明确系统服务对象，系统服务对象不同，其目标也不相同；d. 用户应用现状调查。

2. 系统功能分析

常用的方法有如下三种：

(1)结构化分析方法

结构化分析方法采用自顶向下、逐层分解的系统分析方法来定义 GIS 系统的需求。

(2)面向对象分析方法

面向对象分析方法通过自底向上提取对象并进行对象的抽象组合来实现系统功能和性能分析。

(3)快速原型化分析方法

快速原型化分析方法是在系统分析员和系统用户之间交流的一种工具方法，用来明确用户对系统功能和性能的要求。

3. 可行性分析与系统分析方法

可行性研究主要工作内容包括：数据源调查与评估；技术可行性评估；系统的支持状况；经济和社会效益分析。

系统分析方法主要包括：数据流模型；数据字典；加工逻辑说明：包括结构化语言、判定表和判定树。

4. 需求规格说明书

系统需求规格说明是在系统分析的基础上建立的自顶向下的任务分析模型。一般包括：引言、项目概述、系统数据描述、系统功能需求、系统性能需求、系统运行需求、质量保证和其他需求等八个部分。

规格说明描述了系统的需求，是联系系统需求分析与系统设计的重要桥梁。同时，系统软件需求规格说明书作为系统分析阶段的技术文档，是提交审议的一份必要的工作文件。需求规格说明书一旦审议通过，则成为有约束力的指导性文件，成为用户与技术人员之间的技术合同，成为下一阶段系统设计的依据。

三、系统总体设计

在系统总体设计阶段采用一些表达工具来描述 GIS 工程的数据结构和软件体系结构，如层次图、HIPO 图、结构图、UML 等。

1. 体系结构设计

地理信息系统体系结构设计内容包括系统构建的关键技术、数据及数据库体系结构设计、接口设计、模块体系设计、工程建设的软硬件环境设计、系统组网及安全性设计等。

2. 软件结构设计

(1)C/S 结构

C/S 模式的应用系统基本运行关系体现为“请求-响应”的应答模式。C/S 系统是第四代计算机系统，其核心是服务器集中管理数据资源，接收客户机请求，并将查询结果发送给客户机；同时客户机具有自主的控制能力和计算能力，向服务器发送请求，接收结果。由于网络上流动的仅仅是请求信息和结果信息，所以流量大大地降低了，这就是 C/S 系统的目的。

(2)B/S 结构

B/S 结构是将 C/S 模式的结构与 Web 技术密切结合而形成的三层体系结构(图 10-1)。第一层客户机是用户与整个系统的接口。客户的应用程序精简到一个通用的浏览器软件，如微软公司的 IE 等。浏览器将 HTML 代码转化成图文并茂的网页。网页还具备一定的交互功能，允许用户在网页提供的申请表上输入信息提交给后台并提出处理请求。这个后台就是第二层的 Web 服务器。第二层 Web 服务器将启动相应的进程来响应这一请求，生成一串 HTML 代码，其中嵌入处理的结果，返回给客户机的浏览器。如果客户机提出的请求包括数据的存取，Web 服务器还需与数据库服务器协同完成这一处理工作。第三层库服务器的任务类似于 C/S 模式，负责协调不同的 Web 服务器发出的 SQL。

(3)两种结构体系的比较

管理计算机组的主要工作是查询和决策，数据录入工作比较少，采用 B/S 模式比较合适；而对于其他工作组需要较快的存储速度和较多的数据录入，交互性比较

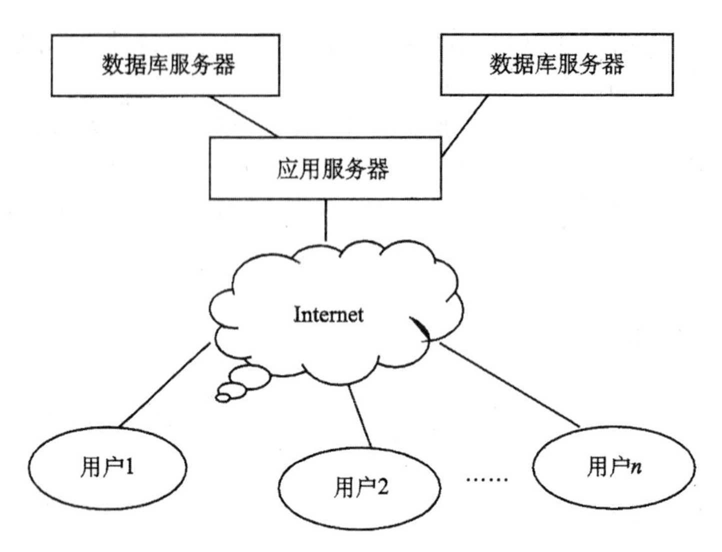

图 10-1　三层 B/S 体系结构示意图

强，可采用 C/S 模式。在 B/S 和 C/S 的比较中，只能在某一方面有优势。任何一个项目或一种方案，都要分析实现的内容和它将要面对的最终用户的性质。在很多跨区域的大型 GIS 中，经常是包含二者。

3. 软件配置与硬件网络架构

(1)软件配置

基础平台的选择一般应满足以下几个方面的要求：a. 图像、图形与 DEM 三库一体化及面向对象的数据模型；b. 海量、无缝、多尺度空间数据库管理；c. 动态、多维与空间数据可视化；d. 基于网络的 C/S、B/S 系统(WebGIS)；e. 数据融合与信息融合；f. 空间数据挖掘与知识发现；g. 地理信息公共服务与互操作。

对于中、小型基础地理信息系统，所选用的系统应成熟健壮；能提供高效、安全、可靠、灵活且基于开放标准的环境；支持 C/S、B/S 体系结构；支持多种网络协议，支持事实上的工业标准 TCP/IP 协议集和 SNMP 协议；支持国际通用的大型分布式数据库管理系统和多媒体管理系统，如 Oracle、Informix、DB2；选择具备数据自动备份和迁移的数据存储和备份系统，配合数据库管理系统，满足海量地理数据的存储管理和备份需要。

(2)硬件及网络环境设计

地理信息系统应用一般都要存储大量的数据，基础地理数据选取和处理时，又要进行大量的计算和变换，因此系统对计算机 CPU 的运算速度、存储容量、图形处理等能力都有较高的要求。

局域网网络服务器一般可采用 Unix 或 Windows 操作系统，网络主干采用高性能交换机负责内部 IP 地址过滤、访问控制、虚拟局域网(Virtual LAN，VLAN)和网管。

全网密钥管理(2~3层密钥结构：主密钥、密钥加密密钥、数据加密密钥)、信息加密，通过网络安全隔离计算机控制涉密与非涉密网段之间的信息交流。

4. 系统功能设计

地理信息工程除具有软件应用系统的基础功能外，还具有其特有功能。一般具有如下功能：

①数据输入模块：具有图形图像输入、属性数据输入、数据导入等功能。

②数据编辑模块：具有数字化坐标修改、属性文件修改、节点检错、多边形内点检错、节点匹配和元数据修改等功能。

③数据处理模块：具有拓扑关系生成、属性文件建立(含扩充、拆分和合并)、坐标系统转换、地图投影变换和矢量与栅格数据转换等功能。

④数据查询模块：具有按空间范围检索、按图形查属性和按属性查图形(单一条件或组合条件)等功能。

⑤空间分析模块：具有叠置分析、缓冲区分析、邻近分析、拓扑分析、统计分析、回归分析、聚类分析、地形因子分析、网络分析与资源分配等功能。

⑥数据输出与制图模块：具有矢量绘图、栅格绘图、报表输出、数据导出、统计制图、专题制图及三维动态模拟和显示等功能。

5. 系统安全设计

(1)网络的安全与保密

网络的安全性指的是保证数据和程序等资源安全可靠，对资源进行保护以免受到破坏。保密性主要是指对某些资源或信息，需要保密。

(2)应用系统的安全措施

应用系统的安全与系统设计和实现关系密切，应用系统通过应用平台的安全服务来保证基本安全，如信息内容安全，信息使用的认证、审计等。

(3)数据备份和恢复机制

地理信息系统的数据备份是数据安全的一个重要方面。为了能够恢复修改前的状态，数据库的操作要具有：a. 恢复功能：在出错时可回到修改前状态；b. 备份功能：数据库修改后，原数据应有备份，备份又分为完全备份和增量式备份。

原则上，数据应至少有一套备份数据，即同时应至少保存两套数据，并异地存放。针对不同的业务需要，资料复制有两种方式：同步复制和异步复制。

备份管理包括备份的可计划性、备份设备的自动化操作、历史记录的保存以及日志记录等。备份管理是一个全面的概念，它不仅包含制度的制定和存储介质的管理，而且还能决定引进备份技术。

(4)用户管理

用户管理包括权限设置和管理。权限设置包括权限对象的维护和权限对象的分配。权限对象是用来从不同的方面对系统的安全做维护的对象，它包括以下两个部分：功能权限和数据权限。系统权限对象的种类和数目比较多，如果把数据库中的每一种权限对象都对一个指定的用户或角色进行授权，会增加管理员的工作量。所以，数据库的权限管理分为两个部分：权限的提取和用户授权。

四、数据库设计

数据库设计一般包括三个主要阶段：概念设计阶段、逻辑设计阶段、物理设计阶段(图 10-2)。

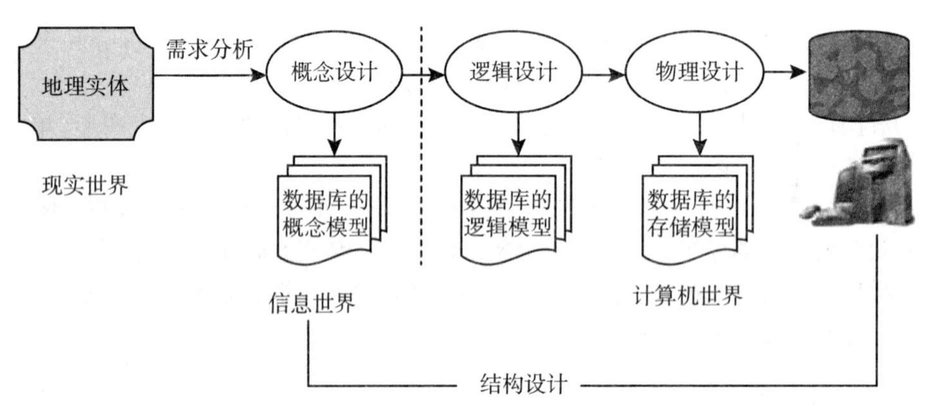

图 10-2　数据库结构设计步骤

1. 数据库概念设计

概念设计是通过对错综复杂的现实世界的认识与抽象，最终形成空间数据库系统和应用系统所需模型的过程。具体过程是对所收集的信息和数据进行分析、整理，确定实体、属性及其联系，形成独立于计算机的反映用户观点的概念模式。

概念模式与具体的数据库管理系统(DBMS)无关，它结构稳定，能较好地反映用户信息需求。表示概念模型最有力的工具是 E-R 模型(图 10-3)，它包括实体、联系和属性三个基本成分。

(1)数据库概念模型

对需求分析阶段收集的数据进行分析、整理，确定地理实体、属性及其关系，把用户的需求加以解释，并用概念模型表达出来(主要指 E-R 模型)。

(2)概念模型设计任务

概念数据库模式设计，以需求分析阶段所提出的数据要求为基础，对用户需求描述的现实世界通过对其中信息的分类、聚集和概括，建立抽象的高级数据模型(如 E-R 模型)，形成概念数据库模式。

(3)概念模型设计步骤

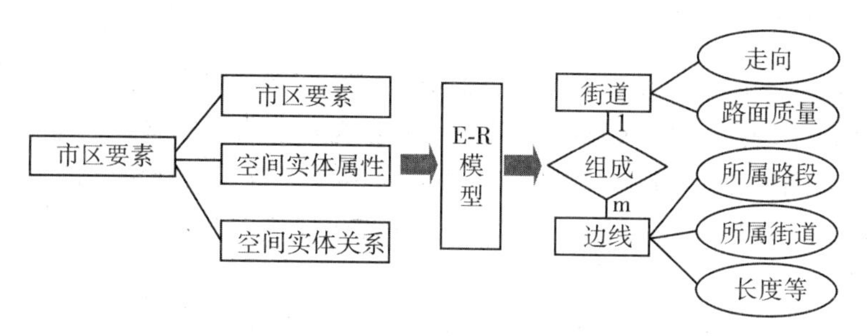

图 10-3　地理实体到概念模型(E-R 模型)示意图

① 通过用户需求调查与分析，提取和抽象出空间数据库中所有的实体。② 确定各个实体的属性。要求尽可能减少数据冗余，方便数据存取和操作，并能实现正确无歧义地表达实体。③ 根据系统数据流图及实体的特征正确定义实体间的关系。④ 根据提取、抽象和概括出的系统实体、实体属性以及实体关系绘制空间 E-R 图。⑤ 根据划分的标准和原则对这些单元的 E-R 图进行综合，并对其进行调整和优化，使其能够无缝地形成一个整体。

2. 数据库逻辑结构设计

逻辑设计是将概念模型结构转换为具体 DBMS 可处理的地理数据库的逻辑结构(或外模式)，也叫数据库模式创建。主要包括确定：①确定数据项、记录及记录间的联系；②安全性；③完整性；④一致性约束。

从 E-R 模型向关系模型转换的主要过程为：①确定各实体的主关键字；②确定实体内部属性之间的数据关系表达式；③把经过消冗处理的数据关系表达式中的实体作为相应的主关键字；④根据②和③形成新的关系；⑤完成转换后，进行分析、评价和优化。

数据库的一般逻辑结构有以下三种：①传统数据模型：层次模型、网络模型、关系模型；②面向对象数据模型；③空间数据模型：混合数据模型、全关系型空间数据模型、对象-关系型空间数据模型、面向对象空间数据模型。

GIS 数据按照空间数据的逻辑关系或专业属性分为各种逻辑数据层或专业数据层。

数据层的设计一般是按照数据的专业内容和类型进行的。数据的专业内容的类型通常是数据分层的主要依据，同时也要考虑数据之间的关系(如两类物体共享边界等)及数据标准分类与编码。如地形图数据，可分为地貌、水系、道路、植被、控制点、居民地等诸层分别存储。不同类型的数据由于其应用功能相同，在分析和应用时会同时用到，在设计时应反映出这样的需求，即可将这些数据作为一层。例如，多边形的湖泊、水库，线状的河流、沟渠，点状的井、泉等，最后得出各层数据表现形式，各层数据的属性内容和属性表之间的关系等。

3. 数据库物理结构设计

数据库物理结构设计是对数据库存储结构和存储路径的设计，是指有效地将空间数据库的逻辑结构在物理存储器上实现，确定数据在介质上的物理存储结构，其结果是导出地理数据库的存储模式(内模式)，即逻辑设计如何在计算机的存储设备上实现。完成设计后，要进行性能分析与测试。物理设计在很大程度上与选用的数据库管理系统(DBMS)有关。

数据库物理结构设计的步骤如下：① 确定数据库的物理结构：包括确定需要存储的数据对象、数据存放位置、数据存储结构、数据存取方法和系统配置等。② 对物理结构进行评价：包括分析时间效率、空间效率、维护代价及用户要求等。

4. 数据字典设计

数据字典是关于数据信息的集合。它是数据流图中所有要素严格定义的场所，这些要素包括数据流，数据流的组成、文件、加工小说明及其他应进入字典的一切数据，其中，每个要素对应数据字典中的一个条目。

数据字典最重要的用途是作为分析阶段的工具。在数据字典中建立严格一致的定义有助于增进分析员和用户之间的交流，从而避免许多误解的发生。数据字典也有助于增进不同开发人员或不同开发小组之间的交流。同样，将数据流图和对数据流图中的每个要素的精确定义放在一起，就构成了系统的、完整的系统规格说明。数据字典和数据流图一起构成信息系统的逻辑模型。没有数据字典，数据流图就不严格；没有数据流图，数据字典也没有作用。

实现数据字典的常见方法有三种：全人工过程、全自动过程和混合过程。GIS 数据字典的任务是对 GIS 数据流图中出现的所有被命名的图形要素在数据字典中作为一个词条加以定义，使得每一个图形要素的名字都有一个确切的解释。因此，GIS 数据字典中所有的定义必须是严密的、精确的，不可有半点含糊，不可有二义性。GIS 数据字典的主要内容包括：数据流图中每个图形要素的名字、别名或编号、分类、描述、定义、位置等。

通过建立 GIS 数据字典，在 GIS 分析过程中，就可以通过名字方便地查阅数据的定义；也可以按各种要求，列出各种表格供分析员使用；还可按描述内容或定义来查询数据的名字；甚至可以通过检查各个加工的逻辑功能，实现和检查数据与程序之间的一致性和完整性。后面的所有设计、实现到维护阶段，都需要参考数据字典进行设计、修改和查询。

五、空间数据库设计

空间数据库的逻辑设计一般是从图库—数据集—数据层为主线考虑其逻辑设计(在物理存储中需要考虑空间数据使用文件存储还是数据库存储)。

六、属性数据库设计

采用常规数据库设计方法和步骤，一般针对不同专题和行业分别设计。

七、符号库设计

从地物的图式符号来看，地物要素的符号库设计包括符号类型设计和地物要素符号样例设计。

八、元数据库设计

元数据是指描述空间数据的数据，元数据库设计的内容主要包括：空间数据集的内容、质量、精度、表示方式、空间参考、管理方式以及数据集的其他特征等，是空间数据交换的基础，也是空间数据标准化与规范化的保证。

九、数据更新设计

通过地理信息更新可保证地理信息的现势性，其手段主要包括五种：实测更新法、编绘更新法、计算机地图制图更新法、遥感信息更新法和 GNSS 信息更新法等。

十、详细设计

1. 详细设计任务

①细化总体设计的体系流程图，绘出程序结构图，直到每个模块的编写难度可被单个程序员所掌握为止；②为每个功能模块选定算法；③确定模块使用的数据组织；④确定模块的接口细节及模块间的调度关系；⑤描述每个模块的流程逻辑；⑥编写详细设计文档，主要包括细化的系统结构图及逐个模块的描述，如功能、界面、接口、数据组织、控制逻辑等。

2. 用户界面设计

用户界面设计的三大原则是：置界面于用户的控制之下；减少用户的记忆负担；保持界面的一致性。

界面设计从流程上分为结构设计、交互设计和视觉设计三部分。

(1)结构设计

结构设计也称概念设计，是界面设计的骨架。

(2)交互设计

交互设计的目的是让用户能简单地使用产品。交互设计的原则如下：①有清楚的错误提示：误操作后，系统提供有针对性的提示；②让用户控制界面："下一步""完成"，面对不同层次提供多种选择，给不同层次的用户提供多种可能性；③允许兼用鼠标和键盘：同一种功能，同时可以用鼠标和键盘，提供多种可能性；④允许工作中断；⑤使用用户的语言，而非技术的语言；⑥提供快速反馈：给用户心理上的暗示，避免用户着急；⑦方便退出；⑧导航功能：随时转移功能，很容易从一个功能跳到另外一个功能，一般要提供用户从整体到局部的"鹰眼图"；⑨让用户知道自己当前的位置，使其做出下一步行动的决定。

(3)视觉设计

在结构设计的基础上，参照目标群体的心理模型和任务达成进行视觉设计，包括色彩、字体、页面等。视觉设计要达到用户愉悦使用的目的。视觉设计的原则如下：①界面清晰明了，允许用户定制界面。②减少短期记忆的负担，让计算机帮助记忆，例如，用户名(user name)、密码(password)、进入界面地址可以让机器记住。③依赖认知而非记忆，如打印图标的记忆、下拉菜单列表中的选择。④提供视觉线索，图形符号的视觉的刺激；图形界面设计(design)：位置(where)、主题内容(what)、下一步操作(next step)。⑤提供默认(default)、撤销(undo)、恢复(redo)的功能。提供界面的快捷方式。⑥尽量使用真实世界的比喻，如电话、打印机的图标设计，尊重用户以往的使用经验。⑦完善视觉的清晰度，条理清晰；图片、文字的布局和隐喻不要让用户去猜。⑧界面的协调一致。同样功能用同样的图形。⑨色彩与内容：整体软件不超过五个色系，少用红色、绿色。近似的颜色表示近似的意思。

用户界面遵循以下规范：①易用性原则；②规范性原则；③帮助设施原则；④合理性原则；⑤美观与协调性原则；⑥菜单位置原则；⑦独特性原则；⑧快捷方式的组合原则；⑨排错性考虑原则；⑩多窗口的应用与系统资源原则。

3. 标准化设计

采用标准化设计的优点是：①设计质量有保证，有利于提高工程质量；②可以减少重复劳动，加快设计速度；③有利于采用和推广新技术；④有利于加快开发与建设进度；⑤有利于节约成本，降低造价，提高经济效益。

4. 详细设计说明书

系统详细设计是解决系统"如何做"的问题。一般而言，系统详细设计包括数据结构设计 、模块设计、代码设计(类设计)。

(1)数据结构设计

应明确给出每个数据结构的名称、标识符，以及它们之中每个数据项、记录、文卷和系统的标志、定义、长度及它们之间的层次或表格的相互关系，并用表格说明各个数据结构与访问这些数据结构的形式。

(2)模块设计

应明确说明模块命名、模块设计功能、模块包含类、与其他模块的关系等。

(3)类设计

类设计是对类的成员对象，包括成员方法和成员变量的设计。内容包括类的命名、功能表述、类的继承关系、类的成员对象设计等。类的设计可采用 Rational Rose、Microsoft Visio 等工具。

详细设计说明书的主要内容包括：引言、程序(模块)系统的组织结构、模块(或子程序)1(标识符)设计说明和模块(或子程序)2(标识符)设计说明等。

第四节　地理信息数据

一、基础地理信息数据的内容与特点

基础地理数据是描述地表形态及其所附属的自然以及人文特征和属性的总称。按照国家标准《基础地理信息标准数据基本规定》(GB 21139—2007)，基础地理信息数据反映和描述地球表面测量控制点、水系数据、居民点及设施、交通、管线、境界与政区、地貌、植被与土质、地名、数字正射影像、地籍、地名等有关自然和社会要素的位置、形态和属性信息。它是统一的空间定位框架和空间分析的基础。

基础地理数据具有基础性，权威性，现势性与动态性，抽象性，多尺度、多分辨率性，多样性，复杂性，普遍适用性，使用频率高等特点。

二、基础地理数据的采集

数据采集主要法有：全野外数据采集、航空摄影测量和航天遥感、地图数字化技术(图 10-4)。

三、基础地理数据更新

基础地理数据更新主要涉及确定更新策略、变化信息获取、变化数据采集、现势数据生产、现势数据提供这五个步骤。

1. 确定更新策略

在数据更新之前，首先需要确定数据更新的目标、任务，包括更新范围(重点建设区域)、更新内容(道路、居民地、行政界限等)、更新周期(逐年更新、定期全面更新、动态实时更新)、更新工程的组织与实施方案(责任机构、组织机制、经费与效益分配等)。

(1)更新周期

可采用定期全面更新和动态实时更新两种模式。

(2)更新内容

一般地，基础地理数据的更新按全要素进行，但也可根据需要和周期选择一种或几种要素进行更新，如道路、居民地、水系等，并按不同的取舍标准执行。

(3)更新精度

基础地理数据的更新精度不宜低于原数据的精度，通过数据更新提高现势性。

(4)更新范围

基础地理数据通常按图幅更新，这种方式便于数据的生产和管理，是目前数据更新的主要方式。

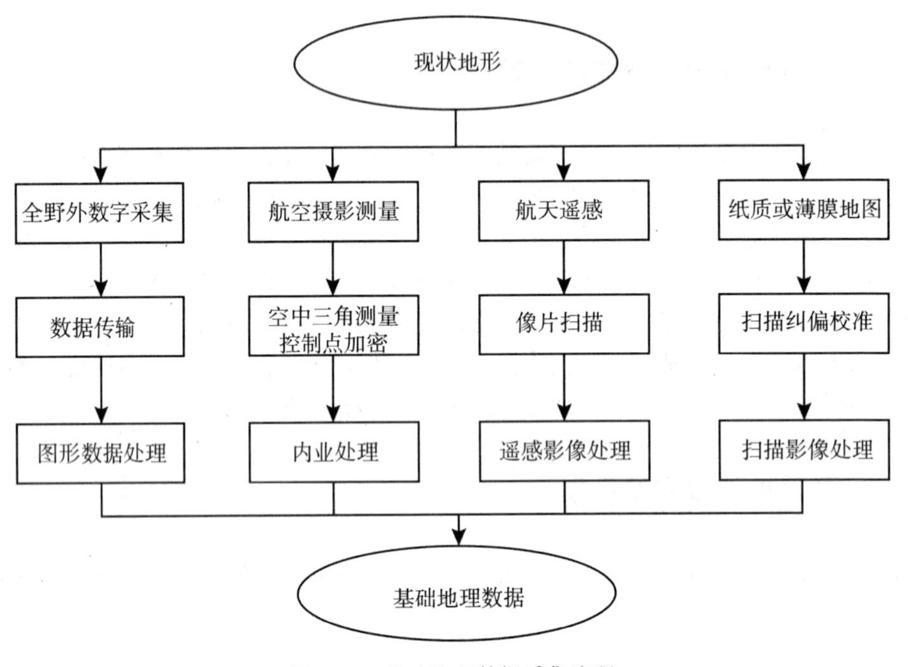

图 10-4　基础地理数据采集流程

2. 变化信息获取

当前用来获取变化信息的方法主要有以下三种：

①专业队伍进行现势调查，发现变化。

②将卫星遥感影像与现有数据比较，发现变化。

③根据其他渠道获得变化信息，如有关专业单位、社会力量、新闻途径等。

3. 变化数据采集

对确定的变化信息进行数字化采集，主要有以下几种方式：

①人工数据采集，包括对标绘图进行数字化、野外勘测数字作业、GNSS 采集等。

②交互式数据采集，包括数字摄影测量、遥感图像处理等。

③自动数据采集，卫星遥感影像识别与处理等。

在基础地理要素建库过程中，数据的采集一般采用数字摄影测量和全野外数据采集。

从地图比例尺及地图更新成本考虑，可采用下述两种技术方案：一是基于 TM 影像(分辨率为 30m)、SPOT 影像(分辨率为 2.5m、5m 或 10m)的更新方案，主要用于 1∶5 万～1∶10 万基础数据的更新；二是基于 IKONOS 影像(分辨率为 1m)、QuickBird 影像(分辨率为 0.61m)的更新方案，主要用 1∶1 万或更大比例尺基础地理数据更新。

4. 现势数据生产

将新采集的变化数据与原有数据库中未变化的数据融合，从而形成新的集成的现势数据库。原始数据可能会有新增、消失、改变等变化类型，相应的处理包括：

①插入。将新增的地物信息添加到数据库中。

②删除。将已消失的信息地物从数据库中删除。

③匹配并替换。将空间形态、位置变化的地物与原始数据进行匹配，确定替换对象，再用新的数据替换已变化的内容。

④历史信息的保存与管理。被删除、替换的数据需要保存，以便历史数据的恢复、查询与分析。

在这个过程中需要注意的关键问题包括：a. 数据模型的演变；b. 比例尺与数据质量标准；c. 需要提供足够的元数据以便对更新过程进行追踪；d. 匹配的方法有人工匹配、交互匹配、自动匹配等；e. 历史数据的组织与管理。

5. 现势数据提供

提供给用户的现势数据可以是批量替代的方式。

四、基础地理信息标准

1. 基础标准

基础标准主要包括空间参考系、分幅与编号、图式、要素分类编码、数据字典、元数据、数据交换格式等系列标准(图 10-5)。

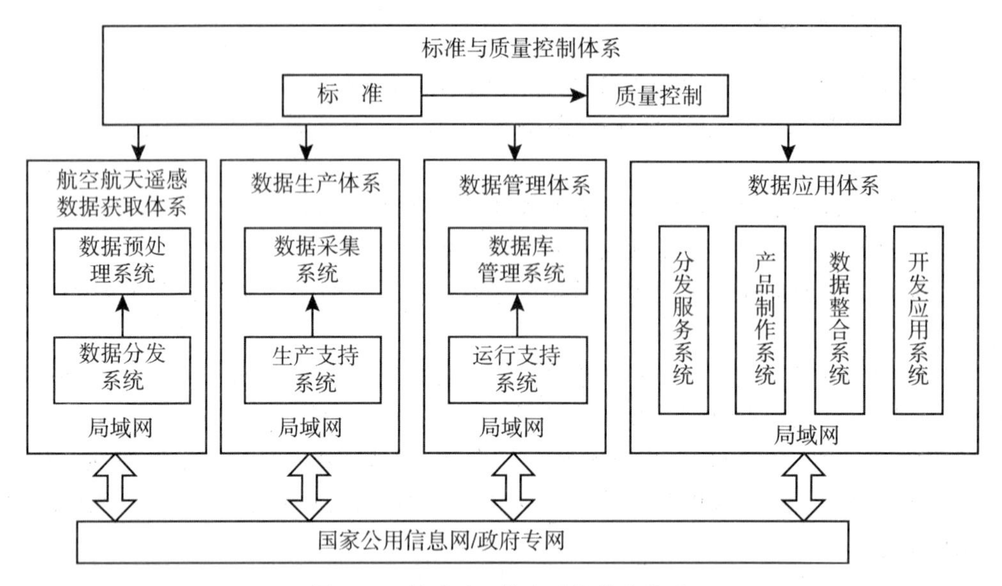

图 10-5　基础地理信息系统技术体系

2. 产品标准

产品标准是基础地理信息数字产品必须达到的技术要求，包括 DEM、DRG、DOM 和 DLG 等。产品标准规定产品的分类、标记、技术指标与要求、产品包装、检测与评价、分发格式等内容。

3. 技术标准

数据生产技术标准是对数字产品标准要求而对生产技术方法、工艺流程、技术指标与要求、检查等作出的相应技术规定。

4. 管理标准

管理标准是在基础地理数据生产、建库和系统建设中需要统一协调的技术管理、质量监督等方面的标准，包括产品检测与评价、数据库设计与建库、数据库和管理系统运行管理与维护等方面的技术规定等。

五、专题地理信息数据

1. 专题地理信息数据的类型与特点

专题地理信息数据是面向用户的主要内容，包括专题点数据、专题线数据和专题面数据，它们不仅包含了空间定位信息，而且还包含了大量的专题属性信息和统计信息。专题地理信息数据主要包括两个方面的内容：一个是专题空间数据，另一个是专题非空间数据(包含专题属性数据、专题统计数据和多媒体数据)，这两类数据都集成在专题地理目标上。

2. 专题地理数据的采集

专题地理数据的采集分为地理信息数据的采集、文档数据采集、统计数据采集、声像数据采集等。这里以某省的“扶贫专题地理信息系统”为例介绍其数据采集方法与步骤。

(1)地理数据采集

为充分利用已经建立的1∶100万和1∶25万基础地理信息数据库，系统主要以这两种比例尺的地理数据为基础，局部地区采用1∶10万、1∶5万等比例尺的基础地理数据。基础地理数据的采集以ArcGIS为主，必要情况下可采用AutoCAD、Photoshop等图形、图像处理软件辅助采集。

(2)文档数据采集

用Word、Notepad等文本编辑器采集文本数据，根据情况选用键盘录入方式和扫描识别方式。

(3)专题统计数据采集

以Oracle数据库管理软件采集专题统计数据。

(4)声像数据采集

用Recorder、Photoshop等软件采集声像数据。

3. 专题地理数据更新

专题地理信息系统的数据更新分为专题地理信息数据更新与非专题地理信息数据更新。以某城市给水排水地理信息系统的更新为例介绍专题地理数据更新的一般原则与步骤。

(1)更新原则

①精度匹配原则。这是GIS数据更新的首要保证。《道路坐标表》中可查每条道路桩号的精确坐标，然后在CAD中根据桩号坐标定位，可精确到0.01个CAD单位。

②现势性原则。对于城市基础地理信息的更新，一定要准确及时地对基础数据进行更新，以保证基础数据的现势性。基础数据是对城市目前发展状况的一个很重要的内容，只有保证其现势性，才能充分发挥出城市基础地理信息系统的作用。

③空间信息与属性信息同步更新原则。由于城市基础地理信息数据库的内容较多，其中的属性数据也十分复杂，因此在更新的时候，不仅要对图形数据进行更新，而且要同步地对属性数据进行更新，保证两种数据同时更新。

(2)更新步骤

专题地理信息数据的更新步骤与方法因不同的专题数据而不同，这里以竣工图拼接为例。

①道路线竣工图拼接，即每条道路线竣工图分散为4~5个CAD文件，可以根据拼图线，将分散竣工图在AutoCAD中拼成一个完整道路线的CAD绘图文件。现有20条道路，拼接后共有20个CAD文件。

②拼接道路线的图层处理，即每个竣工图CAD文件有几个图层，拼接后的CAD图形文件中图层信息混乱，需对图层进行相应处理。

③提取、合并每条道路线涉及的电子地图，在GIS中将所有CAD文件合并为一整块该市电子地图。然后根据所给道路标在GIS上大致定位出这条道路所涉及的电子地图图幅编号。

④竣工图与电子地图合并，在CAD中可打开每条道路线合并后的竣工图与相应电子地图。

4. 专题地理信息标准

专题地理信息标准除了包括相应的基础地理信息系统的标准，还包括各个领域中专题地理信息的标准。

六、属性信息

1. 属性信息的类型与特点

属性信息描述空间要素的特征。

2. 属性信息的获取

属性信息的获取主要是获取空间要素的特征。这里以对某省的地貌类型图、土壤类型图和土地利用现状图进行重置分析，生成坡地土壤资源类型图为例。

①应用ArcGIS对1：50万地貌类型图、土壤类型图和土地利用现状图进行叠置分析，制成坡地土壤资源类型图，并将坡地土壤资源类型图作为评价单元。

②根据其坡地土壤资源及数据源的特点，选取土壤类型、土地利用现状、海拔高度、土壤侵蚀强度、坡向、坡度等因素作为评价因素，利用ArcGIS的空间分析功能、Oracle数据库操作功能结合坡地土壤类型资源图即可提取属性信息值。

③采用定性与定量相结合的办法确定各评价因素的权重，在专家经验和实地调查的基础上制定划分评价标准。

3. 属性信息的更新

通过对现有的属性信息操作生成新的属性信息。

七、地理信息数据的可视化

地理信息数据可视化就是将原有的地理信息数据转化为直观的图形、图像的一种综合技术。

第五节　地理信息数据库

一、地理信息数据库的特征

地理信息数据库的特点集中体现在：

①空间数据模型复杂：空间数据库存储和管理多源空间数据，包括属性数据、图形图像数据，以及存储拓扑关系的数据，并且这些数据之间具有不可分割的联系。

②数据量庞大：空间信息的数据量大。

二、地理信息数据建库

1. 地图数字化

地图数字化是将现有的地图、外业观测成果、航空像片、遥感图片数据、文本资料等转换成 GIS 可以接受的数字形式，是建立 GIS 空间数据库的第一道工序。

2. 数据格式转换

多源空间数据的统一是数据建库的关键。由于空间数据建库涉及的范围比较广，建库的对象可能涉及各种源格式，如 cad 格式、dgn 格式、tif 格式、shp 格式、文本格式等。

3. 地理空间数据编辑

数据编辑分为非拓扑编辑和拓扑编辑。

(1)非拓扑编辑

非拓扑编辑的 GIS 软件包不能发现拓扑错误，也不能建立拓扑关系，它可用于地图要素的数字化和编辑。非拓扑数据编辑主要包括：

① 删除、移动、剪切和粘贴节点；

② 分割和合并多边形；

③ 线条的简化、加密和平滑。

(2)拓扑编辑

对于拓扑编辑，地图编辑过程始于地图拓扑关系的构建。属性数据在输入时，也难免会存在错误，因此也需要对属性数据进行编辑和处理。

4. 空间数据库模式创建

采用建立在关系型数据库管理系统(RDBMS)基础上的综合的数据模型，主要有两种数据库的解决方案：

①基于文件与关系型数据库的空间数据混合管理方案。

②基于对象-关系型数据库的空间数据管理方案。

基于文件与关系型数据库的空间数据混合管理方案的基本思想是用两个子系统分别存储和检索空间数据与属性数据，其中属性数据存储在常规的 RDBMS 中，几何数据存储在空间数据管理系统中，两个子系统之间使用一种标识符联系起来。而对象关系数据库由于继承了上述两者的优点，已经成为目前数据库发展的主流。

5. 地理空间数据入库

地理信息数据入库通常需要两方面的处理：一方面是对数字化信息本身要做规范化处理，主要有数字的检查、纠正，重新生成数字化文件，转换特征码，统一坐标原点，进行比例尺的变换，不同资料的数据合并归类等；另一方面是为实施地图编制而进行的数据处理，包括地图数学基础的建立，不同地图的投影变换，对数据进行选取和概括，各种专门符号、图形和注记的绘制处理。

三、属性数据建库

1. 关系数据库选择

关系模型是目前主流的数据模型。关系模型是以数学理论为基础构建的数据模型，它把复杂的数据结构归纳为简单的二元关系，即把每一个实体集看作是一个二维表，其中每一行是一个实体(记录)，每一列是一个实体属性(字段)，表中第一行是各字段的型的集合。由关系数据结构组成的数据库系统称为关系数据库系统。

2. 属性数据库结构创建

关系数据库就是将数据表示为表的集合，通过建立简单表之间的关系来定义结构的一种数据库。不管表在数据库文件中的物理存储方式如何，它都可以看作一组行和列，与电子表格的行和列类似。

①表：一种按行与列排列的相关信息的逻辑组，类似于工作单表。

②字段：数据库表中的每一列称作一个字段，字段可包含各种字符、数字，甚至图形。表是由其包含的各种字段定义的，每个字段描述了它所含有的数据。创建一个

数据库时，须为每个字段分配一个数据类型、最大长度和其他属性。

③记录：有关的信息存放在表的行，被称为记录。一般来说，数据库表创建时任意两个记录都不能相同。

④键：表中的某个字段(或多个字段)，它(们)为快速检索而被索引。键可以是唯一的，也可以不是，取决于它(们)是否允许重复。

关系数据库可以由多个表组成，表与表之间可以以不同的方式相互关联。

3. 属性数据准备与编辑

属性表格有两种基本形式，一种是与地理信息内容紧密相关的属性表，另一种是外置的、与属性表可以实现连接(join)或链接(link)的数据库表。在 ArcGIS 中，属性数据和空间数据之间使用一种标志符(关键字)联系起来。

4. 属性数据入库

关系模型具有严密的数学基础和操作代数基础，如关系代数、关系演算等。属性数据入库必须满足以下条件：

①表中的每一个属性值都是不可再分的基本单元。

②表中每一列的属性名必须是唯一的。

③表中每一列必须有相同的数据类型。

④表中不能有完全相同的行。

第六节　地理信息查询与分析

一、空间查询

1. 空间特征查询

给定一个点或一个几何图形，检索该图形范围内的空间对象及其属性。

①按点查询：给定一个鼠标点，查询离它最近的对象及属性。

②开窗查询：按矩形、圆、多边形查询。根据空间索引，检索哪些对象可能位于该窗口。

2. 空间关系查询

①邻接查询：点与点邻接查询，线与线邻接查询(如查询与某干流相连的所有支流)，面与面邻接查询(如查询与公园相邻的闲置空地)。

②包含关系：查询某个面状地物所包含的空间对象。例如，某省的下属地区，某

省的湖泊分布。

③相交查询：某高速公路穿越了某些县市。

④隶属查询：一个空间对象落入哪个空间对象之内。

⑤缓冲区查询：根据用户给定的一个点、线、面缓冲的距离，从而形成一个缓冲区的多边形，再根据多边形检索原理，检索该缓冲区内的空间实体。

3. SQL 查询

(1)查找

查找是最简单的由属性查询图形的操作。

(2)SQL 查询

交互式选择各项，输入后，系统再转换为标准的 SQL，由数据库系统执行，得到结果，提取目标标识，在图形文件中找到空间对象，并显示。

二、空间分析

1. 叠置分析

叠置分析是将同一地区的两组或两组以上的要素(地图)进行叠置，产生新的特征(新的空间图形或空间位置上的新属性的过程)的分析方法。

(1)点与面的叠置

点与面的叠置可以分析每个多边形内某类点状要素一共有多少，或哪些点落在哪些多边形内。这一功能常用于城市中各种服务设施分布情况的分析。

(2)线与面的叠置

线与面的叠置是将一个线状要素层或网络状要素层和多边形层叠置。如网络层为道路网，可以得到每个多边形内的道路网密度，内部的交通流量，进入、离开各个多边形的交通量，相邻多边形之间的相互交通量。如果网络层为河流，可得到每个多边形内的地表水径流量。线与面的叠合一般以拓扑结构的矢量模型比较方便。

(3)面与面的叠置

面与面的叠置是指不同图幅或不同图层多边形要素之间的叠置，根据两组多边形边界的交点来建立具有多重属性的多边形(合成叠置)或进行多边形范围内的属性特性的统计分析(统计叠置)。例如，土地利用图与行政区划图叠置，可得出某县耕地面积。

2. 缓冲区分析

缓冲区是地理空间目标的一种影响范围或服务范围，具体指在点、线、面实体的周围，自动建立的一定宽度的多边形。

如道路噪声影响范围就是沿道路建一定宽度的缓冲区，车流量决定缓冲区半径。

如某地区有危险品仓库，要分析一旦仓库爆炸所涉及的范围，这就需要进行点缓冲区分析，等等。

缓冲区模型就是将面、线、点状地物，如经济区交通线、城镇等分布图变换为这些地物的扩展距离图，结果图上每一点的值代表该点距最近的某种地物（如交通线、城镇或商业网点）的距离。

3. 网络分析

(1)最佳路径分析

在网络中从起点经一系列特定的节点至终点的资源运移的最佳路线，即阻力最小的路径。求两点间的权数最小路径，常用的算法是 Dijkstra。

(2)连通分析

类似在 n 个城市间建立通信线路这样的连通分析问题。图的顶点表示城市，边表示两城市间的线路，边上所赋的权值表示代价。对 n 个顶点的图可以建立许多生成树，每一棵树可以是一个通信网。若要使通信网的造价最低，就需要构造图的最小生成树。

(3)资源分配——定位与分配问题

定位与分配模型是根据需求点的空间分布，在一些候选点中选择给定数量的供应点以使预定的目标方程达到最佳结果（最佳分配中心，最优配置）。

定位问题是指已知需求源的分布，确定在哪里布设供应点最合适的问题，如仓库的分布、变电站的分布、中小学的分布、商场的分布。

分配问题是确定这些需求源分别受哪个供应点服务的问题，如受灾地与救灾物资供应点。

(4)流分析

按照某种优化标准（时间最少、费用最低、路程最短或运送量最大等）设计资源的运送方案。例如，把节点分为发货中心和收货中心，分别代表资源运送的起始点和目标点。

4. DEM 分析

(1)基于 DEM 的信息提取

①坡度：定义为地表单元的法向与 Z 轴的夹角，即切平面与水平面的夹角。在计算出各地表单元的坡度后，可对不同的坡度设定不同的灰度级，即可得到坡度图。

②坡向：坡向是地表单元的法向量在水平面上的投影与 X 轴之间的夹角。在计算出每个地表单元的坡向后，可制作坡向图，通常把坡向分为东、南、西、北、东北、西北、东南、西南 8 类，再加上平地，共 9 类，用不同的色彩显示，即可得到坡向图。

③地表粗糙度（破碎度）：是反映地表的起伏变化和侵蚀程度的指标，一般定义为地表单元的曲面面积与其水平面上的投影面积之比。

(2)通视分析

通视分析是指以某一点为观察点，研究某一区域通视情况的地形分析。通视分析可以帮助设定观察哨，也可以帮助旅游景区设定观景台(亭)。

①以 O 为观察点，对格网 DEM 或三角网 DEM 上的每个点判断通视与否，通视赋值为 1，不通视赋值为 0。由此可形成属性值为 0 和 1 的格网或三角网，即得到以 O 为观察点的通视图。

②以观察点 O 为轴，以一定的方位角间隔算出 0°~360°的所有方位线上的通视情况。对于每条方位线，在通视的地方绘线，不通视的地方断开。这样可得出射线状的通视图。

5. 空间统计分析

空间统计分析主要用于空间数据的分类与综合评价，主要有相关分析、回归分析、预测分析、聚类分析。

第七节　地理信息系统开发与集成

一、系统开发的准备工作

(1)明确 GIS 系统需求

明确了专业应用领域的需求，开发的系统才能较好地反映业务流程。

(2)明确 GIS 应用项目类型

GIS 应用项目可以划分为两大类：面向工程的 GIS 应用和面向业务的 GIS 应用。面向工程的 GIS 应用，强调的是一次性输出以 GIS 方式表达的数据或分析成果；面向业务的 GIS 应用，强调的是 GIS 技术在某一专业领域业务流程中全过程中的应用。还可以根据应用项目的目标将 GIS 应用项目划分为档案型 GIS 应用项目和决策支持型 GIS 应用项目。档案型 GIS 应用，突出的是对数据的管理和可视化表现。决策支持型 GIS 应用，突出的是对空间数据、专题属性数据以及二者关联信息的分析，利用现有信息分析计算得出新的时空信息。

(3)明确 GIS 软件系统在应用项目中的角色

明确 GIS 软件系统是应用项目的主体系统还是应用项目子系统。

(4)分析 GIS 软件功能

根据应用项目需要实现的功能，考虑 GIS 软件系统的选型。

二、软硬件平台选择

GIS 软硬件选型时应主要考虑如下几点：

①GIS 硬件选型方面，包括计算机、扫描仪、绘图仪、磁带机、磁盘阵列或数据中心、打印机、光笔等其他计算机外围辅助设备，主要从以下几个方面考虑：硬件性能指标、与其他硬件的兼容性、与软件的兼容性、硬件接口、网络化能力等。

②GIS 软件选型方面，需要考虑的问题主要是 GIS 软件的综合指标，包括软件的适应性与完备性、所选软件对用户目标的适用能力，以及对不同用户的通用能力和针对性。具体内容有：与硬件的兼容性；与其他软件的接口能力；模型化能力，指地理信息系统软件所具有的对现实世界和用户需求建立数学模型的方式和方法，以及描述某些因素特征、解释某些现象性态、预测将来发展趋势、方案优化和辅助决策的能力；二次开发能力；软件界面的友好性等。

三、系统开发的技术要求

GIS 工程应用涉及的开发主要有两个层次：完全自主式开发和软件系统依赖式开发。前者难度大，技术要求高；后者是开发工具类产品，可利用普通的高级语言完成。

四、系统开发的质量要求

质量不仅是指产品的质量，也可以是某项活动或过程的工作质量，还可以是质量管理体系运行的质量。质量具有动态性和相对性。质量管理在质量方面指挥和控制组织的协调的活动，包括制定质量方针和质量目标以及质量策划、质量控制、质量保证和质量改进。

作为计算机软硬件集成的产物，GIS 的系统开发注重工程质量的要求，体现在软件的质量要求、软硬件集成成果的质量要求、GIS 工程的质量要求等。

五、系统开发与集成

1. 传统 GIS 系统的功能构成

传统 GIS 的基本功能有：数据采集与输入、数据编辑、空间数据管理、空间分析、地形分析、数据显示与输出等。其核心是对数据，主要是空间数据的操作。GIS 所管理的数据主要是二维或三维的空间数据，包括地理实体的空间位置、拓扑关系和属性等。GIS 对这些数据的管理按图层方式进行管理。

2. 程序编制的一般要求

程序编制可以采用结构化程序设计方法，使每一程序都具有较强的可读性和可修改性，当然也可以采用面向对象的程序设计方法。每一个程序都应有详细的程序说明书，包括程序流程图、源程序、调试记录以及要求的数据输入格式和产生的输出形式。

3. 开发语言的特征与选择

在GIS工程开发中，程序语言的选择应作如下考虑：考虑编程的效率及代码的可读性；考虑要符合详细设计的思想，一般应选择结构化的语言，如C++和Java；程序设计语言应是一种通用语言，GIS软件既包括数据、图形处理及分析，还包括对各种软硬件的控制等，考虑到程序的执行效率以及对某些特殊硬件的控制和操作要求，可以针对特定的模块采用混合编程，达到程序的特别目的；考虑编码和维护成本；根据不同的开发平台和使用平台，选择不同的语言；系统的兼容性、移植性等。

4. 程序设计风格

程序设计风格是指开发人员编制程序时所表现出来的特点和习惯性逻辑思路。

5. ComGIS与WebGIS

ComGIS的基本思想是把GIS的各大功能模块划分成几个控件。WebGIS一般由多个主机、多个数据库和多个客户端以分布式连在互联网上而组成。

六、系统测试

1. 系统测试目的与要求

一般说来，应当由系统分析员提供测试标准，制订测试计划，确定测试方法，然后和用户、系统设计员、程序设计员共同对系统进行测试。

测试方法可采用如下流程实施：设计一组测试用例，用各个测试用例的输入数据实际运行被测程序，检测实际输出结果与预期的输出结果是否一致。这里供测试用的数据具有非常重要的作用，为了测试不同的功能，测试数据应满足多方面的要求，含有一定的错误数据，数据之间的关系应符合程序要求。

2. 系统测试的过程

系统测试的过程包括单元测试、集成测试和确认测试。

①单元测试的对象是软件设计的最小单位，即模块。单元测试多采用白盒测试技术。

②集成测试(也称组装测试，联合测试)是单元测试的逻辑扩展。

③确认测试又称有效性测试。有效性测试是在模拟的环境下，运用黑盒测试的方法，验证被测软件是否满足需求规格说明书列出的需求。确认测试主要内容包括：安装测试、功能测试、可靠性测试、安全性测试、时间及空间性能测试、易用性测试、可移植性测试、可维护性测试、文档测试等。

3. 软件测试的方法

软件测试的过程主要包括文档审查、模拟运行测试和模拟开发测试。文档审查是利用系统开发过程中所使用的一切文档资料来确定系统的开发依据、方法技巧、系统的功能特征以及可能达到的性能，总体概括地了解系统能够提供什么功能，是测试系统功能是否被有效实施的依据。模拟运行测试分为专项功能和系统综合测试。

软件测试的技术方法主要有黑盒测试、白盒测试、ALAC(act-like-a-customer)测试。

黑盒测试也称功能测试或数据驱动测试，是在已知产品所应具有的功能，通过测试来检测每个功能是否都能正常使用。黑盒测试方法主要有等价类划分、边值分析、因果图、错误推测等，主要用于软件确认测试。“黑盒”法着眼于程序外部结构，不考虑内部逻辑结构、针对软件界面和软件功能进行测试。“黑盒”法是穷举输入测试，只有把所有可能的输入都作为测试情况使用，才能以这种方法查出程序中所有的错误。实际上测试情况有无穷多个，人们不仅要测试所有合法的输入，而且还要对那些不合法但是可能的输入进行测试。

白盒测试也称结构测试或逻辑驱动测试，它是指导产品内部工作过程，可通过测试来检测产品内部动作是否按照规格说明书的规定正常进行，按照程序内部的结构测试程序，检验程序中的每条通路是否都有能按预定要求正确工作，而不顾及它的功能。白盒测试的主要方法有逻辑驱动、基路测试等，主要用于软件验证。“白盒”法全面了解程序内部逻辑结构、对所有逻辑路径进行测试。“白盒”法是穷举路径测试。

ALAC 测试是一种基于客户使用产品的知识开发出来的测试方法，ALAC 测试是基于复杂的软件产品有许多错误的现实，最大的受益者是用户，缺陷查找和改正将针对那些客户最容易遇到的错误。

4. 自动化测试的设计

自动化测试其过程主要包括：制订系统测试计划，系统测试小组各成员共同协商测试计划；测试组长按照指定的模板起草“系统测试计划”；设计系统测试用例，系统测试小组各成员依据“系统测试计划”和指定的模板，设计“系统测试用例”；测试组长邀请开发人员和同行专家，对“系统测试用例”进行技术评审；执行系统测试，系统测试小组各成员依据“系统测试计划”和“系统测试用例”执行系统测试，并将测试结果记录在“系统测试报告”中，用“缺陷管理工具”来管理所发现的缺陷，并及时通报给开发人员；缺陷管理与改错，任何人发现软件系统中的缺陷时都必须使用指定的“缺陷管理工具”，该工具将记录所有缺陷的状态信息，并可以自动产生“缺陷管理报告”；开发人员及时消除已经发现的缺陷，开发人员消除缺陷之后应当马上进行回归测试，以确保不会引入新的缺陷。

七、系统调试

1. 系统调试的目的

系统调试的目的是进一步诊断、改正系统中的错误。

2. 系统调试的步骤

系统调试主要有四个步骤：a. 在指定的系统运行环境下进行系统安装；b. 选取足够的测试数据对系统进行试验，记录发生的错误；c. 定位系统中错误的位置，即确定是哪个模块内部发生了错误或模块间调用的错误；d. 通过研究系统模块，找出故障原因，并改正错误。

3. 系统调试的方法

系统调试的方法主要有硬性排错、归纳法排错、演绎法排错、跟踪法排错等。

(1)硬性排错

采用试验的方法，如设置临时变量、增加调试语句、设置断点、单步执行等。

(2)归纳法排错

准备几组有代表性的输入数据，反复执行，对得出的错误结果进行整理、分析、归纳，提出错误原因及位置假想，再用新的一组测试数据去验证这些假想。

(3)演绎法排错

针对各组测试数据所得出的结果，列举出所有可能引起出错的原因，然后逐一排除不可能发生的原因与假设，将余下的原因作为主攻方向，最终确定错误位置。

(4)跟踪法排错

在错误征兆附近进行跟踪找错，错误诊断出来以后，马上进行修改，修改完后，应立即利用先前的测试用例，重复先前的测试过程，进一步验证排错的正确性。

八、系统试运行

一般从以下四方面考量系统试运行的结果：系统运行环境、软硬件体系支撑结构、系统各项功能指标、系统综合性能指标。

第八节　GIS 运维及评价

一、GIS 运行与管理

1. 系统部署

GIS 经调试以后，应进行试安装。系统安装包括广义的和狭义的两个概念，狭义的系统安装指的就是 GIS 系统被安装到计算机的硬盘上。而广义的系统安装称为系统部署，主要内容有：系统硬件的安装、系统硬件的调试、系统软件的安装、系统软件的测试、系统的综合调试。

2. 系统验收与交付

验收根据合同中规定的准则和方式对产品进行验收，以确认提供的产品及相关服务是否已达到了合同的要求，是否满足上线运行的要求。验收的依据是项目合同文件、项目需求说明书及其变更材料以及相关标准规范等。

交付包括培训和成果移交。前者应教会用户使用和维护系统，后者包括安装介质交付、文档交付、源代码交付和数据成果交付等。

3. 系统运行与管理

在 GIS 的维护管理中，要加强日常的维护管理。按照系统的结构以及操作用户类型，一个庞大的系统可分为客户端系统和中心服务器系统两部分。大型 GIS 还包括复杂的网络设备等。GIS 日常维护管理包括微机资源管理、机房管理以及安全管理。

4. 系统安全管理

系统安全管理包括数据安全和系统安全两个方面的内容。

(1)数据安全

地理信息数据作为涉密数据，与安全相关的问题更加重要。为了保证数据安全，不仅要考虑运行系统与外网物理隔离、不允许登录因特网，而且还要考虑意外发生时及时抢救手段和在不得已的灾难中减少损失的方案，这些构成了系统的容灾计划。容灾计划主要由磁盘存储数据异地备份和数据库的安全机制实现。

(2)系统安全

在系统安全方面，通常保障系统安全的方法有三大类：以防火墙技术为代表的被动防卫型和建立在数据加密、用户授权确认机制上的开放型密码技术，以及常规的防病毒软件。

二、系统维护

1. 系统维护内容

GIS 系统的维护主要包括以下方面的内容：a. 纠错；b. 数据更新；c. 完善和适应性维护；d. 硬件设备的维护，包括机器设备的日常管理和维护工作。

2. 系统的可维护性评价

GIS 系统的可维护性评价一般从以下四个方面考虑：系统运行环境、软硬件体系支撑结构、系统各项功能指标、系统综合性能指标。在实际评价过程中，主要是有选择性和侧重性地对这些内容进行测试和评价。

3. 维护更新

维护更新的三个方面内容：a. 数据维护与更新；b. 应用系统维护与更新；c. 网络维护与安全管理等。

第九节 GIS 质量控制与成果检验

一、GIS 标准化

GIS 的标准化从如下两方面影响着 GIS 的发展及其应用：促进空间数据的使用及交换，促进地理信息共享。

GIS 标准化主要包括如下四个方面的内容：a. GIS 数据模型；b. 地理信息的分类与编码；c. 地理信息的记录格式与转换；d. 地理信息规范及标准的制定。

二、GIS 软件工程标准

根据软件工程目前发展的情况和水平来看，在近几年内，软件工程标准化的重点仍将是文件编制以及围绕着软件生存期各阶段的方法和工具的标准化，如用户要求规范、设计方法和工具、软件质量保证方案和技术、测试技术等。

软件工程标准的类型主要有四类：即过程标准、产品标准、专业标准和记法标准。

GIS 标准的主要内容分为硬件设备的标准、软件方面的标准、数据和格式的标准、数据集标准。

三、GIS 工程质量认证与评价

1. ISO 9000 质量认证体系

世界上第一个质量管理和质量保证系列国际标准。

2. CMM 模型

CMM 是指能力成熟度模型，其英文全称为 capability maturity model for software，英文缩写为 SW-CMM，简称 CMM。它是对于软件组织在定义、实施、度量、控制和改善其软件过程的实践中各个发展阶段的描述。CMM 的核心是把软件开发视为一个过程，并根据这一原则对软件开发和维护进行过程监控和研究，以使其更加科学化、标准化，使企业能够更好地实现商业目标。

3. GIS 软件工程的评价

GIS 评价是在 GIS 测试的基础上，通过对技术因子和经济因子进行评价，得出对系统整体水平以及系统实施所能取得的效益的认识和评价。软件的评价分为技术评价和经济评价。

(1)技术评价

系统技术评价指标及内容见表 10-1。

表 10-1　**系统技术评价指标及内容**

序号	评价指标	具 体 内 容
1	可靠性 安全性	系统在正常环境下能够稳定运行而不发生故障，或者即使发生故障也可以通过系统具备的功能将数据恢复过来，减少系统故障造成损失的能力
2	可扩展性	为满足新的功能需求而对系统进行修改、扩充的能力，对于商品化 GIS 产品是进一步完善产品的功能，提供更佳的和更通用的用户开发接口和平台的能力
3	可移植性	系统在多种计算机硬件平台上正常工作的能力以及与其他软件系统进行数据共享、交换的能力
4	系统效率	包括系统运行的速度和运算处理精度两方面的要求

(2)经济评价

系统经济评价指标及内容见表 10-2。

表 10-2　　系统经济评价指标及内容

序号	评价指标	具体内容
1	系统产生的效益	系统应用对国民经济与生产实践所起的作用，以及GIS信息产品商品化能实现的价值
2	软件商品化程度	指用户的认可程度，体现在软件安装程序的易用性、产品的包装、技术手册、用户手册以及界面的友好性和易用性等方面
3	技术服务支持能力	对用户进行的工作进行跟踪服务和技术指导，有时还可能需要对用户进行集中的技术培训
4	软件维护与运行管理	软件的易维护和便于管理的能力

四、GIS 数据质量保证

1. 地理数据质量标准

数据标准的统一是实现信息共享的前提条件。只有统一的数据标准，才能保证数据的系统性和规范性，有利于数据的维护、分析、更新和利用。不同尺度、不同区域的基础地理数据应遵从统一的技术标准，包括数据模型、投影、表达方式等；不同尺度的基础地理数据对于同一地理对象的描述要有连贯性和一致性；保证数据在水平方向、垂直方向和时态三个维度的有机集成。

国家测绘地理信息局组织制定的《基础地理信息标准数据基本规定》，适用于基础地理信息标准数据的生产、认定和使用。

2. 空间数据质量控制

(1)数据质量控制内容

①空间位置精度：主要是数学基础、平面精度和高程精度。

②属性数据的质量控制：主要是描述空间数据的属性项定义(包括名称、类型、长度等)必须正确，属性表中各数据项的属性取值及其单位不得有异常；标识码是区分和标志空间实体的依据，必须唯一有效、不重复；空间数据与描述它的属性数据之间一一对应的关系必须正确，也即空间数据与属性数据必须具有正确的相关性，具有一个以上属性表时，各属性表之间的相关性和映射关系应当正确描述和建立。

③空间关系的质量控制：空间实体点、线、面之间的组合表达了实体间拓扑关系的相邻性、连续性、闭合性、包含性、一致性等关系，是基础地理数据处理分析的依据。

(2)质量控制技术方法

质量控制技术可分为两类：一是设法减少和消除误差及错误的实用技术与步骤；

二是提交成果(数据入库)之前对所完成工作的检查，以进一步发现和改正错误。由此可以看出，数据质量控制分为过程控制和结果控制。

(3) 基于拓扑关系规则的数据检查

拓扑关系规则是新增加的一类，可作用于同一要素数据集中的不同要素类或者同一要素类中的不同要素。用户可以指定空间数据必须满足的拓扑关系约束，例如，要素之间的相邻关系、连接关系、覆盖关系、相交关系、重叠关系等。

3. 数据质量检验与监理

检验与监理是鉴定和验收数据质量的依据，其内容主要包括：数据的分类系统；数据类型(或项目)的名称和定义；数据获取方法的评价；数据获取所使用的仪器设备及其精度的规定；数据获取时的环境背景和测试条件的规定；数据的计量单位(量纲)和数据精度分级的规定；数据的编码或代表符号的规定；数据的更新周期的规定；数据的密级和使用数据的规定。

4. 数据质量检查内容

检查内容基本包括图形数据、属性数据、数据的接边情况等检查工作，具体内容如下：

①图形检查。图形数据检查包括的方面比较多，但总的来说可以分为面状要素的检查、线状要素的检查、点状要素的检查、图形一致性(拓扑)检查。

②属性检查。属性数据的规范检查主要包括字段非空检查、字段唯一性检查、图形属性一致性检查和数据整理检查四大方面。

五、GIS 软件的质量保证

1. 软件质量的度量模型

在软件质量度量中，同样需要建立一条性能基线，作为软件产品的质量、软件测试性能评估的起点，并作为对系统评估是否通过的标准。缺陷评测的基线是对某一类或某一组织的结果的一种度量，这种结果可能是常见的或典型的。

软件质量模型包括三层，即高层：软件质量需求评价准则；中层：软件质量设计评价准则；低层：软件质量度量评价准则。

2. 软件质量评价与评审

为了定量地评价软件质量，必须对软件质量特性进行度量，以测定软件具有要求质量特性的程度。

对软件工程过程来说，软件评审是一个“过滤器”，在软件开发的各个阶段都要采用评审的方法，以暴露软件中的缺陷，然后加以改正。

通常，把“质量”理解为“用户满意程度”。为使得用户满意，有两个必要条件：①设计的规格说明书要符合用户的要求；②程序要按照设计规格说明所规定的情况正确执行。

模拟试题汇编及参考答案

模拟试题汇编

一、单项选择题(共212题，每题的备选选项中，只有一项最符合题意)。

1. 地理信息系统的核心部分是(　　)。
   A. 计算机系统　　B. 空间数据
   C. 系统开发、管理人员　　D. 用户
2. 下列描述中，属于实体对象所具有的拓扑属性的是(　　)。
   A. 两点之间的距离　　B. 弧段的长度
   C. 一个面的连接性　　D. 一个点指向另一个点的方向
3. GIS与机助CAD制图的差异在于(　　)。
   A. 是地理信息的载体　　B. 具有存储地理信息的功能
   C. 具有显示地理信息的功能　　D. 具有强大的空间分析功能
4. 地理信息系统的构成中，下列不属于数据输入设备的是(　　)。
   A. 图形数字化仪　　B. 图像扫描仪
   C. 打印机　　D. 键盘
5. 地理信息系统的构成中，下列不属于数据输出设备的是(　　)。
   A. 图形图像显示器　　B. 矢量打印机
   C. 点阵打印机　　D. 图形数字化仪
6. 空间图形的不同类元素之间的拓扑关系称为(　　)。
   A. 拓扑邻接　　B. 拓扑关联
   C. 拓扑包含　　D. 拓扑相交
7. 在地理信息系统中，空间线对象是(　　)特征。
   A. 0维　　B. 1维
   C. 2维　　D. 3维
8. 空间数据是地理信息的载体，是GIS的操作对象，在它具有的特征中，表示地理实体的名称、类型和数量等的是(　　)。
   A. 空间特征　　B. 属性特征
   C. 拓扑特征　　D. 时间特征
9. GIS软件系统中，下列不属于GIS软件的是(　　)。

A. ArcGIS　　B. MapGIS
C. SuperMap　　D. Oracle

10. GIS 软件系统中，下列不属于数据库软件的是(　　)。
A. SQL Server　　B. DB2
C. SuperMap　　D. Oracle

11. 在地理信息工程建设中，(　　)是系统总体设计和系统功能设计的依据。
A. 工程实施方案　　B. 工程合同书
C. 工程项目设计书　　D. 用户需求调研报告

12. 数据库概念模型设计，是对用户需求描述的现实世界通过对其中信息的分类、聚集和概括，建立抽象的高级数据模型，如(　　)。
A. E-R 模型　　B. 层次模型
C. 网络模型　　D. 关系模型

13. 空间数据库的逻辑设计一般是按照(　　)为主线考虑其逻辑设计。
A. 数据集—数据层—图库　　B. 数据集—图库—数据层
C. 图库—数据集—数据层　　D. 图库—数据层—数据集

14. 下列设计内容，不属于地理信息工程的系统详细设计的是(　　)。
A. 数据结构设计　　B. 模块设计
C. 数据流程设计　　D. 代码设计

15. GIS 软件在使用过程中，用户往往会对软件提出新的功能和性能需求，为了满足这些需求，需要修改或再开发软件，该过程称为(　　)。
A. 改正性维护　　B. 适应性维护
C. 完善性维护　　D. 预防性维护

16. 在 GIS 的面向对象的数据结构中，通常可以把空间数据抽象为点、线、面三种简单的地物类型，下列地物中属于点状地物的是(　　)。
A. 车站　　B. 湖泊
C. 河流　　D. 街区

17. 在 GIS 详细设计阶段，无需展开的工作的是(　　)。
A. 为每个功能模块选定算法　　B. 确定模块使用的数据组织
C. 描述每个模块的流程逻辑　　D. 数据字典详细设计

18. 在 GIS 系统中实际存在的数据库是(　　)。
A. 用户数据库　　B. 概念数据库
C. 物理数据库　　D. 逻辑数据库

19. 地理信息系统与电子地图最基本的差异在于(　　)。
A. 有比例尺　　B. 有图例
C. 可建立数据模型　　D. 可量测海拔高度

20. 下列描述中，不属于拓扑数据结构的特点的是(　　)。
A. 点是相互独立的，点连成线，线构成面

B. 弧段是数据组织的基本对象

C. 每个多边形都以闭合线段存储，多边形的公共边界被数字化两次和存储两次

D. 每条线始于起节点，止于终节点，并与左右多边形相邻接

21. 基础地理数据更新的步骤为(　　)。

A. 确定更新策略—变化信息获取—变化数据采集—现势数据生产—现势数据提供

B. 确定更新策略—变化数据采集—变化信息获取—现势数据生产—现势数据提供

C. 确定更新策略—变化信息获取－现势数据生产—变化数据采集—现势数据提供

D. 确定更新策略—变化数据采集—现势数据生产—变化信息获取—现势数据提供

22. 栅格-矢量数据转换过程中，若对扫描后的地图图像进行细化处理，下列要求描述错误的是(　　)。

A. 保持原线划的连续性　　B. 线宽为 2 个像元

C. 细化后的骨架应是原线划的中心线　　D. 保持图形的原有特征

23. 下列方法中，属于获取栅格数据的方法的是(　　)。

A. 手扶跟踪数字化法　　B. 屏幕鼠标跟踪数字化

C. 扫描数字化法　　D. 人工读取坐标法

24. 相比于栅格数据，矢量数据结构的特点是(　　)。

A. 定位明显、属性隐含　　B. 定位明显、属性明显

C. 定位隐含、属性明显　　D. 定位隐含、属性隐含

25. (　　)是通用标识语言标准(SGML)的一个子集，描述网络上的数据内容和结构的标准。

A. XML(可扩展标识语言)　　B. SQL 语言

C. HTML 语言　　D. Java 语言

26. 下列栅格结构压缩编码方法中，具有可变分辨率和区域性质的是 (　　)。

A. 直接栅格编码　　B. 链码

C. 游程编码　　D. 四叉树编码

27. 确定栅格数据单元属性的方法常用于具有连续分布特性的地理要素，如表示人口密度图等的赋值方法是(　　)。

A. 中心点法　　B. 面积占优法

C. 重要性法　　D. 百分比法

28. 空间量算中的质心量算可用于(　　)。

A. 缓冲区分析　　B. 人口变迁分析

C. 人口预测　　D. 人口分布

29. 下列空间内插算法中，对于离散空间最佳的内插方法是(　　)。

A. 整体内插法　　B. 局部内插法

C. 移动拟合法　　D. 邻近元法

30. GIS 空间分析中，提取某个区域范围内某种专题内容数据的方法称为(　　)。

A. 合成叠置　　B. 统计叠置

C. 空间聚类　　D. 空间聚合

31. 描述地理实体本身位置、形状和大小等的数据为(　　)。

A. 属性数据　　B. 几何数据

C. 关系数据　　D. 统计数据

32. 空间对象就是如何把空间信息表达成数字空间可以处理的形式，而连接现实世界到数据世界的纽带是(　　)。

A. 坐标　　B. 关系数据

C. 空间数据编码　　D. 关系模型

33. GIS 矢量数据分析中，解决点、面之间是否存在直接联系的算法是(　　)。

A. 直线插补法　　B. 扫描线法

C. 铅垂线法　　D. 邻近元法

34. 下列内容中，不属于系统软件需求规格说明书中内容的是(　　)。

A. 系统数据描述　　B. 系统功能需求

C. 模块设计说明　　D. 系统运行需求

35. GIS 中可以利用属性约束条件和(　　)来查询相应的地理对象。

A. 参考物完整性约束　　B. 实体完整性约束

C. 用户自定义约束　　D. 空间约束条件

36. 对于估算长度、转折方向的凹凸度方便的编码方法是(　　)。

A. 游程编码　　B. 块码

C. 四叉树编码　　D. 链码

37. 专题地理数据的采集方法中，以 ArcGIS 为主，必要情况下采用 AutoCAD 进行采集的是(　　)。

A. 地理数据　　B. 文档数据

C. 专题统计数据　　D. 声像数据

38. 专题地理数据的采集方法中，以 Oracle 数据库管理软件系统进行采集的是(　　)。

A. 地理数据　　B. 文档数据

C. 专题统计数据　　D. 声像数据

39. 建立 GIS 空间数据库的第一道工序是(　　)。

A. 数据格式转换　　B. 地理空间数据编辑

C. 地图数字化　　D. 数据库模式创建

40. 数字化之后的数据不可避免地存在着错误或误差，下列操作方法是保证数据正确可用的必要条件的是(　　)。

A. 数据格式转换　　B. 地理空间数据编辑
C. 数据纠正　　D. 数据综合

41. 数据编辑分为非拓扑编辑和拓扑编辑，下列软件中基于拓扑编辑的代表 GIS 软件的是(　　)。

A. ArcView　　B. MapInfo
C. AutoCAD　　D. ArcGIS

42. 数据编辑分为非拓扑编辑和拓扑编辑，非拓扑数据编辑可以称为空间坐标数据的(　　)。

A. 整理　　B. 整形
C. 综合　　D. 压缩

43. GIS 软件与图形编辑软件的区别在于(　　)。

A. GIS 具有拓扑关系而图形编辑软件没有
B. GIS 没有图形编辑功能
C. GIS 系统没有属性数据编辑功能
D. GIS 不具备空间分析功能

44. 下列内容中，属性数据字典不描述的是(　　)。

A. 数据元素和数据结构　　B. 数据存储和处理
C. 数据流　　D. 拓扑关系

45. 下列关于 GIS 系统安全设计的说法中错误的是(　　)。

A. 数据备份和恢复机制是保证数据安全的重要措施
B. 原则上，数据应至少有一套备份数据，即同时应至少保存两套数据，并异地存放
C. 原则上先备份数据再写日记文件
D. 针对不同的业务需要，资料复制有两种方式：同步复制和异步复制

46. 概念设计步骤包括：实体的提取、确定各实体属性、定义实体间的关系、绘制 E-R 图、(　　)等。

A. 合并 E-R 图并优化　　B. 定义数据流
C. 定义数据结构　　D. 完整性设计

47. GIS 需求规格说明书中“系统运行需求”内容不包含的是(　　)。

A. 数据精确度　　B. 用户界面
C. 软、硬件接口　　D. 故障处理

48. GIS 系统测试过程中，一般应由(　　)提供测试标准、制订测试计划、确定测试方法。

A. 系统分析员　　B. 系统设计员
C. 程序设计员　　D. 用户

49. GIS 软件系统测试的“单元测试”也称为(　　)。

A. 模块测试　　B. 集成测试

C. 有效性测试　　D. 确认测试

50. GIS 软件系统测试的“集成测试”也称为(　　)。

A. 单元测试　　B. 确认测试

C. 有效性测试　　D. 联合测试

51. 确认测试是验证被测软件的功能和性能是否与用户的要求一致，因此(　　)是软件确认测试的基础。

A. 软件可行性分析报告　　B. 软件需求规格说明书

C. 软件概要设计描述　　D. 软件详细设计描述

52. 系统调试中的设置临时变量、增加调试语句、设置断点、单步执行等属于(　　)调试方法。

A. 硬性排错　　B. 归纳法排错

C. 演绎法排错　　D. 跟踪法排错

53. 地理信息的编码有多种类型，我国所编制的地理信息代码中，以(　　)为主。

A. 数值化字母顺序码　　B. 层次码

C. 复合码　　D. 简码

54. 数据质量检查包括图形检查和属性检查，下列检查中，不属于属性检查内容的是(　　)。

A. 字段非空检查　　B. 字段唯一性检查

C. 拓扑检查　　D. 图形属性一致性检查

55. 在地理数据数据采集中，手工方式主要是用于录入(　　)。

A. 属性数据　　B. 地图数据

C. 影像数据　　D. DTM 数据

56. 模型表达的基本联系是一对多的关系，但能清楚反映数据之间隶属关系的数据库模型是(　　)。

A. 关系模型　　B. 网状模型

C. 层次模型　　D. 混合模型

57. 就目前的技术手段而言，空间数据采集最有效的方法是(　　)。

A. 地面测量　　B. 现有地图数字化

C. 空间传感器　　D. 数字摄影测量方法

58. 在分析森林中火灾点、无线电发射塔的最佳位置的应用中，常采用的 GIS 技术是(　　)。

A. 缓冲区分析　　B. 网络分析

C. 地形分析　　D. 通视分析

59. 栅格数据的窗口分析，按分析窗口形状划分不包含的类型是(　　)。

A. 矩形窗口　　B. 三角形窗口
C. 圆形窗口　　D. 环形窗口

60. DEM 的分析和应用中，利用 DEM 数据可以进行(　　)。
A. 包含分析　　B. 缓冲区分析
C. 洪水淹没损失估算　　D. 网络分析

61. 在栅格数据获取过程中，为减少信息损失提高精度可采取的方法是(　　)。
A. 增大栅格单元面积　　B. 缩小栅格单元面积
C. 改变栅格形状　　D. 减少栅格总数

62. 下列对于缓冲区的叙述正确的是(　　)。
A. 在建立点的缓冲区时，已知半径无法建立缓冲区
B. 面的缓冲区只朝一个方向
C. 线的缓冲区需在线的左边配置
D. 缓冲区的概念与计算机技术中的缓冲区概念相联系

63. 下列内容中，不属于空间数据编辑与处理过程的是(　　)。
A. 投影转换　　B. 图幅拼接
C. 数据分发　　D. 误差校正

64. 整体趋势面拟合除应用整体空间的独立点外插外，最有成效的应用之一是揭示区域中(　　)。
A. 不同于总趋势的最大偏离部分　B. 逻辑一致性
C. 渐变特征　　D. 地理特征

65. 下列内容中，不属于地理信息系统设计与开发步骤的是(　　)。
A. 系统设计　　B. 系统维护
C. 系统实施　　D. 系统评价

66. GIS 总体设计阶段的主要任务是(　　)。
A. 确定系统目标和建设目的
B. 将系统需求转换为数据结构和软件体系结构
C. 需求确定和数据库设计
D. 完成系统功能的描述

67. 在扩散法中，当多边形边界栅格确定后，寻找多边形中的一个栅格作为种子点，然后向(　　)个方向扩散。
A. 4　　B. 6
C. 8　　D. 10

68. 栅格数据的细化，就是将占有多个栅格宽的图形要素缩减为只有单个栅格宽的图形要素的过程，下列(　　)属于细化的方法。
A. 射线法　　B. 扩散法
C. 边界点跟踪法　　D. 骨架法

69. 遥感影像应与 GIS 的空间数据在同一数据基底下配准，对于 1：25 万数据而

言，配准误差不应大于图上(　　)mm。

A. 0.1　　B. 0.2

C. 0.3　　D. 0.4

70. 在城市地理信息系统的数据库设计阶段，对于确定的数据模型，应用(　　)定义实体之间的关系。

A. E-R图　　B. 层次图

C. 结构图　　D. HIPO图

71. 概念模型设计步骤包括实体的提取、确定各实体属性、定义实体间的关系、绘制E-R图并优化、(　　)等。

A. 合并E-R图并优化　　B. 定义数据流

C. 定义数据结构　　D. 完整性设计

72. 栅格数据的(　　)是指根据空间分辨率和分类表，进行数据类型的合并或转换以实现空间地域的兼并。

A. 聚合分析　　B. 聚类分析

C. 变换分析　　D. 分类统计

73. (　　)用于多要素综合分类以划分最小地理景观单元，进一步可进行综合评价以确定各景观单元的等级序列。

A. 追踪分析　　B. 窗口分析

C. 叠加分类模型　　D. 视觉信息复合

74. (　　)在扫描图件的矢量化、利用数字高程模型自动提取等高线、污染源的追踪分析等方面都发挥着十分重要的作用。

A. 追踪分析法　　B. 信息复合分析法

C. 聚合分析法　　D. 聚类分析法

75. 面向对象实现了数据与操作的结合，使数据和操作(　　)于对象的统一体中。

A. 结合　　B. 隐藏

C. 封装　　D. 连接

76. 进行GIS设计时，当用户对新系统的功能需求十分明确，系统设计可直接采用(　　)。

A. 结构化生命周期法　　B. 原型法

C. 快速原型法　　D. 演示与讨论法

77. GIS中地图投影设计与配置的一般原则中，所用投影以(　　)为宜。

A. 任意投影　　B. 等角投影

C. 等积投影　　D. 等距离投影

78. 监狱观察哨的位置应该在能监视某一感兴趣的区域，视线不能被地形挡住，使用DEM分析功能确定观察哨的位置，用到的DEM的分析功能是(　　)。

A. 地形曲面拟合　　B. 通视分析

C. 路径分析　　D. 选址分析

79. 基础地理信息数据库建设设计中，将E-R图转换成关系数据模型的过程属于(　　)。

A. 需求分析阶段　　B. 逻辑设计阶段

C. 概念设计阶段　　D. 物理设计阶段

80. 进行地理信息系统开发时，首先在初步了解用户需求的基础上构造应用系统，然后由用户和开发人员共同反复探讨和完善原型，这种开发方法是(　　)。

A. 结构化生命周期法　　B. 演示与讨论法

C. 快速原型法　　D. 原型法

81. 面向对象的方法中，一个对象对外服务的说明，称为(　　)。

A. 协议　　B. 对象类

C. 封装　　D. 私人消息

82. 模型表达的基本联系是一对多的关系，但能清楚反映数据之间隶属关系的数据库模型是(　　)。

A. 关系模型　　B. 网状模型

C. 层次模型　　D. 混合模型

83. 确定城市的噪音污染源所影响的一定范围所用到的分析方法主要为(　　)。

A. 包含分析法　　B. 缓冲区分析法

C. 叠置分析法　　D. 网络分析法

84. 标准的实体-关系(E-R)图中，分别用菱形和椭圆表示(　　)。

A. 联系、属性　　B. 属性、实体类型

C. 实体类型、属性　　D. 联系、实体类型

85. 在数据建库时，对数据质量检查与程序监理内容中，不属于图形检查内容的是(　　)。

A. 面状要素的检查　　B. 线状要素的检查

C. 图形属性一致性的检查　　D. 图形一致性检查

86. 下列方法中，属于面(多边形)栅格化的方法是(　　)。

A. 扫描线法　　B. 射线算法

C. 直线插补法　　D. 二值化法

87. GIS空间分析方法中，湖泊和河流周围保护区的定界可采用的是(　　)。

A. 空间聚类　　B. 统计分析

C. 叠置分析　　D. 缓冲区分析

88. 地理信息系统的四大基本功能是数据采集、管理、分析和(　　)。

A. 计算　　B. 表达

C. 制图　　D. 存储

89. 数字地形分析的主要内容有等高线的生成与分析、断面图分析、三维立体显示和计算及(　　)。

A. 坡度提取　　B. 汇流分析

C. 距离量算　　D. 地形要素的计算与分析

90. 对象间的相互联系和通信的唯一途径是通过(　　)传送来实现。

A. 方法　　B. 数据

C. 消息　　D. 标识符

91. 确定某一县境内公路的类型以及不同级别道路的里程，采用的空间分析方法是(　　)。

A. 追踪分析法　　B. 信息复合分析法

C. 叠置分析法　　D. 包含分析法

92. 通常用来选择最佳路径或最佳布局中心的位置的方法是(　　)。

A. 包含分析法　　B. 缓冲区分析法

C. 叠置分析法　　D. 网络分析法

93. 在 GIS 数据中，通常把非空间数据称为(　　)。

A. 几何数据　　B. 关系数据

C. 属性数据　　D. 统计数据

94. 系统软件需求规格说明书中的内容不描述的是(　　)。

A. 系统数据描述　　B. 系统功能需求

C. 模块设计说明　　D. 系统运行需求

95. 栅格图像是通过(　　)的方式来表示点、线、面实体的位置。

A. 图像的大小　　B. 网格列阵

C. 记录坐标　　D. 图像的不同形状

96. 矢量图像是通过(　　)的方式来表示点、线、面实体的位置。

A. 图像的大小　　B. 网格列阵

C. 记录坐标　　D. 图像的不同形状

97. 下列内容中，不属于地理信息系统中的数据来源和数据类型的是(　　)。

A. 几何图形数据　　B. 影像数据

C. 大气参数　　D. 地形数据

98. 在 GIS 工程设计中，(　　)阶段确定实现算法并运行精确描述。

A. 系统需求调查与分析　　B. 系统总体设计

C. 系统详细设计　　D. 系统实施

99. 某地区进行土地利用数据库自检时发现，该地区的行政辖区总面积略微大于地类总面积，说明该数据的(　　)。

A. 现势性不好　　B. 数据精度不高

C. 数据的完整性不良　　D. 数据的逻辑一致性不良

100. 下列描述中，属于 GIS 网络分析功能的是(　　)。

A. 计算道路拆迁成本

B. 计算不规则地形的设计填挖方

C. 沿着交通线路、市政管线分配点状服务设施的资源

D. 分析城市地质结构

101. 使用白盒测试方法时，确定测试数据应根据(　　)和指定的覆盖标准。

A. 程序的内部逻辑　　B. 程序的复杂结构

C. 使用说明书　　D. 程序的功能

102. 下列关于 GIS 体系结构设计说法错误的是(　　)。

A. GIS 体系结构设计通常有 C/S 结构和 B/S 结构

B. B/S 结构功能比 C/S 功能强大

C. 管理计算机组的工作是查询和决策，B/S 结构比较适合

D. 计算机组需要较快的存储速度和较多的录入，交互性比较强，可采用 C/S 模式

103. 下列内容中，不属于 GIS 项目管理的基本目标的是(　　)。

A. 控制项目投资成本　　B. 保证系统开发质量

C. 实现项目进度目标　　D. 尽可能压缩成本

104. 关于需求分析，下面说法正确的是(　　)。

A. 需求分析报告要获得用户的认可

B. 系统需求是用户提出的要求，以及分析员认为用户所需要的

C. 用户不参与需求分析过程

D. 不是所有的项目都需要需求分析

105. 在接受 GIS 项目之前必须根据用户可能提供的时间和资源条件进行可行性研究，以避免人力、物力和财力上的浪费。下列内容不属于可行性研究的是(　　)。

A. 投资效益分析　　B. 技术先进性分析

C. 社会效益分析　　D. 技术可行性分析

106. 关于地理信息系统数据库和一般数据库的说法错误的是(　　)。

A. 地理信息系统的数据库(空间数据库)和一般数据库相比，数据量相对较大

B. 地理信息系统的数据库不仅有地理要素的属性数据还有大量的空间数据

C. 一般数据库的数据应用相对广泛

D. 地理信息系统数据库也可以是关系数据库

107. GIS 设计过程中把 E-R 图转换成关系模型的过程，属于 GIS 数据库设计的(　　)。

A. 概念设计　　B. 逻辑设计

C. 需求设计　　D. 物理设计

108. 利用 GIS 进行土地适宜性评价可采用的空间分析方法是(　　)。

A. 统计叠置　　B. 空间聚类

C. 空间聚合　　D. 类型叠置

109. 在 GIS 中，明确定义空间结构关系的数学方法称为(　　)。

A. 邻接关系　　B. 关联关系
C. 包含关系　　D. 拓扑关系

110. 下列关于地理信息的特征描述不正确的是(　　)。
A. 地理信息区别于其他类信息的显著标志是具有地域性
B. 地理信息依赖于特定的空间
C. 同一地物具有多种不同的专题信息，即多维性
D. 地理信息具有动态性

111. 下列工具中，不属于 GIS 系统总体设计工具的是(　　)。
A. HTPO 图　　B. 流程图
C. 结构图　　D. 层次图

112. 单元测试多采用(　　)技术，系统内多个模块可以并行地进行测试。
A. 白盒测试　　B. 黑盒测试
C. 集成测试　　D. 确认测试

113. 下列空间分析方法中，使用矢量数据结构较为方便的是(　　)。
A. 最短路径分析　　B. 地形表面分析
C. 径流分析　　D. 聚类分析

114. 下列应用中，不属于 GIS 与 GPS 集成技术具体应用是(　　)。
A. 车辆监控导航　　B. 数据测量更新
C. 空间定位　　D. 数据存储管理

115. (　　)节点数据之间没有明确的从属关系，一个节点可以与其他多个节点建立关系，任何两个节点之间都可能发生联系。
A. 网络数据模型　　B. 关系数据模型
C. 面向对象数据模型　　D. 层次数据模型

116. 地理信息系统中，数据处理的最大工作量的内容是(　　)。
A. 图形编辑　　B. 自动拓扑
C. 数据转换　　D. 数据整理

117. 一般 GIS 测试和评价过程中，不需要进行测评的内容是(　　)。
A. 系统运行环境　　B. 系统各项功能指标
C. 软硬件体系支撑结构　　D. 系统的经济效益指标

118. 下列方法，不属于空间数据的图形数字化方法是(　　)。
A. 手扶跟踪数字化仪输入　　B. 透明网格采集
C. 扫描矢量化输入　　D. 解析测图仪数据输入

119. 空间数据组成部分中，(　　)是数据组织的基本对象。
A. 点　　B. 线
C. 弧段或链段　　D. 面

120. 下列内容中，不属于按照空间数据元数据描述对象分类的是(　　)。
A. 实体元数据　　B. 属性元数据

C. 数据层元数据　　D. 应用层元数据

121. 下列有关数据处理的叙述中，错误的是(　　)。

A. 数据处理是实现空间数据有序化的必要过程

B. 数据处理是检验数据质量的关键环节

C. 数据处理是实现数据共享的关键步骤

D. 数据处理是对地图数字化前的预处理

122. 表达现实世界空间变化的三个基本要素是(　　)。

A. 空间位置、专题特征、时间　　B. 空间位置、专题特征、属性

C. 空间特点、变化趋势、属性　　D. 空间特点、变化趋势、时间

123. 下列不属于对数据库物理结构进行评价的内容是(　　)。

A. 分析时间效率　　B. 分析空间效率

C. 维护代价及用户要求　　D. 关系模型优化

124. GIS 系统管理与维护是系统工程的一个重要环节，下列对于 GIS 系统管理与维护的说法，错误的是(　　)。

A. 广义来讲，系统安装也包括系统软件的测试和系统的综合测试

B. 系统验收的依据主要是项目合同文件

C. GIS 系统安全管理包括数据安全和系统安全

D. GIS 日常维护管理包括计算机资源管理、机房管理及安全管理

125. GIS 工程标准化是 GIS 建设中必须考虑的问题之一，下列说法错误的是(　　)。

A. 空间信息交换与共享的前提是 GIS 标准化和规范化

B. 为实现信息资源共享，有必要制定完整配套的反映标准项目类别和结构的标准体系表

C. GIS 标准化主要是指 GIS 数据模型和 GIS 中地理信息的分类与编码

D. GIS 的标准体系表由总表和标准明细表两部分组成

126. 在数据库设计阶段，对需求分析阶段收集的数据进行分析、整理，把用户的需求通过 E-R 模型加以解释和表达，这种设计一般在数据库的(　　)阶段进行。

A. 概念设计　　B. 逻辑设计

C. 物理设计　　D. 数据入库设计

127. 对于专题地理信息数据和属性信息数据，下列说法错误的是(　　)。

A. 专题地理数据的种类细分较多，其采集方法也是多样的

B. 专题地理数据更新中，需要遵循空间信息与属性信息同步更新的原则

C. 属性信息的获取主要是空间要素的特征

D. 属性信息数据一般不能用现有的数据进行计算获取其属性值

128. 目前相对而言，下列用于地理信息产品输出设备中精度较差的是(　　)。

A. 矢量绘图仪　　B. 喷墨打印机

C. 行式打印机　　D. 胶片拷贝机

129. 系统详细设计包括的代码设计也可以称为(　　)。

A. 类设计　　B. 模块设计

C. 交互设计　　D. 数据结构设计

130. 视觉设计的色彩与内容原则上要求整体软件不超过(　　)个色系。

A. 3　　B. 4

C. 5　　D. 6

131. 下列专题数据更新原则中，(　　)是 GIS 数据更新的首要保证。

A. 精度匹配原则　　B. 现势性原则

C. 快速性原则　　D. 空间信息与属性信息同步更新原则

132. 在 ArcGIS 中，属性数据和空间数据之间使用一种(　　)联系起来。

A. 字段　　B. 关键字

C. 记录　　D. 特征码

133. 通过记录坐标的方式表示点、线、面地理实体的数据结构是(　　)。

A. 矢量结构　　B. 栅格结构

C. 拓扑结构　　D. 多边形结构

134. 下列表达工具中，不能用来描述 GIS 工程的数据结构和软件体系结构的是(　　)。

A. 层次图　　B. DLL

C. 结构图　　D. UML

135. 下列内容中，不属于基础地理信息数据建库时概念模型设计内容的是(　　)。

A. 数据库系统的构成　　B. 空间要素类型及其关系

C. 属性要素类型及其关系　　D. 要素分类与代码

136. 下列设计任务中，不属于 GIS 详细设计阶段的是(　　)。

A. 论述系统模块划分　　B. 选定实现模块的算法

C. 确定模块使用的数据组织　　D. 描述模块的流程逻辑

137. 下列设计中，(　　)是 GIS 软件用户界面设计的骨架。

A. 交互设计　　B. 结构设计

C. 视觉设计　　D. 数据库设计

138. 下列绘图输出设备中，属于矢量绘图输出设备的是(　　)。

A. 喷墨式绘图仪　　B. 笔式绘图仪

C. 静电绘图仪　　D. 激光照排机

139. 地图配置设计中，某地貌类型图需要配一幅比例尺较小的地势图，通常采用(　　)形式表达。

A. 移图　　B. 附图

C. 副图　　D. 插图

140. 图名的主要功能是为读者提供地图的区域和主题信息，下列要素中，不是组成图名三要素的是(　　)。

A. 比例尺　　B. 时间

C. 区域　　D. 主题

141. 组成栅格数据最基本的单元是(　　)。

A. 层　　B. 像元

C. 行　　D. 列

142. 遥感影像属于典型的栅格结构，每个像元的数字表示影像的(　　)。

A. 亮度等级　　B. 色调级别

C. 色温高低　　D. 灰度等级

143. 每个栅格单元的值以网格中心点对应的面域属性值来确定的栅格数据取值方法是(　　)。

A. 中心归属法　　B. 长度占优法

C. 面积占优法　　D. 重要性法

144. 下列关于属性数据库的结构内容，说法错误的是(　　)。

A. 表：一种按行列排列的逻辑组

B. 字段：表中一列称为一个字段，字段可以包括各种字符、数字，不包含图形

C. 记录：数据库中任意两个记录都不能相同

D. 键：索引，可以是唯一也可以不是

145. 下列软件测试方法中，(　　)属于穷举输入测试。

A. 白盒测试　　B. 黑盒测试

C. 确认测试　　D. ALAC 测试

146. 在目前的 GIS 系统中，空间数据通常以(　　)的方式进行组织。

A. 图层　　B. 数据集

C. 文件　　D. 图幅

147. 地理信息数据库与事物管理数据库的根本区别在于表征(　　)。

A. 属性数据　　B. 统计数据

C. 文本数据　　D. 图形数据

148. GIS 标准体系总表的第一层次是(　　)。

A. 门类　　B. 类别

C. 项目　　D. 标准

149. 分布式 GIS 是按照系统中的(　　)和针对其中数据处理的分布式计算特征而分类的。

A. 数据应用类别　　B. 数据分布特征

C. 数据使用用途　　D. 数据运行环境

150. 面向对象分析方法通过(　　)提取对象并进行对象的抽象组合来实现系统功能和性能分析。

A. 自顶而下　　B. 自底而上
C. 逐层分解　　D. 逐层综合

151. 逻辑数据库对应的模式为(　　)。
A. 外模式　　B. 模式
C. 内模式　　D. 映射

152. 下列方法中，不属于地理信息工程系统分析方法的是(　　)。
A. 数据流模型　　B. 数据字典
C. 加工逻辑说明　　D. 数据源调查

153. 地理信息工程中系统分析方法的加工逻辑说明不包括(　　)。
A. 判定树　　B. 结构化语言
C. 数据字典　　D. 判定表

154. 对地理信息系统评价内容描述不正确的是(　　)。
A. 系统可靠性　　B. 系统可移植性
C. 系统效率　　D. 系统空间分析能力

155. 下列有关 GIS 与地图学联系与区别的说法中错误的是(　　)。
A. 地图数据是 GIS 重要数据源
B. 地图学是 GIS 理论、方法与功能的延伸
C. 地图学强调图形信息传输
D. GIS 强调空间数据处理与分析

156. 下列关于矢量数据结构特点的说法中正确的是(　　)。
A. 适宜表达空间上连续的实体要素
B. 坐标串表示面状实体要素
C. 零维矢量表示点状实体要素
D. 矢量数据不表达地理实体属性特征

157. 地理实体的编码，可以分为两种，一种是分类码，另一种是(　　)。
A. 特征码　　B. 标识码
C. 简码　　D. 二维码

158. 分析点、线、面 3 种类型的空间实体两两之间的关系时，不同类型空间实体间的空间关系共存在(　　)种关系。
A. 3　　B. 4
C. 5　　D. 6

159. 下列关于空间数据的拓扑关系，对数据处理和空间分析的作用描述错误的是(　　)。
A. 清楚反映实体之间的逻辑结构关系
B. 利于空间要素查询
C. 可以利用拓扑关系重建地理实体
D. 可精确描述地理空间分布具体方位

160. (　　)是目前最主要的矢量格式地理数据的录入手段。

A. 手扶跟踪数字化　　B. 键盘录入

C. 鼠标录入　　D. GPS 定点测量设备

161. 栅格模型中，空间被规则地划分为栅格，每个栅格的大小所代表的是(　　)。

A. 属性值　　B. 空间分辨率

C. 灰度值　　D. 地理实体位置

162. 下列栅格阵列中，(　　)可以采用四叉树编码法进行栅格数据压缩。

A. 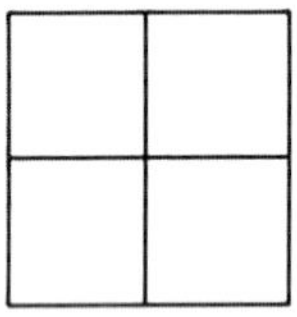　　B.

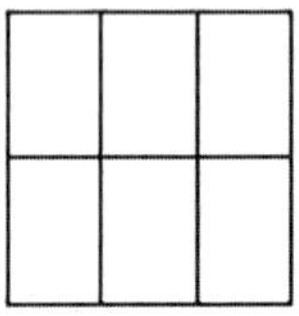

C. 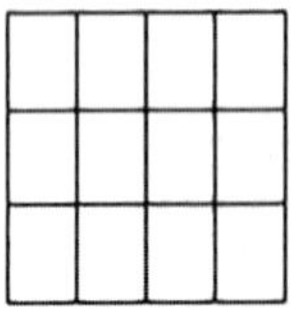　　D.

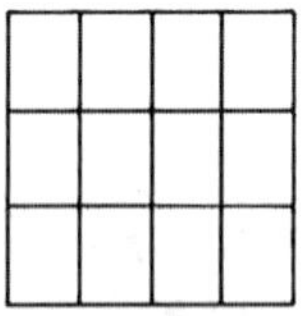

163. 下列栅格数据压缩编码方法中，可以直接进行大量图形图像运算的是(　　)。

A. 链码　　B. 游程长度编码

C. 块码　　D. 四叉树编码

164. 在大多数 GIS 中，提供的空间查询方式不包含的是(　　)。

A. 基于空间关系查询　　B. 基于空间关系和属性特征

C. 基于对象时间特征查询　　D. 地址匹配查询

165. 某 5×5 栅格单元如图 1 所示，则图示标注方形阴影区域的块状编码是(　　)。

A. (2 2 2 2)　　B. (1 1 2 2)

C. (3 3 2 2)　　D. (2 2 3 2)

0	2	2	5	5
2	2	2	2	2
2	2	2	3	2
0	0	2	3	3
0	0	0	3	3

(图 1)

166. 输入图层为 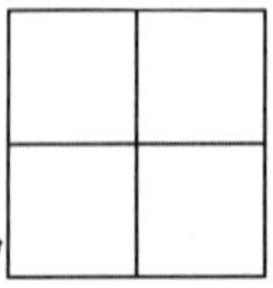　　，叠加图层为 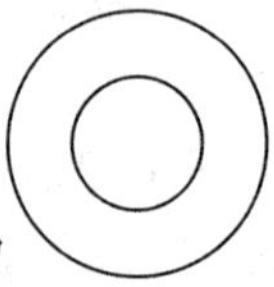　　，则将两图层做叠加分析的

结果是(　　)。

A. 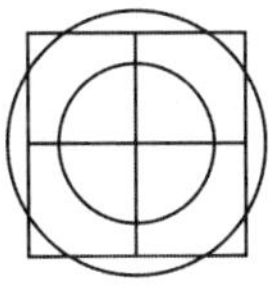　　　　B.

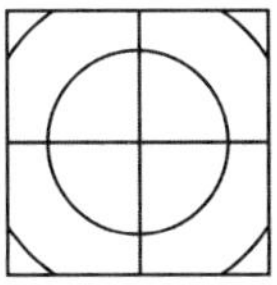

C. 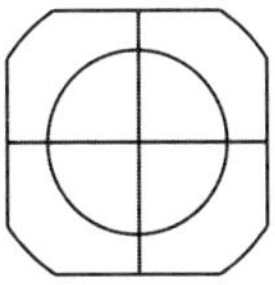　　　　D.

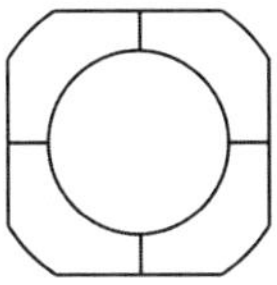

167. 路径分析是用于模拟两个或两个以上地点之间资源流动的路径寻找过程，下列不属于路径分析的是(　　)。

A. 静态求最佳路径　　B. N 条最佳路径分析

C. 动态分段技术　　D. N 条最短路径分析

168. GIS 查询模块的功能查询形式不包含(　　)。

A. 按空间范围检索　　B. 按特征条件查询

C. 按图形查属性　　D. 按属性查图形

169. 在 n 个城市间建立通信线路，要使通信网的造价最低，常采用的空间分析方法是(　　)。

A. 最小生成树分析　　B. 资源定位与分配分析

C. 缓冲区分析　　D. 叠置分析

170. 动物活动区域往往是在距它们生存所需的水源或栖息地一定距离的范围内，根据这一规律进行野生动物栖息地的评价中，可采用的空间分析方法是(　　)。

A. 缓冲区分析　　B. 资源定位与分配分析

C. 网络分析　　D. 叠置分析

171. 对遥感解译结果进行分类合并、消除同类地物之间的边界，这种方法属于(　　)。

A. 聚合分析　　B. 聚类分析

C. 窗口分析　　D. 追踪分析

172. 将面积较小的地块划归到邻近较大地块的类别中，进行数据综合，这种方法属于(　　)。

A. 聚合分析　　B. 聚类分析

C. 窗口分析　　D. 追踪分析

173. 某规划局需要统计某城市每个居住区有多少水井，能满足要求的空间分析方法是(　　)。

A. 临近分析　　B. 统计分析

C. 缓冲分析　　D. 叠置分析

174. 要获得城市功能分区的商业区中具有不稳定土壤结构的区域面积，通常采用的空间分析方法是(　　)。

A. 网络分析　　B. 缓冲分析
C. 叠置分析　　D. 地形分析

175. 利用数字高程模型自动提取等高线以及查找污染水源等，采用的空间分析方法是(　　)。

A. 临近分析　　B. 缓冲分析
C. 追踪分析　　D. 地形分析

176. 基础地理信息要素的图形代码数字“3”代表的要素是(　　)。

A. 点要素　　B. 线要素
C. 面要素　　D. 辅助制图要素

177. 基础地理信息标准数据的数据内容要求规定，对于管线数据(　　)以下比例尺可以不含城市管线数据。

A. 1∶1 000　　B. 1∶2 000
C. 1∶5 000　　D. 1∶10 000

178. 基础地理信息标准数据的数据内容要求规定，(　　)以下比例尺可以不含地籍测量数据。

A. 1∶1 000　　B. 1∶2 000
C. 1∶5 000　　D. 1∶10 000

179. 根据国家基础地理信息数据库基本规定，省区级基础地理信息库的数据尺度包括(　　)。

A. 1∶10 万、1∶5 万和 1∶1 万　　B. 1∶10 万、1∶5 万和 1∶5 000
C. 1∶25 万、1∶5 万和 1∶1 万　　D. 1∶1 万和 1∶5 000

180. 数据库系统建设的工作流程是(　　)。

A. 数据库系统设计—数据建库—数据库系统集成—数据库测试验收—运行维护
B. 数据建库—数据库系统设计—数据库系统集成—数据库测试验收—运行维护
C. 数据库系统设计—数据库系统集成—数据建库—数据库测试验收—运行维护
D. 数据建库—数据库系统集成—数据库系统设计—数据库测试验收—运行维护

181. 数据测试采用抽样检查方式，抽样的具体内容和抽样比例应由测试人员根据测试数据库的实际情况进行确定，一般按(　　)比例抽样，并在测试大纲中明确。

A. 1%～2%　　B. 1%～3%
C. 2%～4%　　D. 3%～5%

182. 国家基础地理信息要素分类与代码规定，要素编码的代码结构是(　　)。

A.
×	×	××	××
大类	中类	小类	子类

B.
×	×	×	×××
大类	中类	小类	子类

C. | × | ×× | × | ×× |
|---|---|---|---|
| 大类 | 中类 | 小类 | 子类 |

D. | ×× | ×× | × | × |
|---|---|---|---|
| 大类 | 中类 | 小类 | 子类 |

183. 国家基础地理信息要素分类与代码规定，分类代码为200 000的要素代表的大类是(　　)。

A. 定位基础　　B. 水系

C. 居民地及设施　　D. 交通

184. 现行的《城市基础地理信息系统技术规范》规定，城市DEM数据的基本格网尺寸应为(　　)。

A. 2 m×2 m　　B. 2.5 m×2.5 m

C. 5 m×5 m　　D. 10 m×10 m

185. 现行的《城市基础地理信息系统技术规范》规定，城市DOM数据存储时在内图廓范围基础上外扩图上(　　)mm。

A. 3　　B. 4

C. 5　　D. 6

186. 现行规范规定，城市DOM数据几何精度要求相邻DOM影像镶嵌处的接边限差不应大于(　　)个像元。

A. 1　　B. 2

C. 3　　D. 4

187.《城市基础地理信息系统技术规范》规定，城市DRG数据的图像分辨率不得小于(　　)dpi。

A. 100　　B. 150

C. 200　　D. 300

188. 对于图形数据分层方案设计应依据原则，下列描述错误的是(　　)。

A. 同一类数据放在同一层

B. 用户使用频率低的数据放在主要层

C. 尽量减少数据冗余

D. 为了显示绘图或控制地名注记位置的辅助点、线、面应放在辅助层

189. 规范规定，数字线划图的成果标记在成果名称、所采用标准的标准号之后，正确的顺序是(　　)。

A. 成果比例尺、成果形式代号、图幅分幅编号、最新生产时间、版本号

B. 成果比例尺、图幅分幅编号、成果形式代号、最新生产时间、版本号

C. 成果形式代号、成果比例尺、图幅分幅编号、最新生产时间、版本号

D. 成果形式代号、图幅分幅编号、成果比例尺、最新生产时间、版本号

190. 基础地理信息数字成果规定，数字高程模型成果按精度分为(　　)级。

A. 二　　B. 三

C. 四　　D. 五

191. 下列内容中，不属于地理信息要素数据字典内容的是(　　)。

A. 要素的名称　　B. 要素的代码

C. 要素关联关系　　D. 要素的位置坐标

192. 地理信息要素数据字典结构采用(　　)形式描述相关内容。

A. 表格　　B. 图形

C. 文字　　D. 文字和图形

193. 基础地理信息数字成果规定，1∶2 000 数字高程模型成果宜采用的格网尺寸是(　　)m。

A. 0.5　　B. 1.0

C. 2.0　　D. 2.5

194. 数据库建库过程中，数据容量估算属于(　　)阶段设计时考虑的内容。

A. 模块设计　　B. 网络设计

C. 数据库设计　　D. 测试方案设计

195. 基础地理信息数字成果规定，1∶50 000 数字高程模型成果宜采用的格网尺寸是(　　)m。

A. 2.5　　B. 5

C. 10　　D. 25

196. 基础地理信息数字成果规定，对于 1∶500、1∶1 000、1∶2 000 数字高程模型的高程值应取位至(　　)m。

A. 1　　B. 0.1

C. 0.01　　D. 0.001

197. 基础地理信息数字成果规定，对于 1∶5 000、1∶10 000、1∶25 000 数字高程模型的高程值应取位至(　　)m。

A. 1.0　　B. 0.1

C. 0.01　　D. 0.001

198. 基础地理信息数字成果规定，对于 1∶50 000、1∶100 000 数字高程模型的高程值应取位至(　　)m。

A. 1.0　　B. 0.1

C. 0.01　　D. 0.001

199. 基础地理信息数字成果规定，数字高程模型存储时应由起始格网起，按(　　)顺序排列。

A. 从西向东、由北向南　　B. 从西向东、由南向北

C. 从东向西、由北向南　　D. 从东向西、由南向北

200. 规范规定，数字高程模型的成果标记在成果名称、所采用标准的标准号之后，正确的顺序是(　　)。

A. 成果分级代号、图幅分幅编号、格网尺寸、最新生产时间、版本号

B. 成果分级代号、格网尺寸、图幅分幅编号、最新生产时间、版本号

C. 图幅分幅编号、成果分级代号、格网尺寸、最新生产时间、版本号

D. 图幅分幅编号、格网尺寸、成果分级代号、最新生产时间、版本号

201. 1∶2 000数字正射影像图的地面分辨率应优于(　　)m。

A. 0.05　　B. 0.1

C. 0.15　　D. 0.2

202. 1∶500、1∶1 000、1∶2 000数字正射影像图明显地物点的平面位置中误差在平地和丘陵地不应大于图上(　　)mm。

A. 0.75　　B. 0.5

C. 0.6　　D. 0.8

203. 1∶5 000、1∶10 000、1∶25 000、1∶50 000、1∶100 000数字正射影像图明显地物点的平面位置中误差在平地和丘陵地不应大于图上(　　)mm。

A. 0.4　　B. 0.5

C. 0.6　　D. 0.75

204. 数字高程模型在位于空白区域的格网应赋予高程值(　　)。

A. 0　　B. −99

C. −999　　D. −9999

205. 对DLG数据采集的要素内容与图形表达的技术要求，下列描述错误的是(　　)。

A. 点状要素按定位点采集，有向点要素还需要再采集第二点确定其方位角

B. 线状要素按中心线采集，对依比例尺表示的线状要素同时要采集其边线

C. 有向线要素按前进方向符号左置的规则采集

D. 线状要素遇其他要素时(如河流遇桥梁等)要不间断连续采集

206. 1∶2 000数字线划图，平地、丘陵地地物点对邻近野外控制点的平面位置中误差不大于(　　)m。

A. 0.6　　B. 0.8

C. 1.2　　D. 1.6

207. 1∶500~1∶2 000数字栅格地图图面的分辨率应不低于(　　)点/mm。

A. 8　　B. 10

C. 12　　D. 24

208. 当数据源为模拟地图时，1∶500数字栅格地图格网交叉点位置偏差不大于(　　)栅格。

A. 1.0　　B. 2.0

C. 2.5　　D. 0.5

209. 1∶500数字栅格地图，图廓点和格网交叉点位置不大于(　　)栅格。

A. 1.0　　B. 2.0

C. 2.5　　D. 0.5

210. 现行的《基础地理信息要素分类与代码》规定，“园地”这一要素类应属于(　　)大类要素。

A. 地貌　　B. 植被与土质

C. 居民地及设施　　D. 地类界

211. 在基础地理信息城市数据库建设过程中，考虑数据存储和备份设备选型时，系统存储容量应按照估算的总数据量配置，一般为总数据量的(　　)倍。

A. 1~1.5　　B. 2.5~3

C. 2~3　　D. 1.5~2.5

212. 按《基础地理信息城市数据库建设规范》，下列关于数字矢量地图数据分层的原则，描述不正确的是(　　)。

A. 同一类数据放在同一层

B. 相关的数据层可组成专题

C. 用于制图的辅助点、线、面数据应放在不同的层

D. 有明确关系的数据层应建立关联

二、多项选择题(共56题，每题的备选选项中，有2项或2项以上符合题意，至少有1项是错项)。

1. 在三维GIS中，三维数据结构的研究主要包括(　　)。

A. 数据的有效存储　　B. 数据状态的表示

C. 数据的可视化　　D. 数据量的大小

E. 数据量的分布情况

2. 地理信息系统开发建设中，平台选择包括(　　)。

A. GIS基础平台选择　　B. 开发语言环境选择

C. 运行操作系统选择　　D. 网络、硬件平台配置

E. 地理数据类型选择

3. 一般GIS测试和评价过程中，主要对(　　)进行测评。

A. 系统运行环境　　B. 系统各项功能指标

C. 系统综合性能指标　　D. 软硬件体系支撑结构

E. 系统的经济效益指标

4. 目前，数字高程模型主要的表示形式有(　　)。

A. 内插DEM　　B. 等高线模型

C. 规则矩形格网DEM　　D. 不规则三角网

E. 扫描矢量化

5. 拓扑关系的类型中，最基本、最常用的是(　　)。

A. 包含　　B. 邻接

C. 重合　　D. 关联

E. 相离

6. GIS中，空间统计分类分析的类型包括(　　)。

A. 主成分分析　　B. 层次分析

C. 系统聚类分析　　D. 判别分析

E. 地形分析

7. 对地理信息系统而言，与空间信息有关的信息模型有(　　)。

A. 矢量数据模型　　B. 场模型

C. 栅格数据模型　　D. 网络模型

E. 对象模型

8. GIS 空间数据，基于栅格结构的空间变换方式主要有(　　)。

A. 单点变换　　B. 线性变换

C. 邻域变换　　D. 区域变换

E. 仿射变换

9. 地理信息系统叠加分析的基本类型包括(　　)。

A. 视觉信息叠加　　B. 点与多边形叠加

C. 线与多边形叠加　　D. 栅格图层叠加

E. 矢量图层叠加

10. 下列软件属于 GIS 软件系统组成部分的是(　　)。

A. 系统软件　　B. GIS 软件

C. 数据库软件　　D. 图像处理软件

E. GIS 应用软件

11. 地理数据是地理信息系统操作的对象，它具体描述地理实体的(　　)。

A. 空间特征　　B. 属性特征

C. 时间特征　　D. 尺度特征

E. 关系特征

12. 一个周密规划的地理信息系统项目应包括的人员有(　　)。

A. 系统总工程师　　B. 系统设计和执行的项目经理

C. 信息管理技术人员　　D. 系统开发人员

E. 系统应用人员

13. 全国地理信息标准化技术委员会(SAC/TC 230)在《地理信息标准体系框架》中将地理信息系统分为(　　)。

A. 基础地理信息系统　　B. 专题地理信息系统

C. 专业应用的地理信息系统　　D. 区域地理信息系统

E. 专项应用的地理信息系统

14. 系统需求分析是地理信息工程建设的重要一步，其具体工作包括(　　)。

A. 明确系统建设目标和任务　　B. 系统可行性分析研究

C. 撰写并提交需求调研报告　　D. 系统体系结构设计

E. 用户情况调查包括现有软件系统问题、数据线状、业务需求

15. 地理信息系统的软件体系结构分为 C/S 结构和 B/S 结构，下列属于 C/S 结构特点的是(　　)。

A. 服务器集中管理数据源，接收客户机请求，并将查询结果发送给客户机

B. 客户机具有自主的控制能力和计算能力，向服务器发送请求，接收结果
C. 网络上流动的仅仅是请求信息和结果信息，流量大大地降低了
D. 客户的应用程序精简到一个通用的浏览器软件
E. 一个服务器专门响应用户的请求，另外一个服务器管理数据库

16. 数据库设计一般包括的主要阶段有(　　)。
A. 数据库概念设计　　B. 数据库数据流图设计
C. 数据库逻辑结构设计　　D. 数据库物理结构设计
E. 数据库数据字典设计

17. 基础地理数据采集的主要方法有(　　)。
A. 全野外数据采集　　B. 航空摄影测量
C. 航天遥感　　D. 地图数字化
E. 数据格式转换

18. 与关系数据库相比，地理信息数据库的特点集中体现在(　　)。
A. 数据集中控制　　B. 数据共享
C. 数据模型复杂　　D. 数据量庞大
E. 减少数据冗余

19. 地理信息数据库中属性数据入库必须满足的条件主要有(　　)。
A. 表中的每一列的属性名必须是唯一的
B. 表中每一列必须有相同的数据类型
C. 表中不能有完全相同的行
D. 表中必须将某个字段设置成键
E. 表中的每一个属性值都是不可再分的基本单元

20. 地理信息系统开发前需要做的准备工作包括(　　)。
A. 明确 GIS 系统需求　　B. 明确 GIS 应用项目类型
C. 明确 GIS 软件在应用项目中角色　　D. 分析 GIS 软硬件平台
E. 分析 GIS 软件功能

21. GIS 系统测试的过程包括(　　)。
A. 单元测试　　B. 集成测试
C. 黑盒测试　　D. 白盒测试
E. 确认测试

22. 下列工具，属于系统总体设计工具的是(　　)。
A. HTPO 图　　B. 流程图
C. 结构图　　D. 层次图
E. UML

23. GIS 软件测试的方法主要包括(　　)。
A. 单元测试　　B. 集成测试
C. 黑盒测试　　D. 白盒测试

E. ALAC 测试

24. GIS 系统技术评价指标包括( )。

A. 可靠性、安全性 B. 可扩展性

C. 可移植性 D. 易操作性

E. 系统效率

25. GIS 系统经济评价指标包括( )。

A. 系统产生的效益 B. 软件商品化程度

C. 技术服务支持能力 D. 软件维护与运行管理

E. 软件的可扩展性

26. 对于基础地理信息系统，系统安全设计主要包含的内容有( )。

A. 网络的安全与保密 B. 数据备份和恢复机制

C. 数据脱密 D. 用户管理

E. 应用系统的安全措施

27. GIS 空间数据的不完整或位置的误差，一般进行检查采用的方法有( )。

A. 目视检查法 B. 叠合对比法

C. 计算机分类检查法 D. 逻辑检查法

E. 实地验证法

28. GIS 数据质量主要检查内容包括位置精度和( )。

A. 属性精度 B. 逻辑一致性

C. 完备性 D. 实用性

E. 现势性

29. 一般而言，GIS 系统详细设计的内容包括( )。

A. 数据结构设计 B. 数据存储设计

C. 模块设计 D. 功能设计

E. 代码设计

30. 专题地理数据是面向用户的主要内容，其更新的原则有( )。

A. 精度匹配 B. 标准化

C. 规范化 D. 现势性

E. 空间信息与属性信息同步更新

31. 基础地理信息系统主要功能包括数据输入与加工、数据检查与入库、数据更新与维护和( )。

A. 数据查询与浏览 B. 数据输出与转换

C. 数据发布与共享 D. 元数据管理与安全管理

E. 决策支持

32. GIS 用户界面设计从流程上可以分为( )。

A. 图元设计 B. 图形设计

C. 结构设计 D. 交互设计

E. 视觉设计

33. 空间数据质量控制内容主要有(　　)。

A. 空间位置精度
B. 属性数据的质量控制
C. 空间关系的质量控制
D. 数据采集方法
E. 数据入库方法控制

34. 根据实现的服务技术的不同，服务式 GIS 的普通服务模式可分为(　　)。

A. 基于元数据的地理信息服务模式
B. 基于 WebGIS 的地理信息服务模式
C. 基于 WebService 的地理信息服务模式
D. 基于 SOA 的地理信息服务模式
E. 基于组件的地理服务模式

35. 采用结构化设计方法进行系统总体设计的最大优势是它提供了一种便于衡量软件设计质量的广泛的评价准则。这些评价软件设计质量的主要准则包括(　　)。

A. 开放性和可扩展性
B. 模块化
C. 抽象和信息隐蔽
D. 数据保密性
E. 模块独立性

36. 和栅格数据格式相比，下列内容特点中属于矢量数据格式优点的是(　　)。

A. 显示图形的质量高，可视性好
B. 存储数据量小
C. 数据结构简单
D. 易于进行模拟操作
E. 显示数据精度高

37. 空间数据库的设计是指在现在数据库管理系统的基础上建立空间数据库的整个过程，主要包括(　　)。

A. 数据概念设计
B. 需求分析
C. 结构设计
D. 设计评审
E. 数据层设计

38. 面向对象的基本做法是把系统工程中的某个模块和构件视为问题空间的一个或一类对象，面向对象方法所具有的特性有(　　)。

A. 抽象性
B. 局限性
C. 封装性
D. 可扩展性
E. 多态性

39. 下列关于软件结构设计说法正确的是(　　)。

A. C/S 模式的应用体系基本运行关系体现为“响应—请求”的应答模式
B. C/S 结构是将 B/S 模式的结构与 Web 技术密切结合而形成的三层体系结构
C. 在 B/S 和 C/S 的比较中，只能在某一方面有优势。任何一个项目或任何一种方案，都要分析实现的内容和它将要面对的最终用户的性质
D. 在很多跨区域的大型 GIS 中，经常是包含 C/S 和 B/S，在很多地方需要

互补

E. 如果管理计算机组的主要工作是查询和决策，数据录入工作比较少，采用 B/S 模式比较合适

40. 下列内容中，属于 GIS 系统维护更新的方面主要内容的是(　　)。

A. 服务器　　B. 数据

C. 应用系统　　D. 网络

E. 硬件设备

41. GIS 数据库权限管理主要分为(　　)。

A. 权限的处理　　B. 用户授权

C. 功能权限　　D. 权限对象

E. 数据权限

42. 当前，大范围基础地理数据采集和更新的主要技术方法有(　　)。

A. 全野外数据采集　　B. 航空摄影测量

C. GPS 测量　　D. 地图数字化技术

E. 航天遥感

43. 基础地理信息要素表示方法中，点要素的表示形式主要有(　　)。

A. 点　　B. 中心点

C. 标注点　　D. 定向点

E. 有向点

44. 基础地理信息要素表示方法中，线要素的表示形式包括(　　)。

A. 线　　B. 中心线

C. 轮廓线　　D. 边界线

E. 有向线

45. 基础地理信息要素表示方法中，面要素的表示形式包括(　　)。

A. 轮廓线构面　　B. 有向线构面

C. 中心线构面　　D. 边界线构面

E. 范围线构面

46. 城市地理信息系统设计应遵循的原则有(　　)。

A. 实用性、先进性　　B. 标准化、规范化

C. 兼容性、稳定性　　D. 可行性及可扩充性

E. 成本效益优化

47. 国家基础地理信息数据认定时，申请认定的单位应提供数据生产单位的资料有(　　)。

A. 测绘资质证明文件　　B. 数据生产设计书

C. 数据审核报告书　　D. 经注册测绘师签字认可的证明文件

E. 数据验收完整文档

48. 国家基础地理信息数据的认定，可以由(　　)等授权的机构认定。

A. 国务院测绘行政主管部门　　　B. 省级测绘行政主管部门
C. 县级测绘行政主管部门　　　D. 市级测绘行政主管部门
E. 具有认定资质的权威部门

49. 根据《基础地理信息城市数据库建设规范》规定，下列规格的格网中，满足城市 DEM 格网大小要求的是(　　)
A. 10 m×10 m　　　B. 20 m×20 m
C. 30 m×30 m　　　D. 2.5 m×2.5 m
E. 5 m×5 m

50. 基础地理信息城市数据库数据由基础数据和扩展数据组成，下列数据属于基础数据的是(　　)。
A. 管线数据　　　B. 地籍数据
C. 地貌数据　　　D. 地名与地址数据
E. 交通数据

51. 数字矢量地图数据应按一定的规则分层或按区、块组织，数据分层原则有(　　)。
A. 同一类数据放在同一层
B. 相关的数据层可组成专题
C. 有明确关系的数据层应建立关联
D. 用户使用频率高的数据放在主要层
E. 用于制图的辅助点、线、面数据应放在同一层

52. 地理信息要素数据字典描述的内容有(　　)。
A. 要素的名称　　　B. 要素的代码
C. 要素关联关系　　　D. 要素的位置坐标
E. 要素属性表

53. 城市地理信息系统的设计过程包括(　　)。
A. 用户调查与分析　　　B. 总体设计
C. 详细设计　　　D. 设计方案论证
E. 系统调试

54. 现行的《基础地理信息城市数据库建设规范》规定，数据库建设的同时应建立符号库，符号库包括(　　)。
A. 行政区划图符号库　　　B. 数字矢量地图符号库
C. 数字栅格地图符号库　　　D. 地形图符号库
E. 专题地图符号库

55. 现行的《城市基础地理信息系统技术规范》规定，城市 DLG 数据质量的逻辑一致性应满足的是(　　)。
A. 面状区域应闭合，属性应一致
B. 节点匹配应准确，线段相交无悬挂点或过头现象

C. 数据分层与组织应准确

D. 要素具有唯一性，几何类型和空间拓扑关系应准确

E. 相邻存储单元同一要素的属性信息应一致

56. 城市空间基础数据库，对于数据量较大的矢量、栅格数据，可采用(　　)的方法建立逻辑无缝数据库。

A. 分区　　B. 分块

C. 分幅　　D. 分类

E. 分层

参考答案

一、单项选择题

1. A	2. C	3. D	4. C	5. D	6. B	7. B	8. B
9. D	10. C	11. D	12. A	13. C	14. C	15. C	16. A
17. D	18. C	19. C	20. C	21. A	22. B	23. C	24. A
25. A	26. D	27. A	28. D	29. D	30. C	31. B	32. C
33. C	34. C	35. D	36. D	37. A	38. C	39. C	40. B
41. D	42. B	43. A	44. D	45. C	46. A	47. A	48. A
49. A	50. D	51. B	52. A	53. B	54. C	55. A	56. C
57. D	58. D	59. B	60. C	61. B	62. B	63. C	64. A
65. D	66. B	67. A	68. D	69. B	70. A	71. A	72. A
73. C	74. A	75. C	76. A	77. B	78. B	79. B	80. C
81. A	82. C	83. B	84. A	85. C	86. A	87. D	88. D
89. D	90. C	91. D	92. D	93. C	94. C	95. B	96. C
97. C	98. C	99. D	100. C	101. A	102. B	103. D	104. A
105. B	106. C	107. B	108. A	109. D	110. B	111. B	112. A
113. A	114. D	115. A	116. D	117. D	118. B	119. C	120. D
121. D	122. A	123. D	124. B	125. C	126. A	127. D	128. C
129. A	130. C	131. A	132. B	133. A	134. B	135. D	136. A
137. B	138. B	139. C	140. A	141. B	142. D	143. A	144. B
145. B	146. A	147. D	148. A	149. B	150. B	151. A	152. D
153. C	154. D	155. B	156. C	157. B	158. C	159. D	160. A
161. B	162. A	163. D	164. C	165. A	166. A	167. D	168. B
169. A	170. A	171. B	172. A	173. D	174. C	175. C	176. C
177. B	178. B	179. D	180. A	181. B	182. A	183. B	184. C
185. C	186. B	187. D	188. B	189. A	190. B	191. D	192. A
193. C	194. C	195. D	196. C	197. B	198. A	199. A	200. A

201. D　202. C　203. B　204. D　205. C　206. C　207. C　208. B
209. A　210. B　211. D　212. C

二、多项选择题

1. ABC　2. ABCD　3. ABCD　4. BCD　5. BD
6. ABCD　7. BDE　8. ACD　9. ABCD　10. ABC
11. ABC　12. BCDE　13. ACE　14. ABCE　15. ABC
16. ACD　17. ABCD　18. CD　19. ABCE　20. ABCE
21. ABE　22. ACDE　23. CDE　24. ABCE　25. ABCD
26. ABDE　27. ABD　28. ABCE　29. ACE　30. ADE
31. ABCD　32. CDE　33. ABC　34. ABC　35. BCE
36. ABE　37. BCE　38. ACE　39. ACDE　40. BCD
41. AB　42. BE　43. CDE　44. ABE　45. AE
46. ABDE　47. ABDE　48. AB　49. ADE　50. ACE
51. ABCE　52. ABCE　53. ABCD　54. DE　55. ABD
56. ABC

第十一章　导航电子地图制作

第一节　导航与导航电子地图

一、导航系统的构成

导航系统一般采用GNSS与航位推算法（传感器+电子陀螺仪）组合方式实现定位，通过触摸显示屏或者遥控器进行交互操作，能够实现实时定位、目的地检索、路线规划、画面和语音引导等功能，帮助驾驶者准确、快捷地到达目的地。导航系统一般由定位系统、硬件系统、软件系统和导航电子地图四部分构成。

1. 定位系统

目前主要的定位系统是以航天技术为基础，以高速运动的卫星瞬间位置作为已知数据，采用空间距离后方交会的方法，计算待测点位置的系统。通常由空间部分、控制部分和客户端三部分组成。除美国的全球定位系统GPS外，世界上的卫星导航定位系统还有前苏联的“格洛纳斯”（GLONASS）、欧盟的“伽利略”（Galileo）以及我国的“北斗”。

2. 硬件系统

导航硬件平台包括车载主机、显示器、定位系统和其他控制模块。车载主机是整个GNSS车载导航系统的心脏，车载主机由若干个电子控制单元（ECU）构成。这些模块中最重要的是由GNSS接收机、航位推算（DR）微处理器、车速传感器、陀螺传感器构成的定位模块。GNSS系统和DR系统组合构成的定位导航模块可很好地解决短时间内丢失GNSS卫星信号的问题，又可以避免DR系统的误差随时间积累。普通民用GNSS和DR组合定位设备（GNSS惯性设备）可以达到1 000 m无GNSS信号的情况下的航向精度和10 m的距离精度。

3. 软件系统

软件系统由系统软件和导航应用软件组成。系统软件包括操作系统和设备驱动两部分。操作系统一般采用嵌入式的实时操作系统（RTOS），如国外的VX-work、QNX、

PALOMOS、Windows CE 和国内的 HOPENOS 等。这种操作系统体积小、结构紧凑、实时性强。

导航应用软件是专门针对车载导航应用需求开发的软件系统，运行在车载主机中。基本功能包括：定位与显示、地图浏览与信息查询、智能路线规划、语音引导等。

4. 导航电子地图

导航电子地图是在电子地图的基础上增加了很多与车辆、行人相关的信息，导航电子地图是导航的核心组成部分，是否有高质量的导航电子地图直接影响到整个导航的应用。数据信息丰富、信息内容准确、数据现势性高是高质量电子地图数据的三个关键因素。

导航电子地图具有以下特点：

①能够查询目的地信息。

②存有大量能够用于引导的交通信息。

③需要不断进行实地信息更新和扩大采集。

二、导航电子地图的内容

导航电子地图数据主要包括道路数据、兴趣点(POI)数据、背景数据、行政境界数据、图形文件、语音文件等。

1. 道路要素

导航电子地图的道路要素一般包含的内容见表 11-1。

表 11-1　导航电子地图道路要素

要素	类别	要素类型	功能
道路 Link	高速公路	线类	路径计算
	城市高速	线类	路径计算
	国道	线类	路径计算
	省道	线类	路径计算
	县道	线类	路径计算
	乡镇公路	线类	路径计算
	内部道路	线类	路径计算
	轮渡(车渡)	线类	路径计算
节点	道路交叉点	点类	拓扑描述
	图廓点	点类	拓扑描述

2. 兴趣点(POI)

导航电子地图的POI一般包含的内容见表11-2。

表11-2　**导航电子地图POI**

要素	类别	要素类型	功能
POI	一般兴趣点	点类	检索
	道路名	点类	检索
	交叉点	点类	检索
	邮编检索	点类	检索
	地址检索	点类	检索

3. 行政境界

导航电子地图的行政境界数据一般包含的内容见表11-3。

表11-3　**导航电子地图行政境界数据**

要素	类别	要素类型	功能
行政区界	国界	面状要素	显示行政管理区域范围
	省级界	面状要素	显示行政管理区域范围
	地市级界	面状要素	显示行政管理区域范围
	区县级界	面状要素	显示行政管理区域范围
	乡镇级界	面状要素	显示行政管理区域范围

4. 背景数据

导航电子地图的背景数据一般包含的内容见表11-4。

表11-4　**导航电子地图背景数据**

要素	类别	要素类型	功　　能
建筑层	街区	面状要素	显示城市道路布局结构
	房屋建筑	面状要素	显示建筑物轮廓
	围墙	线状要素	显示建筑物之间的相互关系和连接状况

续表

要素	类别	要素类型	功　　能
铁路数据	干线铁路	线状要素	显示干线铁路的基本走向
	地铁	线状要素	显示地铁的基本走向
	城市轻轨	线状要素	显示城市轻轨的基本走向
水系	江	面状要素	背景显示
	河	面状要素	背景显示
	湖	面状要素	背景显示
	水库	面状要素	背景显示
	池塘	面状要素	背景显示
	海	面状要素	背景显示
	游泳池	面状要素	背景显示
	水渠	线状要素	背景显示
	水沟	线状要素	背景显示
植被	树林	面状要素	背景显示
	绿化带	面状要素	背景显示
	草地	面状要素	背景显示
	公园	面状要素	背景显示
	经济植物	面状要素	背景显示

5. 图形文件

导航电子地图的图形文件一般包含的内容见表 11-5。

表 11-5　**导航电子地图图形文件**

要素	类别	要素类型	功能
图形	高速分支模式图	图片	显示增强
	3D 分支模式图	图片	显示增强
	普通道路分支模式图	图片	显示增强
	高速出入口实景图	图片	显示增强
	普通路口实景图	图片	显示增强
	POI 分类示意图	图片	显示增强
	3D 图	模型、图片	显示增强
	标志性建筑物图片	图片	显示增强
	道路方向看板	图片	显示增强

6. 语音文件

导航电子地图的语音文件一般包含的内容见表 11-6。

表 11-6 导航电子地图语音

要素	类别	要素类型	功能
语音	泛用语音	声音文件	导航辅助
	方面名称语音	声音文件	导航辅助
	道路名语音	声音文件	导航辅助

三、导航电子地图制作过程

1. 产品设计

①需求分析。将同类需求进行合并，调查分析需求的范围、类型、资源消耗、实现可行性等，并根据分析结果区分其等级。

②需求评审。组织相关的设计、研发、生产、转换、发布等各个部门，依据需求分析的结果展开讨论，根据需求重要程度和涉及资源情况判定其实现可行性、资源配置和实现周期，需求评审将决定此需求是否在产品中体现以及如何体现。

③产品设计。设计内容包括产品计划、产品范围、产品实现方式、成本预算、资源配置、发布格式、品质要求、风险控制以及产品相关的子产品和产品线设计。

④规格设计。根据产品设计的结果进行数据采集、录入、存储、转换的规格设计以及工艺流程设计，同时进行风险评估和预防，并进行测试方案设计。

⑤工具开发。根据产品设计和规格设计的要求以及产品开发计划组织研发部门进行数据采集、录入、存储、转换、验证等工具开发。

⑥工具测试。根据产品设计要求、工具设计需求，以及产品开发计划，安排工具测试。在测试中要根据工具适用要求进行一定规模的样品生产测试，以验证其实用性及可靠性，以降低风险。

⑦样品制作。按照产品设计及规格设计制作能够反映数据特性的一定区域的样品数据，以供数据分析及测试。

⑧产品开发任务编制。根据需求评审的最终结果，编制产品设计书，主要规定新产品、新要素、新规格、新内容的开发计划、开发范围、数量目标和质量目标等内容。

2. 产品生产

①生产计划编制。主要根据产品设计的要求，编制产品新功能的开发范围、开发

计划、验证计划以及产品更新的情报收集、现场采集、数据库制作、数据库检查、数据库转换等环节的日程计划。

②公共情报信息收集。公共情报信息收集主要有两个途径：一是从国家权威部门获取，二是从市场收集。此类公共情报信息作为导航电子地图数据库开发、更新过程中的参考信息，并不直接成为公司开发的导航电子地图数据库的组成部分。

③情报信息初步处理。经过对收集的公共情报信息进行整理，形成导航电子地图实地采集确认的参考信息。

④实地采集信息。通过外业专业人员利用专业设备，对导航的相关信息(如新增道路的形状、变化道路的形状、道路网络连接方式、道路属性、兴趣点等)进行实地采集，制作产品图稿和电子信息库，反馈回室内进行加工处理。

⑤数据库制作。数据库制作主要是根据现场采集成果(产品图稿和电子信息库等)，进行相应的加工处理，制作成导航电子地图数据库。

⑥逻辑检查。根据导航数据库的模型设计和标准规则，进行分区域、分要素以及要素之间、全国范围的逻辑检查和拓扑一致性检查。

⑦产品检测。形成导航电子地图数据库后，经过相关的编译转换，进行室内检测和现场实地检测，根据检测的结果进行必要的调整和修改，确保制作出的导航电子地图产品的内容全面、位置精确、信息准确。

⑧保密处理。根据国家的相关规定，进行空间位置技术处理和敏感信息处理等，确保符合保密要求。

⑨数据审查。根据国家的相关规定，将检测后的数据库提交到国家指定的地图审查机构，进行必要的审查，取得审图号。

⑩数据转换和编译。根据不同客户的需求，进行数据格式转换或物理格式的编译，形成最终的导航电子地图格式。

⑪产品发布。地图审查后的导航地图，须报送国家指定的出版部门，经过相关的审查，取得出版号后，就可以作为最终产品进行上市销售。

四、导航电子地图的应用领域

在工业领域，汽车都能成为导航地图应用的载体；在消费电子领域，从专业的PND设备到GPS手机、数码相机、PSP等都可以运用导航电子地图进行导航应用，通过消费电子导航设备能够为乘用车拥有者提供便捷的导航服务；通过基于移动通信技术的IBS服务，导航电子地图能够为手机用户提供在线导航及位置服务。此外，居全球互联网用户数量首位的国内互联网市场也为导航地图在互联网上的应用提供了广阔的发展空间。

第二节　导航电子地图产品设计

一、导航电子地图产品设计书编写

1. 导航电子地图产品设计书编写步骤

导航电子地图产品设计书的编写，需要经过以下步骤：

①对导航电子地图产品的需求进行整理、分析，分析为满足需求所需要的成本、生产时间、质量要求，并将分析结果进行汇总、整理；

②根据分析结果进行产品开发范围、产品开发路线、产品关键节点的设计；

③进行产品规格设计；

④进行产品实现的工艺路线设计；

⑤进行产品实现过程中的采集、编辑、转换、检查工具设计；

⑥进行产品测试、验证的相关设计；

⑦进行产品生产过程中的品质过程设计；

⑧进行产品设计与实现过程中的风险控制过程设计；

⑨进行产品发布过程设计。

对以上设计过程的结果进行汇总、整理，组织相关人员进行评审、判定，最终形成导航电子地图产品的产品设计书。

2. 设计目标

导航电子地图的产品设计目标主要需满足以下几个方面要求：

①能够满足导航电子地图应用的客户需求和市场应用需求；

②满足导航电子地图应用的具体硬件、软件、行业应用以及环境需求；

③通过设计对数据采集、加工编辑和转换发布过程进行说明定义；

④使导航电子地图产品满足国家相关政策法律要求；

⑤使导航电子地图产品满足行业相关标准(如车载导航电子地图需满足汽车的工业标准)。

3. 设计内容

导航电子地图产品的设计内容至少包含以下内容：①导航电子地图产品的需求及需求对应方案；②导航电子地图产品的开发范围定义；③导航电子地图产品的产品规模定义；④导航电子地图产品的产品开发路线；⑤导航电子地图产品开发的工艺要求和流程；⑥导航电子地图产品应用的环境要求；⑦导航电子地图产品的数据采集、加工编辑和转换方案；⑧导航电子地图产品开发关键节点；⑨导航电子地图产品的地图表达要求。

二、产品标准定义

1. 导航电子地图制作标准

导航电子地图的制作标准包括数据采集标准和数据制作标准。

2. 导航电子地图制作标准的特点

①准确性。标准的描述语言力求准确，能针对不同情况的制作规格进行明确的区分。

②适用性。现场情况多种多样且变化较快，因此不同数据版本可能会对应不同的制作标准，标准会根据现场变化或需求变化不断更新。

③权威性。标准一旦评审通过并发布，则具有权威性，无论是数据制作还是检查都需要以此为基准。

3. 导航电子地图标准说明

(1)数据库规格设计内容

①要素定义：准确地描述设计对象的性质和内涵，并与现实世界建立明确的对应关系；

②功能设计：明确要素在导航系统中所起的作用和用途，功能设计是要素模型设计和制作标准的基础；

③模型设计：构建要素的存储结构，设置与其他要素之间的逻辑关系，保证导航功能的实现；

④采集制作标准：地图要素是现实世界的反映，合理、科学地表达要素类和要素与要素之间的拓扑关系是导航功能实现的关键，采集制作标准要科学合理地表达要素类别和拓扑模型。

举例：车道信息

定义：车道信息是指交叉路口处或专用调头口前，用于指示驾驶者行驶的地面或空中悬挂标牌上的箭头信息。车道信息由车道数、各车道行驶方向的引导箭头构成，按类型分主车道信息和附加车道信息。

模型：车道信息在数据库中记录为一组关系信息，按“线—点—线”的模型记录和存储。“线—点—线”模型是将车道信息记录在路口主点上，通过记录“进入 Link”和“退出 Link”表示具体的车道信息。

功能设计：导航系统能够根据车道信息数据，提前预告前方路口或分歧处的车道行驶规则，驾驶者可以根据导航系统的提示，提前做好变道或转向准备，为驾驶安全和交通畅通带来辅助作用。

采集和制作标准：在导航数据库中，道路要素和属性是核心，道路网络的拓扑建立是导航数据最基本也是最重要的内容。

道路要素包括以下基本属性：道路种别(等级)、道路方向、道路名称、道路功能等级。

①道路通行方向：在道路 Link 上通过记录不同的通行方向代码来区分道路的方向信息，分为单方向道路和双方向道路。

②道路名：道路 Link 上制作的道路名称。道路名分为普通道路名与编号型道路名。普通道路名分为官方名称、别名、曾用名和立交桥名。

③道路功能等级：是对路网中道路综合通行能力的一种等级划分，国际上通用的标准分为 5 个级别。

(2)POI 设计内容

POI 即兴趣点，是一种用于客户进行目的地设施检索，并可通过检索结果配合道路数据进行引导的索引数据。

POI 设计内容包括：①模型。②功能设计。通过名称、拼音、分类菜单等方式检索具体 POI 对象；根据 POI 不同分类显示不同的类别检签图。③相关属性。行政区划数据中的行政区划代码，任何 POI 都属于某一个行政主体；关联的道路 Link，任何 POI 都属于某一条道路；类别检签图图形，任何 POI 都有一个分类，属于某一个分类，给定一个显示类别的特征图片。

三、产品制作工艺设计

1. 工艺设计概述

工艺设计应说明制作项目的主要生产过程和这些过程之间的输入、输出的接口关系。一般地，应用流程图或其他形式清晰、准确地规定出生产作业的主要过程和接口关系。

2. 工艺设计的类型

①按照工艺设计针对的对象来分，可分为：a. 新产品小范围样品试做工艺；b. 老产品改进工艺；c. 量产生产工艺。

②按照工艺涵盖的范围来分，可分为：a. 整体工艺设计；b. 详细工艺设计。

3. 工艺设计的要求

①制作过程清晰明了，有明确的输入输出过程以及相关文件或数据等；

②在工艺流程图标中能清晰显示各数据制作环节的责任团体；

③在生产工艺设计中需要体现品质控制节点；

④必要时除流程图以外，还需制作对应各个制作环节的工程表，说明制作方法、所需工具、输入输出、检查方法、责任人等内容。

四、制作工具开发

工具软件有两种，即通用软件和专用软件。

1. 需求设计

(1)需求分析

需求分析的成果是需求设计文件，该文件需要包括导航功能描述、数据表达内容、数据规格和操作界面说明等内容。具体阐述如下：

①导航功能描述用于阐述该项需求需要实现的功能。

②数据表达内容用于阐述该项需求具体实现的内容，如每个字段的值域等。

③数据规格用于阐述该项需求通过何种形式来实现，点、线、面或一组关系。

④操作界面说明描述功能的操作过程，明确人机交互流程和输入、输出数据格式等。

(2)可行性分析

需要与开发人员、用户进行可行性分析，包括时间和资源上的限制、数据源调查与评估、技术可行性评估、系统的支持状况等。

(3)需求规格说明书

需求规格说明书描述了工具的需求，是联系需求分析与系统分析的重要桥梁。需求规格说明书一般包括引言、任务概述、数据描述、功能需求、性能需求、运行需求、履历。

2. 工具开发

工具开发主要分四个阶段，即软件概要设计、详细设计、Alpha 测试和 Beta 测试。

概要设计包括系统的基本处理流程、系统的组织结构、模块划分、功能分配、结构设计、运行设计、数据结构设计和出错处理设计等。

在详细设计中，描述实现具体模块所涉及的主要算法、数据结构、类的层次结构及调用关系。详细设计应当足够详细，能够根据详细设计报告进行编码。

3. 工具测试

工具测试的目的主要包括两个方面：

①避免错误的发生，确保工具能够正常高效地运行；

②通过好的测试实例发现至今未发生的错误。

工具测试分为 Alpha 测试和 Beta 测试。

①Alpha 测试：Alpha 测试由研发测试人员在开发环境下模拟实际操作进行的测试，其目的是评价软件产品的功能、局域化、可使用性、可靠性、性能和支持。

②Beta 测试：Beta 测试是一种验收测试。验收测试是软件产品完成了功能测试和系统测试之后，在产品发布之前所进行的软件测试活动。

Beta 测试由多个软件使用者来承担，使用者通过不同的测试用例来测试软件各项功能。通过 Beta 测试之后，软件才能正常投入使用。

第三节　产品开发

一、编制作业任务书

1. 概述

说明本次作业任务对应的产品版本、任务目标、任务量、整体完成期限等相关内容。

2. 任务分解

①根据作业任务中所涉及的作业类型、性质、所处地理位置将整体的作业任务分解为若干个子任务。

②对于分解后的子任务分别明确作业区域、任务量、任务开始时间及截止时间。

3. 作业成果主要技术指标和规格

明确作业成果的种类及形式、坐标系统、投影方法、比例尺、数据基本内容、数据格式、数据精度以及其他技术指标等。

4. 设计方案

①规定作业所需的主要装备、工具、程序软件和其他设施。

②规定作业的主要过程、各工序作业方法和精度质量要求。

5. 质量保证措施和要求

①明确采集、作业各环节的成果数据的质量要求。

②规定对于数据质量的详细保证措施。明确数据的抽样检查比率；明确重点区域的重点对象；明确自查、小组内互查、实地抽样检查、品质监察等各环节的详细要求。

6. 资源分配

明确各子任务所配备的车辆、人员、经费等资源状况。

二、现场采集数据

1. 出工前的准备

(1)资源准备

①基础参考数据：将加密后的基础参考数据分发到各作业队。

②设备：领取或购买生产所需的相关设备，并确保设备状态良好可用。

③人员：为所有作业人员办理测绘作业证，确保作业所需人员到岗并可按时出作业。

(2)技术准备

组织全体作业人员学习作业任务书中相关的设计方案，并进行考核。

(3)安全保密教育

①对于车辆驾驶员重点强调安全驾驶的相关法律法规。②组织作业人员学习《公开地图内容表示若干规定》，避免作业过程中发生涉军涉密的情况。

(4)特殊采集区域

①对于进入高原、高寒地区作业的人员，要提前进行气候适应训练，掌握高原基本知识；②对于进入少数民族区作业的人员，要提前了解当地的风俗民情、社会治安和气候、环境特点，制定具体的安全防范措施。

2. 实地生产作业

(1)道路要素生产作业

①通过 GNSS 设备测绘作业区域内的所有可通行车辆的道路形状。

②现场采集道路的其他附属属性。

③按照生产任务书中的要求，对于指定的现场情况较复杂的道路路口进行全方位的拍照，以便录入作业时制作路口实景图要素。

(2)POI 要素生产作业

①通过 GPS 设备参照道路要素的形状，现场采集所有 POI 的位置坐标。

②现场采集 POI 要素的其他附属属性。

③对于星级宾馆、4A、5A 级的景点等用户关心的 POI，要保证现场采集完整。

④对采集区域内的主要商业区、CBD 等区域内部的 POI 要保证现场采集完整。

(3)特殊情况

现场遇到作业任务书中的技术方案未能明确的情况时，需将现场情况反馈给负责标准规格的设计部门，由设计部门组织解决。

(4)作业结果检查

①通过 GPS 轨迹确认作业区域内的所有道路数据是否都已经进行了调查采集。

②检查所有新采集的道路及道路形状修改处与其周边的 POI 的逻辑关系是否正确。

③对于多个作业区域的相邻接边处，检查确认道路数据的形状、属性接边是否正确，POI 数据是否存在采集重复的情况。

④确认生产任务书中要求拍照的复杂路口的照片是否拍摄完整，照片是否清晰可用。

3. 作业成果提交

将作业成果按类型、区域进行汇总，并统计出详细的成果履历。

三、数据录入制作

需要录入的数据：道路数据、POI 数据、注记、背景数据、行政境界、图形数据、语音数据。

1. 道路数据

①参照 GPS 结果人工描绘道路形状。

②录入道路数据的其他相关属性。

③对于大区域范围的路网连通性进行调整，保证高等级道路之间道路的连通性。

④在复杂道路路口处记录路口实景图的编号。

2. POI 数据

①接收到录入作业完成以后的道路数据，参照道路数据调整 POI 的相对位置。

②调整相邻 POI 之间的相对位置关系。

③对 POI 的名称、地址、电话、类别等信息进行标准化处理。

④通过人工翻译等方式制作 POI 的英文名称。

3. 注记

①参照国家 1∶5 万地名数据库选取作业区域内主要地名、自然地物名等对象制作为注记要素。

②参照录入作业完成以后的 POI 数据，选取区域内有代表性的 POI 制作为注记要素。

③参照录入作业完成以后的道路数据，选取高速、国道的道路名按一定的密度要求均匀分布的制作为注记要素。

④按功能性质为制作的注记要素赋类别代码，如学校类、地物类、大厦类等。

⑤按注记的重要程度为制作的注记要素赋显示等级，以控制该注记要素的可表达的比例尺。

⑥确保注记名称的表达符合国家规定。

4. 背景数据

①参考卫星影像、城市旅游图等基础数据，描绘出湖泊、河流的形状。

②参照公园、景区的规划示意图，描绘出公园、景区的形状。

③参照城市旅游图及其他相关基础数据为背景数据赋中、英文名称。

④按照国家对湖泊、河流定义的等级及湖泊的面积，为背景要素赋显示等级，用以控制不同湖泊、河流的可表达的比例尺。

⑤确保重要岛屿及界河中岛屿的表达符合国家规定。

5. 行政境界

①参考国家1：400万的基础数据制作行政境界的形状。

②参考《中华人民共和国行政区划代码》，制作行政境界的名称及行政区划代码。

③确保国界、未定国界、南海诸岛范围界等重要境界线的表达符合国家规定。

6. 图形数据

①按外业现场拍摄的复杂路口照片制作路口实景图，并为路口实景图进行编号。

②制作POI、注记要素不同类别所对应的类别检签图标。

③制作不同城市的标志性建筑物的三维模型。

7. 语音数据

录制重要的道路名称、POI名称的普通话语音。

四、检查验收

1. 逻辑检查

逻辑检查所发现的问题有两种类型：绝对性错误和可能性错误。

①绝对性错误即逻辑检查所发现的问题一定是错误的，必须进行修正。例如：相同的位置有多个同名称同类型的POI、一个城市的路网与其他周围的城市不连通等。

②可能性错误即逻辑检查所发现的问题有很大的可能性是数据制作错误，需要进行重点确认。例如：道路形状叠加在海洋、河流的背景数据上，有可能是跨海、跨江大桥，也有可能是背景数据制作时形状不准确。

2. 实地验证

对于录入检查完成的数据进行现场验证评价。
①道路要素的形状与现场的一致性。
②道路要素中名称等属性与现场比较是否正确。
③路口实景图中表达的内容与现场情况是否一致。
④POI 数据的位置、名称等属性与现场比较是否正确。
⑤确认重要区域的重点 POI 的完整性。

3. 国家审图

要审查的内容为：a. 中国境界的表达是否完整、正确；b. 注记名称表达是否正确；c. 我国的重要岛屿及界河中岛屿的表达是否完整、正确；d. 保密问题，是指在地图中是否表示了涉密内容，如军事单位，等等。

第四节　保密处理

一、坐标脱密处理

导航电子地图必须经过地图坐标脱密处理，目前行政主管部门指定的技术处理单位为中国测绘科学研究院。

二、敏感信息处理

1. 不得采集的内容

导航电子地图编制过程中，不得采用各种测量手段获取以下地理空间信息：a. 重力数据、测量控制点；b. 高程点、等高线及数字高程模型；c. 高压电线、通信线及管道；d. 植被和土地覆盖信息；e. 国界和国内各级行政区划界线；f. 国家法律法规、部门规章禁止采集的其他信息。

2. 不得表达的内容

导航电子地图表达与导航定位相关的路线信息和社会公众关注的兴趣点信息时，下列内容不得在导航电子地图上出现：
①直接服务于军事目的的各种军事设施。
②军事禁区、军事管理区及其内部的所有单位与设施。

③与公共安全相关的单位及设施。

④涉及国家经济命脉，对人民生产、生活有重大影响的民用设施：大型水利设施、电力设施、通信设施、石油与燃气(天然气、煤气)设施。

⑤专用铁路及站内火车线路、铁路编组站；专用公路。

⑥桥梁的限高、限宽、净空、载重量和坡度属性；隧道的高度和宽度属性；公路的路面铺设材料属性。

⑦江河的通航能力、水深、流速、底质和岸质属性；水库的库容属性，拦水坝的高度属性；水源的性质属性；沼泽的水深和泥深属性及其边界轮廓范围。

⑧公开机场的内部结构及其运输能力属性。

⑨高压电线、通信线及管道。

⑩参考椭球体及其参数、经纬网和方里网及其注记数据。

⑪重力数据、测量控制点。

⑫显式的高程信息。国家正式公布的重要地理信息除外。

⑬显式的空间位置坐标数值。国家正式公布的空间位置坐标数据除外。

⑭国家法律法规、部门规章禁止公开的其他信息。

三、境界审查和修改

导航电子地图在公开出版、展示和使用前，必须取得相应的审图号。经审核批准的导航电子地图，编制出版单位应当严格按照地图审核批准的样图出版、展示和使用。改变地图内容的(包括地图数据格式转换、地图覆盖范围变化、地图表示内容更新等)，应当按照规定程序重新送审。

1. 国务院测绘行政主管部门审核的地图

①世界性和全国性地图(含历史地图)；
②台湾省、香港特别行政区、澳门特别行政区的地图；
③涉及国界线的省区地图；
④涉及两个以上省级行政区域的地图；
⑤全国性和省、自治区、直辖市地方性中小学教学地图；
⑥省、自治区、直辖市历史地图；
⑦引进的境外地图；
⑧世界性和全国性示意地图。

2. 国务院测绘行政主管部门审查的地图内容

①保密审查；
②国界线、省、自治区、直辖市行政区域界线(包括中国历史疆界)和特别行政区界线；

③重要地理要素及名称等内容；
④国务院测绘行政主管部门规定需要审查的其他地图内容。

第五节　导航电子地图编译测试

一、编译转换

导航电子地图产品的编辑转换，是将经过编辑、检验的成功数据，在一定的环境下进行数据格式转换，转换成各种物理或应用格式，以满足不同客户、不同环境平台的装载使用要求。导航电子地图产品转换成的成果格式有：日系车厂应用的 KIWI 格式、欧美系车厂应用的 NDS 格式、欧美系交换格式 GDF、便于互联网并发应用的瓦片格式等。

二、产品测试验证

1. 导航仪准备

导航电子地图产品的测试验证，必须将产品装载在所应用的导航仪中进行，所以，需进行相关导航仪准备。

2. 导航软件准备

为导航仪装载导航软件与导航电子地图数据，并检查软件与地图版本是否正确。

3. 现场测试

现场测试时，基本方法是将现场实际情况与导航仪中显示的数据情况进行对比，对于出现问题的情况进行记录。不同导航仪之间的对比测试，可以分别记录各自的现实状况以进行对比分析，改进产品质量。测试结束后，需要对测试结果进行统计、分析，得出测试报告，以供导航电子地图的设计部门与开发部门进行改进。

4. 出品判定

出品判定是导航电子地图生产的最后一个步骤，是控制导航电子地图质量的最终关口。出品判定的过程如下：
①在导航电子地图生产结束后、提交出版之前，由品质保证部门组织各个相关生产部门召开出品判定会议。
②各相关部门准备会议材料，如产品设计材料、生产工艺流程材料、产品生产履

历及修改记录、工具开发过程及测试记录、产品理论检查日志及修改记录、产品编译记录、产品实地测试报告及问题修改记录等。

③召开出品判定会议，对照各项材料逐一审查、讨论，对问题点进行记录。

④根据记录情况以及产品设计结论，判定最终产品是否能够满足设计和质量要求。

⑤满足要求的产品通过判定予以发布。

⑥不满足要求的产品返回修改，并准备下一轮判定。

第六节　出版发行

一、盘面设计

公开出版、展示和使用的导航电子地图，应当在地图版权页或地图的显著位置上载明审图号。导航电子地图著作权人有权在地图上署名并显示著作权人的标志。

二、产品打样

在正式生产之前，为确保正式产品与之前设计的一致性，需要进行打样及打样确认。打样，即是按照电子文档，模拟真实生产流程来制作样品。打样确认，即是打样需求方、客户等相关各方对打样内容、版式、颜色、规格最终确认的过程。

三、压盘

关于导航电子地图的压盘生产方面，目前还没有明确的法律条文。导航电子地图压盘属于音像制品复制的范畴，压盘过程需严格遵守音像复制品的相关规定。

四、物流配送

在物流配送前，要慎重选择信誉度高、包装质量过硬的物流公司。光盘的配送外包装质量务必结实过硬，以确保配送过程中光盘不受损坏。

在物流配送过程中，要保证单货同时发运、中转交接的各环节都需要对光盘货品认真核对，确保路单与实物相符。配送过程中的所有物流单据需交给各环节相关人员妥善保管，以方便后续查证。

在配送光盘物品结尾，配送员务必要确认客户收件人身份无误后再办理交接签收手续。

模拟试题汇编及参考答案

模拟试题汇编

一、单项选择题(共54题，每题的备选选项中，只有一项最符合题意)。

1. 导航系统的定位系统中，采用(　　)方法，计算待测点位置。

A. 空间距离后方交会　　B. 空间距离前方交会

C. 空间方位定位　　D. 空间高程定位

2. 下列内容中，不属于导航系统的必要组成部分的是(　　)。

A. 导航软件　　B. 硬件设备

C. 网络设备　　D. 导航电子地图

3. GPS系统和(　　)系统组合构成的定位导航模块可以很好地解决短时间内丢失GPS信号的问题，在隧道内和地下停车场内也可以连续输出位置坐标，不会出现定位盲区。

A. 航位推算　　B. 惯性导航

C. 陀螺定位　　D. 室内定位

4. 导航系统的核心是(　　)，该部分质量的高低直接影响到整个导航的应用。

A. 定位系统　　B. 导航电子地图数据

C. POI库　　D. 显示引擎

5. 在导航数据库中，道路要素和属性是核心，(　　)的建立是导航数据最基本也是最重要的内容。

A. 道路属性模型　　B. 道路网络拓扑

C. 道路路口表达模型　　D. 道路路面引导信息表达模型

6. 导航电子地图数据中，道路名分为普通道路名与(　　)。

A. 别名　　B. 曾用名

C. 编号类型道路名　　D. 官方名称

7. 下列检测项中，不属于车载导航电子地图数据属性精度检测项的是(　　)。

A. 要素分类正确性　　B. 要素属性值正确性

C. 要素表达正确性　　D. 接边要素属性值正确性

8. 道路的功能等级是对路网中道路综合通行能力的一种等级划分，国际上通用的标准分为(　　)个级别。

A. 4　　B. 5

C. 6　　D. 8

9. 导航电子地图数据中，利用道路的(　　)属性可以优化路径计算，同时在不同的比例尺下可以根据其进行道路网的显示。

A. 功能等级　　B. 显示等级
C. 技术等级　　D. 道路方向

10. 导航电子地图数据室内作业中，注记的确认，可以参考(　　)的国家地名库。

A. 1∶1万　　B. 1∶2.5万
C. 1∶5万　　D. 1∶10万

11. 导航电子地图应用功能分为基本功能和增强功能，下列功能中属于增强功能的是(　　)。

A. 路径计算　　B. 兴趣点查询
C. 地图显示　　D. 语音引导

12. 按照国家规定，导航电子地图在公开出版、销售、传播、展示和使用前，必须进行(　　)，该工作必须由国务院测绘行政主管部门指定的机构采用国家规定的方法统一实施。

A. 地图完整性检查　　B. 重要目标完整性审核
C. 涉密内容审核　　D. 空间位置技术处理

13. 编制好产品生产计划后，导航电子地图产品生产的步骤顺序正确的是(　　)。

A. 实地采集验证、导航数据库制作、产品检测、逻辑检查、保密处理、产品发布
B. 公共情报收集、实地采集验证、产品检测、数据编译、数据审查、产品发布
C. 实地采集验证、公共情报收集、产品检测、数据编译、数据审查、产品发布
D. 公共情报收集、情报信息处理、导航数据库制作、产品检测、数据编译、产品发布

14. 导航电子地图在公开出版、展示和使用前，必须取得相应的(　　)。

A. 版权号　　B. 审图号
C. 版本号　　D. 保密号

15. 导航电子地图产品，需经过(　　)确定其质量，一般来讲是对产品的功能正确性、属性正确性、表达准确性、时效性等进行验证。

A. 室内测试　　B. 地图质量检查
C. 模拟验证　　D. 实地验证

16. 通常，导航电子地图的数据坐标以(　　)形式表示。

A. 高斯坐标　　B. 平面坐标
C. 经纬度　　D. 极坐标

17. 导航电子地图发行之前，需要对其敏感信息数据进行脱密处理，目前，行政

主管部门指定的技术处理单位是(　　)。

A. 总参测绘研究所　　B. 国家基础地理信息中心

C. 中国测绘科学研究所　　D. 国家测绘地理信息局

18. 导航电子地图数据室内作业中，制作行政境界的形状可以参考国家(　　)的基础数据。

A. 1∶25 万　　B. 1∶50 万

C. 1∶100 万　　D. 1∶400 万

19. 目前，欧美市场比较流行的导航电子地图物理存储格式是(　　)。

A. NDS　　B. GDF

C. KiWi　　D. 瓦片格式

20. (　　)是导航电子地图生产的最后一个步骤，是控制导航电子地图质量的最终关口。

A. 导航仪准备　　B. 现场测试

C. 导航软件准备　　D. 出口判定阶段

21. 为了提高 GPS 导航系统的性能，在终端导航电子地图中，数据通常是以(　　)形式存储。

A. 数据库　　B. 图像形式

C. 编译物理格式　　D. 文本形式

22. 通常，为了保护导航电子地图的版权，其发行方式是(　　)。

A. 在线文件　　B. U 盘

C. 光盘　　D. 磁盘

23. 目前，普通民用 GPS 和 DR 组合定位设备(GPS 惯性设备)已经可以达到 1 000 m无 GPS 信号的情况下的航向精度和(　　)m 的距离精度。

A. 5　　B. 10

C. 20　　D. 50

24. 导航电子地图制作过程中根据需求分析、生产计划、资源配置情况，进行产品设计，其设计内容不包括(　　)。

A. 制作成导航电子地图数据库

B. 成本预算、风险控制和发布形式

C. 产品计划、范围和实现方式

D. 产品品质要求、相关的子产品和产品线设计

25. 导航电子地图的 POI 内容不包括(　　)。

A. 道路名　　B. 交叉点

C. 邮编检索　　D. 铁路数据

26. 导航电子地图的背景数据不包括(　　)。

A. 铁路数据　　B. 水系

C. 地貌　　D. 植被

27. 下列关于导航电子地图制作过程，说法不正确的是(　　)。

A. 导航电子地图制作需经过需求分析和需求评审

B. 从国家权威部门或市场收集公共情报信息

C. 导航电子地图数据库制作主要是根据现场采集成果进行相应的加工处理

D. 导航地图经过制作单位的严格检查无误后可上市销售

28. 下列内容中，不属于导航电子地图数据库规格设计的内容是(　　)。

A. 要素定义　　B. 功能设计

C. 开发工艺要求和流程　　D. 采集制作标准

29. 下列内容不属于导航电子地图 POI 模型信息内容的是(　　)。

A. 属性信息　　B. 空间信息

C. 高程信息　　D. 关联信息

30. (　　)是根据导航电子地图产品设计要求、采集制作标准、生产类型和企业自身的生产能力等制定的为实现最终产品而需求的具体任务和措施的指导文件。

A. 程序设计　　B. 工艺设计

C. 产品设计　　D. 模型设计

31. 导航电子地图产品设计需求分析的成果是需求设计文件，该文件内容不包括(　　)。

A. 导航功能描述　　B. 数据表达内容

C. 软件的概要设计　　D. 数据规格

32. 导航电子地图的检查验收工作不包括(　　)。

A. 数据格式检查　　B. 逻辑检查

C. 实地验证　　D. 国家审图

33. 导航电子地图中的铁路数据属于(　　)。

A. 道路数据　　B. POI 数据

C. 背景数据　　D. 行政境界

34. 导航电子地图数据库(　　)构建要素的存储结构，并设置与其他要素之间的逻辑关系，保证导航的实现。

A. 要素定义　　B. 功能设计

C. 模型设计　　D. 采集制作标准

35. 下列关于导航电子地图道路功能等级的说法不正确的是(　　)。

A. 功能等级主要用于优化路径计算

B. 根据道路功能等级的不同显示出城市的规划状态

C. 在不同比例尺下可以根据功能等级进行道路网的显示

D. 道路功能等级和道路等级的划分种类一样

36. 导航系统中的道路种别共有(　　)种。

A. 10　　B. 11

C. 12　　D. 13

37. 导航系统中县级道路的等级按道路等级分属于(　　)级。

A. 3　　B. 4

C. 5　　D. 6

38. 车载导航电子地图数据的图形文件“道路方向看板”，在导航中的直接功能是(　　)。

A. 检索信息　　B. 路径计算

C. 辅助导航　　D. 增强显示

39. 规范规定，导航电子地图产品中兴趣点的检测，当兴趣点相对位置误差大于(　　)m时，评定为大差错。

A. 5　　B. 15

C. 20　　D. 30

40. 导航电子地图在公开出版、销售、传播、展示和使用时，不得出现的内容是(　　)。

A. 植被　　B. 等高线

C. 助航标志　　D. 行政区域界线

41.《车载导航电子地图产品规范》规定，二级功能道路，采用 RGB 的(　　)来显示其功能等级。

A. 紫色　　B. 红色

C. 绿色　　D. 灰色

42.《车载导航地理数据采集处理技术规程》规定，根据导航应用的需求，一般情况下城市区域交通网络中要素的最大误差为(　　)m。

A. 10　　B. 15

C. 20　　D. 30

43.《车载导航地理数据采集处理技术规程》规定，根据导航应用的需求，一般情况下非城市区域交通网络中要素的最大误差为(　　)m。

A. 10　　B. 15

C. 20　　D. 30

44. 车载导航地理数据的采集应最大可能地保持现实性，重要内容的更新周期应不超过(　　)。

A. 3 个月　　B. 6 个月

C. 9 个月　　D. 12 个月

45. 车载导航地图产品的索引信息必须包含地址索引和(　　)。

A. 注记信息　　B. 道路通行方向

C. POI 索引　　D. 背景信息

46. 下列内容中，不属于导航电子地图的索引信息中地址索引的是(　　)。

A. 一般地址索引　　B. 形状索引

C. 交叉路口索引　　D. 编码地址索引

47. 导航地理数据成果归档的内容不包括(　　)。

A. 采集设备　　B. 数据成果

C. 文档成果　　D. 成果归档目录

48.《车载导航电子地图产品规范》规定，对于背景信息的显示，建议按地图显示级别显示不同详细程度的要素内容。二级(大于1∶25 000)电子地图不显示(　　)。

A. 省界　　B. 水系

C. 铁路　　D. 绿地

49. 现行的规范规定，车载导航电子地图产品通常采用(　　)以显示三级功能道路的等级。

A. 紫色　　B. 红色

C. 绿色　　D. 橙色

50. 导航电子地图数据质量检测中，质量元素“逻辑一致性”所检测的子元素不包含的是(　　)。

A. 概念一致性　　B. 表达一致性

C. 格式一致性　　D. 拓扑一致性

51. 导航电子地图空间位置技术处理的申请单位应向国务院测绘行政主管部门指定的机构提供的材料不包括(　　)。

A. 导航电子地图制作资质证明文件

B. 资质单位法人代表身份证

C. 导航电子地图数据

D. 导航电子地图数据相关情况说明

52. 现行的《导航地理数据模型与交换格式》规定，拓扑要素的基本构造块是(　　)。

A. 图元　　B. 对象

C. 属性值　　D. 标识码

53. 车载导航电子地图产品中，8×8(像素)的注记符号通常在比例尺小于或等于(　　)情况下显示。

A. 1∶1 000　　B. 1∶2 000

C. 1∶2 500　　D. 1∶5 000

54. 规范规定，导航电子地图应用功能质量子元素“地图放大、缩小”所检测的内容不包含的是(　　)。

A. 地图尺度　　B. 注记显示质量

C. 地图显示内容分布　　D. 多尺度地图上显示内容变化

二、多项选择题(共26题，每题的备选选项中，有2项或2项以上符合题意，至少有1项是错项)。

1. 下列内容中，属于导航电子地图数据库规格设计内容的是(　　)。

A. 要素定义　　B. 功能设计

C. 模型设计　　　　　　　　　　D. 采集制作标准
E. 逻辑设计

2. 导航地图的工具开发主要分(　　)阶段。
A. 软件概要设计　　　　　　　　B. 软件维护
C. 详细设计　　　　　　　　　　D. Alpha 测试
E. Beta 测试

3. 导航电子地图数据库规格设计内容包括(　　)。
A. 要素定义　　　　　　　　　　B. 功能设计
C. 模型设计　　　　　　　　　　D. 采集制作标准
E. 逻辑设计

4. 导航应用软件时运行在车载主机上，专门针对导航应用需求开发的软件系统，其基本功能包括(　　)。
A. 导航电子地图数据编辑　　　　B. 定位与显示
C. 地图浏览查询　　　　　　　　D. 路线规划
E. 语音引导

5. 导航电子地图数据主要包括(　　)。
A. 道路和 POI 数据　　　　　　 B. 地貌数据
C. 背景数据　　　　　　　　　　D. 行政境界数据
E. 图形和语音文件

6. 导航电子地图在编译转换前应进行理论检查，包括(　　)。
A. 结构性检查　　　　　　　　　B. 保密性检查
C. 逻辑性验证　　　　　　　　　D. 既定规格检查
E. 系统性检查

7. GPS 导航系统中，电子地图道路的通信方向一般可分为(　　)。
A. 限行　　　　　　　　　　　　B. 顺行通行
C. 逆行通行　　　　　　　　　　D. 双向通行
E. 未调查

8. 常见的导航系统硬件平台一般包括(　　)。
A. 车载主机　　　　　　　　　　B. 显示器
C. 定位系统　　　　　　　　　　D. 其他控制模块
E. 影像传感器

9. 导航电子地图制作的标准特点有(　　)。
A. 模糊性　　　　　　　　　　　B. 准确性
C. 适用性　　　　　　　　　　　D. 权威性
E. 动态性

10. 下列属于导航电子地图录入作业时包含的要素内容有(　　)。
A. 道路数据　　　　　　　　　　B. POI 数据

C. DEM 数据　　D. 注记

E. 行政境界

11. 下列内容中，属于导航电子地图图形文件的是(　　)。

A. 3D 分支模式图　　B. 标志性建筑物图片

C. 数字线划图　　D. 道路方向看板

E. 各级行政境界

12. 下列对导航电子地图工具开发的说法，描述正确的是(　　)。

A. 需求设计完成后，需开发出满足使用要求的制作工具和转换工具

B. 工具开发分为软件的概要设计和软件的详细设计两个阶段

C. 概要设计包括系统的基本处理流程、系统组织结构、模块划分、功能分配等

D. 详细设计描述实现具体模块所涉及的主要算法、数据结构、类的层次结构及调用关系

E. 在软件编码过程中，必须对整个编码过程使用的文档全部进行记录

13. 导航电子地图质量保证措施和要求主要有(　　)。

A. 了解特殊采集区域的安全防范措施

B. 明确数据的抽样检查比率

C. 明确采集、作业各环节的成果数据的质量要求

D. 明确重点区域的重点对象

E. 明确自查、小组内互查、实地抽样检查、品质监察等各环节的详细要求

14. 导航电子地图数据质量的检测单元一般依据检测需求，通常以(　　)等进行划分。

A. 兴趣点(POI)　　B. 图幅

C. 行政区划　　D. 区域

E. 要素主题

15. 导航电子地图数据质量检测的主要内容有(　　)。

A. 位置精度　　B. 属性精度

C. 数据接边精度　　D. 时间精度

E. 附件质量

16. 导航电子地图产品地图审图号的检测，一般在(　　)载明审图号，供检测方检查。

A. 地图产品版权页　　B. 地图产品扉页

C. 国家测绘局下发的审核批准书　　D. 地图显著位置上

E. 出版资质证明文件上

17. 根据《导航电子地图安全处理技术基本要求》，不得表达的内容有(　　)。

A. 军事禁区　　B. 公开机场的内部结构与能力属性

C. 气象台站　　D. 国家正式公布的高程数据

E. 公路的路面铺设材料属性

18. 经审核批准的导航电子地图的(　　)发生改变时，应重新送审。

A. 数据格式　　B. 表示内容更新

C. 地表覆盖范围变化　　D. 显示信息的格式

E. 显示信息的颜色

19. 导航电子地图制作中，不得采用各种测量手段获取的空间地理信息有(　　)。

A. 高压电线　　B. 桥梁限高

C. 测量控制点　　D. 渡口位置

E. 行政区域界线

20. 导航电子地图在公开出版、销售、传播、展示和使用时，不得出现(　　)。

A. 军事禁区　　B. 监狱

C. 国家正式公布的高程数据　　D. 植被

E. 行政区域界线

21. 导航电子地图制作中，不得采用各种测量手段获取的空间地理信息有(　　)。

A. 高压电线　　B. 桥梁限高

C. 隧道高、宽属性　　D. 通信线

E. 管道

22. 导航电子地图制作中，不得采用各种测量手段获取的空间地理信息有(　　)。

A. 高程点　　B. 等高线及高程模型

C. 与公共安全相关的单位及设施　　D. 公开机场的内部结构及运输属性

E. 植被和土地覆盖信息

23. 根据《车载导航电子地图产品规范》的分类，导航电子地图的基本内容包括(　　)。

A. 路网数据　　B. 背景数据

C. 注记数据　　D. 索引数据

E. 兴趣点深度数据

24.《车载导航电子地图产品规范》规定，导航电子地图数据应能支持导航系统实现(　　)。

A. 地图显示与定位　　B. 路径规划

C. 实时交通信息显示　　D. 目的地检索

E. 引导与提示

25. 导航电子地图产品可采用的地址编码格式可以按(　　)。

A. 街道编址　　B. 线性编址

C. 双重独立地图编码　　D. POI 类别编址

E. 区域编址

参考答案

一、单项选择题

1. A	2. C	3. A	4. B	5. B	6. C	7. C	8. B
9. A	10. C	11. D	12. D	13. D	14. B	15. D	16. C
17. C	18. D	19. A	20. D	21. C	22. C	23. B	24. A
25. D	26. C	27. D	28. C	29. C	30. B	31. C	32. A
33. C	34. C	35. D	36. A	37. D	38. D	39. D	40. C
41. B	42. B	43. D	44. D	45. C	46. B	47. A	48. A
49. C	50. B	51. B	52. A	53. D	54. A		

二、多项选择题

1. ABCD	2. ACDE	3. ABCD	4. BCDE	5. ACDE
6. ACD	7. BCDE	8. ABCD	9. BCD	10. ABDE
11. ABD	12. ACDE	13. BCDE	14. BCDE	15. ABDE
16. ACD	17. ABCE	18. ABC	19. ACE	20. AB
21. ADE	22. ABE	23. ABCD	24. ABDE	25. AE

第十二章　网络地理信息服务

第一节　概　　述

一、网络地理信息服务基本概念

网络地理信息服务是指利用现代网络和计算机技术，发布地理空间信息，提供信息查找、交换、分发以及加工、处理和其他增值服务。互联网地理信息服务特指互联网环境中的网络地理信息服务。网络地理信息服务类似于一个由信息用户、信息生产者、信息营销者共同组成的网络化地理信息“超级市场”。

二、网络地理信息服务的构成

当前的网络地理信息服务大多基于面向服务的架构(SOA)，由分布式节点组成。各节点按照统一的技术体系与标准规范，提供本节点的地理信息服务资源，通过服务聚合的方式实现整体协同服务，并基于统一访问控制体系对所有服务进行注册管理，实现对服务的发现、状态监测、质量评价、访问量统计、服务代理等，各节点由在线地理信息数据、在线地理信息服务系统和运行支持系统组成。

当前的网络地理信息服务大多以门户网站、服务接口两种方式向各类用户提供地理信息在线服务。门户网站是普通用户使用各类服务的入口，向用户提供地图浏览、地名查找、地址定位、空间查询、地名标绘、在线制图、元数据查询、数据下载等服务，以及使用帮助信息，如各类服务的接口规范、应用程序编程接口(API)文本以及开发模板、代码片段和相关技术文档资料。服务接口是各类服务的开放式访问接口，面向各类应用开发人员，供他们利用接口调用各类服务资源与基本功能，实现增值开发，满足多样化的应用需求。

三、网络地理信息服务的特点

①网络地理信息服务是国家空间数据基础设施不可或缺的一部分。网络地理信息

服务是“获取、处理、访问、分发以及有效利用地理空间信息”的技术平台。

②网络地理信息服务离不开国家相关政策法规以及专业标准的支持。

③网络地理信息服务的建设普遍遵循“统一设计、分步实施、逐渐完善”的模式。

④充分利用网络技术的便利开展组织实施。

⑤采用各类数据源，提供形式多样的服务。

四、网络地理信息服务的对象

网络地理信息服务的对象按地理信息使用权限可分为非注册用户和注册用户。

①非注册用户：可以进行一般性地理信息访问与应用；

②注册用户：可以进行授权地理信息访问与应用。

按使用方式可分为普通用户和开发用户。

①普通用户：通过门户网站进行信息浏览、查询、应用；

②开发用户：通过服务接口、应用程序编程接口(API)调用网络地理信息服务资源，开发各类专业应用。

五、网络地理信息服务内容

1. 电子地图

电子地图是针对网络地理信息应用需求，对各类地理空间数据(如矢量数据、影像数据、高程数据等)进行内容选取组合、符号化表达后形成的重点突出、色彩协调、图面美观的屏幕显示地图。从形式上，可分为二维电子地图、三维电子地图、实拍街景图等。

2. 地理空间信息数据

地理空间信息数据包括基础地理数据、遥感影像数据、各种与空间位置相关的专题信息数据(如人口、民族、地区经济、自然灾害、生态、环境、教育等)。

3. 专题地理信息产品

一种是以地理空间数据为基础，集成各种与位置相关的专题信息，利用相应的软硬件进行包装后形成的直接面向用户的消费性商品。另一种是通过网络可供用户下载打印的不同幅面、不同主题的专题地图(如行政区划图、交通旅游图等)。

4. 地球科学的科普知识

向社会提供多种形式的地理信息科学知识，为学校提供多种精心组织的教学素材等。提高大众的地理信息科学素养，有效地推动网络地理信息服务行业的发展。

六、网络地理信息服务的形式

网络地理信息主要提供以下几种形式的服务：

①地理信息浏览查询：提供地理信息浏览、兴趣点查找定位、空间查询、用户信息标绘、相关帮助信息及技术文档资源浏览等服务。

②地理空间信息分析处理：提供空间分析功能，如空间量算、信息叠加、路径分析、区域分析、空间统计等。

③服务接口与应用程序编程接口(API)：服务接口可以直接向用户提供在线地理数据访问；应用程序编程接口(API)通过预先定义的函数向开发人员提供基于在线服务资源的基本功能。

④地理空间信息元数据查询：提供地理空间信息元数据，让用户知道在什么地方可以找到他想要的数据。

⑤地理空间信息下载：直接下载地理空间数据，并提供关于下载数据的技术支持。

七、网络地理信息服务技术架构

1. 面向服务的架构

SOA包括服务使用者、服务提供者和服务注册中心三类角色。SOA中的每个服务都扮演着这三种角色中的某一种(或多种)。

①服务使用者：是一个应用程序、一个软件模块或需要一个服务的另一个服务，发起对注册中心中的服务的查询，通过传输绑定服务，并且执行服务功能，服务使用者根据接口来执行服务。

②服务提供者：是一个可通过网络寻址的服务，它接受和执行来自使用者的请求，它将自己的服务和接口发布到服务注册中心，以便服务使用者可以发现和访问该服务。

③服务注册中心：包含一个可用服务的存储库，并允许感兴趣的服务使用者查找服务提供者接口。

2. SOA的操作

①发布：发布服务和服务描述，使服务使用者可以发现并访问调用服务。

②发现：服务请求者通过查询服务注册中心来找到满足其标准的服务。

③绑定和调用：服务使用者根据服务描述中的信息来调用服务。

SOA具有可重用(一个服务创建后能用于多个应用和业务流程)，松耦合(服务请求者不需要知道服务提供者实现的技术细节，如程序语言、底层平台等)，标准接口，独立服务(不依赖于其他服务)，基于开放标准(基于公开的 W3C 及其他公认标准)等特点。

八、云计算

云计算是一种基于互联网的计算方式，是网格计算、分布式计算、并行计算、效用计算、网络存储、虚拟化、负载均衡等传统计算机和网络技术发展融合的产物，能够以按需配给的方式实现软硬件资源和信息的共享。

1. 云计算的服务层次

云计算包括四个层次的服务：①基础设施即服务；②平台即服务；③软件即服务；④数据即服务。

2. 云计算的基本特点

云计算的基本特点包括：
①应需自助服务，即根据用户需要自动配置计算能力；
②广泛的网络接入，即通过标准接口和机制由网络获取各类服务；
③资源池，在云环境中汇集分布式资源；
④快速灵活，可以快速、灵活地配置服务能力；
⑤可量测服务，能够自动控制和优化服务资源。

九、网络地理信息服务标准

网络地理信息服务主要涉及数据规范、服务规范、应用开发技术规范。

1. 数据规范

数据规范主要是规定公共地理信息的分类与编码、模型、表达，以及数据质量控制、数据应与维护更新规则与流程等。

2. 服务规范

服务规范主要包括服务接口规范，如国际开发地理空间联盟(OGC)的网络地图服务规范(WMS)、网络要素服务规范(WFS、WFS-G)、网络覆盖服务规范(WCS)、网络处理服务规范(WPS)、目录服务规范(CSW)等，还包括服务分类与命名、服务元数据内容与接口规范、服务质量规范、服务管理规范、用户管理规范等。

3. 应用开发技术规范

应用开发技术规范主要包括应用程序编程接口(API)相关规定与说明。

十、网络地理信息服务相关政策

我国网络地理信息服务政策主要涉及地理信息共享、保密、互联网地图服务资质，以及网络安全等几方面。相关政策有地理信息共享政策、地理信息保密政策、互联网地图服务资质政策、网络安全政策。

十一、国家地理信息公共服务平台

“国家地理信息公共服务平台”是“数字中国”的重要组成部分。根据运行网络环境的不同，国家地理信息公共服务平台分为公众版(运行于互联网环境)、政务版(运行于国家电子政务外网环境)、涉密版(运行于国家电子政务内网环境)。其中，公众版——“天地图”已于2010年10月21日开通，向全社会提供网络地理信息服务。

国家地理信息公共服务平台由分布在全国各地的国家级主节点、省级分节点和市级信息基地组成，分别依托国家、省、自治区、直辖市、市(县)地理信息服务机构和信息资源进行建设和运行，通过网络实现服务聚合，向用户提供协同服务。

第二节　在线地理信息数据

一、在线地理信息数据的构成

在线地理信息数据根据用途不同可分为地理实体数据与地名地址数据、电子地图数据、模型数据等，分别支持不同模式的服务。这些数据是利用来自测绘地理信息部门、专业部门、企业和社会团体、网络用户与志愿者的各类矢量地图数据、影像数据、各类表现模型、地理监测数据、实时传感数据等数据源，按照网络地理信息服务相关技术标准和规定进行加工制作而成的。

1. 源数据

在线地理信息数据的源数据包括矢量数据、影像数据、模型数据、地理监测数据、实时传感数据等。

①矢量数据：包括来自各级测绘部门的线划地形图数据、来自企业的导航电子地图数据、来自专业部门的专题数据(如邮政区、统计单元、医疗机构分布等)、来自用户与志愿者的标注数据等。

②影像数据：包括多平台地表遥感影像数据、建(构)筑物纹理、实拍街景等。

③模型数据：包括地表数字高程模型、三维建筑物模型、计算分析模型(如土方

量计算、通视分析、汇水区分析、水系网络分析、淹没分析、光照分析)等。

④地理监测数据：反映各类资源、环境、生态、经济要素的空间分布及其变化量、变化频率、分布特征、地域差异、变化趋势等监测数据、地图图形和研究报告等。

⑤实时传感数据：来自手机、微博、监控终端等各类“传感器”的位置相关数据。

2. 在线地理信息数据的形式

以上述源数据为基础，经整合处理后，形成包括地理实体数据、地名地址数据、电子地图数据在内的在线地理信息数据。

(1)地理实体数据

地理实体是指现实世界中独立存在、可以唯一性标识的自然或人工地物。地理实体数据是对地理实体的描述与表达，采用实体化数据模型，以地理要素为空间数据表达与分类分层组织的基本单元。每个要素均赋以唯一的要素标志、实体标志、分类标志与生命周期标志。通过这些标志信息实现地理要素与相关社会经济、自然资源信息的挂接，能够灵活进行内容分类分级与组合，并实现基于要素的增量更新。基本地理实体包括境界实体、政区实体、道路实体、铁路实体、河流实体、房屋实体、院落实体等。扩展地理实体可根据数据源情况进行自定义。基于面状、线状要素表达的地理监测及各类专题信息可附载在地理实体之上进行表达、查询和分析。

(2)地名地址数据

地名是地理实体的专有名称。地址是具有地名的某一特定空间位置上自然或人文地理实体位置的结构化描述。地名地址数据是以地理位置标志点来表达地名与地址的数据，包含结构化地名地址描述、地名地址代码等信息。一般的兴趣点(POI)数据、点状专题数据(如医疗机构分布、教育机构分布等)均以地名地址数据结构来表达。基于点状要素表达的地理国情等信息，可附载在地名地址之上进行表达、查询、分析。

(3)电子地图数据

针对在线浏览和标注的需求，以各类数据源为基础，经过内容选取组合、符号化表达、图面整饰后形成的各类视频显示地图。电子地图的表达内容一般需依据服务对象和信息负载量而设定，可采取不同维度的线划地图、影像地图、地形晕渲图等多种形式。

二、在线地理信息数据生产流程

大多数在线地理信息数据在进行网络发布之前均须经过内容提取、模型重构、规范化处理、一致性处理等过程，电子地图数据还需进行符号化表达、地图整饰、地图瓦片生产等处理。对于运行于互联网及国家电子政务外网环境中的数据，还需做必要的脱密处理。

电子地图数据处理基本要求：在电子地图数据生产过程中，需要特别注意的是地图分级、地图表达以及地图瓦片规格与命名等。

1. 地图分级

每级要素内容选取应遵循以下原则：

①每级地图的负载量与对应显示比例尺相适应前提下，尽可能完整保留数据源的信息。

②下一级别要素内容不应少于上一级别，即随着显示比例尺的不断增大，要素内容不断增多。

③要素选取时应保证跨级数据调用的平滑过渡，即相邻两级的地图负载量变化相对平缓。

2. 地图瓦片

地图瓦片就是为了加快地图的网络显示速度，按照一定的规则对一整地图切割成不同级别后系列图片。地图瓦片分块的起始点从西经 180°、北纬 90°开始，向东向南行列递增。瓦片分块大小为 256 像素×256 像素，采用 PNG 或 JPG 格式。地图瓦片文件数据按树状结构组织和命名。

3. 地图表达

不同显示比例下符号与注记的规格、颜色和样式，电子地图配图应按《电子地图规范》进行。生产中，如有《地理信息公共服务平台电子地图数据规范》未涵盖的要素，可扩展符号或注记，但样式风格应协调一致。

三、地理实体数据处理基本要求

我国网络地理信息服务中地名地址实体数据遵循的技术标准主要是《地理信息公共服务平台地理实体与地名地址数据规范》。该标准围绕公共地理信息公共服务平台，规定了地名地址数据的坐标系统、概念模型、数据组织、几何表达基本规则，适用于网络地理信息服务中地理实体数据及地名地址数据的制作、加工与处理。

在地名地址数据生产过程中，需要特别注意的是数据建模、数据组织和属性赋值等。

1. 地名地址数据建模

地名地址以地理位置标志点来表达。地理位置标志点的定义规则如下：

①区域实体地名的地理位置标志：包括行政区划的政治、经济、文化中心所在地的点位，行政区划内标志性建设物的点位，面状区域的重心点点位。

②线状实体地名的地理位置标志：包括线状实体中心点的点位，线状实体中心线

系列点的点位，线状地物(河流、山脉等)的标志点。

③局部点的地理位置标志：包括门(楼)址标牌位置或建筑物任意内点的点位；标志物中心点的点位；兴趣点门面中心点或特征点的点位；自然地物的中心点或标志点。

2. 地名地址数据组织

地名地址数据以地名地址数据表来表达。

3. 地名地址数据基本属性

地名地址的基本属性项包括结构化地名地址描述、地名地址坐标、地名地址代码、地理实体名称、地名地址分类等，前二者为必填属性。

四、数据保密处理基本要求

基于不同的网络环境和用户群体，网络地理信息服务所使用的数据分为涉密版和公众版两类。其中，公众版网络地理信息服务数据运行于互联网或国家电子政务外网环境，数据需符合国家地理信息与地图公开表示的有关规定，包括数据内容与表示、影像分辨率、空间位置精度三个方面。在数据脱密处理时，首先按照相关要求，对矢量数据选取可公开要素及相关属性作为公众版数据内容，并按相应规则处理。

对矢量数据选取可公开要素及相关属性作为公众版数据内容。对高分辨率影像进行重采样，使其分辨率不优于0.5 m；对等高线进行重采样，使其等高距不小于50 m；对数字高程模型进行重采样，使其格网间距不小于100 m。然后，对上述数据的平面位置进行纠正，使其平台精度大于50 m。

五、数据更新基本要求

网络地理信息服务直接面向终端用户，对于地理信息的现势性、准确性、权威性要求非常高，必须保证数据的更新。一般有日常更新、应急更新两种模式。

1. 日常更新

依托于互联网地理信息服务的建设与管理机制，制订日常更新计划，积极收集获取最新的基础测绘成果、影像资源、志愿者及用户反馈信息，以及来自相关专业部门的专题信息，快速处理后及时发布。此时需注意与原来在线地理信息数据的一致性维护，以及相应的数据集乃至要素的版本管理。

2. 应急更新

在突发事件或应急情况下，采取多种技术手段与方式，快速获取事件发生地点或相关区域的航空航天影像数据、地面实测数据以及相关专题数据，提取变化信息并更新在线数据，及时向用户提供最新信息服务。

第三节　在线地理信息服务系统

一、在线地理信息服务系统的构成

在线地理信息服务系统主要包括数据生产与管理、在线服务、运维监控、应用四个层面，分别承担在线地理信息数据生产与维护管理、服务发布、服务管理与用户管理，以及应用系统开发等任务。

二、数据生产与管理软件基本功能

数据生产与管理软件是针对标准化在线数据处理与数据成果管理方面开发的专用工具，包括地理实体整合处理、地名地址整合处理、影像处理、三维建模、内容过滤、电子地图配置、地图瓦片生产、地图瓦片交换、数据格式转换、投影转换、质量检查以及成果数据集成管理系统等。

三、服务发布软件基本功能

①在线服务基础系统：具备正确响应通过网络发出的符合 OGC 相关互操作规范的调用指令的能力，支持地理信息资源元数据、地理信息浏览、数据存取、数据分析等服务的实现。

②门户网站系统：门户网站一般应包括的栏目有地理信息浏览、搜索定位、空间要素查询分析、标绘与纠错、数据提取与下载、路线规划、实时信息显示以及个性地图定制、照片及视频上传等。此外，门户网站还需要为用户提供交流的渠道，如技术论坛、意见反馈、网上教程等。对于注册用户，门户网站须提供服务注册、服务查询、用户注册、用户登录、服务运行状态检测等访问界面。

③应用程序编程接口与控件库：提供调用各类服务的应用程序编程接口(API)与控件，实现对各类互联网地理信息服务资源和功能的调用。

④在线数据管理系统：实现在线服务数据入库、管理、发布、更新、备份功能。

四、运维监控系统基本功能

①服务管理系统：面向平台运行管理者、服务发布者、服务调用者三类用户，实

现对用户的发现、状态监测、质量评价、运行情况统计、服务代理等功能。平台运维管理者利用服务管理系统对注册到网络地理信息服务平台中的各类服务进行综合管理，包括对服务注册信息的审核、服务授权、服务信息管理、服务状态监测、服务质量评价、服务代理、日志管理等，还可结合用户管理系统进行用户审核与授权、用户行为审计等。服务发布者利用服务管理系统进行服务注册、服务信息管理、服务授权、服务情况查询等。应用系统开发人员利用服务管理系统查询可用服务，获取开发许可。

②用户管理系统：存储并管理注册用户的信息，主要包括用户注册、单点登录、用户认证、用户授权、用户活动审计、用户活动日志及用户使用情况服务统计分析、使用计费等功能。

③计算机与网络设备运维管理：对服务器、网络、存储设备、数据库和安全等软硬件设备进行在线实时监控与管理。

④应用系统模版：基于所发布的服务资源与服务接口，提供面向政府、专业部分、企业、社会公众用户的开发框架模版，以及方便快捷地搭建各类应用系统。

第四节　网络地理信息服务运行支持系统

一、运行支持系统的构成

运行支持系统是网络信息地理信息服务的底层基础，主要包括网络接入系统、服务器系统、存储备份系统、安全保密系统等。

二、网络接入系统

网络地理信息服务的各节点通过网络接入路由器就近接入相应网络汇聚节点，实现节点间及节点与用户间的互联互通。互联网环境中须申请相应网络的域名，并可根据需要租用内容分发网络服务来提升用户访问速度。

每个节点内部规划三个网络分区：对外服务区、数据存储管理区和数据生产加工区。

三、服务器系统

在集群架构中，各节点需部署满足高可用性和负载均衡服务要求的Web应用服务器集群、数据库服务器集群，并部署支持并发工作方式、高可用及负载均衡集群、主流厂商计算机硬件的数据库管理软件。必要时可配置镜像服务器集群或热备系统，提供负载均衡和灾难情况下的服务快速迁移。

四、存储备份系统

各节点需构建存储区域网以实现海量地理信息的存储备份。主要包括光纤交换机、磁盘阵列、磁带库、管理服务器等设备，以及数据库管理和地理信息系统软件。必要时配置异地存储备份系统。

五、安全保密系统

对于涉密广域网环境中的网络地理信息服务，需从物理、网络、主机、存储介质、应用、数据六个层面建立安全保密防护系统，防护范围包括各节点广域网络接入部分和数据生产加工区。

涉密区域配置安防(门禁监控报警)消防设备，在广域网环境下配置CA/RA认证系统，在广域网接入链路安装国家指定的加密机设备，在安全域边界设置防火墙，在服务器和主机上部署病毒防护系统、主机监控与审计系统及漏洞扫描系统，针对关键网络和应用设置网络入侵检测系统。对外服务区域接入边界加装入侵防护设备，购置安全保密检查工具为网络节点内定期检查系统泄密隐患提供技术手段。

对于非涉密广域网环境中的网络地理信息服务，需按照公安部有关重要计算机信息系统等级保护的标准、规定和文件精神要求，部署适当的身份鉴别、访问授权、防火墙、网络行为审计、入侵防御、漏洞扫描、计算机病毒防治、安全管理等公安部验证通过的安全产品，能够抵御网络环境中的黑客攻击、网络病毒、各种安全漏洞以及内部非授权访问导致的安全威胁。

第五节　网络地理信息服务的运行维护

一、整体性能监测与调优

通过定期采集网络地理信息服务监控数据和分析日志信息，对系统的整体性能进行测试，主要指标包括并发用户数量、响应时间、事务处理效率、平台资源利用情况，以及用户性能体验等。对比并发用户数量与响应时间、事务处理效率、平台资源利用情况之间的关系，分析性能瓶颈和可能的问题所在，并通过调整参数配置、升级技术架构、扩充设备规模、优化软件功能等措施对整体性能进行调优。

二、数据维护

做好数据管理与定期备份，对数据进行持续更新、补充与完善。

三、服务功能完善与扩充

对网页功能、服务接口、应用程序编程接口等进行完善，不断增加新服务、新产品、新功能，提高用户体验。与用户进行技术交互，回应用反馈意见，对网站及服务接口应用提供技术支持，不断扩大应用。

四、服务管理与用户管理

进行分布式异构服务的注册、发现、分类管理、查询、组合、状态监测、质量评价、访问量统计、服务代理等需求，以及用户注册、单点登录、访问授权、身份认证、权限认证。

五、运行支持系统

对计算机系统、网络系统、安全系统等进行每日巡检、报警处理、故障分析、综合统计、日志记录与管理等例行工作。

六、关键技术研发与升级

跟踪国内外技术发展，采用最新成果，研发关键技术，不断升级产品，提升服务性能。

模拟试题汇编及参考答案

模拟试题汇编

一、单项选择题(共 56 题，每题的备选选项中，只有一项最符合题意)。

1. 网络地理信息服务是利用现代网络和计算机技术，发布(　　)提供信息查找、交换、分发以及加工、处理和其他增值服务。

A. 网络数据　　　　B. 空间信息

C. 文字信息　　D. 专题信息

2. 为了加快网络地图的显示速度，按照一定的规则对一幅整地图切割成不同级别的系列图片叫做(　　)。

A. 分层地图　　B. 等级地图

C. 地图瓦片　　D. 地图碎片

3. 当前的网络地理信息服务方式中，(　　)是普通用户使用各类服务的入口，向用户提供地图浏览、地名查找、地址定位、空间查询、地名标绘、在线制图、元数据查询、数据下载等服务。

A. 在线地理信息服务系统　　B. 运行支持系统

C. 门户网站　　D. 服务接口

4. 当前的网络地理信息服务方式中，(　　)是各类服务的开放访问接口，面向各类应用开发人员。

A. 在线地理信息服务系统　　B. 运行支持系统

C. 门户网站　　D. 服务接口

5. 网络地理信息服务的建设需要各部门的共同参与，但建设初期一般由(　　)主导。

A. 地理信息数据生产部门　　B. 科研部门

C. 企业　　D. 用户

6. 网络地理信息服务的对象中，(　　)可以进行一般性地理信息访问与应用。

A. 非注册用户　　B. 注册用户

C. 普通用户　　D. 开发用户

7. 网络地理信息服务的对象中，(　　)通过门户网站进行信息浏览、查询、应用。

A. 非注册用户　　B. 注册用户

C. 普通用户　　D. 开发用户

8. 面向服务的架构(SOA)是一种(　　)。

A. 硬件系统架构　　B. 软件系统架构

C. 软硬件系统架构　　D. 软件设计架构

9. (　　)是继20世纪80年代大型计算机到客户端/服务器的大型转变后的又一次巨变，是一种基于互联网的计算方式。

A. 并行计算　　B. 分布式计算

C. 网格计算　　D. 云计算

10. 网络地理信息服务标准主要有(　　)。

A. 数据标准、服务标准及应用标准

B. 数据标准、软件标准及硬件标准

C. 网络标准、软件标准及硬件标准

D. 网络标准、服务标准及应用标准

11. 下列内容中，属于可下载到电脑终端的网络地理信息服务内容的是(　　)。

A. 电子地图　　B. 地理空间信息数据

C. 专题地理信息产品　　D. 地球科学科普知识

12. 下列软件中，不属于在线地理信息服务系统软件组成部分的是(　　)。

A. 服务发布软件　　B. 服务管理软件

C. 数据采集软件　　D. 数据维护软件

13. 国家地理信息公共服务平台中，运行于国家电子政务外网环境的是(　　)。

A. 公众版　　B. 政务版

C. 涉密版　　D. 天地图

14. 下列数据中，不属于在线地理信息数据的数据源的是(　　)。

A. 影像数据　　B. 实时传感数据

C. 地理监测数据　　D. 电子地图数据

15. 下列数据中，不属于在线地理信息数据形式的是(　　)。

A. 地理实体数据　　B. 地名地址数据

C. 地理监测数据　　D. 电子地图数据

16. 在电子地图数据生产过程中，按照显示比例尺或地面分辨率可将地图分为(　　)级。

A. 20　　B. 24

C. 32　　D. 256

17. 地名地址数据是以(　　)表达地名与地址的数据。

A. 地名与地址名称　　B. 地名与地址代码

C. 所在行政区域　　D. 地理位置标志点

18. 与涉密版地图数据不同，互联网地图数据在发布前须经过(　　)。

A. 规范化处理　　B. 脱密处理

C. 切片处理　　D. 整合处理

19. 用于地理信息公共服务平台的电子地图数据中，第20级数据使用的数据源比例尺可以是(　　)。

A. 1∶5 00　　B. 1∶2 000

C. 1∶5 000　　D. 1∶10 000

20.《地理信息公共服务平台电子地图数据规范》规定电子地图分级中第11、第12级的数据源比例尺为(　　)。

A. 1∶100万　　B. 1∶25万

C. 1∶5万　　D. 1∶1万

21.《地理信息公共服务平台电子地图数据规范》规定地图瓦片分块的起始点从(　　)开始。

A. 西经180°、赤道0°　　B. 东经180°、赤道0°

C. 西经180°、北纬90°　　D. 东经180°、北纬90°

22.《地理信息公共服务平台电子地图数据规范》规定地图瓦片分块的大小为(　　)。

A. 128 像素×128 像素　　B. 256 像素×256 像素

C. 512 像素×512 像素　　D. 1 024 像素×1 024 像素

23.《地理信息公共服务平台地理实体与地名地址数据规范》规定实体与其构成图元间通过(　　)建立关联。

A. 地理实体标识码　　B. 信息分类码

C. 图元标识码　　D. 地理实体名称代码

24.《地理信息公共服务平台地理实体与地名地址数据规范》规定地理实体的基本属性项不包括(　　)。

A. 地理实体标识码　　B. 图元标识码

C. 地理实体坐标　　D. 地理实体名称代码

25.《地理信息公共服务平台地理实体与地名地址数据规范》规定地理实体的基本属性项中(　　)为必填属性。

A. 地理实体标识码、图元标识码、信息分类码

B. 地理实体标识码、图元标识码、地理实体名称

C. 地理实体标识码、信息分类码、地理实体名称

D. 图元标识码、信息分类码、地理实体名称

26.《地理信息公共服务平台地理实体与地名地址数据规范》规定，区域实体地名的地理位置标志点不包括(　　)。

A. 行政区划的政治、经济、文化中心所在地的点位

B. 行政区划内标志性建筑物的点位

C. 行政区划内最高建筑物的点位

D. 面状区域的重心点点位

27.《地理信息公共服务平台地理实体与地名地址数据规范》规定，线状实体地名的地理位置标志点不包括(　　)。

A. 线状实体中心点的点位　　B. 线状实体中心线系列点的点位

C. 线状地物的标志点　　D. 线状实体主骨架线系列点的点位

28.《地理信息公共服务平台地理实体与地名地址数据规范》规定，点状实体地名的地理位置标志点不包括(　　)。

A. 门(楼)址标牌位置的点位

B. 标志物中心点的点位

C. 兴趣点门面中心点或特征点的点位

D. 自然地物的任意内点的点位

29.《地理信息公共服务平台地理实体与地名地址数据规范》规定，地名地址数据基本属性中(　　)为必填属性。

A. 地名地址描述、地名地址坐标　　B. 地名地址描述、地名地址代码

C. 地名地址描述、地理实体名称　　D. 地名地址描述、地名地址分类

30. 公众版网络地理信息服务的数据需符合国家地理信息与地图公开表示的有关规定，这些规定不包括(　　)。

A. 数据内容与表示　　B. 影像分辨率

C. 空间位置精度　　D. 属性精度

31. 公众版网络地理信息服务数据的影像分辨率要求，影像地面分辨率不得优于(　　)m。

A. 0.3　　B. 0.5

C. 0.8　　D. 1.0

32. 公众版网络地理信息服务数据的空间位置精度要求，等高距不小于(　　)m。

A. 10　　B. 20

C. 50　　D. 100

33. 所有类型的公众版网络地理信息服务数据的空间位置精度要求，数字高程模型格网不小于(　　)m。

A. 25　　B. 50

C. 100　　D. 200

34. 在线地理信息服务系统中承担服务管理与用户管理任务的是(　　)。

A. 数据生产与管理软件　　B. 服务发布软件

C. 运维监控系统　　D. 应用系统

35. 下列关于门户网站系统的描述，错误的是(　　)。

A. 门户网站一般应包括地理信息浏览、搜索定位、空间要素查询分析等栏目

B. 门户网站必须标注审图号，提供使用条款、服务运行状态等信息

C. 提供平台使用帮助信息，如各类服务的接口规范、API 文本以及开发模板

D. 实现对各类互联网地理信息服务资源和功能的调用

36. 在线地理信息服务系统的运维监控系统中服务管理系统面向的用户不包括(　　)。

A. 平台运维管理者　　B. 普通用户

C. 服务发布者　　D. 服务调用者

37. (　　)是网络地理信息服务的底层基础。

A. 在线地理信息数据　　B. 在线地理信息服务系统

C. 网络地理信息服务标准　　D. 运行支持系统

38. 网络地理信息服务的各节点内部需要规划的网络分区不包括(　　)。

A. 对外服务区　　B. 对内服务区

C. 数据存储管理区　　D. 数据生产加工区

39. 网络地理信息服务的各节点内部的数据存储管理区主要部署(　　)。

A. Web 服务器　　B. 应用服务器
C. 数据库服务器　　D. 镜像服务器

40. SOA 的(　　)操作是服务使用者根据服务描述中的信息来调用服务。

A. 发布　　B. 发现
C. 命令　　D. 绑定和调用

41. 现行的《遥感影像公开使用管理规定(试行)》规定，公众版网络地理信息服务数据的影像分辨率不得优于(　　)m。

A. 0.5　　B. 1.0
C. 2.5　　D. 5.0

42. 现行的《遥感影像公开使用管理规定(试行)》规定，公众版网络地理信息服务数据空间位置精度不得高于(　　)m。

A. 10　　B. 50
C. 100　　D. 5

43.《地理信息公共服务平台地理实体与地名地址数据规范》规定，地名地址数据的地址坐标以地址位置标识点的(　　)表达。

A. 高斯平面坐标　　B. 经纬度坐标
C. 方里网坐标　　D. 线性坐标系下的坐标

44. 现行的《遥感影像公开使用管理规定(试行)》规定，从事提供或销售分辨率高于(　　)m 的卫星遥感影像活动的机构，应当建立客户登记制度。

A. 2.5　　B. 5.0
C. 10　　D. 0.5

45. 现行的《遥感影像公开使用管理规定(试行)》规定，从事提供或销售分辨率高于 10 m 的卫星遥感影像活动的机构，应当建立客户登记制度，且每(　　)个月应向所在地省级以上测绘地理信息行政主管部门报送备案。

A. 3　　B. 4
C. 6　　D. 12

46. 现行的《遥感影像公开使用管理规定(试行)》规定，属于国家秘密且确需公开使用的遥感影像，公开使用前应当依法送(　　)组织审查并进行保密技术处理。

A. 省级以上测绘地理信息行政主管部门
B. 省级测绘地理信息行政主管部门
C. 省级以上测绘地理信息行政主管部门会同有关部门
D. 国家测绘地理信息局

47. 现行的《遥感影像公开使用管理规定(试行)》规定，分辨率优于 0.5 m 的遥感影像，公开使用前应当报送(　　)组织审查并进行保密技术处理。

A. 省级以上测绘地理信息行政主管部门
B. 省级测绘地理信息行政主管部门
C. 省级以上测绘地理信息行政主管部门会同有关部门

D. 国家测绘地理信息局

48. 地图瓦片数据组织方式采用(　　)目录结构描述。

A. 数据集、层、行、列　　B. 数据集、行

C. 数据集、层、行　　D. 数据集、行、列

49. 现行的《基础地理信息公开表示内容的规定(试行)》规定，下列基础地理信息内容可以公开的是(　　)。

A. 潮流量　　B. 实时库容

C. 船闸尺度　　D. 航海线

50.《公开地图内容表示若干规定》，香港特别行政区界线按(　　)《中华人民共和国香港特别行政区行政区域图》表示，比例尺≤1∶4 000 万的地图可不表示其界线。

A. 1∶2 万　　B. 1∶5 万

C. 1∶10 万　　D. 1∶25 万

51.《公开地图内容表示若干规定》，澳门特别行政区地图内容按(　　)《中华人民共和国澳门特别行政区行政区域图》表示。

A. 1∶2 万　　B. 1∶5 万

C. 1∶10 万　　D. 1∶25 万

52.《公开地图内容表示若干规定》，比例尺大于等于(　　)的各类公开地图均不得绘出经纬线和直角坐标网。

A. 1∶20 万　　B. 1∶50 万

C. 1∶10 万　　D. 1∶25 万

53. 按《公开地图内容表示若干规定》，辖区面积小于 $10\times10^4\text{km}^2$ 的省、自治区地图，公开表示时其比例尺应小于等于(　　)。

A. 1∶20 万　　B. 1∶50 万

C. 1∶10 万　　D. 1∶25 万

54. 图元标示码的结构是由(　　)和数据比例尺代码和顺序代码组成。

A. 行政区域代码　　B. 要素几何类型码

C. 要素类码　　D. 政区实体标识码

55. 地理实体数据的多尺度表达，大比例尺的境界与政区实体的最小粒度至(　　)级行政区及相应界线。

A. 2　　B. 3

C. 4　　D. 5

56. 下列定位方式中，不属于移动定位技术的是(　　)。

A. GPS 单点定位　　B. 手机基站定位

C. WiFi-定位　　D. 轨迹球定位

二、多项选择题(共25题，每题的备选选项中，有2项或2项以上符合题意，至少有1项是错项)。

1. 网络地理信息服务内容之一的电子地图，是针对网络地理信息应用需求，对各类地理空间数据进行处理后形成的屏幕显示地图。电子地图从形式上可分为(　　)。

A. 二维电子地图　　B. 三维电子地图
C. 实拍街景图　　D. 影像地图
E. 动态地图

2. SOA 的操作包括(　　)。

A. 发布　　B. 提供
C. 发现　　D. 绑定
E. 调用

3. 当前的网络地理信息服务大多以(　　)方式向各类用户提供地理信息在线服务。

A. 云计算　　B. 地图数据
C. 门户网站　　D. 服务接口
E. 文字信息

4. 网络地理信息服务内容之一的电子地图，是针对网络地理信息应用需求，对各类地理空间数据进行处理后形成的屏幕显示地图。电子地图从内容上可分为(　　)。

A. 二维电子地图　　B. 三维电子地图
C. 实拍街景图　　D. 公共地理底图
E. 专题地图

5. 面向服务的架构(SOA)是一种软件系统架构，它通过(　　)实现网络环境下的业务集成。

A. 标准　　B. 规范
C. 接口　　D. 消息
E. 协议

6. 面向服务的架构(SOA)的三类角色中，服务使用者可以是(　　)。

A. 应用程序　　B. 软件模块
C. 另一个服务　　D. 服务注册中心
E. 最终用户

7. 面向服务的架构(SOA)具有的特点包括(　　)。

A. 可重用　　B. 紧耦合
C. 标准接口　　D. 独立服务
E. 基于开放标准

8.《地理信息公共服务平台电子地图数据规范》规定了网络服务电子地图数据的

(　　)。

A. 坐标系统　　B. 数据源

C. 地图瓦片　　D. 地图分级及地图表达

E. 地理实体数据的多尺度表达

9.《地理信息公共服务平台地理实体与地名地址数据规范》规定，地理实体的基本属性项包括(　　)。

A. 地理实体标识码　　B. 图元标识码

C. 信息分类码　　D. 地理实体名称

E. 地理实体地址代码

10. 经过内容提取、模型重构处理后，用于互联网地图服务的在线地理信息数据集包括(　　)。

A. 数字地形图数据　　B. 高精度地表模型数据

C. 地理实体数据　　D. 地名地址数据

E. 电子地图数据

11. 地图瓦片数据可采用的数据格式是(　　)。

A. PNG　　B. GIF

C. JPG　　D. BMP

E. TIF

12. 云计算是一种基于互联网的计算方式，一般包括(　　)层次的服务。

A. 基础设施即服务　　B. 平台即服务

C. 软件即服务　　D. 数据即服务

E. 资源即服务

13. 公开版网络地理信息服务数据运行于互联网或国家电子政务外网环境，数据需符合国家地理信息与地图公开表示的有关规定，具体包括(　　)等方面。

A. 数据内容与表示　　B. 影像分辨率

C. 空间位置精度　　D. 地图投影类型

E. 用户信息及使用用途

14. 网络地理信息服务在地名地址数据生产过程中，需要特别注意的内容是(　　)。

A. 坐标系统　　B. 数据组织

C. 几何表达　　D. 数据建模

E. 属性赋值

15. 网络地理信息服务中数据的更新方式一般而言可以分为 2 种模式，分别是(　　)。

A. 日常更新　　B. 应急更新

C. 分区更新　　D. 分块更新

E. 融合更新

16. 按现行的《基础地理信息公开表示内容的规定(试行)》规定，下列基础地理信息内容可以公开的是(　　)。

A. 潮流量　　B. 实时库容
C. 干出滩　　D. 渡口位置
E. 等高距小于 50 m 时的等高线

17. 按现行的《基础地理信息公开表示内容的规定(试行)》规定，下列基础地理信息内容可以公开的是(　　)。

A. 航海线　　B. 实时库容
C. 干出滩　　D. 渡口位置
E. 潮流量

18. 电子地图的数据源主要包括(　　)等两类。

A. 影像数据　　B. 矢量数据
C. 模型数据　　D. 栅格数据
E. 实时传感数据

19. 电子地图的数据源矢量数据可以分为(　　)。

A. 影像数据类　　B. 基础专业类
C. 公共应用类　　D. 栅格数据类
E. 影像标准类

20. 电子地图是按(　　)进行地图分级的。

A. 影像分辨率　　B. 地面分辨率
C. 显示比例尺　　D. 屏幕分辨率
E. 地图载负量

21. 地理实体数据的概念模型，通常由(　　)构成。

A. 图元层　　B. 图元标识码
C. 实体层　　D. 图元表
E. 实体表

22. 地理实体数据以空间无缝、内容分层的方式组织，通常由(　　)构成。

A. 图元层　　B. 图元标识码
C. 实体层　　D. 图元表
E. 实体表

23. 下列属于地理实体数据的几何表达要遵循的规则是(　　)。

A. 以线表达的水系、交通等要素应保证线段的连续
B. 地理实体表达的最小粒度与对应比例尺相适应
C. 以面表达的政区、院落、房屋等要素应保证面的封闭
D. 标志物中心点的点位以地理位置标识点表达
E. 正确处理要素间的空间关系，保证要素间空间关系的合理与逻辑一致

24. 公众版地理框架数据包括(　　)。

A. 线划地形图数据　　B. 影像数据
C. 三维景观数据　　D. 地下管网数据
E. 大地控制网数据

25. 互联网地图服务系统的服务层包括(　　)。
A. 应用软件系统　　B. 服务管理系统
C. 门户网站系统　　D. 服务基础软件
E. 应用开发接口库

参考答案

一、单项选择题

1. B	2. C	3. C	4. D	5. A	6. A	7. C	8. B
9. D	10. A	11. C	12. C	13. B	14. D	15. C	16. A
17. D	18. B	19. A	20. B	21. C	22. B	23. C	24. C
25. A	26. C	27. D	28. D	29. A	30. D	31. B	32. C
33. C	34. C	35. D	36. B	37. D	38. B	39. C	40. D
41. A	42. B	43. B	44. C	45. C	46. C	47. D	48. C
49. D	50. C	51. A	52. B	53. D	54. A	55. C	56. D

二、多项选择题

1. ABC	2. ACDE	3. CD	4. DE	5. CE
6. ABC	7. ACDE	8. ABCD	9. ABCD	10. CDE
11. AC	12. ABCD	13. ABC	14. BDE	15. AB
16. CD	17. ACD	18. AB	19. BCE	20. BC
21. AC	22. DE	23. ACE	24. ABC	25. BCDE

第二部分　试题解析

(一)2011 年注册测绘师资格考试测绘综合能力试卷与参考答案及解析

一、单项选择题(每题 1 分，每题的备选选项中，只有一个符合题意)。

1. 使用 N 台($N>3$)GPS 接收机进行同步观测所获得的 GPS 边中，独立的 GPS 边的数量是(　　)。

A. N　　B. $N-1$

C. $N(N+1)/2$　　D. $N(N-1)/2$

2. 我国现行的大地原点、水准原点分别位于(　　)。

A. 北京、浙江坎门　　B. 北京、山东青岛

C. 山西泾阳、浙江坎门　　D. 陕西泾阳、山东青岛

3. 大地水准面精化工作中，A、B 级 GPS 观测应采用(　　)定位模式。

A. 静态相对　　B. 快速静态相对

C. 准动态相对　　D. 绝对

4. 为求定 GPS 点在某一参考坐标系中的坐标，应与该参考坐标系中的原有控制点联测，联测的点数不得少于(　　)个点。

A. 1　　B. 2

C. 3　　D. 4

5. 地面上任意一点的正常高为该点沿(　　)的距离。

A. 垂线至似大地水准面　　B. 法线至似大地水准面

C. 垂线至大地水准面　　D. 法线至大地水准面

6. GPS 的大地高 H、正常高 h 和高程异常 ζ 三者之间正确的关系是(　　)。

A. $\zeta=H-h$　　B. $\zeta<H-h$

C. $\zeta=h-H$　　D. $\zeta<h-H$

7. 按现行《全球定位系统(GPS)测量规范》，随 GPS 接收机配备的商用软件只能用于(　　)。

A. C 级及以下各级 GPS 网基线解算

B. A 级 GPS 网基线预处理

C. B 级 GPS 网基线静处理

D. A 级 GPS 网基线处理

8. 水准测量时，应使前后视距尽可能相等，其目的是减弱(　　)的误差影响。

A. 圆水准器轴不平行于仪器数轴 B. 十字丝横丝不垂直于仪器竖轴

C. 标尺分划误差 D. 仪器视准轴不平行于水准管轴

9. 国家一、二等水准测量单一水准路线高差闭合差的分配原则是( )。

A. 按距离成比例反号分配 B. 按距离成比例同号分配

C. 按测段平均反号分配 D. 按测段平均同号分配

10. 一、二等水准路线跨越江、河，当视线长度大于( )m 时，应根据视线长度和仪器设备等情况，选用规范的相应方法进行跨河水准测量。

A. 50 B. 100

C. 150 D. 200

11. 加密重力测量测线中，当仪器静放 3h 以上时，必须在( )读数，按静态零漂计算。

A. 静放前 B. 静放后

C. 静放中 D. 静放前后

12. 相对重力测量是测定两点的( )。

A. 重力差值 B. 重力平均值

C. 重力绝对值 D. 重力加速度

13. 工矿区 1∶500 比例尺竣工图测绘中，主要建筑物细部点坐标中误差不应超过( )m。

A. ±0.05 B. ±0.07

C. ±0.10 D. ±0.14

14. 陀螺经纬仪测定的方位角是( )。

A. 坐标方位角 B. 磁北方位角

C. 施工控制网坐标系方位角 D. 真北方位角

15. 建筑物沉降观测中，基准点数至少应有( )个。

A. 1 B. 2

C. 3 D. 4

16. 某平坦地区 1∶2 000 比例尺地形图的基本等高距确定为 1 m，全站仪测图时，除应选择一个图根点作为测站定向点外，尚应施测另一个图根点作为测站检核，检核点的高程较差不应大于( )m。

A. ±0.10 B. ±0.15

C. ±0.20 D. ±0.25

17. 在水准测量中，若后视点读数小于前视点读数，则( )。

A. 后视点比前视点低 B. 后视点比前视点高

C. 后视点、前视点等高 D. 后视点、前视点的高程取决于仪器高度

18. 如图，由两个已知水准点 1、2 测定未知点 P 的高程，已知数据和观测数据见表，其中 H_i 为高程，h_i 为高差，n_i 为测站数。P 点的高程值应为( )m。

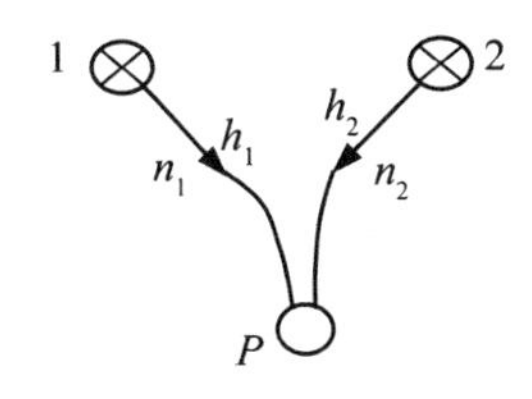

	1	2
H_i(m)	35.60	35.40
h_i(m)	0.6	0.6
n_i	2	1

A. 36.00　　B. 36.04

C. 36.07　　D. 36.10

19. 为满足测量成果的一测多用，在满足精度的前提下，工程测量应采用(　　)平面直角坐标系。

A. 任意带高斯正形投影　　B. 独立

C. 国家统一 3°带高斯正形投影　　D. 抵偿投影面的 3°带高斯正形投影

20. 市政工程施工设计阶段需要的地形图比例尺一般为(　　)。

A. 1∶100~1∶200　　B. 1∶500~1∶1 000

C. 1∶2 000~1∶5 000　　D. 1∶10 000

21. 某丘陵地区 1∶1 000 地形测图基本等高距确定为 1 m，那么，图根控制点的高程相对于邻近等级控制点的中误差不应超过(　　)m。

A. ±0.10　　B. ±0.15

C. ±0.20　　D. ±0.25

22. 大比例尺地形测图时，图根控制点相对于邻近等级控制点的平面点位中误差，不应大于图上(　　)mm。

A. ±0.1　　B. ±0.2

C. ±0.3　　D. ±0.5

23. 测图控制网的平面精度应根据(　　)来确定。

A. 控制网测量方法　　B. 测图比例尺

C. 测绘内容的详细程度　　D. 控制网网形

24. 地形测图时，图根水准测量起算点的精度不应低于(　　)的精度。

A. 等外水准点　　B. 一级导线点

C. 四等水准点　　D. 三等水准点

25. 如图，利用小角法测定观测点 P 与基准线 AB 间的水准位移 Δ，已知 P 点距 A 点的距离 S 为 40 m，测角中误差为±5″，在不考虑距离测量中误差影响的情况下，Δ

的测定精度为(　　)mm。(提示：$\Delta=\alpha\cdot\frac{S}{\rho}$，此处 ρ 取 200 000)。

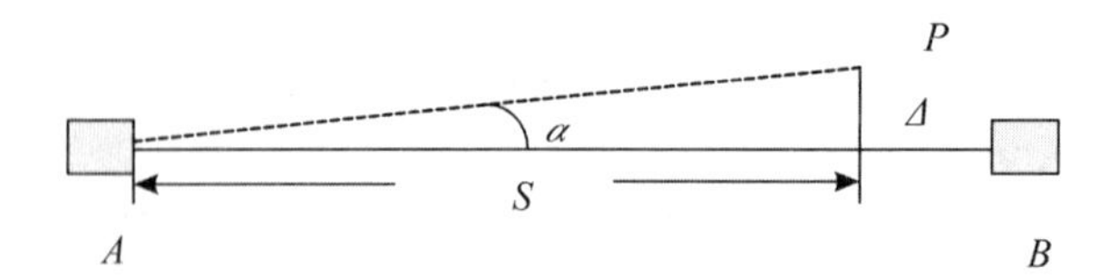

A. ±0.5　　B. ±1.0

C. ±1.5　　D. ±2.0

26. 在施工放样中，若设计允许的总误差为 Δ，允许测量工作的误差为 Δ_1，允许施工产生的误差为 Δ_2，且 $\Delta^2=\Delta_{12}+\Delta_{22}$，按“等影响原则”，则有 $\Delta_1=$(　　)。

A. $1/2\Delta$　　B. $1/\sqrt{2}\Delta$

C. $1/3\Delta$　　D. $1/\sqrt{3}\Delta$

27. 按现行《工程测量规范》，一条长度为 6 km 的隧道工程相对施工，其中线在贯通面上的高程贯通误差不应大于(　　)mm。

A. 50　　B. 60

C. 70　　D. 80

28. 大坝变形测量中，视准线法可以用来测定坝体的(　　)。

A. 垂直位移　　B. 挠度

C. 主体倾斜　　D. 水平位移

29.《国家基本比例尺地形图分幅和编号》规定，我国基本比例尺地形图均以(　　)地形图为基础，按经差和纬差划分图幅。

A. 1∶1 000 000　　B. 1∶500 000

C. 1∶100 000　　D. 1∶10 000

30. 航空摄影测量中，因地面有一定高度的目标物体或地形自然起伏所引起的航摄像片上的像点位移称为航摄像片的(　　)。

A. 倾斜误差　　B. 辐射误差

C. 畸变误差　　D. 投影差

31. 按现行《1∶500 1∶1 000 1∶2 000 地形图航空摄影测量数字化测图规范》，一幅图内宜采用一种基本等高距，当用基本等高距不能描述地貌特征时，应加绘(　　)。

A. 计曲线　　B. 等值线

C. 首曲线　　D. 间曲线

32. 按现行《数字地形图系列和基本要求》，数字地形图产品标记内容的顺序为(　　)。

A. 分类代码、分幅编号、使用标准号、产品名称

B. 产品名称、分类代码、分幅编号、使用标准号

C. 分幅编号、分类代码、使用标准号、产品名称

D. 使用标准号、产品名称、分幅编号、分类代码

33. 基于胶片的航测内业数字化生产过程中，内定向的主要目的是实现(　　)的转换。

A. 像片坐标到地面坐标　　B. 扫描仪坐标到地面坐标

C. 像平面坐标到像空间坐标　　D. 扫描仪坐标到像片坐标

34. 解析法相对定向中，一个像对所求的相对定向元素共有(　　)个。

A. 4　　B. 5

C. 6　　D. 7

35. 城区航空摄影时，为减小航摄像片上地物的投影差，应尽量选择(　　)焦距摄影机。

A. 短　　B. 中等

C. 长　　D. 可变

36. 航测法成图的外业主要工作是(　　)和像片测绘。

A. 地形测量　　B. 像片坐标测量

C. 地物高度测量　　D. 地面控制点坐标

37. GPS辅助航空摄影测量中，机载GPS的主要作用之一是用来测定(　　)的初值。

A. 外方位线元素　　B. 内定向参数

C. 外方位角元素　　D. 地面控制点坐标

38. 就目前的技术水平而言，下列航测数字化生产环节中，自动化水平相对较低的是(　　)。

A. 影像内定向　　B. DOM的生产

C. DLG的生产　　D. 空中三角测量

39. 多源遥感影像数据融合的主要优点是(　　)。

A. 可以自动确定多种传感器影像的外方位元素

B. 可以充分发挥各种传感器影像自身的特点

C. 可以提高影像匹配的速度

D. 可以自动发现地物的变化规律

40. 推扫式线阵列传感器的成像特点是(　　)。

A. 每一条航线对应着一组外方位元素

B. 每一条扫描行对应着一组外方位元素

C. 每一个像元对应着一组外方位元素

D. 每一幅影像对应着一组外方位元素

41. 基于共线方程所制作的数字正射影像上仍然存在投影差的主要原因是(　　)。

A. 计算所使用的共线方程不严密

B. 地面上的建筑物太多

C. 计算所使用的 DEM 没有考虑地面目标的高度

D. 地形的起伏太大

42. 对航空摄影机进行检校的主要目的之一是为了精确获得摄影机(　　)的值。

A. 内方位元素　　B. 变焦范围

C. 外方位线元素　　D. 外方位角元素

43. 数字航空摄影中，地面采样间隔(GSD)表示(　　)。

A. 时间分辨率　　B. 光谱分辨率

C. 空间分辨率　　D. 辐射分辨率

44. 对平坦地区航空摄影而言，若航空重叠度为 60%，旁向重叠度为 30%，那么，航摄像片所能达到的最大重叠像片数为(　　)张。

A. 4　　B. 6

C. 8　　D. 9

45. 在设计地图投影方式时，呈圆形轮廓的区域宜采用(　　)投影。

A. 圆柱　　B. 圆锥

C. 方位　　D. 多圆锥

46. 地图缩编时，多采用舍弃、移位和压盖等手段来处理要素间的争位性矛盾。下列关于处理争位性矛盾的说法，错误的是(　　)。

A. 街区中的有方位意义的河流可以采用压盖街区的办法完整的绘出河流符号

B. 当人工物体与自然物体发生位置矛盾时，一般移动自然物体

C. 连续表示的国界线无论在什么情况下，均不允许移位，周围地物相对关系要与之相适应

D. 居民点与河流、交通线相切、相割、相离的关系，一般要保持与实地相适应

47. 在专题地图表示方法中，能较好地反映制图区域某些点呈周期性现象的数量特征和变化的方法是(　　)。

A. 等值线法　　B. 定位图表法

C. 质底法　　D. 范围法

48. 下列关于制图综合物体选取顺序的说法，错误的是(　　)。

A. 从主要到次要　　B. 从高等级到低等级

C. 从大到小　　D. 从数量到质量

49. 国家基本比例尺 1∶25 000、1∶50 000 和 1∶100 000 地图编绘中，图廓边长理论值之差不大于(　　)mm。

A. ±0. 15　　B. ±0. 20

C. ±0. 25　　D. ±0. 30

50. 地图图幅设计中，某图幅确定使用地理坐标网，应选择(　　)作为本图幅的中央经线。

A. 图幅中最小的整数位经线

B. 靠近图幅中间位置的整数位经线

C. 靠近图幅东边位置的整数位经线

D. 公里网线

51. 下列比例尺地形图中，采用高斯-克吕格投影 6°分带法的是(　　)。

A. 1∶2 000　　B. 1∶5 000

C. 1∶10 000　　D. 1∶50 000

52. 我国基本比例尺地形图中，若某点经度为 114 °33′45″，纬度为 39 °22 ′30″，其所在 1∶100 万比例尺地形图的编号是(　　)。

A. J49　　B. H49

C. J50　　D. H50

53. 与矢量数据相比，栅格数据的特点是(　　)。

A. 数据结构简单　　B. 能够提供有效的拓扑关系

C. 数据存储所占空间小　　D. 图形与属性数据联动

54. 图形输出设备可分为矢量型和栅格型两类。下列各组输出设备中，全部为栅格型的是(　　)。

A. 喷墨式绘图仪、笔式绘图仪、激光照排机、点阵式打印机

B. 激光照排机、喷墨绘图仪、静电绘图仪、笔式绘图仪

C. 点阵式打印机、激光照排机、笔式绘图仪、静电绘图仪

D. 静电绘图仪、点阵式打印机、喷墨绘图仪、激光照排机

55. 在国家基本比例尺地图编绘中，当地物符号化后出现压盖时，应进行符号位移，位移后符号间保持的间距值一般不小于(　　)mm。

A. 0.1　　B. 0.2

C. 0.3　　D. 0.4

56. 标准的实体-关系(E-R)图中，分别用方框和椭圆表示(　　)。

A. 联系、属性　　B. 属性、实体类型

C. 实体类型、属性　　D. 联系、实体类型

57. GIS 软件测试四个基本步骤的先后顺序是(　　)。

A. 系统测试、确定测试、联合测试、模块测试

B. 模块测试、确定测试、联合测试、系统测试

C. 系统测试、联合测试、确定测试、模块测试

D. 模块测试、联合测试、确定测试、系统测试

58. GIS 工程项目在设计阶段，需要进行需求分析。下列关于需求分析的说法，正确的是(　　)。

A. 需求分析报告要获得用户认可　B. 系统需求是用户提出的要求

C. 用户可以不参与需求分析过程　D. 不是所有的项目都需要需求分析

59. 下列内容中，属性数据字典不描述的是(　　)。

A. 数据元素与数据结构　　B. 数据存储与处理

C. 数据流　　D. 拓扑关系

60. 下列方法中，可用于矢量空间数据压缩的是(　　)。

A. 行程编码和四叉数编码　　B. 利用算法删除线状要素上的部分点

C. 建立图元之间的拓扑关系　　D. 将图形数据和属性数据分开存储

61. 商业住楼中住宅与商业共同使用的共有建筑面积，按住宅与商业的(　　)比例分摊给住宅和商业。

A. 房屋价值　　B. 建筑面积

C. 土地面积　　D. 土地价值

62. 地籍图上一类界址点相对于邻近图根点的点位中误差不得超过(　　)cm。

A. ±5　　B. ±7.5

C. ±10　　D. ±15

63. 地籍管理的内容包括土地调查、土地登记、土地统计、土地分等定级估价、(　　)等。

A. 地籍档案建立　　B. 地籍图测绘

C. 界址点测定　　D. 宗地图测绘

64. 地籍测量坐标系统应优先选用(　　)坐标系。

A. 独立　　B. 任意

C. 国家　　D. 地方

65. 当一幅地籍图内变更面积超过(　　)时，应对该图幅进行更新测量。

A. 1/4　　B. 1/3

C. 1/2　　D. 2/3

66. 现行界线测绘应采用的坐标系统与高程基准是(　　)。

A. 2000 国家大地坐标系和 1985 国家高程基准

B. 1980 西安坐标系和 1985 国家高程基准

C. 2000 国家大地坐标系和 1956 年黄海高程系

D. 1980 西安坐标系和 1956 年黄海高程系

67. 界线测绘的内容包括界线测绘准备、(　　)、边界点测定、边界线及相关地形要素调绘、边界协议书附图制作与印刷、边界点位置和边界走向说明的编写。

A. 界桩埋设和测定　　B. 边界地形图测绘

C. 边界线情况图编制　　D. 边界主张线图标绘

68. 按现行《行政区域界线测绘规范》，边界协议书附图中界桩点的最大展点误差不应超过相应比例尺地形图图上(　　)mm。

A. ±0.1　　B. ±0.2

C. ±0.3　　D. ±0.4

69. 边界协议书附图的内容应包括边界线、界桩点及相关的地形要素、名称、注记等，各要素应(   )表示。

A. 系统　　B. 简要

C. 详尽　　D. 突出

70. 按现行《房产测量规范》，房屋的建筑面积由(   )组成。

A. 套内建筑面积和套内墙体面积

B. 使用面积、套内墙体面积、套内建筑面积和分摊得到的共有建筑面积

C. 套内建筑面积和分摊得到的共有建筑面积

D. 套内建筑面积、套内阳台建筑面积和套内墙体面积

71. 房屋建筑结构可分为砖木结构、混合结构、(   )、钢结构、钢筋混凝土结构和其他结构。

A. 砖混结构　　B. 土木结构

C. 钢和钢筋混凝土结构　　D. 石结构

72. 房地产变更测量分为(   )测量两类。

A. 现状变更和权属变更　　B. 面积变更和结构变更

C. 权界变更和权属变更　　D. 面积变更和权属变更

73. 按现行《房产测量规范》，房屋层高(   )m 以下不计算建筑面积。

A. 2.2　　B. 2.4

C. 2.6　　D. 2.8

74. 现行《房产测量规范》未做出测量精度要求规定的房产测量对象是(   )。

A. 房产界址点　　B. 房角点

C. 房屋面积　　D. 房屋边长

75. 现行海道测量时用的高程系统是(   )。

A. 理论深度基准面　　B. 当地平均海面

C. 吴淞零点　　D. 1985 国家高程基准

76. 干出礁高度从(   )起算。

A. 理论深度基准面　　B. 当地平均海面

C. 平均大潮低潮面　　D. 理论大潮高潮面

77. 海图上的潮信资料有平均高潮间隙、平均低潮间隙、大潮升、小潮升和(   )。

A. 平均海面　　B. 最高潮位

C. 最低潮位　　D. 涨潮历时

78. 海图内容的三大要素是数学要素、地理要素和(   )。

A. 水部要素　　B. 陆部要素

C. 助航要素　　D. 辅助要素

79. 人工观测水位时水尺设置的要求是(   )。

A. 水尺零点不低于平均海面　　B. 水尺零点低于最低潮面

C. 水尺零点不高于平均海面　　D. 水尺零点高于最高潮面

80. 目前海道测量平面控制常用的测量方法是(　　)。

A. 三角测量　　B. 三边测量

C. 导线测量　　D. GPS 测量

二、多项选择题(每题 2 分，每题的备选选项中，有 2 个或 2 个以上符合题意，至少有 1 个是错项。错选，本题不得分；少选，所选的每个选项得 0.5 分)

81. GPS 控制网技术设计的一般内容包括(　　)。

A. 控制网应用范围　　B. 分级布网方案

C. 测量精度标准　　D. 坐标系统与起算数据

E. 测站间的通视

82. 目前"2000 国家 GPS 控制网"是由(　　)组成。

A. 国家测绘局布设的 GPSA、B 级网

B. 总参测绘局布设的 GPS 一、二级网

C. 中国地壳运动观测网

D. 中国大陆环境构造监测网

E. 国家天文大地网

83. 下列测量方法中，可用于建立国家一、二等高程控制网的方法包括(　　)。

A. 三角高程测量　　B. 水准测量

C. GPS 水准测量　　D. 地形控制网测量

E. 重力测量

84. 按现行《工程测量规范》，变性测量过程中必须立即报告建设单位和施工单位采取相应安全措施的情况包括(　　)。

A. 变形量达到预警或接近允许值　B. 变形量出现异常变化

C. 少数变形观测点遭到破坏　　D. 工程或地表的裂缝迅速扩大

E. 数据处理结果不符合技术方案要求

85. 线路定测的主要工作内容包括(　　)。

A. 地形图测绘　　B. 中线测量

C. 纵断面测量　　D. 横断面测量

E. 土方测量

86. 精密三角高程测量的精度影响因素有(　　)等。

A. 边长误差　　B. 垂直折光误差

C. 水平折光误差　　D. 垂直角误差

E. 水平角误差

87. 下列测量方法中，可用于测定工程建筑物垂直位移的有(　　)。

A. 水准测量　　B. 极坐标测量
C. 垂线法　　D. 三角高程测量
E. 液体静力水准测量

88. 按现行《1∶500 1∶1 000 1∶2 000 地形图航空摄影测量内业规范》，地形图航空摄影测量中地形的类别包括(　　)。

A. 平地　　B. 极高山地
C. 丘陵地　　D. 山地
E. 高山地

89. 在航空摄影生产的数据处理过程中，可通过空中三角测量环节计算得到的参数包括(　　)。

A. 航摄像片的外方位元素　　B. 加密点的地面坐标
C. 外业控制点的坐标　　D. 地物投影点差的大小
E. 地面目标物体的高度

90. 机载定位与定向系统(POS)的组成部分包括(　　)。

A. CCD　　B. GPS
C. IMU　　D. LiDAR
E. InSAR

91. 按现行《国家基本比例尺地形图更新规范》，地形图更新方式依据地形要素变化情况、比例尺大小、资料情况等因素可分为(　　)等。

A. 重测　　B. 修测
C. 重采样　　D. 修编
E. 联测

92. 地理信息系统输出产品包括(　　)。

A. 专题地图　　B. 栅格地图
C. 矢量地图　　D. 统计图表
E. 实体-关系图

93. 电子地图的设计应重点从(　　)等方面来考虑。

A. 界面设计　　B. 比例尺设计
C. 符号设计　　D. 色彩设计
E. 图层设计

94. 下列关于数据库系统说法，正确的有(　　)。

A. 数据库系统可减少数据冗余
B. 数据库系统避免了一切数据冗余
C. 数据库系统比文件系统管理更安全
D. 数据库是一个独立的系统，不需要操作系统的支持
E. 数据库系统中，数据的物理结构必须与逻辑结构一致

95. 数据字典是开展 GIS 系统分析和设计的工作基础，其主要内容包括

(　　)等。

A. 空间数据库名称，层名　　B. 关联属性项、关联字段
C. 拓扑关系、属性表　　D. 要素类型、操作限制规则
E. 需求分析、统计表

96. 界址点坐标测定可采用的方法包括(　　)。

A. 图解法　　B. 极坐标法
C. 交会法　　D. 正交法
E. GPS 定位法

97.《中华人民共和国省级行政区域边界协议书附图集》要求表示的内容包括(　　)。

A. 图例　　B. 边界地形图
C. 边界主张线图　　D. 编制说明
E. 界桩登记表

98. 房产权属所有人对其所有的房产依法享有的权利有(　　)。

A. 占有权　　B. 使用权
C. 收益权　　D. 处分权
E. 地役权

99. 测量水深可采用的仪器设备包括(　　)。

A. 测深杆　　B. 机载激光测深系统
C. 旁测声呐　　D. 多波束测深系统
E. 磁力仪

100. 利用单波束回声测深仪进行水深测量时，对主测深线与等深线应保持的方向要求包括(　　)。

A. 0°　　B. 30°
C. 45°　　D. 60°
E. 90°

参考答案及解析

一、单项选择题

1.【B】从 N 台(N>3) GPS 接收机同步观测值中，由 N-1 台独立基线构成观测方程，统一解算出 N-1 条基线向量。
2.【D】我国现行的大地原点位于陕西省泾阳县，水准原点位于山东青岛。
3.【A】大地水准面精化工作中，A、B 级 GPS 观测应采用静态相对定位模式。
4.【C】新布设的 GPS 网应与附近已有国家高等级 GPS 点进行联测，联测点数不应少

于 3 个。

5.【A】地面点沿垂线到似大地水准面的距离称为正常高。

6.【A】三者关系为 $\zeta=H-h$。

7.【A】A、B 级 GPS 网基线数据处理应采用高精度数据处理专用软件，C、D、E 级 GPS 网基线解算可采用随接收机配备的商用软件。

8.【D】水准测量中，前后视距相等，其目的是减弱 i 角误差。

9.【A】水准测量高差闭合差是按距离成比例反符号分配到各测段的高差中。

10.【B】二等水准路线跨越江、河，当视线长度大于 100m 时，应根据视线长度和仪器设备等情况，选用规范的相应方法进行跨河水准测量。

11.【D】根据《加密重量测量规范》，加密重力测量测线中仪器静放 3 小时以上时，必须在静放前后读数，按静态零漂计算。

12.【A】相对重力测量就是用仪器测出地面上两点间的重力差值。

13.【A】根据《工程测量规范》规定，在工矿区 1∶500 比例尺竣工图测绘中，主要建筑物细部点坐标中误差不应超过±0. 05 m。

14.【D】陀螺经纬仪是一种将陀螺仪和经纬仪集成在一起的测量仪器。它利用陀螺仪本身的物理特性及地球自转的影响，实现自动寻找真北方向，从而测定任意测站上任意方向的大地方位角。

15.【C】基准点是变形监测的基准，应布设在变形影响区域外稳固可靠的位置。每个工程至少应布设 3 个基准点。

16.【C】$0.1\times10^{-3}\times2000=0.2$m。

17.【B】由水准测量原理分析可知。后视点读数小于前视点读数，说明后视点高。

18.【C】方法一：先计算：①闭合差 $W=35.6+0.6-0.6-35.4=0.2$ m；②按测站数分配闭合差：$V_{h1}=-0.2\times2/3=-0.133$ m，$H_p=35.6+0.6-0.133=36.07$ m。

方法二：由水准点 1 计算 P 点高程 $H_{P1}=35.60+0.60=36.20$ m；由水准点 2 计算 P 点高程 $H_{P2}=35.40+0.60=36.00$ m，取加权平均值。权与测站数成反比，H_{P1}的测站数 n_1，其权 $w_1=1/n_1=1/2=0.5$；H_{P2}的权为 $w_2=1/n_2=1/1=1$。计算加权平均值 $H_P=(H_{P1}\times w_1+H_{P2}\times w_2)/(w_1+w_2)=(36.20\times0.5+36.00\times1.0)/(0.5+1.0)=36.07$m。

19.【C】为利用高精度的国家大地测量成果，在满足工程精度的前提下，工程控制网一般采用国家统一的 3°带高斯平面直角坐标系。

20.【B】在工程初步设计，施工图设计，城镇、工矿总图管理，竣工验收，运营管理等方面地形图比例尺应该用 1∶500～1∶1 000。

21.【A】图根点的精度，相对于邻近等级控制点的点位中误差，不应大于图上 0.1 mm，高程中误差不应大于测图基本等高距的 1/10。

22.【A】图根点的精度，相对于邻近等级控制点的点位中误差，不应大于图上 0.1 mm，高程中误差不应大于测图基本等高距的 1/10。

23.【B】测图控制网的平面精度是按测图比例尺确定的。

24.【C】现行测量规范规定，进行地形测图时，图根水准测量起算点的精度不应低于四等水准点的精度。

25.【B】误差传播定律。试题提示中已经给出公式，而且不考虑距离测量中误差影响的情况，计算结果四舍五入可得。

26.【B】按等影响原则，说明 $\Delta_1=\Delta_2$，代入题中公式计算可得。

27.【C】按现行《工程测量规范》，高程的贯通限差不论隧道工程的长短，贯通误差限差为 70 mm。

28.【D】水平位移测量用来测定变形体在水平方向上的移动。用于水平位移测量的技术和方法有视准线、激光准直法等。

29.【A】我国的基本比例尺地形图都是在 1∶100 万比例尺地图编号的基础上进行的。

30.【D】由于地球表面起伏所引起的像点位移称为像片上的投影差。

31.【D】等高线按照等高距可以分为计曲线、首曲线、间曲线和助曲线四种，其中间曲线是二分之一基本等高距，当用基本等高距不能描述地貌特征时，应加绘间曲线。

32.【B】现行《数字地形图系列和基本要求》规定，产品标记中明确标记内容的顺序为产品名称+分类代码+分幅编号+使用标准号。

33.【D】为了进行内定向，必须量测影像上框标点的扫描坐标，然后根据航摄相机的检定结果所提供的框标理论坐标，用解析计算的方法求得内定向参数，从而实现扫描坐标到像片坐标的转换。

34.【B】在数字摄影测量系统中，利用计算机的影像匹配代替人眼的立体观测识别同名点，通过自动量测 6 对以上同名点的像片坐标，用最小二乘平差计算解求出 5 个相对定向元素。

35.【C】航空摄影对于航摄机主距的选择，顾及像片上投影差的大小以及摄影基高比对高程测定精度的影响，一般情况下，对于大比例尺单像测图（如正射影像制作），应选用常角（长焦距≥255mm）或窄角航摄机；对于立体测图，则应选用宽角或特宽角航摄机。

36.【D】航测法成图的野外工作就是依据已知大地点、水准点借助外业仪器实地测定像片控制点的坐标并且正确标出像控点。前者工作就是像片控制测量，后者为像片调绘。

37.【A】GPS 辅助航空摄影测量，利用机载 GPS 主要获取航摄仪曝光时刻摄站的三维坐标，即外方位线元素。

38.【C】数字线划图（DLG）的生产工艺复杂，需要人工干预多，故自动化水平低。

39.【B】多源遥感影像数据融合的主要优点是可以充分发挥各种传感器影像自身的特点。

40.【A】线阵式航摄仪是利用线阵 CCD 的扫描记录影像，如三行线阵 CCD 的推扫式测量型数字航摄仪的镜头采用中心投影，对前视、下视、后视三个方向扫描获取影像，每条扫描线有其独立的摄影中心，拍摄得到的是一整条带状无缝隙的影像，也就是说一条航线对应着一组外方位元素。

41.【C】采用传统方法所制作的正射影像上仍然存在有投影差的现象，这是因为传统正射影像的工作是以DEM为基础进行数字纠正计算的。而DEM是相对于地表面的高程，即它并没有顾及地面上目标物体的高度情况。

42.【A】大多数情况下，对摄影机内方位元素的确定和物镜光学畸变差的确定是摄影机检校的主要内容。

43.【C】地面采样距离(GSD)表示空间分辨率。空间分辨率是某一摄影机系统所拍摄影像光学质量的综合反映，数字影像的分辨率是用地面采样间隔来描述的。

44.【B】在一条航线上航向重叠度60%的最大重叠像片数为3张，旁向重叠度30%，为重叠像片数2张，故航摄像片所能达到的最大重叠像片数为2×3=6张。

45.【C】接近圆形轮廓的区域宜选择方位投影，极地附近宜选正轴方位投影；中纬度地区宜选圆锥投影。

46.【B】自然物体，稳定性较高；而人工物体，稳定性相对较差。它们在一起发生位置矛盾时，一般移动人工物体。

47.【B】定位图表法用图表的形式反映定位于制图区域某些点的周期性现象的数量特征和变化。

48.【D】根据制图物体选取的基本方法。

49.【B】根据《国家基本比例尺地图编绘规范》规定，图廓边长与理论值不大于0.2 mm。

50.【B】图幅的中央经线应是靠近图幅中间位置的整数位的经线，它应位于图纸的中间，其余的经纬线网格以它为对称轴分列两侧。

51.【D】在我国地形图中，≤1∶1万采用高斯投影带3°分带法，1∶2.5万~1∶50万采用高斯投影带6°分带法，≥1∶100万采用双标准纬线等角圆锥投影。

52.【C】1∶100万比例尺地形图是6°经差及4°纬差。

53.【A】栅格数据优点为数据结构简单，便于空间分析和地表模拟，现势性较强；缺点为数据量大，投影转换比较复杂。

54.【D】笔式绘图仪是矢量型设备。

55.【B】当地物符号化后出现压盖时，应进行符号位移，位移后符号间保持的间隔值一般不小于0.2 mm。

56.【C】实体用矩形表示，内标实体名称；属性用椭圆表示，内标属性名，用连线与实体相连；实体间的联系用菱形框表示，内标联系名称，用连线与实体相连，线上注明联系类型。

57.【D】系统测试的过程包括单元测试(模块测试)、集成测试(联合测试)和确认测试。

58.【A】需求分析报告要获得用户认可。

59.【D】属性数据字典通常包括数据元素、数据结构、数据流、数据存储、处理过程和外部实体等内容，而拓扑关系时空间数据字典所涉及的内容。

60.【B】矢量空间数据是通过记录地理实体坐标的方式表示点、线、面等实体的空间位置和形状，要进行矢量空间数据压缩只能通过利用某种算法删除线状要素或区域边界上的一部分坐标点来实现。

61.【B】住楼中住宅与商业共同使用的共有建筑面积，按住宅与商业的建筑面积比例分摊给住宅和商业。

62.【A】地籍图上一类界址点相对于邻近图根点的点位中误差不得超过±5mm。

63.【A】为取得有关地籍资料和全面研究土地权属、自然和经济状况，采取以地籍调查、土地登记、土地统计、土地价值评估和地籍档案信息管理为主要内容的经济、技术和法律措施。

64.【C】地籍控制测量坐标系统尽量采用国家统一坐标系统。

65.【C】为保证地籍图的现势性，当在一幅图内或一个街坊内宗地变更面积超过 1/2 时，应对该图幅或街坊进行基本地籍图的重新测量。

66.【A】界线测绘宜采用国家统一的 2000 国家大地坐标系和 1985 国家高程基准。

67.【A】界线测绘成果包括：界桩登记表、界桩成果表、边界点成果表、边界点位置和边界走向说明、边界协议书附图。

68.【B】边界协议书附图中界桩点的最大展点误差不超过相应比例尺地形图图上±0. 2 mm，补调的与确定的边界有关的地物点相对于邻近固定地物点的间距中误差不超过相应比例尺地形图图上±0. 5 mm。

69.【C】协议书附图的内容应包括边界线、界桩点及相关的地形要素、名称、注记等，各要素应详细表示。

70.【C】按现行《房产测量规范》，房屋的建筑面积由套内建筑面积和分摊得到的共有建筑面积组成。其中，成套房屋的套内建筑面积由套内房屋的使用面积、套内墙体面积和套内阳台建筑面积三部分组成。

71.【C】房屋建筑结构是根据房屋的梁、墙等承重构件的建筑材料划分类别，分为：①钢结构；②钢、钢筋混凝土结构；③钢筋混凝土结构；④混合结构；⑤砖木结构；⑥其他结构。

72.【A】房地产变更测量分为权界变更和权属变更测量。

73.【A】根据《房产测量规范》，房屋层高 2. 2 m 以下不计算建筑面积。

74.【D】根据《房产测量规范》中明确给出了房产界址点、房角点和房屋面积的测量精度。

75.【D】现行海道测量时采用的高程基准为 1985 国家高程基准。

76.【A】干出礁是高度在大潮高潮面下、深度基准面上的孤立岩石或珊瑚礁。干出礁的高度是指高于理论深度基准面的高。

77.【A】海图上的潮信资料有平均高潮间隙、平均低潮间隙、大潮升、小潮升和平均海面。

78.【D】海图要素分为数学要素、地理要素和辅助要素三大类。

79.【B】人工观测水位时，水尺设置要求水尺零点位于最低潮面。

80.【D】海道测量建立平面控制网的传统方法是三角测量和精密导线测量。随着技术进步，传统的三角测量技术逐步被 GPS 控制测量技术替代。

二、多项选择题

81.【ABCD】在开始技术设计时，对收集资料分析研究，进行图上设计。图上设计主要依据任务中规定的 GPS 网布设的目的、等级、边长、观测精度等要求，综合考虑测区已有的资料，测区地形等情况，按照优化设计原则在设计图上标出新设计的 GPS 点的点位、点名和级别，制定 GPS 联测方案，以及与已有 GPS 连续运行基准站、国家三角网点联测方案。

82.【ABC】2000 国家 GPS 控制网是由国家测绘局 GPS A、B 级网，总参测绘局 GPS 一、二级网以及由中国地震局、总参测绘局、中国科学院、国家测绘局共建中国地壳运动观测网，还有其他地壳形变 GPS 监测网中除了 CORS 站以外的所有站点。

83.【ABCE】建立国家一、二等高程控制网可采用的方法是水准测量、三角高程测量、GPS 水准测量和重力测量。其中，三角高程测量与 GPS 水准测量用于跨河水准测量。

84.【ABD】根据《工程测量规范》规定，在变形测量过程中发现变形量达到预警值或接近允许值、变形量出现异常情况、工程或地表的裂缝迅速扩大情况时，必须立即报告建设单位和施工单位采取相应安全措施。

85.【BCD】定测是线路施工设计的基础和依据，其主要任务是将初步设计所定线路测设到实地，并结合现场情况改善线路位置，其工作内容包括线路中线测量和纵横断面测绘。

86.【ABD】根据三角高程单向观测高差计算公式可得，三角高程误差来源有水平距离、垂直折光、垂直角、仪器高、觇标高。

87.【ADE】建筑物的垂直位移指的是沉降观测，沉降观测最常用的方法是水准测量方法，有时也采用液体静力水准测量方法。

88.【ACDE】根据《1∶500、1∶1 000、1∶2 000 地形图航空摄影测量内业规范》规定地形图航空摄影测量中地形的类型包括平地、丘陵地、山地和高山地四类。

89.【AB】解析空中三角测量指的是用摄影测量解析法确定区域内所有影像的外方位元素及待定点的地面坐标。加密点的地面坐标就是待定点的地面坐标。

90.【BC】将 POS 系统和航摄仪集成在一起，通过 GPS 载波相位差分定位获取航摄仪的位置参数及惯性测量装置（IMU）测定航摄仪的姿态参数，经 IMU、DGPS 数据的联合后处理，可直接获得测图所需的每张像片的 6 个外方位元素，能够大大减少乃至无需地面控制直接进行航空影像的空间地理定位。

91.【ABD】根据《国家基本比例尺地形图更新规范》明文规定地形图更新方式依据地形要素变化情况、比例尺大小、资料情况等因素可分为重测、修测和修编三类。

92.【ABCD】GIS 产品包括 4D 产品、专题地图、统计图表等，而 E 项是数据库设计用的 E-R 结构图，不属于 GIS 输出产品。

93.【ACDE】电子地图应重点从内容设计、界面设计、符号设计和色彩设计等方面来考虑。

94.【ACE】数据库系统需要操作系统的支持，可减少数据冗余。

95.【ABCD】需求分析 GIS 项目调研阶段的工作之一，其他均是数据字典的主要内容。

96.【BCDE】界址点坐标测定可采用的方法包括：GPS 定位法、解析法(极坐标法、交会法)而大比例尺地形图上，是通过量算来确定坐标的。其中正交法也叫直角坐标法。

97.【ADE】附图集的主要内容是图例、图幅结合表、编制说明、边界线协议附图书、界桩坐标表。

98.【ABCD】房产权属所有人对其所有的房产依法享有的权利有占有权、使用权、收益权和处分权。地役权是对土地权属而言的。

99.【ABD】海洋测深的方法和手段主要有测深杆、测深锤(水铊)、回声测深仪、多波束测深系统、机载激光测深等。

100.【CE】根据《海洋工程地形测量规范》规定：当用单波束测深仪时，主测深线应垂直于等深线的总方向；当用多波束测深仪时，主测深线原则上应平行于等深线的总方向。对狭窄航道，测深线方向可与等深线成 45°角。

(二)2012年注册测绘师资格考试测绘综合能力试卷与参考答案及解析

一、单项选择题(每题1分，每题的备选选项中，只有一个符合题意)。

1. 选取GPS连续运行参考站时，视场内障碍物的高度角一般不超过(　　)。

A. 5°　　B. 10°

C. 15°　　D. 20°

2. 某GPS网同步观测一个时段，共得到6条基线边，则使用的GPS接收机台数为(　　)台。

A. 3　　B. 4

C. 5　　D. 6

3. 某地区最大冻土深度1.2m，埋设B级GPS点土层天线墩需要挖坑深度为(　　)m。

A. 1.7　　B. 1.8

C. 1.9　　D. 2.0

4. 某观测员用基座安置GPS天线，测值分3个互为120°的位置量取天线高，读数分别为0.073、0.074、0.076，此时，对天线高的正确处理方法是(　　)。

A. 取中数0.0743作为天线高　　B. 取中数0.074作为天线高

C. 重新选择3个位置量取天线高　　D. 重新整平仪器量取天线高

5. 通常所说的海拔高是指(　　)。

A. 大地高　　B. 正常高

C. 正高　　D. 比高

6. 一晴朗夏日，某一等水准面在北京地区观测，测段进行一半时，已经接近上午10点，此时，观测组应(　　)。

A. 继续观测　　B. 打伞观测

C. 打间歇　　D. 到下一水准点结束观测

7. 采用数字水准仪进行二等水准观测，仪器设置完成后，起测的第一站前后视距分别为50 m、48 m，后尺读数为1.542 88 m，前尺读数为0.542 88 m，仪器显示超限。其原因是(　　)超限。

A. 视线长度　　B. 前后视距差

C. 前后视距累计差　　D. 视线高度

8. 水准测量中，若后视点读数大于前视点读数，则前后视点的高度关系是(　　)。

A. 前后视点高度取决于仪器高　　B. 前后视点等高

C. 后视点比前视点高　　D. 后视点比前视点低

9. 在重力测量中，段差是指相邻两个点间的(　　)差值。

A. 距离　　B. 高程

C. 重力　　D. 坐标

10. 中国沿海地区深度基准目前采用的是(　　)。

A. 当地平均海面　　B. 海洋大地水准面

C. 平均大地高潮面　　D. 理论最低潮面

11. 现行《海道测量规范》规定，可直接用于测图比例尺为 1∶2 000 水深测量的平面控制点是(　　)。

A. 海控一级点　　B. 测图点

C. 海控二级点　　D. 图根点

12. 航海图分幅时，图内海陆面积比例要适当，一般情况下，陆地面积不宜大于图幅总面积的(　　)。

A. 1/2　　B. 1/3

C. 1/4　　D. 1/5

13. 现行《工程测量规范》规定，利用导线测量建立工程平面控制网时，导线网中节点与节点、节点与高级点之间的导线长度不应大于相应等级导线长度的(　　)倍。

A. 0.3　　B. 0.5

C. 0.7　　D. 1.0

14. 某丘陵地区工程测量项目，利用 GPS 拟合高程测量方法建立五等高程控制网。按技术设计，将联测四等水准点 5 个，新设 GPS 高程点 15 个。根据现行《工程测量规范》，对 GPS 点的拟合高程成果应进行检测，检测点数不应少于(　　)个。

A. 2　　B. 3

C. 4　　D. 5

15. 某工程控制网点的误差椭圆长半轴、短半轴长度分别为 8mm 和 6mm，则该点的平面点位中误差为(　　)mm。

A. ±8　　B. ±10

C. ±12　　D. ±14

16. 现行《工程测量规范》规定，在线状地形测量中，工矿区一般建(构)筑物的坐标点的点位误差不应大于(　　)cm。

A. ±2　　B. ±3

C. ±5　　D. ±7

17. 现行《工程测量规范》规定，测绘 1∶1 000 水下地形图利用 GPS-RTK 方法进行平面定位时，流动站点相对于基准站点的作业半径最大不得超过(　　)km。

A. 5　　B. 10

C. 15　　D. 20

18. 建筑物施工控制网坐标轴方向选择的基本要求是(　　)。

A. 与国家统一坐标系方向一致

B. 与所在城市地方坐标系方向一致

C. 与设计所用的主副轴线方向一致

D. 与正北、正东方向一致

19. 某地下管线测量项目共探查隐蔽管线点565个，根据现行《工程测量规范》，采用开挖验证方法进行质量检查，开挖验证的点数至少为(　　)个。

A. 3　　B. 4

C. 5　　D. 6

20. 利用全站仪在某测站进行水平角观测，当下半测回归零方向的2C互差超限时，正确的处理方式是(　　)。

A. 重测下半测回　　B. 重测零方向

C. 重测该测回　　D. 重测该测站

21. 现行《工程测量规范》规定，线路定测放线测量前，应对初测高程控制点进行检测，检测点的比例应达到(　　)。

A. 5%　　B. 10%

C. 50%　　D. 100%

22. 下列测绘工作中，属于新建公路工程初测的是(　　)。

A. 中线测量　　B. 纵横断面测量

C. 曲线测量　　D. 带状地形图测绘

23. 建筑物沉降观测中，确定观测点布设位置，应重点考虑的是(　　)。

A. 能反映建筑物的沉降特征　　B. 能保证相邻点间的通视

C. 能不受日照变形的影响　　D. 能同时用于测定水平位移

24. 对变形测量成果进行原因解释的目的是确定(　　)之间的关系。

A. 变形与变形原因　　B. 变形量与变形速度

C. 变形点与基准点　　D. 变形与观测方法

25. 下列测量方法中，最适合用于测定高层建筑物日照变形的是(　　)。

A. 实时动态GPS测量方法　　B. 激光准直测量方法

C. 液体静力水准测量方法　　D. 合成孔径雷达干涉测量方法

26. 利用高精度全站仪进行精密工程测量时，为获得高精度的方向观测值，应当特别注意减弱(　　)误差的影响。

A. 天顶距测量　　B. 距离测量

C. 仪器对中　　D. 垂直折光

27. 土地权属调查的基本单元是(　　)。

A. 房屋　　B. 产权人

C. 宗地　　D. 街区

28. 采用独立坐标系统建立地籍控制网，其坐标系应与(　　)坐标系统建立联系。

A. 国际　　B. 国家

C. 独立　　D. 任意

29. 城镇土地调查中，对难以调解处理的争议土地和未确定使用权的土地，可仅调查(　　)。

A. 使用权人　　B. 土地面积

C. 土地地类　　D. 争议缘由

30. 产权人甲、乙共用一宗地面积为300 m^2的土地，无独自使用院落。甲、乙分别拥有独立建筑物面积为100 m^2、100 m^2。建筑物的占地面积分别为100 m^2、50 m^2，问乙拥有的土地面积权益为(　　)m^2。

A. 75　　B. 100

C. 125　　D. 150

31. 地籍图上相邻地物点间距中误差不得大于图上(　　)mm。

A. ±0.1　　B. ±0.2

C. ±0.3　　D. ±0.4

32. 一宗地分割为数宗地后，各分割宗地面积之和与原宗地面积差值在规定限差内时，差值按(　　)配赋。

A. 各分割宗地平均　　B. 各分割宗地价值比例

C. 各分割宗地面积比例　　D. 地籍管理部门要求

33. 我国土地证附图是(　　)。

A. 宗地图　　B. 地籍图

C. 地形图　　D. 地调底图

34. 某省级行政区域界线测绘所用边界地形图比例尺为1∶50 000，根据现行《行政区域界线测绘规范》，界桩点平面位置中误差一般不应大于(　　)m。

A. ±2.5　　B. ±5.0

C. ±7.5　　D. ±10.0

35. 某县级行政区域界线位于地形底物稠密地区。根据现行《行政区域界线测绘规范》边界协议书附图的比例尺宜选(　　)。

A. 1∶5 000　　B. 1∶10 000

C. 1∶25 000　　D. 1∶50 000

36. 某基于1∶10 000比例尺地形图的行政区域界限测绘项目，采用光电测距附合导线测量方法测定界桩点的平面坐标。该导线全长15 km，共15条边，根据现行《行政区域界线测绘规范》，其方位角闭合差不应超过(　　)。

A. ±60″　　B. ±80″

C. ±100″　　D. ±120

37. 下列测量工作中，不属于房产测量工作内容的是(　　)。

A. 控制测量　　B. 变更测量

C. 界址测量　　D. 竣工测量

38. 房产平面控制测量末级相邻基本控制点的相对点位中误差不超过(　　)cm。

A. ±1.5　　B. ±2.0

C. ±2.5　　D. ±3.0

39. 房屋附属设施测量中，柱廊的测量应以(　　)为准。

A. 顶盖投影　　B. 中心线

C. 柱外围　　D. 基座

40. 有套房屋登记建筑面积为120 m^2，共有面积分摊系数为0.200，则该套房屋的套内建筑面积为(　　)m^2。

A. 96　　B. 100

C. 140　　D. 144

41. 某宗地内共有登记房屋36幢，若幢号为35、36的两幢房屋进行房产合并，则合并后的房产幢号为(　　)。

A. 35　　B. 36

C. 37　　D. 35-1

42. 用于权属登记的房产测量成果备案时，下列内容中，房地产行政主管部门不需审核的是(　　)。

A. 界址点准确性　　B. 面积测算的方法和依据

C. 测绘单位的资格　　D. 面积计算的结果是否正确

43. 现行《房产测量规范》规定，一级房屋房产面积测算限差的计算公式为(　　)。

A. $0.02\sqrt{S}+0.0006S$　　B. $0.01\sqrt{S}+0.00006S$

C. $0.02\sqrt{S}+0.0001S$　　D. $0.01\sqrt{S}+0.0002S$

44. 根据《数字航摄仪检验规定》规范，规定检定场应满足不少于两条基线，每条航线最少曝光(　　)次的条件。

A. 10　　B. 11

C. 12　　D. 13

45. 对18 cm×18 cm像片进行建模时，如要求航向重叠度为60%，则该像对的基线长度为(　　)cm。

A. 7.2　　B. 9.0

C. 10.0　　D. 12.0

46. 根据《无人机航摄安全作业基本要求》规定，无人机飞行高度应高于摄区内最高点(　　)m以上。

A. 50　　B. 100

C. 150　　D. 200

47. 摄影测量共线方程是按照摄影中心、像点和对应的(　　)三点位于一条直线上的几何条件构建的。

A. 像控点　　B. 模型点

C. 地面点　　D. 定向点

48. 数字摄影测量中影像相关的重要任务是寻找像对左、右数字影像中的(　　)。

A. 同名点　　B. 共面点

C. 地面点　　D. 视差点

49. 航摄比例尺 S 的计算公式为(　　)。

A. $S=\frac{\text{摄影机主距}}{\text{相对航高}}$　　B. $S=\frac{\text{摄影机焦距}}{\text{相对航高}}$

C. $S=\frac{\text{摄影机主距}}{\text{绝对航高}}$　　D. $S=\frac{\text{摄影机焦距}}{\text{绝对航高}}$

50. 遥感影像计算机解译中，监督分类的重要环节是(　　)。

A. 合并　　B. 控制

C. 检查　　D. 训练

51. 摄影测量内定向是恢复像片(　　)的作业过程。

A. 像点坐标　　B. 内方位元素

C. 外方位元素　　D. 图像坐标

52. 航外控制测量过程中，要求在现场用刺点针把目标点刺在主像片上，刺孔要用小圆圈，刺孔直接不得大于(　　)mm。

A. 0.10　　B. 0.15

C. 0.20　　D. 0.25

53. 现行《遥感图像平面图技术规范》规定，地物点平面位置中误差在平地和丘陵地不得大于图上(　　)mm。

A. ±0.50　　B. ±0.75

C. ±1.00　　D. ±1.50

54. 航摄法生产数字地形图时，若采用全野外布点法，无须进行的作业步骤是(　　)。

A. 像控点测量　　B. 数据采集

C. 数据编辑　　D. 空中三角测量

55. 数字正射影像图的地面分辨率在一般情况下应不大于(　　)$M_{图}$($M_{图}$为成图比例尺分母)。

A. 0.000 5　　B. 0.01

C. 0.001　　D. 0.000 1

56. 根据影像特征的差异可以识别和区分不同的地物，能够达到识别和区分地物目的的性质、类型或状况，这些典型的影响特征称为(　　)。

A. 判读特征　　B. 解译区域

C. 判读标志　　D. 解译标志

57. 航空摄影采用的投影为(　　)。

A. 中心投影　　B. 正射投影

C. 圆锥投影　　D. 高斯投影

58. 数字航摄影像的分辨率通常是指(　　)。

A. 每毫米线对数　　B. 每平方厘米点数

C. 每平方厘米像素个数　　D. 每个像素实地尺寸

59. 空中三角测量是利用航摄像片所摄目标之间的空间几何关系，计算待求点的平面位置、高程和(　　)的测量方法。

A. 内方位元素　　B. 外方位元素

C. 像框坐标　　D. 像点坐标

60. 现行《1∶500　1∶1 000　1∶2 000地形图航测内业规范》规定，丘陵地1∶2 000地形图基本等高距为(　　)m。

A. 0.5　　B. 1.0

C. 1.5　　D. 2.0

61. 地图编制中，确定地图比例尺不需要考虑的因素是(　　)。

A. 制图区域要素密度　　B. 制图区域范围大小

C. 地图需要的精度　　D. 地图设计的规格

62. 关于中小比例尺地图道路要素编绘的说法中，错误的是(　　)。

A. 道路等级由高级到低级选取，重要道路优先选取

B. 保持道路绝对位置准确

C. 道路的选取表示要与居民地的选取表示相适应

D. 保持道路网平面图形特征

63. 数字地图经可视化处理在屏幕上显示的数字地图，被称为(　　)。

A. 矢量地图　　B. 栅格地图

C. 电子地图　　D. 模拟地图

64. 下列资料中，不作为普通地图集编绘质量控制依据的是(　　)。

A. 引用文件　　B. 使用资料

C. 设计文件　　D. 行业规范

65. 下列设计内容中，不属于GIS数据库设计的是(　　)。

A. 概念设计　　B. 界面设计

C. 逻辑设计　　D. 物理设计

66. CAD制图系统与GIS系统相比，GIS特有的功能是(　　)。

A. 图形处理功能　　B. 输入输出

C. 存储与管理　　D. 空间分析

67. 按照现行《基础地理信息标准数据基本规定》，1∶10 000基础地理信息地图投影方式采用(　　)。

A. 正轴等角割圆锥投影　　B. 通用墨卡托投影

C. 等距离圆锥投影　　D. 高斯-克吕格投影

68. 道路拓宽时，计算道路拆迁指标采用的空间分析方法是(　　)。

A. 缓冲区分析　　B. 包含分析

C. 网络分析　　D. 最短路径分析

69. 在 GIS 数据检查中，利用拓扑关系规则可进行(　　)检查。

A. 空间数据精度　　B. 空间数据关系

C. 属性数据逻辑性　　D. 属性数据完整性

70. 下列地理信息系统测试中，不应由开发方运行的是(　　)。

A. 单元测试　　B. 集成测试

C. 黑盒测试　　D. 确认测试

71. 下列模型中，不属于数据库模型的是(　　)。

A. 关系模型　　B. 层次模型

C. 实体-关系模型　　D. 面向对象模型

72. 下列测试项目中，属于 GIS 性能测试项目的是(　　)。

A. 多边形闭合性　　B. 运行正确性

C. 数据完整性　　D. 数据现势性

73. 下列关于 GIS 开发模式的说法中，错误的是(　　)。

A. B/S 模式使用浏览器访问服务器

B. C/S 模式使用专门开发的客户端软件访问服务器

C. B/S 模式的所有业务处理都在服务器上进行

D. C/S 模式的系统维护与升级只需在服务器上进行

74. 利用影像资料更新 1∶10 000 地形图数据时，影像的地面分辨率不得低于(　　)。

A. 1.0　　B. 2.5

C. 5.0　　D. 10.0

75. 根据《基础地理信息城市数据库建设规范》，下列规格的格网中，满足城市 DEM 格网大小要求的是(　　)。

A. 10 m×10 m　　B. 20 m×20 m

C. 30 m×30 m　　D. 50 m×50 m

76. 下列基础地理信息数据检查项中，属于元数据检查项的是(　　)。

A. 属性正确性　　B. 数据生产者

C. 属性完整性　　D. 数据使用者

77. 下列数据中，不属于导航电子地图数据的是(　　)。

A. 地形地貌数据　　B. 道路数据

C. 行政境界数据　　D. 兴趣点数据

78. 根据现行《导航电子地图安全处理技术基本要求》，下列地理空间信息中，导航电子地图编制不得采集的是(　　)。

A. 门牌地址　　B. 渡口位置

C. 绿化带位置　　D. 行政区划界线

79. 网络地理信息服务的标准主要是指(　　)。

A. 数据标准、服务标准及应用标准

B. 数据标准、软件标准及硬件标准

C. 网络标准、软件标准及硬件标准

D. 网络标准、服务标准及应用标准

80. 现行《遥感影像公开使用管理规定(试行)》规定，公众版网络地理信息服务数据的影像分辨率不得优于(　　)m。

A. 0.5　　B. 1.0

C. 2.5　　D. 5.0

二、多项选择题(每题2分。每题的备选选项中，有2个或2个以上符合题意，至少有1个是错项。错选，本题不得分；少选，所选的每个选项得0.5分)

81. 下列关于2000国家大地坐标系定义的描述中，正确的是(　　)。

A. 地心坐标系

B. 原点为包括海洋和大气的整个地球的质量中心

C. Z轴由原点指向历元2000.0的地球磁极方向

D. X轴由原点指向格林尼治参考子午线与地球赤道面(历元2000.0)的交点

E. Y轴与Z轴、X轴构成右手正交坐标系

82. GPS观测成果的外业检核主要有(　　)。

A. 各时间段同步边观测数据检核　　B. 各时间段的较差检核

C. 同步环检核　　D. 异步环检核

E. 重复设站检核

83. 二等水准观测，可采用尺垫作为转点尺承的水准路线场地的是(　　)。

A. 水泥路　　B. 草地

C. 沙石路　　D. 斜坡

E. 坚实土路

84. 使用测深仪时，应测定仪器的总改正数。总改正数包括(　　)改正数的代数和。

A. 水位　　B. 仪器转速

C. 声速　　D. 吃水

E. 换能器基线数

85. 利用GPS-RTK测量1∶1 000地形图时，在基准站需要做的工作包括(　　)。

A. 接收机天线对中整平　　B. 输入基准站坐标、天线高等参数

C. 选择接收机测量精度　　D. 正确连接天线电缆

E. 选择电台频率

86. 在桥梁施工控制测量数据处理中，对导线测量的边长斜距须经(　　)后才能进行水平距离计算。

A. 测距仪固定常数改正　　B. 测距仪加常数改正

C. 测距仪周期数改正　　D. 测距仪乘常数改正

E. 气象改正

87. 隧道工程测量中，竖井联系测量的平面控制方法有(　　)。

A. GPS-RTK 测量法　　B. 陀螺经纬仪定向法

C. 激光准直投点法　　D. 悬挂钢尺法

E. 联系三角形法

88. 下列测量对象中，属于地籍要素测量的有(　　)。

A. 建筑物　　B. 永久性构筑物

C. 为地块上建筑物服务的地下管线　　D. 行政区域界线

E. 地类界线

89. 下列资料中，属于地籍调查成果的有(　　)。

A. 地籍平面控制测量原始记录　　B. 面积量算原始记录

C. 地籍图分幅结合表　　D. 土地利用现状分类和编码表

E. 地籍图图式

90. 当界桩点对边界走向影响较大且容易破坏时，为便于寻找确定界桩点可设方位物，方位物设立和测定的主要要求有(　　)。

A. 方位物应有利于判定界桩点的位置

B. 方位物必须明显、固定、不易破坏

C. 方位物不能选择大的物体

D. 每个界桩点的方位物不少于两个

E. 界桩点至方位物的距离一般应实测

91. 计算房产面积时，下列部位中，可被各专有部位分摊的有(　　)。

A. 建筑物内公共楼梯　　B. 建筑物内市政配电间

C. 建筑物内消防水池　　D. 建筑物内地下室人防工程

E. 建筑物楼顶电梯机房

92. 区域网空中三角测量上交成果包括(　　)。

A. 控制像片　　B. 测绘像片

C. 观测手簿　　D. 电算手簿

E. 技术总结

93. 1∶50 000 地形图境界调绘包括(　　)。

A. 国界调绘　　B. 省界调绘

C. 县界调绘　　D. 乡镇界调绘

E. 村组界调绘

94. 遥感图像的分辨率按特征分为(　　)。
A. 影像分辨率
B. 像素分辨率
C. 地面分辨率
D. 光谱分辨率
E. 时间分辨率

95. 航测像片调绘的方法有(　　)。
A. 室内判调法
B. 全野外调绘法
C. 室内外综合调绘法
D. 计算机辅助调绘法
E. GPS 辅助调绘法

96. 普通地图集设计的主要内容有(　　)。
A. 开本、分幅与整饰设计
B. 内容与编排设计
C. 投影选择与比例尺设计
D. 表示方法、图例与图面配置设计
E. 专题要素分类设计

97. 设计普通地图时，一般需要考虑的因素有(　　)。
A. 满足地图用途
B. 保证制图精度
C. 反映制图区域的地理特征
D. 突出表示水系
E. 达到图面清晰易读

98. 地理信息工程需求分析的主要内容包括(　　)。
A. 系统现状调查
B. 系统目标和任务确定
C. 系统可行性分析
D. 系统数据库设计
E. 需求分析报告撰写

99. 下列地理信息开发过程中，属于设计过程的有(　　)。
A. 需求调查分析
B. 系统总体设计
C. 系统详细设计
D. 系统开发与集成
E. 系统测试

100. 地理信息系统日常维护工作主要包括(　　)。
A. 改正性维护
B. 适应性维护
C. 完善性维护
D. 应急性维护
E. 预防性维护

参考答案及解析

一、单项选择题

1.【B】应有 10°以上地坪高度角的卫星通视条件。
2.【B】4 台仪器同步观测一个时段，共得到 6 条基线。
3.【C】见下图：

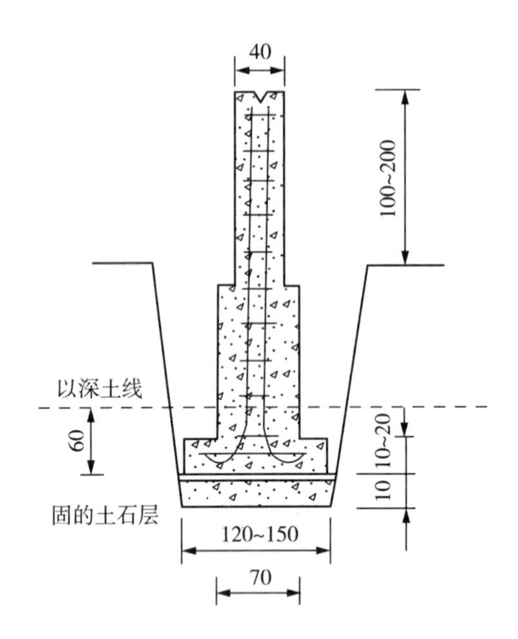

挖坑深度＝1. 2m+0. 6m+0. 1m＝1. 9m。

4.【D】三脚架上量取天线高时，从脚架三个空挡，测量天线高量取基准面至中心标面的距离，互差应小于 3mm。本题已超出 3mm，因此，应重新整平仪器量取天线高。

5.【C】海拔是指地面某个地点高出海平面的垂直距离，由平均海平面起算的地面点高程称为海拔高度或绝对高程，平均海平面也称为大地水准面。大地水准面是正高的起算面，地面点沿重力线到大地水准面的距离称为正高，故海拔高是指正高。

6.【C】高等级水准，夏季正午前后 2 小时不许观测。

7.【B】数字水准仪进行二等观测的精度指标前后视距差不大于 1. 5 m，读尺范围 0. 55～2. 8 m，实地验证前后视距差超限。

8.【D】视线高＝后视读数+后视点高程。

9.【C】根据《国家重力控制测量规范》的规定，段差是指在重力测量中，相邻两个点间的重力差值。

10.【D】根据《中国航海图编绘规范》规定，确定深度基准的一般原则是：①中国沿海采用理论最低潮面；②远海及外国海区采用原资料的深度基准；③不受潮汐影响的江河采用设计水位。

11.【A】海控一级点可用于大于 1∶5 000 水深测量的平面控制点。

12.【B】根据《中国航海图编绘规范》的规定，陆地面积不应大于图幅总面积的三分之一。

13.【C】根据《工程测量规范》规定，导线网中，节点与节点、节点与高级点之间的导线段长度不应大于相应等级规定长度的 0. 7 倍。

14.【B】根据《工程测量规范》规定，检测点数不少于全部高程点的 10%且不少于 3

个点。

15.【B】由点误差椭圆知识可知点位中误差为 $\sigma = \sqrt{8^2 + 6^2} = 10(\mathrm{mm})$。

16.【D】《工程测量规范》规定，工矿区细部坐标点的点位和高程中误差，不应超过下表。

地物类别	点位中误差(cm)	高程中误差(cm)
主要建(构)筑物	5	2
一般建(构)筑物	7	3

17.【D】GPS定位宜采用GPS-RTK或GPS-RTD(DGPS)方式；当定位精度符合工程要求时，也可采用后处理差分技术。参考站点位的选择和设置，应符合规定，作业半径可放宽至20km。

18.【C】根据《工程测量规范》规定，建筑物施工控制网应根据场区控制网进行定位、定向和起算；控制网的坐标轴，应与工程设计所采用的主副轴线一致。高程面应根据场区水准点测设。

19.【D】根据《工程测量规范》规定，开挖验证的点位应随机抽取，点数不宜少于隐蔽管线点总数的1%，且不应少于3个点。

20.【C】水平角观测误差超限时，应在原来度盘位置上重测，并应符合下列规定：①一测回内2C互差或同一方向值各测回较差超限时，应重测超限方向，并联测零方向；②下半测回归零差或零方向的2C互差超限时，应重测该测回；③若一测回中重测方向数超过总方向数的1/3时，应重测该测回。当重测的测回数超过总测回数的1/3时，应重测该站。

21.【D】根据《工程测量规范》的规定，应对初测高程控制点逐一检测。

22.【D】初测是线路初步设计的依据，其工作内容包括线路平面和高程控制测量、带状地形图测绘。

23.【A】沉降观测中，观测点布设应着重考虑能反映建筑物的沉降特征。

24.【A】变形物理解释的任务是确定变形体的变形和变形原因之间的关系，解释变形原因。

25.【A】GPS方法主要用于测定各种工程的动态变形(如风振、日照及其他动荷载作用下的变形)。该法具有连续性、实时性、自动化等特点。

26.【C】精密工程测量，应当特别注意减弱仪器对中误差的影响，对中的方法通常有垂球对中、光学对点器对中、激光对点器对中。

27.【C】土地权属调查的单元是宗地。

28.【B】采用独立坐标系统建立的地籍控制网应与国家坐标系统建立联系。

29.【C】可调查土地地类。

30.【C】分摊共用面积=[(共有使用权面积-宗地总基底面积)/宗地总建筑面积]×权

利人建筑面积。所以，分摊共用面积=[(300-150)/200]×100=75；乙拥有的土地面积权益为：75+50=125 m^2。

31.【D】邻近地物点间距中误差的绝对值不应大于图上 0.4 mm。

32.【C】对宗地分割的宗地面积变更，如变更后宗地面积之和与原宗地面积的差值满足规定限差要求，将差值按分割宗地面积比例配赋到变更后的宗地面积，如差值超限，则应查明原因，并取正确值。

33.【A】我国土地证附图为宗地图。

34.【B】界桩点平面位置中误差一般不应大于相应比例尺地形图图上的±0.1 mm。

35.【A】根据《行政区域界线测绘规范》规定，边界地形图和边界协议书附图的比例尺视情况选用：地形地物稀少地区可适当缩小比例尺；地形地物稠密地区可适当放大比例尺。

36.【B】根据《行政区域界线测绘规范》规定的方位角闭合差。

37.【D】房产测量工作不包含竣工测量。

38.【C】根据《房产测量规范》规定，末级相邻基本控制点的相对点位中误差不超过±0.025m。

39.【C】根据《房产测量规范》规定，分幅图上应绘制房屋附属设施，包括柱廊、檐廊、架空通廊、底层阳台、门廊、门楼、门、门墩和室外楼梯，以及和房屋相连的台阶等。

40.【B】房屋登记的建筑面积为套内建筑面积与分摊公共面积，分摊系数等于分摊公共面积比套内建筑面积。

41.【C】①用地的合并与分割都应重新编丘号，新增丘号。按编号区内的最大丘号续编；②组合丘内，新增丘支号按丘内的最大丘支号续编；③新增界址点或房角点的点号，分别按编号区内界址点或房角点的最大点号续编；④房产合并或分割应重新编幢号，原幢号作废，新幢号按丘内最大幢号续编。

42.【D】审查的内容：施测单位的资格；测绘成果的适用性；界址点的准确性、面积测算的依据与方法；其他当地房产行政管理部门规定的审查内容。

43.【A】房产面积的精度分为三级，各级面积的限差和中误差不超过规定。

44.【C】据《数字航摄仪检定规程》规定，检定场范围按照中、大测图比例尺设计，且满足每条航线最少曝光 12 次，不少于 2 条航线的要求。

45.【A】基线长度 $B=L(1-P)$，代入数据计算得 $B=7.2$ cm。

46.【B】采用不同的航摄平台时，其技术设计应符合该航摄平台的性能指标。如无人机航摄在设计飞行高度时，应高于摄区和航路上最高点 100 m 以上，设计总航程时应小于无人机能到达的最远航程。

47.【C】所谓共线方程就是指中心投影的构像方程，即在摄影成像过程中，摄影中心、像点及其对应的地面点三点位于一条直线上。

48.【A】数字摄影测量中，以影像匹配的方法代替传统的人工观测，实现数字影像中寻找左、右同名像点的目的。

49.【A】航摄比例尺 S 的计算公式为：S=摄影机主距/相对航高

50.【D】监督分类法是指选择具有代表性的典型实验区或训练区，用训练区中已知地面各类地物样本的光谱特性来“训练”计算机，获得识别各类地物的模式，以此对未知地区的像元进行分类处理，分别归入到已知的类别中。

51.【A】内定向的目的是将像片纠正到像片坐标，方法是像片的周边有一系列的框标点，通常有 4 个或 8 个，它们的像片坐标是事先经过严格校正过的，利用这些点构成一个仿射变换的模型，把像素纠正到像片坐标系。

52.【A】刺孔要小而透，针孔直径不得大于 0. 1mm。

53.【A】图上地物点对于附近控制点、经纬网或公里格网点的图上点位中误差满足以下要求：①平地、丘陵地，不大于±0. 5mm，山地、高山地不大于±0. 75mm；②特殊困难地区可按地形类别放宽 0. 5 倍；③根据遥感影像平面图的用途及用户需求，最大不应超过两倍中误差。

54.【D】全野外布点方案是指通过野外控制测量获得的像片控制点不需内业加密，直接提供内业测图定向或纠正使用。

55.【D】数字正射影像图地面分辨率在一般情况下应不大于 0. 000 1M(M 为成图比例尺分母)。

56.【D】根据影像特征的差异可以识别和区分不同的地物，这些典型的影像特征称为影像解译标志。解译标志的建立是解译的前提。解译标志分为直接解译标志和间接解译标志。

57.【A】航摄像片是地面的中心投影，当被摄的地面呈水平状态和摄影的像片处于水平位置时，像片上图像的形状与地面上的形状完全相似，此时航摄像片具有平面图的性质。

58.【D】空间分辨率是指遥感图像上能够详细区分的最小单元的尺寸或大小，通常用地面分辨率和影像分辨率来表示。

59.【B】空中三角测量是利用航摄像片与所摄目标之间的空间几何关系，根据少量像片控制点，计算待求点的平面位置、高程和像片外方位元素的测量方法。

60.【B】根据《地形图航测内业规范》规定。丘陵地 1 : 2 000 地形图基本等高距为 1. 0m。

61.【A】选择地图比例尺的条件取决于制图区域大小、图纸规格、地图需要的精度等。

62.【B】对于符号化的地形图数据应保持图形过渡自然、形状特征和相对位置正确。

63.【C】电子地图是以数字地图为基础，以多种媒体显示的地图数据的可视化产品，是数字地图的可视化。

64.【D】地图编绘质量控制依据是：①地图编绘引用文件；②地图编绘使用资料；③地图设计文件。

65.【B】GIS 数据库设计一般有概念设计、逻辑设计、物理设计这三个阶段。

66.【D】CAD 与 GIS 相比，GIS 特有的功能是空间分析。

67.【D】1 : 25 000~1 : 500 000 采用高斯-克吕格投影，按 6°分带；1 : 500~1 : 10 000

采用高斯-克吕格投影，采用3°分带，确有必要再提高地图精度时，按1.5°分带。

68.【A】解决道路拓宽中拆迁指标的计算问题，可采用的空间分析方法是缓冲区分析。

69.【B】拓扑关系规则是新增加的一类，可作用于同一要素数据集中的不同要素类或同一要素类中的不同要类。

70.【C】地理信息系统测试中，黑盒测试不应由开发方运行，黑盒测试，又称功能测试、数据驱动测试或基于规格说明书的测试，是一种从用户观点出发的测试。

71.【C】数据库逻辑结构有：①传统模型：层次模型、网状模型、关系模型；②面向对象模型；③空间数据模型：混合数据模型、全关系型空间数据模型、对象-关系型空间数据模型、面向对象空间数据模型。

72.【B】C/S 模式的应用系统基本运行关系体现为“请求-响应”的应答模式。每当用户需要访问服务器时就由客户机发出“请求”，服务器接受“请求”并“响应”，然后执行相应的服务，把执行结果送回给客户机，由它进一步处理后再提交给用户。

73.【D】如果管理计算机组的主要工作是查询和决策，数据录入工作比较少，采用 B/S 模式比较合适；而对于其他工作组需要较快的存储速度和较多的数据录入，交互性比较强，可采用 C/S 模式。

74.【A】利用影像资料更新 1∶10 000 地形图数据时，影响的地面分辨率不得低于1.0。

75.【A】根据《基础地理信息城市数据库建设规范》规定，数字高程模型数据主要包括规则高程格网数据。格网尺寸可根据城市地貌复杂程度选取 10m×10m、5m×5m、2.5m×2.5m。

76.【B】元数据是关于数据的数据。故数据生产者属于元数据检查项。

77.【A】导航电子地图数据，主要包括道路数据、POI 数据、背景数据、行政境界数据、图形文件、语音文字等。

78.【D】导航电子地图编制过程中，不得采用各种测量手段获取高压电线、通信线及管道等地理空间信息。

79.【A】网络地理信息服务必须遵循统一的技术标准与规范，以保证各类数据资源的共享与集成；多源服务聚合与协同。一般主要涉及数据规范、服务规范、应用开发技术规范。

80.【A】公众版网络地理信息服务数据的空间位置精度均需符合《公开地图内容表示补充规定》要求，即位置精度不高于 50 m，等高距不小于 50 m，数字高程模型格网不小于 100 m。

二、多项选择题

81.【ABDE】2000 国家大地坐标系是全球地心坐标系在我国的具体体现，其原点为包括海洋和大气的整个地球的质量中心。*Z* 轴指向由原点指向历元 2 000.0 的地球参考极方向，X 轴由原点指向格林尼治参考子午线与地球赤道面(历元 2 000.0)的交点。Y轴与Z轴、X轴按右手坐标系确定。

82.【ACD】GPS观测成果的外业检核主要有：数据剔除率、复测基线的长度差、同步观测环闭合差、独立环闭合差及附合路线坐标闭合差。

83.【ACE】根据《国家一、二等水准测量规范》规定，一、二等水准观测，应根据路线土质选用尺桩的质量不轻于1.5kg，长度不短于0.2m或尺台作转点尺承，所有尺桩数应不少于4个，特殊路段可采用大帽钉作为转点尺承。由此根据选项可得，可采用尺垫作为转点尺承的水准路线场地为水泥路和斜坡。

84.【BCDE】根据《海道测量规范》规定，使用测深仪时，应测定仪器的总改正数。总改正数包括以下各项改正数的代数和：仪器转速改正数、声速改正数、吃水改正数(静态和动态吃水改正数的代数和)以及换能器基线改正数。

85.【ABDE】根据《工程测量规范》规定，参考站的设置，应符合下列规定：①接收机天线应精确对中、整平。对中误差不应大于5 mm；天线高的量取应精确至1mm。②正确连接天线电缆、电源电缆和通信电缆等；接收机天线与电台天线之间的距离不宜小于3m。③正确输入参考站的相关数据，包括：点名、坐标、高程、天线高、基准参数、坐标高程转换参数等。④电台频率的选择，不应与作业区其他无线电通信频率相冲突。

86.【BDE】根据《工程测量规范》规定，水平距离计算，应符合：①测量的斜距，须经气象改正和仪器的加、乘常数改正后才能进行水平距离计算；②两点间的高差测量，宜采用水准测量。当采用电磁波测距三角高程测量时，其高差应进行大气折光改正和地球曲率改正。

87.【BCE】竖井联系测量的平面联系测量的方法分为几何定向和陀螺经纬仪定向。

88.【ABDE】根据《地籍测绘规范》规定，地籍要素测量的对象主要包括：界址点、线以及其他重要的界标设施；行政区域和地籍区、地籍子区的界线；建筑物和永久性的构筑物；地类界和保护区的界线。

89.【ABC】地籍调查形成的资料成果主要有：①地籍调查表、宗地草图和界址点、界址边勘丈原始记录；②地籍控制测量原始记录、控制点网图和平差计算成果；③解析界址点成果表；④地籍铅笔原图和着墨底图、地籍图分幅结合表及宗地图；⑤面积量算成果及土地分类汇总统计表；⑥地籍调查报告。

90.【ABE】一般情况下界桩点不设方位物，但当界桩点对边界走向影响较大且容易破坏时，为便于寻找确认可设界桩点方位物。设立原则如下：①方位物应利于判定界桩点的位置；②方位物必须明显、固定、不易损毁；③每个界桩的方位物不少于三个；④以大物体作为方位物时，要明确测点在方位物的具体部位。

91.【ACE】建筑物可分摊的共有部位一般包括(但不限于)：①交通通行类；②仅为建筑物内各专有部位服务的共用设备用房类；③公共服务用房类；④建筑物基础结构类。

92.【ACE】区域网空中三角测量成果移交内容。

93.【ABC】根据《地形图航空摄影测量外业规范》规定，国内各级政区境界，图上只表示县级以上的境界，其位置应准确绘出。

94.【ACDE】遥感图像的分辨率按其特征分为空间分辨率、光谱分辨率、时间分辨率。其中空间分辨率通常用地面分辨率和影像分辨率表示。

95.【BC】像片调绘可采用全野外调绘法或室内外综合调绘法。

96.【ABCD】普通地图集设计的主要内容：开本设计、内容设计、内容编排设计、各图幅的分幅设计、各图幅的比例尺设计、图面配置设计、投影设计、图式图例设计、整饰设计。

97.【ABCE】在普通地图内容设计时，水系、居民地、地貌、交通网、土质植被、境界等内容现代平衡表示，不能突出表示某一个要素。

98.【ABCE】工作内容包括：①用户情况调查包括现有软件系统问题、数据现状、业务需求；②明确系统建设目标和任务；③系统可行性分析研究；④撰写并提交需求调研报告。

99.【BC】GIS 设计过程分为系统总体设计和系统详细设计。

100.【ABCE】地理信息系统维护工作分为日常维护和应急维护工作。

（三）2013 年注册测绘师资格考试测绘综合能力试卷与参考答案及解析

一、单项选择题（每题 1 分，每题的备选选项中，只有一个符合题意）

1. 一等重力点联测路线的测段数最多不应超过（　　）个。

A. 4　　B. 5

C. 6　　D. 7

2. 布测 C、D、E 级 GPS 网时，可视测区范围的大小实行分区观测，分区观测时，相邻分区的公共点至少应有（　　）个。

A. 2　　B. 3

C. 4　　D. 5

3. 高斯投影-克吕格投影方式是（　　）。

A. 等角横切圆锥投影　　B. 等角竖切圆锥投影

C. 等角横切椭圆柱投影　　D. 等角竖切椭圆柱投影

4. 省级似大地水准面精化中，所利用的数字高程模型的分辨率不应低于（　　）。

A. $3''\times3''$　　B. $4''\times4''$

C. $5''\times5''$　　D. $6''\times6''$

5. 使用 DJ1 型经纬仪采用方向法观测进行三等三角观测，应测（　　）个测回。

A. 6　　B. 9

C. 12　　D. 15

6. C 级 GPS 网最简异步观测环的边数最多不应超过（　　）条。

A. 4　　B. 5

C. 6　　D. 7

7. 一、二等导线测量中，同时间段经气象改正后的距离值测回互差为（　　）mm。

A. ±5　　B. ±10

C. ±15　　D. ±20

8. GPS 测定某点的大地高中误差为±6 mm，水准测定该点的高程误差为±8 mm，则利用 GPS 水准计算该点的高程异常中误差为（　　）mm。

A. ±6　　B. ±8

C. ±10　　D. ±14

9. B 级 GPS 控制点观测的采样间隔是（　　）s。

A. 20　　B. 30

C. 40　　D. 50

10. 1985 国家高程基准水准原点的起算高程为(　　)m。

A. 72.289　　B. 72.260

C. 71.289　　D. 71.260

11. 我国海洋测绘深度基准采用的是(　　)。

A. 平均海水面　　B. 大地水准面

C. 似大地水准面　　D. 理论最低潮面

12. 海洋测量中，采用 GPS 进行控制测量时，海控一级点定位误差不超过(　　)cm。

A. ±10　　B. ±15

C. ±20　　D. ±25

13. 海洋潮汐观测中，岸边水位站水位观测允许偏差为(　　)cm。

A. ±1　　B. ±2

C. ±3　　D. ±4

14. 下列要素中，不属于海洋水文要素的是(　　)。

A. 温度　　B. 潮流

C. 深度　　D. 声速

15. 海洋测量定位中，双曲线法属于(　　)定位方法。

A. 光学　　B. 无线电

C. 卫星　　D. 水声

16. 通过图上交会或解析计算的方法进行海洋定位时，应至少利用(　　)条位置线。

A. 2　　B. 3

C. 4　　D. 5

17. 规范要求，用方向法进行水平角观测时，方向数超过 3 个应归零。“归零”是指(　　)。

A. 半测回结束前再观测一次起始方向

B. 半测回结束后将度盘位置调到 0°00′00″

C. 一测回结束后将度盘位置调到 0°00′00″

D. 一测站结束前再观测一次起始方向

18. 某工程施工放样误差的限差为±20 mm，则该工程放样中误差为(　　) mm。

A. ±5　　B. ±10

C. ±15　　D. ±20

19. 下列测量方法中，最适合测绘建筑物立面图的是(　　)。

A. 三角高程测量　　B. 地面激光扫描

C. 精密水准测量　　D. GPS-RTK 测量

20. 某四等附合导线，全长 8.1 km，经测量计算，其方位角闭合差为 15″，纵向误差和横向误差分别为 16 cm 和 12 cm，则该导线的全长闭合差为（　　）。

A. 1/54 000　　B. 1/50 625

C. 1/40 500　　D. 1/28 928

21. 利用水准仪“倒尺法”放样隧道洞顶标高时，地面已知点高程为 35.00 m，待定点高程为 38.00m。若已知点上水准尺读数为 1.50 m，则待定点上水准尺的读数为（　　）m。

A. 1.50　　B. 2.00

C. 2.50　　D. 3.00

22. 地下铁道工程测量中，为建立统一的地面与地下坐标系统，应采取的测量方法为（　　）。

A. 联系测量　　B. 贯通测量

C. 细部测量　　D. 检核测量

23. 如图 1，a、b、c 为一条直线上的三个点，通过测量 a b 间的长度 S_{ab} 和 a、c 间的长度 S_{ac} 来获得 b、c 间的长度 S_{bc}。已知 S_{ab}、S_{ac} 的测量中误差分别为±3.0 mm、±4.0mm、则 S_{bc} 的中误差为（　　）mm。

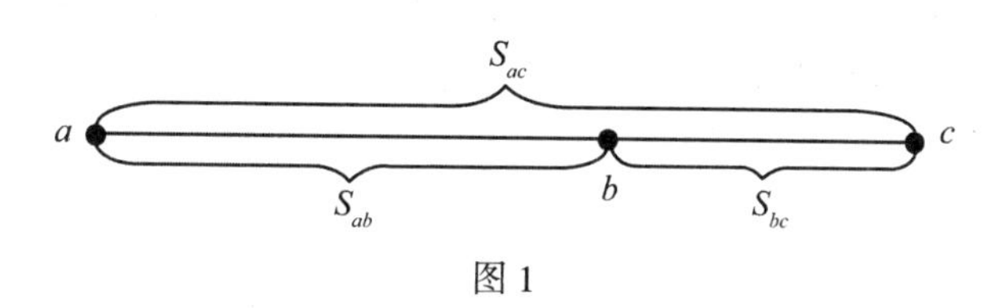

图 1

A. ±1.0　　B. ±2.6

C. ±5.0　　D. ±7.0

24. 规范规定，对隐蔽管线点平面位置和埋深探查结果进行质量检验时，应抽取不应少于隐蔽管线点总数的 1%的点进行（　　）。

A. 野外巡查　　B. 交叉测量

C. 资料对比　　D. 开挖验证

25. 变形监测中，布设于待测目标体上并能反映变形特征的点为（　　）。

A. 基准点　　B. 工作基点

C. 变形点　　D. 连接点

26. 建筑物变形检测中，与全站仪测量方法相比，近景摄影测量方法的突出特点是（　　）。

A. 可同时获得大量变形点信息　　B. 可获得不同周期的变形量

C. 可测定水平和垂直方向的变形　　D. 不需要设置基准点和工作基点

27. 某市下辖甲、乙、丙、丁四个区的行政代码分别为 03、04、05、06，该市某宗房产用地的丘号为 030604050304，则该房产位于（　　）区。

A. 甲　　B. 乙
C. 丙　　D. 丁

28. 房产分丘图绘制中，房屋权界线与丘界线重合的处理方式为(　　)。
A. 错开表示　　B. 交替表示
C. 用丘界线表示　　D. 用房屋权界线表示

29. 房产分幅平面图上某房屋轮廓线中央注记为“1234”，则该房屋的层数为(　　)。
A. 4　　B. 12
C. 23　　D. 34

30. 下列建筑结构中，房屋建筑面积测算时，应按其水平投影面积的一半计算的是(　　)。
A. 房屋间无上盖架空通廊　　B. 无顶盖室外楼梯
C. 利用高架路为顶盖建造的房屋　　D. 房屋天面上的露天泳池

31. 下列房屋或其用地状况发生变化情形中，应进行房屋权属变更测量的为(　　)。
A. 房屋扩建，层数发生变化　　B. 房屋附属门廊拆除量
C. 房屋门牌号码变化　　D. 房屋用地权界截弯取直

32. 按现行房产测量规范三级房产面积精度要求，面积 100 m^2 的房产面积限差为(　　)m^2。
A. ±1.2　　B. ±1.4
C. ±1.6　　D. ±1.8

33. 地籍测绘过程中，可用图解法计算土地面积的地块，其图上最小面积不应小于(　　)cm^2。
A. 4　　B. 5
C. 6　　D. 7

34. 地籍测量中，利用图根级导线布设同级附合导线时，所利用的图根级导线最短边长不应短于(　　)m。
A. 20　　B. 15
C. 10　　D. 5

35. 地籍调查过程中，按我国现行土地利用现状分类，编码 071 代表的是(　　)。
A. 住宅餐饮用地　　B. 商务金融用地
C. 农村宅基地　　D. 城镇住宅用地

36. 地籍测绘成果中，某界址点相对于临近图根控制点的点位中误差为±50 mm，则该界址点为(　　)类界址点。
A. 一　　B. 二
C. 三　　D. 四

37. 按现行地籍测绘规范，地籍图上界址点与邻近地物点关系距离的中误差不应大于图上(　　)mm。

A. ±0.2　　B. ±0.3

C. ±0.4　　D. ±0.5

38. 编号为7、8、9的三块宗地合并后，新宗地号为(　　)。

A. 7　　B. 7-1

C. 9　　D. 9-1

39. 江西省行政区划代码为360 000，福建省行政区划为350 000，则按现行行政区域界线测绘规范，江西、福建二省边界线名称为(　　)。

A. 福江线　　B. 江福线

C. 闽赣线　　D. 赣闽线

40. 现行界线测绘采用平面坐标基准是(　　)。

A. WGS-84坐标系　　B. 任意坐标系

C. 地方坐标系　　D. 2000国家大地坐标系

41. 摄影测量共线方程包括像点坐标、对应的地面点坐标、像片主距、外方位元素共(　　)个参数。

A. 8　　B. 10

C. 12　　D. 14

42. 下列要求中，符合航空摄影规范关于航摄分区划分原则的是(　　)。

A. 分区界线应与图廓线相一致

B. 首末航线应在分区边界线上或边界线外

C. 摄区内地貌类型应尽量一致

D. 应充分考虑航摄飞机飞行的安全距离

43. 采用POS辅助航空摄影生产1：2 000地形图时，摄区内任意位置与最近基站间的最远距离不应大于(　　)km。

A. 200　　B. 150

C. 100　　D. 50

44. 按航摄仪检定要求，新购或前次检定已超过(　　)年的航摄仪须进行检定。

A. 1　　B. 2

C. 3　　D. 4

45. 下列参数中，不属于推扫式数字航空摄影成果技术参数的是(　　)。

A. 航摄仪主距　　B. 摄区代号

C. 地面分辨率　　D. 航摄时间

46. 同一条航线相邻像片之间的重叠称为(　　)重叠。

A. 航向　　B. 旁向

C. 基线　　D. 相邻

47. 在数字城市地理空间框架数据建设中，遥感技术主要用于(　　)。

A. 数据处理　　B. 数据获取

C. 数据建库　　D. 数据分析

48. 单张像片后方交会中，需已知地面点坐标的点数至少为(　　)个。

A. 1　　B. 2

C. 3　　D. 4

49. 在遥感领域，SAR 指的是(　　)。

A. 激光测地雷达　　B. 卫星测高雷达

C. 合成孔径雷达　　D. 地下管线探测雷达

50. 摄影测量中，像片上地物投影差改正的计算公式为 $\delta_A = \frac{\Delta h}{H} \cdot R$。当进行高层房屋的投影差改正时，$\Delta h$ 指的是(　　)。

A. 屋顶到平均海水面的高度　　B. 屋顶到城市平均高程面的高度

C. 屋顶到地面的高度　　D. 屋顶到纠正起始面的高度

51. HIS 是一种图像处理的彩色空间模型，其中 H 代表(　　)。

A. 亮度　　B. 饱和度

C. 色调　　D. 色温

52. 对 Landsat TM 影像的近红外、红、绿三个波段分别赋予红色、绿色、蓝色合成假彩色后，植被在该假彩色图像上的颜色为(　　)。

A. 红色　　B. 绿色

C. 蓝色　　D. 黄色

53. 空中三角测量有不同的像控点布点方式，下图表示的布点方式为(　　)布点(黑点为高程控制点，圆圈点为平高控制点)。

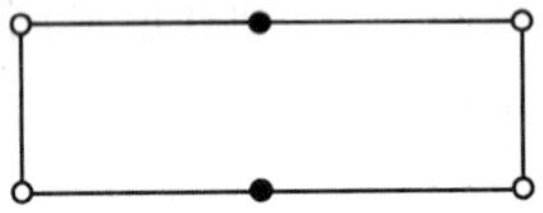

A. 全野外　　B. 单模型

C. 区域网　　D. 航线网

54. 下列地形地物要素中，可作为中小比例尺航测外业高程控制点的是(　　)。

A. 圆山顶　　B. 房屋墙角拐点

C. 电杆顶　　D. 尖山头

55. 航空摄影的像片倾角是指(　　)偏离铅垂线的夹角。

A. 投影基线　　B. 核线

C. 方位线　　D. 主光轴线

56. 机载侧视雷达方位分辨率的方向与飞行方向的关系为(　　)。

A. 垂直于飞行方向　　B. 平行于飞行方向

C. 成45°夹角　　D. 成135°夹角

57. 我国南海海域呈南北延伸形状，在设计其地图投影方式时，宜采用(　　)投影。

A. 圆柱　　B. 方位

C. 圆锥　　D. 球面

58. 编制专题地图时，用于表示连续面状分布现象的方法是(　　)。

A. 范围法　　B. 点值法

C. 质底法　　D. 动线法

59. 依据地形图资料和幅面大小设计地形图时，所确定的图幅比例尺通常称为(　　)。

A. 平均比例尺　　B. 基本比例尺

C. 局部比例尺　　D. 主比例尺

60. 下列地图特征中，不能作为专题地图设计依据的是(　　)。

A. 地图的用途　　B. 地图比例尺

C. 制作区域形状　　D. 地图表示方法

61. 绘制1∶5万地形图水系要素时，当底图上河流宽度大于(　　)mm时，河流应用双线依比例尺表示。

A. 0.3　　B. 0.4

C. 0.5　　D. 0.6

62. 利用1∶5万地形图编制普通地图集市、县图时，用于框幅定向的是地形图上(　　)方向。

A. 平面坐标 x　　B. 平面坐标 y

C. 磁北　　D. 真北

63. 绘制1∶2.5万、1∶5万地形图时，针对整齐排列、成行列分布的一片单幢房屋，下列绘制方法中，正确的是(　　)。

A. 固定两端位置，中间内插房屋符号，不合并外围街区

B. 固定两端位置，外围选取房屋符号，中间合并为街区

C. 固定两端位置，全部合并为街区

D. 不固定两端位置，按密度选取房屋符号

64. 下列关于等高线绘制质量检验要求的说法中，错误的是(　　)。

A. 等高线形状不随细部的删除而改变

B. 同一斜坡上等高线图形应协调一致

C. 等高线应显示地貌基本形状特征

D. 等高线应反映地貌类型方面的特征

65. 下列关于GIS与地图学的说法中，错误的是(　　)。

A. 地图学是GIS的基础　　B. 地图学强调图形信息传输

C. GIS强调空间数据分析　　D. GIS是地图学研究的前提

66. 某地发生重大洪水灾害，政府要对沿江一定区域受灾人口数量进行统计分析。下列 GIS 空间分析功能中，可以组合利用的是(　　)。

A. 叠加分析、缓冲区分析　　B. 通视分析、缓冲区分析

C. 网络分析、叠加分析　　D. 网络分析、缓冲区分析

67. 基于 E-R 图法进行空间数据库概念设计的主要步骤包括：分析地理实体、确定地理实体属性、定义地理实体之间关系、绘制空间 E-R 图和(　　)。

A. 调整优化空间 E-R 图　　B. 映射空间 E-R 图到数据表

C. 转化空间 E-R 图到数据模型　　D. 用空间 E-R 图展示现实世界

68. 确定栅格数据单元属性的方法中常用于分类图斑较小、狭长的地理要素的赋值方法是(　　)。

A. 中心归属法　　B. 长度占优法

C. 面积占优法　　D. 重要性法

69. 在分析商业中心、港口的辐射范围以及设立商店、学校、医院最佳位置的应用中，常采用的 GIS 技术是(　　)。

A. 最短路径分析技术　　B. 缓冲区分析技术

C. 空间叠加分析技术　　D. 资源定位和配置技术

70. 下列关于基础地理信息数据更新的说法中，错误的是(　　)。

A. 可以定期进行全面更新，也可以进行动态局部更新

B. 可以全要素更新，也可以一种或几种要素更新

C. 更新后成果整体精度高于原数据精度

D. 可以按图幅进行更新，也可以按区域进行更新

71. 下列关于专题地理信息的说法中，错误的是(　　)。

A. 是面向用户需求的特定地理信息

B. 可分为专题空间数据和专题非空间数据

C. 专题空间数据包括点、线、面 3 种类型

D. 只能反映可见的自然、社会、经济现象

72. 道路专题数据生产中，除采集空间数据和属性数据外，还应建立相应的元数据。下列数据中属于元数据的是(　　)。

A. 道路名称　　B. 道路起止点

C. 道路日常养护单位　　D. 道路数据生产单位

73. GIS 软件开发的主要工作基础包括明确 GIS 项目要求、类型以及(　　)。

A. 确定 GIS 软件系统选型　　B. 分析 GIS 项目风险

C. 培训 GIS 项目用户　　D. 明确 GIS 数据用途

74. 下列指标中，不属于 GIS 软件工程技术评价的是(　　)。

A. 系统效率　　B. 系统效益

C. 可扩展型　　D. 可靠性

75. 下列关于导航电子地图系统特点的说法中，错误的是(　　)。

A. 具有相应交通信息　　　　B. 具有实时导航功能
C. 具有地面高程信息　　　　D. 具有兴趣点信息

76. 确定产品需求后，导航电子地图产品设计的步骤是(　　)。
A. 产品开发任务编制、样品制作、规格设计、产品设计、工具开发
B. 产品设计、规格设计、工具开发、样品制作、产品开发任务编制
C. 产品开发任务编制、产品设计、规格设计、工具开发、样品制作
D. 工具开发、产品设计、规格设计、样品制作、产品开发任务编制

77. 下列关于互联网地图服务的说法中，错误的是(　　)。
A. 提供地理信息浏览查询　　　　B. 一般采用 C/S 模式
C. 一般采用 SOA 架构　　　　D. 基于开放的标准

78. 下列地理信息数据库设计工作中，属于物理设计的是(　　)。
A. 数据文件命名规则设计　　　　B. 数据分层原则设计
C. 数据空间索引设计　　　　D. 数据关联方式设计

79. 下列软件中，不属于在线地理信息服务系统软件组成部分的是(　　)。
A. 服务发布软件　　　　B. 服务管理软件
C. 数据采集软件　　　　D. 数据维护软件

80. 下列技术中，不属于网络地图服务常用技术的是(　　)。
A. 信息搜索技术　　　　B. 地图瓦片生成技术
C. Ajax/Flash 技术　　　　D. 动态地图投影技术

二、多项选择题(每题 2 分。每题的备选选项中，有 2 个或 2 个以上符合题意，至少有 1 个是错项。错选，本题不得分；少选，所选的每个选项得 0.5 分)

81. 按现行国家标准《国家大地测量基本技术规定》，下列基准中，其建立于维护属于大地测量任务的是(　　)。
A. 大地基准　　　　B. 时间基准
C. 高程基准　　　　D. 深度基准
E. 重力基准

82. 国家等级水准网的布设原则有(　　)。
A. 由高级到低级　　　　B. 从整体到局部
C. 逐级控制　　　　D. 保证精度
E. 逐级加密

83. 全球卫星导航定位连续运行基准站网的组成部分包括(　　)。
A. POS 系统　　　　B. 数据中心
C. 卫星系统　　　　D. 数据通信网络
E. 基准站

84. 下列要素中，属于海图要素的有(　　)。

A. 地理要素　　B. 地质要素

C. 数学基础　　D. 水质要素

E. 整饰要素

85. 下列方法中，可用于高层建筑物铅垂线放样的有(　　)。

A. 水准仪法　　B. 激光铅垂仪法

C. 光学铅垂仪法　　D. 全站仪弯管目镜法

E. 引张线法

86. 平面曲线放样时需先测设曲线的主要点。下列点中，属于圆曲线主要点的有(　　)。

A. 直圆点　　B. 圆心点

C. 曲中点　　D. 圆直点

E. 离心点

87. 城市排水管道实地调查的内容有(　　)。

A. 压力　　B. 管径

C. 埋深　　D. 材质

E. 流向

88. 下列建筑部位中，应计入套内房屋使用面积的有(　　)。

A. 套内楼梯　　B. 不包括在结构面积内的套内管井

C. 套内卧室　　D. 套内阳台

E. 内墙面装饰厚度

89. 下列地籍图要素中，属于地籍要素的有(　　)。

A. 行政界线　　B. 地籍图分幅编号

C. 土地使用者　　D. 水系

E. 界址点

90. 界线测绘时，下列边界走向角度中(以真北方向为基准)，属于东南方位的有(　　)。

A. 117°　　B. 127°

C. 137°　　D. 147°

E. 157°

91. 下列遥感卫星中，影像地面分辨率不低于 1m 的有(　　)。

A. SPOT5　　B. ASTER

C. QuickBird　　D. WorldView-1

E. GeoEye-1

92. 摄影测量经历的发展阶段有(　　)。

A. 航空摄影测量　　B. 模拟摄影测量

C. 解析摄影测量　　D. 近景摄影测量

E. 数字摄影测量

93. 利用航空摄影测量方法可为水库设计提供的资料有(　　)。

A. 地形图　　B. 水文图
C. 断面图　　D. 数字高程模型
E. 地质图

94. 航外控制测量方案设计时，应收集的资料包括(　　)。

A. 重力资料　　B. 地图资料
C. 航摄资料　　D. 气象资料
E. 水准资料

95. 绘制 1 : 2.5 万、1 : 5 万、1 : 10 万地形图时，下列说法中，符合等高线图形综合技术要求的有(　　)。

A. 正确表示山脊、山头、谷地、斜坡以及鞍部的形态特征
B. 合理删除次要的负向地貌细部
C. 为强调地貌特征，个别等高线局部应适当移位
D. 相邻两条等高线间距不应小于 0.2 mm，不足时可以合并表示
E. 等高线遇到双线表示的沟渠、冲沟、陡崖、路堤等符号时，应连续绘出

96. 地图要素可分为点、线、面要素。在制图综合过程中，正确处理地图要素争位现象的方法有(　　)。

A. 点点冲突时，保持高层次点状要素图形完整，对低层次点状要素移位
B. 点线冲突时，保持点状要素图形完整，点状要素压盖线状要素
C. 点面冲突时，保持点状要素图形完整，点状要素压盖面状要素
D. 线线冲突时，保持线状要素各自完整，互相压盖时不得移位
E. 线面冲突时，保持线状要素完整，线状要素压盖面状要素

97. 在 GIS 系统详细设计阶段，需展开的工作有(　　)。

A. 确定输入、输出参数　　B. 确定系统模型
C. 确定用户界面　　D. 绘制逻辑流程图
E. 编写应用实例

98. GIS 软件结构设计的主要依据有(　　)。

A. 已有数据库系统软件　　B. 用户界面要求
C. 已有网络条件　　D. 数据资源使用方式
E. 数据资源管理方式

99. 地理信息系统安全保密可采用的技术包括(　　)。

A. 数字水印技术　　B. 数据备份与恢复技术
C. 数据分块技术　　D. 数据质量控制技术
E. 用户登录控制技术

100. 导航电子地图制作技术设计内容包括(　　)。

A. 设计要素可视化符号　　B. 确定要素在导航中的作用

C. 构建要素及其关系的存储结构　D. 描述要素的性质
E. 规定要素转换方法

参考答案及解析

一、单项选择题

1.【B】一等重力点联测路线应组成闭合环或附合在两基本点间，其测段数一般不超过5段，特殊情况下可以按辐射状布测一个一等点。
2.【C】BCDE级GPS网的布测视测区范围的大小可实行分区观测。当实行分区观测时，相邻区间至少应有4个公共点。
3.【C】高斯投影是等角横切椭圆柱投影。
4.【A】省级似大地水准面精化中，所利用的数字高程模型的分辨率不应低于3″×3″。
5.【B】使用DJ1型经纬仪采用方向法观测进行三等三角观测，应测9个测回。
6.【C】B、C、D、E级GPS网最简异步观测环的边数最多不应分别超过6、6、8、10条。
7.【D】一、二等导线测量中，同时间段经气象改正后的距离值测回互差为±20mm。
8.【C】$H_{大地}=H_{正}+N=H_{正常}+\delta$，由误差传播定律计算。
9.【B】B级GPS网控制点观测的采样间隔为30s。
10.【B】1985国家高程基准是我国现采用的高程基准，青岛水准原点高程为72.260 4 m。
11.【D】20世纪50年代初期，我国采用略最低低潮面作为深度基准面。1956年后，我国采用理论最低潮面作为海图深度基准面。深度基准面的高度从当地平均海面起算。深度基准面一经确定且在正规水深测量中已被采用者，一般不得变动。
12.【A】主要控制点：定位误差不超过10 cm；次级控制点：定位误差不超过50 cm。
13.【B】岸边水位站水位观测误差允许偏差应满足±2 cm，海上定点站水位观测综合误差允许偏差应满足±5 cm。
14.【C】海洋水文观测是指在某点或某一断面上观测各种水文要素，并对观测资料进行分析和整理的工作。观测海水温度、盐度、密度、含沙量、潮汐、潮流、波浪、声速等要素。
15.【B】无线电定位技术常采用测距、测距差或两种方法混合使用，高精度定位常采用测距方式进行定位。按工作原理区分，主要有脉冲测距、相位双曲线、脉冲双曲线等工作方式。
16.【A】海上位置线一般可分为方位位置线、角度位置线、距离位置线和距离差位置线四种。通常可以利用两条以上相同或不同的位置线定出点位。
17.【A】半测回归零差是指盘左或盘右半测回中两次瞄准起始目标读数的读数差。

18.【B】工程施工放样的限差为放样中误差的 2 倍。

19.【B】地面激光扫描对形成建筑物的立面图的点密度是足够的。

20.【C】全长相对闭合差 = $\sqrt{f_x^2+f_y^2}/D=0.2/8\ 100=1/40\ 500$。

21.【A】视线高 = 35+1.5 = 36.5 m。由“倒尺法”原理可知，即水准尺零点高程为 38 m，则视线对应的待定点上的水准尺读数为 38-36.5 = 1.5 m。

22.【A】为使地面与地下建立统一的坐标系统和高程基准，应通过平峒、斜井及竖井将地面的坐标系统及高程基准传递到地下，地下起始数据的传递工作称为联系测量。

23.【C】由于 $s_{bc}=s_{ac}-s_{ab}$，根据误差传播定律，则 $\delta_{s_{bc}}=\sqrt{3^2+4^2}=5(\mathrm{cm})$。

24.【D】每个工区应在隐蔽管线点中，按不少于总数 1%的比例，随机抽取管线点进行开挖验证，检查管线点的数学精度。

25.【C】变形观测点(亦称目标点、变形点、观测点)，变形观测点布设在变形体的地基、基础、场地及上部结构等能反映变形特征的敏感位置。

26.【A】近景摄影测量的优点：①瞬间获取被测目标的大量几何和物理信息，适合于测量点数众多的目标；②非接触测量手段，可在恶劣条件下作业；③适合于动态目标测量。

27.【D】丘的编号按市、市辖区(县)、房产区、房产分区、丘五级编号。丘的编号格式如下：市代码十市辖区(县)代码十房产区代码十房产分区代码十丘号(2 位)(2 位)(2 位)(2 位)(4 位)丘的编号从北至南，从西至东以反 S 形顺序编列。因此该房产位于丁区。

28.【C】房屋权界线与丘界线重合时，表示丘界线；房屋轮廓线与房屋权界线重合时，表示房屋权界线。

29.【D】房屋“四位数”注记在房屋中间。调绘内容主要为房屋产别、结构和层数、所有权界线等，并用四位数表示房屋的产别、结构和层数。即第一位数表示产别；第二位数表示结构；第三、第四位数表示层次。层数，01 表示 1 层或平房，02 表示 2 层……30 表示 30 层。

30.【B】属于计算一半建筑面积的范围。

31.【D】属于房屋权属变更测量。

32.【B】根据房屋面积测算的中误差与限差表可得。

33.【B】根据《地籍测绘规范》规定，图解法是指用光电面积量测法、求积仪法、几何图形法等在地籍图上量算面积。对于图上面积小于 5 cm^2的地块，不得使用图解法量算其面积。

34.【C】图根级导线的布设应符合的规定。

35.【D】按照国家标准《土地利用现状分类》(GB/T　21010)，071 表示城镇住宅用地。

36.【A】界址点相对于临近图根控制点的点位中误差为±50 mm，则该界址点为一类界址点。

37.【B】地籍图上界址点与邻近地物点关系距离的中误差不应大于图上±0. 3mm。

38.【B】变更地籍调查时，无论宗地分割或合并，原地号一律不得再用。分割后的各宗地以原编号的支号顺序编列，数宗地合并后的宗地号以原宗地号中的最小宗地号加支号表示。

39.【C】省级边界线的编号由相邻省(自治区、直辖市)的省简码按数值大小由小至大顺序排列组成。省级界线名称由相邻两省(自治区、直辖市)的简称加“线”字组成，省简码小的省(自治区、直辖市)简称排列在前。

40.【D】界线测绘宜采用国家统一的 2000 国家大地坐标系和 1985 国家高程基准。

41.【C】摄影测量共线方程包括像点坐标、对应的地面点坐标、像片主距、外方位元素共 12 个参数。

42.【A】根据测图要求的比例尺及地区情况选择摄影比例尺及航高，划分航摄分区。

43.【C】根据航摄区域大小、航摄成图比例尺合理布设地面基站，摄区内任意位置与最近基站间的距离不应大于下表的规定。每一摄区基站数量不应少于 1 个。

44.【B】根据航摄仪的稳定状况，几有下列情况之一者应进行检定：①距前次检定时间超过 2 年；②快门曝光次数超过 20 000 次；③经过大修或是主要部件更换以后；④在使用或运输过程中产生剧烈震荡以后。

45.【A】根据《数字航空摄影规范》，可知推扫式数字航空摄影技术中存储介质正面外标签注记内容总体信息部分应包括：盘号、摄区代号、摄区名称、飞机机型、航摄仪类型、地面分辨率、航线数、摄区面积、航摄时间、航摄单位等。

46.【A】相邻航线的像片间重叠，称为旁向重叠。

47.【B】遥感技术主要用于数据获取。

48.【C】空间后方交会是利用共线方程用像点坐标、对应地面点坐标和主距来求解外方位元素。1 个地面点列 2 个方程，要求解 6 个未知数，至少需要 3 个地面点。

49.【C】SAR(Synthetic-Aperture-Radar)：合成孔径雷达。

50.【D】根据像片图上地物投影差改正值的计算公式。

51.【C】HIS 色彩空间中，用色调(Hue)、饱和度(Saturation 或 Chroma)和亮度(Intensity 或 Brightness)来描述色彩。

52.【A】TM 波段 4 近红外对应植物的反射峰值，根据假彩色合成原理，近红外波段赋予红色，红波段赋予绿色，绿波段赋予蓝色，则假彩色合成后，植被的颜色是红色。

53.【C】根据平差中所采用的数学模型解析空中三角测量可分为航带法、独立模型法和光束法；根据平差范围的大小，又可分为单模型法、单航带法和区域网法。

54.【A】高程控制点的刺点目标应选在高程变化不大的地方，一般选在地势平缓的线状地物的交会处、地角等，在山区常选在平山顶以及坡度变化较缓的圆山顶、鞍部等处，狭沟、太尖的山顶不宜做刺点目标。

55.【D】航摄像片倾角是指航摄机向地面摄影时，摄影物镜的主光轴偏离铅垂线的夹角。

56.【B】侧视雷达的分辨率可分为距离分辨率和方位分辨率；侧视雷达影像色调，取决于地物对微波的后向散射强度，并受地物表面粗糙度、土壤导电特性、微波波长、极化类型以及回波入射角等因素综合影响。

57.【A】我国分省(区)地图常用投影：正轴等角割圆锥投影，或宽带高斯-克吕格投影；我国的南海海域单独成图时，可采用正轴圆柱投影。

58.【C】质底法表示连续分布、满布于整个区域的面状现象。

59.【D】地图上标明的比例尺是指投影中标准线上的比例尺，即地图主比例尺，也称普通比例尺。

60.【C】专题地图设计阶段完成专题地图设计和正式编绘前的各项准备工作。一般包括：根据制图的目的、任务和用途，确定地图的选题、内容和表示方法选择、指标和地图比例尺等。

61.【B】绘制 1∶5 万地形图水系要素时，当底图上河流宽度大于 0.4mm 时，河流应用双线依比例尺表示。

62.【D】对一幅图而言，通常是把图幅的中央经线的北方方向作为该图幅的真北方向，我国的地形图都是以北方定向的。

63.【A】对于整齐排列、成行列分布的单幢房屋，应固定两端位置，中间内插房屋符号，不合并为街区。街区外缘的普通房屋不应并入街区，应进行适当取舍。

64.【A】等高线的形状应随删去碎部而改变，同一斜坡的等高线图形应协调一致，强调显示地貌基本形态的特征，反映地貌类型方面的特征。

65.【D】GIS 是地图学理论、方法与功能的延伸，地图学与 GIS 是一脉相承的，它们都是空间信息处理的科学，只不过地图学强调图形信息传输，而 GIS 则强调空间数据处理与分析。

66.【A】首先需要划定统计范围，即沿江一定的距离做缓冲区分析，提取受灾范围。然后将受灾范围里的人口等相关要素进行叠加分析，统计受灾人数。

67.【D】基于 E-R 图法进行空间数据库概念设计的主要步骤包括：分析地理实体、确定地理实体属性、定义地理实体之间关系、绘制空间 E-R 图和调整优化空间 E-R 图。

68.【B】中心归属法：每个栅格单元的值以网格中心点对应的面域属性值来确定。长度占优法：每个栅格单元的值以网格中线的大部分长度所对应的面域的属性值来确定。面积占优法：每个栅格单元的值以在该网格单元中占据最大面积的属性值来确定。重要性法：根据栅格内不同地物的重要性程度，选取特别重要的空间实体决定对应的栅格单元值。

69.【D】网络分析的基本方法为：路径分析、地址匹配、资源分配。

70.【C】基础地理数据的更新精度不宜低于原数据的精度，通过数据更新提高现势性。

71.【D】专题地理信息数据是面向用户的主要内容，包括专题点数据、专题线数据和专题面数据，它们不仅包含了空间定位信息，而且还包含了大量的专题属性信息和统计信息。

72.【D】元数据是指描述空间数据的数据。显然，道路数据生产单位是属于元数据的。

73.【A】地理信息系统开发前需要做的准备工作主要有：明确 GIS 系统需求、明确 GIS 应用项目类型、明确 GIS 软件系统在应用项目中的角色、分析 GIS 软件功能。

74.【B】GIS 软件工程技术评价包括：可靠性、可扩展性、可移植性、系统效率。

75.【C】导航电子地图不得表示显示的高程信息。

76.【B】导航电子地图产品设计步骤：需求分析、需求评审、产品设计、规格设计、工具开发、工具测试、样品制作、产品开发任务编制。

77.【B】互联网地图服务一般采用 B/S 模式。

78.【C】物理设计主要是设计要素在物理数据库中的存储，其他选项均为逻辑设计的内容。

79.【C】在线地理信息服务系统包括数据生产与管理、在线服务、运维监控、应用四个层面。

80.【D】地图投影是在数据处理之前就已经确认的方法技术。

二、多项选择题

81.【ACDE】《国家大地测量基本技术规定》规定了建立与维持大地控制网、高程控制网和重力控制网，确定似大地水准面的基本技术指标和技术要求，以实现全国陆海统一的大地基准、高程基准以及与其相应的深度基准、重力基准。

82.【ABCE】国家高程控制网主要是指国家一、二、三、四等水准网。我国水准点的高程采用正常高系统，按照 1985 国家高程基准起算。青岛国家原点高程为 72.260 m。水准网的布设原则是由高级到低级，从整体到局部，逐级控制，逐级加密。

83.【BDE】全球导航卫星系统(GNSS)连续运行基准站网是由若干连续运行基准站及数据中心、数据通信网络组成的，提供数据、定位、定时及其他服务的系统。

84.【ACE】海图要素分为数学要素、地理要素和辅助要素。

85.【BCD】高层建筑物的垂直度要求高。轴线投测的常用方法有全站仪或经纬仪法、垂准仪法、垂准经纬仪法、吊线坠法、激光经纬仪法、激光垂准仪法等。

86.【ACD】圆曲线的起点(称为直圆点)是指直线与圆曲线的连接点，圆曲线的中心点(称为曲中点)是指圆曲线的中点，圆曲线的终点(称为圆直点)是指圆曲线与直线的连接点，这三个点总称为圆曲线的主要点。

87.【BCDE】《城市地下管线探测技术规程》规定，城市排水管道实地调查的内容有：内底、管径、材质、构筑物、附属物、流向、埋设年代和权属单位。

88.【ABCE】成套房屋的套内建筑面积由套内房屋的使用面积、套内墙体面积、套内阳台建筑面积三部分组成。

89.【ACE】在地籍图上应表示的地籍要素包括：行政界线、界址点、界址线、地类号、地籍号、坐落、土地使用者或所有者及土地等级等。

90.【BC】边界线轴向说明中涉及的方向，采用 16 方位制（以真北方向为基准）描述。

91.【CDE】QuickBird、GeoEye-1、WorldView 三种卫星分辨率大于 1m。

92.【BCE】到目前为止，摄影测量已有近 170 年的发展历史了。概括而言，摄影测量经历了模拟法、解析法、数字法三个阶段。

93.【ACD】航空摄影测量方法可为水库设计提供地形图、断面图、DEM。

94.【BCE】航外控制测量方案设计时，应收集的资料包括：地图资料、航摄资料及水准资料。

95.【ABC】综合等高线图形时，正确表示山脊、山头、谷地、斜坡及鞍部的形态特征，一般情况下是删除次要的负向地貌碎部，为强调地貌特征，个别等高线可局部适当移位。相邻两等高线间距不应小于 0.2mm，不足时可以间断个别等高线，但不应成组断开。

96.【ABCE】根据地图要素分为点、线、面要素，当要素关系冲突时，通常的处理方法是：①点点冲突时，保持高层次点状要素图形完整，对低层次点状要素移位；②点线冲突时，保持点状要素图形完整，点状要素压盖线状要素；③点面冲突时，保持点状要素图形完整，点状要素压盖面状要素；④线面冲突时，保持线状要素完整，线状要素压盖面状要素。

97.【ABD】根据 GIS 系统详细设计的任务。

98.【ABC】GIS 软件体系结构的类型主要包括单机结构、客户机/服务器体系结构、浏览器/服务器体系结构、面向地理信息服务的 WebGIS，故设计依据考虑上述因素。

99.【BE】地理信息系统安全保密可采用的技术包括数据备份和恢复机制、用户管理机制。

100.【ABC】导航电子地图数据库规格设计内容：要素定义、功能设计、模型设计、采集制作标准。

(四)2014年注册测绘师资格考试测绘综合能力试卷与参考答案及解析

一、单项选择题(每题1分，每题的备选选项中，只有一个符合题意)。

1. FG5绝对重力仪的观测值是重力点的(　　)。

A. 重力差值　　B. 重力垂线偏差

C. 重力加速度　　D. 重力垂直梯度值

2. 使用全站仪等精度观测三角形的3个角，观测值分别为29°59′54″，60°00′06″，90°00′12″。平差后3个角的值分别为(　　)。

A. 29°59′50″，60°00′02″，90°00′08″

B. 29°59′52″，60°00′02″，90°00′06″

C. 29°59′48″，60°00′02″，90°00′10″

D. 30°00′00″，60°00′00″，90°00′00″

3. B级GPS网观测时，三个时段的数据利用率分别为79.2%，85.0%，92.3%，网按规范要求必须重测的时段数是(　　)个。

A. 0　　B. 1

C. 2　　D. 3

4. 国家一、二等水准测量规范规定，使用数字水准仪前，应进行预热，预热至少为(　　)次单次测量。

A. 5　　B. 10

C. 15　　D. 20

5. 某大地点的大地高92.51 m，正高94.40m，正常高94.26 m，大地水准面差距-1.89m，则该点的高程异常是(　　)m。

A. -0.14　　B. -1.75

C. +0.14　　D. +1.75

6. 区域似大地水准面精化时，下列数据中，不需要的是(　　)。

A. 区域沉降测量数据　　B. 区域水准测量数据

C. 区域数字高程模型数据　　D. 区域GPS测量数据

7. 下列关于高斯坐标投影长度比的说法中，正确的是(　　)。

A. 与方向有关，与位置有关　　B. 与方向有关，与位置无关

C. 与方向无关，与位置无关　　D. 与方向无关，与位置有关

8. 一、二等水准观测选用的尺台质量应至少为(　　)kg。

A. 3　　B. 4

C. 5　　D. 6

9. 水网地区或经济发达地区一、二等水准路线的普通水准点，应埋设的标石类型是(　　)。

A. 钢管水准标石　　B. 道路水准标石

C. 混凝土柱水准标石　　D. 墙角水准标石

10. 已知 A、B 两点间的坐标增量 ΔX_{AB} 为负、ΔY_{AB} 为正，则方位角 α_{BA} 所在象限为(　　)象限。

A. 一　　B. 二

C. 三　　D. 四

11. 1 秒级经纬仪观测某角度(秒值)6 测回成果如下表所示，测回互差限差为 5″，则下列测量数据取舍的说法中，正确的是(　　)。

测回号	1	2	3	4	5	6
角观测值(″)	26.15	26.70	25.55	31.30	24.60	25.60

A. 6 个测回全部采用

B. 舍去第 4 测回，重测补测至合格

C. 舍去第 4、5 测回，重新补测至合格

D. 舍去第 3、4、5 测回，重新补测至合格

12. 下列地球椭球参数中，2000 国家大地坐标系与 WGS-84 坐标系数值不同的是(　　)。

A. 扁率　　B. 长半径

C. 地心引力常数　　D. 地球自转角速度

13. 用三角测量法布设海控点时，布设中点多边形的已知边长最长为(　　)km。

A. 6　　B. 7

C. 8　　D. 9

14. 各种比例尺海底地形图均采用(　　)分幅。

A. 经纬线　　B. 地形线

C. 特征线　　D. 直角坐标线

15. 下列航行图地理位置说明中，正确的是(　　)。

A. 中国、辽东半岛、黄海　　B. 黄海、辽东半岛、中国

C. 中国、黄海、辽东半岛　　D. 辽东半岛、黄海、中国

16. 使用回声探测仪测量海水深度，在置信度 95%的条件下，海水深度处于 30~50 m 区间时，测量极限误差最大为(　　)m。

A. ±0.3　　B. ±0.4

C. ±0. 5　　　　　　　　D. ±1. 0

17. 利用建筑方格网进行细部放样时，最高效的方法是(　　)。

A. 前方交会法　　　　　　B. 后方交会法

C. 极坐标法　　　　　　　D. 直角坐标法

18. 图根控制测量中，图根点相对于邻近等级控制点的点位中误差最大为图上(　　)mm。

A. ±0. 05　　　　　　　　B. ±0. 10

C. ±0. 15　　　　　　　　D. ±0. 20

19. 下列测量工作中，不属于一般市政工程测量工作的是(　　)。

A. 道路中线测量　　　　　B. 施工放样

C. 基础控制测量　　　　　D. 纵横断面测量

20. 下列因素中，对某两期变形测量成果整体质量影响最大的是(　　)。

A. 基准点稳定性　　　　　B. 监测点位置

C. 工作基点设置　　　　　D. 连接点数量

21. 下列公式中，由两次重复测量较差计算单次测量中误差的是(　　)。

A. $m = \pm\sqrt{\dfrac{[vv]}{n-1}}$　　　　B. $m = \pm\sqrt{\dfrac{[ww]}{3n}}$

C. $m = \pm\sqrt{\dfrac{[\Delta\Delta]}{n}}$　　　　D. $m = \pm\sqrt{\dfrac{[\Delta\Delta]}{2n}}$

22. 从已知高程点，经过 4 个测站水准测量测定未知点高程，设已知点的高程中误差为 8 mm，每测站高差测量中误差为 2 mm，则未知点的高程中误差为(　　)mm(结果取至整数)。

A. ±9　　　　　　　　　B. ±10

C. ±12　　　　　　　　　D. ±16

23. 现行规范规定，地下管线隐蔽管线点探查时，埋深测量限差要求为±0. 15h，此处 h 指的是(　　)。

A. 探管仪测程　　　　　　B. 管线外径

C. 管线两端高差　　　　　D. 管线埋深

24. 与专业管线图对比，综合管线图的最大不同是(　　)。

A. 包含管线两侧地形信息　　B. 包含管线的基本属性

C. 包含各种类型的管线　　　D. 包含管线的图式图例

25. 下列关于 1 : 500~1 : 2 000 比例尺地形图中等高线测绘技术要求的说法中，错误的是(　　)。

A. 同一幅图只应采用一种基本等高距

B. 山顶、鞍部、凹地处应加绘示坡线

C. 等高线与图上高程注记点之间应协调

D. 首曲线上高程注记的字头应朝向高处

26. 某施工放样工作总误差由控制点误差和放样作业误差两部分构成。按误差等影响“忽略不计原则”，若放样作业误差为±18 mm，当控制点误差最大为(　　)mm 时，即可认为其对施工放样的影响可忽略不计。

A. ±2　　B. ±3

C. ±6　　D. ±9

27. 下列测量方法中，可用于地下工程竖井平面联系测量的是(　　)。

A. 陀螺经纬仪法　　B. GPS 定位法

C. 三角高程测量法　　D. 导线测量法

28. 下列测量作业方法中，基于前方交会原理的是(　　)。

A. 利用 GPS 测量测定地面点位

B. 利用定位定姿数据进行航测成图

C. 利用检验场对航摄仪进行精密检校

D. 利用管线探测仪进行地下管线探测

29. 现行规范规定，房产测量末级相邻基本控制点的相对点位中误差最大为(　　)mm。

A. ±20　　B. ±25

C. ±50　　D. ±75

30. 下列图形中，房廓线内房屋幢号标注正确的是(　　)。

A. [矩形框，左上角标注 (1)]　　B. [矩形框，右上角标注 (1)]

C. [矩形框，左下角标注 (1)]　　D. [矩形框，右下角标注 (1)]

31. 下列房屋内部结构中，净高度达到 2.50 m 时需计算全部建筑面积的是(　　)。

A. 房屋内设备夹层　　B. 房屋内操作平台

C. 厂房内上料平台　　D. 大型水箱构架

32. 依据建筑设计图纸进行房屋面积测算时，下列关于其结果的说法中，正确的是(　　)。

A. 无错误，可能有误差　　B. 可能有错误，无误差

C. 无错误，无误差　　D. 可能有错误，可能有误差

33. 按现行规范，街坊外围界址点相对于邻近控制点点位误差的最大允许值为(　)cm。

A. ±5　　B. ±10

C. ±15　　D. ±20

34. 某地籍图上房屋及注记如图所示，则该注记中数字“3”“4”代表的是(　　)。

305	406

A. 房屋层数　　B. 房屋产别

C. 房屋类别　　D. 房屋结构

35. 编号为 6 的宗地分割为 6-1、6-2 两块宗地，其中，6-2 号宗地再次分割为三宗地，则其中编号数字最小的宗地编号为(　　)。

A. 6-2-1　　B. 6-3-1

C. 6-2　　D. 6-3

36. 采用图解法量算宗地面积时，面积量算采用两级控制，其中用于首级控制的面积是(　　)。

A. 宗地丈量面积　　B. 街坊平差面积

C. 图幅理论面积　　D. 街道统计面积

37. 省级以下行政区边界地形图应采用的比例尺为(　　)。

A. 1∶10 000　　B. 1∶25 000

C. 1∶50 000　　D. 1∶100 000

38. 在边界地形图上绘制边界主张线时，下列说法中，正确的是(　　)。

A. 主张线应采用 0.3 mm 虚线绘制　　B. 主张线颜色统一采用红色

C. 主张线可压盖图上任何要素　　D. 主张线由相邻两行政区域之一绘制

39. 根据现行测绘航空摄影规范，采用航测法生产地物点精度达到±0.5 m 的地形图时，航摄规划设计用图比例尺为(　　)。

A. 1∶5 000　　B. 1∶10 000

C. 1∶50 000　　D. 1∶100 000

40. 在中等城市进行航摄，要求阴影倍数应小于 1，则对应的太阳高度角最小为(　　)。

A. 20°　　B. 30°

C. 45°　　D. 60°

41. 下列参数中，与像点位移无关的是(　　)。

A. 飞行速度　　B. 曝光时间

C. 地面分辨率　　D. 绝对航高

42. 采用 IMU/GPS 辅助航摄时，机载 GPS 接收机数据采样间隔最大为(　　)s。

A. 1　　B. 2

C. 5　　D. 10

43. 为分析某地 2014 年 9 月的土地利用状况，需利用卫星遥感影像数据制作地面分辨率为 1 m 的彩色正射影像图，下列数据中，可优先利用的是(　　)。

A. 2014 年 8 月获得的 SPOT5 全色和多光谱影像数据

B. 2014年8月获得的IKONOS全色和多光谱影像数据

C. 2014年9月获得的QuickBird多光谱影像数据

D. 2014年9月获得的资源三号全色影像数据

44. 规范规定，丘陵地区基本等高距为1 m的1：2 000数字航空摄影测量成图项目，像控点高程中误差最大为（　　）m。

A. ±0.1　　B. ±0.25

C. ±0.33　　D. ±0.50

45. 规范将像片调绘面积界线统一规定为右、下为直线，左、上为曲线，其主要目的是（　　）。

A. 保持适当调绘重叠　　B. 不产生调绘漏洞

C. 不分割重要地物　　D. 保持调绘片美观

46. 航空摄影测量中，利用定位定姿系统可以直接获取的参数是（　　）。

A. 影像曝光时外方位元素　　B. 航摄仪内方位元素

C. 空三加密点量测坐标　　D. 地面控制点三维坐标

47. 航空摄影测量绝对定向的基本任务是（　　）。

A. 实现两个影像上同名点的自动匹配

B. 恢复两个影像间的位置和姿态关系

C. 将立体模型纳入地图测量坐标系统

D. 消除由于影像倾斜产生的像点位移

48. 某项目利用高精度检测方法对1：10 000数字正射影像图的平面位置精度进行检测，当某检测点的较差超过允许中误差的（　　）倍时，将该点视为粗差点。

A. $\sqrt{2}/2$　　B. 1

C. $\sqrt{2}$　　D. 2

49. 应用数字摄影测量方法制作1：5 000数字高程模型时，对采集的双线河水涯线，高程的正确赋值方法是（　　）。

A. 取上下沿水位高程的均值统一赋值

B. 依据上下沿水位高程分段内插赋值

C. 按高程空白区处理赋值高程值-9999

D. 按高程推测区处理分别赋予最大值最小值

50. 下列因素中，对利用机载激光扫描数据生成数字高程模型质量影响最显著的是（　　）。

A. 点云数据的密度　　B. 点云数据平面密度

C. 点云数据的坐标系　　D. 点云数据存储方式

51. 利用航空摄影测量方法制作1：2 000数字线划图时，先进行立体测图，再进行调绘的作业模式属于（　　）模式。

A. 全野外　　B. 全室内

C. 先外后内　　D. 先内后外

52. 下列指标中，最能反映三维建筑物模型数据产品基本特征的是(　　)。

A. 几何精度　　B. 属性精度

C. 纹理质量　　D. 细节层次

53. 遥感影像计算机自动分类中，主要根据像元间相似度进行归类合并的方法属于(　　)。

A. 监督分类法　　B. 非监督分类法

C. 目标分类法　　D. 层次分类法

54. 下式为数字摄影测量成果质量检验中计算涉及错误率的质量元素得分值的公式，其中 γ_0 表示的是(　　)。

$$s = \begin{cases} 60 + \dfrac{40}{\gamma_0}(\gamma_0 - \gamma), & \gamma_0 > 0 \text{ 且 } \gamma < 0 \\ 100, & \gamma_0 = 0 \end{cases}$$

A. 错误率均值　　B. 错误率检测值

C. 错误率限值　　D. 错误率实际值

55. 国家基本比例尺地图中，从某一级比例尺地形图开始，铁路改用半依比例尺单线符号表示，该级比例尺是(　　)。

A. 1∶10 万　　B. 1∶25 万

C. 1∶50 万　　D. 1∶100 万

56. 大比例尺地形图上，烟囱的符号类别属于(　　)。

A. 依比例尺符号　　B. 半依比例尺符号

C. 象形符号　　D. 几何符号

57. 在我国范围内，下列地图中，选用双标准纬线正轴圆锥投影的是(　　)。

A. 近海航行图　　B. 省级政区地图

C. 大比例尺普通地图　　D. 导航电子地图

58. 在专题地图表示方法中，反映不连续面状分布现象，用轮廓线表示其分布区域，用符号或颜色区分其质量特征的方法称为(　　)。

A. 质底法　　B. 线状符号法

C. 范围法　　D. 分区统计图法

59. 地形图符号由两个基本要素构成，一个是图形，另一个是(　　)。

A. 色彩　　B. 大小

C. 结构　　D. 线型

60. 地图集设计时，一般要确定页码和印张数量，一个标准印张折叠成标准 8 开本后相当于(　　)个页码。

A. 4　　B. 8

C. 16　　D. 32

61. 下列地理要素中，属于地形图上地貌要素的是(　　)。

A. 戈壁滩　　B. 沙地

C. 沼泽地　　　　　　　　　　D. 冲沟

62. 我国的地图按照图上表示的内容分类可分为(　　)。

A. 系列地图和地图集　　　　　B. 人文地图和自然地图
C. 普通地图和专题地图　　　　D. 地形图和非地形图

63. 下列指标中，不属于 GIS 系统技术评价指标的是(　　)。

A. 系统效率　　　　　　　　B. 可移植性
C. 可扩展性　　　　　　　　D. 技术服务

64. 基于地理信息公共服务平台的 GIS 应用开发中，最主要的开发成本为(　　)。

A. 地理信息数据生产　　　　　B. GIS 基础软件平台采购
C. 应用软件系统开发　　　　　D. 软件质量控制

65. 下列 GIS 系统需求规格说明项中，属于性能需求的是(　　)。

A. 软件接口　　　　　　　　B. 数据类型
C. 数据精确度　　　　　　　D. 故障处理

66. 在获取栅格数据时，能提高精度、减少信息损失的办法是(　　)。

A. 增大栅格单元面积　　　　　B. 缩小栅格单元面积
C. 改变栅格形状　　　　　　　D. 减少栅格总数

67. 下列图形对象中，具有拓扑关系的是(　　)。

A.　　　　　　　　　　　　B.
C.　　　　　　　　　　　　D.

68. 与一般的数据库相比，地理信息数据的显著特征是具有(　　)。

A. 关系数据模型　　　　　　B. 层次数据模型
C. 空间数据模型　　　　　　D. 网状数据模型

69. 地理信息公共服务平台体系层次中，平台门户网站属于(　　)。

A. 运行支撑层　　　　　　　B. 数据层
C. 应用层　　　　　　　　　D. 服务层

70. 1∶1 万比例尺基础地理信息数据中，政区与境界实体的最小粒度为(　　)。

A. 县　　　　　　　　　　　B. 乡镇
C. 村　　　　　　　　　　　D. 组

71. 下列专题数据中，可用于更新 GIS 系统基础空间数据的是(　　)。

A. 政区专题数据　　　　　　B. 环保专题数据
C. 气象专题数据　　　　　　D. 地震专题数据

72. 下列数据库平台中，支持非关系型数据库的是(　　)。

A. DB2　　　　　　　　　　B. DB4O
C. Sybase　　　　　　　　　D. Oracle

73. 下列 GIS 软件测试方法中，一般由代码编写者自己完成的是(　　)。

A. 单元测试　　　　　　　　B. 回归测试

C. Alpha 测试　　　　D. Beta 测试

74. GIS 中地理编码的作用是(　　)。

A. 对实体目标进行分类编码　　　　B. 实现非空间信息的空间化

C. 建立空间数据的拓扑关系　　　　D. 建立实体数据与元数据的关系

75. 下列道路属性中，不属于导航电子地图数据道路要素基本属性的是(　　)。

A. 道路方向　　　　B. 道路种别

C. 道路功能等级　　　　D. 道路材质

76. 下列数据中，不得出现在导航电子地图上的是(　　)。

A. 道路网数据　　　　B. 企事业单位数据

C. 水系、植被数据　　　　D. 通信设施数据

77. 导航电子地图产品资信的质量元素是(　　)。

A. 安全保密性和数据合法性　　　　B. 数据合法性和资质合法性

C. 安全保密性和出版合法性　　　　D. 资质合法性和出版合法性

78. 网络电子地图平台的第三方矢量数据加载功能属于(　　)。

A. 地图引擎功能　　　　B. 后台信息数据库功能

C. 数据更新功能　　　　D. 网站管理功能

79. 我国网络电子地图的地图瓦片分块的起始点是(　　)。

A. 西经 180°　北纬 0°　　　　B. 东经 180°　北纬 90°

C. 东经 180°　北纬 0°　　　　D. 西经 180°　北纬 90°

80. 用于地理信息公共服务平台的电子地图数据中，第 20 级数据使用的数据源比例尺可以是(　　)。

A. 1∶1 000　　　　B. 1∶2 000

C. 1∶5 000　　　　D. 1∶10 000

二、多项选择题(每题 2 分。每题的备选选项中，有 2 个或 2 个以上符合题意，至少有 1 个是错项。错选，不得分；少选，所选的每个选项得 0.5 分)

81. 下列误差中，与 GPS 接收机有关的包括(　　)。

A. 多路径效应误差　　　　B. 接收机钟差

C. 星历误差　　　　D. 电离层传播误差

E. 天线相位中心偏移误差

82. 下列基准中，属于大地测量参照基准的有(　　)。

A. 长度基准　　　　B. 高程基准

C. 重力基准　　　　D. 时间系统

E. 坐标系统

83. 下列检验工作中，首次用于卫星大地控制网观测的 GPS 仪器，需进行检验

的主要内容包括(　　)。

A. 零基线检验　　B. 天线相位中心稳定性检验

C. 短基线检验　　D. 长基线对比观测

E. 仪器内置软件性能检验

84. 海道测量的主要工作任务包括(　　)。

A. 获取海底地貌　　B. 获取底质情况

C. 监测海床变化　　D. 海岸地形测量

E. 海水水深测量

85. 下列测量工作，属于建筑工程施工阶段测量工作的有(　　)。

A. 立面测绘　　B. 点位放样

C. 高程传递　　D. 剖面测量

E. 轴线测设

86. 下列检验内容中，属于 1∶500、1∶1 000、1∶2 000 比例尺数字线划图质量检验详查的有(　　)。

A. 仪器检定的符合性　　B. 等高线高程中误差

C. 数据分层的正确性、完备性　　D. 地理要素的完整性和规范性

E. 图根控制测量方法的符合性

87. 下列工作内容中，不属于变形测量物理解释的有(　　)。

A. 对基准点的稳定性进行分析　　B. 确定变形与变形原因间的关系

C. 对监测点的变化情况进行分析　　D. 对观测数据的可靠性进行评估

E. 对各期观测数据进行统一平差

88. 下列测量工作中，属于工程测量业务的有(　　)。

A. 控制测量　　B. 地形测量

C. 权属调查　　D. 放样测量

E. 竣工测量

89. 下列工作中，属于房产测绘作业内容的有(　　)。

A. 测量房产界址点　　B. 测量房屋内部尺寸

C. 绘制房屋登记用图　　D. 计算专有共有面积

E. 办理房屋交易登记

90. 在开展地籍测绘工作之前，核实权属调查资料的工作主要包括(　　)。

A. 查询测区范围内已有控制成果

B. 接收各类权属调查原始资料

C. 核实宗地界址点编号正确性线、境界资料

D. 核实房屋单元划分与编号正确性

E. 查对各类行政境界

91. 下列界桩号中，表示同号三立界桩的有(　　)。

A. 3132001B　　B. 3233001B

C. 4243105D　　D. 3536003E

E. 3334002Q

92. 与常规航摄相比，低空无人机航摄的主要优点包括(　　)。

A. 降低摄影测量工作成本　　B. 减少对天气的依赖

C. 提高航摄质量　　D. 提高航摄灵活性

E. 提高航摄工作效率

93. 下列情形中，利用摄影测量制作大比例尺数字线划图时，应进行野外补测的有(　　)。

A. 航摄出现绝对漏洞　　B. 图幅跨投影带接边

C. 居民地变化较大　　D. 影像中有大片阴影

E. 要素拓扑关系不正确

94. 应用数字摄影测量系统制作数字高程模型的主要工作包括(　　)。

A. 影像定向　　B. 特征点、线采集

C. 影像纠正　　D. 影像融合

E. 数据编辑

95. 下面措施中，能提高遥感影像解译质量的有(　　)。

A. 使用更高分辨率、波谱范围更广的遥感影像数据

B. 利用定位定姿数据对影像进行纠正

C. 使用高精度地面控制点进行空中三角测量

D. 使用高效可靠的影像处理算法

E. 利用丰富的辅助资料和数据

96. 下列因素中，可以作为地图集设计依据的有(　　)。

A. 性质　　B. 开本

C. 页码　　D. 用途

E. 资料

97. 中、小比例尺地图缩编中，用图形符号表示居民地时，符合制图综合技术要求的居民地选取方法有(　　)。

A. 优选法　　B. 定额法

C. 分配法　　D. 随机法

E. 资格法

98. 矢量要素空间关系的基本类型包括(　　)。

A. 度量关系　　B. 相关关系

C. 耦合关系　　D. 方向关系

E. 拓扑关系

99. 矢量数据空间分析的基本方法包括(　　)。

A. 包含分析　　B. 缓冲分析

C. 聚类分析　　D. 叠置分析

E. 窗口分析

100. 公众版地理框架数据包括(　　)。

A. 地名地址数据　　B. 行政界线数据

C. 三维景观数据　　D. 地下管网数据

E. 大地控制网数据

参考答案及解析

一、单项选择题

1.【C】绝对重力仪测量的相对不确定度可达到 2×10^{-9}；1 min 测量的相对不确定度可达到 3×10^{-9}，两天测量的相对不确定度可达到 1×10^{-10}。

2.【A】三角形的角值平差一般按照闭合差反号平均分配。

3.【B】数据可利用率≥80%。

4.【D】观测前30min，应将仪器置于露天阴影下，使仪器与外界气温趋于一致；使用数字水准仪前，还应进行预热，预热不少于20次单次测量。

5.【B】高程异常=大地高-正常高=92.51-94.26=-1.75

6.【A】区域似大地水准面精化需要区域水准测量数据、区域数字高程模型数据、区域GPS测量数据。

7.【D】高斯投影的特点：除中央经线长度比为1以外，其他任意点长度比均大于1。

8.【C】一、二等水准观测。应根据路线土质选用尺桩(质量不轻于1.5kg)或尺台(质量不轻于5kg)做转点尺乘，所用尺桩数，应不少于4个。

9.【B】水网地区或经济发达地区的普通水准点，埋设道路水准标识。

10.【D】注意本题所求的是 α_{BA}，坐标方位角 α_{AB} 及其所在象限与不同象限坐标增量符号关系如下表。

不同象限坐标增量的符号

坐标方位角 α_{AB} 及其所在象限	ΔX_{AB} 之符号	ΔY_{AB} 之符号
0°~90°(第一象限)	+	-
90°~180°(第二象限)	-	+
180°~270°(第三象限)	-	-
270°~360°(第四象限)	+	-

11.【B】测回互差超限，除明显孤值外，一般都应对称重测该组观测值中的最大和最小值。本题6测回的平均值为26.55，第四测回值(31.30)明显为孤值，所以应重

测第四测回。

12.【A】2000 国家大地坐标系和 WGS-84 坐标系的参数中只有短半轴和扁率不同，其扁率值分别为 1/298. 257 222 101 和 1/298. 257 223 563。

13.【C】用三角测量方法布设海控点和测图点时，其边长一般应在 1～7km 内变通，三角形各内角或求距角应不小于 25°。如布设菱形时，其顶角应不小于 25°，困难地区求距角也不应小于 20°；布设中点多边形或线形锁时，已知边长不应大于 8km，三角形个数不应多于 6 个，线形锁必须联测两个定向角。

14.【A】各种比例尺海底地形图均采用经纬线分幅。

15.【C】航行图的地理位置说明一般取海名及著名的岛、群岛、半岛、湾等名称，名称前加注所属国国名。

16.【C】根据《海道测量规范》规定的水深测量极限误差（置信度 95%）情况。由表可知，深度范围在 30m<Z≦50m 时，极限误差为 ±0. 5m。

17.【D】建筑物的位置放样是确定建筑物平面位置和进行基础施工的关键环节。一般利用建筑方格网，根据建筑轴线与方格网的间距，采用直角坐标法测设出定位桩和轴线控制桩。

18.【B】图根控制测量中，图根点相对于邻近等级控制点的点位中误差最大为图上 ±0. 10mm。

19.【C】基础控制测量属于大地测量。

20.【A】基准点是变形监测的基准，应布设在变形影响区域外稳固可靠的位置。每个工程至少应布设 3 个基准点。大型工程的变形监测，其水平位移基准点应采用观测墩，垂直位移基准点宜采用双金属标或钢管标。

21.【D】由双观测值之差求中误差。

22.【A】$m = \sqrt{8^2 + (\sqrt{4} \times 2)^2} = \sqrt{64 + 16} = \sqrt{80} = 8.94 \approx 9\text{mm}$。

23.【D】隐蔽管线点探查水平未知偏差 ΔS 和埋深较差 ΔH 应分别满足：$\Delta S \leqslant 0.10 \times h$ 和 $\Delta H \leqslant 0.15 \times h$。$h$ 为管线中心的埋深（cm），当 h<100cm 时，按 100cm 计。

24.【C】综合管线图包含所有管线信息和地形信息，专业管线图上除管线周围地形信息外，只包括单一专业管线信息。

25.【D】从零米起算，每隔四根首曲线加粗一根计曲线，并在计曲线上注明高程，字头朝向高处，但需避免在图内倒置。首曲线没有高程注记。

26.【C】根据《误差理论与测量平差基础》，$m_{控} = 1/3 \times m_{放} = 1/3 \times 18 = 6$ mm。

27.【A】竖井联系测量的平面联系测量（亦称竖井定向测量）是测定地下起始点的坐标和起始边的方位角，方法分为几何定向和陀螺经纬仪定向；几何定向包括一井定向、两井定向。

28.【B】GPS 测量定位地面点、检验场对航摄仪进行精密检校是后方交会原理，利用管线探测仪进行地下管线探测是电磁信号测量原理。

29.【B】要求最末一级的房产平面控制网中，相邻控制点间的相对点位中误差（即相邻点间的相对位置中误差)不超过±0.025 m，最大误差不超过±0.05 m。

30.【C】根据《房产测量规范》规定，房屋幢号应标注在房产分丘平面图廓线内的左下角，并用括弧表示。

31.【A】房屋内的夹层、插层、技术层及其梯间、电梯间等在 2.20m 以上部位计算建筑面积；建筑物内的操作平台、上料平台及利用建筑物的空间安置箱、罐的平台不计算建筑面积。

32.【B】本题中是在图纸上量测(在预测绘实施过程中可能存在计算错误、标注错误、画图错误等，其时房屋并未竣工，也就不存在外业实测量，所以不存在误差)。

33.【B】根据《地籍调查规程》规定，街坊外围界址点(一级)相对于邻近控制点点位误差的最大允许值为±10cm。

34.【D】《地籍图图式》规定，房屋轮廓线内注记房屋建筑结构和房屋层数，前一位为建筑结构，后两位为房屋层数。

35.【D】分割后的各宗地以原编号的支号顺序编列；数宗地合并后的宗地号以原宗地号中的最小宗地号加支号表示。(该规范已作废，现行规范，已不采用支号的编号形式了)。

36.【C】采用图解法进行地籍测绘，图面量算宜采用二级控制，首先以图幅理论面积为首级控制，图幅内各街坊及其他区块面积和图幅理论面积之差小于允许范围时，将闭合差按比例分配给各街坊及各区块，得出平差后的各街坊及各区块的面积。

37.【A】省级行政区采用 1∶5 万或 1∶10 万比例尺；省级以下行政区采用 1∶1 万比例尺；地形地物稀少地区可适当缩小比例尺；地形地物稠密地区可适当放大比例尺。

38.【C】在绘制边界线情况图的基础上，由界线相邻两行政区域，根据确定边界线的原则，将各自的边界主张线标绘在边界地形图上。主张采用 0.3 mm 的实线绘出，颜色一方用红色，另一方用蓝色，可压盖图上任何要素。

39.【B】由于地物点精度为图上 0.5mm，故地物点精度为 0.5m 的地形图比例尺为 1∶1 000，根据成图比例尺与航摄设计用图比例尺之间的关系，航摄设计用图比例尺应为 1∶1 万。

40.【C】根据中等城市进行航摄，对应的太阳高度角最小的要求。

41.【D】根据《低空数字摄影测量规范》规定可得答案。

42.【A】根据《IMU/GPS 辅助航空摄影技术规范》规定；飞行期间基站和机载 GPS 接收机数据采样间隔均不应大于 1s。

43.【B】QuickBird 没有全色影像数据，只有 IKINOS 全色影像数据地面分辨率为 1m 符合。

44.【A】平面控制点和平高控制点相对邻近基础控制点的平面位置中误差不应超过地面点平面位置中误差(平地、丘陵图上 0. 6mm，山地、高山地图上 0.8mm)的 1/5，高程控制点和平高控制点相对邻近基础控制点的高程中误差不应超过基本等高距的 1/10。

45.【B】根据调绘像片要求，将像片调绘面积界线统一规定为右、下为直线，左、上为曲线，主要目的是不产生调绘漏洞。

46.【A】当 POS 系统用于摄影测量时，最后需要利用后处理软件解算每张影像在曝光瞬间的外方位元素。

47.【C】绝对定向需要借助地面控制点来进行。

48.【D】根据《基础地理信息数字成果》规定：高程中误差的 2 倍为采样点数据最大误差。

49.【B】流动水域内的 DEM 高程应自上而下平缓过渡，并且与周围地形高程之间的关系正确、合理。

50.【A】机载激光雷达产生的点云是以离散不规则方式分布在三维空间中的点的集合，激光点云具有海量的特点，生成 DEM 时必须首先进行抽稀，使 DEM 既美观又具有足够高的精度。

51.【D】利用航空摄影测量方法制作 1：2 000 数字线划图时，先进行立体测图，再进行调绘的作业模式属于先内后外模式。

52.【D】最能反映三维建筑物模型数据产品基本特征的是细节层次。

53.【B】监督分类，用被确认类别的样本像元去识别其他未知类别像元的过程。非监督分类，在多光谱图像中搜寻、定义其自然相似光谱集群组的过程。

54.【C】r_0为错误率限值，可根据项目具体情况进行调整，调整后的 r_0值应经过生产委托方的批准，并适用于批成果内的所有单位成果。

55.【B】根据《国家基本比例尺地图编绘规范》1：25 万铁路改用半依比例尺单线符号表示。

56.【C】象形符号是使用图形来代表物体或概念的符号；几何符号是指由基本几何图形构成的简单地图符号。

57.【B】我国省级政区地图主要使用双标准纬线正轴圆锥投影，变形小。

58.【C】范围法表示呈间断成片分布的面状对象，常用真实的或隐含的轮廓线表示其分布范围，其内在用颜色、网纹、符号乃至注记等手段区分其质量和分布特征。

59.【A】地形图符号由图形和色彩两个基本要素构成。

60.【B】一个标准印张指的是纸张的一个印刷面，一全张纸两面印刷后就是两个印张。

61.【D】地貌用以表示地表起伏的形态，如雨裂、冲沟、悬崖、陡崖、砂崩崖、土崩崖等地貌都不能用等高线表示，其他属于土质要素。

62.【C】地图按内容分为普通地图和专题地图。

63.【D】GIS 系统技术评价指标包括可靠性、可扩展性、可移植性和系统效率。

64.【A】基于地理信息系统公共服务平台的 GIS 开发中，地理空间数据生产的成本是最大的。

65.【C】GIS 系统需求规格说明项中，性能需求包括数据精确度、适应性和时间特性。

66.【B】为了提高数据精度减少失真，可以采用缩小单个栅格单元的面积，使地面矩形单元更加精细，表现更细小的地物类型。但是数据量变大。

67.【A】本题选项B、C、D表示节点、弧段和多边形三个图形元素实体。选项A表示的是两个弧段的连接拓扑关系。
68.【C】地理信息数据库的显著特征是具有空间数据模型。
69.【D】门户网站系统是普通用户访问网络地理信息服务平台的入口，也是充分展示所有服务的窗口。
70.【A】1：2 000及大比例尺的境界与政区实体的最小粒度至四级行政区(镇、乡、街道)及相应界线。
71.【A】基础空间数据更新内容主要是空间实体更新、相关属性信息更新和拓扑关系的重建等，政区专题数据主要对境界和政区数据进行更新。
72.【B】Db4O是一个开源的纯面向对象数据引擎。DB2、INGRES，Oracle，Sybase，Xbase，FoxPro，Rdb/VMS，Informix等均属于关系数据库平台。
73.【A】单元测试是开发者编写的一小段代码，用于检验被测代码的功能是否正确。回归测试、Alpha测试、Beta测试都是由用户进行测试。
74.【B】地理编码指的是将统计资料或是地理信息建立空间坐标关系的过程。
75.【D】道路要素主要包括以下几项基本属性：道路种别(等级)、道路方向、道路名称、道路功能等级。
76.【D】军事设施和与公共安全相关的单位及设施不得在导航电子地图上出现。
77.【C】导航电子地图产品资信检测的主要检测内容是安全保密性与出版合法性。
78.【A】地图引擎部署在WebGIS的服务端，用于响应客户端浏览器的地图请求，并把相应的地图数据发送到客户端浏览器。
79.【D】地图瓦片分块的起始点从西经180°、北纬90°开始，向东向南行列递增。瓦片分块大小为256像素×256像素。
80.【A】第20级使用的数据源比例尺为1：500或1：1000。

二、多项选择题

81.【BE】根据GPS测量误差来源的分类及对距离的影响。
82.【BCE】大地测量参照基准包括大地基准、高程基准、重力基准。其中，大地基准包括坐标系统和坐标框架。
83.【ABCD】对于新购置的GPS仪器，需进行接收机系统检视、接收机通电检验、内部噪声水平测试、接收机附件检验、数据后处理软件验收和测试、接收机综合性能的评价。
84.【ABDE】海道测量包括控制测量、岸线地形测量、水深测量、扫海测量、海洋底质探测、水文观测、助航标志测定以及海区资料调查等。
85.【BCE】建筑工程施工阶段测量工作包括：施工控制测量、点位放样、高程传递、轴线测设等。
86.【BCD】大比例尺地形图成果质量元素包括数学精度、数据及结构正确性、地理精度、整饰质量、附件质量五大类。

87.【ACDE】变形物理解释是确定变形体变形值和引起变形因子之间的函数关系，解释变形原因。确定变形量与变形原因的关系属于变形测量物理解释，其他选项都不属于变形测量物理解释。

88.【ABDE】日常工程测量业务包括：平面控制测量、高程控制测量、地形图测绘、施工放样、竣工测量等。选项C(权属调查)属于地籍测量范畴。

89.【ABCD】房产测绘包括房产平面控制测量、房产调查、房产要素测量、房产图绘制、房产面积测算、变更测量，成果资料的检查与验收等。

90.【BCDE】选项A(核实测区范围内已有控制成果)不属于权属调查工作；选项D核实房屋单元划分与编号正确性，属于房产测绘工作。

91.【CD】同号三立界桩的类型码分别用C、D、E表示，同号三立界桩的类型码当一方只有一棵界桩时，该桩类型码为C，其他桩类型码顺时针依次为D、E。

92.【ABDE】无人机在小范围的航摄测量中大大降低了航摄的成本，提高了飞行的便利性，使航摄对于天气的依赖性降低，从而提高了效率，但是目前在精度上与传统航摄仍然存在距离。

93.【CD】进行补测的有：影像模糊地物，被阴影遮盖的地物，航摄时的水淹、云影地段，不满幅的自由图边，新增地物。“航摄出现绝对漏洞”时，应重新补摄，否则摄影成果不合格。

94.【ABE】数字高程模型的生产包括资料准备、定向、特征点线采集、构建不规则三角网、内插DEM、数据编辑、数据接边、数据镶嵌和裁切、质量检查、成果整理与提交。

95.【ADE】提高遥感图像解译质量的途径主要有：①提高图像的分解力；②提高图像反差；③建立良好的感受图像的条件(即减少地物形状识别系数值)。

96.【AD】地图集开本设计依据是用途和要求，地图集内容设计取决于地图集的性质与用途。

97.【BE】居民地选取方法包括定额法和资格法。

98.【ADE】地理要素之间的空间关系可抽象为点、线、多边形的空间几何关系。空间关系包含三种基本类型：拓扑关系、方向关系、度量关系。

99.【ABD】①矢量数据空间分析有包含分析、网络分析、叠置分析、缓冲区分析；②栅格数据空间分析有：聚类分析、聚合分析、窗口分析等。

100.【ABC】地下管网数据和大地控制网数据属于机密数据。

(五)2015年注册测绘师资格考试测绘综合能力试卷与参考答案及解析

一、单项选择题(每题1分，每题的备选选项中，只有1个最符合题意)。

1. LCR-G型相对重力仪必须锁摆的状态是(　　)。
   A. 运输过程中　　B. 仪器检查
   C. 观测读数　　D. 静置
2. 三角高程垂直角观测的最佳时间段为(　　)。
   A. 日出前后　　B. 日落前后
   C. 上午10点至11点　　D. 中午前后
3. 海拔高的起算面是(　　)。
   A. 参考椭球面　　B. 平均大潮高潮面
   C. 大地水准面　　D. 理论最低潮面
4. 按照国家秘密目录，国家等级控制点坐标成果的密级是(　　)。
   A. 绝密　　B. 机密
   C. 秘密　　D. 内部使用
5. 下列关于我国高程基准与深度基准关系的说法中，正确的是(　　)。
   A. 二者是两个不同的大地水准面
   B. 二者是同一个大地水准面
   C. 二者是两个不平行的空间曲面
   D. 二者是两个不平行且相差一个常数的平面
6. 某水准仪标称精度为偶然中误差，$M_{\Delta} \leq \pm 1.0$mm/km，按照我国水准仪系列标准规定，该仪器的型号是(　　)。
   A. S05　　B. S1
   C. S3　　D. S10
7. 为有效抑制多路径效应的影响，GNSS基准站接收机天线应具备的特性或特定设备是(　　)。
   A. 抗电磁干扰能力　　B. 指北标志
   C. 天线保护罩　　D. 扼流圈
8. 下列功效中，能够借助GPS接收机同步观测来实现的是(　　)。
   A. 解算转换系数　　B. 提高工作效率
   C. 提高仪器对中精度　　D. 削弱卫星星历误差

9. 水准测量中，使用光学水准仪往测时，偶数测站照准标尺的顺序为(　　)。

A. 前后后前　　B. 后前前后

C. 前后前后　　D. 后前后前

10. GPS 点位选择时，要求附近不应有强烈反射卫星信号的物体，主要目的是控制(　　)。

A. 天线相位中心不正确误差　　B. 电离层传播误差

C. 旁折光影响　　D. 多路径效应

11. 一等三角点测量中，要求日夜观测时段数要符合一定的比例，其主要目的是削弱(　　)。

A. 旁折光影响　　B. 望远镜照准误差

C. 水平度盘的刻划误差　　D. 归零差

12. 沿附和水准路线测定 P 点高程如下图所示，观测结果如下表，则 P 点高程的最或然值是(　　)m。

已知点	已知高程/m	水准路线	观测高差/m	距离/km
A	21. 10	1	+1. 56	2
B	18. 10	2	-4. 50	4

A. 22. 60　　B. 22. 63

C. 22. 64　　D. 22. 66

13. 现行规范规定，下列图幅尺寸中，不属于海道测量中水深测量标准图幅尺寸的是(　　)。

A. 40 cm×50 cm　　B. 50 cm×70 cm

C. 70 cm×100 cm　　D. 80 cm×110 cm

14. 现行规范规定，进行比例尺为 1∶10 000 的海岸地形测量时，海岸线以上应向陆地测进的距离最小应大于(　　)m。

A. 25　　B. 50

C. 100　　D. 125

15. 现行规范规定，对于地貌较复杂的沿岸地区进行海道水深测量应选用的测图比例尺为(　　)。

A. 1∶5 000　　B. 1∶25 000

C. 1∶100 000　　D. 1∶500 000

16. 一般情况下，海底地形图采用专色印刷的四种颜色是(　　)。

A. 黑、蓝、绿、棕　　B. 黑、红、绿、棕

C. 红、蓝、紫、黑　　D. 黑、蓝、紫、棕

17. 施工控制网通常采用工程独立坐标系，其投影面一般采用(　　)。

A. 国家坐标系参考椭球面　　B. 任意假定水平面

C. 施工区域的平均高程面　　D. 大地水准面

18. 工程控制网优化设计分为“零一二三类”，其中“一类”优化设计指的是(　　)。

A. 网的基准设计　　B. 网的图形设计

C. 观测值精度设计　　D. 网的费用设计

19. 某1∶1 000地形图图幅的左下角坐标为(3 000m，1 500m)，右上角坐标为(3 500m，2 000m)，按照矩形分幅编号要求，其编号为(　　)。

A. 3000-1500　　B. 3500-2000

C. 3.0-1.5　　D. 3.5-2.0

20. 某附合导线全长为620 m，其纵、横坐标增量闭合差分别为f_x =0.12 m，f_y =-0.16 m，则该导线全长相对闭合差为(　　)。

A. 1/2 200　　B. 1/3 100

C. 1/4 500　　D. 1/5 500

21. 等高距为h的地形图上，下列关于等高距的说法中，正确的是(　　)。

A. 相邻首曲线间的高差为h　　B. 首曲线与间曲线的高差为h

C. 相邻等高线间水平距离为h　　D. 相邻计曲线间的高差为h

22. 采用全野外数字测图进行1∶500地形图测绘时，每平方公里图根点个数最少不低于(　　)个。

A. 50　　B. 64

C. 100　　D. 150

23. 某农场实地面积为25km^2，其图上面积为100cm^2，则该图比例尺为(　　)。

A. 1∶1万　　B. 1∶2.5万

C. 1∶5万　　D. 1∶10万

24. 三维激光扫描测量获得的原始数据主要是(　　)。

A. 点云数据　　B. 格网数据

C. 纹理数据　　D. 影像数据

25. 现行规范规定，等高距为0.5 m的1∶1 000地形图的高程中误差最大不超过(　　)m。

A. ±0.10　　B. ±0.17

C. ±0.20　　D. ±0.5

26. 线路定测阶段中线测量的主要工作内容是(　　)。

A. 测设线路的中线桩　　B. 进行线路的纵断面图测绘

C. 进行线路的带状地形图测绘　　D. 进行线路的横断面图测绘

27. 隧道施工控制网的主要作用是(　　)。

A. 控制隧道的长度　　B. 测量隧道断面尺寸

C. 变形监测　　D. 保证隧道准确贯通

28. 下列测量工作中，不属于城镇规划测量内容的是(　　)。

A. 拨地测量　　B. 放样测量

C. 规划监督测量　　D. 定线测量

29. 现行规范规定，房产分幅图采用的图幅规格是(　　)。

A. 40cm×50cm　　B. 50cm×40cm

C. 50cm×50cm　　D. 自由分幅

30. 某套房屋套内建筑面积为 120m^2，共有面积分摊系数为 0.200，则该套房屋的建筑面积为(　　)m^2。

A. 96　　B. 100

C. 140　　D. 144

31. 房产分丘图上某房屋轮廓线中央注记为"12022002"，其中数字"1"表示该房屋的(　　)。

A. 结构　　B. 产别

C. 幢号　　D. 建成年份

32. 下列建筑部位中，层高达到 2.20m 以上不应计算建筑面积的是(　　)。

A. 无顶盖室外楼梯　　B. 未封闭的阳台

C. 可通屋内的有柱走廊　　D. 以高架路为顶盖的房屋

33. 下列地籍要素中，对地籍管理最重要的是(　　)。

A. 土地权属　　B. 土地价格

C. 土地质量　　D. 土地用途

34. 现行规范规定，地籍一级平面控制网中最弱点的点位中误差最大不大于(　　)cm。

A. ±1.0　　B. ±2.0

C. ±5.0　　D. ±10.0

35. 测定界址点时，利用实地观测数据(角度和距离)按公式计算界址点坐标的方法是(　　)。

A. 图解法　　B. 求积仪法

C. 格网法　　D. 解析法

36. 地籍图上某宗地编号为 GB00005/071，其中分母"071"表示(　　)。

A. 宗地号　　B. 地籍区号

C. 地籍子区号　　D. 地类编号

37. 界线测绘中常用十六个方位描述边界走向，边界走向角度为 10°，(以真北方向为基准)的方位是(　　)。

A. 北　　B. 北偏东北

C. 东北　　D. 东偏东北

38. 湖北省行政区域代码为420000，湖南省行政区域代码为430000，则湖北湖南省级界线的编号为(　　)。

A. 4243　　B. 4342

C. 420000430000　　D. 430000420000

39. 下列要素对象中，属于二维对象的是(　　)。

A. 点　　B. 线

C. 面　　D. 体

40. 定位定姿系统(POS)在航空摄影测量中的主要用途是(　　)。

A. 稳定航摄仪　　B. 提高航摄效率

C. 传输数据　　D. 获取外方位元素

41. 指定航摄计划时需考虑季节因素，其主要原因是考虑(　　)。

A. 太阳高度角对航摄的影响　　B. 地表覆盖对航摄的影响

C. 太阳光照强度对航摄的影响　　D. 大气透明度对航摄的影响

42. 下列为像片旋偏角 k 检查示意图，点①和②分别为两张像片上用于测算像片旋偏角的一对点，则点①和②为(　　)。

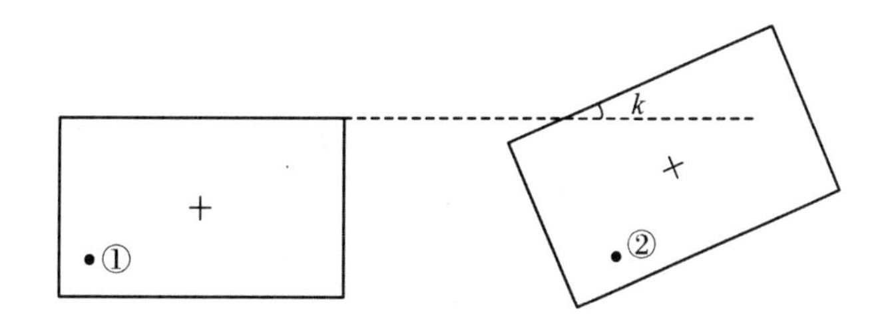

A. 像主点　　B. 像底点

C. 中心点　　D. 同名点

43. 下列关于像片调绘的说法中，错误的是(　　)。

A. 调绘像片的比例尺应小于成图比例尺

B. 像片调绘可采用综合判调法

C. 调绘面积的划分不能产生漏洞

D. 调绘像片应分色清绘

44. 地形图数据拓扑检查是对(　　)的检查。

A. 空间数据精度　　B. 属性数据完整性

C. 空间数据关系　　D. 属性数据准确性

45. 数字三维地形景观一般由DEM与(　　)组合而成。

A. DLG　　B. DOM

C. DRG　　D. DSM

46. 现行规范规定，经济发达地区 1 : 5 000~1 : 10 000 地形图的全面更新周期一般为(　　)年。

A. 1~2　　B. 4~5

C. 6~8　　D. 9~10

47. 航空摄影测量相对定向完成后，下列关于其成果特征的说法中，错误的是(　　)。

A. 模型比例尺是无约束的　　B. 模型坐标系为地面坐标系

C. 同名光线对对相交　　D. 投影光线满足共线方程要求

48. 规则格网的数字高程模型行列号表示的是格网点的(　　)。

A. 平面坐标　　B. 高程

C. 坡度　　D. 坡向

49. 下列要素中，当其符号与地类界符号重合时，地类界符号应移位表示的是(　　)。

A. 道路　　B. 陡坎

C. 水系　　D. 电力线

50. 下列工作内容中，不属于数字高程模型生产内容的是(　　)。

A. 绝对定向　　B. 特征点线采集

C. 影响纠正　　D. 数据编辑

51. 现行规范规定，相同比例尺/相同地形类别的数字高程模型成果按精度可划分为(　　)级。

A. 1　　B. 2

C. 3　　D. 4

52. 航摄影像投影差是由(　　)引起的像点位移。

A. 镜头畸变　　B. 像片倾斜

C. 大气折光　　D. 地形起伏

53. 现行规范规定，同比例尺、不同地形类别空三加密网接边工作中，接边差满足要求后，最终成果坐标的处理方法是(　　)。

A. 按接边处坐标平均数取值　　B. 按中误差比例配赋接边差

C. 按各自坐标取值　　D. 按高精度区域坐标取值

54. 像片调绘中，低等级公路进入城区时，其符号的处理方式是(　　)。

A. 用公路符号代替街道线　　B. 公路符号与街道线重合表示

C. 用街道线代替公路符号　　D. 公路符号与街道线交替表示

55. 我国标准分幅 1 : 25 万地貌图上表示的主要专题要素是(　　)。

A. 地貌形态成因类型　　B. 地貌构造类型

C. 地貌起伏形态变化　　D. 地貌结构与地形变化

56. 1 : 25 万地形图丘陵地区的基本等高距是(　　)m。

A. 10　　B. 25

C. 50　　　　D. 100

57. 现行规范规定，下列公开版地图的质量特性中，属于一般差错的是(　　)。

A. 个别等高线、等深线及高程注记的差错

B. 重要居民地的符号、注记差错

C. 高速公路表示为一般公路

D. 重要要素间的关系处理不当

58. 编制矿产分布图时，将表示矿井位置及储存量的符号绘制在井口位置，该方法属于专题地图表示方法中的(　　)。

A. 分区统计图法　　　　B. 分级统计图法

C. 范围法　　　　D. 定点符号法

59. 现行规范规定，纸质印刷的地图上，线划的最小宽度是(　　)mm。

A. 0.05　　　　B. 0.08

C. 0.15　　　　D. 2.0

60. 小比例尺地图缩编时，根据居民地的人口数或行政等级来确定居民地取舍的方法是(　　)。

A. 质底法　　　　B. 资格法

C. 符号法　　　　D. 点值法

61. 地图图面配置设计时，为节约纸张、扩大主图的比例尺和充分利用地图版面，对于一些特殊形式的制图区域，通常采用两种方法表示超出内图廓以外的局部区域：一种是破图廓，另一种是(　　)。

A. 插图　　　　B. 略图

C. 附图　　　　D. 移图

62. 下列地图中，不属于自然地图的是(　　)。

A. 农业地图　　　　B. 海洋地图

C. 动物图　　　　D. 土壤图

63. 下列系统功能中，不属于 GIS 系统安全设计考虑范畴的是(　　)。

A. 用户管理　　　　B. 数据备份

C. 节点检错　　　　D. 信息认证

64. 实施地理信息系统工程时，第一步要做的工作一般是(　　)。

A. 方案设计　　　　B. 数据采集

C. 系统开发　　　　D. 需求调研

65. 下列地理信息数据采集方法中，不属于野外采集方法的是(　　)。

A. 平板测量　　　　B. 扫描矢量化

C. GPS 测量　　　　D. 像片调绘

66. 下列数据库操作项中，属于数据库概念设计阶段应考虑的是(　　)。

A. 确定 E-R 模型　　　　B. 确定各实体主键

C. 分析时间效率　　　　D. 数据字典设计

67. 用户需要计算某水库周边海拔 500 m 以下区域内居民地数量，下列空间分析方法中，可以满足用户需求的是(　　)。

A. 缓冲分析　　B. 叠加分析

C. 临近分析　　D. 网络分析

68. 下列关于属性数据入库的说法中，错误的是(　　)。

A. 数据表中每一列的属性名必须是唯一的

B. 数据库表中每一列必须有相通的数据类型

C. 数据库表中不能有完全相同的行

D. 数据库表中的属性值是可再分的单元

69. 下列 GIS 软件的测试方法中，也可称为功能测试的是(　　)。

A. 白盒测试　　B. 黑盒测试

C. 集成测试　　D. 系统测试

70. 下列系统需求中，GIS 系统功能设计需考虑的是(　　)。

A. 空间分析　　B. 网络速度

C. 操作系统　　D. 数据备份

71. 若要求专题地理信息数据与基础地理信息数据能重叠显示，两者的(　　)必须保持一致。

A. 坐标系统　　B. 数据格式

C. 拓扑关系　　D. 比例尺

72. 下列 GIS 系统维护措施中，属于适应性维护措施的是(　　)。

A. 软件 bug 纠正　　B. 操作系统升级

C. 数据更新　　D. 服务器维修

73. 下列数据类型中，适合制作地貌晕渲图的是(　　)。

A. DLG　　B. DOM

C. DEM　　D. DRG

74. 下列数据检查项中，不属于入库数据检查内容的是(　　)。

A. 数学基础　　B. 数学精度

C. 数据格式　　D. 数据项的完整性

75. 现行规范规定，车载导航电子地图数据集中重要内容的更新周期最长不超过(　　)。

A. 1 个月　　B. 3 个月

C. 1 年　　D. 2 年

76. 车载导航电子地图数据的道路要素一般包含道路 LINK 和节点，道路交叉点是节点之一，它的直接功能是(　　)。

A. 路径计算　　B. 连接道路

C. 辅助导航　　D. 拓扑描述

77. 逻辑一致性是导航电子地图数据质量元素之一，其质量子元素不包括(　　)。

A. 概念一致性　　B. 格式一致性

C. 拓扑一致性　　D. 表达一致性

78. 下列数据格式中，符合现行规范规定的互联网电子地图瓦片的数据格式的是(　　)。

A. PNG　　B. GIF

C. TIF　　D. PCX

79. 现行规范规定，地理信息公共服务平台发布的影像数据分辨率最高不能高于(　　)m。

A. 5　　B. 2

C. 0.5　　D. 0.2

80. 现行规范规定，我国网络电子地图瓦片数据分为(　　)级。

A. 15　　B. 17

C. 20　　D. 25

二、多项选择题(每题 2 分。每题的备选选项中，有 2 个或 2 个以上符合题意，至少有 1 个是错项。错选，不得分；少选，所选的每个选项得 0.5 分)

81. 经纬仪的主要三轴指的是(　　)。

A. 横水准器轴　　B. 垂直轴

C. 水平轴　　D. 圆水准管轴

E. 视准轴

82. 三角高程测量中，能有效减弱大气垂直折光影响的方法有(　　)。

A. 照准目标打回光　　B. 上、下午对称观测

C. 选择最佳观测时间　　D. 对向观测

E. 提高观测视线高度

83. 下列参数中，属于 2000 国家大地坐标系参数的有(　　)。

A. 椭球长半径　　B. 参考历元

C. 中央子午线　　D. 大地水准面

E. 扁率

84. 海水中影响声波传播速度的主要因素有(　　)。

A. 潮汐　　B. 盐度

C. 温度　　D. 波浪

E. 压力

85. 下列准则中，属于工程控制网质量准则的有(　　)。

A. 灵敏度准则　　B. 平衡准则

C. 精度准则　　D. 多样性准则

E. 费用准则

86. 下列测图方法中，可用全站仪采集数据来完成的有(　　)。

A. 编码法　　B. 扫描法

C. 草图法　　D. 摄影法

E. 电子平板法

87. 下列定位方法中，可用于水下地形图测绘的有(　　)。

A. 全站仪定位　　B. 经纬仪后方交会定位

C. GPS 定位　　D. 水下声学定位

E. 无线电定位

88. 下列因素中，用于确定动态变形测量精度指标的有(　　)。

A. 变形速率　　B. 测量要求

C. 变形体特性　　D. 经济因素

E. 变形幅度

89. 下列关于房产测绘幢号编立的说法中，正确的有(　　)。

A. 幢号应以丘或宗地为单位编立

B. 幢号应自进入大门起从左至右、从前至后编立

C. 幢号应反 S 形编号

D. 幢号注在房廓线内右下角

E. 幢号应加括号表示

90. 下列空间对象中，属于地籍要素测量对象的有(　　)。

A. 界址点　　B. 高程点

C. 行政区域界线　　D. 建筑物

E. 永久构筑物

91. 下列关于界址测绘界桩埋设的说法中，正确的有(　　)。

A. 界桩埋设的密度要能控制边界走向，尽量多埋设

B. 界线走向实地明显、且无道路通过地段，必须埋设

C. 有天然或人工标志地段，可不埋设

D. 界河两岸应设置同号双立界桩

E. 界河交叉口岸应设置同号三立界桩

92. 下列航摄参数中，影响航摄比例尺的有(　　)。

A. 相对航高　　B. 绝对航高

C. 摄影仪主距　　D. 摄影仪框幅尺寸

E. 像片重叠度

93. 下列测绘方法中，可用于三维城市建模的有(　　)。

A. 激光扫描　　B. 倾斜摄影测量

C. 卫星遥感解译　　D. 水准测量

E. 野外实地测量

94. 下列质量检查项中，属于 DLG 成果质量检查内容的有（　　）。

A. 位置精度　　B. 格网参数

C. 属性精度　　D. 逻辑一致性

E. 完整性

95. 下列地形图中，高程注记点应注记至整米的有（　　）。

A. 1∶5 000 地形图　　B. 1∶10 000 地形图

C. 1∶25 000 地形图　　D. 1∶50 000 地形图

E. 1∶100 000 地形图

96. 下列因素中，影响专题地图投影选择的有（　　）。

A. 地图用途　　B. 区域位置

C. 区域大小　　D. 区域形状

E. 区域地形

97. 1∶10 000 地形图上，下列独立地物中，其符号属于几何中心定位的有（　　）。

A. 移动通信塔　　B. 水车

C. 石油井　　D. 贮油罐

E. 发电厂

98. 下列工作中，属于地理信息数据库输入设计工作的有（　　）。

A. 确定数据采集方式　　B. 选择符号库系统

C. 空间参照系选择　　D. 文本与表格设计

E. 数据更新的方法设计

99. 下列需求中，属于地理信息系统设计应考虑的有（　　）。

A. 人员需求　　B. 管理需求

C. 数据需求　　D. 安全需求

E. 设备需求

100. 下列检测项中，属于车载导航电子地图数据属性精度检测项的有（　　）。

A. 要素分类正确性　　B. 要素代码正确性

C. 要素属性值正确性　　D. 几何位置接边正确性

E. 要素表达正确性

参考答案及解析

一、单项选择题

1.【A】在测站上安置好仪器后，仪器松摆，在开摆 5min 后，才开始读数；观测完毕，仪器锁摆。此项工作不容疏忽，否则会损坏仪器。重力仪在运输过程中必须锁摆。

2.【D】实践经验证明，K 值在一天之内的变化情况是：中午附近 K 值最小，并且比较稳定；日出日落时 K 值最大，而且变化较快。

3.【C】大地水准面是指与平均海水面重合并延伸到大陆内部的水准面。是正高的基准面。在测量工作中，均以大地水准面为依据。所以海拔高的起算面是大地水准面。

4.【B】《测绘管理工作国家秘密范围的规定》规定，国家等级控制点坐标成果以及其他精度相当的坐标成果属于机密，应长期保存。

5.【C】实际上确定水准基面则是取验潮站长期观测结果计算出来的平均海面。而深度基准面实际上是海图所载的水深起算面，通常取在当地多年平均海面下深度为 L 的位置。

6.【B】我国水准仪的是按仪器所能达到的每公里往返测高差中数的中误差精度指标划分的。

7.【D】扼流圈或抑径板具备抗多路径效应。

8.【D】同步观测是指两台或两台以上接收机同时对同一组卫星进行的观测，相对定位可以削弱或消除共同误差和相关误差。卫星星历误差对同步观测的接收机得到的观测量影响相似，可通过同步观测置差分方式削弱或消除。

9.【A】往测时，奇数站为“后前前后”，偶数站为“前后后前”。返测时，奇数站为“前后后前”，偶数站为“后前前后”。采用该测量顺序，主要用于削弱 i 角变化误差、三脚架沉降误差、尺垫沉降误差等误差的影响。

10.【D】以避免反射符号从天线仰径板上方进入天线，产生多路径效应。

11.【A】根据《国家三角测量规范》规定。一等三角点测量中，对日夜测比例一般不作要求，当视线上有较明显的旁折光影响时，要求日夜测比例在 30%～70%范围内变通。

12.【C】方法一：先计算：①闭合差 $W=21.10+1.56-4.50-18.10=0.06$ m；②按距离长度分配闭合差：$V_{h1}=-0.06\times2/6=-0.02$ m，$H_p=21.10+1.56-0.02=22.64$ m。方法二：由水准点 A 计算 P 点高程 $H_{P1}=21.10+1.56=22.66$ m；由水准点 B 计算 P 点高程 $H_{P2}=18.10+4.5=22.60$ m，取加权平均值。权与距离长度成反比，H_{P1} 的距离 n_1，其权 $w_1=1/n_1=1/2$；H_{P2}的权为 $w_2=1/n_2=1/4$。计算加权平均值 $H_P=(H_{P1}\times w_1+H_{P2}\times w_2)/(w_1+w_2)=(22.66\times1/2+22.60\times1/4)/(1/2+1/4)=22.64$ m。

13.【A】根据《海道测量规范》规定，海道测量中，水深测量的标准网幅尺寸有三种：50cm×70cm. 70cm×100cm 和 80cm×110cm。

14.【C】实测海岸地形时，海岸线以上向陆地方向测进：大于(含)1∶1 万比例尺为图上 1 cm；小于 1∶1 万比例尺为图上 0.5 cm。密集城镇及居民区可向陆地测至第一排建筑物。

15.【B】一般规定为：海港、锚地、狭窄航道及具有重要价值的海区，以1∶2 000～1∶25 000比例尺施测；开阔的海湾、地貌较复杂的沿岸及多岛屿地区，以 1∶25 000比例尺施测。

16.【D】根据《海底地形图编绘规范》规定，海底地形图一般采用黑、蓝、紫、棕四色印刷。

17.【C】独立坐标系可选择通过测区中心的子午线作为中央子午线，测区平均高程面作为投影面，按高斯投影计算的平面直角坐标系。

18.【B】根据固定参数和待定参数的不同，控制网优化设计分为如下4类：零类设计(基准设计)、一类设计(网形设计)、二类设计(权设计)、三类设计(改进设计、加密设计)。

19.【C】图幅编号按西南角(左下角)图廓点坐标公里数编号，X坐标在前，Y坐标在后，亦可按测区统一顺序编号。本地形图．其编号应为3．0-1．5。

20.【B】先计算导线全长闭合差，$fx_2+fy_2=f_2$，得闭合差$f=0.20$m；再计算全长相对闭合差=0.20/620=1/3100。

21.【A】等高距是指地形图上相邻两条等高线的高差，B为$1/2h$，C为相邻等高线平距，D为$5h$。

22.【B】图根点密度应根据测图比例尺和地形条件确定，平坦开阔地区网根点密度要符合规定。地形复杂、隐蔽及城市建筑区，图根点密度应满足测图需要，宜结合具体情况加密。

23.【C】农村实地面积为25 km^2，则其边长可定位5 km，图上面积为100 cm^2，则其边长为10 cm，则其比例尺为10 cm/5 km=1/50 000。

24.【A】目前三维激光扫描仪在测绘领域应用很广泛。三维激光扫描测量获得的原始数据主要是点云数据。

25.【B】等高线插求点相对于邻近图根点的高程中误差，平地不应大于基本等高距1/3，丘陵地不应大于基本等高距1/2，山地不应大于基本等高距2/3，高山地不应大于基本等高距。

26.【A】线路中线测量是依据初步设计定出的纸上线路，沿线路测设中桩，包括放线和中桩测设两部分工作。

27.【D】隧道施工之前要进行洞外控制测量。洞外控制测量的作用是在隧道各开挖口之间建立统一的控制网，以便根据它进行隧道的洞内控制测量或中线测量，保证隧道的准确贯通。

28.【B】城乡规划测量是为服务城乡建设规划管理而进行的工程测量工作。其工作内容主要包括定线测量、拨地测量、日照测量、规划监督测量等。

29.【C】房产分幅图采用50 cm×50 cm正方形分幅。

30.【D】分摊系数=分摊面积/套内建筑面积，总建筑面积=分摊面积+套内建筑面积。根据题意，分摊面积=120×0.2=24，总建筑面积=24+120=144 m^2。

31.【B】根据《房产测量规范 第2单元：房产图图式》7.1规定，产别+结构+层数+年份。

32.【D】根据不计算建筑面积的范围的规定。

33.【A】我国地籍管理主要内容包括：土地权属调查、地籍测绘、土地登记、土地统计、地籍档案与信息管理等。权属调查和土地登记是地籍管理研究体系的主体内容。

34.【C】地籍测绘中四等以下网最弱点(相对于起算点)的点位中误差不得超过5cm。

35.【D】解析法是根据直接在实地量测得到的有关数据，通过计算求得土地面积的一种方法。其中包括：坐标解析法和几何图形计算法。这是目前地籍测绘普遍采取的方法。

36.【D】在地籍图上宗地号和地类号的注记以分式表示，分子表示宗地号，分母表示地类号。

37.【A】根据16方位图。

38.【A】省级边界线的编号由相邻省的省简码按数值大小由小至大顺序排列组成。省级界线名称由相邻两省的简称加“线”字组成，省简码小的省简称排列在前。

39.【C】地理实体可以根据地理目标分为点、线、面、体，按空间维数类定义分别对应为0维、1维、2维、3维。

40.【D】外方位元素可以利用地面控制信息通过平差计算得到或者利用POS系统测定。

41.【B】航摄计划中考虑季节因素主要原因是地表植被及其覆盖物(如洪水、积雪、农作物等)对摄影和成图的影响最小。

42.【A】像片旋偏角的检查，是在立体像片拼接基础上进行的，而拼接需要同名像点来进行。

43.【A】根据《地形图航空摄影测量外业规范》规定。应采用放大像片调绘，放大倍数视地物复杂程度而定，调绘像片的比例尺，不宜小于成图比例尺的1.5倍。

44.【C】地形图数据拓扑检查是对空间数据关系的检查。

45.【B】数字三维地形景观的构建需要“地形高度数据”和“地面纹理数据”。DEM(数字高程模型)可提供地面高度数据，而DOM(正射影像图)可提供地面纹理数据。

46.【B】根据《国家基本比例尺地形图更新规范》规定。

47.【B】相对定向的唯一标准是两张像片上所有的同名点的投影光线对对相交，同名光线对对相交的特性可以共面条件来实现。

48.【A】矩阵元素表示地面点的高程，矩阵的行列号表示地面点的坐标。

49.【D】如果地类界与道路、河流、拦栅等重合时，则可不绘出地类界，但与境界、高压线等重合时，地类界应移位绘出。

50.【C】数字高程模型的生产包括资料准备、定向、特征点线采集、构建不规则三角网(TIN)、内插DEM、数据编辑、数据接边、数据镶嵌和裁切、质量检查、成果整理与提交。

51.【C】数字高程模型成果按精度分为三级，数字高程模型成果精度用格网点的中误差表示。

52.【D】航空摄影的对象主要是地球表面，地球表面是有起伏的，包括自然的地形起伏和由人工建筑物、植被等引起的起伏。由于地球表面起伏所引起的像点位移称为像片上的投影差。

53.【B】根据《地形图航空摄影测量内业规范》规定，同比例尺、不同地形类别空三加密同接边工作中，接边差满足要求后，按中误差比例配赋接边差。

54.【C】道路通过居民地不宜中断，应按真实位置绘出。公路进入城区时，公路符号应以街道线代替城区街道路中应将固定性的安全岛、人行道、绿化带和街心花园绘出。

55.【A】地貌图表示地貌地表形态、成因、年龄和组成物质以及各种地貌形成过程的地图称为地貌图。地貌类型图，主要表示地貌形态和成因类型。

56.【C】基本等高距一般为50m，在中山、高山区等高线过密时可采用100m，但一幅网内只采用一种基本等高距。本题为丘陵地区，基本等高距应选50m。

57.【A】根据《公开版地图质量评定标准》，定义了地图产品的严重差错、大差错、一般差错。一般差错：指地图产品的一般质量特性不符合规定。

58.【D】定位符号法(定点符号法)表示点状分布的物体，常采用不同形状、大小、颜色的符号表示其位置。如工业企业、文化设施、气象台站等。

59.【B】根据《地图印刷规范》，有关纸质印刷原图的图面内容规定：线划光滑实在，粗细均匀，最细不小于0.08mm，相邻两条线划之间的距离不小于0.2mm。

60.【B】制图综合包括选取和概括。为了保证同类地图所表达的内容得到基本统一，具有适当的载负量，通常用“资格法”和“定额法”来实现这一标准。

61.【D】破图廓与移图，如福建沿海岛屿的破图廓与移图。移图：制图区域的形状、地图比例尺与制图区域的大小难以协调时，可将主图的一部分移到图廓内较为适宜的区域。

62.【A】农业地图属于经济地图。

63.【C】GIS系统安全设计包括网络的安全与保密、应用系统的安全措施、数据备份和恢复机制、用户管理。

64.【D】根据地理信息工程的实施主要步骤，第一步要做需求调研。

65.【B】扫描矢量化属于内业采集方式。

66.【A】概念数据库模式设计，以需求分析阶段所提出的数据要求为基础，对用户需求描述的现实世界通过对其中信息的分类、聚集和概括，建立抽象的高级数据模型(如E-R模型)，形成概念数据库模式。

67.【B】用户需要计算某水库周边海拔5 000m以下区域内居民地数量可以采用叠加分析方法：将“水库周边地形图”与“水库周边居民地图”进行叠加，找出满足条件的居民地数量。

68.【D】关系模型具有严密的数学基础和操作代数基础，如关系代数、关系演算等。属性数据入库必须满足一定的条件。

69.【B】黑盒测试也称功能测试或数据驱动测试，是在已知产品所应具有的功能，通过测试来检测各个功能是否都能正常使用。

70.【A】GIS具有：数据输入模块、数据编辑模块、数据处理模块、数据查询模块、空间分析模块、数据输出与制图模块。

71.【A】专题地理信息数据与基础地理信息数据能重叠显示，两者的坐标系统必须保持一致。

72.【B】适应性维护包括软件功能扩充、性能提高、用户业务变化、硬件更新、操作系统升级、数据形式变换引起的对系统的修改维护。

73.【C】DEM 适合制作地貌晕渲图，其他的三种数据都可以。

74.【C】入库前数据检查内容包括：检查矢量数据的格式是否正确，数学基础是否正确，数据项的完整性检查，逻辑一致性检查等。选项 B(数学精度)不属于数据入库检查的内容。

75.【C】《车载导航地理数据采集处理技术规程》，质量控制中有关更新周期的规定：数据集应最大可能地保证现势性，重要内容的更新周期不超过一年。

76.【D】道路交叉点的功能是拓扑描述。

77.【D】逻辑一致性包括概念一致性、格式一致性、拓扑一致性三项质量子元素。

78.【A】地图瓦片分块的起始点从西经 180°、北纬 90°开始，向东向南行列递增。瓦片分块大小为 256 像素×256 像素，采用 PNG 或 JPG 格式。

79.【C】公众版网络地理信息数据的影像分辨率需符合要求，即空间位置精度不得高于 50 m，影像地面分辨率不得优于 0. 5 m，不标注涉密信息，不处理建筑物、构筑物等固定设施。

80.【C】我国网络电子地图瓦片数据分为 20 级。

二、多项选择题

81.【BCE】经纬仪的轴线包括垂直轴(竖轴)、水平轴(横轴)和视准轴，竖轴是照准部水平旋转的中心轴，横轴是望远镜在垂直方向旋转的中心轴。经纬仪观测要求竖轴铅垂，横轴与竖轴正交，视准轴与横轴正交，不正交误差称为三轴误差。

82.【CDE】根据垂直折光的性质和折光系数变化规律，可采取选择有利观测时间、对向观测、提高观测视线高度和利用短边传算高程等措施，减弱大气垂直折光的影响。

83.【AE】2000 国家大地坐标系参数有：长半轴、扁率、地心引力常数、自转角速度。

84.【BCE】通过实验证明，海洋中声波的传播速度和海水介质的盐度、温度、压力有关。

85.【ACE】评价工程控制网的质量一般有精度、可靠性、灵敏度、经济(费用)4 项指标，这些指标决定了控制网优化设计的方法和模型。

86.【ACE】根据《工程测量规范》规定。全站仪测图的方法，可采用编码法、草图法或内外业一体化的实时成图法。

87.【ACDE】定位方法主要包括无线电定位、全站仪定位、GPS 差分定位、水下声学定位等。目前，定位主要采用 GPS 测量方法。

88.【ABDE】动态变形测量的精度应根据变形速率、变形幅度、测量要求和经济因素来确定。动态变形测量方法的选择可根据变形体的类型、变形速率、变形周期特征和测定精度要求等因素来确定。

89.【BE】根据《房产测量规范》规定。幢号以丘为单位，自进大门起，从左到右，从前到后，用数字1 、2……顺序按S形编号。幢号注在房屋轮廓线内的左下角，并加括号表示。

90.【ACDE】地籍要素包括：行政区域界线，宗地界址点，土地权属界址线，地类号，地籍号，土地的坐落、用途和等级，土地所有者或使用者等。建筑物、构筑物均属于地形要素。

91.【CDE】各级行政区域界桩埋设的密度，以能控制边界线的基本走向，尽置少埋设为原则：界线走向实地明显，且无道路通过地段，一般不埋设界桩；有天然或人工标志地段可不埋设界桩；界河两岸应设置同号双立界桩；界河交叉口岸应设置同号三立界桩。

92.【AC】航摄像片的比例尺是指像片上的一个单位距离所代表的实际地面距离。对于平坦地区拍摄的垂直摄影像片，像片比例尺为摄影机主距，和像片拍摄处的相对航高 H 的比值。

93.【ABE】三维模型的几何数据可综合采用航空摄影测量、激光扫描、倾斜摄影、野外实地测量、内业数据处理等方法获取，相互之间拓扑关系表达主要通过内业数据处理实现。

94.【ACDE】数字线划图的数据检查主要包括空间参考系、位置精度、属性精度、完整性、逻辑一致性、表征质量和附件质量7个方面。

95.【DE】1∶500~1∶1 000地形图上高程注记到0.01m；1∶2 000注记到0.1m。1∶25 000注至0.1m；1∶50 000、1∶100 000注记至整米。低于零米的高程点，其高程用负数注出。

96.【ABCD】除国家基本比例尺地形图外，其他类型地图需根据用途、制图区域位置、大小和形状等因素，选择合适的投影。

97.【BDE】几何图形符号，以其几何中心作为定位点，如独立房、油库、贮水池、水车、发电厂等。其中，石油井、移动通信塔属于组合图形符号，以其主体部分的中心作为定位点。

98.【ACE】地理信息数据库输入设计工作包括。确定数据采集方式、文本与表格设计。

99.【BCDE】在需求分析的基础上应考虑管理需求、应用需求、设备需求、安全需求、数据需求等。

100.【ABC】属性精度检查：属性结构(包括要素分类、要素代码等)的正确性、属性值的正确性。选项D(几何位置接边)属于空间数据；选项E(要素表达)，不在此检测项之列。

(六)2016年注册测绘师资格考试测绘综合能力试卷与参考答案及解析

一、单项选择题(每题1分，每题的备选选项中，只有1个最符合题意)。

1. 在一、二等水准路线上加测重力，主要目的是为了对水准测量进行(　　)。

A. 地面倾斜改正　　B. 归心改正

C. 重力异常改正　　D. i 角改正

2. GPS 观测中记录的 UTC 时间是指(　　)。

A. 协调世界时　　B. 世界时

C. 北京时间　　D. 原子时

3. GPS 测量中，大地高的起算面是(　　)。

A. 大地水准面　　B. 参考椭球面

C. 地球表面　　D. 似大地水准面

4. 在各三角点上，把以垂线为依据的水平方向值归算到以法线为依据的方向值，应进行的改正是(　　)。

A. 垂线偏差改正　　B. 归心改正

C. 标高差改正　　D. 截面差改正

5. 大地进行测量，GPS 大地高中误差为±10mm，高程异常中误差为±15mm，仪器高测量中误差为±6mm，则该点的正常高中误差是(　　)。

A. ±31mm　　B. ±25mm

C. ±22mm　　D. ±19mm

6. 理论上，与经纬仪圆水准器轴正交的轴线是(　　)。

A. 视准轴　　B. 横轴

C. 竖轴　　D. 铅垂线

7. 通过两台以上同型号 GPS 接收机同时接收同一组卫星信号，下列误差中，无法削弱或消除的是(　　)。

A. 电离层传播误差　　B. 卫星的钟差

C. 对流层传播误差　　D. 接收机天线对中误差

8. 我国将水准路线两端地名简称的组合定位水准路线名，组合的顺序是(　　)。

A. 起东止西，起北止南，　　B. 起东止西，起南止北

C. 起西止东，起南止北　　D. 起西止东，起北止南

9. 在最大冻土层深度 0.8 m 的地区埋设道路水准标石，标石坑的深度最小应为

(　　)m。

A. 0.8　　B. 1.0

C. 1.1　　D. 1.3

10. 现行规范规定，精密水准测量前，数字水准标尺检校不包括的项目是(　　)。

A. 圆水准器检校　　B. 标尺基、辅分划常数测定

C. 标尺分划面弯曲差测定　　D. 一对标尺零点不等差测定

11. 现行规范规定，下列时间段中，国家一、二等水准测量观测应避开的是(　　)。

A. 日出后30分钟至1小时　　B. 日中天前2小时到3小时

C. 日落前后30分钟　　D. 日中天后2小时到3小时

12. 按照国家秘密目录，单个国家重力基本点重力成果的密级是(　　)。

A. 内部使用　　B. 秘密

C. 机密　　D. 绝密

13. 海岛测量中，灯塔的灯光中心高度起算面是(　　)。

A. 平均海水面　　B. 理论最低潮面

C. 似大地水准面　　D. 平均大潮高潮面

14. 海洋工程测量中，确定海岸线的方法是(　　)。

A. 按平均潮位确定的高程进行岸线测绘

B. 按最低潮位确定的高程进行岸线测绘

C. 按平均大潮高潮所形成的实际界限测绘

D. 按历史资料形成的界限测绘

15. 电子海图按规则单元分幅时，其最小分区为(　　)。

A. 经差4°×纬差4°　　B. 经差1°×纬差1°

C. 经差30′×纬差30′　　D. 经差15′×纬差15′

16. 现行规范规定，在离岸300海里处的海域进行水深测量时，宜采用的测图比例尺是(　　)。

A. 1∶2 000　　B. 1∶5万

C. 1∶10万　　D. 1∶50万

17. 工程控制网优化设计分为“零～三类”，其中“二类”优化设计指的是(　　)。

A. 网的精度设计　　B. 网的图形设计

C. 网的基准设计　　D. 网的改进设计

18. 按6°度带投影的高斯平面直角坐标系中，地面上某点的坐标为：x = 3 430 152m，y = 20 637 680m，则该点所在投影带的中央子午线经度为(　　)。

A. 114°　　B. 117°

C. 120°　　D. 123°

19. 普通工程测量中测量距离时，可用水平面代替水准面的最大范围是(　　)。

A. 半径 5km　　B. 半径 10km
C. 半径 15km　　D. 半径 20km

20. 在丘陵地区测绘 1∶500 地形图，高程注记点的实际间距宜为(　　)m。
A. 5　　B. 15
C. 30　　D. 50

21. 某水准仪的型号为 DS3，其中“3”的含义是(　　)。
A. 该仪器的测角中误差为±3mm
B. 该仪器的每站高差测量中误差为±3mm
C. 该仪器的每千米高差测量中误差为±3mm
D. 该仪器的每千米距离测量中误差为±3mm

22. 已知 A 点高程为 18.500m，先欲测设一条坡度为 2.5%的线路 AB。从设计图上量的 ab 间距为 120.000m，则 B 点需测设的高程为(　　)m。
A. 21.500　　B. 15.500
C. 21.000　　D. 18.800

23. 在建筑物沉降观测中，每个工程项目设置的基准点至少应为(　　)个。
A. 2　　B. 3
C. 4　　D. 5

24. 经纬仪测角时出现视差的原因是(　　)。
A. 仪器校正不完善　　B. 十字丝分划板位置不准确
C. 目标成像与十字丝未重合　　D. 物镜焦点误差

25. 已知某农场的实地面积为 $4km^2$，其图上面积为 $400cm^2$，则该图的比例尺为(　　)。
A. 1∶5 000　　B. 1∶1 万
C. 1∶5 万　　D. 1∶10 万

26. 下列测量工作中，不属于规划监督测量的是(　　)。
A. 放线测量　　B. 验线测量
C. 日照测量　　D. 验收测量

27. 对某工程进行变形监测时，其允许变形值为±40mm。下列各变形监测网精度能满足对其进行监测的最低精度是(　　)。
A. ±1mm　　B. ±2mm
C. ±3mm　　D. ±4mm

28. 若某工程施工放样的限差为±40mm，则该工程的放样中误差最大为(　　)。
A. ±4mm　　B. ±10mm
C. ±20mm　　D. ±40mm

29. 若某三角形每个角的测角中误差为±2 秒，则该三角形角度闭合差最大不应超过(　　)。
A. ±2 秒　　B. ±6 秒

C. $\pm 2\sqrt{3}$ 秒　　　　D. $\pm 4\sqrt{3}$ 秒

30. 现行规范规定，采用三角测量的方法进行房产平面控制测量时，在困难情况下，三角形内角最小值应为(　　)。

A. 35°　　　　B. 30°

C. 25°　　　　D. 20°

31. 房屋调查与测绘的基本单元是(　　)。

A. 间　　　　B. 幢

C. 层　　　　D. 套

32. 下列部位水平投影面积中，不可计入房屋套内使用面积的是(　　)。

A. 套内两卧室间隔墙　　　　B. 套内两层间楼梯

C. 内墙装饰面厚度　　　　D. 套内过道

33. 房产分幅图上，亭的符号如下图所示，则该符号的定位中心在(　　)。

A. 三角形顶点　　　　B. 三角形中心

C. 三角形底边中点　　　　D. 符号底部中心

34. 在某省会城市中心商业区开展地籍测绘工作，宜选用的成图比例尺为(　　)。

A. 1∶500　　　　B. 1∶1 000

C. 1∶2 000　　　　D. 1∶5 000

35. 地籍图上某点编号后六位为“3×××××”，则该点类型为(　　)。

A. 控制点　　　　B. 图根点

C. 界址点　　　　D. 建筑物角点

36. 产权人甲、乙共用一宗土地，无独自使用院落。该宗地内，甲、乙分别拥有独立建筑物面积为 $100m^2$、$200m^2$，建筑占地总面积为 $150m^2$。不考虑其他因素，如甲分摊得到该宗地院落使用面积为 $100m^2$，则该宗地面积为(　　)m^2。

A. 150　　　　B. 300

C. 450　　　　D. 600

37. 某地籍图成果概查结论为合格，则该成果概查中查出的 A 类错漏最多为(　　)个。

A. 0　　　　B. 1

C. 2　　　　D. 3

38. 边界地形图修测过程中，调绘图上某要素颜色为棕色，则该要素为(　　)要素。

A. 地貌　　　　B. 植被

C. 水系　　　　D. 数学

39. 边界线走向说明中，某边界线走向为东南方位。则下列边界线走向角度(以真北方向为基准)中，符合这一方位描述的是(　　)。

A. 90°　　　　B. 122°

C. 145°　　　　D. 168°

40. 航空摄影机一般分为短焦、中焦、长焦三类，其对应的焦距分别为小于等于102 mm，大于102 mm且小于255 mm、大于等于255 mm。如果相对航高为3 000 m，下列摄影比例尺中，适合采用长焦距镜头的是(　　)。

A. 1∶3万　　　　B. 1∶2万

C. 1∶1.5万　　　　D. 1∶1万

41. 下列摄影仪检校内容中，不属于胶片摄影仪检校内容的是(　　)。

A. 像主点位置　　　　B. 镜头主距

C. 像元大小　　　　D. 镜头光学畸变差

42. 某航摄区最高点海拔高度为550 m，则无人机最低飞行高度为(　　)。

A. 650　　　　B. 700

C. 750　　　　D. 800

43. 对于地形图测绘航空摄影，下列关于构架航线的描述中，不符合要求的是(　　)。

A. 构架航线摄影比例尺应与测图航线比例尺相同

B. 航向重叠度不小于80%

C. 应保证隔号像片能构成立体像对

D. 周边构架航线像主点应落在边界线之外

44. 数字化立体测图中，当水涯线与斜坡脚重合时，争取的处理方法是(　　)。

A. 用坡脚线代替水涯线　　　　B. 用水涯线代替坡脚线

C. 将水涯线断至坡脚　　　　D. 水涯线与坡脚线同时绘出

45. 对现势性较好的影像进行调绘时，航测外业调绘为内业编辑提交的信息主要是(　　)信息。

A. 属性　　　　B. 位置

C. 地形　　　　D. 拓扑

46. 现行规范规定，解析空中三角测量布点时，在区域网凸出处的最佳处理方法是(　　)。

A. 布设平面控制点　　　　B. 布设高程控制点

C. 布设平高控制点　　　　D. 不布设任何控制点

47. 下列地理信息成果中，可用于城市区域地形统计分析的是(　　)。

A. 地表覆盖数据　　　　B. 地理要素数据

C. 数字高程模型数据　　　　D. 数字表面模型数据

48. 下列传感器的特点中，不属于机载 LiDAR 特点是(　　)。

A. 主动式工作方式　　B. 可直接获取地表三维坐标

C. 可获取光谱信息　　D. 可全天候工作

49. 下列影响航空摄影质量的因素中，导致倾斜误差产生的主要因素是(　　)。

A. 地面起伏　　B. 航摄仪主光轴偏离铅垂线

C. 航线弯曲度　　D. 像片旋偏角

50. 像素数为 10 000×10 000 的 DOM，地面分辨率为 0.5 m，以 1 : 1 万比例尺打印输出影像图的尺寸是(　　)。

A. 50cm×50cm　　B. 55cm×55cm

C. 100cm×100cm　　D. 110cm×110cm

51. 航空摄影中，POS 系统的惯性测量装置(IMU)用来测定航摄仪的(　　)参数。

A. 位置　　B. 姿态

C. 外方位元素　　D. 内方位元素

52. DSM 编辑中，采集多层及以上房屋建筑顶部特征点、线时，应切准的部位是(　　)。

A. 房屋顶部外围　　B. 房屋底部外围

C. 房屋顶部中心　　D. 房屋底部中心

53. 影像自动相关是指自动识别影像(　　)的过程。

A. 定向点　　B. 视差点

C. 像主点　　D. 同名点

54. 现行规范规定，在遥感影像图精度检测中，每幅图检测点一般不少于(　　)个。

A. 10　　B. 20

C. 30　　D. 40

55. 下列关于三维地理信息模型的描述中，错误的是(　　)。

A. 三维模型可有不同的表现方式

B. 三维模型有不同的要素分类

C. 三维模型之间具有属性一致性

D. 三维模型之间不存在拓扑关系

56. 地形图和地理图是普通地图的两种类型。对于地理图来说，下列说法中错误的是(　　)。

A. 统一采用高斯投影　　B. 没有分幅编号系统

C. 制图区域大小不一　　D. 比例尺可以灵活设定

57. 在一定程度上反映被制图对象数量特征的地图注记要素是(　　)。

A. 字级　　B. 字列

C. 字隔　　D. 字体

58. 现行规范规定，双面印刷的地图，其正反面的套印误差最大不应超过(　　)。

A. 0.2 mm　　B. 0.5 mm

C. 0.8 mm　　D. 1.0 mm

59. 下列特性中，不属于地形图基本特征的是(　　)。

A. 直观性　　B. 可量测性

C. 一览性　　D. 公开性

60. 下列制图综合方法中，不属于等高线图形概括常用方法的是(　　)。

A. 分割　　B. 移位

C. 删除　　D. 夸大

61. 编制某省的学校分布图，用分级统计图法反映各县(市、区)的学校数量。下列分级中，最合理的是(　　)。

A. >100　100~80　80~60　60~40 <40

B. >100　99~80　79~60　59~40 <40

C. ≥100　100~80　80~60　60~40 <40

D. ≥100　99~80　79~60　59~40 <40

62. 下列颜色中，不属于国家基本比例尺地图上符号或注记用色的是(　　)。

A. 蓝色　　B. 黑色

C. 棕色　　D. 紫色

63. 下列空间数据格式中，属于 Javascript 对象表示法的为(　　)。

A. shp　　B. GeoJson

C. GML　　D. KML

64. 下列工作内容中，属于空间数据编辑处理工作的是(　　)。

A. RTK 测量　　B. 数据分发

C. 投影转换　　D. 数据发布

65. 下列空间关系描述项中，不属于拓扑关系的是(　　)。

A. 一个点指向另一个点的方向

B. 一个点在一个弧段的端点

C. 一个点在一个区域的边界上

D. 一个弧段在一个区域的边界上

66. 下列系统需求选项中，属于 GIS 系统安全需求的是(　　)。

A. 能进行空间分析

B. 具备 100Mbps 以上网络速度

C. 服务器内存 16G 以上

D. 能完成数据备份

67. 下图中，黑色长方形为房屋，AB 为道路，沿 AB 中心线作一个 1000 m 带宽的缓冲分析，图内缓存区中房屋的数量是(　　)个。

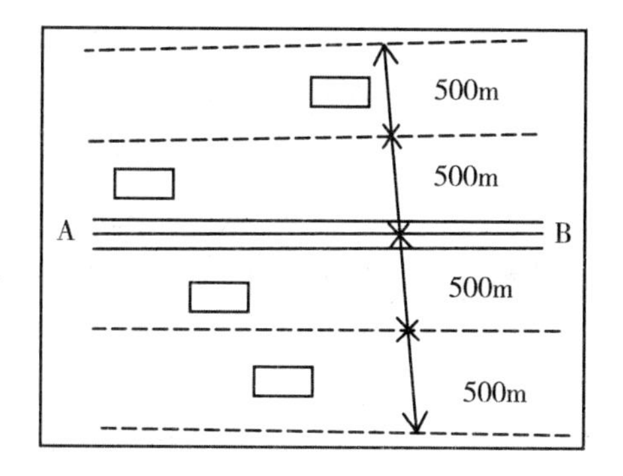

A. 1　　B. 2

C. 3　　D. 4

68. 下图中，$ABCD$ 为正方形，r 为影响车辆行驶速度的阻尼系数。若时间 $= r \cdot s/v$，其中 v 为车辆行驶速度，s 为车辆行驶距离，从 A 到 C 花费时间最短的线路是(　　)。

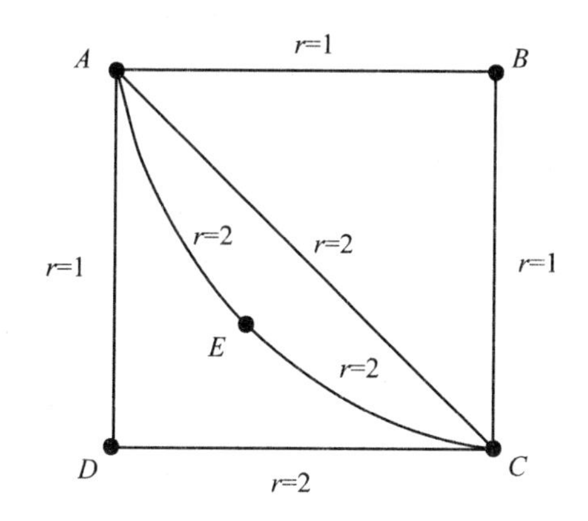

A. ABC　　B. AC

C. ADC　　D. AEC

69. 下列地理信息数据中，适用于在三维 GIS 系统中进行房屋、树林等遮挡分析的是(　　)。

A. DOM　　B. DLG

C. DEM　　D. DSM

70. 目前地图网站流行让地图使用者完成数据更新,这种数据更新模式被称为(　　)。

A. 集中更新模式　　B. 定期更新模式

C. 众包更新模式　　D. 全面更新模式

71. 下列地理信息工程任务中，属于地理信息系统工程维护阶段任务的是(　　)。

A. 数据更新　　B. 软件开发

C. 数据建库　　D. 软件测试

72. 下列设计内容中，属于 GIS 系统总体设计的是(　　)。

A. 用户界面　　B. 功能模块

C. 体系结构　　D. 数据结构

73. 如果互联网地图更新精度要求在 10m 左右，下列测量手段中，对于互联网地图更新最经济适用的是(　　)。

A. 网络 RTK　　B. GPS 单点定位

C. 全站仪碎部测量　　D. 航空摄影测量

74. 下列国际认证中，与 GIS 系统软件开发质量和能力相关的是(　　)。

A. ISO27001　　B. ISO50001

C. ISO26000　　D. CMM

75. 下列地理要素中，不得在互联网电子地图上表示的是(　　)。

A. 沼泽　　B. 军事基地

C. 时令湖　　D. 地下河段出入口

76. 现行规范规定，地理信息公共平台电子地图数据源的最小比例尺是(　　)。

A. 1∶500 万　　B. 1∶200 万

C. 1∶100 万　　D. 1∶50 万

77. 现行规范规定，互联网地图瓦片分块大小为(　　)像素。

A. 512×512　　B. 256×256

C. 512×256　　D. 256×512

78. 车载导航电子地图数据采集处理时，下列道路附属设施中，可以表示为面要素的是(　　)。

A. 交通灯　　B. 路面标记

C. 安全设备　　D. 人行横道

79. 下列信息中，不属于车载导航电子地图基本四大类信息内容的是 (　　)。

A. 路网信息　　B. 街区信息

C. 背景信息　　D. 索引信息

80. 按照道路功能等级与现行道路分类标准的对应关系，导航电子地图产品中，四级功能道路与 (　　)对应。

A. 一级公路、城市快速路　　B. 二级公路、城市主干道

C. 三级公路、城市次干路　　D. 四级公路、城市支路

二、多项选择题(每题 2 分。每题的备选选项中，有 2 个或 2 个以上符合题意，至少有 1 个是错项。错选，本题不得分；少选，所选的每个选项得 0.5 分)

81. 下列投影方式中，具备等角投影特点的有(　　)。

A. 高斯-克吕格投影　　B. 兰勃特投影
C. 通用横轴墨卡托投影　　D. 等差分纬线多圆锥投影
E. 彭纳投影

82. 下列改正项中，高精度电磁波测距成果必须加的改正项有(　　)。
A. 气象改正　　B. 仪器加常数改正
C. 旁折光改正　　D. 重力异常改正
E. 仪器乘常数改正

83. 下列系统中，属于国家 GNSS 基准站组成部分的有(　　)。
A. GNSS 观测系统　　B. 惯性导航系统
C. 气象测量及防护系统　　D. 数据通信系统
E. 验潮系统

84. 下列测深手簿填写与整理的说法中，正确的有(　　)。
A. 测深中改变航速无需记录
B. 手簿上经分析不采用的成果划去即可
C. 变换测深工具时，应用符号文字说明
D. 遇干出礁时，手簿内应描绘其形状
E. 应该记载定位方法和测定底质工具

85. 下列质量元素中，属于工程测量控制网质量检验的有(　　)。
A. 数据质量　　B. 地理精度
C. 点位质量　　D. 整饰质量
E. 资料质量

86. 下列检验项目中，经纬仪观测水平角时需进行检验的有(　　)。
A. 棱镜加常数检验　　B. 指标差检验
C. 横轴误差检验　　D. 垂直轴误差检验
E. 视准轴误差检验

87. 下列设备中，集成在车载移动测量系统中的有(　　)。
A. GPS 接收机　　B. 陀螺经纬仪
C. 视频系统　　D. 电子全站仪
E. 惯性导航系统

88. 下列测量工作中，属于日照测量的有(　　)。
A. 建筑物平面位置测量　　B. 建筑物立面测量
C. 建筑物轴线测量　　D. 建筑物剖面测量
E. 建筑物室内地坪高程测量

89. 下列管线信息中，属于城市地下给水管道实地探查内容的有(　　)。
A. 压力　　B. 管径
C. 埋深　　D. 材质
E. 流向

90. 下列空间部位水平投影面积中，可作为房屋共有面积分摊的有(　　)。

A. 建筑物外墙一半水平投影面积

B. 地下室人防水平投影面积

C. 地面露天停车位水平投影面积

D. 楼顶电梯机房水平投影面积

E. 建筑物首层入口门厅水平投影面积

91. 按我国现行土地利用分类，下列项目用地中不属于特殊用地的有(　　)。

A. 某住宅小区用地　　B. 某边防雷达站用地

C. 某市政府机关用地　　D. 某国驻华大使馆用地

E. 某民用机场用地

92. 下列工作中，属于界线测绘工作内容的有(　　)。

A. 制作边界地形图　　B. 界桩埋设和测定

C. 边界线相关地形要素调绘　　D. 制作边界协议书

E. 编写边界线走向说明

93. 下列航摄技术要求中，确定航摄分区需考虑的有(　　)。

A. 地形高差一般不大于 1/4 相对航高

B. 航摄飞机两侧与前方安全距离应达到规范要求

C. 地物景物反差、地貌类型应尽量一致

D. 要尽可能避免像主点落水

E. 飞机一般应东西向直线飞行

94. 下列立体测图质量检查内容中，属于空间参考系检查的有(　　)。

A. 坐标系统　　B. 投影参数

C. 高程基准　　D. 高程精度

E. 平面精度

95. 与原始航空影像比，DOM 具备的特征有(　　)。

A. 正射投影　　B. 比例尺统一

C. 分辨率更高　　D. 色彩更丰富

E. 可量测

96. 下列航空摄影测量成果中，可通过空三加密直接获得的有(　　)。

A. 影像外方位元素　　B. 数字地表模型

C. 测图所需控制点坐标　　D. 正射影像图

E. 影像分类图斑

97. 下列专题地图表示方法中，可用于编制人口分布地图的有(　　)。

A. 底质法　　B. 定位符号法

C. 等值线法　　D. 分级统计图法

E. 点值法

98. 下列空间分析方法中，属于栅格数据空间分析的有(　　)。

A. 窗口分析
B. 包含分析
C. 地形分析
D. 网络分析
E. 聚类分析

99. 下列GIS系统功能中，系统安全设计需考虑的有(　　)。

A. 审计、认证
B. 查询、统计
C. 备份、恢复
D. 用户管理
E. 编辑、处理

100. 下列道路信息中，现行规范规定可以在车载导航电子地图数据中表示的有(　　)。

A. 道路等级
B. 道路路面材质
C. 道路功能等级
D. 道路编号
E. 道路通行方向

参考答案及解析

一、单项选择题

1.【C】一、二等水准测量所测正常高高差需要加入正常位水准面不平行引起的高差改正和重力异常引起的高差改正。所以，需要进行重力异常改正。

2.【A】GPS测量采用GPS时间系统，手簿记录宜采用世界协调时(UTC)。

3.【B】大地高是指以参考椭球面作为高程基准面的高程系统，是地面点沿法线到参考椭球面的距离。

4.【A】同一测站点上铅垂线与椭球面法线之间的夹角 u，即是垂线偏差。将以垂线为依据的地面观测的水平方向观测值归算到以法线为依据的方向值应加的改正，即是垂线偏差改正。

5.【D】H 为大地高，h 为正常高，ζ 为高程异常，其中大地高中误差与仪器高测量中误差有关即：$H=h+\zeta+i$，根据误差传播定律计算得正常高中误差19 mm。

6.【B】经纬仪的圆水准器轴平行于竖轴，而横轴垂直于竖轴，理论上经纬仪的圆水准器轴与横轴正交。

7.【D】两个不同测站对不同卫星求一次差，基本能消除卫星钟差、电离层误差，对流层误差也可以得到削弱。

8.【D】水准路线以起止地名的简称定为线名，起止地名的顺序为起西止东、起北止南。

9.【D】具体规定见下图。

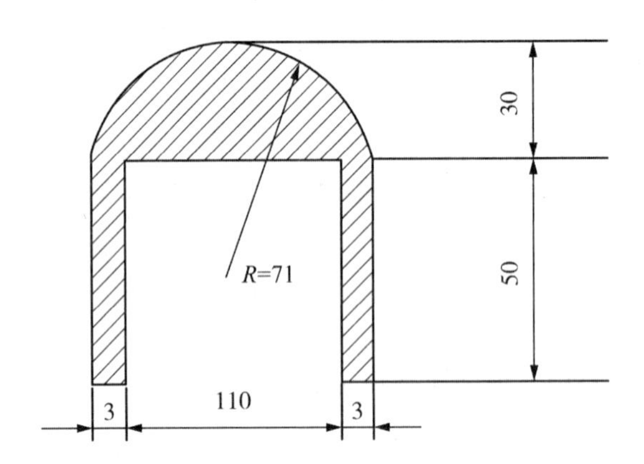

10.【B】数字水准标尺检校的项目有：标尺的检视、标尺上的圆水准器的检校、标尺分划面弯曲差的测定、标尺名义米长及分划偶然中误差的测定、一对水准标尺零点不等差的测定、一对水准标尺零点不等差及基辅分划读数差的测定、标尺中轴线与标尺底面垂直性的测定。

11.【C】下列情况下不应进行观测：①日出后与日落前 30 min 内；②太阳中天前后各约 2h 内；③标尺分划线影像跳动剧烈时；④气温突变时；⑤风力过大而使标尺与仪器不能稳定时。

12.【C】根据测绘管理工作国家秘密目录，国家等级重力点成果及其他精度相当的重力点成果的密级定为机密级。

13.【D】灯塔、灯桩的灯光中心高度从平均大潮高潮面起算。

14.【C】海岸线以平均大潮高潮时所形成的实际痕迹进行测绘。

15.【D】规则地理单元分幅方式采用基本单元和导出单元两种方法。基本单元为电子海图最小分区，大小为经差 15′×纬差 15′区域。导出单元是在基本单元基础上按海图类别划分单元。

16.【D】根据《海道测量规范》规定。离岸 200 海里处的海域进行水深测量时，宜采用的 1∶50 万测图比例尺。

17.【A】二类设计是再控制网的网形和控制网成果要求精度已定的情况下，设计各观测值的精度(权)，使得观测工作量最佳分配。

18.【B】经度计算公式 $L=6N-3$，代入计算得 $L=117°$。

19.【B】①在半径为 10 km 的圆面积内进行长度的测量工作时，可以不考虑地球曲率；②在面积为 100 km^2 范围内，不论进行水平距离或角度测量都可以不顾及地球曲率影响。③但地球曲率的影响对高差而言，即使在很短的距离也必须加以考虑。

20.【B】地形图高程注记点应分别均匀，丘陵地区高程注记点的间距应符合下表规定：

丘陵地区高程注记点间距(m)

比例尺	1∶500	1∶1 000	1∶2 000
高程注记点间距	15	30	50

平坦及简单地区可放宽至 1.5 倍，地貌变化较大的丘陵地、山地、高山地应适当的加密。

21.【C】DS3 水准仪中的“3”的含义是指该仪器的每千米高差测量中误差为±3mm。

22.【A】$H_B=H_A+L\cdot i$，代入数据得：$H_B=21.5$ m。

23.【B】根据《建筑变形测量规范》4.2.1 规定。特级沉降观测的高程基准点数不应少于 4 个；其他级别沉降观测的高程基准点数不应少于 3 个。

24.【C】经纬仪，水准仪等仪器产生视差的原因是目标成像与十字丝未重合。

25.【B】由题意图上 10cm 尺寸实地的距离是 1km，所以该图的比例尺为 1∶1 万。

26.【C】规划监督测量主要有放线测量、验线测量、验收测量等。

27.【D】为确保工程安全，变形监测变形体观测中误差应小于变形允许值的 1/10～1/20，所以监测的最低精度为 40 mm×1/10＝4 mm。

28.【C】放样的限差一般是放样中误差的 2 倍，所以放样中误差最大为±20mm。

29.【D】三角形每个角的测角中误差为 2 秒，则三角形角度闭合差为 $2\sqrt{3}$ 秒，允许的最大值为中误差的 2 倍，故最大不得超过 $4\sqrt{3}$ 秒。

30.【C】根据《房产测量规范》规定。三角形内角不应小于 30°，确有困难时，个别角可放宽至 25°。

31.【B】房屋调查与测绘以幢为单元分户进行；房屋用地调查与测绘以丘为单元分户进行。

32.【A】套内房屋使用面积为套内房屋使用空间的面积，以水平投影面积按以下规定计算：①套内使用面积为套内卧室、起居室、卫生间等的总和；②套内楼梯按自然层数的面积总和计入使用面积；③不包括在结构面积内的套内烟囱、通风道均计入使用面积。套内两卧室间隔墙为套内墙体面积。

33.【D】两种以上几何图形组成的符号，在其下方图形的中心点或交叉点。

34.【A】大城市市区地籍图比例尺宜选择 1∶500。

35.【C】地籍图上表示界址点号，测量草图上界址点号注在界址点方便一侧。3 表示界址点号，4 表示建筑屋房角点。

36.【C】分摊公用面积＝[（共有使用权面积−宗地总基底面积）/宗地总建筑面积]×权利人建筑面积；设该宗地面积为 X，则 $100=(X-150)/(100+200)\times 100$，解之，$X=450$。

37.【A】若概查中未发现 A 类错漏或 B 类错漏小于 3 个时，判成果概查为合格；否则，判概查为不合格，所以不能出现 A 类错漏。

38.【A】植被要素用绿色，地貌要素用棕色，水系要素要用蓝色，其他要素用黑色标绘在边界地形图上。

39.【C】东南方位的范围是 123°45′～146°15′。

40.【D】焦距等于 102 mm 对应的比例尺为数值 3.4×10^{-5}；焦距等于 255 mm 对应的比例尺数值为 8.5×10^{-5}。由于长焦距大于 255mm，所以比例尺数值应大于 8.5×

10^{-5}，仅1∶1万适合长焦距。

41.【C】像元大小属于数字摄影机检定的内容。

42.【A】无人机航摄在设计飞行高度时，应高于摄区和航路上最高点100 m以上，所以应在原海拔高度基础上加100 m。

43.【A】控制航线的摄影比例尺应比测图航线的摄影比例尺大25%左右，应有不小于80%的航向重叠度，要保证隔号像片能构成正常重叠的立体像对。位于摄区周边的控制航线，要保证其像主点落在摄区边界线上或边界线之外，两端要超出摄区边界线四条基线。

44.【B】根据《地形图航空摄影测量数字化测图规范》规定。水涯线与陡坎重合时，可以陡坎边线代替水涯线，水涯线与坡脚重合时，仍应在坡脚将水涯线汇出。

45.【A】航测外业调绘为内业编辑提交的信息主要是属性信息。

46.【C】解析空中三角测量布点时，在区域网凸出处布平高点，在凹处布高程点，当凹角点与凸角点之间距离超过两条基线时，在凹角处应布设平高点。

47.【C】对DEM分析可以揭示地形的特征，基于DEM的地形分析可应用于降雨量分析、气温分析等等，DEM的网络模型主要有对坡度及坡向分析、剖面分析、可视域分析等。

48.【C】根据机载LiDAR的特点：数据精度高，数据可达到很高的密度，自动化程度高，LiDAR采用主动测量方式，可以在夜间作业，并且无需大量的地面控制工作。

49.【B】航空摄影时，像面未能保持水平，而使像的位置发生变化，这就是因像片倾斜引起的像点位移，倾斜角越大，倾斜误差也越大；当倾斜角很小时，这种误差是不易观察出来的。

50.【A】依据题意有$10\ 000\times0.5\ \mathrm{m}=5\ 000\ \mathrm{m}$，设打印输出影像图的尺寸为$x$，则$1/10\ 000=x/5\ 000$，解之：$x=50\ \mathrm{cm}$。

51.【B】姿态测量主要是利用惯性测量装置（IMU）来感测飞机或其他载体的加速度，经过积分等运算，获取载体的速度和姿态（如位置及旋转角度）等信息。

52.【A】房屋的外围轮廓和建筑特征，内业测绘房屋时以房屋顶端最外边缘为准，被树冠遮盖的房屋，立体上能看清的边或角都要测，其他看不清的部分内业明确标注，由外业补调。

53.【D】影像自动相关是指自动识别影像同名点的过程。

54.【B】数学精度检测，每幅图的检测点数量视情况而定，一般不少于20个点。

55.【D】三维模型数据存储的数据格式应具有一致性；三维模型数据空间位置应具有拓扑一致性。所以三维地理信息模型相互之间应具有拓扑关系。

56.【A】普通地理图其地图设计具有灵活多样性：从地图投影、比例尺选择、内容选取、图例符号设计、色彩运用，乃至图面配置设计风格，均有较大的灵活性。

57.【A】数量特征指的是物体的长度、面积、高度、深度、坡度、密度等可以用数量表达的标志的特征。对于字级，可以对标志数量的数值化简。

58.【B】双面印件套印：正反面套印误差不超过0.5 mm。

59.【D】地图的特性有：可量测性、直观性、一览性。

60.【A】进行等高线图形概括时，常用的方法是：删除、移位、夸大和合并。

61.【D】分级统计图法应该保证分级的连续性。各级所包括的区域单位个数大致相等，并标出相对指标特别高的区域单元，较好地反映制图对象的数量分布特征。

62.【D】通常水系注记用蓝色，地貌的说明注记用棕色，而地名注记用黑色，特别重要的用红色，大量处于底层的居民地通常使用钢灰色等，一般不采用紫色印刷地图符号与注记。

63.【B】GeoJSON 是一种对各种地理数据结构进行编码的格式，基于 Javascript 对象表示法的地理空间信息数据交换格式。GeoJSON 对象可以表示几何、特征或者特征集合。GeoJSON 支持下面几何类型：点、线、面、多点、多线、多面和几何集合。GeoJSON 里的特征包含一个几何对象和其他属性，特征集合表示一系列特征。

64.【C】空间数据编辑主要包括图形编辑和属性编辑，其中图形编辑主要包括拓扑关系的建立、图形编辑、图形整饰、图幅拼接、投影变换、误差校正等功能。

65.【A】根据拓扑关系和非拓扑关系定义。

66.【D】GIS 系统安全需求包括数据安全和系统安全，其中能完成数据备份是数据安全的一种措施。

67.【B】沿 AB 中心线作一个 1 000m 带宽的缓冲分析，即是以 AB 中心线，以南北各 500 m 缓冲带区域分析，所以图内缓存区中房屋的数量是 2 个。

68.【A】根据图及车辆行驶速度的阻尼系数，公式计算路线 ABC 所化时间最短。

69.【D】三维 GIS 系统中进行房屋、树林等遮挡分析，进行微分纠正的时候，需要考虑地面上目标物的高度情况，所以应以数字表面模型(DSM)为基础进行微分纠正，使得纠正后影像不存在投影差。

70.【C】地图网站流行让地图使用者完成数据更新，这种数据更新模式被称为众包更新模式。

71.【A】地理信息系统工程维护有：软件的更新、数据的更新维护、系统的移植、系统稳定性维护、系统功能 bug 收集及处理、功能部件更新补充、系统性能监测维护等。

72.【C】GIS 总体设计的内容有：体系结构设计、软件结构设计、软件配置与硬件网络架构、系统功能设计、系统安全设计。

73.【D】航空摄影测量既能满足互联网地图更新精度，且经济成本低、效率高。

74.【D】CMM 是指“能力成熟度模型”，它是对于软件组织在定义、实施、度量、控制和改善其软件过程的实践中各个发展阶段的描述。

75.【B】军事基地不得在互联网电子地图上表示。

76.【C】最大比例尺为第 20 级 1 : 500 或 1 : 1 000。

77.【B】瓦片分块大小为 256 像素×256 像素，采用 PNG 或 JPG 格式。

78.【D】交通灯表示为点要素；路面标志、安全设备根据数据表达精度的不同表示为点要素或线要素；人行横道可根据数据表达精度不同表示为点要素、线要素或面要素。

79.【B】车载导航电子地图基本四大类信息内容是路网、背景、注记、索引四大类信息。

80.【C】根据《车载导航电子地图产品规范》规定。四级道路对应三级公路和城市次干道。

二、多项选择题

81.【ABC】高斯-克吕格投影无角度变形；通用横轴墨卡托投影是横轴等角割椭圆柱面投影；兰勃特投影有2种情况：等角圆锥投影和等积方位投影。等差分纬线多圆锥投影是任意多圆锥投影的一种，投影性质分类归属于任意投影；彭纳投影即等积伪圆锥投影。

82.【ABE】电磁波测距的原理是通过测定电磁波在待测距离两端点间往返一次的传播时间，利用电磁波在大气中的传播速度来确定距离。主要改正项有：仪器加、乘常数改正，气象改正，倾斜改正等。

83.【ACD】根据《全球导航卫星系统连续运行基准站网技术规范》基准站网的组成：GNSS观测系统、气象测量及防护系统、数据中心、数据通信系统。

84.【CDE】根据测深手簿的填写与整理要求可知正确答案。

85.【ACE】工程控制网成果质量有：数据质量包括数学精度、观测质量、计算质量；点位质量包括选点质量、埋石质量；资料质量包括整饰质量、资料完整性。

86.【CDE】根据《光学经纬仪检定规程》规定。其中，指标差检验与垂直角有关，棱镜加常数检验与测距有关，与测角无关。

87.【ACE】车载移动测量系统的主要构成部分有GNSS、CCD、INS或航位推算系统、激光扫描系统、数字视频系统以及属性采集和语音输入等先进的传观器和设备。

88.【ABE】日照测量的工作内容宜包括基础资料收集，图根控制测量，地形图及立面细部测绘，总平面图、层平面图和立面图绘制，日照分析，质量检验和成果整理与提交。

89.【BCD】根据《城市测量规范》规定，城市给水管道实地调查的项目：埋深(外顶)、管径、材质、构筑物、附属物、埋设年代和权属单位。

90.【ADE】根据共有建筑面积包括的内容可知正确答案。

91.【ACE】根据《土地利用现状分类》特殊用地包括：①军事设施用地；②使领馆用地；③监教场用地；④宗教用地；⑤殡葬用地。B属于军事设施用地，D属于使领馆用地。

92.【BCE】界线测绘的内容包括界线测绘准备、界桩埋设和测定、边界点测定、边界线及相关地形要素调绘、边界协议书附图制作与印刷、边界点位置和边界走向说明的编写。

93.【ABC】根据测图要求的比例尺及地区情况选择摄影比例尺及航高，划分航摄分区。航摄分区划分时要遵循的原则。

94.【ABC】大地基准主要检查平面坐标系统；高程基准主要检查高程基准使用是否正确；地图投影主要检查地图投影参数是否使用正确。

95.【ABE】DOM具有可判读性和可量测性，经过垂直正射投影而形成的影像数据集。其特征：数字正射影像，地图分幅、投影、精度、坐标系统、与同比例尺地形图一致。

96.【AC】空中三角测量成果包括成果清单、相机文件、像片控制点坐标、连接点或测图定向点像片坐标和大地坐标、每张像片的内外方位元素、连接点分布略图等。

97.【BDE】定位符号法，是以比率符号反映实际人口数；点值法，可以反映人口分布和数量特征；分级统计图法，以区划单元反映人口数量相对指标。用金字塔图表，反映人口的性别、年龄构成及婚姻状况；上述方法均可用于人口分布图。

98.【ACE】①矢量数据空间分析主要有：包含分析、网络分析、叠置分析、缓冲区分析。②栅格数据空间分析主要有：聚类分析、聚合分析、窗口分析、栅格数据的信息复合分析、追踪分析等；地形分析可以归类到栅格分析，如基于DEM栅格数据的地形分析。

99.【ACD】系统安全设计有：①网络的安全与保密；②应用系统的安全措施：如信息内容安全、信息使用的认证、审计等；③数据备份和恢复机制；④用户管理。

100.【ACDE】道路信息包括道路编号、道路名称、道路功能等级、道路形态、道路宽度、道路通行方向、道路通行限制、道路几何形状为线。节点信息包括交叉口类别、道路连接关系、交通限制、节点几何形状为点。

参考文献

[1] 陈述彭，鲁学军，周成虎. 地理信息系统导论. 北京：科学出版社，1998.
[2] 何宗宜，宋鹰，李连营. 地图学. 武汉：武汉大学出版社，2016.
[3] 何宗宜，宋鹰. 普通地图编制. 武汉：武汉大学出版社，2015.
[4] 胡鹏，黄杏元，华一新. 地理信息系统教程. 武汉：武汉大学出版社，2002.
[5] 黄仁涛，庞小平，马晨燕. 专题地图编制. 武汉：武汉大学出版社，2003.
[6] 黄声亨，尹晖，蒋征. 变形监测数据处理. 武汉：武汉大学出版社，2010.
[7] 侯方国，时东玉，王建设. 房产测绘. 郑州：黄河水利出版社，2007.
[8] 孔祥元，郭际明，刘宗泉. 大地测量学基础. 武汉：武汉大学出版社，2009.
[9] 蓝悦明，康雄华. 不动产测量与管理. 武汉：武汉大学出版社，2008.
[10] 李德仁，王树根，周月琴. 摄影测量与遥感概论. 北京：测绘出版社，2008.
[11] 刘大杰，施一民，过静珺. 全球定位系统(GPS)的原理与数据处理. 上海：同济大学出版社，1995.
[12] 刘权. 房地产测量. 武汉：武汉大学出版社，2008.
[13] 吕永江. 房产测量规范与房地产测绘技术. 北京：中国标准出版社，2001.
[14] 宁津生，陈俊勇，李德仁，刘经南，张祖勋，龚健雅，等. 测绘学概论(第三版). 武汉：武汉大学出版社，2016.
[15] 潘正风，杨正尧，程效军，成枢，王腾军. 数字测图原理与方法. 武汉：武汉大学出版社，2004.
[16] 乔瑞亭，孙和利，李欣. 摄影与空中摄影学. 武汉：武汉大学出版社，2008.
[17] 孙家抦. 遥感原理与应用. 武汉：武汉大学出版社，2003.
[18] 王树根. 摄影测量原理与应用. 武汉：武汉大学出版社，2009.
[19] 邬伦，刘瑜，张晶，等. 地理信息系统原理、方法和应用. 北京：科学出版社，2001.
[20] 徐绍铨，张华海，杨志强，王泽民. GPS 测量原理及应用. 武汉：武汉大学出版社，2002.
[21] 姚鹤岭. GIS Web 服务研究. 郑州：黄河水利出版社，2007.
[22] 张成才，秦昆，卢艳，孙喜梅. GIS 空间分析理论与方法. 武汉：武汉大学出版社，2004.
[23] 张正禄. 工程测量学. 武汉：武汉大学出版社，2005.
[24] 詹长根. 地籍测量学. 武汉：武汉大学出版社，2005.

[25] 赵建虎. 现代海洋测绘(上、下册). 武汉：武汉大学出版社，2007.
[26] 郑春燕，邱国锋，张正栋，胡华科. 地理信息系统原理、应用与工程. 武汉：武汉大学出版社，2011.
[27] 祝国瑞，何宗宜，等. 地图学. 武汉：武汉大学出版社，2004.
[28] 周学鸣，刘学军. 数字地形分析. 北京：科学出版社，2006.
[29] 国家测绘地理信息局职业技能鉴定指导中心. 测绘综合能力. 北京：测绘出版社，2015.